刘培杰数学工作室

几类初等几何不等式研究

Research on Various Categories of Elementary Geometric Inequalities

主编　任迪慧
副主编　宋家武　刘　兵

HITP
哈尔滨工业大学出版社
HARBIN INSTITUTE OF TECHNOLOGY PRESS

内 容 简 介

本书探讨了几类初等几何不等式，重点介绍了三角形旁切圆半径恒等式，详细研究了许多典型不等式. 本书还探讨了三角形旁切圆半径不等式，进一步研究了三角形中线、角平分线不等式，还有一些不等式给出了完整的证明，另一些未证明的不等式留给读者完成.

本书适合高中、师范院校数学系的师生和不等式爱好者参考阅读.

图书在版编目(CIP)数据

几类初等几何不等式研究/任迪慧主编. —哈尔滨：哈尔滨工业大学出版社，2025. 5. —ISBN 978 - 7 - 5767 - 2023 - 5

Ⅰ. O123

中国国家版本馆 CIP 数据核字第 2025YN1283 号

JILEI CHUDENG JIHE BUDENGSHI YANJIU

策划编辑　刘培杰　张永芹
责任编辑　刘春雷
封面设计　孙茵艾
出版发行　哈尔滨工业大学出版社
社　　址　哈尔滨市南岗区复华四道街 10 号　邮编 150006
传　　真　0451 - 86414749
网　　址　http://hitpress.hit.edu.cn
印　　刷　哈尔滨博奇印刷有限公司
开　　本　787 mm×1 092 mm　1/16　印张 23　字数 476 千字
版　　次　2025 年 5 月第 1 版　2025 年 5 月第 1 次印刷
书　　号　ISBN 978 - 7 - 5767 - 2023 - 5
定　　价　98.00 元

◎主编简介

任迪慧，男，生于1964年5月4日，毕业于安徽省教育学院数学系，本科学历，高级教师，从教于安徽省太和县第二小学。县教坛新星，阜阳市首批小学数学学科带头人。曾在《中学数学教学》《安徽教育》《数学教学研究》《素质教育》《教学与研究》《课程·教材·教法》《初等数学研究在中国》等刊物发表论文百余篇，论文《由一个三角形不等式联想到的》获全国基础教育改革论文一等奖。曾被聘为中国科学院学术委员会特约研究员，《素质教育》杂志社编委，第五届全国不等式研究协会理事，中国初等数学研究会第九届常务理事。主攻方向为不等式及中小学教育教学。

联系电话：15556789787

邮箱：rendihui2000@163.com

◎前言

我写的这本书,力求做到以下三点:

第一,给出旁切圆半径恒等式的证明;

第二,给出旁切圆半径不等式的证明;

第三,给出三角形中线不等式及角平分线不等式的证明.

书中的一些结论是作者的研究成果.

本书可供不等式爱好者阅读,由于作者水平有限,书中存在的疏漏之处在所难免,还请读者批评指正.

任迪慧

2024 年 3 月

于太和县第二小学

◎本书符号规定

1. a,b,c	$\triangle ABC$ 的三条边长
2. A,B,C	$\triangle ABC$ 的三个内角
3. p	半周长
4. R	外接圆半径
5. r	内切圆半径
6. Δ	$\triangle ABC$ 的面积
7. r_a, r_b, r_c	旁切圆半径
8. m_a, m_b, m_c	中线长
9. w_a, w_b, w_c	角平分线长
10. h_a, h_b, h_c	三边上的高

◎ 目录

第 1 章　预备知识 //1

第 2 章　旁切圆半径恒等式的证明 //3

第 3 章　旁切圆半径不等式的证明 //85

第 4 章　三角形中线、角平分线不等式的证明 //222

参考文献 //323

编辑手记 //324

第1章 预备知识

本章给出如下预备知识，请读者自证.

(1)在$\triangle ABC$中，试证明

$$a^2+b^2+c^2=2(p^2-4Rr-r^2)$$

(2)在$\triangle ABC$中，试证明

$$ac+bc+ca=p^2+4Rr+r^2$$

(3)在$\triangle ABC$中，试证明

$$\frac{p^2+4Rr+r^2}{2Rr}=(a+b+c)\left(\frac{1}{a}+\frac{1}{b}+\frac{1}{c}\right)$$

(4)在$\triangle ABC$中，试证明

$$a^3+b^3+c^3=2(p^3-6Rrp-3pr^2)$$

(5)在$\triangle ABC$中，试证明

$$a^4+b^4+c^4=2\Delta^2\left[\left(\frac{p}{r}\right)^2+\left(\frac{4R+r}{p}\right)^2-\frac{8R}{r}-6\right]$$

(6)在$\triangle ABC$中，试证明

$$(ab)^2+(bc)^2+(ca)^2=\Delta^2\left[\left(\frac{p}{r}\right)^2+\left(\frac{4R+r}{p}\right)^2-\frac{8R}{r}+2\right]$$

(7)在$\triangle ABC$中，试证明

$$(ab)^3+(bc)^3+(ca)^3=$$

$$\Delta^2r^2\left\{\left(\frac{p}{r}\right)^2\left[\left(\frac{p}{r}\right)^2-\frac{12R}{r}+3\right]+\left(\frac{4R}{r}+1\right)\left(\frac{4R+r}{p}\right)^2+3\right\}$$

(8)在$\triangle ABC$中，试证明

$$a^6+b^6+c^6=2\Delta^2r^2\left[\left(\frac{p}{r}\right)^4-\left(\frac{12R}{r}+15\right)\left(\frac{p}{r}\right)^2+72\left(\frac{R}{r}\right)^2+\frac{72R}{r}-\left(\frac{4R}{r}+1\right)\left(\frac{4R+r}{p}\right)^2+15\right]$$

(9)在$\triangle ABC$中,试证明

$$(ab)^4+(bc)^4+(ca)^4=$$

$$\Delta^4\left\{\left[\left(\frac{p}{r}\right)^2+\left(\frac{4R+r}{p}\right)^2-\frac{8R}{r}+2\right]^2-64\left(\frac{R}{r}\right)^2+\frac{64R^2}{p^2}\left(\frac{4R}{r}+1\right)\right\}$$

(10)在$\triangle ABC$中,试证明

$$(ab)^6+(bc)^6+(ca)^6=$$

$$\Delta^4 r^4\left\{\left(\frac{p}{r}\right)^2\left[\left(\frac{p}{r}\right)^2-\frac{12R}{r}+3\right]+\left(\frac{4R}{r}+1\right)\left(\frac{4R+r}{p}\right)^2+3\right\}^2-$$

$$256\left(\frac{R}{r}\right)^3\left[\left(\frac{p}{r}\right)^2-\frac{6R}{r}-3\right]$$

(11)在$\triangle ABC$中,试证明

$$a^8+b^8+c^8=(a^4+b^4+c^4)^2-2[(ab)^4+(bc)^4+(ca)^4]=$$

$$\left\{2\Delta^2\left[\left(\frac{p}{r}\right)^2+\left(\frac{4R+r}{p}\right)^2-\frac{8R}{r}-6\right]\right\}^2-$$

$$2\Delta^4\left\{\left[\left(\frac{p}{r}\right)^2+\left(\frac{4R+r}{p}\right)^2-\frac{8R}{r}+2\right]^2-64\left(\frac{R}{r}\right)^2+\frac{64R^2}{p^2}\left(\frac{4R}{r}+1\right)\right\}=$$

$$2\Delta^4\left\{\left[\left(\frac{p}{r}\right)^2+\left(\frac{4R+r}{p}\right)^2-\frac{8R}{r}-14\right]^2+64\left(\frac{R}{r}\right)^2-\frac{64R^2}{p^2}\left(\frac{4R}{r}+1\right)-128\right\}$$

(12)在$\triangle ABC$中,有格雷森(Gerretsen)不等式

$$4\left(\frac{R}{r}\right)^2+\frac{4R}{r}+3\geqslant\left(\frac{p}{r}\right)^2\geqslant\frac{16R}{r}-5$$

(13)在$\triangle ABC$中,有欧拉(Euler)不等式

$$\frac{R}{r}\geqslant 2$$

(14)在$\triangle ABC$中,有不等式

$$\frac{R}{r}+1\geqslant\left(\frac{4R+r}{p}\right)^2$$

(15)在$\triangle ABC$中,有不等式

$$p\leqslant\frac{3\sqrt{3}}{2}R$$

(16)在$\triangle ABC$中,有不等式

$$p\geqslant 3r\sqrt{\frac{3R}{2r}}$$

(17)在$\triangle ABC$中,有不等式

$$r_a r_b\geqslant w_c^2, r_b r_c\geqslant w_a^2, r_c r_a\geqslant w_b^2$$

(18)在$\triangle ABC$中,有不等式

$$r_a r_b\leqslant m_c^2, r_b r_c\leqslant m_a^2, r_c r_a\leqslant m_b^2$$

第2章 旁切圆半径恒等式的证明

例 2.1 在$\triangle ABC$中,试证明

$$\frac{1}{r_a+r_b}+\frac{1}{r_b+r_c}+\frac{1}{r_c+r_a}=\frac{1}{4R}\left[\left(\frac{4R+r}{p}\right)^2+1\right]$$

证明 在$\triangle ABC$中,由旁切圆半径公式可知

$$\frac{1}{r_a+r_b}+\frac{1}{r_b+r_c}+\frac{1}{r_c+r_a}=$$

$$\frac{1}{\Delta}\left[\frac{(p-a)(p-b)}{c}+\frac{(p-c)(p-b)}{a}+\frac{(p-a)(p-c)}{b}\right]=$$

$$\frac{ab(p-a)(p-b)+bc(p-c)(p-b)+ca(p-a)(p-c)}{\Delta\, abc}=$$

$$\frac{-p^2(ab+bc+ca)+3pabc+[(ab)^2+(bc)^2+(ca)^2]}{\Delta\, abc}=$$

$$\frac{-\Delta^2\left[\left(\frac{p}{r}\right)^2+\frac{4R}{r}+1\right]+\frac{12R}{r}\Delta^2+\Delta^2\left[\left(\frac{p}{r}\right)^2+\left(\frac{4R+r}{p}\right)^2-\frac{8R}{r}+2\right]}{4R\Delta^2}=$$

$$\frac{1}{4R}\left[\left(\frac{4R+r}{p}\right)^2+1\right]$$

即

$$\frac{1}{r_a+r_b}+\frac{1}{r_b+r_c}+\frac{1}{r_c+r_a}=\frac{1}{4R}\left[\left(\frac{4R+r}{p}\right)^2+1\right]$$

例 2.2 在$\triangle ABC$中,试证明

$$\frac{r_c}{c}+\frac{r_a}{a}+\frac{r_b}{b}=\frac{p}{4R}\left[\left(\frac{4R+r}{p}\right)^2+1\right]$$

证明 由例 2.1 知

$$\frac{1}{r_a+r_b}+\frac{1}{r_b+r_c}+\frac{1}{r_c+r_a}=\frac{1}{4R}\left[\left(\frac{4R+r}{p}\right)^2+1\right]$$

上式可变为

$$\frac{r_c}{r_ar_c+r_cr_b}+\frac{r_a}{r_ar_b+r_ar_c}+\frac{r_b}{r_br_c+r_br_a}=\frac{1}{4R}\left[\left(\frac{4R+r}{p}\right)^2+1\right]$$

即

$$\frac{r_c}{pc}+\frac{r_a}{pa}+\frac{r_b}{pb}=\frac{1}{4R}\left[\left(\frac{4R+r}{p}\right)^2+1\right]$$

从而

$$\frac{r_c}{c}+\frac{r_a}{a}+\frac{r_b}{b}=\frac{p}{4R}\left[\left(\frac{4R+r}{p}\right)^2+1\right]$$

例 2.3 在$\triangle ABC$中,试证明

$$\frac{ab}{r_ar_b}+\frac{bc}{r_br_c}+\frac{ca}{r_cr_a}=\left(\frac{4R+r}{p}\right)^2+1$$

证明 由例 2.2 知

$$\frac{r_c}{c}+\frac{r_a}{a}+\frac{r_b}{b}=\frac{p}{4R}\left[\left(\frac{4R+r}{p}\right)^2+1\right]$$

上式两边同乘以$\frac{abc}{r_ar_br_c}$并整理得

$$\frac{ab}{r_ar_b}+\frac{bc}{r_br_c}+\frac{ca}{r_cr_a}=\left(\frac{4R+r}{p}\right)^2+1$$

例 2.4 在$\triangle ABC$中,试证明

$$\frac{r_c}{r_a+r_b}+\frac{r_a}{r_b+r_c}+\frac{r_b}{r_c+r_a}=\left(1+\frac{r}{4R}\right)\left[\left(\frac{4R+r}{p}\right)^2+1\right]-3$$

证明 易证

$$\frac{r_c}{r_a+r_b}+\frac{r_a}{r_b+r_c}+\frac{r_b}{r_c+r_a}=\frac{r_c+r_a+r_b}{r_a+r_b}+\frac{r_a+r_b+r_c}{r_b+r_c}+\frac{r_b+r_c+r_a}{r_c+r_a}-3=$$

$$\frac{4R+r}{r_a+r_b}+\frac{4R+r}{r_b+r_c}+\frac{4R+r}{r_c+r_a}-3$$

将例 2.1 代入上式并整理得

$$\frac{r_c}{r_a+r_b}+\frac{r_a}{r_b+r_c}+\frac{r_b}{r_c+r_a}=\left(1+\frac{r}{4R}\right)\left[\left(\frac{4R+r}{p}\right)^2+1\right]-3$$

例 2.5 在$\triangle ABC$中,试证明

$$\frac{r_c^2}{c}+\frac{r_a^2}{a}+\frac{r_b^2}{b}=p\left(1+\frac{r}{4R}\right)\left[\left(\frac{4R+r}{p}\right)^2+1\right]-3p$$

证明 由例 2.4 知

$$\frac{r_c}{r_a+r_b}+\frac{r_a}{r_b+r_c}+\frac{r_b}{r_c+r_a}=\left(1+\frac{r}{4R}\right)\left[\left(\frac{4R+r}{p}\right)^2+1\right]-3$$

上式可变为

$$\frac{r_c^2}{r_cr_a+r_cr_b}+\frac{r_a^2}{r_ar_b+r_ar_c}+\frac{r_b^2}{r_br_c+r_br_a}=\left(1+\frac{r}{4R}\right)\left[\left(\frac{4R+r}{p}\right)^2+1\right]-3$$

即

$$\frac{r_c^2}{pc}+\frac{r_a^2}{pa}+\frac{r_b^2}{pb}=\left(1+\frac{r}{4R}\right)\left[\left(\frac{4R+r}{p}\right)^2+1\right]-3$$

从而

$$\frac{r_c^2}{c}+\frac{r_a^2}{a}+\frac{r_b^2}{b}=p\left(1+\frac{r}{4R}\right)\left[\left(\frac{4R+r}{p}\right)^2+1\right]-3p$$

例 2.6　在$\triangle ABC$中,试证明

$$\frac{ab}{r_a^2r_b^2}+\frac{bc}{r_b^2r_c^2}+\frac{ca}{r_c^2r_a^2}=\frac{4Rr}{\Delta^2}\left\{\left(1+\frac{r}{4R}\right)\left[\left(\frac{4R+r}{p}\right)^2+1\right]-3\right\}$$

证明　由例 2.5 知

$$\frac{r_c^2}{c}+\frac{r_a^2}{a}+\frac{r_b^2}{b}=p\left(1+\frac{r}{4R}\right)\left[\left(\frac{4R+r}{p}\right)^2+1\right]-3p$$

上式两边同乘$\frac{abc}{r_a^2r_b^2r_c^2}$并整理得

$$\frac{ab}{r_a^2r_b^2}+\frac{bc}{r_b^2r_c^2}+\frac{ca}{r_c^2r_a^2}=\frac{4Rr}{\Delta^2}\left\{\left(1+\frac{r}{4R}\right)\left[\left(\frac{4R+r}{p}\right)^2+1\right]-3\right\}$$

例 2.7　在$\triangle ABC$中,试证明

$$\frac{ac+bc}{r_a^2r_b^2}+\frac{ab+bc}{r_a^2r_c^2}+\frac{ac+ab}{r_c^2r_b^2}=\frac{1}{\Delta^2}\left\{p^2\left[\left(\frac{4R+r}{p}\right)^2-2\right]-3r^2\right\}$$

证明　在$\triangle ABC$中,有

$$r_a^2+r_b^2+r_c^2=p^2\left[\left(\frac{4R+r}{p}\right)^2-2\right]$$

上式两边同乘$\frac{1}{r_a^2r_b^2r_c^2}$并整理得

$$\frac{1}{r_a^2r_b^2}+\frac{1}{r_b^2r_c^2}+\frac{1}{r_c^2r_a^2}=\frac{1}{\Delta^2}\left[\left(\frac{4R+r}{p}\right)^2-2\right]$$

由例 2.6 知

$$\frac{ab}{r_a^2r_b^2}+\frac{bc}{r_b^2r_c^2}+\frac{ca}{r_c^2r_a^2}=\frac{4Rr}{\Delta^2}\left\{\left(1+\frac{r}{4R}\right)\left[\left(\frac{4R+r}{p}\right)^2+1\right]-3\right\}$$

易证

$$\frac{ac+bc}{r_a^2r_b^2}+\frac{ab+bc}{r_a^2r_c^2}+\frac{ac+ab}{r_c^2r_b^2}=$$

$$\frac{ac+ab+bc}{r_a^2r_b^2}+\frac{ab+ac+bc}{r_a^2r_c^2}+\frac{ab+ac+bc}{r_c^2r_b^2}-\left(\frac{ab}{r_a^2r_b^2}+\frac{bc}{r_b^2r_c^2}+\frac{ca}{r_c^2r_a^2}\right)$$

从而

$$\frac{ac+bc}{r_a^2r_b^2}+\frac{ab+bc}{r_a^2r_c^2}+\frac{ab+ac}{r_c^2r_b^2}=$$

$$\frac{(p^2+4Rr+r^2)}{\Delta^2}\left[\left(\frac{4R+r}{p}\right)^2-2\right]-\frac{4Rr}{\Delta^2}\left\{\left(1+\frac{r}{4R}\right)\left[\left(\frac{4R+r}{p}\right)^2+1\right]-3\right\}=$$

$$\frac{1}{\Delta^2}\left\{p^2\left[\left(\frac{4R+r}{p}\right)^2-2\right]-3r^2\right\}$$

即

$$\frac{ac+bc}{r_a^2r_b^2}+\frac{ab+bc}{r_a^2r_c^2}+\frac{ab+ac}{r_c^2r_b^2}=\frac{1}{\Delta^2}\left\{p^2\left[\left(\frac{4R+r}{p}\right)^2-2\right]-3r^2\right\}$$

例 2.8 在△ABC 中，试证明

$$\frac{ab}{r_a+r_b}+\frac{bc}{r_b+r_c}+\frac{ca}{r_c+r_a}=\frac{r^2}{4R}\left[\left(\frac{p}{r}\right)^2-\frac{4R}{r}+\left(\frac{4R}{r}+1\right)\left(\frac{4R+r}{p}\right)^2+2\right]$$

证明 在△ABC 中，由旁切圆半径可证

$$\frac{ab}{r_a+r_b}+\frac{bc}{r_b+r_c}+\frac{ca}{r_c+r_a}=$$

$$\frac{1}{\Delta}\left[\frac{ab(p-a)(p-b)}{c}+\frac{bc(p-c)(p-b)}{a}+\frac{ca(p-a)(p-c)}{b}\right]=$$

$$\frac{(ab)^2(p-a)(p-b)+(bc)^2(p-c)(p-b)+(ca)^2(p-a)(p-c)}{\Delta abc}=$$

$$\frac{-p^2[(ab)^2+(bc)^2+(ca)^2]+pabc(ab+bc+ca)+[(ab)^3+(bc)^3+(ca)^3]}{\Delta abc}$$

令

$$A=-p^2[(ab)^2+(bc)^2+(ca)^2]=$$

$$-p^2\Delta^2\left[\left(\frac{p}{r}\right)^2+\left(\frac{4R+r}{p}\right)^2-\frac{8R}{r}+2\right]$$

$$B=pabc(ab+bc+ca)=p^2\Delta^2\left[\frac{4R}{r}+\frac{4R(4R+r)}{p^2}\right]$$

$$C=(ab)^3+(bc)^3+(ca)^3=$$

$$\Delta^2r^2\left\{\left(\frac{p}{r}\right)^2\left[\left(\frac{p}{r}\right)^2-\frac{12R}{r}+3\right]+\left(\frac{4R}{r}+1\right)\left(\frac{4R+r}{p}\right)^2+3\right\}=$$

$$\Delta^2p^2\left\{\left[\left(\frac{p}{r}\right)^2-\frac{12R}{r}+3\right]+\frac{r^2}{p^2}\left(\frac{4R}{r}+1\right)\left(\frac{4R+r}{p}\right)^2+\frac{3r^2}{p^2}\right\}$$

从而

$A+B+C=$

$$-p^2\Delta^2\left[\left(\frac{p}{r}\right)^2+\left(\frac{4R+r}{p}\right)^2-\frac{8R}{r}+2\right]+p^2\Delta^2\left[\frac{4R}{r}+\frac{4R(4R+r)}{p^2}\right]+$$

$$\Delta^2p^2\left\{\left[\left(\frac{p}{r}\right)^2-\frac{12R}{r}+3\right]+\frac{r^2}{p^2}\left(\frac{4R}{r}+1\right)\left(\frac{4R+r}{p}\right)^2+\frac{3r^2}{p^2}\right\}=$$

$$p^2\Delta^2\left[1-\left(\frac{4R+r}{p}\right)^2+\frac{4R(4R+r)}{p^2}+\frac{r^2}{p^2}\left(\frac{4R}{r}+1\right)\left(\frac{4R+r}{p}\right)^2+\frac{3r^2}{p^2}\right]=$$

$$\Delta^2 r^2\left[\left(\frac{p}{r}\right)^2-\frac{4R}{r}+\left(\frac{4R}{r}+1\right)\left(\frac{4R+r}{p}\right)^2+2\right]$$

即

$$\frac{ab}{r_a+r_b}+\frac{bc}{r_b+r_c}+\frac{ca}{r_c+r_a}=\frac{r^2}{4R}\left[\left(\frac{p}{r}\right)^2-\frac{4R}{r}+\left(\frac{4R}{r}+1\right)\left(\frac{4R+r}{p}\right)^2+2\right]$$

例 2.9　在$\triangle ABC$中，试证明

$$\frac{ac+bc}{r_a+r_b}+\frac{ab+ac}{r_b+r_c}+\frac{ab+bc}{r_c+r_a}=4r\left(\frac{R}{r}+1\right)$$

证明　易证

$$\frac{ac+bc}{r_a+r_b}+\frac{ab+ac}{r_b+r_c}+\frac{ab+bc}{r_c+r_a}=$$

$$(ab+bc+ca)\left(\frac{1}{r_a+r_b}+\frac{1}{r_b+r_c}+\frac{1}{r_c+r_a}\right)-\left(\frac{ab}{r_a+r_b}+\frac{bc}{r_b+r_c}+\frac{ca}{r_c+r_a}\right)=$$

$$\frac{r^2}{4R}\left[\left(\frac{p}{r}\right)^2+\frac{4R}{r}+1\right]\left[\left(\frac{4R+r}{p}\right)^2+1\right]-\frac{r^2}{4R}\left[\left(\frac{p}{r}\right)^2-\frac{4R}{r}+\left(\frac{4R}{r}+1\right)\left(\frac{4R+r}{p}\right)^2+2\right]=$$

$$\frac{r^2}{4R}\left[16\left(\frac{R}{r}\right)^2+\frac{16R}{r}\right]=4r\left(\frac{R}{r}+1\right)$$

即

$$\frac{ac+bc}{r_a+r_b}+\frac{ab+ac}{r_b+r_c}+\frac{ab+bc}{r_c+r_a}=4r\left(\frac{R}{r}+1\right)$$

例 2.10　在$\triangle ABC$中，试证明

$$\left(\frac{ab}{r_a+r_b}\right)^2+\left(\frac{bc}{r_b+r_c}\right)^2+\left(\frac{ca}{r_c+r_a}\right)^2=$$

$$\left\{\frac{r^2}{4R}\left[\left(\frac{p}{r}\right)^2-\frac{4R}{r}+\left(\frac{4R}{r}+1\right)\left(\frac{4R+r}{p}\right)^2+2\right]\right\}^2-8r^2\left(\frac{R}{r}+1\right)$$

证明　由例 2.8 知

$$\frac{ab}{r_a+r_b}+\frac{bc}{r_b+r_c}+\frac{ca}{r_c+r_a}=\frac{r^2}{4R}\left[\left(\frac{p}{r}\right)^2-\frac{4R}{r}+\left(\frac{4R}{r}+1\right)\left(\frac{4R+r}{p}\right)^2+2\right]$$

易证

$$\left(\frac{ab}{r_a+r_b}\right)^2+\left(\frac{bc}{r_b+r_c}\right)^2+\left(\frac{ca}{r_c+r_a}\right)^2=$$

$$\left(\frac{ab}{r_a+r_b}+\frac{bc}{r_b+r_c}+\frac{ca}{r_c+r_a}\right)^2-$$

$$\frac{2abc}{(r_a+r_b)(r_b+r_c)(r_c+r_a)}[b(r_c+r_a)+c(r_a+r_b)+a(r_b+r_c)]=$$

$$\left(\frac{ab}{r_a+r_b}+\frac{bc}{r_b+r_c}+\frac{ca}{r_c+r_a}\right)^2-$$

$$\frac{2abc}{(r_a+r_b)(r_b+r_c)(r_c+r_a)}[2p(r_c+r_b+r_a)-(ar_a+br_b+cr_c)]$$

从而

$$\left(\frac{ab}{r_a+r_b}\right)^2+\left(\frac{bc}{r_b+r_c}\right)^2+\left(\frac{ca}{r_c+r_a}\right)^2=$$

$$\left(\frac{ab}{r_a+r_b}+\frac{bc}{r_b+r_c}+\frac{ca}{r_c+r_a}\right)^2-\frac{2r}{p}\left[2\Delta\left(\frac{4R}{r}+1\right)-2\Delta\left(\frac{2R}{r}-1\right)\right]=$$

$$\left\{\frac{r^2}{4R}\left[\left(\frac{p}{r}\right)^2-\frac{4R}{r}+\left(\frac{4R}{r}+1\right)\left(\frac{4R+r}{p}\right)^2+2\right]\right\}^2-8r^2\left(\frac{R}{r}+1\right)$$

例 2.11 在$\triangle ABC$中,试证明

$$\frac{(ab)^2}{r_ar_b}+\frac{(bc)^2}{r_br_c}+\frac{(ca)^2}{r_cr_a}=r^2\left[\left(\frac{p}{r}\right)^2-\frac{4R}{r}+\left(\frac{4R}{r}+1\right)\left(\frac{4R+r}{p}\right)^2+2\right]$$

证明 由例 2.8 知

$$\frac{ab}{r_a+r_b}+\frac{bc}{r_b+r_c}+\frac{ca}{r_c+r_a}=\frac{r^2}{4R}\left[\left(\frac{p}{r}\right)^2-\frac{4R}{r}+\left(\frac{4R}{r}+1\right)\left(\frac{4R+r}{p}\right)^2+2\right]$$

上式可变为

$$\frac{ab\,r_c}{r_cr_a+r_cr_b}+\frac{bc\,r_a}{r_ar_b+r_ar_c}+\frac{ca\,r_b}{r_br_c+r_br_a}=\frac{r^2}{4R}\left[\left(\frac{p}{r}\right)^2-\frac{4R}{r}+\left(\frac{4R}{r}+1\right)\left(\frac{4R+r}{p}\right)^2+2\right]$$

即

$$\frac{ab\,r_c}{pc}+\frac{bc\,r_a}{pa}+\frac{ca\,r_b}{pb}=\frac{r^2}{4R}\left[\left(\frac{p}{r}\right)^2-\frac{4R}{r}+\left(\frac{4R}{r}+1\right)\left(\frac{4R+r}{p}\right)^2+2\right]$$

上式两边同乘$\frac{pabc}{r_ar_br_c}$并整理得

$$\frac{(ab)^2}{r_ar_b}+\frac{(bc)^2}{r_br_c}+\frac{(ca)^2}{r_cr_a}=r^2\left[\left(\frac{p}{r}\right)^2-\frac{4R}{r}+\left(\frac{4R}{r}+1\right)\left(\frac{4R+r}{p}\right)^2+2\right]$$

例 2.12 在$\triangle ABC$中,试证明

$$\frac{(ac)^2+(bc)^2}{r_ar_b}+\frac{(ca)^2+(ba)^2}{r_br_c}+\frac{(bc)^2+(ab)^2}{r_cr_a}=r^2\left[\frac{4R}{r}\left(\frac{p}{r}\right)^2-32\left(\frac{R}{r}\right)^2+\frac{4R}{r}\right]$$

证明 易证

$$\frac{(ac)^2+(bc)^2}{r_ar_b}+\frac{(ca)^2+(ba)^2}{r_br_c}+\frac{(bc)^2+(ab)^2}{r_cr_a}=$$

$$[(ab)^2+(bc)^2+(ac)^2]\left(\frac{1}{r_ar_b}+\frac{1}{r_br_c}+\frac{1}{r_cr_a}\right)-$$

$$\left[\frac{(ab)^2}{r_ar_b}+\frac{(bc)^2}{r_br_c}+\frac{(ca)^2}{r_cr_a}\right]$$

在$\triangle ABC$中,有

$$\frac{1}{r_ar_b}+\frac{1}{r_br_c}+\frac{1}{r_cr_a}=\frac{1}{p^2}\left(\frac{4R}{r}+1\right)$$

从而

$$\frac{(ac)^2+(bc)^2}{r_ar_b}+\frac{(ca)^2+(ba)^2}{r_br_c}+\frac{(bc)^2+(ab)^2}{r_cr_a}=$$

$$r^2\left[\left(\frac{p}{r}\right)^2+\left(\frac{4R+r}{p}\right)^2-\frac{8R}{r}+2\right]\left(\frac{4R}{r}+1\right)-$$

$$r^2\left[\left(\frac{p}{r}\right)^2-\frac{4R}{r}+\left(\frac{4R}{r}+1\right)\left(\frac{4R+r}{p}\right)^2+2\right]=$$

$$r^2\left[\frac{4R}{r}\left(\frac{p}{r}\right)^2-32\left(\frac{R}{r}\right)^2+\frac{4R}{r}\right]$$

即

$$\frac{(ac)^2+(bc)^2}{r_ar_b}+\frac{(ca)^2+(ba)^2}{r_br_c}+\frac{(bc)^2+(ab)^2}{r_cr_a}=r^2\left[\frac{4R}{r}\left(\frac{p}{r}\right)^2-32\left(\frac{R}{r}\right)^2+\frac{4R}{r}\right]$$

例 2.13 在$\triangle ABC$中,试证明

$$\frac{(ab)^2}{r_a+r_b}+\frac{(bc)^2}{r_b+r_c}+\frac{(ca)^2}{r_c+r_a}=$$

$$\frac{\Delta^2}{4R}\left\{\left(\frac{p}{r}\right)^2\left[2\left(\frac{4R+r}{p}\right)^2+1\right]+\left(\frac{4R+r}{p}\right)^4-32\left(\frac{R}{r}\right)^2-\frac{16R}{r}\left(\frac{4R+r}{p}\right)^2-\right.$$

$$\left.\frac{24R}{r}+3\left(\frac{4R+r}{p}\right)^2+\frac{64R^2}{p^2}\left(\frac{4R}{r}+1\right)+1\right\}$$

证明 在$\triangle ABC$中,由旁切圆半径可证

$$\frac{(ab)^2}{r_a+r_b}+\frac{(bc)^2}{r_b+r_c}+\frac{(ca)^2}{r_c+r_a}=$$

$$\frac{1}{\Delta}\left[\frac{(ab)^2(p-a)(p-b)}{c}+\frac{(bc)^2(p-c)(p-b)}{a}+\frac{(ca)^2(p-a)(p-c)}{b}\right]=$$

$$\frac{(ab)^3(p-a)(p-b)+(bc)^3(p-c)(p-b)+(ca)^3(p-a)(p-c)}{\Delta abc}=$$

$$\frac{-p^2[(ab)^3+(bc)^3+(ca)^3]+pabc[(ab)^2+(bc)^2+(ca)^2]+[(ab)^4+(bc)^4+(ca)^4]}{\Delta abc}$$

令

$$A=-p^2[(ab)^3+(bc)^3+(ca)^3]=$$

$$-\Delta^4\left\{\left(\frac{p}{r}\right)^2\left[\left(\frac{p}{r}\right)^2-\frac{12R}{r}+3\right]+\left(\frac{4R}{r}+1\right)\left(\frac{4R+r}{p}\right)^2+3\right\}$$

$$B=pabc[(ab)^2+(bc)^2+(ca)^2]=\Delta^4\frac{4R}{r}\left[\left(\frac{p}{r}\right)^2+\left(\frac{4R+r}{p}\right)^2-\frac{8R}{r}+2\right]$$

$$C=(ab)^4+(bc)^4+(ca)^4=\Delta^4\left\{\left[\left(\frac{p}{r}\right)^2+\left(\frac{4R+r}{p}\right)^2-\frac{8R}{r}+2\right]^2-64\left(\frac{R}{r}\right)^2+\frac{64R^2}{p^2}\left(\frac{4R}{r}+1\right)\right\}$$

从而

$$A+B+C=-\Delta^4\left\{\left(\frac{p}{r}\right)^2\left[\left(\frac{p}{r}\right)^2-\frac{12R}{r}+3\right]+\left(\frac{4R}{r}+1\right)\left(\frac{4R+r}{p}\right)^2+3\right\}+$$

$$\Delta^4\frac{4R}{r}\left[\left(\frac{p}{r}\right)^2+\left(\frac{4R+r}{p}\right)^2-\frac{8R}{r}+2\right]+$$

$$\Delta^4\left\{\left[\left(\frac{p}{r}\right)^2+\left(\frac{4R+r}{p}\right)^2-\frac{8R}{r}+2\right]^2-64\left(\frac{R}{r}\right)^2+\frac{64R^2}{p^2}\left(\frac{4R}{r}+1\right)\right\}=$$

$$\Delta^4\left\{\left(\frac{p}{r}\right)^2\left[2\left(\frac{4R+r}{p}\right)^2+1\right]+\left(\frac{4R+r}{p}\right)^4-32\left(\frac{R}{r}\right)^2-\frac{16R}{r}\left(\frac{4R+r}{p}\right)^2-\right.$$

$$\left.\frac{24R}{r}+3\left(\frac{4R+r}{p}\right)^2+\frac{64R^2}{p^2}\left(\frac{4R}{r}+1\right)+1\right\}$$

即

$$\frac{(ab)^2}{r_a+r_b}+\frac{(bc)^2}{r_b+r_c}+\frac{(ca)^2}{r_c+r_a}=$$

$$\frac{\Delta^2}{4R}\left\{\left(\frac{p}{r}\right)^2\left[2\left(\frac{4R+r}{p}\right)^2+1\right]+\left(\frac{4R+r}{p}\right)^4-32\left(\frac{R}{r}\right)^2-\frac{16R}{r}\left(\frac{4R+r}{p}\right)^2-\right.$$

$$\left.\frac{24R}{r}+3\left(\frac{4R+r}{p}\right)^2+\frac{64R^2}{p^2}\left(\frac{4R}{r}+1\right)+1\right\}$$

例 2.14 在$\triangle ABC$中,试证明

$$\frac{(ab)^3}{r_ar_b}+\frac{(bc)^3}{r_br_c}+\frac{(ca)^3}{r_cr_a}=$$

$$\Delta^2\left\{\left(\frac{p}{r}\right)^2\left[2\left(\frac{4R+r}{p}\right)^2+1\right]+\left(\frac{4R+r}{p}\right)^4-32\left(\frac{R}{r}\right)^2-\frac{16R}{r}\left(\frac{4R+r}{p}\right)^2-\right.$$

$$\left.\frac{24R}{r}+3\left(\frac{4R+r}{p}\right)^2+\frac{64R^2}{p^2}\left(\frac{4R}{r}+1\right)+1\right\}$$

证明 由例 2.13 知

$$\frac{(ab)^2}{r_a+r_b}+\frac{(bc)^2}{r_b+r_c}+\frac{(ca)^2}{r_c+r_a}=$$

$$\frac{\Delta^2}{4R}\left\{\left(\frac{p}{r}\right)^2\left[2\left(\frac{4R+r}{p}\right)^2+1\right]+\left(\frac{4R+r}{p}\right)^4-32\left(\frac{R}{r}\right)^2-\frac{16R}{r}\left(\frac{4R+r}{p}\right)^2-\right.$$

$$\left.\frac{24R}{r}+3\left(\frac{4R+r}{p}\right)^2+\frac{64R^2}{p^2}\left(\frac{4R}{r}+1\right)+1\right\}$$

由上式可得

$$\frac{(ab)^2r_c}{r_cr_a+r_cr_b}+\frac{(bc)^2r_a}{r_ar_b+r_ar_c}+\frac{(ca)^2r_b}{r_br_c+r_br_a}=$$

$$\frac{\Delta^2}{4R}\left\{\left(\frac{p}{r}\right)^2\left[2\left(\frac{4R+r}{p}\right)^2+1\right]+\left(\frac{4R+r}{p}\right)^4-32\left(\frac{R}{r}\right)^2-\frac{16R}{r}\left(\frac{4R+r}{p}\right)^2-\right.$$

$$\left.\frac{24R}{r}+3\left(\frac{4R+r}{p}\right)^2+\frac{64R^2}{p^2}\left(\frac{4R}{r}+1\right)+1\right\}$$

即

$$\frac{(ab)^2r_c}{pc}+\frac{(bc)^2r_a}{pa}+\frac{(ca)^2r_b}{pb}=$$

$$\frac{\Delta^2}{4R}\left\{\left(\frac{p}{r}\right)^2\left[2\left(\frac{4R+r}{p}\right)^2+1\right]+\left(\frac{4R+r}{p}\right)^4-32\left(\frac{R}{r}\right)^2-\frac{16R}{r}\left(\frac{4R+r}{p}\right)^2-\right.$$

$$\left.\frac{24R}{r}+3\left(\frac{4R+r}{p}\right)^2+\frac{64R^2}{p^2}\left(\frac{4R}{r}+1\right)+1\right\}$$

上式两边同乘以$\frac{pabc}{r_ar_br_c}$,并整理得

$$\frac{(ab)^3}{r_ar_b}+\frac{(bc)^3}{r_br_c}+\frac{(ca)^3}{r_cr_a}=$$

$$\Delta^2\left\{\left(\frac{p}{r}\right)^2\left[2\left(\frac{4R+r}{p}\right)^2+1\right]+\left(\frac{4R+r}{p}\right)^4-32\left(\frac{R}{r}\right)^2-\frac{16R}{r}\left(\frac{4R+r}{p}\right)^2-\right.$$

$$\left.\frac{24R}{r}+3\left(\frac{4R+r}{p}\right)^2+\frac{64R^2}{p^2}\left(\frac{4R}{r}+1\right)+1\right\}$$

例 2.15　在△ABC 中,试证明

$$\frac{a}{r_b+r_c}+\frac{b}{r_c+r_a}+\frac{c}{r_a+r_b}=\frac{4R+r}{p}$$

证明　在△ABC 中,由旁切圆半径公式可证

$$\frac{a}{r_b+r_c}+\frac{b}{r_c+r_a}+\frac{c}{r_a+r_b}=$$

$$\frac{ar_a}{r_ar_b+r_ar_c}+\frac{br_b}{r_br_c+r_br_a}+\frac{cr_c}{r_cr_a+r_cr_b}=$$

$$\frac{ar_a}{pa}+\frac{br_b}{pb}+\frac{cr_c}{pc}=$$

$$\frac{r_a+r_b+r_c}{p}=\frac{4R+r}{p}$$

即

$$\frac{a}{r_b+r_c}+\frac{b}{r_c+r_a}+\frac{c}{r_a+r_b}=\frac{4R+r}{p}$$

例 2.16　在△ABC 中,试证明

$$\frac{b+c}{r_b+r_c}+\frac{c+a}{r_c+r_a}+\frac{a+b}{r_a+r_b}=\frac{p}{2R}\left[\left(\frac{4R+r}{p}\right)^2+1\right]-\frac{4R+r}{p}$$

证明　易证

$$\frac{b+c}{r_b+r_c}+\frac{c+a}{r_c+r_a}+\frac{a+b}{r_a+r_b}=2p\left(\frac{1}{r_b+r_c}+\frac{1}{r_c+r_a}+\frac{1}{r_a+r_b}\right)-\left(\frac{a}{r_b+r_c}+\frac{b}{r_c+r_a}+\frac{c}{r_a+r_b}\right)$$

由例 2.1 和例 2.15,代入上式得

$$\frac{b+c}{r_b+r_c}+\frac{c+a}{r_c+r_a}+\frac{a+b}{r_a+r_b}=\frac{p}{2R}\left[\left(\frac{4R+r}{p}\right)^2+1\right]-\frac{4R+r}{p}$$

例 2.17　在△ABC 中,成立等式

$$\left(\frac{b+c}{r_b+r_c}\right)^2+\left(\frac{c+a}{r_c+r_a}\right)^2+\left(\frac{a+b}{r_a+r_b}\right)^2=$$

$$\left\{\frac{p}{2R}\left[\left(\frac{4R+r}{p}\right)^2+1\right]-\frac{4R+r}{p}\right\}^2-\left[(a+b+c)\left(\frac{1}{a}+\frac{1}{b}+\frac{1}{c}\right)-1\right]\left[2-\frac{1}{p}\left(\frac{c^2}{a+b}+\frac{a^2}{b+c}+\frac{b^2}{a+c}\right)\right]$$

证明 由旁切圆半径公式可证

$$\frac{r_a+r_b}{a+b}=\frac{\Delta c}{(a+b)(p-a)(p-b)}=$$

$$\frac{\Delta cp(p-c)}{(a+b)p(p-a)(p-b)(p-c)}=$$

$$\frac{\Delta cp(p-c)}{\Delta^2(a+b)}=\frac{c}{2r}-\frac{c^2}{2r(a+b)}$$

同理

$$\frac{r_b+r_c}{b+c}=\frac{a}{2r}-\frac{a^2}{2r(b+c)}$$

$$\frac{r_a+r_c}{a+c}=\frac{b}{2r}-\frac{b^2}{2r(a+c)}$$

从而

$$\frac{r_a+r_b}{a+b}+\frac{r_b+r_c}{b+c}+\frac{r_a+r_c}{a+c}=\frac{p}{r}-\frac{1}{2r}\left(\frac{c^2}{a+b}+\frac{a^2}{b+c}+\frac{b^2}{a+c}\right)$$

易证

$$\left(\frac{b+c}{r_b+r_c}\right)^2+\left(\frac{c+a}{r_c+r_a}\right)^2+\left(\frac{a+b}{r_a+r_b}\right)^2=$$

$$\left(\frac{b+c}{r_b+r_c}+\frac{c+a}{r_c+r_a}+\frac{a+b}{r_a+r_b}\right)^2-$$

$$\frac{2(b+c)(c+a)(a+b)}{(r_b+r_c)(r_c+r_a)(r_a+r_b)}\left(\frac{r_a+r_b}{a+b}+\frac{r_b+r_c}{b+c}+\frac{r_a+r_c}{a+c}\right)=$$

$$\left(\frac{b+c}{r_b+r_c}+\frac{c+a}{r_c+r_a}+\frac{a+b}{r_a+r_b}\right)^2-$$

$$\frac{2(b+c)(c+a)(a+b)r_ar_br_c}{(r_ar_b+r_ar_c)(r_br_c+r_br_a)(r_cr_a+r_cr_b)}\left(\frac{r_a+r_b}{a+b}+\frac{r_b+r_c}{b+c}+\frac{r_a+r_c}{a+c}\right)=$$

$$\left(\frac{b+c}{r_b+r_c}+\frac{c+a}{r_c+r_a}+\frac{a+b}{r_a+r_b}\right)^2-$$

$$\frac{2(b+c)(c+a)(a+b)\Delta p}{p^3abc}\left[\frac{p}{r}-\frac{1}{2r}\left(\frac{c^2}{a+b}+\frac{a^2}{b+c}+\frac{b^2}{a+c}\right)\right]=$$

$$\left(\frac{b+c}{r_b+r_c}+\frac{c+a}{r_c+r_a}+\frac{a+b}{r_a+r_b}\right)^2-$$

$$\left[(a+b+c)\left(\frac{1}{a}+\frac{1}{b}+\frac{1}{c}\right)-1\right]\left[2-\frac{1}{p}\left(\frac{c^2}{a+b}+\frac{a^2}{b+c}+\frac{b^2}{a+c}\right)\right]$$

将例 2.16 代入上式可得

$$\left(\frac{b+c}{r_b+r_c}\right)^2+\left(\frac{c+a}{r_c+r_a}\right)^2+\left(\frac{a+b}{r_a+r_b}\right)^2=$$

$$\left\{\frac{p}{2R}\left[\left(\frac{4R+r}{p}\right)^2+1\right]-\frac{4R+r}{p}\right\}^2-\left[(a+b+c)\left(\frac{1}{a}+\frac{1}{b}+\frac{1}{c}\right)-1\right]\left[2-\frac{1}{p}\left(\frac{c^2}{a+b}+\frac{a^2}{b+c}+\frac{b^2}{a+c}\right)\right]$$

例 2.18　在$\triangle ABC$中,试证明

$$ar_a+br_b+cr_c=2\Delta\left(\frac{2R}{r}-1\right)$$

证明　在$\triangle ABC$中,由旁切圆半径公式$r_a=\dfrac{\Delta}{p-a}$可得

$$ar_a=pr_a-\Delta$$

同理

$$br_b=pr_b-\Delta$$

$$cr_c=pr_c-\Delta$$

将上三式两边相加并整理得

$$ar_a+br_b+cr_c=p(r_a+r_b+r_c)-3\Delta=$$

$$\Delta\left(\frac{4R}{r}+1\right)-3\Delta=2\Delta\left(\frac{2R}{r}-1\right)$$

即

$$ar_a+br_b+cr_c=2\Delta\left(\frac{2R}{r}-1\right)$$

例 2.19　在$\triangle ABC$中,试证明

$$(b+c)r_a+(c+a)r_b+(a+b)r_c=4\Delta\left(\frac{R}{r}+1\right)$$

证明　易证

$$(b+c)r_a+(c+a)r_b+(a+b)r_c=$$

$$2p(r_a+r_b+r_c)-(ar_a+br_b+cr_c)=$$

$$2p(4R+r)-(ar_a+br_b+cr_c)$$

将例 2.18 代入上式并整理得

$$(b+c)r_a+(c+a)r_b+(a+b)r_c=$$

$$2\Delta\left(\frac{4R}{r}+1\right)-2\Delta\left(\frac{2R}{r}-1\right)=4\Delta\left(\frac{R}{r}+1\right)$$

即

$$(b+c)r_a+(c+a)r_b+(a+b)r_c=4\Delta\left(\frac{R}{r}+1\right)$$

例 2.20　在$\triangle ABC$中,试证明

$$\frac{a^2}{r_b+r_c}+\frac{b^2}{r_c+r_a}+\frac{c^2}{r_a+r_b}=2(2R-r)$$

证明　在$\triangle ABC$中,由旁切圆半径公式可证

$$\frac{a^2}{r_b+r_c}+\frac{b^2}{r_c+r_a}+\frac{c^2}{r_a+r_b}=$$
$$\frac{a^2r_a}{r_ar_b+r_ar_c}+\frac{b^2r_b}{r_br_c+r_br_a}+\frac{c^2r_c}{r_cr_a+r_cr_b}=$$
$$\frac{a^2r_a}{pa}+\frac{b^2r_b}{pb}+\frac{c^2r_c}{pc}=\frac{ar_a+br_b+cr_c}{p}$$

将例 2.18 代入上式，并整理得

$$\frac{a^2}{r_b+r_c}+\frac{b^2}{r_c+r_a}+\frac{c^2}{r_a+r_b}=2(2R-r)$$

例 2.21 在$\triangle ABC$中，试证明

$$\frac{b^2+c^2}{r_b+r_c}+\frac{c^2+a^2}{r_c+r_a}+\frac{a^2+b^2}{r_a+r_b}=\frac{r^2}{2R}\left\{8\left(\frac{R}{r}\right)^2+\frac{12R}{r}+1+\left(\frac{p}{r}\right)^2-\left(\frac{4R}{r}+1\right)\left[\left(\frac{4R+r}{p}\right)^2+1\right]\right\}$$

证明 易证

$$\frac{b^2+c^2}{r_b+r_c}+\frac{c^2+a^2}{r_c+r_a}+\frac{a^2+b^2}{r_a+r_b}=$$
$$(a^2+b^2+c^2)\left(\frac{1}{r_b+r_c}+\frac{1}{r_c+r_a}+\frac{1}{r_a+r_b}\right)-\left(\frac{a^2}{r_b+r_c}+\frac{b^2}{r_c+r_a}+\frac{c^2}{r_a+r_b}\right)$$

将例 2.20 和例 2.1 代入上式，得

$$\frac{b^2+c^2}{r_b+r_c}+\frac{c^2+a^2}{r_c+r_a}+\frac{a^2+b^2}{r_a+r_b}=$$
$$\frac{r^2}{2R}\left[\left(\frac{p}{r}\right)^2-\frac{4R}{r}-1\right]\left[\left(\frac{4R+r}{p}\right)^2+1\right]-2(2R-r)=$$
$$\frac{r^2}{2R}\left[\left(\frac{p}{r}\right)^2-\frac{4R}{r}-1\right]\left[\left(\frac{4R+r}{p}\right)^2+1\right]-\frac{r^2}{2R}\left[8\left(\frac{R}{r}\right)^2-\frac{4R}{r}\right]=$$
$$\frac{r^2}{2R}\left\{8\left(\frac{R}{r}\right)^2+\frac{12R}{r}+1+\left(\frac{p}{r}\right)^2-\left(\frac{4R}{r}+1\right)\left[\left(\frac{4R+r}{p}\right)^2+1\right]\right\}$$

即

$$\frac{b^2+c^2}{r_b+r_c}+\frac{c^2+a^2}{r_c+r_a}+\frac{a^2+b^2}{r_a+r_b}=\frac{r^2}{2R}\left\{8\left(\frac{R}{r}\right)^2+\frac{12R}{r}+1+\left(\frac{p}{r}\right)^2-\left(\frac{4R}{r}+1\right)\left[\left(\frac{4R+r}{p}\right)^2+1\right]\right\}$$

例 2.22 在$\triangle ABC$中，试证明

$$a^2r_a+b^2r_b+c^2r_c=4\Delta\, p\left(\frac{R}{r}-1\right)$$

证明 在$\triangle ABC$中，由旁切圆半径公式$r_a=\dfrac{\Delta}{p-a}$可得

$$ar_a=pr_a-\Delta$$

上式两边同乘 a 得

$$a^2r_a=par_a-a\Delta$$

同理

$$b^2 r_b = pbr_b - b\Delta$$

$$c^2 r_c = pcr_c - c\Delta$$

将上三式两边相加并整理得

$$a^2 r_a + b^2 r_b + c^2 r_c = p(a r_a + b r_b + c r_c) - 2p\Delta$$

将例 2.18 代入上式并整理得

$$a^2 r_a + b^2 r_b + c^2 r_c = 2\Delta\ p\left(\frac{2R}{r} - 1\right) - 2\Delta\ p = 4\Delta\ p\left(\frac{R}{r} - 1\right)$$

即

$$a^2 r_a + b^2 r_b + c^2 r_c = 4\Delta\ p\left(\frac{R}{r} - 1\right)$$

例 2.23　在△ABC 中，试证明

$$(b^2 + c^2) r_a + (a^2 + c^2) r_b + (a^2 + b^2) r_c = \Delta\ p\left[\frac{4R}{r} + 6 - 2\left(\frac{4R + r}{p}\right)^2\right]$$

证明　易证

$$\begin{aligned}
&(b^2 + c^2) r_a + (a^2 + c^2) r_b + (a^2 + b^2) r_c = \\
&(a^2 + b^2 + c^2)(r_a + r_b + r_c) - (a^2 r_a + b^2 r_b + c^2 r_c) = \\
&2\Delta\ p\left(\frac{p}{r} - \frac{4R + r}{p}\right)\left(\frac{4R + r}{p}\right) - (a^2 r_a + b^2 r_b + c^2 r_c) = \\
&2\Delta\ p\left[\frac{4R}{r} + 1 - \left(\frac{4R + r}{p}\right)^2\right] - (a^2 r_a + b^2 r_b + c^2 r_c)
\end{aligned}$$

将例 2.22 代入上式，并整理得

$$\begin{aligned}
&(b^2 + c^2) r_a + (a^2 + c^2) r_b + (a^2 + b^2) r_c = \\
&2\Delta\ p\left[\frac{4R}{r} + 1 - \left(\frac{4R + r}{p}\right)^2\right] - 4\Delta\ p\left(\frac{R}{r} - 1\right) = \Delta\ p\left[\frac{4R}{r} + 6 - 2\left(\frac{4R + r}{p}\right)^2\right]
\end{aligned}$$

即

$$(b^2 + c^2) r_a + (a^2 + c^2) r_b + (a^2 + b^2) r_c = \Delta\ p\left[\frac{4R}{r} + 6 - 2\left(\frac{4R + r}{p}\right)^2\right]$$

例 2.24　在△ABC 中，试证明

$$\frac{a^3}{r_b + r_c} + \frac{b^3}{r_c + r_a} + \frac{c^3}{r_a + r_b} = 4\Delta\left(\frac{R}{r} - 1\right)$$

证明　在△ABC 中，由旁切圆半径公式可得

$$\begin{aligned}
&\frac{a^3}{r_b + r_c} + \frac{b^3}{r_c + r_a} + \frac{c^3}{r_a + r_b} = \\
&\frac{a^3 r_a}{r_a r_b + r_a r_c} + \frac{b^3 r_b}{r_b r_c + r_b r_a} + \frac{c^3 r_c}{r_c r_a + r_c r_b} = \\
&\frac{a^3 r_a}{pa} + \frac{b^3 r_b}{pb} + \frac{c^3 r_c}{pc} = \frac{a^2 r_a + b^2 r_b + c^2 r_c}{p}
\end{aligned}$$

将例 2.22 代入上式,并整理得

$$\frac{a^3}{r_b+r_c}+\frac{b^3}{r_c+r_a}+\frac{c^3}{r_a+r_b}=4\Delta\left(\frac{R}{r}-1\right)$$

例 2.25 在$\triangle ABC$中,试证明

$$\frac{b^3+c^3}{r_b+r_c}+\frac{c^3+a^3}{r_c+r_a}+\frac{a^3+b^3}{r_a+r_b}=\Delta\cdot\frac{r}{2R}\left\{8\left(\frac{R}{r}\right)^2+\frac{16R}{r}+1+\left(\frac{p}{r}\right)^2-3\left(\frac{2R}{r}+1\right)\left[\left(\frac{4R+r}{p}\right)^2+1\right]\right\}$$

证明 易证

$$\frac{b^3+c^3}{r_b+r_c}+\frac{c^3+a^3}{r_c+r_a}+\frac{a^3+b^3}{r_a+r_b}=$$

$$(a^3+b^3+c^3)\left(\frac{1}{r_b+r_c}+\frac{1}{r_c+r_a}+\frac{1}{r_a+r_b}\right)-\left(\frac{a^3}{r_b+r_c}+\frac{b^3}{r_c+r_a}+\frac{c^3}{r_a+r_b}\right)=$$

$$\Delta\cdot\frac{r}{2R}\left[\left(\frac{p}{r}\right)^2-\frac{6R}{r}-3\right]\left(\frac{1}{r_b+r_c}+\frac{1}{r_c+r_a}+\frac{1}{r_a+r_b}\right)-\left(\frac{a^3}{r_b+r_c}+\frac{b^3}{r_c+r_a}+\frac{c^3}{r_a+r_b}\right)$$

将例 2.1 和例 2.24 代入上式并整理得

$$\frac{b^3+c^3}{r_b+r_c}+\frac{c^3+a^3}{r_c+r_a}+\frac{a^3+b^3}{r_a+r_b}=$$

$$\Delta\cdot\frac{r}{2R}\left[\left(\frac{p}{r}\right)^2-\frac{6R}{r}-3\right]\left[\left(\frac{4R+r}{p}\right)^2+1\right]-\frac{r}{2R}\cdot\Delta\frac{8R}{r}\left(\frac{R}{r}-1\right)=$$

$$\Delta\cdot\frac{r}{2R}\left\{8\left(\frac{R}{r}\right)^2+\frac{16R}{r}+1+\left(\frac{p}{r}\right)^2-3\left(\frac{2R}{r}+1\right)\left[\left(\frac{4R+r}{p}\right)^2+1\right]\right\}$$

即

$$\frac{b^3+c^3}{r_b+r_c}+\frac{c^3+a^3}{r_c+r_a}+\frac{a^3+b^3}{r_a+r_b}=\Delta\cdot\frac{r}{2R}\left\{8\left(\frac{R}{r}\right)^2+\frac{16R}{r}+1+\left(\frac{p}{r}\right)^2-3\left(\frac{2R}{r}+1\right)\left[\left(\frac{4R+r}{p}\right)^2+1\right]\right\}$$

例 2.26 在$\triangle ABC$中,试证明

$$\frac{ar_a}{r_b+r_c}+\frac{br_b}{r_c+r_a}+\frac{cr_c}{r_a+r_b}=p\left[\left(\frac{4R+r}{p}\right)^2-2\right]$$

证明 在$\triangle ABC$中,由旁切圆半径公式可得

$$\frac{ar_a}{r_b+r_c}+\frac{br_b}{r_c+r_a}+\frac{cr_c}{r_a+r_b}=$$

$$\frac{ar_a^2}{r_ar_b+r_ar_c}+\frac{br_b^2}{r_br_c+r_br_a}+\frac{cr_c^2}{r_cr_a+r_cr_b}=$$

$$\frac{ar_a^2}{pa}+\frac{br_b^2}{pb}+\frac{cr_c^2}{pc}=\frac{r_a^2+r_b^2+r_c^2}{p}$$

在$\triangle ABC$中,有

$$r_a^2+r_b^2+r_c^2=p^2\left[\left(\frac{4R+r}{p}\right)^2-2\right]$$

从而

$$\frac{ar_a}{r_b+r_c}+\frac{br_b}{r_c+r_a}+\frac{cr_c}{r_a+r_b}=p\left[\left(\frac{4R+r}{p}\right)^2-2\right]$$

例 2.27　在△ABC中,试证明

$$\frac{br_b+cr_c}{r_b+r_c}+\frac{cr_c+ar_a}{r_c+r_a}+\frac{ar_a+br_b}{r_a+r_b}=\frac{r}{2R}p\left[\frac{6R}{r}-\left(\frac{4R+r}{p}\right)^2-1\right]$$

证明　易证

$$\frac{br_b+cr_c}{r_b+r_c}+\frac{cr_c+ar_a}{r_c+r_a}+\frac{ar_a+br_b}{r_a+r_b}=$$

$$(ar_a+br_b+cr_c)\left(\frac{1}{r_b+r_c}+\frac{1}{r_c+r_a}+\frac{1}{r_a+r_b}\right)-\left(\frac{ar_a}{r_b+r_c}+\frac{br_b}{r_c+r_a}+\frac{cr_c}{r_a+r_b}\right)$$

将例 2.1、例 2.18 和例 2.26 代入上式并整理得

$$\frac{br_b+cr_c}{r_b+r_c}+\frac{cr_c+ar_a}{r_c+r_a}+\frac{ar_a+br_b}{r_a+r_b}=$$

$$\frac{r}{2R}p\left(\frac{2R}{r}-1\right)\left[\left(\frac{4R+r}{p}\right)^2+1\right]-\frac{r}{2R}p\ \frac{2R}{r}\left[\left(\frac{4R+r}{p}\right)^2-2\right]=$$

$$\frac{r}{2R}p\left[\frac{6R}{r}-\left(\frac{4R+r}{p}\right)^2-1\right]$$

即

$$\frac{br_b+cr_c}{r_b+r_c}+\frac{cr_c+ar_a}{r_c+r_a}+\frac{ar_a+br_b}{r_a+r_b}=\frac{r}{2R}p\left[\frac{6R}{r}-\left(\frac{4R+r}{p}\right)^2-1\right]$$

例 2.28　在△ABC中,试证明

$$\left(\frac{ar_a}{r_b+r_c}\right)^2+\left(\frac{br_b}{r_c+r_a}\right)^2+\left(\frac{cr_c}{r_a+r_b}\right)^2=$$

$$r^2\left[\left(\frac{4R}{r}+1\right)^2\left(\frac{4R+r}{p}\right)^2-4\left(\frac{4R}{r}+1\right)^2+4\left(\frac{4R}{r}+1\right)+2\left(\frac{p}{r}\right)^2\right]$$

证明　在△ABC中,有

$$r_a^2r_b^2+r_b^2r_c^2+r_c^2r_a^2=\Delta^2\left[\left(\frac{p}{r}\right)^2-2\left(\frac{4R}{r}+1\right)\right]$$

由例 2.26 知

$$\frac{ar_a}{r_b+r_c}+\frac{br_b}{r_c+r_a}+\frac{cr_c}{r_a+r_b}=p\left[\left(\frac{4R+r}{p}\right)^2-2\right]$$

$$\left(\frac{ar_a}{r_b+r_c}\right)^2+\left(\frac{br_b}{r_c+r_a}\right)^2+\left(\frac{cr_c}{r_a+r_b}\right)^2=$$

$$\left(\frac{ar_a}{r_b+r_c}+\frac{br_b}{r_c+r_a}+\frac{cr_c}{r_a+r_b}\right)^2-$$

$$2\left(\frac{ar_a}{r_b+r_c}\cdot\frac{br_b}{r_c+r_a}+\frac{br_b}{r_c+r_a}\cdot\frac{cr_c}{r_a+r_b}+\frac{cr_c}{r_a+r_b}\cdot\frac{ar_a}{r_b+r_c}\right)=$$

$$\left(\frac{ar_a}{r_b+r_c}+\frac{br_b}{r_c+r_a}+\frac{cr_c}{r_a+r_b}\right)^2-$$

$$2\left(\frac{ar_a^2}{r_ar_b+r_ar_c}\cdot\frac{br_b^2}{r_br_c+r_br_a}+\frac{br_b^2}{r_br_c+r_br_a}\cdot\frac{cr_c^2}{r_cr_a+r_cr_b}+\frac{cr_c^2}{r_cr_a+r_cr_b}\cdot\frac{ar_a^2}{r_ar_b+r_ar_c}\right)=$$

$$\left(\frac{ar_a}{r_b+r_c}+\frac{br_b}{r_c+r_a}+\frac{cr_c}{r_a+r_b}\right)^2-2\left(\frac{r_a^2r_b^2+r_b^2r_c^2+r_c^2r_a^2}{p^2}\right)=$$

$$\left(\frac{ar_a}{r_b+r_c}+\frac{br_b}{r_c+r_a}+\frac{cr_c}{r_a+r_b}\right)^2-2r^2\left[\left(\frac{p}{r}\right)^2-2\left(\frac{4R}{r}+1\right)\right]$$

将例 2.26 代入上式并整理得

$$\left(\frac{ar_a}{r_b+r_c}\right)^2+\left(\frac{br_b}{r_c+r_a}\right)^2+\left(\frac{cr_c}{r_a+r_b}\right)^2=$$

$$\left\{p\left[\left(\frac{4R+r}{p}\right)^2-2\right]\right\}^2-2r^2\left[\left(\frac{p}{r}\right)^2-2\left(\frac{4R}{r}+1\right)\right]=$$

$$r^2\left[\left(\frac{4R}{r}+1\right)^2-2\left(\frac{p}{r}\right)^2\right]\left[\left(\frac{4R+r}{p}\right)^2-2\right]-2r^2\left[\left(\frac{p}{r}\right)^2-2\left(\frac{4R}{r}+1\right)\right]=$$

$$r^2\left[\left(\frac{4R}{r}+1\right)^2\left(\frac{4R+r}{p}\right)^2-4\left(\frac{4R}{r}+1\right)^2+4\left(\frac{4R}{r}+1\right)+2\left(\frac{p}{r}\right)^2\right]$$

即

$$\left(\frac{ar_a}{r_b+r_c}\right)^2+\left(\frac{br_b}{r_c+r_a}\right)^2+\left(\frac{cr_c}{r_a+r_b}\right)^2=$$

$$r^2\left[\left(\frac{4R}{r}+1\right)^2\left(\frac{4R+r}{p}\right)^2-4\left(\frac{4R}{r}+1\right)^2+4\left(\frac{4R}{r}+1\right)+2\left(\frac{p}{r}\right)^2\right]$$

例 2.29 在$\triangle ABC$中,试证明

$$a^3r_a+b^3r_b+c^3r_c=2\Delta r^2\left[\left(\frac{p}{r}\right)^2\left(\frac{2R}{r}-3\right)+\frac{4R}{r}+1\right]$$

证明 在$\triangle ABC$中,由旁切圆半径公式$r_a=\dfrac{\Delta}{p-a}$可得

$$ar_a=pr_a-\Delta$$

上式两边同乘a^2,得

$$a^3r_a=pa^2r_a-a^2\Delta$$

同理

$$b^3r_b=pb^2r_b-b^2\Delta$$

$$c^3r_c=pc^2r_c-c^2\Delta$$

将上三式两边相加并整理得

$$a^3r_a+b^3r_b+c^3r_c=p(a^2r_a+b^2r_b+c^2r_c)-\Delta(a^2+b^2+c^2)$$

将例 2.22 代入上式并整理得

$$a^3r_a+b^3r_b+c^3r_c=4\Delta p^2\left(\frac{R}{r}-1\right)-2\Delta r^2\left[\left(\frac{p}{r}\right)^2-\frac{4R}{r}-1\right]=$$

$$4\Delta r^2\left(\frac{p}{r}\right)^2\left(\frac{R}{r}-1\right)-2\Delta r^2\left[\left(\frac{p}{r}\right)^2-\frac{4R}{r}-1\right]=$$

$$2\Delta r^2\left[\left(\frac{p}{r}\right)^2\left(\frac{2R}{r}-3\right)+\frac{4R}{r}+1\right]$$

即

$$a^3r_a+b^3r_b+c^3r_c=2\Delta r^2\left[\left(\frac{p}{r}\right)^2\left(\frac{2R}{r}-3\right)+\frac{4R}{r}+1\right]$$

例 2.30　在$\triangle ABC$中，试证明

$$(b^3+c^3)r_a+(a^3+c^3)r_b+(a^3+b^3)r_c=4\Delta r^2\left[\left(\frac{p}{r}\right)^2\left(\frac{R}{r}+2\right)-\left(\frac{4R}{r}+1\right)\left(\frac{3R}{r}+2\right)\right]$$

证明　易证

$$(b^3+c^3)r_a+(a^3+c^3)r_b+(a^3+b^3)r_c=$$
$$(a^3+b^3+c^3)(r_a+r_b+r_c)-(a^3r_a+b^3r_b+c^3r_c)=$$
$$2\Delta r^2\left[\left(\frac{p}{r}\right)^2-\frac{6R}{r}-3\right]\left(\frac{4R}{r}+1\right)-(a^3r_a+b^3r_b+c^3r_c)$$

将例 2.29 代入上式并整理得

$$(b^3+c^3)r_a+(a^3+c^3)r_b+(a^3+b^3)r_c=$$
$$2\Delta r^2\left[\left(\frac{p}{r}\right)^2-\frac{6R}{r}-3\right]\left(\frac{4R}{r}+1\right)-2\Delta r^2\left[\left(\frac{p}{r}\right)^2\left(\frac{2R}{r}-3\right)+\frac{4R}{r}+1\right]=$$
$$4\Delta r^2\left[\left(\frac{p}{r}\right)^2\left(\frac{R}{r}+2\right)-\left(\frac{4R}{r}+1\right)\left(\frac{3R}{r}+2\right)\right]$$

即

$$(b^3+c^3)r_a+(a^3+c^3)r_b+(a^3+b^3)r_c=4\Delta r^2\left[\left(\frac{p}{r}\right)^2\left(\frac{R}{r}+2\right)-\left(\frac{4R}{r}+1\right)\left(\frac{3R}{r}+2\right)\right]$$

例 2.31　在$\triangle ABC$中，试证明

$$\frac{a^4}{r_b+r_c}+\frac{b^4}{r_c+r_a}+\frac{c^4}{r_a+r_b}=2r^3\left[\left(\frac{p}{r}\right)^2\left(\frac{2R}{r}-3\right)+\frac{4R}{r}+1\right]$$

证明　在$\triangle ABC$中，由旁切圆半径公式可证

$$\frac{a^4}{r_b+r_c}+\frac{b^4}{r_c+r_a}+\frac{c^4}{r_a+r_b}=$$
$$\frac{a^4r_a}{r_ar_b+r_ar_c}+\frac{b^4r_b}{r_br_c+r_br_a}+\frac{c^4r_c}{r_cr_a+r_cr_b}=$$
$$\frac{a^4r_a}{pa}+\frac{b^4r_b}{pb}+\frac{c^4r_c}{pc}=\frac{a^3r_a+b^3r_b+c^3r_c}{p}$$

将例 2.29 代入上式，并整理得

$$\frac{a^4}{r_b+r_c}+\frac{b^4}{r_c+r_a}+\frac{c^4}{r_a+r_b}=2r^3\left[\left(\frac{p}{r}\right)^2\left(\frac{2R}{r}-3\right)+\frac{4R}{r}+1\right]$$

例 2.32　在$\triangle ABC$中，试证明

$$\frac{b^4+c^4}{r_b+r_c}+\frac{c^4+a^4}{r_c+r_a}+\frac{a^4+b^4}{r_a+r_b}=$$

$$\frac{r^4}{2R}\left\{\left(\frac{p}{r}\right)^2\left[\left(\frac{p}{r}\right)^2+8\left(\frac{R}{r}\right)^2+\frac{12R}{r}-5\right]+\left(\frac{4R}{r}+1\right)\left[\left(\frac{4R}{r}+1\right)\left(\frac{4R+r}{p}\right)^2-\left(\frac{4R}{r}+1\right)\left(\frac{8R}{r}+6\right)+1\right]\right\}$$

证明 在△ABC中,有

$$a^4+b^4+c^4=2\Delta^2\left[\left(\frac{p}{r}\right)^2+\left(\frac{4R+r}{p}\right)^2-\frac{8R}{r}-6\right]$$

易证

$$\frac{b^4+c^4}{r_b+r_c}+\frac{c^4+a^4}{r_c+r_a}+\frac{a^4+b^4}{r_a+r_b}=$$

$$(a^4+b^4+c^4)\left(\frac{1}{r_b+r_c}+\frac{1}{r_c+r_a}+\frac{1}{r_a+r_b}\right)-\left(\frac{a^4}{r_b+r_c}+\frac{b^4}{r_c+r_a}+\frac{c^4}{r_a+r_b}\right)$$

将例 2.1 和例 2.31 代入上式,并整理得

$$\frac{b^4+c^4}{r_b+r_c}+\frac{c^4+a^4}{r_c+r_a}+\frac{a^4+b^4}{r_a+r_b}=$$

$$\frac{r^4}{2R}\left(\frac{p}{r}\right)^2\left[\left(\frac{p}{r}\right)^2+\left(\frac{4R+r}{p}\right)^2-\frac{8R}{r}-6\right]\left[\left(\frac{4R+r}{p}\right)^2+1\right]-$$

$$\frac{r^4}{2R}\left[\frac{4R}{r}\left(\frac{p}{r}\right)^2\left(\frac{2R}{r}-3\right)+\frac{4R}{r}\left(\frac{4R}{r}+1\right)\right]=$$

$$\frac{r^4}{2R}\left\{\left(\frac{p}{r}\right)^2\left[\left(\frac{p}{r}\right)^2+8\left(\frac{R}{r}\right)^2+\frac{12R}{r}-5\right]+\right.$$

$$\left.\left(\frac{4R}{r}+1\right)\left[\left(\frac{4R}{r}+1\right)\left(\frac{4R+r}{p}\right)^2-\left(\frac{4R}{r}+1\right)\left(\frac{8R}{r}+6\right)+1\right]\right\}$$

即

$$\frac{b^4+c^4}{r_b+r_c}+\frac{c^4+a^4}{r_c+r_a}+\frac{a^4+b^4}{r_a+r_b}=$$

$$\frac{r^4}{2R}\left\{\left(\frac{p}{r}\right)^2\left[\left(\frac{p}{r}\right)^2+8\left(\frac{R}{r}\right)^2+\frac{12R}{r}-5\right]+\left(\frac{4R}{r}+1\right)\left[\left(\frac{4R}{r}+1\right)\left(\frac{4R+r}{p}\right)^2-\left(\frac{4R}{r}+1\right)\left(\frac{8R}{r}+6\right)+1\right]\right\}$$

例 2.33 在△ABC中,试证明

$$a^4r_a+b^4r_b+c^4r_c=4\Delta^2r\left[\left(\frac{p}{r}\right)^2\left(\frac{R}{r}-2\right)+\frac{5R}{r}+2\right]$$

证明 在△ABC中,由旁切圆半径公式$r_a=\dfrac{\Delta}{p-a}$可得

$$ar_a=pr_a-\Delta$$

上式两边同乘a^3,得

$$a^4r_a=pa^3r_a-a^3\Delta$$

同理

$$b^4r_b=pb^3r_b-b^3\Delta$$

$$c^4r_c=pc^3r_c-c^3\Delta$$

将上三式两边相加并整理得

$$a^4r_a+b^4r_b+c^4r_c=p(a^3r_a+b^3r_b+c^3r_c)-\Delta(a^3+b^3+c^3)$$

将例 2.29 代入上式并整理得

$$a^4r_a+b^4r_b+c^4r_c=2\Delta^2r\left[\left(\frac{p}{r}\right)^2\left(\frac{2R}{r}-3\right)+\frac{4R}{r}+1\right]-2\Delta^2r\left[\left(\frac{p}{r}\right)^2-\frac{6R}{r}-3\right]=$$
$$4\Delta^2r\left[\left(\frac{p}{r}\right)^2\left(\frac{R}{r}-2\right)+\frac{5R}{r}+2\right]$$

即

$$a^4r_a+b^4r_b+c^4r_c=4\Delta^2r\left[\left(\frac{p}{r}\right)^2\left(\frac{R}{r}-2\right)+\frac{5R}{r}+2\right]$$

例 2.34　在$\triangle ABC$中，试证明

$$(b^4+c^4)r_a+(a^4+c^4)r_b+(a^4+b^4)r_c=$$
$$2\Delta^2r\left[\left(\frac{p}{r}\right)^2\left(\frac{2R}{r}+5\right)+\left(\frac{4R}{r}+1\right)\left(\frac{4R+r}{p}\right)^2-32\left(\frac{R}{r}\right)^2-\frac{42R}{r}-10\right]$$

证明　在$\triangle ABC$中，有

$$a^4+b^4+c^4=2\Delta^2\left[\left(\frac{p}{r}\right)^2+\left(\frac{4R+r}{p}\right)^2-\frac{8R}{r}-6\right]$$

易证

$$(b^4+c^4)r_a+(a^4+c^4)r_b+(a^4+b^4)r_c=(a^4+b^4+c^4)(r_a+r_b+r_c)-(a^4r_a+b^4r_b+c^4r_c)$$

将例 2.33 代入上式并整理得

$$(b^4+c^4)r_a+(a^4+c^4)r_b+(a^4+b^4)r_c=$$
$$2\Delta^2r\left[\left(\frac{p}{r}\right)^2+\left(\frac{4R+r}{p}\right)^2-\frac{8R}{r}-6\right]\left(\frac{4R}{r}+1\right)-4\Delta^2r\left[\left(\frac{p}{r}\right)^2\left(\frac{R}{r}-2\right)+\frac{5R}{r}+2\right]=$$
$$2\Delta^2r\left[\left(\frac{p}{r}\right)^2\left(\frac{2R}{r}+5\right)+\left(\frac{4R}{r}+1\right)\left(\frac{4R+r}{p}\right)^2-32\left(\frac{R}{r}\right)^2-\frac{42R}{r}-10\right]$$

即

$$(b^4+c^4)r_a+(a^4+c^4)r_b+(a^4+b^4)r_c=$$
$$2\Delta^2r\left[\left(\frac{p}{r}\right)^2\left(\frac{2R}{r}+5\right)+\left(\frac{4R}{r}+1\right)\left(\frac{4R+r}{p}\right)^2-32\left(\frac{R}{r}\right)^2-\frac{42R}{r}-10\right]$$

例 2.35　在$\triangle ABC$中，试证明

$$\frac{a^5}{r_b+r_c}+\frac{b^5}{r_c+r_a}+\frac{c^5}{r_a+r_b}=4\Delta r^2\left[\left(\frac{p}{r}\right)^2\left(\frac{R}{r}-2\right)+\frac{5R}{r}+2\right]$$

证明　在$\triangle ABC$中，由旁切圆半径公式可证

$$\frac{a^5}{r_b+r_c}+\frac{b^5}{r_c+r_a}+\frac{c^5}{r_a+r_b}=$$
$$\frac{a^5r_a}{r_ar_b+r_ar_c}+\frac{b^5r_b}{r_br_c+r_br_a}+\frac{c^5r_c}{r_cr_a+r_cr_b}=$$
$$\frac{a^5r_a}{pa}+\frac{b^5r_b}{pb}+\frac{c^5r_c}{pc}=\frac{a^4r_a+b^4r_b+c^4r_c}{p}$$

将例 2.33 代入上式并整理得

$$\frac{a^5}{r_b+r_c}+\frac{b^5}{r_c+r_a}+\frac{c^5}{r_a+r_b}=4\Delta r^2\left[\left(\frac{p}{r}\right)^2\left(\frac{R}{r}-2\right)+\frac{5R}{r}+2\right]$$

例 2.36 在$\triangle ABC$中,试证明

$$a^5r_a+b^5r_b+c^5r_c=2\Delta^3\left[\left(\frac{p}{r}\right)^2\left(\frac{2R}{r}-5\right)+\frac{18R}{r}+10-\left(\frac{4R+r}{p}\right)^2\right]$$

证明 在$\triangle ABC$中,由旁切圆半径公式$r_a=\frac{\Delta}{p-a}$可得

$$ar_a=pr_a-\Delta$$

上式两边同乘a^4,得

$$a^5r_a=pa^4r_a-a^4\Delta$$

同理

$$b^5r_b=pb^4r_b-b^4\Delta$$

$$c^5r_c=pc^4r_c-c^4\Delta$$

将上三式两边相加并整理得

$$a^5r_a+b^5r_b+c^5r_c=p(a^4r_a+b^4r_b+c^4r_c)-\Delta(a^4+b^4+c^4)$$

将例 2.33 代入上式并整理得

$$a^5r_a+b^5r_b+c^5r_c=4\Delta^3\left[\left(\frac{p}{r}\right)^2\left(\frac{R}{r}-2\right)+\frac{5R}{r}+2\right]-2\Delta^3\left[\left(\frac{p}{r}\right)^2+\left(\frac{4R+r}{p}\right)^2-\frac{8R}{r}-6\right]=$$

$$2\Delta^3\left[\left(\frac{p}{r}\right)^2\left(\frac{2R}{r}-5\right)+\frac{18R}{r}+10-\left(\frac{4R+r}{p}\right)^2\right]$$

即

$$a^5r_a+b^5r_b+c^5r_c=2\Delta^3\left[\left(\frac{p}{r}\right)^2\left(\frac{2R}{r}-5\right)+\frac{18R}{r}+10-\left(\frac{4R+r}{p}\right)^2\right]$$

例 2.37 在$\triangle ABC$中,试证明

$$\frac{a^6}{r_b+r_c}+\frac{b^6}{r_c+r_a}+\frac{c^6}{r_a+r_b}=2\Delta^2r\left[\left(\frac{p}{r}\right)^2\left(\frac{2R}{r}-5\right)+\frac{18R}{r}+10-\left(\frac{4R+r}{p}\right)^2\right]$$

证明 在$\triangle ABC$中,由旁切圆半径公式可证

$$\frac{a^6}{r_b+r_c}+\frac{b^6}{r_c+r_a}+\frac{c^6}{r_a+r_b}=$$

$$\frac{a^6r_a}{r_ar_b+r_ar_c}+\frac{b^6r_b}{r_br_c+r_br_a}+\frac{c^6r_c}{r_cr_a+r_cr_b}=$$

$$\frac{a^6r_a}{pa}+\frac{b^6r_b}{pb}+\frac{c^6r_c}{pc}=\frac{a^5r_a+b^5r_b+c^5r_c}{p}$$

将例 2.36 代入上式并整理得

$$\frac{a^6}{r_b+r_c}+\frac{b^6}{r_c+r_a}+\frac{c^6}{r_a+r_b}=2\Delta^2r\left[\left(\frac{p}{r}\right)^2\left(\frac{2R}{r}-5\right)+\frac{18R}{r}+10-\left(\frac{4R+r}{p}\right)^2\right]$$

例 2.38 在$\triangle ABC$中,试证明

$$ar_a^2+br_b^2+cr_c^2=2\Delta r\left[8\left(\frac{R}{r}\right)^2+\frac{2R}{r}-\left(\frac{p}{r}\right)^2\right]$$

证明 在$\triangle ABC$中,由旁切圆半径公式$r_a=\dfrac{\Delta}{p-a}$可得

$$ar_a=pr_a-\Delta$$

上式两边同乘r_a得

$$ar_a^2=pr_a^2-\Delta r_a$$

同理

$$br_b^2=pr_b^2-\Delta r_b$$

$$cr_c^2=pr_c^2-\Delta r_c$$

将上三式两边相加并整理得

$$ar_a^2+br_b^2+cr_c^2=p(r_a^2+r_b^2+r_c^2)-\Delta(r_a+r_b+r_c)=$$

$$\Delta r\left(\frac{p}{r}\right)^2\left[\left(\frac{4R+r}{p}\right)^2-2\right]-\Delta r\left(\frac{4R}{r}+1\right)=$$

$$2\Delta r\left[8\left(\frac{R}{r}\right)^2+\frac{2R}{r}-\left(\frac{p}{r}\right)^2\right]$$

即

$$ar_a^2+br_b^2+cr_c^2=2\Delta r\left[8\left(\frac{R}{r}\right)^2+\frac{2R}{r}-\left(\frac{p}{r}\right)^2\right]$$

例 2.39 在$\triangle ABC$中,试证明

$$(b+c)r_a^2+(a+c)r_b^2+(a+b)r_c^2=2\Delta r\left[8\left(\frac{R}{r}\right)^2+\frac{6R}{r}+1-\left(\frac{p}{r}\right)^2\right]$$

证明 易证

$$(b+c)r_a^2+(a+c)r_b^2+(a+b)r_c^2=2p(r_a^2+r_b^2+r_c^2)-(ar_a^2+br_b^2+cr_c^2)$$

将例 2.38 代入上式,并整理得

$$(b+c)r_a^2+(a+c)r_b^2+(a+b)r_c^2=2\Delta r\left(\frac{p}{r}\right)^2\left[\left(\frac{4R+r}{p}\right)^2-2\right]-2\Delta r\left[8\left(\frac{R}{r}\right)^2+\frac{2R}{r}-\left(\frac{p}{r}\right)^2\right]=$$

$$2\Delta r\left[8\left(\frac{R}{r}\right)^2+\frac{6R}{r}+1-\left(\frac{p}{r}\right)^2\right]$$

即

$$(b+c)r_a^2+(a+c)r_b^2+(a+b)r_c^2=2\Delta r\left[8\left(\frac{R}{r}\right)^2+\frac{6R}{r}+1-\left(\frac{p}{r}\right)^2\right]$$

例 2.40 在$\triangle ABC$中,试证明

$$\frac{a^2r_a}{r_b+r_c}+\frac{b^2r_b}{r_c+r_a}+\frac{c^2r_c}{r_a+r_b}=2r^2\left[8\left(\frac{R}{r}\right)^2+\frac{2R}{r}-\left(\frac{p}{r}\right)^2\right]$$

证明 在$\triangle ABC$中,由旁切圆半径公式可证

$$\frac{a^2r_a}{r_b+r_c}+\frac{b^2r_b}{r_c+r_a}+\frac{c^2r_c}{r_a+r_b}=$$
$$\frac{a^2r_a^2}{r_ar_b+r_ar_c}+\frac{b^2r_b^2}{r_br_c+r_br_a}+\frac{c^2r_c^2}{r_cr_a+r_cr_b}=$$
$$\frac{a^2r_a^2}{pa}+\frac{b^2r_b^2}{pb}+\frac{c^2r_c^2}{pc}=\frac{ar_a^2+br_b^2+cr_c^2}{p}$$

将例 2.38 代入上式并整理得

$$\frac{a^2r_a}{r_b+r_c}+\frac{b^2r_b}{r_c+r_a}+\frac{c^2r_c}{r_a+r_b}=2r^2\left[8\left(\frac{R}{r}\right)^2+\frac{2R}{r}-\left(\frac{p}{r}\right)^2\right]$$

例 2.41 在$\triangle ABC$中,试证明

$$\frac{c^2r_c+b^2r_b}{r_b+r_c}+\frac{c^2r_c+a^2r_a}{r_c+r_a}+\frac{b^2r_b+a^2r_a}{r_a+r_b}=\frac{r^3}{R}\left[\left(\frac{3R}{r}-1\right)\left(\frac{p}{r}\right)^2-12\left(\frac{R}{r}\right)^2-\frac{7R}{r}-1\right]$$

证明 易证

$$\frac{c^2r_c+b^2r_b}{r_b+r_c}+\frac{c^2r_c+a^2r_a}{r_c+r_a}+\frac{b^2r_b+a^2r_a}{r_a+r_b}=$$
$$(c^2r_c+b^2r_b+a^2r_a)\left(\frac{1}{r_b+r_c}+\frac{1}{r_c+r_a}+\frac{1}{r_a+r_b}\right)-\left(\frac{a^2r_a}{r_b+r_c}+\frac{b^2r_b}{r_c+r_a}+\frac{c^2r_c}{r_a+r_b}\right)$$

将例 2.1、例 2.22 和例 2.40 代入上式并整理得

$$\frac{c^2r_c+b^2r_b}{r_b+r_c}+\frac{c^2r_c+a^2r_a}{r_c+r_a}+\frac{b^2r_b+a^2r_a}{r_a+r_b}=$$
$$\frac{r^3}{R}\left(\frac{p}{r}\right)^2\left(\frac{R}{r}-1\right)\left[\left(\frac{4R+r}{p}\right)^2+1\right]-\frac{2r^3}{R}\cdot\frac{R}{r}\left[8\left(\frac{R}{r}\right)^2+\frac{2R}{r}-\left(\frac{p}{r}\right)^2\right]=$$
$$\frac{r^3}{R}\left[\left(\frac{3R}{r}-1\right)\left(\frac{p}{r}\right)^2-12\left(\frac{R}{r}\right)^2-\frac{7R}{r}-1\right]$$

即

$$\frac{c^2r_c+b^2r_b}{r_b+r_c}+\frac{c^2r_c+a^2r_a}{r_c+r_a}+\frac{b^2r_b+a^2r_a}{r_a+r_b}=\frac{r^3}{R}\left[\left(\frac{3R}{r}-1\right)\left(\frac{p}{r}\right)^2-12\left(\frac{R}{r}\right)^2-\frac{7R}{r}-1\right]$$

例 2.42 在$\triangle ABC$中,试证明

$$a^2r_a^2+b^2r_b^2+c^2r_c^2=2\Delta^2\left[8\left(\frac{R}{r}\right)^2+1-\left(\frac{p}{r}\right)^2\right]$$

证明 在$\triangle ABC$中,由旁切圆半径公式$r_a=\dfrac{\Delta}{p-a}$可得

$$ar_a=pr_a-\Delta$$

上式两边同乘ar_a,得

$$a^2r_a^2=par_a^2-\Delta ar_a$$

同理

$$b^2r_b^2=pbr_b^2-\Delta br_b$$

$$c^2r_c^2=pcr_c^2-\Delta cr_c$$

将上三式两边相加并整理得

$$a^2r_a^2+b^2r_b^2+c^2r_c^2=p(ar_a^2+br_b^2+cr_c^2)-\Delta(ar_a+br_b+cr_c)=$$

$$2\Delta^2\left[8\left(\frac{R}{r}\right)^2+\frac{2R}{r}-\left(\frac{p}{r}\right)^2\right]-2\Delta^2\left(\frac{2R}{r}-1\right)=2\Delta^2\left[8\left(\frac{R}{r}\right)^2+1-\left(\frac{p}{r}\right)^2\right]$$

即

$$a^2r_a^2+b^2r_b^2+c^2r_c^2=2\Delta^2\left[8\left(\frac{R}{r}\right)^2+1-\left(\frac{p}{r}\right)^2\right]$$

例 2.43　在$\triangle ABC$中,试证明

$$(b^2+c^2)r_a^2+(a^2+c^2)r_b^2+(a^2+b^2)r_c^2=2\Delta^2\left[8\left(\frac{R}{r}\right)^2-\left(\frac{p}{r}\right)^2+\frac{16R}{r}+2-\left(\frac{4R}{r}+1\right)\left(\frac{4R+r}{p}\right)^2\right]$$

证明　易证

$$(b^2+c^2)r_a^2+(a^2+c^2)r_b^2+(a^2+b^2)r_c^2=$$

$$(a^2+b^2+c^2)(r_a^2+r_b^2+r_c^2)-(a^2r_a^2+b^2r_b^2+c^2r_c^2)=$$

$$2\Delta^2\left[\left(\frac{p}{r}\right)^2-\frac{4R}{r}-1\right]\left[\left(\frac{4R+r}{p}\right)^2-2\right]-(a^2r_a^2+b^2r_b^2+c^2r_c^2)$$

将例 2.42 代入上式并整理得

$$(b^2+c^2)r_a^2+(a^2+c^2)r_b^2+(a^2+b^2)r_c^2=$$

$$2\Delta^2\left[\left(\frac{p}{r}\right)^2-\frac{4R}{r}-1\right]\left[\left(\frac{4R+r}{p}\right)^2-2\right]-2\Delta^2\left[8\left(\frac{R}{r}\right)^2+1-\left(\frac{p}{r}\right)^2\right]=$$

$$2\Delta^2\left[8\left(\frac{R}{r}\right)^2-\left(\frac{p}{r}\right)^2+\frac{16R}{r}+2-\left(\frac{4R}{r}+1\right)\left(\frac{4R+r}{p}\right)^2\right]$$

即

$$(b^2+c^2)r_a^2+(a^2+c^2)r_b^2+(a^2+b^2)r_c^2=2\Delta^2\left[8\left(\frac{R}{r}\right)^2-\left(\frac{p}{r}\right)^2+\frac{16R}{r}+2-\left(\frac{4R}{r}+1\right)\left(\frac{4R+r}{p}\right)^2\right]$$

例 2.44　在$\triangle ABC$中,试证明

$$\frac{a^3r_a}{r_b+r_c}+\frac{b^3r_b}{r_c+r_a}+\frac{c^3r_c}{r_a+r_b}=2\Delta r\left[8\left(\frac{R}{r}\right)^2+1-\left(\frac{p}{r}\right)^2\right]$$

证明　在$\triangle ABC$中,由旁切圆半径公式可证

$$\frac{a^3r_a}{r_b+r_c}+\frac{b^3r_b}{r_c+r_a}+\frac{c^3r_c}{r_a+r_b}=$$

$$\frac{a^3r_a^2}{r_ar_b+r_ar_c}+\frac{b^3r_b^2}{r_br_c+r_br_a}+\frac{c^3r_c^2}{r_cr_a+r_cr_b}=$$

$$\frac{a^3r_a^2}{pa}+\frac{b^3r_b^2}{pb}+\frac{c^3r_c^2}{pc}=\frac{a^2r_a^2+b^2r_b^2+c^2r_c^2}{p}$$

将例 2.42 代入上式并整理得

$$\frac{a^3 r_a}{r_b+r_c}+\frac{b^3 r_b}{r_c+r_a}+\frac{c^3 r_c}{r_a+r_b}=2\Delta r\left[8\left(\frac{R}{r}\right)^2+1-\left(\frac{p}{r}\right)^2\right]$$

例 2.45 在△ABC 中，试证明

$$\frac{c^3 r_c+b^3 r_b}{r_b+r_c}+\frac{c^3 r_c+a^3 r_a}{r_c+r_a}+\frac{b^3 r_b+a^3 r_a}{r_a+r_b}=$$

$$\Delta r\cdot\frac{r}{2R}\left[3\left(\frac{p}{r}\right)^2\left(\frac{2R}{r}-1\right)+\left(\frac{4R}{r}+1\right)\left(\frac{4R+r}{p}\right)^2-32\left(\frac{R}{r}\right)^2-\frac{22R}{r}-2\right]$$

证明 易证

$$\frac{c^3 r_c+b^3 r_b}{r_b+r_c}+\frac{c^3 r_c+a^3 r_a}{r_c+r_a}+\frac{b^3 r_b+a^3 r_a}{r_a+r_b}=$$

$$(b^3 r_b+a^3 r_a+c^3 r_c)\left(\frac{1}{r_b+r_c}+\frac{1}{r_c+r_a}+\frac{1}{r_a+r_b}\right)-\left(\frac{a^3 r_a}{r_b+r_c}+\frac{b^3 r_b}{r_c+r_a}+\frac{c^3 r_c}{r_a+r_b}\right)$$

将例 2.1、例 2.29 和例 2.44 代入上式并整理得

$$\frac{c^3 r_c+b^3 r_b}{r_b+r_c}+\frac{c^3 r_c+a^3 r_a}{r_c+r_a}+\frac{b^3 r_b+a^3 r_a}{r_a+r_b}=$$

$$\Delta r\cdot\frac{r}{2R}\left[\left(\frac{p}{r}\right)^2\left(\frac{2R}{r}-3\right)+\frac{4R}{r}+1\right]\left[\left(\frac{4R+r}{p}\right)^2+1\right]-$$

$$\Delta r\frac{r}{2R}\cdot\frac{4R}{r}\left[8\left(\frac{R}{r}\right)^2+1-\left(\frac{p}{r}\right)^2\right]=$$

$$\Delta r\cdot\frac{r}{2R}\left[3\left(\frac{p}{r}\right)^2\left(\frac{2R}{r}-1\right)+\left(\frac{2R}{r}-3\right)\left(\frac{4R}{r}+1\right)^2+\right.$$

$$\left.\left(\frac{4R}{r}+1\right)\left(\frac{4R+r}{p}\right)^2-32\left(\frac{R}{r}\right)^3+1\right]$$

即

$$\frac{c^3 r_c+b^3 r_b}{r_b+r_c}+\frac{c^3 r_c+a^3 r_a}{r_c+r_a}+\frac{b^3 r_b+a^3 r_a}{r_a+r_b}=$$

$$\Delta r\cdot\frac{r}{2R}\left[3\left(\frac{p}{r}\right)^2\left(\frac{2R}{r}-1\right)+\left(\frac{4R}{r}+1\right)\left(\frac{4R+r}{p}\right)^2-32\left(\frac{R}{r}\right)^2-\frac{22R}{r}-2\right]$$

例 2.46 在△ABC 中，试证明

$$a^3 r_a^2+b^3 r_b^2+c^3 r_c^2=2\Delta^2 p\left[8\left(\frac{R}{r}\right)^2-\frac{2R}{r}-\left(\frac{p}{r}\right)^2+3\right]$$

证明 在△ABC 中，由旁切圆半径公式$r_a=\dfrac{\Delta}{p-a}$可得

$$a r_a=pr_a-\Delta$$

上式两边同乘$a^2 r_a$，得

$$a^3 r_a^2=p a^2 r_a^2-\Delta a^2 r_a$$

同理

$$b^3 r_b^2=p b^2 r_b^2-\Delta b^2 r_b$$

$$c^3r_c^2=pc^2r_c^2-\Delta c^2r_c$$

将上三式两边相加并整理得

$$a^3r_a^2+b^3r_b^2+c^3r_c^2=p(a^2r_a^2+b^2r_b^2+c^2r_c^2)-\Delta(a^2r_a+b^2r_b+c^2r_c)$$

由例 2.22 和例 2.42 代入上式并整理得

$$a^3r_a^2+b^3r_b^2+c^3r_c^2=$$

$$2\Delta^2p\left[8\left(\frac{R}{r}\right)^2+1-\left(\frac{p}{r}\right)^2\right]-4\Delta^2p\left(\frac{R}{r}-1\right)=2\Delta^2p\left[8\left(\frac{R}{r}\right)^2-\frac{2R}{r}-\left(\frac{p}{r}\right)^2+3\right]$$

即

$$a^3r_a^2+b^3r_b^2+c^3r_c^2=2\Delta^2p\left[8\left(\frac{R}{r}\right)^2-\frac{2R}{r}-\left(\frac{p}{r}\right)^2+3\right]$$

例 2.47　在△ABC 中，试证明

$$(b^3+c^3)r_a^2+(a^3+c^3)r_b^2+(a^3+b^3)r_c^2$$
$$=2\Delta^2p\left[8\left(\frac{R}{r}\right)^2+\frac{22R}{r}+4-\left(\frac{R}{r}\right)^2-3\left(\frac{2R}{r}+1\right)\left(\frac{4R+r}{p}\right)^2\right]$$

证明　易证

$$(b^3+c^3)r_a^2+(a^3+c^3)r_b^2+(a^3+b^3)r_c^2=$$
$$(a^3+b^3+c^3)(r_a^2+r_b^2+r_c^2)-(a^3r_a^2+b^3r_b^2+c^3r_c^2)=$$
$$2\Delta^2p\left[\left(\frac{p}{r}\right)^2-\frac{6R}{r}-3\right]-\left[\left(\frac{4R+r}{p}\right)^2-2\right]$$

将例 2.46 代入上式并整理得

$$(b^3+c^3)r_a^2+(a^3+c^3)r_b^2+(a^3+b^3)r_c^2=$$
$$2\Delta^2p\left[\left(\frac{p}{r}\right)^2-\frac{6R}{r}-3\right]\left[\left(\frac{4R+r}{p}\right)^2-2\right]-2\Delta^2p\left[8\left(\frac{R}{r}\right)^2-\frac{2R}{r}-\left(\frac{p}{r}\right)^2+3\right]=$$
$$2\Delta^2p\left[8\left(\frac{R}{r}\right)^2+\frac{22R}{r}+4-\left(\frac{p}{r}\right)^2-3\left(\frac{2R}{r}+1\right)\left(\frac{4R+r}{p}\right)^2\right]$$

即

$$(b^3+c^3)r_a^2+(a^3+c^3)r_b^2+(a^3+b^3)r_c^2$$
$$=2\Delta^2p\left[8\left(\frac{R}{r}\right)^2+\frac{22R}{r}+4-\left(\frac{p}{r}\right)^2-3\left(\frac{2R}{r}+1\right)\left(\frac{4R+r}{p}\right)^2\right]$$

例 2.48　在△ABC 中，试证明

$$\frac{a^4r_a}{r_b+r_c}+\frac{b^4r_b}{r_c+r_a}+\frac{c^4r_c}{r_a+r_b}=2\Delta^2\left[8\left(\frac{R}{r}\right)^2-\frac{2R}{r}-\left(\frac{p}{r}\right)^2+3\right]$$

证明　在△ABC 中，由旁切圆半径公式可证

$$\frac{a^4r_a}{r_b+r_c}+\frac{b^4r_b}{r_c+r_a}+\frac{c^4r_c}{r_a+r_b}=$$
$$\frac{a^4r_a^2}{r_ar_b+r_ar_c}+\frac{b^4r_b^2}{r_br_c+r_br_a}+\frac{c^4r_c^2}{r_cr_a+r_cr_b}=$$

$$\frac{a^4r_a^2}{pa}+\frac{b^4r_b^2}{pb}+\frac{c^4r_c^2}{pc}=\frac{a^3r_a^2+b^3r_b^2+c^3r_c^2}{p}$$

将例 2.46 代入上式，并整理得

$$\frac{a^4r_a}{r_b+r_c}+\frac{b^4r_b}{r_c+r_a}+\frac{c^4r_c}{r_a+r_b}=2\Delta^2\left[8\left(\frac{R}{r}\right)^2-\frac{2R}{r}-\left(\frac{p}{r}\right)^2+3\right]$$

例 2.49 在$\triangle ABC$中，试证明

$$\frac{c^4r_c+b^4r_b}{r_b+r_c}+\frac{c^4r_c+a^4r_a}{r_c+r_a}+\frac{b^4r_b+a^4r_a}{r_a+r_b}=$$
$$\Delta^2\cdot\frac{r}{R}\left[\left(\frac{p}{r}\right)^2\left(\frac{3R}{r}-2\right)+\left(\frac{5R}{r}+2\right)\left(\frac{4R+r}{p}\right)^2-\frac{4R}{r}\left(\frac{5R}{r}+4\right)\right]$$

证明 易证

$$\frac{c^4r_c+b^4r_b}{r_b+r_c}+\frac{c^4r_c+a^4r_a}{r_c+r_a}+\frac{b^4r_b+a^4r_a}{r_a+r_b}=$$
$$(b^4r_b+a^4r_a+c^4r_c)\left(\frac{1}{r_b+r_c}+\frac{1}{r_c+r_a}+\frac{1}{r_a+r_b}\right)-\left(\frac{a^4r_a}{r_b+r_c}+\frac{b^4r_b}{r_c+r_a}+\frac{c^4r_c}{r_a+r_b}\right)$$

将例 2.1、例 2.33 和例 2.48 代入上式并整理得

$$\frac{c^4r_c+b^4r_b}{r_b+r_c}+\frac{c^4r_c+a^4r_a}{r_c+r_a}+\frac{b^4r_b+a^4r_a}{r_a+r_b}=$$
$$\Delta^2\cdot\frac{r}{R}\left[\left(\frac{p}{r}\right)^2\left(\frac{R}{r}-2\right)+\frac{5R}{r}+2\right]\left[\left(\frac{4R+r}{p}\right)^2+1\right]-\Delta^2\frac{r}{R}\cdot\frac{2R}{r}\left[8\left(\frac{R}{r}\right)^2-\frac{2R}{r}-\left(\frac{p}{r}\right)^2+3\right]=$$
$$\Delta^2\cdot\frac{r}{R}\left[\left(\frac{p}{r}\right)^2\left(\frac{3R}{r}-2\right)+\left(\frac{5R}{r}+2\right)\left(\frac{4R+r}{p}\right)^2-\frac{4R}{r}\left(\frac{5R}{r}+4\right)\right]$$

即

$$\frac{c^4r_c+b^4r_b}{r_b+r_c}+\frac{c^4r_c+a^4r_a}{r_c+r_a}+\frac{b^4r_b+a^4r_a}{r_a+r_b}=$$
$$\Delta^2\cdot\frac{r}{R}\left[\left(\frac{p}{r}\right)^2\left(\frac{3R}{r}-2\right)+\left(\frac{5R}{r}+2\right)\left(\frac{4R+r}{p}\right)^2-\frac{4R}{r}\left(\frac{5R}{r}+4\right)\right]$$

例 2.50 在$\triangle ABC$中，试证明

$$ar_a^3+br_b^3+cr_c^3=\Delta p^2\left[\frac{4R}{r}\left(\frac{4R+r}{p}\right)^2-\frac{12R}{r}+2\right]$$

证明 在$\triangle ABC$中，由旁切圆半径公式$r_a=\dfrac{\Delta}{p-a}$可得

$$ar_a=pr_a-\Delta$$

上式两边同乘r_a^2，得

$$ar_a^3=pr_a^3-\Delta r_a^2$$

同理

$$br_b^3=pr_b^3-\Delta r_b^2$$

$$cr_c^3=pr_c^3-\Delta r_c^2$$

将上三式两边相加并整理得

$$ar_a^3+br_b^3+cr_c^3=p(r_a^3+r_b^3+r_c^3)-\Delta(r_a^2+r_b^2+r_c^2)$$

在$\triangle ABC$中,有

$$r_a^3+r_b^3+r_c^3=\Delta p\left[\left(\frac{4R}{r}+1\right)\left(\frac{4R+r}{p}\right)^2-\frac{12R}{r}\right]$$

$$r_a^2+r_b^2+r_c^2=p^2\left[\left(\frac{4R+r}{p}\right)^2-2\right]$$

从而

$$ar_a^3+br_b^3+cr_c^3=\Delta p^2\left[\left(\frac{4R}{r}+1\right)\left(\frac{4R+r}{p}\right)^2-\frac{12R}{r}\right]-\Delta p^2\left[\left(\frac{4R+r}{p}\right)^2-2\right]=$$

$$\Delta p^2\left[\frac{4R}{r}\left(\frac{4R+r}{p}\right)^2-\frac{12R}{r}+2\right]$$

即

$$ar_a^3+br_b^3+cr_c^3=\Delta p^2\left[\frac{4R}{r}\left(\frac{4R+r}{p}\right)^2-\frac{12R}{r}+2\right]$$

例 2.51 在$\triangle ABC$中,试证明

$$(b+c)r_a^3+(a+c)r_b^3+(a+b)r_c^3=\Delta p^2\left[\left(\frac{4R}{r}+2\right)\left(\frac{4R+r}{p}\right)^2-\frac{12R}{r}-2\right]$$

证明 易证

$$(b+c)r_a^3+(a+c)r_b^3+(a+b)r_c^3=2p(r_a^3+r_b^3+r_c^3)-(ar_a^3+br_b^3+cr_c^3)=$$

$$2\Delta p^2\left[\left(\frac{4R}{r}+1\right)\left(\frac{4R+r}{p}\right)^2-\frac{12R}{r}\right]-(ar_a^3+br_b^3+cr_c^3)$$

将例 2.50 代入上式并整理得

$$(b+c)r_a^3+(a+c)r_b^3+(a+b)r_c^3=$$

$$2\Delta p^2\left[\left(\frac{4R}{r}+1\right)\left(\frac{4R+r}{p}\right)^2-\frac{12R}{r}\right]-\Delta p^2\left[\frac{4R}{r}\left(\frac{4R+r}{p}\right)^2-\frac{12R}{r}+2\right]=$$

$$\Delta p^2\left[\left(\frac{4R}{r}+2\right)\left(\frac{4R+r}{p}\right)^2-\frac{12R}{r}-2\right]$$

即

$$(b+c)r_a^3+(a+c)r_b^3+(a+b)r_c^3=\Delta p^2\left[\left(\frac{4R}{r}+2\right)\left(\frac{4R+r}{p}\right)^2-\frac{12R}{r}-2\right]$$

例 2.52 在$\triangle ABC$中,试证明

$$\frac{a^2r_a^2}{r_b+r_c}+\frac{b^2r_b^2}{r_c+r_a}+\frac{c^2r_c^2}{r_a+r_b}=\Delta p\left[\frac{4R}{r}\left(\frac{4R+r}{p}\right)^2-\frac{12R}{r}+2\right]$$

证明 在$\triangle ABC$中,由旁切圆半径公式可证

$$\frac{a^2r_a^2}{r_b+r_c}+\frac{b^2r_b^2}{r_c+r_a}+\frac{c^2r_c^2}{r_a+r_b}=$$

$$\frac{a^2r_a^3}{r_ar_b+r_ar_c}+\frac{b^2r_b^3}{r_br_c+r_br_a}+\frac{c^2r_c^3}{r_cr_a+r_cr_b}=$$

$$\frac{a^2r_a^3}{pa}+\frac{b^2r_b^3}{pb}+\frac{c^2r_c^3}{pc}=\frac{ar_a^3+br_b^3+cr_c^3}{p}$$

将例 2.50 代入上式并整理得

$$\frac{a^2r_a^2}{r_b+r_c}+\frac{b^2r_b^2}{r_c+r_a}+\frac{c^2r_c^2}{r_a+r_b}=\Delta p\left[\frac{4R}{r}\left(\frac{4R+r}{p}\right)^2-\frac{12R}{r}+2\right]$$

例 2.53 在$\triangle ABC$中,试证明

$$\frac{c^2r_c^2+b^2r_b^2}{r_b+r_c}+\frac{c^2r_c^2+a^2r_a^2}{r_c+r_a}+\frac{b^2r_b^2+a^2r_a^2}{r_a+r_b}=\Delta p\cdot\frac{r}{2R}\left[16\left(\frac{R}{r}\right)^2-\frac{12R}{r}+\left(\frac{4R+r}{p}\right)^2-\left(\frac{p}{r}\right)^2\right]$$

证明 易证

$$\frac{c^2r_c^2+b^2r_b^2}{r_b+r_c}+\frac{c^2r_c^2+a^2r_a^2}{r_c+r_a}+\frac{b^2r_b^2+a^2r_a^2}{r_a+r_b}=$$

$$(b^2r_b^2+a^2r_a^2+c^2r_c^2)\left(\frac{1}{r_b+r_c}+\frac{1}{r_c+r_a}+\frac{1}{r_a+r_b}\right)-\left(\frac{a^2r_a^2}{r_b+r_c}+\frac{b^2r_b^2}{r_c+r_a}+\frac{c^2r_c^2}{r_a+r_b}\right)$$

将例 2.1、例 2.42 和例 2.52 代入上式并整理得

$$\frac{c^2r_c^2+b^2r_b^2}{r_b+r_c}+\frac{c^2r_c^2+a^2r_a^2}{r_c+r_a}+\frac{b^2r_b^2+a^2r_a^2}{r_a+r_b}=$$

$$\Delta p\cdot\frac{r}{2R}\left[8\left(\frac{R}{r}\right)^2+1-\left(\frac{p}{r}\right)^2\right]\left[\left(\frac{4R+r}{p}\right)^2+1\right]-\Delta p\cdot\frac{r}{2R}\cdot\frac{2R}{r}\left[\frac{4R}{r}\left(\frac{4R+r}{p}\right)^2-\frac{12R}{r}+2\right]=$$

$$\Delta p\cdot\frac{r}{2R}\left[16\left(\frac{R}{r}\right)^2-\frac{12R}{r}+\left(\frac{4R+r}{p}\right)^2-\left(\frac{p}{r}\right)^2\right]$$

即

$$\frac{c^2r_c^2+b^2r_b^2}{r_b+r_c}+\frac{c^2r_c^2+a^2r_a^2}{r_c+r_a}+\frac{b^2r_b^2+a^2r_a^2}{r_a+r_b}=\Delta p\cdot\frac{r}{2R}\left[16\left(\frac{R}{r}\right)^2-\frac{12R}{r}+\left(\frac{4R+r}{p}\right)^2-\left(\frac{p}{r}\right)^2\right]$$

例 2.54 在$\triangle ABC$中,试证明

$$a^2r_a^3+b^2r_b^3+c^2r_c^3=\Delta^2r\left[\left(\frac{4R}{r}\right)^2\left(\frac{4R}{r}+1\right)-\frac{12R}{r}\left(\frac{p}{r}\right)^2+4\left(\frac{p}{r}\right)^2\right]$$

证明 在$\triangle ABC$中,由旁切圆半径公式$r_a=\dfrac{\Delta}{p-a}$可得

$$ar_a=pr_a-\Delta$$

上式两边同乘ar_a^2,得

$$a^2r_a^3=par_a^3-\Delta ar_a^2$$

同理

$$b^2r_b^3=pbr_b^3-\Delta br_b^2$$

$$c^2r_c^3=pcr_c^3-\Delta cr_c^2$$

将上三式两边相加并整理得

$$a^2r_a^3+b^2r_b^3+c^2r_c^3=p(ar_a^3+br_b^3+cr_c^3)-\Delta(ar_a^2+br_b^2+cr_c^2)$$

将例 2.38 和例 2.50 代入上式并整理得

$$a^2r_a^3+b^2r_b^3+c^2r_c^3=\Delta p^3\left[\frac{4R}{r}\left(\frac{4R+r}{p}\right)^2-\frac{12R}{r}+2\right]-2\Delta^2 r\left[8\left(\frac{R}{r}\right)^2+\frac{2R}{r}-\left(\frac{p}{r}\right)^2\right]=$$

$$\Delta^2 r\left(\frac{p}{r}\right)^2\left[\frac{4R}{r}\left(\frac{4R+r}{p}\right)^2-\frac{12R}{r}+2\right]-2\Delta^2 r\left[8\left(\frac{R}{r}\right)^2+\frac{2R}{r}-\left(\frac{p}{r}\right)^2\right]=$$

$$\Delta^2 r\left[\frac{4R}{r}\left(\frac{4R}{r}+1\right)^2-\frac{12R}{r}\left(\frac{p}{r}\right)^2+2\left(\frac{p}{r}\right)^2\right]-2\Delta^2 r\left[8\left(\frac{R}{r}\right)^2+\frac{2R}{r}-\left(\frac{p}{r}\right)^2\right]=$$

$$\Delta^2 r\left[\left(\frac{4R}{r}\right)^2\left(\frac{4R}{r}+1\right)-\frac{12R}{r}\left(\frac{p}{r}\right)^2+4\left(\frac{p}{r}\right)^2\right]$$

即

$$a^2r_a^3+b^2r_b^3+c^2r_c^3=\Delta^2 r\left[\left(\frac{4R}{r}\right)^2\left(\frac{4R}{r}+1\right)-\frac{12R}{r}\left(\frac{p}{r}\right)^2+4\left(\frac{p}{r}\right)^2\right]$$

例 2.55　在$\triangle ABC$中,试证明

$$(b^2+c^2)r_a^3+(a^2+c^2)r_b^3+(a^2+b^2)r_c^3=$$

$$\Delta^2 r\left[64\left(\frac{R}{r}\right)^3+176\left(\frac{R}{r}\right)^2+\frac{48R}{r}-\frac{12R}{r}\left(\frac{p}{r}\right)^2-2\left(\frac{4R}{r}+1\right)^2\left(\frac{4R+r}{p}\right)^2-4\left(\frac{p}{r}\right)^2+2\right]$$

证明　易证

$$(b^2+c^2)r_a^3+(a^2+c^2)r_b^3+(a^2+b^2)r_c^3$$

$$=(a^2+b^2+c^2)(r_a^3+r_b^3+r_c^3)-(a^2r_a^3+b^2r_b^3+c^2r_c^3)$$

$$=2\Delta^2 r\left[\left(\frac{p}{r}\right)^2-\frac{4R}{r}-1\right]\left[\left(\frac{4R}{r}+1\right)\left(\frac{4R+r}{p}\right)^2-\frac{12R}{r}\right]-(a^2r_a^3+b^2r_b^3+c^2r_c^3)$$

将例 2.54 代入上式并整理得

$$(b^2+c^2)r_a^3+(a^2+c^2)r_b^3+(a^2+b^2)r_c^3=$$

$$2\Delta^2 r\left[\left(\frac{p}{r}\right)^2-\frac{4R}{r}-1\right]\left[\left(\frac{4R}{r}+1\right)\left(\frac{4R+r}{p}\right)^2-\frac{12R}{r}\right]-\Delta^2 r\left[\left(\frac{4R}{r}\right)^2\left(\frac{4R}{r}+1\right)-\frac{12R}{r}\left(\frac{p}{r}\right)^2+4\left(\frac{p}{r}\right)^2\right]=$$

$$\Delta^2 r\left[64\left(\frac{R}{r}\right)^3+176\left(\frac{R}{r}\right)^2+\frac{48R}{r}-\frac{12R}{r}\left(\frac{p}{r}\right)^2-2\left(\frac{4R}{r}+1\right)^2\left(\frac{4R+r}{p}\right)^2-4\left(\frac{p}{r}\right)^2+2\right]$$

即

$$(b^2+c^2)r_a^3+(a^2+c^2)r_b^3+(a^2+b^2)r_c^3=$$

$$\Delta^2 r\left[64\left(\frac{R}{r}\right)^3+176\left(\frac{R}{r}\right)^2+\frac{48R}{r}-\frac{12R}{r}\left(\frac{p}{r}\right)^2-2\left(\frac{4R}{r}+1\right)^2\left(\frac{4R+r}{p}\right)^2-4\left(\frac{p}{r}\right)^2+2\right]$$

例 2.56　在$\triangle ABC$中,试证明

$$\frac{a^3r_a^2}{r_b+r_c}+\frac{b^3r_b^2}{r_c+r_a}+\frac{c^3r_c^2}{r_a+r_b}=\Delta r^2\left[\left(\frac{4R}{r}\right)^2\left(\frac{4R}{r}+1\right)-\frac{12R}{r}\left(\frac{p}{r}\right)^2+4\left(\frac{p}{r}\right)^2\right]$$

证明　在$\triangle ABC$中,由旁切圆半径公式可证

$$\frac{a^3 r_a^2}{r_b+r_c}+\frac{b^3 r_b^2}{r_c+r_a}+\frac{c^3 r_c^2}{r_a+r_b}=$$

$$\frac{a^3 r_a^3}{r_a r_b+r_a r_c}+\frac{b^3 r_b^3}{r_b r_c+r_b r_a}+\frac{c^3 r_c^3}{r_c r_a+r_c r_b}=$$

$$\frac{a^3 r_a^3}{pa}+\frac{b^3 r_b^3}{pb}+\frac{c^3 r_c^3}{pc}=\frac{a^2 r_a^3+b^2 r_b^3+c^2 r_c^3}{p}$$

将例 2.54 代入上式并整理得

$$\frac{a^3 r_a^2}{r_b+r_c}+\frac{b^3 r_b^2}{r_c+r_a}+\frac{c^3 r_c^2}{r_a+r_b}=\Delta r^2\left[\left(\frac{4R}{r}\right)^2\left(\frac{4R}{r}+1\right)-\frac{12R}{r}\left(\frac{p}{r}\right)^2+4\left(\frac{p}{r}\right)^2\right]$$

例 2.57 在$\triangle ABC$中，试证明

$$\frac{c^3 r_c^2+b^3 r_b^2}{r_b+r_c}+\frac{c^3 r_c^2+a^3 r_a^2}{r_c+r_a}+\frac{b^3 r_b^2+a^3 r_a^2}{r_a+r_b}=$$

$$\Delta p^2\cdot\frac{r}{2R}\left\{\left[\left(\frac{4R+r}{p}\right)^2+1\right]\left[8\left(\frac{R}{r}\right)^2-\frac{2R}{r}+3\right]+8\left(\frac{R}{r}\right)^2-\frac{16R}{r}-1-\frac{32R^3}{\Delta p}\left(\frac{4R}{r}+1\right)-\left(\frac{p}{r}\right)^2\right\}$$

证明 易证

$$\frac{c^3 r_c^2+b^3 r_b^2}{r_b+r_c}+\frac{c^3 r_c^2+a^3 r_a^2}{r_c+r_a}+\frac{b^3 r_b^2+a^3 r_a^2}{r_a+r_b}=$$

$$(b^3 r_b^2+a^3 r_a^2+c^3 r_c^2)\left(\frac{1}{r_b+r_c}+\frac{1}{r_c+r_a}+\frac{1}{r_a+r_b}\right)-\left(\frac{a^3 r_a^2}{r_b+r_c}+\frac{b^3 r_b^2}{r_c+r_a}+\frac{c^3 r_c^2}{r_a+r_b}\right)$$

将例 2.1、例 2.46 和例 2.54 代入上式并整理得

$$\frac{c^3 r_c^2+b^3 r_b^2}{r_b+r_c}+\frac{c^3 r_c^2+a^3 r_a^2}{r_c+r_a}+\frac{b^3 r_b^2+a^3 r_a^2}{r_a+r_b}=$$

$$\Delta p^2\cdot\frac{r}{2R}\left[8\left(\frac{R}{r}\right)^2-\frac{2R}{r}-\left(\frac{p}{r}\right)^2+3\right]\left[\left(\frac{4R+r}{p}\right)^2+1\right]-$$

$$\Delta p^2\cdot\frac{r}{2R}\cdot\frac{2rR}{p^2}\left[\left(\frac{4R}{r}\right)^2\left(\frac{4R}{r}+1\right)-\frac{12R}{r}\left(\frac{p}{r}\right)^2+4\left(\frac{p}{r}\right)^2\right]=$$

$$\Delta p^2\cdot\frac{r}{2R}\left\{\left[\left(\frac{4R+r}{p}\right)^2+1\right]\left[8\left(\frac{R}{r}\right)^2-\frac{2R}{r}+3\right]+8\left(\frac{R}{r}\right)^2-\frac{16R}{r}-1-\frac{32R^3}{\Delta p}\left(\frac{4R}{r}+1\right)-\left(\frac{p}{r}\right)^2\right\}$$

即

$$\frac{c^3 r_c^2+b^3 r_b^2}{r_b+r_c}+\frac{c^3 r_c^2+a^3 r_a^2}{r_c+r_a}+\frac{b^3 r_b^2+a^3 r_a^2}{r_a+r_b}=$$

$$\Delta p^2\cdot\frac{r}{2R}\left\{\left[\left(\frac{4R+r}{p}\right)^2+1\right]\left[8\left(\frac{R}{r}\right)^2-\frac{2R}{r}+3\right]+8\left(\frac{R}{r}\right)^2-\frac{16R}{r}-1-\frac{32R^3}{\Delta p}\left(\frac{4R}{r}+1\right)-\left(\frac{p}{r}\right)^2\right\}$$

例 2.58 在$\triangle ABC$中，试证明

$$a^3 r_a^3+b^3 r_b^3+c^3 r_c^3=\Delta^3\left[64\left(\frac{R}{r}\right)^3-\frac{12R}{r}\left(\frac{p}{r}\right)^2+6\left(\frac{p}{r}\right)^2-2\right]$$

证明 在$\triangle ABC$中，由旁切圆半径公式$r_a=\dfrac{\Delta}{p-a}$可得

$$ar_a = pr_a - \Delta$$

上式两边同乘$a^2r_a^2$，得

$$a^3r_a^3 = pa^2r_a^3 - \Delta a^2r_a^2$$

同理

$$b^3r_b^3 = pb^2r_b^3 - \Delta b^2r_b^2$$

$$c^3r_c^3 = pc^2r_c^3 - \Delta c^2r_c^2$$

将上三式两边相加并整理得

$$a^3r_a^3 + b^3r_b^3 + c^3r_c^3 = p(a^2r_a^3 + b^2r_b^3 + c^2r_c^3) - \Delta(a^2r_a^2 + b^2r_b^2 + c^2r_c^2)$$

将例 2.42 和例 2.54 代入上式并整理得

$$a^3r_a^3 + b^3r_b^3 + c^3r_c^3 = \Delta^3\left[\left(\frac{4R}{r}\right)^2\left(\frac{4R}{r}+1\right) - \frac{12R}{r}\left(\frac{p}{r}\right)^2 + 4\left(\frac{p}{r}\right)^2\right] - 2\Delta^3\left[8\left(\frac{R}{r}\right)^2 + 1 - \left(\frac{p}{r}\right)^2\right] =$$

$$\Delta^3\left[64\left(\frac{R}{r}\right)^3 - \frac{12R}{r}\left(\frac{p}{r}\right)^2 + 6\left(\frac{p}{r}\right)^2 - 2\right]$$

即

$$a^3r_a^3 + b^3r_b^3 + c^3r_c^3 = \Delta^3\left[64\left(\frac{R}{r}\right)^3 - \frac{12R}{r}\left(\frac{p}{r}\right)^2 + 6\left(\frac{p}{r}\right)^2 - 2\right]$$

例 2.59　在$\triangle ABC$中，试证明

$$(b^3+c^3)r_a^3 + (a^3+c^3)r_b^3 + (a^3+b^3)r_c^3 =$$

$$\Delta^3\left[64\left(\frac{R}{r}\right)^3 + 240\left(\frac{R}{r}\right)^2 + \frac{96R}{r} - \frac{12R}{r}\left(\frac{p}{r}\right)^2 - 6\left(\frac{p}{r}\right)^2 - 6\left(\frac{2R}{r}+1\right)\left(\frac{4R}{r}+1\right)\left(\frac{4R+r}{p}\right)^2 + 4\right]$$

证明　易证

$$(b^3+c^3)r_a^3 + (a^3+c^3)r_b^3 + (a^3+b^3)r_c^3 =$$

$$(a^3+b^3+c^3)(r_a^3+r_b^3+r_c^3) - (a^3r_a^3 + b^3r_b^3 + c^3r_c^3) =$$

$$2\Delta^3\left[\left(\frac{p}{r}\right)^2 - \frac{6R}{r} - 3\right]\left[\left(\frac{4R}{r}+1\right)\left(\frac{4R+r}{p}\right)^2 - \frac{12R}{r}\right] - (a^3r_a^3 + b^3r_b^3 + c^3r_c^3)$$

将例 2.58 代入上式并整理得

$$(b^3+c^3)r_a^3 + (a^3+c^3)r_b^3 + (a^3+b^3)r_c^3 =$$

$$2\Delta^3\left[\left(\frac{p}{r}\right)^2 - \frac{6R}{r} - 3\right]\left[\left(\frac{4R}{r}+1\right)\left(\frac{4R+r}{p}\right)^2 - \frac{12R}{r}\right] - \Delta^3\left[64\left(\frac{R}{r}\right)^3 - \frac{12R}{r}\left(\frac{p}{r}\right)^2 + 6\left(\frac{p}{r}\right)^2 - 2\right] =$$

$$\Delta^3\left[64\left(\frac{R}{r}\right)^3 + 240\left(\frac{R}{r}\right)^2 + \frac{96R}{r} - \frac{12R}{r}\left(\frac{p}{r}\right)^2 - 6\left(\frac{p}{r}\right)^2 - 6\left(\frac{2R}{r}+1\right)\left(\frac{4R}{r}+1\right)\left(\frac{4R+r}{p}\right)^2 + 4\right]$$

即

$$(b^3+c^3)r_a^3 + (a^3+c^3)r_b^3 + (a^3+b^3)r_c^3 =$$

$$\Delta^3\left[64\left(\frac{R}{r}\right)^3 + 240\left(\frac{R}{r}\right)^2 + \frac{96R}{r} - \frac{12R}{r}\left(\frac{p}{r}\right)^2 - 6\left(\frac{p}{r}\right)^2 - 6\left(\frac{2R}{r}+1\right)\left(\frac{4R}{r}+1\right)\left(\frac{4R+r}{p}\right)^2 + 4\right]$$

例 2.60　在$\triangle ABC$中，试证明

$$a^4r_a^2+b^4r_b^2+c^4r_c^2=2\Delta^2r^2\left\{\left(\frac{p}{r}\right)^2\left[8\left(\frac{R}{r}\right)^2-\frac{4R}{r}-\left(\frac{p}{r}\right)^2+6\right]-\left(\frac{4R}{r}+1\right)\right\}$$

证明 在$\triangle ABC$中，由旁切圆半径公式$r_a=\dfrac{\Delta}{p-a}$可得

$$ar_a=pr_a-\Delta$$

上式两边同乘a^3r_a，得

$$a^4r_a^2=pa^3r_a^2-\Delta a^3r_a$$

同理

$$b^4r_b^2=pb^3r_b^2-\Delta b^3r_b$$

$$c^4r_c^2=pc^3r_b^2-\Delta c^3r_c$$

将上三式两边相加并整理得

$$a^4r_a^2+b^4r_b^2+c^4r_c^2=p(a^3r_a^2+b^3r_b^2+c^3r_c^2)-\Delta(a^3r_a+b^3r_b+c^3r_c)$$

将例 2.29 和例 2.46 代入上式并整理得

$$a^4r_a^2+b^4r_b^2+c^4r_c^2=2\Delta^2p^2\left[8\left(\frac{R}{r}\right)^2-\frac{2R}{r}-\left(\frac{p}{r}\right)^2+3\right]-2\Delta^2r^2\left[\left(\frac{p}{r}\right)^2\left(\frac{2R}{r}-3\right)+\frac{4R}{r}+1\right]=$$

$$2\Delta^2r^2\left[8\left(\frac{R}{r}\right)^2\left(\frac{p}{r}\right)^2-\frac{2R}{r}\left(\frac{p}{r}\right)^2-\left(\frac{p}{r}\right)^4+3\left(\frac{p}{r}\right)^2\right]-2\Delta^2r^2\left[\left(\frac{p}{r}\right)^2\left(\frac{2R}{r}-3\right)+\frac{4R}{r}+1\right]=$$

$$2\Delta^2r^2\left\{\left(\frac{p}{r}\right)^2\left[8\left(\frac{R}{r}\right)^2-\frac{4R}{r}-\left(\frac{p}{r}\right)^2+6\right]-\left(\frac{4R}{r}+1\right)\right\}$$

即

$$a^4r_a^2+b^4r_b^2+c^4r_c^2=2\Delta^2r^2\left\{\left(\frac{p}{r}\right)^2\left[8\left(\frac{R}{r}\right)^2-\frac{4R}{r}-\left(\frac{p}{r}\right)^2+6\right]-\left(\frac{4R}{r}+1\right)\right\}$$

例 2.61 在$\triangle ABC$中，试证明

$$(b^4+c^4)r_a^2+(a^4+c^4)r_b^2+(a^4+b^4)r_c^2=$$

$$2\Delta^2r^2\left\{\left(\frac{p}{r}\right)^2\left[8\left(\frac{R}{r}\right)^2+\frac{28R}{r}-\left(\frac{p}{r}\right)^2+7\right]+\left(\frac{4R+r}{p}\right)^2\left(\frac{4R}{r}+1\right)^2-\left(4\frac{R}{r}+1\right)\left[32\left(\frac{R}{r}\right)^2+\frac{40R}{r}+7\right]\right\}$$

证明 易证

$$(b^4+c^4)r_a^2+(a^4+c^4)r_b^2+(a^4+b^4)r_c^2=$$

$$(a^4+b^4+c^4)(r_a^2+r_b^2+r_c^2)-(a^4r_a^2+b^4r_b^2+c^4r_c^2)=$$

$$2\Delta^2r^2\left(\frac{p}{r}\right)^2\left[\left(\frac{p}{r}\right)^2+\left(\frac{4R+r}{p}\right)^2-\frac{8R}{r}-6\right]\left[\left(\frac{4R+r}{p}\right)^2-2\right]-(a^4r_a^2+b^4r_b^2+c^4r_c^2)$$

将例 2.60 代入上式并整理得

$$(b^4+c^4)r_a^2+(a^4+c^4)r_b^2+(a^4+b^4)r_c^2=$$

$$2\Delta^2r^2\left(\frac{p}{r}\right)^2\left[\left(\frac{p}{r}\right)^2+\left(\frac{4R+r}{p}\right)^2-\frac{8R}{r}-6\right]\left[\left(\frac{4R+r}{p}\right)^2-2\right]-$$

$$2\Delta^2r^2\left\{\left(\frac{p}{r}\right)^2\left[8\left(\frac{R}{r}\right)^2-\frac{4R}{r}-\left(\frac{p}{r}\right)^2+6\right]-\left(\frac{4R}{r}+1\right)\right\}=$$

$$2\Delta^2 r^2\left[\left(\frac{p}{r}\right)^2+\left(\frac{4R+r}{p}\right)^2-\frac{8R}{r}-6\right]\left[\left(\frac{4R}{r}+1\right)^2-2\left(\frac{p}{r}\right)^2\right]-$$

$$2\Delta^2 r^2\left\{\left(\frac{p}{r}\right)^2\left[8\left(\frac{R}{r}\right)^2-\frac{4R}{r}-\left(\frac{p}{r}\right)^2+6\right]-\left(\frac{4R}{r}+1\right)\right\}=$$

$$2\Delta^2 r^2\left\{\left(\frac{p}{r}\right)^2\left[8\left(\frac{R}{r}\right)^2+\frac{28R}{r}-\left(\frac{p}{r}\right)^2+7\right]+\left(\frac{4R+r}{p}\right)^2\left(\frac{4R}{r}+1\right)^2-\left(4\frac{R}{r}+1\right)\left[32\left(\frac{R}{r}\right)^2+\frac{40R}{r}+7\right]\right\}$$

即

$$(b^4+c^4)r_a^2+(a^4+c^4)r_b^2+(a^4+b^4)r_c^2=$$

$$2\Delta^2 r^2\left\{\left(\frac{p}{r}\right)^2\left[8\left(\frac{R}{r}\right)^2+\frac{28R}{r}-\left(\frac{p}{r}\right)^2+7\right]+\left(\frac{4R+r}{p}\right)^2\left(\frac{4R}{r}+1\right)^2-\left(4\frac{R}{r}+1\right)\left[32\left(\frac{R}{r}\right)^2+\frac{40R}{r}+7\right]\right\}$$

例 2.62 在$\triangle ABC$中,试证明

$$\frac{a^4r_a^2}{r_b+r_c}+\frac{b^4r_b^2}{r_c+r_a}+\frac{c^4r_c^2}{r_a+r_b}=\Delta^2 r\left[64\left(\frac{R}{r}\right)^3-\frac{12R}{r}\left(\frac{p}{r}\right)^2+6\left(\frac{p}{r}\right)^2-2\right]$$

证明 在$\triangle ABC$中,由旁切圆半径公式可证

$$\frac{a^4r_a^2}{r_b+r_c}+\frac{b^4r_b^2}{r_c+r_a}+\frac{c^4r_c^2}{r_a+r_b}=$$

$$\frac{a^4r_a^3}{r_ar_b+r_ar_c}+\frac{b^4r_b^3}{r_br_c+r_br_a}+\frac{c^4r_c^3}{r_cr_a+r_cr_b}=$$

$$\frac{a^4r_a^3}{pa}+\frac{b^4r_b^3}{pb}+\frac{c^4r_c^3}{pc}=\frac{a^3r_a^3+b^3r_b^3+c^3r_c^3}{p}$$

将例2.58代入上式并整理得

$$\frac{a^4r_a^2}{r_b+r_c}+\frac{b^4r_b^2}{r_c+r_a}+\frac{c^4r_c^2}{r_a+r_b}=\Delta^2 r\left[64\left(\frac{R}{r}\right)^3-\frac{12R}{r}\left(\frac{p}{r}\right)^2+6\left(\frac{p}{r}\right)^2-2\right]$$

例 2.63 在$\triangle ABC$中,试证明

$$\frac{c^4r_c^2+b^4r_b^2}{r_b+r_c}+\frac{c^4r_c^2+a^4r_a^2}{r_c+r_a}+\frac{b^4r_b^2+a^4r_a^2}{r_a+r_b}=$$

$$\Delta^2\frac{r^2}{2R}\left\{\left(\frac{p}{r}\right)^2\left[16\left(\frac{R}{r}\right)^2-\frac{24R}{r}+5-\left(\frac{p}{r}\right)^2\right]+72\left(\frac{R}{r}\right)^2+\frac{44R}{r}+5-\left(\frac{4R}{r}+1\right)\left(\frac{4R+r}{p}\right)^2\right\}$$

证明 易证

$$\frac{c^4r_c^2+b^4r_b^2}{r_b+r_c}+\frac{c^4r_c^2+a^4r_a^2}{r_c+r_a}+\frac{b^4r_b^2+a^4r_a^2}{r_a+r_b}=$$

$$(b^4r_b^2+a^4r_a^2+c^4r_c^2)\left(\frac{1}{r_b+r_c}+\frac{1}{r_c+r_a}+\frac{1}{r_a+r_b}\right)-\left(\frac{a^4r_a^2}{r_b+r_c}+\frac{b^4r_b^2}{r_c+r_a}+\frac{c^4r_c^2}{r_a+r_b}\right)$$

将例2.1、例2.60和例2.62代入上式,并整理得

$$\frac{c^4r_c^2+b^4r_b^2}{r_b+r_c}+\frac{c^4r_c^2+a^4r_a^2}{r_c+r_a}+\frac{b^4r_b^2+a^4r_a^2}{r_a+r_b}=$$

$$\Delta^2\frac{r^2}{2R}\left\{\left(\frac{p}{r}\right)^2\left[8\left(\frac{R}{r}\right)^2-\frac{4R}{r}-\left(\frac{p}{r}\right)^2+6\right]-\left(\frac{4R}{r}+1\right)\right\}\left[\left(\frac{4R+r}{p}\right)^2+1\right]-$$

$$\Delta^2\frac{r^2}{2R}\cdot\frac{2R}{r}\left[64\left(\frac{R}{r}\right)^3-\frac{12R}{r}\left(\frac{p}{r}\right)^2+6\left(\frac{p}{r}\right)^2-2\right]=$$

$$\Delta^2\frac{r^2}{2R}\left\{\left(\frac{p}{r}\right)^2\left[16\left(\frac{R}{r}\right)^2-\frac{24R}{r}+5-\left(\frac{p}{r}\right)^2\right]+72\left(\frac{R}{r}\right)^2+\frac{44R}{r}+5-\left(\frac{4R}{r}+1\right)\left(\frac{4R+r}{p}\right)^2\right\}$$

即

$$\frac{c^4r_c^2+b^4r_b^2}{r_b+r_c}+\frac{c^4r_c^2+a^4r_a^2}{r_c+r_a}+\frac{b^4r_b^2+a^4r_a^2}{r_a+r_b}=$$

$$\Delta^2\frac{r^2}{2R}\left\{\left(\frac{p}{r}\right)^2\left[16\left(\frac{R}{r}\right)^2-\frac{24R}{r}+5-\left(\frac{p}{r}\right)^2\right]+72\left(\frac{R}{r}\right)^2+\frac{44R}{r}+5-\left(\frac{4R}{r}+1\right)\left(\frac{4R+r}{p}\right)^2\right\}$$

例 2.64 在$\triangle ABC$中，试证明

$$ar_a^4+br_b^4+cr_c^4=p\Delta^2\left[\frac{4R}{r}\left(\frac{4R}{r}+1\right)\left(\frac{4R+r}{p}\right)^2-4\left(\frac{4R}{r}+1\right)^2+2\left(\frac{p}{r}\right)^2+\frac{28R}{r}+4\right]$$

证明 在$\triangle ABC$中，有

$$r_a^3+r_b^3+r_c^3=\Delta p\left[\left(\frac{4R}{r}+1\right)\left(\frac{4R+r}{p}\right)^2-\frac{12R}{r}\right]$$

$$r_a^4+r_b^4+r_c^4=\Delta^2\left[\left(\frac{4R}{r}+1\right)^2\left(\frac{4R+r}{p}\right)^2-4\left(\frac{4R}{r}+1\right)^2+2\left(\frac{p}{r}\right)^2+4\left(\frac{4R}{r}+1\right)\right]$$

在$\triangle ABC$中，由旁切圆半径公式$r_a=\dfrac{\Delta}{p-a}$可得

$$ar_a=pr_a-\Delta$$

上式两边同乘r_a^3，得

$$ar_a^4=pr_a^4-\Delta r_a^3$$

同理

$$br_b^4=pr_b^4-\Delta r_b^3$$

$$cr_c^4=pr_c^4-\Delta r_c^3$$

将上三式两边相加并整理得

$$ar_a^4+br_b^4+cr_c^4=p(r_a^4+r_b^4+r_c^4)-\Delta(r_a^3+r_b^3+r_c^3)=$$

$$p\Delta^2\left[\left(\frac{4R}{r}+1\right)^2\left(\frac{4R+r}{p}\right)^2-4\left(\frac{4R}{r}+1\right)^2+2\left(\frac{p}{r}\right)^2+4\left(\frac{4R}{r}+1\right)\right]-$$

$$\Delta^2p\left[\left(\frac{4R}{r}+1\right)\left(\frac{4R+r}{p}\right)^2-\frac{12R}{r}\right]=$$

$$p\Delta^2\left[\frac{4R}{r}\left(\frac{4R}{r}+1\right)\left(\frac{4R+r}{p}\right)^2-4\left(\frac{4R}{r}+1\right)^2+2\left(\frac{p}{r}\right)^2+\frac{28R}{r}+4\right]$$

即

$$ar_a^4+br_b^4+cr_c^4=p\Delta^2\left[\frac{4R}{r}\left(\frac{4R}{r}+1\right)\left(\frac{4R+r}{p}\right)^2-4\left(\frac{4R}{r}+1\right)^2+2\left(\frac{p}{r}\right)^2+\frac{28R}{r}+4\right]$$

例 2.65 在$\triangle ABC$中，试证明

$$(b+c)r_a^4+(a+c)r_b^4+(a+b)r_c^4=$$

$$p\Delta^2\left\{2\left[8\left(\frac{R}{r}\right)^2+\frac{6R}{r}+1\right]\left(\frac{4R+r}{p}\right)^2-4\left(\frac{4R}{r}+1\right)^2+2\left(\frac{p}{r}\right)^2+\frac{4R}{r}+4\right\}$$

证明　易证

$$(b+c)r_a^4+(a+c)r_b^4+(a+b)r_c^4=2p(r_a^4+r_b^4+r_c^4)-(ar_a^4+br_b^4+cr_c^4)=$$

$$2\Delta^2 p\left[\left(\frac{4R}{r}+1\right)^2\left(\frac{4R+r}{p}\right)^2-4\left(\frac{4R}{r}+1\right)^2+2\left(\frac{p}{r}\right)^2+4\left(\frac{4R}{r}+1\right)\right]-(ar_a^4+br_b^4+cr_c^4)$$

将例 2.64 代入上式并整理得

$$(b+c)r_a^4+(a+c)r_b^4+(a+b)r_c^4=$$

$$2\Delta^2 p\left[\left(\frac{4R}{r}+1\right)^2\left(\frac{4R+r}{p}\right)^2-4\left(\frac{4R}{r}+1\right)^2+2\left(\frac{p}{r}\right)^2+4\left(\frac{4R}{r}+1\right)\right]-$$

$$p\Delta^2\left[\frac{4R}{r}\left(\frac{4R}{r}+1\right)\left(\frac{4R+r}{p}\right)^2-4\left(\frac{4R}{r}+1\right)^2+2\left(\frac{p}{r}\right)^2+\frac{28R}{r}+4\right]=$$

$$p\Delta^2\left\{2\left[8\left(\frac{R}{r}\right)^2+\frac{6R}{r}+1\right]\left(\frac{4R+r}{p}\right)^2-4\left(\frac{4R}{r}+1\right)^2+2\left(\frac{p}{r}\right)^2+\frac{4R}{r}+4\right\}$$

即

$$(b+c)r_a^4+(a+c)r_b^4+(a+b)r_c^4=$$

$$p\Delta^2\left\{2\left[8\left(\frac{R}{r}\right)^2+\frac{6R}{r}+1\right]\left(\frac{4R+r}{p}\right)^2-4\left(\frac{4R}{r}+1\right)^2+2\left(\frac{p}{r}\right)^2+\frac{4R}{r}+4\right\}$$

例 2.66　在△ABC 中，试证明

$$\frac{a^2r_a^3}{r_b+r_c}+\frac{b^2r_b^3}{r_c+r_a}+\frac{c^2r_c^3}{r_a+r_b}=\Delta^2\left[\frac{4R}{r}\left(\frac{4R}{r}+1\right)\left(\frac{4R+r}{p}\right)^2-4\left(\frac{4R}{r}+1\right)^2+2\left(\frac{p}{r}\right)^2+\frac{28R}{r}+4\right]$$

证明　在△ABC 中，由旁切圆半径公式可证

$$\frac{a^2r_a^3}{r_b+r_c}+\frac{b^2r_b^3}{r_c+r_a}+\frac{c^2r_c^3}{r_a+r_b}=$$

$$\frac{a^2r_a^4}{r_ar_b+r_ar_c}+\frac{b^2r_b^4}{r_br_c+r_br_a}+\frac{c^2r_c^4}{r_cr_a+r_cr_b}=$$

$$\frac{a^2r_a^4}{pa}+\frac{b^2r_b^4}{pb}+\frac{c^2r_c^4}{pc}=\frac{ar_a^4+br_b^4+cr_c^4}{p}$$

将例 2.64 代入上式并整理得

$$\frac{a^2r_a^3}{r_b+r_c}+\frac{b^2r_b^3}{r_c+r_a}+\frac{c^2r_c^3}{r_a+r_b}=$$

$$\Delta^2\left[\frac{4R}{r}\left(\frac{4R}{r}+1\right)\left(\frac{4R+r}{p}\right)^2-4\left(\frac{4R}{r}+1\right)^2+2\left(\frac{p}{r}\right)^2+\frac{28R}{r}+4\right]$$

例 2.67　在△ABC 中，试证明

$$\frac{c^2r_c^3+b^2r_b^3}{r_b+r_c}+\frac{c^2r_c^3+a^2r_a^3}{r_c+r_a}+\frac{b^2r_b^3+a^2r_a^3}{r_a+r_b}=\Delta^2\ \frac{r}{4R}\left[128\left(\frac{R}{r}\right)^3+\frac{20R}{r}-\frac{20R}{r}\left(\frac{p}{r}\right)^2+4\left(\frac{p}{r}\right)^2+4\right]$$

证明　易证

$$\frac{c^2r_c^3+b^2r_b^3}{r_b+r_c}+\frac{c^2r_c^3+a^2r_a^3}{r_c+r_a}+\frac{b^2r_b^3+a^2r_a^3}{r_a+r_b}=$$

$$(b^2r_b^3+a^2r_a^3+c^2r_c^3)\left(\frac{1}{r_b+r_c}+\frac{1}{r_c+r_a}+\frac{1}{r_a+r_b}\right)-\left(\frac{a^2r_a^3}{r_b+r_c}+\frac{b^2r_b^3}{r_c+r_a}+\frac{c^2r_c^3}{r_a+r_b}\right)$$

将例 2.1、例 2.54 和例 2.66 代入上式并整理得

$$\frac{c^2r_c^3+b^2r_b^3}{r_b+r_c}+\frac{c^2r_c^3+a^2r_a^3}{r_c+r_a}+\frac{b^2r_b^3+a^2r_a^3}{r_a+r_b}=$$

$$\Delta^2\ \frac{r}{4R}\left[\left(\frac{4R}{r}\right)^2\left(\frac{4R}{r}+1\right)-\frac{12R}{r}\left(\frac{p}{r}\right)^2+4\left(\frac{p}{r}\right)^2\right]\left[\left(\frac{4R+r}{p}\right)^2+1\right]-$$

$$\Delta^2\ \frac{r}{4R}\cdot\frac{4R}{r}\left[\frac{4R}{r}\left(\frac{4R}{r}+1\right)\left(\frac{4R+r}{p}\right)^2-4\left(\frac{4R}{r}+1\right)^2+2\left(\frac{p}{r}\right)^2+\frac{28R}{r}+4\right]=$$

$$\Delta^2\ \frac{r}{4R}\left[128\left(\frac{R}{r}\right)^3+\frac{20R}{r}-\frac{20R}{r}\left(\frac{p}{r}\right)^2+4\left(\frac{p}{r}\right)^2+4\right]$$

即

$$\frac{c^2r_c^3+b^2r_b^3}{r_b+r_c}+\frac{c^2r_c^3+a^2r_a^3}{r_c+r_a}+\frac{b^2r_b^3+a^2r_a^3}{r_a+r_b}=\Delta^2\ \frac{r}{4R}\left[128\left(\frac{R}{r}\right)^3+\frac{20R}{r}-\frac{20R}{r}\left(\frac{p}{r}\right)^2+4\left(\frac{p}{r}\right)^2+4\right]$$

例 2.68　在△ABC 中，试证明

$$a^2r_a^4+b^2r_b^4+c^2r_c^4=\Delta^2p^2\left[16\left(\frac{R}{r}\right)^2\left(\frac{4R+r}{p}\right)^2-4\left(\frac{4R}{r}+1\right)^2+2\left(\frac{p}{r}\right)^2+\frac{40R}{r}+2\right]$$

证明　在△ABC 中，有

$$r_a^3+r_b^3+r_c^3=\Delta\ p\left[\left(\frac{4R}{r}+1\right)\left(\frac{4R+r}{p}\right)^2-\frac{12R}{r}\right]$$

$$r_a^4+r_b^4+r_c^4=\Delta^2\left[\left(\frac{4R}{r}+1\right)^2\left(\frac{4R+r}{p}\right)^2-4\left(\frac{4R}{r}+1\right)^2+2\left(\frac{p}{r}\right)^2+4\left(\frac{4R}{r}+1\right)\right]$$

在△ABC 中，由旁切圆半径公式$r_a=\dfrac{\Delta}{p-a}$可得

$$ar_a=pr_a-\Delta$$

上式两边同乘ar_a^3，得

$$a^2r_a^4=p\,ar_a^4-\Delta\,ar_a^3$$

同理

$$b^2r_b^4=p\,br_b^4-\Delta\,br_b^3$$

$$c^2r_c^4=pc\,r_c^4-\Delta\,cr_c^3$$

将上三式两边相加并整理得

$$a^2r_a^4+b^2r_b^4+c^2r_c^4=$$

$$p(ar_a^4+br_b^4+cr_c^4)-\Delta(ar_a^3+br_b^3+cr_c^3)$$

把例 2.50 和例 2.64 代入上式并整理得

$$a^2r_a^4+b^2r_b^4+c^2r_c^4=$$

$$\Delta^2p^2\left[\frac{4R}{r}\left(\frac{4R}{r}+1\right)\left(\frac{4R+r}{p}\right)^2-4\left(\frac{4R}{r}+1\right)^2+2\left(\frac{p}{r}\right)^2+\frac{28R}{r}+4\right]-$$

$$\Delta^2p^2\left[\frac{4R}{r}\left(\frac{4R+r}{p}\right)^2-\frac{12R}{r}+2\right]=$$

$$\Delta^2p^2\left[16\left(\frac{R}{r}\right)^2\left(\frac{4R+r}{p}\right)^2-4\left(\frac{4R}{r}+1\right)^2+2\left(\frac{p}{r}\right)^2+\frac{40R}{r}+2\right]$$

即

$$a^2r_a^4+b^2r_b^4+c^2r_c^4=\Delta^2p^2\left[16\left(\frac{R}{r}\right)^2\left(\frac{4R+r}{p}\right)^2-4\left(\frac{4R}{r}+1\right)^2+2\left(\frac{p}{r}\right)^2+\frac{40R}{r}+2\right]$$

例 2.69 在$\triangle ABC$中,试证明

$$(b^2+c^2)r_a^4+(a^2+c^2)r_b^4+(a^2+b^2)r_c^4=$$

$$\Delta^2r^2\left\{\left(\frac{p}{r}\right)^2\left[2\left(\frac{p}{r}\right)^2-64\left(\frac{R}{r}\right)^2-\frac{56R}{r}-2\right]+\left(\frac{4R}{r}+1\right)^2\left[16\left(\frac{R}{r}\right)^2+\frac{48R}{r}+2\right]-2\left(\frac{4R}{r}+1\right)^3\left(\frac{4R+r}{p}\right)^2\right\}$$

证明 易证

$$(b^2+c^2)r_a^4+(a^2+c^2)r_b^4+(a^2+b^2)r_c^4=$$

$$(a^2+b^2+c^2)(r_a^4+r_b^4+r_c^4)-(a^2r_a^4+b^2r_b^4+c^2r_c^4)=$$

$$2\Delta^2r^2\left[\left(\frac{p}{r}\right)^2-\frac{4R}{r}-1\right]\left[\left(\frac{4R}{r}+1\right)^2\left(\frac{4R+r}{p}\right)^2-4\left(\frac{4R}{r}+1\right)^2+2\left(\frac{p}{r}\right)^2+4\left(\frac{4R}{r}+1\right)\right]-$$

$$(a^2r_a^4+b^2r_b^4+c^2r_c^4)$$

将例 2.68 代入上式,并整理得

$$(b^2+c^2)r_a^4+(a^2+c^2)r_b^4+(a^2+b^2)r_c^4=$$

$$2\Delta^2r^2\left[\left(\frac{p}{r}\right)^2-\frac{4R}{r}-1\right]\left[\left(\frac{4R}{r}+1\right)^2\left(\frac{4R+r}{p}\right)^2-4\left(\frac{4R}{r}+1\right)^2+2\left(\frac{p}{r}\right)^2+4\left(\frac{4R}{r}+1\right)\right]-$$

$$\Delta^2r^2\left(\frac{p}{r}\right)^2\left[16\left(\frac{R}{r}\right)^2\left(\frac{4R+r}{p}\right)^2-4\left(\frac{4R}{r}+1\right)^2+2\left(\frac{p}{r}\right)^2+\frac{40R}{r}+2\right]=$$

$$\Delta^2r^2\left\{\left(\frac{p}{r}\right)^2\left[2\left(\frac{p}{r}\right)^2-64\left(\frac{R}{r}\right)^2-\frac{56R}{r}-2\right]+\left(\frac{4R}{r}+1\right)^2\left[16\left(\frac{R}{r}\right)^2+\frac{48R}{r}+2\right]-2\left(\frac{4R}{r}+1\right)^3\left(\frac{4R+r}{p}\right)^2\right\}$$

即

$$(b^2+c^2)r_a^4+(a^2+c^2)r_b^4+(a^2+b^2)r_c^4=$$

$$\Delta^2r^2\left\{\left(\frac{p}{r}\right)^2\left[2\left(\frac{p}{r}\right)^2-64\left(\frac{R}{r}\right)^2-\frac{56R}{r}-2\right]+\left(\frac{4R}{r}+1\right)^2\left[16\left(\frac{R}{r}\right)^2+\frac{48R}{r}+2\right]-2\left(\frac{4R}{r}+1\right)^3\left(\frac{4R+r}{p}\right)^2\right\}$$

例 2.70 在$\triangle ABC$中,试证明

$$\frac{a^3r_a^3}{r_b+r_c}+\frac{b^3r_b^3}{r_c+r_a}+\frac{c^3r_c^3}{r_a+r_b}=\Delta^2p\left[16\left(\frac{R}{r}\right)^2\left(\frac{4R+r}{p}\right)^2-4\left(\frac{4R}{r}+1\right)^2+2\left(\frac{p}{r}\right)^2+\frac{40R}{r}+2\right]$$

证明 在$\triangle ABC$中,由旁切圆半径公式可证

$$\frac{a^3r_a^3}{r_b+r_c}+\frac{b^3r_b^3}{r_c+r_a}+\frac{c^3r_c^3}{r_a+r_b}=\frac{a^3r_a^4}{r_ar_b+r_ar_c}+\frac{b^3r_b^4}{r_br_c+r_br_a}+\frac{c^3r_c^4}{r_cr_a+r_cr_b}$$

$$=\frac{a^3r_a^4}{pa}+\frac{b^3r_b^4}{pb}+\frac{c^3r_c^4}{pc}=\frac{a^2r_a^4+b^2r_b^4+c^2r_c^4}{p}$$

将例 2.68 代入上式,并整理得

$$\frac{a^3r_a^3}{r_b+r_c}+\frac{b^3r_b^3}{r_c+r_a}+\frac{c^3r_c^3}{r_a+r_b}=\Delta^2p\left[16\left(\frac{R}{r}\right)^2\left(\frac{4R+r}{p}\right)^2-4\left(\frac{4R}{r}+1\right)^2+2\left(\frac{p}{r}\right)^2+\frac{40R}{r}+2\right]$$

例 2.71 在△ABC 中,试证明

$$\frac{c^3r_c^3+b^3r_b^3}{r_b+r_c}+\frac{c^3r_c^3+a^3r_a^3}{r_c+r_a}+\frac{b^3r_b^3+a^3r_a^3}{r_a+r_b}=$$

$$\Delta^2p\,\frac{r}{4R}\left[128\left(\frac{R}{r}\right)^3-32\left(\frac{R}{r}\right)^2+\frac{44R}{r}-\frac{20R}{r}\left(\frac{p}{r}\right)^2+6\left(\frac{p}{r}\right)^2+4-2\left(\frac{4R+r}{p}\right)^2\right]$$

证明 易证

$$\frac{c^3r_c^3+b^3r_b^3}{r_b+r_c}+\frac{c^3r_c^3+a^3r_a^3}{r_c+r_a}+\frac{b^3r_b^3+a^3r_a^3}{r_a+r_b}=$$

$$(b^3r_b^3+a^3r_a^3+c^3r_c^3)\left(\frac{1}{r_b+r_c}+\frac{1}{r_c+r_a}+\frac{1}{r_a+r_b}\right)-\left(\frac{a^3r_a^3}{r_b+r_c}+\frac{b^3r_b^3}{r_c+r_a}+\frac{c^3r_c^3}{r_a+r_b}\right)$$

将例 2.1、例 2.58 和例 2.70 代入上式并整理得

$$\frac{c^3r_c^3+b^3r_b^3}{r_b+r_c}+\frac{c^3r_c^3+a^3r_a^3}{r_c+r_a}+\frac{b^3r_b^3+a^3r_a^3}{r_a+r_b}=$$

$$\Delta^2p\,\frac{r}{4R}\left[64\left(\frac{R}{r}\right)^3-\frac{12R}{r}\left(\frac{p}{r}\right)^2+6\left(\frac{p}{r}\right)^2-2\right]\left[\left(\frac{4R+r}{p}\right)^2+1\right]-$$

$$\Delta^2p\,\frac{r}{4R}\cdot\frac{4R}{r}\left[16\left(\frac{R}{r}\right)^2\left(\frac{4R+r}{p}\right)^2-4\left(\frac{4R}{r}+1\right)^2+2\left(\frac{p}{r}\right)^2+\frac{40R}{r}+2\right]=$$

$$\Delta^2p\,\frac{r}{4R}\left[128\left(\frac{R}{r}\right)^3-32\left(\frac{R}{r}\right)^2+\frac{44R}{r}-\frac{20R}{r}\left(\frac{p}{r}\right)^2+6\left(\frac{p}{r}\right)^2+4-2\left(\frac{4R+r}{p}\right)^2\right]$$

即

$$\frac{c^3r_c^3+b^3r_b^3}{r_b+r_c}+\frac{c^3r_c^3+a^3r_a^3}{r_c+r_a}+\frac{b^3r_b^3+a^3r_a^3}{r_a+r_b}=$$

$$\Delta^2p\,\frac{r}{4R}\left[128\left(\frac{R}{r}\right)^3-32\left(\frac{R}{r}\right)^2+\frac{44R}{r}-\frac{20R}{r}\left(\frac{p}{r}\right)^2+6\left(\frac{p}{r}\right)^2+4-2\left(\frac{4R+r}{p}\right)^2\right]$$

例 2.72 在△ABC 中,试证明

$$a^3r_a^4+b^3r_b^4+c^3r_c^4=\Delta^3r\left\{\left(\frac{4R}{r}\right)^3\left(\frac{4R}{r}+1\right)+\left(\frac{p}{r}\right)^2\left[-64\left(\frac{R}{r}\right)^2+\frac{20R}{r}+2\left(\frac{p}{r}\right)^2-6\right]\right\}$$

证明 在△ABC 中,由旁切圆半径公式$r_a=\dfrac{\Delta}{p-a}$可得

$$ar_a=pr_a-\Delta$$

上式两边同乘$a^2r_a^3$,得

$$a^3 r_a^4 = p a^2 r_a^4 - \Delta a^2 r_a^3$$

同理

$$b^3 r_b^4 = p b^2 r_b^4 - \Delta b^2 r_b^3$$

$$c^3 r_c^4 = p c^2 r_c^4 - \Delta c^2 r_c^3$$

将上三式两边相加，并整理得

$$a^3 r_a^4 + b^3 r_b^4 + c^3 r_c^4 = p(a^2 r_a^4 + c^2 r_c^4 + b^2 r_b^4) - \Delta(a^2 r_a^3 + b^2 r_b^3 + c^2 r_c^3)$$

将例 2.54 和例 2.68 代入上式，并整理得

$$a^3 r_a^4 + b^3 r_b^4 + c^3 r_c^4 =$$

$$\Delta^2 p^2 \left[16\left(\frac{R}{r}\right)^2\left(\frac{4R+r}{p}\right)^2 \quad 4\left(\frac{4R}{r}+1\right)^2 + 2\left(\frac{p}{r}\right)^2 + \frac{40R}{r} + 2\right] -$$

$$\Delta^3 r\left[\left(\frac{4R}{r}\right)^2\left(\frac{4R}{r}+1\right) - \frac{12R}{r}\left(\frac{p}{r}\right)^2 + 4\left(\frac{p}{r}\right)^2\right] =$$

$$\Delta^3 r\left(\frac{p}{r}\right)^2\left[16\left(\frac{R}{r}\right)^2\left(\frac{4R+r}{p}\right)^2 - 4\left(\frac{4R}{r}+1\right)^2 + 2\left(\frac{p}{r}\right)^2 + \frac{40R}{r} + 2\right] -$$

$$\Delta^3 r\left[\left(\frac{4R}{r}\right)^2\left(\frac{4R}{r}+1\right) - \frac{12R}{r}\left(\frac{p}{r}\right)^2 + 4\left(\frac{p}{r}\right)^2\right] =$$

$$\Delta^3 r\left\{\left(\frac{4R}{r}\right)^3\left(\frac{4R}{r}+1\right) + \left(\frac{p}{r}\right)^2\left[-64\left(\frac{R}{r}\right)^2 + \frac{20R}{r} + 2\left(\frac{p}{r}\right)^2 - 6\right]\right\}$$

即

$$a^3 r_a^4 + b^3 r_b^4 + c^3 r_c^4 = \Delta^3 r\left\{\left(\frac{4R}{r}\right)^3\left(\frac{4R}{r}+1\right) + \left(\frac{p}{r}\right)^2\left[-64\left(\frac{R}{r}\right)^2 + \frac{20R}{r} + 2\left(\frac{p}{r}\right)^2 - 6\right]\right\}$$

例 2.73　在$\triangle ABC$中，试证明

$$(b^3 + c^3) r_a^4 + (a^3 + c^3) r_b^4 + (b^3 + a^3) r_c^4 =$$

$$\Delta^3 r\left\{\left(\frac{4R}{r}+1\right)\left[64\left(\frac{R}{r}\right)^3 + 288\left(\frac{R}{r}\right)^2 + \frac{120R}{r} + 2\right] +\right.$$

$$\left.\left(\frac{p}{r}\right)^2\left[-64\left(\frac{R}{r}\right)^2 - \frac{76R}{r} + 2\left(\frac{p}{r}\right)^2 - 6\right] - 2\left(\frac{6R}{r}+3\right)\left(\frac{4R}{r}+1\right)^2\left(\frac{4R+r}{p}\right)^2\right\}$$

证明　易证

$$(b^3 + c^3) r_a^4 + (a^3 + c^3) r_b^4 + (b^3 + a^3) r_c^4 =$$

$$(a^3 + b^3 + c^3)(r_a^4 + r_b^4 + r_c^4) - (a^3 r_a^4 + b^3 r_b^4 + c^3 r_c^4) =$$

$$2\Delta^3 r\left[\left(\frac{p}{r}\right)^2 - \frac{6R}{r} - 3\right]\left[\left(\frac{4R}{r}+1\right)^2\left(\frac{4R+r}{p}\right)^2 - 4\left(\frac{4R}{r}+1\right)^2 + 2\left(\frac{p}{r}\right)^2 + 4\left(\frac{4R}{r}+1\right)\right] -$$

$$(a^3 r_a^4 + b^3 r_b^4 + c^3 r_c^4)$$

将例 2.72 代入上式并整理得

$$(b^3 + c^3) r_a^4 + (a^3 + c^3) r_b^4 + (b^3 + a^3) r_c^4 =$$

$$2\Delta^3 r\left[\left(\frac{p}{r}\right)^2 - \frac{6R}{r} - 3\right]\left[\left(\frac{4R}{r}+1\right)^2\left(\frac{4R+r}{p}\right)^2 - 4\left(\frac{4R}{r}+1\right)^2 + 2\left(\frac{p}{r}\right)^2 + 4\left(\frac{4R}{r}+1\right)\right] -$$

$$\Delta^3 r\left\{\left(\frac{4R}{r}\right)^3\left(\frac{4R}{r}+1\right)+\left(\frac{p}{r}\right)^2\left[-64\left(\frac{R}{r}\right)^2+\frac{20R}{r}+2\left(\frac{p}{r}\right)^2-6\right]\right\}=$$

$$\Delta^3 r\left\{\left(\frac{4R}{r}+1\right)\left[64\left(\frac{R}{r}\right)^3+288\left(\frac{R}{r}\right)^2+\frac{120R}{r}+2\right]+\right.$$

$$\left.\left(\frac{p}{r}\right)^2\left[-64\left(\frac{R}{r}\right)^2-\frac{76R}{r}+2\left(\frac{p}{r}\right)^2-6\right]-2\left(\frac{6R}{r}+3\right)\left(\frac{4R}{r}+1\right)^2\left(\frac{4R+r}{p}\right)^2\right\}$$

即

$$(b^3+c^3)r_a^4+(a^3+c^3)r_b^4+(b^3+a^3)r_c^4=$$

$$\Delta^3 r\left\{\left(\frac{4R}{r}+1\right)\left[64\left(\frac{R}{r}\right)^3+288\left(\frac{R}{r}\right)^2+\frac{120R}{r}+2\right]+\right.$$

$$\left.\left(\frac{p}{r}\right)^2\left[-64\left(\frac{R}{r}\right)^2-\frac{76R}{r}+2\left(\frac{p}{r}\right)^2-6\right]-2\left(\frac{6R}{r}+3\right)\left(\frac{4R}{r}+1\right)^2\left(\frac{4R+r}{p}\right)^2\right\}$$

例 2.74 在$\triangle ABC$中，试证明

$$a^4r_a^3+b^4r_b^3+c^4r_c^3=p\Delta^3\left[64\left(\frac{R}{r}\right)^3-16\left(\frac{R}{r}\right)^2+\frac{4R}{r}-\frac{12R}{r}\left(\frac{p}{r}\right)^2+8\left(\frac{p}{r}\right)^2-8\right]$$

证明 在$\triangle ABC$中，由旁切圆半径公式$r_a=\dfrac{\Delta}{p-a}$可得

$$ar_a=pr_a-\Delta$$

上式两边同乘$a^3r_a^2$，得

$$a^4r_a^3=pa^3r_a^3-\Delta a^3r_a^2$$

同理

$$b^4r_b^3=pb^3r_b^3-\Delta b^3r_b^2$$

$$c^4r_c^3=pc^3r_c^3-\Delta c^3r_c^2$$

将上三式两边相加并整理得

$$a^4r_a^3+b^4r_b^3+c^4r_c^3=p(a^3r_a^3+b^3r_b^3+c^3r_c^3)-\Delta(a^3r_a^2+b^3r_b^2+c^3r_c^2)$$

将例 2.46 和例 2.58 代入上式并整理得

$$a^4r_a^3+b^4r_b^3+c^4r_c^3=$$

$$p\Delta^3\left[64\left(\frac{R}{r}\right)^3-\frac{12R}{r}\left(\frac{p}{r}\right)^2+6\left(\frac{p}{r}\right)^2-2\right]-2\Delta^3p\left[8\left(\frac{R}{r}\right)^2-\frac{2R}{r}-\left(\frac{p}{r}\right)^2+3\right]=$$

$$p\Delta^3\left[64\left(\frac{R}{r}\right)^3-16\left(\frac{R}{r}\right)^2+\frac{4R}{r}-\frac{12R}{r}\left(\frac{p}{r}\right)^2+8\left(\frac{p}{r}\right)^2-8\right]$$

即

$$a^4r_a^3+b^4r_b^3+c^4r_c^3=p\Delta^3\left[64\left(\frac{R}{r}\right)^3-16\left(\frac{R}{r}\right)^2+\frac{4R}{r}-\frac{12R}{r}\left(\frac{p}{r}\right)^2+8\left(\frac{p}{r}\right)^2-8\right]$$

例 2.75 在$\triangle ABC$中，试证明

$$(b^4+c^4)r_a^3+(a^4+c^4)r_b^3+(b^4+a^4)r_c^3=$$

$$p\Delta^3\left\{\left[64\left(\frac{R}{r}\right)^3+304\left(\frac{R}{r}\right)^2+\frac{164R}{r}-\frac{12R}{r}\left(\frac{p}{r}\right)^2-8\left(\frac{p}{r}\right)^2+10\right]+\right.$$
$$\left.\left(\frac{4R+r}{p}\right)^2\left[2\left(\frac{4R}{r}+1\right)\left(\frac{4R+r}{p}\right)^2-64\left(\frac{R}{r}\right)^2-\frac{88R}{r}-12\right]\right\}$$

证明　易证

$$(b^4+c^4)r_a^3+(a^4+c^4)r_b^3+(b^4+a^4)r_c^3=$$
$$(a^4+b^4+c^4)(r_a^3+r_b^3+r_c^3)-(a^4r_a^3+b^4r_b^3+c^4r_c^3)=$$
$$2p\Delta^3\left[\left(\frac{p}{r}\right)^2+\left(\frac{4R+r}{p}\right)^2-\frac{8R}{r}-6\right]\left[\left(\frac{4R}{r}+1\right)\left(\frac{4R+r}{p}\right)^2-\frac{12R}{r}\right]-(a^4r_a^3+b^4r_b^3+c^4r_c^3)$$

将例 2.74 代入上式并整理得

$$(b^4+c^4)r_a^3+(a^4+c^4)r_b^3+(b^4+a^4)r_c^3=$$
$$2p\Delta^3\left[\left(\frac{p}{r}\right)^2+\left(\frac{4R+r}{p}\right)^2-\frac{8R}{r}-6\right]\left[\left(\frac{4R}{r}+1\right)\left(\frac{4R+r}{p}\right)^2-\frac{12R}{r}\right]-$$
$$p\Delta^3\left[64\left(\frac{R}{r}\right)^3-16\left(\frac{R}{r}\right)^2+\frac{4R}{r}-\frac{12R}{r}\left(\frac{p}{r}\right)^2+8\left(\frac{p}{r}\right)^2-8\right]=$$
$$p\Delta^3\left\{\left[64\left(\frac{R}{r}\right)^3+304\left(\frac{R}{r}\right)^2+\frac{164R}{r}-\frac{12R}{r}\left(\frac{p}{r}\right)^2-8\left(\frac{p}{r}\right)^2+10\right]+\right.$$
$$\left.\left(\frac{4R+r}{p}\right)^2\left[2\left(\frac{4R}{r}+1\right)\left(\frac{4R+r}{p}\right)^2-64\left(\frac{R}{r}\right)^3-\frac{88R}{r}-12\right]\right\}$$

即

$$(b^4+c^4)r_a^3+(a^4+c^4)r_b^3+(b^4+a^4)r_c^3=$$
$$p\Delta^3\left\{\left[64\left(\frac{R}{r}\right)^3+304\left(\frac{R}{r}\right)^2+\frac{164R}{r}-\frac{12R}{r}\left(\frac{p}{r}\right)^2-8\left(\frac{p}{r}\right)^2+10\right]+\right.$$
$$\left.\left(\frac{4R+r}{p}\right)^2\left[2\left(\frac{4R}{r}+1\right)\left(\frac{4R+r}{p}\right)^2-64\left(\frac{R}{r}\right)^2-\frac{88R}{r}-12\right]\right\}$$

例 2.76　在$\triangle ABC$中,试证明

$$\frac{a^4r_a^3}{r_b+r_c}+\frac{b^4r_b^3}{r_c+r_a}+\frac{c^4r_c^3}{r_a+r_b}=$$
$$\Delta^2r^2\left\{\left(\frac{4R}{r}\right)^3\left(\frac{4R}{r}+1\right)+\left(\frac{p}{r}\right)^2\left[-64\left(\frac{R}{r}\right)^2+\frac{20R}{r}+2\left(\frac{p}{r}\right)^2-6\right]\right\}$$

证明　在$\triangle ABC$中,由旁切圆半径公式可证

$$\frac{a^4r_a^3}{r_b+r_c}+\frac{b^4r_b^3}{r_c+r_a}+\frac{c^4r_c^3}{r_a+r_b}=$$
$$\frac{a^4r_a^4}{r_ar_b+r_ar_c}+\frac{b^4r_b^4}{r_br_c+r_br_a}+\frac{c^4r_c^4}{r_cr_a+r_cr_b}=$$
$$\frac{a^4r_a^4}{pa}+\frac{b^4r_b^4}{pb}+\frac{c^4r_c^4}{pc}=\frac{a^3r_a^4+b^3r_b^4+c^3r_c^4}{p}$$

将例 2.72 代入上式并整理得

$$\frac{a^4r_a^3}{r_b+r_c}+\frac{b^4r_b^3}{r_c+r_a}+\frac{c^4r_c^3}{r_a+r_b}=$$

$$\Delta^2r^2\left\{\left(\frac{4R}{r}\right)^3\left(\frac{4R}{r}+1\right)+\left(\frac{p}{r}\right)^2\left[-64\left(\frac{R}{r}\right)^2+\frac{20R}{r}+2\left(\frac{p}{r}\right)^2-6\right]\right\}$$

例 2.77 在$\triangle ABC$中,试证明

$$\frac{c^4r_c^3+b^4r_b^3}{r_b+r_c}+\frac{c^4r_c^3+a^4r_a^3}{r_c+r_a}+\frac{b^4r_b^3+a^4r_a^3}{r_a+r_b}=$$

$$\Delta^2r^2\frac{r}{4R}\left\{-112\left(\frac{R}{r}\right)^2-\frac{60R}{r}-8+\left(\frac{p}{r}\right)^2\left[128\left(\frac{R}{r}\right)^3-64\left(\frac{R}{r}\right)^2+\frac{80R}{r}-\frac{20R}{r}\left(\frac{p}{r}\right)^2+8\left(\frac{p}{r}\right)^2\right]\right\}$$

证明 易证

$$\frac{c^4r_c^3+b^4r_b^3}{r_b+r_c}+\frac{c^4r_c^3+a^4r_a^3}{r_c+r_a}+\frac{b^4r_b^3+a^4r_a^3}{r_a+r_b}=$$

$$(b^4r_b^3+a^4r_a^3+c^4r_c^3)\left(\frac{1}{r_b+r_c}+\frac{1}{r_c+r_a}+\frac{1}{r_a+r_b}\right)-\left(\frac{a^4r_a^3}{r_b+r_c}+\frac{b^4r_b^3}{r_c+r_a}+\frac{c^4r_c^3}{r_a+r_b}\right)$$

将例 2.1、例 2.74 和例 2.76 代入上式并整理得

$$\frac{c^4r_c^3+b^4r_b^3}{r_b+r_c}+\frac{c^4r_c^3+a^4r_a^3}{r_c+r_a}+\frac{b^4r_b^3+a^4r_a^3}{r_a+r_b}=$$

$$\frac{1}{4R}p\Delta^3\left[64\left(\frac{R}{r}\right)^3-16\left(\frac{R}{r}\right)^2+\frac{4R}{r}-\frac{12R}{r}\left(\frac{p}{r}\right)^2+8\left(\frac{p}{r}\right)^2-8\right]\left[\left(\frac{4R+r}{p}\right)^2+1\right]-$$

$$\Delta^2r^2\left\{\left(\frac{4R}{r}\right)^3\left(\frac{4R}{r}+1\right)+\left(\frac{p}{r}\right)^2\left[-64\left(\frac{R}{r}\right)^2+\frac{20R}{r}+2\left(\frac{p}{r}\right)^2-6\right]\right\}=$$

$$\Delta^2r^2\frac{r}{4R}\left[64\left(\frac{R}{r}\right)^3-16\left(\frac{R}{r}\right)^2+\frac{4R}{r}-\frac{12R}{r}\left(\frac{p}{r}\right)^2+8\left(\frac{p}{r}\right)^2-8\right]\left[\left(\frac{4R}{r}+1\right)^2+\left(\frac{p}{r}\right)^2\right]-$$

$$\Delta^2r^2\frac{r}{4R}\cdot\frac{4R}{r}\left\{\left(\frac{4R}{r}\right)^3\left(\frac{4R}{r}+1\right)+\left(\frac{p}{r}\right)^2\left[-64\left(\frac{R}{r}\right)^2+\frac{20R}{r}+2\left(\frac{p}{r}\right)^2-6\right]\right\}=$$

$$\Delta^2r^2\frac{r}{4R}\left\{-112\left(\frac{R}{r}\right)^2-\frac{60R}{r}-8+\left(\frac{p}{r}\right)^2\left[128\left(\frac{R}{r}\right)^3-64\left(\frac{R}{r}\right)^2+\frac{80R}{r}-\frac{20R}{r}\left(\frac{p}{r}\right)^2+8\left(\frac{p}{r}\right)^2\right]\right\}$$

即

$$\frac{c^4r_c^3+b^4r_b^3}{r_b+r_c}+\frac{c^4r_c^3+a^3r_a^3}{r_c+r_a}+\frac{b^4r_b^3+a^4r_a^3}{r_a+r_b}=$$

$$\Delta^2r^2\frac{r}{4R}\left\{-112\left(\frac{R}{r}\right)^2-\frac{60R}{r}-8+\left(\frac{p}{r}\right)^2\left[128\left(\frac{R}{r}\right)^3-64\left(\frac{R}{r}\right)^2+\frac{80R}{r}-\frac{20R}{r}\left(\frac{p}{r}\right)^2+8\left(\frac{p}{r}\right)^2\right]\right\}$$

例 2.78 在$\triangle ABC$中,试证明

$$a^4r_a^4+b^4r_b^4+c^4r_c^4=\Delta^4\left\{\left(\frac{4R}{r}\right)^4+2+\left(\frac{p}{r}\right)^2\left[-64\left(\frac{R}{r}\right)^2+\frac{32R}{r}+2\left(\frac{p}{r}\right)^2-12\right]\right\}$$

证明 在$\triangle ABC$中,由旁切圆半径公式$r_a=\dfrac{\Delta}{p-a}$可得

$$ar_a=pr_a-\Delta$$

上式两边同乘$a^3r_a^3$，得

$$a^4r_a^4=pa^3r_a^4-\Delta a^3r_a^3$$

同理

$$b^4r_b^4=pb^3r_b^4-\Delta b^3r_b^3$$

$$c^4r_c^4=pc^3r_c^4-\Delta c^3r_c^3$$

将上三式两边相加并整理得

$$a^4r_a^4+b^4r_b^4+c^4r_c^4=p(a^3r_a^4+b^3r_b^4+c^3r_c^4)-\Delta(a^3r_a^3+b^3r_b^3+c^3r_c^3)$$

将例 2.58 和例 2.72 代入上式并整理得

$$\begin{aligned}&a^4r_a^4+b^4r_b^4+c^4r_c^4=\\&\Delta^4\left\{\left(\frac{4R}{r}\right)^3\left(\frac{4R}{r}+1\right)+\left(\frac{p}{r}\right)^2\left[-64\left(\frac{R}{r}\right)^2+\frac{20R}{r}+2\left(\frac{p}{r}\right)^2-6\right]\right\}-\\&\Delta^4\left[64\left(\frac{R}{r}\right)^3-\frac{12R}{r}\left(\frac{p}{r}\right)^2+6\left(\frac{p}{r}\right)^2-2\right]=\\&\Delta^4\left\{\left(\frac{4R}{r}\right)^4+2+\left(\frac{p}{r}\right)^2\left[-64\left(\frac{R}{r}\right)^2+\frac{32R}{r}+2\left(\frac{p}{r}\right)^2-12\right]\right\}\end{aligned}$$

即

$$a^4r_a^4+b^4r_b^4+c^4r_c^4=\Delta^4\left\{\left(\frac{4R}{r}\right)^4+2+\left(\frac{p}{r}\right)^2\left[-64\left(\frac{R}{r}\right)^2+\frac{32R}{r}+2\left(\frac{p}{r}\right)^2-12\right]\right\}$$

例 2.79　在$\triangle ABC$中，试证明

$$\begin{aligned}&(b^4+c^4)r_a^4+(a^4+c^4)r_b^4+(b^4+a^4)r_c^4=\\&\Delta^4\left\{256\left(\frac{R}{r}\right)^4+1\,536\left(\frac{R}{r}\right)^3+1\,280\left(\frac{R}{r}\right)^2+\frac{256R}{r}+4+\right.\\&2\left(\frac{4R+r}{p}\right)^2\left[\left(\frac{4R}{r}+1\right)^2\left(\frac{4R+r}{p}\right)^2-128\left(\frac{R}{r}\right)^3-224\left(\frac{R}{r}\right)^2-\frac{72R}{r}-6\right]+\\&\left.\left(\frac{p}{r}\right)^2\left[-64\left(\frac{R}{r}\right)^2-\frac{96R}{r}+2\left(\frac{p}{r}\right)^2-12\right]\right\}\end{aligned}$$

证明　易证

$$\begin{aligned}&(b^4+c^4)r_a^4+(a^4+c^4)r_b^4+(b^4+a^4)r_c^4=\\&(a^4+b^4+c^4)(r_a^4+r_b^4+r_c^4)-(a^4r_a^4+b^4r_b^4+c^4r_c^4)=\\&2\Delta^4\left[\left(\frac{p}{r}\right)^2+\left(\frac{4R+r}{p}\right)^2-\frac{8R}{r}-6\right]\left[\left(\frac{4R}{r}+1\right)^2\left(\frac{4R+r}{p}\right)^2-4\left(\frac{4R}{r}+1\right)^2+2\left(\frac{p}{r}\right)^2+4\left(\frac{4R}{r}+1\right)\right]-\\&(a^4r_a^4+b^4r_b^4+c^4r_c^4)=\end{aligned}$$

把例 2.78 代入上式并整理得

$$\begin{aligned}&(b^4+c^4)r_a^4+(a^4+c^4)r_b^4+(b^4+a^4)r_c^4=\\&2\Delta^4\left[\left(\frac{p}{r}\right)^2+\left(\frac{4R+r}{p}\right)^2-\frac{8R}{r}-6\right]\left[\left(\frac{4R}{r}+1\right)^2\left(\frac{4R+r}{p}\right)^2-4\left(\frac{4R}{r}+1\right)^2+2\left(\frac{p}{r}\right)^2+4\left(\frac{4R}{r}+1\right)\right]-\end{aligned}$$

$$\Delta^4\left\{\left(\frac{4R}{r}\right)^4+2+\left(\frac{p}{r}\right)^2\left[-64\left(\frac{R}{r}\right)^2+\frac{32R}{r}+2\left(\frac{p}{r}\right)^2-12\right]\right\}=$$

$$\Delta^4\left\{256\left(\frac{R}{r}\right)^4+1\ 536\left(\frac{R}{r}\right)^3+1\ 280\left(\frac{R}{r}\right)^2+\frac{256R}{r}+4+\right.$$

$$2\left(\frac{4R+r}{p}\right)^2\left[\left(\frac{4R}{r}+1\right)^2\left(\frac{4R+r}{p}\right)^2-128\left(\frac{R}{r}\right)^3-224\left(\frac{R}{r}\right)^2-\frac{72R}{r}-6\right]+$$

$$\left.\left(\frac{p}{r}\right)^2\left[-64\left(\frac{R}{r}\right)^2-\frac{96R}{r}+2\left(\frac{p}{r}\right)^2-12\right]\right\}$$

即

$$(b^4+c^4)r_a^4+(a^4+c^4)r_b^4+(b^4+a^4)r_c^4=$$

$$\Delta^4\left\{256\left(\frac{R}{r}\right)^4+1\ 536\left(\frac{R}{r}\right)^3+1\ 280\left(\frac{R}{r}\right)^2+\frac{256R}{r}+4+\right.$$

$$2\left(\frac{4R+r}{p}\right)^2\left[\left(\frac{4R}{r}+1\right)^2\left(\frac{4R+r}{p}\right)^2-128\left(\frac{R}{r}\right)^3-224\left(\frac{R}{r}\right)^2-\frac{72R}{r}-6\right]+$$

$$\left.\left(\frac{p}{r}\right)^2\left[-64\left(\frac{R}{r}\right)^2-\frac{96R}{r}+2\left(\frac{p}{r}\right)^2-12\right]\right\}$$

例 2.80 在△ABC 中,试证明

$$\frac{a^5r_a^3}{r_b+r_c}+\frac{b^5r_b^3}{r_c+r_a}+\frac{c^5r_c^3}{r_a+r_b}=$$

$$\Delta^3r\left\{\left(\frac{4R}{r}\right)^4+2+\left(\frac{p}{r}\right)^2\left[-64\left(\frac{R}{r}\right)^2+\frac{32R}{r}+2\left(\frac{p}{r}\right)^2-12\right]\right\}$$

证明 在△ABC 中,由旁切圆半径公式可证

$$\frac{a^5r_a^3}{r_b+r_c}+\frac{b^5r_b^3}{r_c+r_a}+\frac{c^5r_c^3}{r_a+r_b}=$$

$$\frac{a^5r_a^4}{r_ar_b+r_ar_c}+\frac{b^5r_b^4}{r_br_c+r_br_a}+\frac{c^5r_c^4}{r_cr_a+r_cr_b}=$$

$$\frac{a^5r_a^4}{pa}+\frac{b^5r_b^4}{pb}+\frac{c^5r_c^4}{pc}=\frac{a^4r_a^4+b^4r_b^4+c^4r_c^4}{p}$$

将例 2.78 代入上式并整理得

$$\frac{a^5r_a^3}{r_b+r_c}+\frac{b^5r_b^3}{r_c+r_a}+\frac{c^5r_c^3}{r_a+r_b}=$$

$$\Delta^3r\left\{\left(\frac{4R}{r}\right)^4+2+\left(\frac{p}{r}\right)^2\left[-64\left(\frac{R}{r}\right)^2+\frac{32R}{r}+2\left(\frac{p}{r}\right)^2-12\right]\right\}$$

例 2.81 在△ABC 中,试证明

$$a^5r_a^3+b^5r_b^3+c^5r_c^3=$$

$$r^2\Delta^3\left\{\left(\frac{p}{r}\right)^2\left[64\left(\frac{R}{r}\right)^3-32\left(\frac{R}{r}\right)^2+\frac{12R}{r}-\frac{12R}{r}\left(\frac{p}{r}\right)^2+10\left(\frac{p}{r}\right)^2-20\right]+2\left(\frac{4R}{r}+1\right)\right\}$$

证明 在△ABC 中,由旁切圆半径公式$r_a=\dfrac{\Delta}{p-a}$可得

$$a r_a = p r_a - \Delta$$

上式两边同乘$a^4 r_a^2$，得

$$a^5 r_a^3 = p a^4 r_a^3 - \Delta a^4 r_a^2$$

同理

$$b^5 r_b^3 = p b^4 r_b^3 - \Delta b^4 r_b^2$$

$$c^5 r_c^3 = p c^4 r_c^3 - \Delta c^4 r_c^2$$

将以上三式两边相加并整理得

$$a^5 r_a^3 + b^5 r_b^3 + c^5 r_c^3 = p(a^4 r_a^3 + b^4 r_b^3 + c^4 r_c^3) - \Delta(a^4 r_a^2 + b^4 r_b^2 + c^4 r_c^2)$$

将例 2.60 和例 2.74 代入上式并整理得

$$\begin{aligned} a^5 r_a^3 + b^5 r_b^3 + c^5 r_c^3 = {} & p^2 \Delta^3 \left[64\left(\frac{R}{r}\right)^3 - 16\left(\frac{R}{r}\right)^2 + \frac{4R}{r} - \frac{12R}{r}\left(\frac{p}{r}\right)^2 + 8\left(\frac{p}{r}\right)^2 - 8\right] - \\ & 2\Delta^3 r^2 \left\{\left(\frac{p}{r}\right)^2 \left[8\left(\frac{R}{r}\right)^2 - \frac{4R}{r} - \left(\frac{p}{r}\right)^2 + 6\right] - \left(\frac{4R}{r} + 1\right)\right\} = \\ & r^2 \Delta^3 \left(\frac{p}{r}\right)^2 \left[64\left(\frac{R}{r}\right)^3 - 16\left(\frac{R}{r}\right)^2 + \frac{4R}{r} - \frac{12R}{r}\left(\frac{p}{r}\right)^2 + 8\left(\frac{p}{r}\right)^2 - 8\right] - \\ & 2\Delta^3 r^2 \left\{\left(\frac{p}{r}\right)^2 \left[8\left(\frac{R}{r}\right)^2 - \frac{4R}{r} - \left(\frac{p}{r}\right)^2 + 6\right] - \left(\frac{4R}{r} + 1\right)\right\} = \\ & r^2 \Delta^3 \left\{\left(\frac{p}{r}\right)^2 \left[64\left(\frac{R}{r}\right)^3 - 32\left(\frac{R}{r}\right)^2 + \frac{12R}{r} - \frac{12R}{r}\left(\frac{p}{r}\right)^2 + \right.\right. \\ & \left.\left. 10\left(\frac{p}{r}\right)^2 - 20\right] + 2\left(\frac{4R}{r} + 1\right)\right\} \end{aligned}$$

即

$$\begin{aligned} & a^5 r_a^3 + b^5 r_b^3 + c^5 r_c^3 = \\ & r^2 \Delta^3 \left\{\left(\frac{p}{r}\right)^2 \left[64\left(\frac{R}{r}\right)^3 - 32\left(\frac{R}{r}\right)^2 + \frac{12R}{r} - \frac{12R}{r}\left(\frac{p}{r}\right)^2 + 10\left(\frac{p}{r}\right)^2 - 20\right] + 2\left(\frac{4R}{r} + 1\right)\right\} \end{aligned}$$

例 2.82　在$\triangle ABC$中，试证明

$$\begin{aligned} & \frac{a^6 r_a^2}{r_b + r_c} + \frac{b^6 r_b^2}{r_c + r_a} + \frac{c^6 r_c^2}{r_a + r_b} = \\ & r^3 \Delta^2 \left\{\left(\frac{p}{r}\right)^2 \left[64\left(\frac{R}{r}\right)^3 - 32\left(\frac{R}{r}\right)^2 + \frac{12R}{r} - \frac{12R}{r}\left(\frac{p}{r}\right)^2 + 10\left(\frac{p}{r}\right)^2 - 20\right] + 2\left(\frac{4R}{r} + 1\right)\right\} \end{aligned}$$

证明　在$\triangle ABC$中，由旁切圆半径公式可证

$$\begin{aligned} & \frac{a^6 r_a^2}{r_b + r_c} + \frac{b^6 r_b^2}{r_c + r_a} + \frac{c^6 r_c^2}{r_a + r_b} = \\ & \frac{a^6 r_a^3}{r_a r_b + r_a r_c} + \frac{b^6 r_b^3}{r_b r_c + r_b r_a} + \frac{c^6 r_c^3}{r_c r_a + r_c r_b} = \\ & \frac{a^6 r_a^3}{pa} + \frac{b^6 r_b^3}{pb} + \frac{c^6 r_c^3}{pc} = \frac{a^5 r_a^3 + b^5 r_b^3 + c^5 r_c^3}{p} \end{aligned}$$

将例 2.81 代入上式并整理得

$$\frac{a^6r_a^2}{r_b+r_c}+\frac{b^6r_b^2}{r_c+r_a}+\frac{c^6r_c^2}{r_a+r_b}=$$

$$r^3\Delta^2\left\{\left(\frac{p}{r}\right)^2\left[64\left(\frac{R}{r}\right)^3-32\left(\frac{R}{r}\right)^2+\frac{12R}{r}-\frac{12R}{r}\left(\frac{p}{r}\right)^2+10\left(\frac{p}{r}\right)^2-20\right]+2\left(\frac{4R}{r}+1\right)\right\}$$

例 2.83 在$\triangle ABC$中,试证明

$$a^5r_a^4+b^5r_b^4+c^5r_c^4=$$

$$p\Delta^4\left\{\left(\frac{4R}{r}\right)^4-64\left(\frac{R}{r}\right)^3+16\left(\frac{R}{r}\right)^2-\frac{4R}{r}+10+\left(\frac{p}{r}\right)^2\left[-64\left(\frac{R}{r}\right)^2+\frac{44R}{r}+2\left(\frac{p}{r}\right)^2-20\right]\right\}$$

证明 在$\triangle ABC$中,由旁切圆半径公式$r_a=\dfrac{\Delta}{p-a}$可得

$$ar_a=pr_a-\Delta$$

上式两边同乘$a^4r_a^3$,得

$$a^5r_a^4=pa^4r_a^4-\Delta a^4r_a^3$$

同理

$$b^5r_b^4=pb^4r_b^4-\Delta b^4r_b^3$$

$$c^5r_c^4=pc^4r_c^4-\Delta c^4r_c^3$$

将上三式两边相加,并整理得

$$a^5r_a^4+b^5r_b^4+c^5r_c^4=p(a^4r_a^4+b^4r_b^4+c^4r_c^4)-\Delta(a^4r_a^3+b^4r_b^3+c^4r_c^3)$$

将例 2.74 和例 2.78 代入上式,并整理得

$$a^5r_a^4+b^5r_b^4+c^5r_c^4=$$

$$p\Delta^4\left\{\left(\frac{4R}{r}\right)^4+2+\left(\frac{p}{r}\right)^2\left[-64\left(\frac{R}{r}\right)^2+\frac{32R}{r}+2\left(\frac{p}{r}\right)^2-12\right]\right\}-$$

$$p\Delta^4\left[64\left(\frac{R}{r}\right)^3-16\left(\frac{R}{r}\right)^2+\frac{4R}{r}-\frac{12R}{r}\left(\frac{p}{r}\right)^2+8\left(\frac{p}{r}\right)^2-8\right]=$$

$$p\Delta^4\left\{\left(\frac{4R}{r}\right)^4-64\left(\frac{R}{r}\right)^3+16\left(\frac{R}{r}\right)^2-\frac{4R}{r}+10+\left(\frac{p}{r}\right)^2\left[-64\left(\frac{R}{r}\right)^2+\frac{44R}{r}+2\left(\frac{p}{r}\right)^2-20\right]\right\}$$

即

$$a^5r_a^4+b^5r_b^4+c^5r_c^4=$$

$$p\Delta^4\left\{\left(\frac{4R}{r}\right)^4-64\left(\frac{R}{r}\right)^3+16\left(\frac{R}{r}\right)^2-\frac{4R}{r}+10+\left(\frac{p}{r}\right)^2\left[-64\left(\frac{R}{r}\right)^2+\frac{44R}{r}+2\left(\frac{p}{r}\right)^2-20\right]\right\}$$

例 2.84 在$\triangle ABC$中,试证明

$$\frac{a^6r_a^3}{r_b+r_c}+\frac{b^6r_b^3}{r_c+r_a}+\frac{c^6r_c^3}{r_a+r_b}=$$

$$\Delta^4\left\{\left(\frac{4R}{r}\right)^4-64\left(\frac{R}{r}\right)^3+16\left(\frac{R}{r}\right)^2-\frac{4R}{r}+10+\left(\frac{p}{r}\right)^2\left[-64\left(\frac{R}{r}\right)^2+\frac{44R}{r}+2\left(\frac{p}{r}\right)^2-20\right]\right\}$$

证明　在$\triangle ABC$中,由旁切圆半径公式可证

$$\frac{a^6r_a^3}{r_b+r_c}+\frac{b^6r_b^3}{r_c+r_a}+\frac{c^6r_c^3}{r_a+r_b}=$$

$$\frac{a^6r_a^4}{r_ar_b+r_ar_c}+\frac{b^6r_b^4}{r_br_c+r_br_a}+\frac{c^6r_c^4}{r_cr_a+r_cr_b}=$$

$$\frac{a^6r_a^4}{pa}+\frac{b^6r_b^4}{pb}+\frac{c^6r_c^4}{pc}=\frac{a^5r_a^4+b^5r_b^4+c^5r_c^4}{p}$$

将例 2.83 代入上式,并整理得

$$\frac{a^6r_a^3}{r_b+r_c}+\frac{b^6r_b^3}{r_c+r_a}+\frac{c^6r_c^3}{r_a+r_b}=$$

$$\Delta^4\left\{\left(\frac{4R}{r}\right)^4-64\left(\frac{R}{r}\right)^3+16\left(\frac{R}{r}\right)^2-\frac{4R}{r}+10+\left(\frac{p}{r}\right)^2\left[-64\left(\frac{R}{r}\right)^2+\frac{44R}{r}+2\left(\frac{p}{r}\right)^2-20\right]\right\}$$

例 2.85　在$\triangle ABC$中,试证明

$$a^6r_a^4+b^6r_b^4+c^6r_c^4=$$

$$r^2\Delta^4\left\{\left(\frac{p}{r}\right)^2\left[\left(\frac{4R}{r}\right)^4-128\left(\frac{R}{r}\right)^3+48\left(\frac{R}{r}\right)^2-\frac{16R}{r}+\frac{12R}{r}\left(\frac{p}{r}\right)^2-10\left(\frac{p}{r}\right)^2+30\right]-\right.$$

$$\left.2\left(\frac{4R}{r}+1\right)+\left(\frac{p}{r}\right)^4\left[-64\left(\frac{R}{r}\right)^2+\frac{44R}{r}+2\left(\frac{p}{r}\right)^2-20\right]\right\}$$

证明　在$\triangle ABC$中,由旁切圆半径公式$r_a=\dfrac{\Delta}{p-a}$可得

$$ar_a=pr_a-\Delta$$

上式两边同乘$a^5r_a^3$,得

$$a^6r_a^4=pa^5r_a^4-\Delta a^5r_a^3$$

同理

$$b^6r_b^4=pb^5r_b^4-\Delta b^5r_b^3$$

$$c^6r_c^4=pc^5r_c^4-\Delta c^5r_c^3$$

将上三式两边相加,并整理得

$$a^6r_a^4+b^6r_b^4+c^6r_c^4=p(a^5r_a^4+b^5r_b^4+c^5r_c^4)-\Delta(a^5r_a^3+b^5r_b^3+c^5r_c^3)$$

将例 2.81 和例 2.83 代入上式,并整理得

$$a^6r_a^4+b^6r_b^4+c^6r_c^4=$$

$$r^2\Delta^4\left(\frac{p}{r}\right)^2\left\{\left(\frac{4R}{r}\right)^4-64\left(\frac{R}{r}\right)^3+16\left(\frac{R}{r}\right)^2-\frac{4R}{r}+10+\left(\frac{p}{r}\right)^2\left[-64\left(\frac{R}{r}\right)^2+\frac{44R}{r}+2\left(\frac{p}{r}\right)^2-20\right]\right\}-$$

$$r^2\Delta^4\left\{\left(\frac{p}{r}\right)^2\left[64\left(\frac{R}{r}\right)^3-32\left(\frac{R}{r}\right)^2+\frac{12R}{r}-\frac{12R}{r}\left(\frac{p}{r}\right)^2+10\left(\frac{p}{r}\right)^2-20\right]+2\left(\frac{4R}{r}+1\right)\right\}=$$

$$r^2\Delta^4\left(\frac{p}{r}\right)^2\left\{\left(\frac{4R}{r}\right)^4-64\left(\frac{R}{r}\right)^3+16\left(\frac{R}{r}\right)^2-\frac{4R}{r}+10+\left(\frac{p}{r}\right)^2\left[-64\left(\frac{R}{r}\right)^2+\frac{44R}{r}+2\left(\frac{p}{r}\right)^2-20\right]\right\}-$$

$$r^2\Delta^4\left\{\left(\frac{p}{r}\right)^2\left[64\left(\frac{R}{r}\right)^3-32\left(\frac{R}{r}\right)^2+\frac{12R}{r}-\frac{12R}{r}\left(\frac{p}{r}\right)^2+10\left(\frac{p}{r}\right)^2-20\right]+2\left(\frac{4R}{r}+1\right)\right\}=$$

$$r^2\Delta^4\left\{\left(\frac{p}{r}\right)^2\left[\left(\frac{4R}{r}\right)^4-128\left(\frac{R}{r}\right)^3+48\left(\frac{R}{r}\right)^2-\frac{16R}{r}+\frac{12R}{r}\left(\frac{p}{r}\right)^2-10\left(\frac{p}{r}\right)^2+30\right]-\right.$$

$$\left.2\left(\frac{4R}{r}+1\right)+\left(\frac{p}{r}\right)^4\left[-64\left(\frac{R}{r}\right)^2+\frac{44R}{r}+2\left(\frac{p}{r}\right)^2-20\right]\right\}$$

即

$$a^6r_a^4+b^6r_b^4+c^6r_c^4=$$

$$r^2\Delta^4\left\{\left(\frac{p}{r}\right)^2\left[\left(\frac{4R}{r}\right)^4-128\left(\frac{R}{r}\right)^3+48\left(\frac{R}{r}\right)^2-\frac{16R}{r}+\frac{12R}{r}\left(\frac{p}{r}\right)^2-10\left(\frac{p}{r}\right)^2+30\right]-\right.$$

$$\left.2\left(\frac{4R}{r}+1\right)+\left(\frac{p}{r}\right)^4\left[-64\left(\frac{R}{r}\right)^2+\frac{44R}{r}+2\left(\frac{p}{r}\right)^2-20\right]\right\}$$

例 2.86 在$\triangle ABC$中，试证明

$$\frac{a^7r_a^3}{r_b+r_c}+\frac{b^7r_b^3}{r_c+r_a}+\frac{c^7r_c^3}{r_a+r_b}=$$

$$r^3\Delta^3\left\{\left(\frac{p}{r}\right)^2\left[\left(\frac{4R}{r}\right)^4-128\left(\frac{R}{r}\right)^3+48\left(\frac{R}{r}\right)^2-\frac{16R}{r}+\frac{12R}{r}\left(\frac{p}{r}\right)^2-10\left(\frac{p}{r}\right)^2+30\right]-\right.$$

$$\left.2\left(\frac{4R}{r}+1\right)+\left(\frac{p}{r}\right)^4\left[-64\left(\frac{R}{r}\right)^2+\frac{44R}{r}+2\left(\frac{p}{r}\right)^2-20\right]\right\}$$

证明 在$\triangle ABC$中，由旁切圆半径公式可证

$$\frac{a^7r_a^3}{r_b+r_c}+\frac{b^7r_b^3}{r_c+r_a}+\frac{c^7r_c^3}{r_a+r_b}=$$

$$\frac{a^7r_a^4}{r_ar_b+r_ar_c}+\frac{b^7r_b^4}{r_br_c+r_br_a}+\frac{c^7r_c^4}{r_cr_a+r_cr_b}=$$

$$\frac{a^7r_a^4}{pa}+\frac{b^7r_b^4}{pb}+\frac{c^7r_c^4}{pc}=\frac{a^6r_a^4+b^6r_b^4+c^6r_c^4}{p}$$

将例 2.85 代入上式并整理得

$$\frac{a^7r_a^3}{r_b+r_c}+\frac{b^7r_b^3}{r_c+r_a}+\frac{c^7r_c^3}{r_a+r_b}=$$

$$r^3\Delta^3\left\{\left(\frac{p}{r}\right)^2\left[\left(\frac{4R}{r}\right)^4-128\left(\frac{R}{r}\right)^3+48\left(\frac{R}{r}\right)^2-\frac{16R}{r}+\frac{12R}{r}\left(\frac{p}{r}\right)^2-10\left(\frac{p}{r}\right)^2+30\right]-\right.$$

$$\left.2\left(\frac{4R}{r}+1\right)+\left(\frac{p}{r}\right)^4\left[-64\left(\frac{R}{r}\right)^2+\frac{44R}{r}+2\left(\frac{p}{r}\right)^2-20\right]\right\}$$

例 2.87 在$\triangle ABC$中，试证明

$$a^5r_a^2+b^5r_b^2+c^5r_c^2=$$

$$2\Delta^3r\left\{\left(\frac{p}{r}\right)^2\left[8\left(\frac{R}{r}\right)^2-\frac{6R}{r}-\left(\frac{p}{r}\right)^2+10\right]-\left(\frac{14R}{r}+5\right)\right\}$$

证明 在$\triangle ABC$中，由旁切圆半径公式$r_a=\dfrac{\Delta}{p-a}$可得

$$a r_a = p r_a - \Delta$$

上式两边同乘$a^4 r_a$，得

$$a^5 r_a^2 = p a^4 r_a^2 - \Delta a^4 r_a$$

同理

$$b^5 r_b^2 = p b^4 r_b^2 - \Delta b^4 r_b$$

$$c^5 r_c^2 = p c^4 r_c^2 - \Delta c^4 r_c$$

将上三式两边相加并整理得

$$a^5 r_a^2 + b^5 r_b^2 + c^5 r_c^2 = p(a^4 r_a^2 + b^4 r_b^2 + c^4 r_c^2) - \Delta(a^4 r_a + b^4 r_b + c^4 r_c)$$

将例 2.60 和例 2.33 代入上式，并整理得

$$a^5 r_a^2 + b^5 r_b^2 + c^5 r_c^2 = 2\Delta^3 r\left\{\left(\frac{p}{r}\right)^2\left[8\left(\frac{R}{r}\right)^2 - \frac{4R}{r} - \left(\frac{p}{r}\right)^2 + 6\right] - \left(\frac{4R}{r} + 1\right)\right\} -$$

$$4\Delta^3 r\left[\left(\frac{p}{r}\right)^2\left(\frac{R}{r} - 2\right) + \frac{5R}{r} + 2\right] =$$

$$2\Delta^3 r\left\{\left(\frac{p}{r}\right)^2\left[8\left(\frac{R}{r}\right)^2 - \frac{6R}{r} - \left(\frac{p}{r}\right)^2 + 10\right] - \left(\frac{14R}{r} + 5\right)\right\}$$

即

$$a^5 r_a^2 + b^5 r_b^2 + c^5 r_c^2 =$$

$$2\Delta^3 r\left\{\left(\frac{p}{r}\right)^2\left[8\left(\frac{R}{r}\right)^2 - \frac{6R}{r} - \left(\frac{p}{r}\right)^2 + 10\right] - \left(\frac{14R}{r} + 5\right)\right\}$$

例 2.88　在$\triangle ABC$中，试证明

$$\frac{a^6 r_a}{r_b + r_c} + \frac{b^6 r_b}{r_c + r_a} + \frac{c^6 r_c}{r_a + r_b} =$$

$$2\Delta^2 r^2\left\{\left(\frac{p}{r}\right)^2\left[8\left(\frac{R}{r}\right)^2 - \frac{6R}{r} - \left(\frac{p}{r}\right)^2 + 10\right] - \left(\frac{14R}{r} + 5\right)\right\}$$

证明　在$\triangle ABC$中，由旁切圆半径公式可证

$$\frac{a^6 r_a}{r_b + r_c} + \frac{b^6 r_b}{r_c + r_a} + \frac{c^6 r_c}{r_a + r_b} =$$

$$\frac{a^6 r_a^2}{r_a r_b + r_a r_c} + \frac{b^6 r_b^2}{r_b r_c + r_b r_a} + \frac{c^6 r_c^2}{r_c r_a + r_c r_b} =$$

$$\frac{a^6 r_a^2}{pa} + \frac{b^6 r_b^2}{pb} + \frac{c^6 r_c^2}{pc} = \frac{a^5 r_a^2 + b^5 r_b^2 + c^5 r_c^2}{p}$$

将例 2.87 代入上式并整理得

$$\frac{a^6 r_a}{r_b + r_c} + \frac{b^6 r_b}{r_c + r_a} + \frac{c^6 r_c}{r_a + r_b} =$$

$$2\Delta^2 r^2\left\{\left(\frac{p}{r}\right)^2\left[8\left(\frac{R}{r}\right)^2 - \frac{6R}{r} - \left(\frac{p}{r}\right)^2 + 10\right] - \left(\frac{14R}{r} + 5\right)\right\}$$

例 2.89 在$\triangle ABC$中,试证明

$$a^6r_a^3+b^6r_b^3+c^6r_c^3=$$

$$4r\Delta^4\left\{\left(\frac{p}{r}\right)^2\left[16\left(\frac{R}{r}\right)^3-12\left(\frac{R}{r}\right)^2+\frac{6R}{r}-\frac{3R}{r}\left(\frac{p}{r}\right)^2+3\left(\frac{p}{r}\right)^2-10\right]+\frac{9R}{r}+3\right\}$$

证明 在$\triangle ABC$中,由旁切圆半径公式$r_a=\dfrac{\Delta}{p-a}$可得

$$ar_a=pr_a-\Delta$$

上式两边同乘$a^5r_a^2$,得

$$a^6r_a^3=pa^5r_a^3-\Delta a^5r_a^2$$

同理

$$b^6r_b^3=pb^5r_b^3-\Delta b^5r_b^2$$

$$c^6r_c^3=pc^5r_c^3-\Delta c^5r_c^2$$

将上三式两边相加,并整理得

$$a^6r_a^3+b^6r_b^3+c^6r_c^3=p(a^5r_a^3+b^5r_b^3+c^5r_c^3)-\Delta(a^5r_a^2+b^5r_b^2+c^5r_c^2)$$

将例 2.81 和例 2.87 代入上式并整理得

$$a^6r_a^3+b^6r_b^3+c^6r_c^3=$$

$$r\Delta^4\left\{\left(\frac{p}{r}\right)^2\left[64\left(\frac{R}{r}\right)^3-32\left(\frac{R}{r}\right)^2+\frac{12R}{r}-\frac{12R}{r}\left(\frac{p}{r}\right)^2+10\left(\frac{p}{r}\right)^2-20\right]+2\left(\frac{4R}{r}+1\right)\right\}-$$

$$2\Delta^3r\left\{\left(\frac{p}{r}\right)^2\left[8\left(\frac{R}{r}\right)^2-\frac{6R}{r}-\left(\frac{p}{r}\right)^2+10\right]-\left(\frac{14R}{r}+5\right)\right\}=$$

$$4r\Delta^4\left\{\left(\frac{p}{r}\right)^2\left[16\left(\frac{R}{r}\right)^3-12\left(\frac{R}{r}\right)^2+\frac{6R}{r}-\frac{3R}{r}\left(\frac{p}{r}\right)^2+3\left(\frac{p}{r}\right)^2-10\right]+\frac{9R}{r}+3\right\}$$

即

$$a^6r_a^3+b^6r_b^3+c^6r_c^3=$$

$$4r\Delta^4\left\{\left(\frac{p}{r}\right)^2\left[16\left(\frac{R}{r}\right)^3-12\left(\frac{R}{r}\right)^2+\frac{6R}{r}-\frac{3R}{r}\left(\frac{p}{r}\right)^2+3\left(\frac{p}{r}\right)^2-10\right]+\frac{9R}{r}+3\right\}$$

例 2.90 在$\triangle ABC$中,试证明

$$\frac{a^7r_a^2}{r_b+r_c}+\frac{b^7r_b^2}{r_c+r_a}+\frac{c^7r_c^2}{r_a+r_b}=$$

$$4r^2\Delta^3\left\{\left(\frac{p}{r}\right)^2\left[16\left(\frac{R}{r}\right)^3-12\left(\frac{R}{r}\right)^2+\frac{6R}{r}-\frac{3R}{r}\left(\frac{p}{r}\right)^2+3\left(\frac{p}{r}\right)^2-10\right]+\frac{9R}{r}+3\right\}$$

证明 在$\triangle ABC$中,由旁切圆半径公式可证

$$\frac{a^7r_a^2}{r_b+r_c}+\frac{b^7r_b^2}{r_c+r_a}+\frac{c^7r_c^2}{r_a+r_b}=\frac{a^7r_a^3}{r_ar_b+r_ar_c}+\frac{b^7r_b^3}{r_br_c+r_br_a}+\frac{c^7r_c^3}{r_cr_a+r_cr_b}$$

$$=\frac{a^7r_a^3}{pa}+\frac{b^7r_b^3}{pb}+\frac{c^7r_c^3}{pc}=\frac{a^6r_a^3+b^6r_b^3+c^6r_c^3}{p}$$

将例 2.89 代入上式并整理得

$$\frac{a^7 r_a^2}{r_b+r_c}+\frac{b^7 r_b^2}{r_c+r_a}+\frac{c^7 r_c^2}{r_a+r_b}=$$

$$4r^2\Delta^3\left\{\left(\frac{p}{r}\right)^2\left[16\left(\frac{R}{r}\right)^3-12\left(\frac{R}{r}\right)^2+\frac{6R}{r}-\frac{3R}{r}\left(\frac{p}{r}\right)^2+3\left(\frac{p}{r}\right)^2-10\right]+\frac{9R}{r}+3\right\}$$

例 2.91　在 $\triangle ABC$ 中,试证明

$$a^7 r_a^4+b^7 r_b^4+c^7 r_c^4=$$

$$r\Delta^5\left\{\left(\frac{p}{r}\right)^2\left[\left(\frac{4R}{r}\right)^4-192\left(\frac{R}{r}\right)^3+96\left(\frac{R}{r}\right)^2-\frac{40R}{r}+\frac{24R}{r}\left(\frac{p}{r}\right)^2-22\left(\frac{p}{r}\right)^2+70\right]-\right.$$

$$\left.\left(\frac{44R}{r}+14\right)+\left(\frac{p}{r}\right)^4\left[-64\left(\frac{R}{r}\right)^2+\frac{44R}{r}+2\left(\frac{p}{r}\right)^2-20\right]\right\}$$

证明　在 $\triangle ABC$ 中,由旁切圆半径公式 $r_a=\dfrac{\Delta}{p-a}$ 可得

$$a r_a=p r_a-\Delta$$

上式两边同乘 $a^6 r_a^3$,得

$$a^7 r_a^4=p a^6 r_a^4-\Delta a^6 r_a^3$$

同理

$$b^7 r_b^4=p b^6 r_b^4-\Delta b^6 r_b^3$$

$$c^7 r_c^4=p c^6 r_c^4-\Delta c^6 r_c^3$$

将上三式两边相加并整理得

$$a^7 r_a^4+b^7 r_b^4+c^7 r_c^4=p(a^6 r_a^4+b^6 r_b^4+c^6 r_c^4)-\Delta(a^6 r_a^3+b^6 r_b^3+c^6 r_c^3)$$

将例 2.85 和例 2.89 代入上式,并整理得

$$a^7 r_a^4+b^7 r_b^4+c^7 r_c^4=$$

$$r\Delta^5\left\{\left(\frac{p}{r}\right)^2\left[\left(\frac{4R}{r}\right)^4-128\left(\frac{R}{r}\right)^3+48\left(\frac{R}{r}\right)^2-\frac{16R}{r}+\frac{12R}{r}\left(\frac{p}{r}\right)^2-10\left(\frac{p}{r}\right)^2+30\right]-\right.$$

$$\left.2\left(\frac{4R}{r}+1\right)+\left(\frac{p}{r}\right)^4\left[-64\left(\frac{R}{r}\right)^2+\frac{44R}{r}+2\left(\frac{p}{r}\right)^2-20\right]\right\}-$$

$$4r\Delta^5\left\{\left(\frac{p}{r}\right)^2\left[16\left(\frac{R}{r}\right)^3-12\left(\frac{R}{r}\right)^2+\frac{6R}{r}-\frac{3R}{r}\left(\frac{p}{r}\right)^2+3\left(\frac{p}{r}\right)^2-10\right]+\frac{9R}{r}+3\right\}=$$

$$r\Delta^5\left\{\left(\frac{p}{r}\right)^2\left[\left(\frac{4R}{r}\right)^4-192\left(\frac{R}{r}\right)^3+96\left(\frac{R}{r}\right)^2-\frac{40R}{r}+\frac{24R}{r}\left(\frac{p}{r}\right)^2-22\left(\frac{p}{r}\right)^2+70\right]-\right.$$

$$\left.\left(\frac{44R}{r}+14\right)+\left(\frac{p}{r}\right)^4\left[-64\left(\frac{R}{r}\right)^2+\frac{44R}{r}+2\left(\frac{p}{r}\right)^2-20\right]\right\}$$

即

$$a^7 r_a^4+b^7 r_b^4+c^7 r_c^4=$$

$$r\Delta^5\left\{\left(\frac{p}{r}\right)^2\left[\left(\frac{4R}{r}\right)^4-192\left(\frac{R}{r}\right)^3+96\left(\frac{R}{r}\right)^2-\frac{40R}{r}+\frac{24R}{r}\left(\frac{p}{r}\right)^2-22\left(\frac{p}{r}\right)^2+70\right]-\right.$$

$$\left(\frac{44R}{r}+14\right)+\left(\frac{p}{r}\right)^4\left[-64\left(\frac{R}{r}\right)^2+\frac{44R}{r}+2\left(\frac{p}{r}\right)^2-20\right]\Bigg\}$$

例 2.92 在△ABC 中,试证明

$$\frac{a^8r_a^3}{r_b+r_c}+\frac{b^8r_b^3}{r_c+r_a}+\frac{c^8r_c^3}{r_a+r_b}=$$

$$r^2\Delta^4\left\{\left(\frac{p}{r}\right)^2\left[\left(\frac{4R}{r}\right)^4-192\left(\frac{R}{r}\right)^3+96\left(\frac{R}{r}\right)^2-\frac{40R}{r}+\frac{24R}{r}\left(\frac{p}{r}\right)^2-22\left(\frac{p}{r}\right)^2+70\right]-\right.$$

$$\left.\left(\frac{44R}{r}+14\right)+\left(\frac{p}{r}\right)^4\left[-64\left(\frac{R}{r}\right)^2+\frac{44R}{r}+2\left(\frac{p}{r}\right)^2-20\right]\right\}$$

证明 在△ABC 中,由旁切圆半径公式可证

$$\frac{a^8r_a^3}{r_b+r_c}+\frac{b^8r_b^3}{r_c+r_a}+\frac{c^8r_c^3}{r_a+r_b}=$$

$$\frac{a^8r_a^4}{r_ar_b+r_ar_c}+\frac{b^8r_b^4}{r_br_c+r_br_a}+\frac{c^8r_c^4}{r_cr_a+r_cr_b}=$$

$$\frac{a^8r_a^4}{pa}+\frac{b^8r_b^4}{pb}+\frac{c^8r_c^4}{pc}=\frac{a^7r_a^4+b^7r_b^4+c^7r_c^4}{p}$$

将例 2.91 代入上式,并整理得

$$\frac{a^8r_a^3}{r_b+r_c}+\frac{b^8r_b^3}{r_c+r_a}+\frac{c^8r_c^3}{r_a+r_b}=$$

$$r^2\Delta^4\left\{\left(\frac{p}{r}\right)^2\left[\left(\frac{4R}{r}\right)^4-192\left(\frac{R}{r}\right)^3+96\left(\frac{R}{r}\right)^2-\frac{40R}{r}+\frac{24R}{r}\left(\frac{p}{r}\right)^2-22\left(\frac{p}{r}\right)^2+70\right]-\right.$$

$$\left.\left(\frac{44R}{r}+14\right)+\left(\frac{p}{r}\right)^4\left[-64\left(\frac{R}{r}\right)^2+\frac{44R}{r}+2\left(\frac{p}{r}\right)^2-20\right]\right\}$$

例 2.93 在△ABC 中,试证明

$$\frac{r_a^2+r_b^2}{r_a+r_b}+\frac{r_b^2+r_c^2}{r_b+r_c}+\frac{r_c^2+r_a^2}{r_c+r_a}=r\left[2\left(\frac{4R}{r}+1\right)-(a+b+c)\left(\frac{1}{a}+\frac{1}{b}+\frac{1}{c}\right)\right]$$

证明 在△ABC 中,由旁切圆半径公式可证

$$\frac{r_ar_b}{r_a+r_b}+\frac{r_br_c}{r_b+r_c}+\frac{r_cr_a}{r_c+r_a}=\frac{r_cr_ar_b}{r_cr_a+r_cr_b}+\frac{r_ar_br_c}{r_ar_b+r_ar_c}+\frac{r_br_cr_a}{r_br_c+r_br_a}=$$

$$\frac{\Delta p}{pc}+\frac{\Delta p}{pa}+\frac{\Delta p}{pb}=\Delta\left(\frac{1}{a}+\frac{1}{b}+\frac{1}{c}\right)$$

即

$$\frac{r_ar_b}{r_a+r_b}+\frac{r_br_c}{r_b+r_c}+\frac{r_cr_a}{r_c+r_a}=\Delta\left(\frac{1}{a}+\frac{1}{b}+\frac{1}{c}\right)$$

在△ABC 中,由旁切圆半径公式可证

$$\frac{r_a^2+r_b^2}{r_a+r_b}+\frac{r_b^2+r_c^2}{r_b+r_c}+\frac{r_c^2+r_a^2}{r_c+r_a}=$$

$$2(r_a+r_b+r_c)-2\left(\frac{r_ar_b}{r_a+r_b}+\frac{r_br_c}{r_b+r_c}+\frac{r_cr_a}{r_c+r_a}\right)=$$

$$2(4R+r)-2\Delta\left(\frac{1}{a}+\frac{1}{b}+\frac{1}{c}\right)=$$

$$r\left[2\left(\frac{4R}{r}+1\right)-(a+b+c)\left(\frac{1}{a}+\frac{1}{b}+\frac{1}{c}\right)\right]$$

即

$$\frac{r_a^2+r_b^2}{r_a+r_b}+\frac{r_b^2+r_c^2}{r_b+r_c}+\frac{r_c^2+r_a^2}{r_c+r_a}=r\left[2\left(\frac{4R}{r}+1\right)-(a+b+c)\left(\frac{1}{a}+\frac{1}{b}+\frac{1}{c}\right)\right]$$

例 2.94　在$\triangle ABC$中，试证明

$$\frac{r_c^2}{r_a+r_b}+\frac{r_a^2}{r_b+r_c}+\frac{r_b^2}{r_c+r_a}=$$

$$\frac{p^2}{4R}\left[\left(\frac{4R+r}{p}\right)^2-2\right]\left[\left(\frac{4R+r}{p}\right)^2+1\right]-r\left[2\left(\frac{4R}{r}+1\right)-(a+b+c)\left(\frac{1}{a}+\frac{1}{b}+\frac{1}{c}\right)\right]$$

证明　在$\triangle ABC$中，易证

$$\frac{r_c^2}{r_a+r_b}+\frac{r_a^2}{r_b+r_c}+\frac{r_b^2}{r_c+r_a}=$$

$$(r_a^2+r_b^2+r_c^2)\left(\frac{1}{r_a+r_b}+\frac{1}{r_b+r_c}+\frac{1}{r_c+r_a}\right)-\left(\frac{r_a^2+r_b^2}{r_a+r_b}+\frac{r_b^2+r_c^2}{r_b+r_c}+\frac{r_c^2+r_a^2}{r_c+r_a}\right)$$

将例 2.1 和例 2.93 代入上式并整理得

$$\frac{r_c^2}{r_a+r_b}+\frac{r_a^2}{r_b+r_c}+\frac{r_b^2}{r_c+r_a}=$$

$$\frac{p^2}{4R}\left[\left(\frac{4R+r}{p}\right)^2-2\right]\left[\left(\frac{4R+r}{p}\right)^2+1\right]-r\left[2\left(\frac{4R}{r}+1\right)-(a+b+c)\left(\frac{1}{a}+\frac{1}{b}+\frac{1}{c}\right)\right]$$

例 2.95　在$\triangle ABC$中，试证明

$$\frac{ab}{r_a^3r_b^3}+\frac{bc}{r_b^3r_c^3}+\frac{ca}{r_c^3r_a^3}=$$

$$\frac{4R}{\Delta^2p^2}\left\{\frac{p^2}{4R}\left[\left(\frac{4R+r}{p}\right)^2-2\right]\left[\left(\frac{4R+r}{p}\right)^2+1\right]+r(a+b+c)\left(\frac{1}{a}+\frac{1}{b}+\frac{1}{c}\right)-2r\left(\frac{4R}{r}+1\right)\right\}$$

证明　在$\triangle ABC$中，由旁切圆半径公式可证

$$\frac{r_c^2}{r_a+r_b}+\frac{r_a^2}{r_b+r_c}+\frac{r_b^2}{r_c+r_a}=\frac{r_c^3}{r_cr_a+r_cr_b}+\frac{r_a^3}{r_ar_b+r_ar_c}+\frac{r_b^3}{r_br_c+r_br_a}=$$

$$\frac{r_c^3}{pc}+\frac{r_a^3}{pa}+\frac{r_b^3}{pb}$$

将例 2.94 代入上式并整理得

$$\frac{r_c^3}{c}+\frac{r_a^3}{a}+\frac{r_b^3}{b}=$$

$$p\left\{\frac{p^2}{4R}\left[\left(\frac{4R+r}{p}\right)^2-2\right]\left[\left(\frac{4R+r}{p}\right)^2+1\right]+r(a+b+c)\left(\frac{1}{a}+\frac{1}{b}+\frac{1}{c}\right)-2r\left(\frac{4R}{r}+1\right)\right\}$$

上式两边同乘$\frac{abc}{r_a^3r_b^3r_c^3}$并整理得

$$\frac{ab}{r_a^3r_b^3}+\frac{bc}{r_b^3r_c^3}+\frac{ca}{r_c^3r_a^3}=$$

$$\frac{4R}{\Delta^2p^2}\left\{\frac{p^2}{4R}\left[\left(\frac{4R+r}{p}\right)^2-2\right]\left[\left(\frac{4R+r}{p}\right)^2+1\right]+r(a+b+c)\left(\frac{1}{a}+\frac{1}{b}+\frac{1}{c}\right)-2r\left(\frac{4R}{r}+1\right)\right\}$$

例 2.96 在$\triangle ABC$中，试证明

$$\frac{r_a^3+r_b^3}{r_a+r_b}+\frac{r_b^3+r_c^3}{r_b+r_c}+\frac{r_c^3+r_a^3}{r_c+r_a}=p^2\left[2\left(\frac{4R+r}{p}\right)^2-5\right]$$

证明 在$\triangle ABC$中，由旁切圆半径公式可证

$$\frac{r_a^3+r_b^3}{r_a+r_b}+\frac{r_b^3+r_c^3}{r_b+r_c}+\frac{r_c^3+r_a^3}{r_c+r_a}=2(r_a^2+r_b^2+r_c^2)-(r_ar_b+r_br_c+r_cr_a)=$$

$$p^2\left[2\left(\frac{4R+r}{p}\right)^2-5\right]$$

即

$$\frac{r_a^3+r_b^3}{r_a+r_b}+\frac{r_b^3+r_c^3}{r_b+r_c}+\frac{r_c^3+r_a^3}{r_c+r_a}=p^2\left[2\left(\frac{4R+r}{p}\right)^2-5\right]$$

例 2.97 在$\triangle ABC$中，试证明

$$\frac{r_c^3}{r_a+r_b}+\frac{r_a^3}{r_b+r_c}+\frac{r_b^3}{r_c+r_a}=$$

$$p^2\left\{\frac{r}{4R}\left[\left(\frac{4R}{r}+1\right)\left(\frac{4R+r}{p}\right)^2-\frac{12R}{r}\right]\left[\left(\frac{4R+r}{p}\right)^2+1\right]-\left[2\left(\frac{4R+r}{p}\right)^2-5\right]\right\}$$

证明 在$\triangle ABC$中，有

$$r_a^3+r_b^3+r_c^3=\Delta p\left[\left(\frac{4R}{r}+1\right)\left(\frac{4R+r}{p}\right)^2-\frac{12R}{r}\right]$$

易证

$$\frac{r_c^3}{r_a+r_b}+\frac{r_a^3}{r_b+r_c}+\frac{r_b^3}{r_c+r_a}=$$

$$(r_a^3+r_b^3+r_c^3)\left(\frac{1}{r_a+r_b}+\frac{1}{r_b+r_c}+\frac{1}{r_c+r_a}\right)-\left(\frac{r_a^3+r_b^3}{r_a+r_b}+\frac{r_b^3+r_c^3}{r_b+r_c}+\frac{r_c^3+r_a^3}{r_c+r_a}\right)$$

把例 2.1 和例 2.96 代入上式并整理得

$$\frac{r_c^3}{r_a+r_b}+\frac{r_a^3}{r_b+r_c}+\frac{r_b^3}{r_c+r_a}=$$

$$p^2\left\{\frac{r}{4R}\left[\left(\frac{4R}{r}+1\right)\left(\frac{4R+r}{p}\right)^2-\frac{12R}{r}\right]\left[\left(\frac{4R+r}{p}\right)^2+1\right]-\left[2\left(\frac{4R+r}{p}\right)^2-5\right]\right\}$$

例 2.98 在$\triangle ABC$中，试证明

$$\frac{ab}{r_a^4r_b^4}+\frac{bc}{r_b^4r_c^4}+\frac{ca}{r_c^4r_a^4}=$$

$$\frac{4R}{\Delta^3p}\left\{\frac{r}{4R}\left[\left(\frac{4R}{r}+1\right)\left(\frac{4R+r}{p}\right)^2-\frac{12R}{r}\right]\left[\left(\frac{4R+r}{p}\right)^2+1\right]-\left[2\left(\frac{4R+r}{p}\right)^2-5\right]\right\}$$

证明　在$\triangle ABC$中，由旁切圆半径公式可证

$$\frac{r_c^3}{r_a+r_b}+\frac{r_a^3}{r_b+r_c}+\frac{r_b^3}{r_c+r_a}=\frac{r_c^4}{r_cr_a+r_cr_b}+\frac{r_a^4}{r_ar_b+r_ar_c}+\frac{r_b^4}{r_br_c+r_br_a}=$$

$$\frac{r_c^4}{pc}+\frac{r_a^4}{pa}+\frac{r_b^4}{pb}$$

把例 2.97 代入上式并整理得

$$\frac{r_c^4}{c}+\frac{r_a^4}{a}+\frac{r_b^4}{b}=p^3\left\{\frac{r}{4R}\left[\left(\frac{4R}{r}+1\right)\left(\frac{4R+r}{p}\right)^2-\frac{12R}{r}\right]\left[\left(\frac{4R+r}{p}\right)^2+1\right]-\left[2\left(\frac{4R+r}{p}\right)^2-5\right]\right\}$$

上式两边同乘$\frac{abc}{r_a^4r_b^4r_c^4}$并整理得

$$\frac{ab}{r_a^4r_b^4}+\frac{bc}{r_b^4r_c^4}+\frac{ca}{r_c^4r_a^4}=$$

$$\frac{4R}{\Delta^3p}\left\{\frac{r}{4R}\left[\left(\frac{4R}{r}+1\right)\left(\frac{4R+r}{p}\right)^2-\frac{12R}{r}\right]\left[\left(\frac{4R+r}{p}\right)^2+1\right]-\left[2\left(\frac{4R+r}{p}\right)^2-5\right]\right\}$$

例 2.99　在$\triangle ABC$中，证明

$$m_a^2r_a^3+m_b^2r_b^3+m_c^2r_c^3=$$

$$r\Delta^2\left[\left(\frac{R}{r}+1\right)\left(\frac{4R}{r}+1\right)^2-3\left(\frac{R}{r}+1\right)\left(\frac{p}{r}\right)^2-\left(\frac{4R}{r}+1\right)^2\left(\frac{24R+r}{p}\right)^2+\frac{15R}{r}\left(\frac{4R}{r}+1\right)\right]$$

证明　由例 2.54 知

$$a^2r_a^3+b^2r_b^3+c^2r_c^3=\Delta^2r\left[\left(\frac{4R}{r}\right)^2\left(\frac{4R}{r}+1\right)-\frac{12R}{r}\left(\frac{p}{r}\right)^2+4\left(\frac{p}{r}\right)^2\right]$$

在$\triangle ABC$中，有

$$r_a^3+r_b^3+r_c^3=\Delta p\left[\left(\frac{4R}{r}+1\right)\left(\frac{4R+r}{p}\right)^2-\frac{12R}{r}\right]$$

由三角形中线公式可证

$$m_a^2r_a^3+m_b^2r_b^3+m_c^2r_c^3=$$

$$\frac{1}{2}(a^2+b^2+c^2)(r_a^3+r_b^3+r_c^3)-\frac{3}{4}(a^2r_a^3+b^2r_b^3+c^2r_c^3)=$$

$$r\Delta^2\left[\left(\frac{p}{r}\right)^2-\frac{4R}{r}-1\right]\left[\left(\frac{4R}{r}+1\right)\left(\frac{4R+r}{p}\right)^2-\frac{12R}{r}\right]-$$

$$\frac{3}{4}\Delta^2r\left[\left(\frac{4R}{r}\right)^2\left(\frac{4R}{r}+1\right)-\frac{12R}{r}\left(\frac{p}{r}\right)^2+4\left(\frac{p}{r}\right)^2\right]=$$

$$r\Delta^2\left[16\left(\frac{R}{r}\right)^3+84\left(\frac{R}{r}\right)^2+\frac{24R}{r}-3\left(\frac{R}{r}+1\right)\left(\frac{p}{r}\right)^2-\left(\frac{4R}{r}+1\right)^2\left(\frac{4R+r}{p}\right)^2+1\right]=$$

$$r\Delta^2\left[\left(\frac{R}{r}+1\right)\left(\frac{4R}{r}+1\right)^2-3\left(\frac{R}{r}+1\right)\left(\frac{p}{r}\right)^2-\left(\frac{4R}{r}+1\right)^2\left(\frac{24R+r}{p}\right)^2+\frac{15R}{r}\left(\frac{4R}{r}+1\right)\right]$$

即

$$m_a^2r_a^3+m_b^2r_b^3+m_c^2r_c^3=$$

$$r\Delta^2\left[\left(\frac{R}{r}+1\right)\left(\frac{4R}{r}+1\right)^2-3\left(\frac{R}{r}+1\right)\left(\frac{p}{r}\right)^2-\left(\frac{4R}{r}+1\right)^2\left(\frac{24R+r}{p}\right)^2+\frac{15R}{r}\left(\frac{4R}{r}+1\right)\right]$$

例 2.100 在$\triangle ABC$中,证明

$$m_a^2(r_b^3+r_c^3)+m_b^2(r_a^3+r_c^3)+m_c^2(r_a^3+r_b^3)=$$
$$r\Delta^2\left[80\left(\frac{R}{r}\right)^3+60\left(\frac{R}{r}\right)^2+\frac{12R}{r}+3\left(\frac{R}{r}+1\right)\left(\frac{p}{r}\right)^2-\frac{18R}{r}\left(\frac{p}{r}\right)^2-\frac{1}{2}\left(\frac{4R}{r}+1\right)^2\left(\frac{4R+r}{p}\right)^2+\frac{1}{2}\right]$$

证明 由例 2.99 知

$$m_a^2r_a^3+m_b^2r_b^3+m_c^2r_c^3=$$
$$r\Delta^2\left[16\left(\frac{R}{r}\right)^3+84\left(\frac{R}{r}\right)^2+\frac{24R}{r}-3\left(\frac{R}{r}+1\right)\left(\frac{p}{r}\right)^2-\left(\frac{4R}{r}+1\right)^2\left(\frac{4R+r}{p}\right)^2+1\right]$$

在$\triangle ABC$中,有

$$r_a^3+r_b^3+r_c^3=\Delta p\left[\left(\frac{4R}{r}+1\right)\left(\frac{4R+r}{p}\right)^2-\frac{12R}{r}\right]$$

由三角形中线公式可证

$$m_a^2(r_b^3+r_c^3)+m_b^2(r_a^3+r_c^3)+m_c^2(r_a^3+r_b^3)=$$
$$\frac{3}{4}(a^2+b^2+c^2)(r_a^3+r_b^3+r_c^3)-(m_a^2r_a^3+m_b^2r_b^3+m_c^2r_c^3)=$$
$$r\Delta^2\frac{3}{2}\left[\left(\frac{p}{r}\right)^2-\frac{4R}{r}-1\right]\left[\left(\frac{4R}{r}+1\right)\left(\frac{4R+r}{p}\right)^2-\frac{12R}{r}\right]-$$
$$r\Delta^2\left[16\left(\frac{R}{r}\right)^3+84\left(\frac{R}{r}\right)^2+\frac{24R}{r}-3\left(\frac{R}{r}+1\right)\left(\frac{p}{r}\right)^2-\left(\frac{4R}{r}+1\right)^2\left(\frac{4R+r}{p}\right)^2+1\right]=$$
$$r\Delta^2\left[80\left(\frac{R}{r}\right)^3+60\left(\frac{R}{r}\right)^2+\frac{12R}{r}+3\left(\frac{R}{r}+1\right)\left(\frac{p}{r}\right)^2-\frac{18R}{r}\left(\frac{p}{r}\right)^2-\frac{1}{2}\left(\frac{4R}{r}+1\right)^2\left(\frac{4R+r}{p}\right)^2+\frac{1}{2}\right]$$

即

$$m_a^2(r_b^3+r_c^3)+m_b^2(r_a^3+r_c^3)+m_c^2(r_a^3+r_b^3)=$$
$$r\Delta^2\left[80\left(\frac{R}{r}\right)^3+60\left(\frac{R}{r}\right)^2+\frac{12R}{r}+3\left(\frac{R}{r}+1\right)\left(\frac{p}{r}\right)^2-\frac{18R}{r}\left(\frac{p}{r}\right)^2-\frac{1}{2}\left(\frac{4R}{r}+1\right)^2\left(\frac{4R+r}{p}\right)^2+\frac{1}{2}\right]$$

例 2.101 在$\triangle ABC$中,证明

$$m_a^2r_a^4+m_b^2r_b^4+m_c^2r_c^4=$$
$$r^2\Delta^2\left\{\left[4\left(\frac{R}{r}\right)^2+\frac{24R}{r}+1\right]\left(\frac{4R}{r}+1\right)^2-\left[16\left(\frac{R}{r}\right)^2+\frac{30R}{r}+\frac{1}{2}\right]\left(\frac{p}{r}\right)^2+\frac{1}{2}\left(\frac{p}{r}\right)^4-\left(\frac{4R}{r}+1\right)^3\left(\frac{4R+r}{p}\right)^2\right\}$$

证明 由例 2.68 知

$$a^2r_a^4+b^2r_b^4+c^2r_c^4=\Delta^2p^2\left[16\left(\frac{R}{r}\right)^2\left(\frac{4R+r}{p}\right)^2-4\left(\frac{4R}{r}+1\right)^2+2\left(\frac{p}{r}\right)^2+\frac{40R}{r}+2\right]$$

在$\triangle ABC$中,有

$$r_a^4+r_b^4+r_c^4=\Delta^2\left[\left(\frac{4R}{r}+1\right)^2\left(\frac{4R+r}{p}\right)^2-4\left(\frac{4R}{r}+1\right)^2+2\left(\frac{p}{r}\right)^2+\frac{16R}{r}+4\right]$$

由三角形中线公式可证

$$m_a^2r_a^4+m_b^2r_b^4+m_c^2r_c^4=$$

$$\frac{1}{2}(a^2+b^2+c^2)(r_a^4+r_b^4+r_c^4)-\frac{3}{4}(a^2r_a^4+b^2r_b^4+c^2r_c^4)=$$

$$r^2\Delta^2\left[\left(\frac{p}{r}\right)^2-\frac{4R}{r}-1\right]\left[\left(\frac{4R}{r}+1\right)^2\left(\frac{4R+r}{p}\right)^2-4\left(\frac{4R}{r}+1\right)^2+2\left(\frac{p}{r}\right)^2+\frac{16R}{r}+4\right]-$$

$$\frac{3}{4}\Delta^2r^2\left(\frac{p}{r}\right)^2\left[16\left(\frac{R}{r}\right)^2\left(\frac{4R+r}{p}\right)^2-4\left(\frac{4R}{r}+1\right)^2+2\left(\frac{p}{r}\right)^2+\frac{40R}{r}+2\right]=$$

$$r^2\Delta^2\left\{\left[4\left(\frac{R}{r}\right)^2+\frac{24R}{r}+1\right]\left(\frac{4R}{r}+1\right)^2-\left[16\left(\frac{R}{r}\right)^2+\frac{30R}{r}+\frac{1}{2}\right]\left(\frac{p}{r}\right)^2+\frac{1}{2}\left(\frac{p}{r}\right)^4-\left(\frac{4R}{r}+1\right)^3\left(\frac{4R+r}{p}\right)^2\right\}$$

即

$$m_a^2r_a^4+m_b^2r_b^4+m_c^2r_c^4=$$

$$r^2\Delta^2\left\{\left[4\left(\frac{R}{r}\right)^2+\frac{24R}{r}+1\right]\left(\frac{4R}{r}+1\right)^2-\left[16\left(\frac{R}{r}\right)^2+\frac{30R}{r}+\frac{1}{2}\right]\left(\frac{p}{r}\right)^2+\frac{1}{2}\left(\frac{p}{r}\right)^4-\left(\frac{4R}{r}+1\right)^3\left(\frac{4R+r}{p}\right)^2\right\}$$

例 2.102 在△ABC中,证明

$$m_a^2(r_b^4+r_c^4)+m_b^2(r_a^4+r_c^4)+m_c^2(r_a^4+r_b^4)=$$

$$r^2\Delta^2\left\{\left[20\left(\frac{R}{r}\right)^2+\frac{12R}{r}+\frac{1}{2}\right]\left(\frac{4R}{r}+1\right)^2-\left[80\left(\frac{R}{r}\right)^2+\frac{6R}{r}+\frac{5}{2}\right]\left(\frac{p}{r}\right)^2+\frac{5}{2}\left(\frac{p}{r}\right)^4-\frac{1}{2}\left(\frac{4R}{r}+1\right)^3\left(\frac{4R+r}{p}\right)^2\right\}$$

证明 由例 2.101 知

$$m_a^2r_a^4+m_b^2r_b^4+m_c^2r_c^4=$$

$$r^2\Delta^2\left\{\left[4\left(\frac{R}{r}\right)^2+\frac{24R}{r}+1\right]\left(\frac{4R}{r}+1\right)^2-\left[16\left(\frac{R}{r}\right)^2+\frac{30R}{r}+\frac{1}{2}\right]\left(\frac{p}{r}\right)^2+\frac{1}{2}\left(\frac{p}{r}\right)^4-\left(\frac{4R}{r}+1\right)^3\left(\frac{4R+r}{p}\right)^2\right\}$$

在△ABC中,有

$$r_a^4+r_b^4+r_c^4=\Delta^2\left[\left(\frac{4R}{r}+1\right)^2\left(\frac{4R+r}{p}\right)^2-4\left(\frac{4R}{r}+1\right)^2+2\left(\frac{p}{r}\right)^2+\frac{16R}{r}+4\right]$$

由三角形中线公式可证

$$m_a^2(r_b^4+r_c^4)+m_b^2(r_a^4+r_c^4)+m_c^2(r_a^4+r_b^4)=$$

$$\frac{3}{4}(a^2+b^2+c^2)(r_a^4+r_b^4+r_c^4)-(m_a^2r_a^4+m_b^2r_b^4+m_c^2r_c^4)=$$

$$r^2\Delta^2\cdot\frac{3}{2}\left[\left(\frac{p}{r}\right)^2-\frac{4R}{r}-1\right]\left[\left(\frac{4R}{r}+1\right)^2\left(\frac{4R+r}{p}\right)^2-4\left(\frac{4R}{r}+1\right)^2+2\left(\frac{p}{r}\right)^2+\frac{16R}{r}+4\right]-$$

$$r^2\Delta^2\left\{\left[4\left(\frac{R}{r}\right)^2+\frac{24R}{r}+1\right]\left(\frac{4R}{r}+1\right)^2-\left[16\left(\frac{R}{r}\right)^2+\frac{30R}{r}+\frac{1}{2}\right]\left(\frac{p}{r}\right)^2+\frac{1}{2}\left(\frac{p}{r}\right)^4-\left(\frac{4R}{r}+1\right)^3\left(\frac{4R+r}{p}\right)^2\right\}=$$

$$r^2\Delta^2\left\{\left[20\left(\frac{R}{r}\right)^2+\frac{12R}{r}+\frac{1}{2}\right]\left(\frac{4R}{r}+1\right)^2-\left[80\left(\frac{R}{r}\right)^2+\frac{6R}{r}+\frac{5}{2}\right]\left(\frac{p}{r}\right)^2+\frac{5}{2}\left(\frac{p}{r}\right)^4-\frac{1}{2}\left(\frac{4R}{r}+1\right)^3\left(\frac{4R+r}{p}\right)^2\right\}$$

即

$$m_a^2(r_b^4+r_c^4)+m_b^2(r_a^4+r_c^4)+m_c^2(r_a^4+r_b^4)=$$

$$r^2\Delta^2\left\{\left[20\left(\frac{R}{r}\right)^2+\frac{12R}{r}+\frac{1}{2}\right]\left(\frac{4R}{r}+1\right)^2-\left[80\left(\frac{R}{r}\right)^2+\frac{6R}{r}+\frac{5}{2}\right]\left(\frac{p}{r}\right)^2+\frac{5}{2}\left(\frac{p}{r}\right)^4-\frac{1}{2}\left(\frac{4R}{r}+1\right)^3\left(\frac{4R+r}{p}\right)^2\right\}$$

例 2.103 在$\triangle ABC$中,证明

$$(m_b^2+m_c^2)(r_b^4+r_c^4)+(m_a^2+m_c^2)(r_a^4+r_c^4)+(m_a^2+m_b^2)(r_a^4+r_b^4)=$$
$$r^2\Delta^2\left\{\left[28\left(\frac{R}{r}\right)^2+\frac{60R}{r}+\frac{5}{2}\right]\left(\frac{4R}{r}+1\right)^2-\left[112\left(\frac{R}{r}\right)^2+\frac{66R}{r}+\frac{7}{2}\right]\left(\frac{p}{r}\right)^2+\right.$$
$$\left.\frac{7}{2}\left(\frac{p}{r}\right)^4-\frac{5}{2}\left(\frac{4R}{r}+1\right)^3\left(\frac{4R+r}{p}\right)^2\right\}$$

证明 由例 2.102 知

$$m_a^2(r_b^4+r_c^4)+m_b^2(r_a^4+r_c^4)+m_c^2(r_a^4+r_b^4)=$$
$$r^2\Delta^2\left\{\left[20\left(\frac{R}{r}\right)^2+\frac{12R}{r}+\frac{1}{2}\right]\left(\frac{4R}{r}+1\right)^2-\left[80\left(\frac{R}{r}\right)^2+\frac{6R}{r}+\frac{5}{2}\right]\left(\frac{p}{r}\right)^2+\right.$$
$$\left.\frac{5}{2}\left(\frac{p}{r}\right)^4-\frac{1}{2}\left(\frac{4R}{r}+1\right)^3\left(\frac{4R+r}{p}\right)^2\right\}$$

由三角形中线公式可证

$$(m_b^2+m_c^2)(r_b^4+r_c^4)+(m_a^2+m_c^2)(r_a^4+r_c^4)+(m_a^2+m_b^2)(r_a^4+r_b^4)=$$
$$2(m_a^2+m_b^2+m_c^2)(r_a^4+r_b^4+r_c^4)-[m_a^2(r_b^4+r_c^4)+m_b^2(r_a^4+r_c^4)+m_c^2(r_a^4+r_b^4)]=$$
$$r^2\Delta^2\cdot 3\left[\left(\frac{p}{r}\right)^2-\frac{4R}{r}-1\right]\left[\left(\frac{4R}{r}+1\right)^2\left(\frac{4R+r}{p}\right)^2-4\left(\frac{4R}{r}+1\right)^2+2\left(\frac{p}{r}\right)^2+\frac{16R}{r}+4\right]-$$
$$[m_a^2(r_b^4+r_c^4)+m_b^2(r_a^4+r_c^4)+m_c^2(r_a^4+r_b^4)]$$

将例 2.102 代入上式,并整理得

$$(m_b^2+m_c^2)(r_b^4+r_c^4)+(m_a^2+m_c^2)(r_a^4+r_c^4)+(m_a^2+m_b^2)(r_a^4+r_b^4)=$$
$$r^2\Delta^2\cdot 3\left[\left(\frac{p}{r}\right)^2-\frac{4R}{r}-1\right]\left[\left(\frac{4R}{r}+1\right)^2\left(\frac{4R+r}{p}\right)^2-4\left(\frac{4R}{r}+1\right)^2+2\left(\frac{p}{r}\right)^2+\frac{16R}{r}+4\right]-$$
$$r^2\Delta^2\left\{\left[20\left(\frac{R}{r}\right)^2+\frac{12R}{r}+\frac{1}{2}\right]\left(\frac{4R}{r}+1\right)^2-\left[80\left(\frac{R}{r}\right)^2+\frac{6R}{r}+\frac{5}{2}\right]\left(\frac{p}{r}\right)^2+\right.$$
$$\left.\frac{5}{2}\left(\frac{p}{r}\right)^4-\frac{1}{2}\left(\frac{4R}{r}+1\right)^3\left(\frac{4R+r}{p}\right)^2\right\}=$$
$$r^2\Delta^2\left\{\left[28\left(\frac{R}{r}\right)^2+\frac{60R}{r}+\frac{5}{2}\right]\left(\frac{4R}{r}+1\right)^2-\left[112\left(\frac{R}{r}\right)^2+\frac{66R}{r}+\frac{7}{2}\right]\left(\frac{p}{r}\right)^2+\right.$$
$$\left.\frac{7}{2}\left(\frac{p}{r}\right)^4-\frac{5}{2}\left(\frac{4R}{r}+1\right)^3\left(\frac{4R+r}{p}\right)^2\right\}$$

即

$$(m_b^2+m_c^2)(r_b^4+r_c^4)+(m_a^2+m_c^2)(r_a^4+r_c^4)+(m_a^2+m_b^2)(r_a^4+r_b^4)=$$
$$r^2\Delta^2\left\{\left[28\left(\frac{R}{r}\right)^2+\frac{60R}{r}+\frac{5}{2}\right]\left(\frac{4R}{r}+1\right)^2-\left[112\left(\frac{R}{r}\right)^2+\frac{66R}{r}+\frac{7}{2}\right]\left(\frac{p}{r}\right)^2+\right.$$
$$\left.\frac{7}{2}\left(\frac{p}{r}\right)^4-\frac{5}{2}\left(\frac{4R}{r}+1\right)^3\left(\frac{4R+r}{p}\right)^2\right\}$$

例 2.104 在$\triangle ABC$中，证明

$$m_a^2r_a^2+m_b^2r_b^2+m_c^2r_c^2=\Delta^2\left[4\left(\frac{R}{r}\right)^2+\frac{16R}{r}-\frac{1}{2}\left(\frac{p}{r}\right)^2-\left(\frac{4R}{r}+1\right)\left(\frac{4R+r}{p}\right)^2+\frac{3}{2}\right]$$

证明 由例 2.42 知

$$a^2r_a^2+b^2r_b^2+c^2r_c^2=2\Delta^2\left[8\left(\frac{R}{r}\right)^2+1-\left(\frac{p}{r}\right)^2\right]$$

在$\triangle ABC$中，有

$$r_a^2+r_b^2+r_c^2=p^2\left[\left(\frac{4R+r}{p}\right)^2-2\right]$$

由三角形中线公式可证

$$\begin{aligned}&m_a^2r_a^2+m_b^2r_b^2+m_c^2r_c^2=\\&\frac{1}{2}(a^2+b^2+c^2)(r_a^2+r_b^2+r_c^2)-\frac{3}{4}(a^2r_a^2+b^2r_b^2+c^2r_c^2)=\\&\Delta^2\left[\left(\frac{p}{r}\right)^2-\frac{4R}{r}-1\right]\left[\left(\frac{4R+r}{p}\right)^2-2\right]-\frac{3}{2}\Delta^2\left[8\left(\frac{R}{r}\right)^2-\left(\frac{p}{r}\right)^2+1\right]=\\&\Delta^2\left[4\left(\frac{R}{r}\right)^2+\frac{16R}{r}-\frac{1}{2}\left(\frac{p}{r}\right)^2-\left(\frac{4R}{r}+1\right)\left(\frac{4R+r}{p}\right)^2+\frac{3}{2}\right]\end{aligned}$$

即

$$m_a^2r_a^2+m_b^2r_b^2+m_c^2r_c^2=\Delta^2\left[4\left(\frac{R}{r}\right)^2+\frac{16R}{r}-\frac{1}{2}\left(\frac{p}{r}\right)^2-\left(\frac{4R}{r}+1\right)\left(\frac{4R+r}{p}\right)^2+\frac{3}{2}\right]$$

例 2.105 在$\triangle ABC$中，证明

$$\begin{aligned}&m_a^2(r_b^2+r_c^2)+m_b^2(r_a^2+r_c^2)+m_c^2(r_a^2+r_b^2)=\\&\Delta^2\left[20\left(\frac{R}{r}\right)^2+\frac{8R}{r}-\frac{5}{2}\left(\frac{p}{r}\right)^2-\frac{1}{2}\left(\frac{4R}{r}+1\right)\left(\frac{4R+r}{p}\right)^2+3\right]\end{aligned}$$

证明 在$\triangle ABC$中，有

$$r_a^2+r_b^2+r_c^2=p^2\left[\left(\frac{4R+r}{p}\right)^2-2\right]$$

由例 2.104 知

$$m_a^2r_a^2+m_b^2r_b^2+m_c^2r_c^2=\Delta^2\left[4\left(\frac{R}{r}\right)^2+\frac{16R}{r}-\frac{1}{2}\left(\frac{p}{r}\right)^2-\left(\frac{4R}{r}+1\right)\left(\frac{4R+r}{p}\right)^2+\frac{3}{2}\right]$$

由三角形中线公式可证

$$\begin{aligned}&m_a^2(r_b^2+r_c^2)+m_b^2(r_a^2+r_c^2)+m_c^2(r_a^2+r_b^2)=\\&\frac{3}{4}(a^2+b^2+c^2)(r_a^2+r_b^2+r_c^2)-(m_a^2r_a^2+m_b^2r_b^2+m_c^2r_c^2)=\\&\frac{3}{2}\Delta^2\left[\left(\frac{p}{r}\right)^2-\frac{4R}{r}-1\right]\left[\left(\frac{4R+r}{p}\right)^2-2\right]-\\&\Delta^2\left[4\left(\frac{R}{r}\right)^2+\frac{16R}{r}-\frac{1}{2}\left(\frac{p}{r}\right)^2-\left(\frac{4R}{r}+1\right)\left(\frac{4R+r}{p}\right)^2+\frac{3}{2}\right]=\end{aligned}$$

$$\Delta^2\left[20\left(\frac{R}{r}\right)^2+\frac{8R}{r}-\frac{5}{2}\left(\frac{p}{r}\right)^2-\frac{1}{2}\left(\frac{4R}{r}+1\right)\left(\frac{4R+r}{p}\right)^2+3\right]$$

即

$$m_a^2(r_b^2+r_c^2)+m_b^2(r_a^2+r_c^2)+m_c^2(r_a^2+r_b^2)=$$
$$\Delta^2\left[20\left(\frac{R}{r}\right)^2+\frac{8R}{r}-\frac{5}{2}\left(\frac{p}{r}\right)^2-\frac{1}{2}\left(\frac{4R}{r}+1\right)\left(\frac{4R+r}{p}\right)^2+3\right]$$

例 2.106 在$\triangle ABC$中,证明

$$(m_b^2+m_c^2)(r_b^2+r_c^2)+(m_a^2+m_c^2)(r_a^2+r_c^2)+(m_a^2+m_b^2)(r_a^2+r_b^2)=$$
$$\Delta^2\left[28\left(\frac{R}{r}\right)^2+\frac{40R}{r}-\frac{7}{2}\left(\frac{p}{r}\right)^2-\frac{5}{2}\left(\frac{4R}{r}+1\right)\left(\frac{4R+r}{p}\right)^2+6\right]$$

证明 由例 2.105 知

$$m_a^2(r_b^2+r_c^2)+m_b^2(r_a^2+r_c^2)+m_c^2(r_a^2+r_b^2)=$$
$$\Delta^2\left[20\left(\frac{R}{r}\right)^2+\frac{8R}{r}-\frac{5}{2}\left(\frac{p}{r}\right)^2-\frac{1}{2}\left(\frac{4R}{r}+1\right)\left(\frac{4R+r}{p}\right)^2+3\right]$$

由三角形中线公式可证

$$(m_b^2+m_c^2)(r_b^2+r_c^2)+(m_a^2+m_c^2)(r_a^2+r_c^2)+(m_a^2+m_b^2)(r_a^2+r_b^2)=$$
$$2(m_a^2+m_b^2+m_c^2)(r_a^2+r_b^2+r_c^2)-[m_a^2(r_b^2+r_c^2)+m_b^2(r_a^2+r_c^2)+m_c^2(r_a^2+r_b^2)]=$$
$$r^2\Delta^2\cdot 3\left[\left(\frac{p}{r}\right)^2-\frac{4R}{r}-1\right]\left[\left(\frac{4R+r}{p}\right)^2-2\right]-$$
$$[m_a^2(r_b^2+r_c^2)+m_b^2(r_a^2+r_c^2)+m_c^2(r_a^2+r_b^2)]$$

将例 2.105 代入上式并整理得

$$(m_b^2+m_c^2)(r_b^2+r_c^2)+(m_a^2+m_c^2)(r_a^2+r_c^2)+(m_a^2+m_b^2)(r_a^2+r_b^2)=$$
$$r^2\Delta^2\cdot 3\left[\left(\frac{p}{r}\right)^2-\frac{4R}{r}-1\right]\left[\left(\frac{4R+r}{p}\right)^2-2\right]-$$
$$\Delta^2\left[20\left(\frac{R}{r}\right)^2+\frac{8R}{r}-\frac{5}{2}\left(\frac{p}{r}\right)^2-\frac{1}{2}\left(\frac{4R}{r}+1\right)\left(\frac{4R+r}{p}\right)^2+3\right]=$$
$$\Delta^2\left[28\left(\frac{R}{r}\right)^2+\frac{40R}{r}-\frac{7}{2}\left(\frac{p}{r}\right)^2-\frac{5}{2}\left(\frac{4R}{r}+1\right)\left(\frac{4R+r}{p}\right)^2+6\right]$$

即

$$(m_b^2+m_c^2)(r_b^2+r_c^2)+(m_a^2+m_c^2)(r_a^2+r_c^2)+(m_a^2+m_b^2)(r_a^2+r_b^2)=$$
$$\Delta^2\left[28\left(\frac{R}{r}\right)^2+\frac{40R}{r}-\frac{7}{2}\left(\frac{p}{r}\right)^2-\frac{5}{2}\left(\frac{4R}{r}+1\right)\left(\frac{4R+r}{p}\right)^2+6\right]$$

例 2.107 在$\triangle ABC$中,证明

$$m_a^2r_cr_b+m_b^2r_ar_c+m_c^2r_ar_b=\Delta^2\left[\left(\frac{p}{r}\right)^2-\frac{7R}{r}-4\right]$$

证明 在$\triangle ABC$中,由三角形中线公式可得

$$m_a^2=\frac{1}{4}[2(b^2+c^2)-a^2]=$$
$$\frac{1}{2}(a^2+b^2+c^2)-\frac{3}{4}a^2=$$
$$(p^2-4Rr-r^2)-\frac{3}{4}a^2=$$
$$r^2\left[\left(\frac{p}{r}\right)^2-\frac{4R}{r}-1\right]-\frac{3}{4}a^2$$

从而

$$\frac{m_a^2}{r_a}+\frac{m_b^2}{r_b}+\frac{m_c^2}{r_c}=r^2\left[\left(\frac{p}{r}\right)^2-\frac{4R}{r}-1\right]\left(\frac{1}{r_a}+\frac{1}{r_b}+\frac{1}{r_c}\right)-\frac{3}{4}\left(\frac{a^2}{r_a}+\frac{b^2}{r_b}+\frac{c^2}{r_c}\right)$$

又在$\triangle ABC$中,有

$$\frac{1}{r_a}+\frac{1}{r_b}+\frac{1}{r_c}=\frac{1}{r}$$
$$\frac{a^2}{r_a}+\frac{b^2}{r_b}+\frac{c^2}{r_c}=4r\left(\frac{R}{r}+1\right)$$

从而

$$\frac{m_a^2}{r_a}+\frac{m_b^2}{r_b}+\frac{m_c^2}{r_c}=r^2\left[\left(\frac{p}{r}\right)^2-\frac{4R}{r}-1\right]\left(\frac{1}{r_a}+\frac{1}{r_b}+\frac{1}{r_c}\right)-\frac{3}{4}\left(\frac{a^2}{r_a}+\frac{b^2}{r_b}+\frac{c^2}{r_c}\right)=$$
$$r\left[\left(\frac{p}{r}\right)^2-\frac{4R}{r}-1\right]-3r\left(\frac{R}{r}+1\right)=$$
$$r\left[\left(\frac{p}{r}\right)^2-\frac{7R}{r}-4\right]$$

即

$$\frac{m_a^2}{r_a}+\frac{m_b^2}{r_b}+\frac{m_c^2}{r_c}=r\left[\left(\frac{p}{r}\right)^2-\frac{7R}{r}-4\right]$$

上式两边同乘$r_ar_br_c$并整理得

$$m_a^2r_cr_b+m_b^2r_ar_c+m_c^2r_ar_b=\Delta^2\left[\left(\frac{p}{r}\right)^2-\frac{7R}{r}-4\right]$$

例 2.108　在$\triangle ABC$中,证明

$$m_a^2\left(\frac{1}{r_b}+\frac{1}{r_c}\right)+m_b^2\left(\frac{1}{r_a}+\frac{1}{r_c}\right)+m_c^2\left(\frac{1}{r_a}+\frac{1}{r_b}\right)=\frac{1}{2}r\left[\left(\frac{p}{r}\right)^2+\frac{2R}{r}+5\right]$$

证明　由例 2.107 知

$$\frac{m_a^2}{r_a}+\frac{m_b^2}{r_b}+\frac{m_c^2}{r_c}=r\left[\left(\frac{p}{r}\right)^2-\frac{7R}{r}-4\right]$$

在$\triangle ABC$中,可证

$$m_a^2\left(\frac{1}{r_b}+\frac{1}{r_c}\right)+m_b^2\left(\frac{1}{r_a}+\frac{1}{r_c}\right)+m_c^2\left(\frac{1}{r_a}+\frac{1}{r_b}\right)=$$

$$(m_a^2+m_b^2+m_c^2)\left(\frac{1}{r_a}+\frac{1}{r_b}+\frac{1}{r_c}\right)-\left(\frac{m_a^2}{r_a}+\frac{m_b^2}{r_b}+\frac{m_c^2}{r_c}\right)$$

$$\frac{3}{4}(a^2+b^2+c^2)\frac{1}{r}-r\left[\left(\frac{p}{r}\right)^2-\frac{7R}{r}-4\right]=$$

$$\frac{3}{2}r\left[\left(\frac{p}{r}\right)^2-\frac{4R}{r}-1\right]-r\left[\left(\frac{p}{r}\right)^2-\frac{7R}{r}-4\right]=$$

$$\frac{1}{2}r\left[\left(\frac{p}{r}\right)^2+\frac{2R}{r}+5\right]$$

即

$$m_a^2\left(\frac{1}{r_b}+\frac{1}{r_c}\right)+m_b^2\left(\frac{1}{r_a}+\frac{1}{r_c}\right)+m_c^2\left(\frac{1}{r_a}+\frac{1}{r_b}\right)=\frac{1}{2}r\left[\left(\frac{p}{r}\right)^2+\frac{2R}{r}+5\right]$$

例 2.109 在△ABC中，证明

$$\frac{m_a^2}{r_a^2}+\frac{m_b^2}{r_b^2}+\frac{m_c^2}{r_c^2}=\left(\frac{p}{r}\right)^2-3\left(\frac{4R}{r}+1\right)+\frac{1}{2}\left(\frac{4R+r}{p}\right)^2+\frac{3}{2}$$

证明 在△ABC中，由三角形中线公式可得

$$m_a^2=\frac{1}{4}[2(b^2+c^2)-a^2]=$$

$$\frac{1}{2}(a^2+b^2+c^2)-\frac{3}{4}a^2=$$

$$(p^2-4Rr-r^2)-\frac{3}{4}a^2=$$

$$r^2\left[\left(\frac{p}{r}\right)^2-\frac{4R}{r}-1\right]-\frac{3}{4}a^2$$

从而

$$\frac{m_a^2}{r_a^2}+\frac{m_b^2}{r_b^2}+\frac{m_c^2}{r_c^2}=r^2\left[\left(\frac{p}{r}\right)^2-\frac{4R}{r}-1\right]\left(\frac{1}{r_a^2}+\frac{1}{r_b^2}+\frac{1}{r_c^2}\right)-\frac{3}{4}\left(\frac{a^2}{r_a^2}+\frac{b^2}{r_b^2}+\frac{c^2}{r_c^2}\right)$$

又在△ABC中，有

$$\frac{1}{r_a^2}+\frac{1}{r_b^2}+\frac{1}{r_c^2}=\frac{1}{p^2}\left[\left(\frac{p}{r}\right)^2-\frac{8R}{r}-2\right]$$

$$\frac{a^2}{r_a^2}+\frac{b^2}{r_b^2}+\frac{c^2}{r_c^2}=2\left[\left(\frac{4R+r}{p}\right)^2-1\right]$$

从而

$$\frac{m_a^2}{r_a^2}+\frac{m_b^2}{r_b^2}+\frac{m_c^2}{r_c^2}=\frac{r^2}{p^2}\left[\left(\frac{p}{r}\right)^2-\frac{4R}{r}-1\right]\left[\left(\frac{p}{r}\right)^2-\frac{8R}{r}-2\right]-\frac{3}{2}\left[\left(\frac{4R+r}{p}\right)^2-1\right]=$$

$$\left(\frac{p}{r}\right)^2-3\left(\frac{4R}{r}+1\right)+\frac{1}{2}\left(\frac{4R+r}{p}\right)^2+\frac{3}{2}$$

即

$$\frac{m_a^2}{r_a^2}+\frac{m_b^2}{r_b^2}+\frac{m_c^2}{r_c^2}=\left(\frac{p}{r}\right)^2-3\left(\frac{4R}{r}+1\right)+\frac{1}{2}\left(\frac{4R+r}{p}\right)^2+\frac{3}{2}$$

例 2.110　在$\triangle ABC$中,证明

$$(m_b^2+m_c^2)\frac{1}{r_a^2}+(m_a^2+m_c^2)\frac{1}{r_b^2}+(m_a^2+m_b^2)\frac{1}{r_c^2}=\frac{1}{2}\left(\frac{p}{r}\right)^2-\frac{6R}{r}+\frac{5}{2}\left(\frac{4R+r}{p}\right)^2-3$$

证明　由例 2.109 知

$$\frac{m_a^2}{r_a^2}+\frac{m_b^2}{r_b^2}+\frac{m_c^2}{r_c^2}=\left(\frac{p}{r}\right)^2-3\left(\frac{4R}{r}+1\right)+\frac{1}{2}\left(\frac{4R+r}{p}\right)^2+\frac{3}{2}$$

在$\triangle ABC$中,有

$$\frac{1}{r_a^2}+\frac{1}{r_b^2}+\frac{1}{r_c^2}=\frac{1}{p^2}\left[\left(\frac{p}{r}\right)^2-\frac{8R}{r}-2\right]$$

在$\triangle ABC$中,可证

$$(m_b^2+m_c^2)\frac{1}{r_a^2}+(m_a^2+m_c^2)\frac{1}{r_b^2}+(m_a^2+m_b^2)\frac{1}{r_c^2}=$$

$$(m_a^2+m_b^2+m_c^2)\left(\frac{1}{r_a^2}+\frac{1}{r_b^2}+\frac{1}{r_c^2}\right)-\left(\frac{m_a^2}{r_a^2}+\frac{m_b^2}{r_b^2}+\frac{m_c^2}{r_c^2}\right)=$$

$$\frac{3}{2}\left(1-\frac{4Rr+r^2}{p^2}\right)\left[\left(\frac{p}{r}\right)^2-\frac{8R}{r}-2\right]-\left[\left(\frac{p}{r}\right)^2-3\left(\frac{4R}{r}+1\right)+\frac{1}{2}\left(\frac{4R+r}{p}\right)^2+\frac{3}{2}\right]=$$

$$\frac{1}{2}\left(\frac{p}{r}\right)^2-\frac{6R}{r}+\frac{5}{2}\left(\frac{4R+r}{p}\right)^2-3$$

即

$$(m_b^2+m_c^2)\frac{1}{r_a^2}+(m_a^2+m_c^2)\frac{1}{r_b^2}+(m_a^2+m_b^2)\frac{1}{r_c^2}=\frac{1}{2}\left(\frac{p}{r}\right)^2-\frac{6R}{r}+\frac{5}{2}\left(\frac{4R+r}{p}\right)^2-3$$

例 2.111　在$\triangle ABC$中,证明

$$(m_b^2+m_c^2)\left(\frac{1}{r_b^2}+\frac{1}{r_c^2}\right)+(m_a^2+m_c^2)\left(\frac{1}{r_a^2}+\frac{1}{r_c^2}\right)+(m_a^2+m_b^2)\left(\frac{1}{r_a^2}+\frac{1}{r_b^2}\right)=$$

$$\frac{5}{2}\left(\frac{p}{r}\right)^2-\frac{30R}{r}+\frac{7}{2}\left(\frac{4R+r}{p}\right)^2-6$$

证明　由例 2.110 知

$$(m_b^2+m_c^2)\frac{1}{r_a^2}+(m_a^2+m_c^2)\frac{1}{r_b^2}+(m_a^2+m_b^2)\frac{1}{r_c^2}=\frac{1}{2}\left(\frac{p}{r}\right)^2-\frac{6R}{r}+\frac{5}{2}\left(\frac{4R+r}{p}\right)^2-3$$

在$\triangle ABC$中,有

$$\frac{1}{r_a^2}+\frac{1}{r_b^2}+\frac{1}{r_c^2}=\frac{1}{p^2}\left[\left(\frac{p}{r}\right)^2-\frac{8R}{r}-2\right]$$

在$\triangle ABC$中,可证

$$(m_b^2+m_c^2)\left(\frac{1}{r_b^2}+\frac{1}{r_c^2}\right)+(m_a^2+m_c^2)\left(\frac{1}{r_a^2}+\frac{1}{r_c^2}\right)+(m_a^2+m_b^2)\left(\frac{1}{r_a^2}+\frac{1}{r_b^2}\right)=$$

$$2(m_a^2+m_b^2+m_c^2)\left(\frac{1}{r_a^2}+\frac{1}{r_b^2}+\frac{1}{r_c^2}\right)-\left[(m_b^2+m_c^2)\frac{1}{r_a^2}+(m_a^2+m_c^2)\frac{1}{r_b^2}+(m_a^2+m_b^2)\frac{1}{r_c^2}\right]=$$

$$3\left(1-\frac{4Rr+r^2}{p^2}\right)\left[\left(\frac{p}{r}\right)^2-\frac{8R}{r}-2\right]-\left[\frac{1}{2}\left(\frac{p}{r}\right)^2-\frac{6R}{r}+\frac{5}{2}\left(\frac{4R+r}{p}\right)^2-3\right]=$$

$$\frac{5}{2}\left(\frac{p}{r}\right)^2-\frac{30R}{r}+\frac{7}{2}\left(\frac{4R+r}{p}\right)^2-6$$

即

$$(m_b^2+m_c^2)\left(\frac{1}{r_b^2}+\frac{1}{r_c^2}\right)+(m_a^2+m_c^2)\left(\frac{1}{r_a^2}+\frac{1}{r_c^2}\right)+(m_a^2+m_b^2)\left(\frac{1}{r_a^2}+\frac{1}{r_b^2}\right)=$$

$$\frac{5}{2}\left(\frac{p}{r}\right)^2-\frac{30R}{r}+\frac{7}{2}\left(\frac{4R+r}{p}\right)^2-6$$

例 2.112 在$\triangle ABC$中,证明

$$(m_b^2+m_c^2)\left(\frac{1}{r_b}+\frac{1}{r_c}\right)+(m_a^2+m_c^2)\left(\frac{1}{r_a}+\frac{1}{r_c}\right)+(m_a^2+m_b^2)\left(\frac{1}{r_a}+\frac{1}{r_b}\right)=\frac{1}{2}r\left[5\left(\frac{p}{r}\right)^2-\frac{26R}{r}-11\right]$$

证明 由例 2.108 知

$$m_a^2\left(\frac{1}{r_b}+\frac{1}{r_c}\right)+m_b^2\left(\frac{1}{r_a}+\frac{1}{r_c}\right)+m_c^2\left(\frac{1}{r_a}+\frac{1}{r_b}\right)=\frac{1}{2}r\left[\left(\frac{p}{r}\right)^2+\frac{2R}{r}+5\right]$$

在$\triangle ABC$中,有

$$\frac{1}{r_a}+\frac{1}{r_b}+\frac{1}{r_c}=\frac{1}{r}$$

在$\triangle ABC$中,可证

$$(m_b^2+m_c^2)\left(\frac{1}{r_b}+\frac{1}{r_c}\right)+(m_a^2+m_c^2)\left(\frac{1}{r_a}+\frac{1}{r_c}\right)+(m_a^2+m_b^2)\left(\frac{1}{r_a}+\frac{1}{r_b}\right)=$$

$$2(m_a^2+m_b^2+m_c^2)\left(\frac{1}{r_a}+\frac{1}{r_b}+\frac{1}{r_c}\right)-\left[m_a^2\left(\frac{1}{r_b}+\frac{1}{r_c}\right)+m_b^2\left(\frac{1}{r_a}+\frac{1}{r_c}\right)+m_c^2\left(\frac{1}{r_a}+\frac{1}{r_b}\right)\right]$$

$$\frac{3}{2}(a^2+b^2+c^2)\frac{1}{r}-\frac{1}{2}r\left[\left(\frac{p}{r}\right)^2+\frac{2R}{r}+5\right]=$$

$$3r\left[\left(\frac{p}{r}\right)^2-\frac{4R}{r}-1\right]-\frac{1}{2}r\left[\left(\frac{p}{r}\right)^2+\frac{2R}{r}+5\right]=$$

$$\frac{1}{2}r\left[5\left(\frac{p}{r}\right)^2-\frac{26R}{r}-11\right]$$

即

$$(m_b^2+m_c^2)\left(\frac{1}{r_b}+\frac{1}{r_c}\right)+(m_a^2+m_c^2)\left(\frac{1}{r_a}+\frac{1}{r_c}\right)+(m_a^2+m_b^2)\left(\frac{1}{r_a}+\frac{1}{r_b}\right)=\frac{1}{2}r\left[5\left(\frac{p}{r}\right)^2-\frac{26R}{r}-11\right]$$

例 2.113 在$\triangle ABC$中,证明

$$\frac{m_a^2}{r_b+r_c}+\frac{m_b^2}{r_a+r_c}+\frac{m_c^2}{r_a+r_b}=\frac{r^2}{4R}\left[4\left(\frac{R}{r}\right)^2+\frac{10R}{r}-\left(\frac{4R}{r}+1\right)\left(\frac{4R+r}{p}\right)^2+\left(\frac{p}{r}\right)^2\right]$$

证明 在$\triangle ABC$中,由三角形中线公式可得

$$m_a^2=\frac{1}{4}[2(b^2+c^2)-a^2]=$$

$$\frac{1}{2}(a^2+b^2+c^2)-\frac{3}{4}a^2=$$

$$(p^2-4Rr-r^2)-\frac{3}{4}a^2=$$

$$r^2\left[\left(\frac{p}{r}\right)^2-\frac{4R}{r}-1\right]-\frac{3}{4}a^2$$

从而

$$\frac{m_a^2}{r_b+r_c}+\frac{m_b^2}{r_a+r_c}+\frac{m_c^2}{r_a+r_b}=$$

$$r^2\left[\left(\frac{p}{r}\right)^2-\frac{4R}{r}-1\right]\left(\frac{1}{r_b+r_c}+\frac{1}{r_a+r_c}+\frac{1}{r_a+r_b}\right)-\frac{3}{4}\left(\frac{a^2}{r_b+r_c}+\frac{b^2}{r_a+r_c}+\frac{c^2}{r_a+r_b}\right)$$

又在$\triangle ABC$中，有

$$\frac{1}{r_b+r_c}+\frac{1}{r_a+r_c}+\frac{1}{r_a+r_b}=\frac{1}{4R}\left[\left(\frac{4R+r}{p}\right)^2+1\right]$$

$$\frac{a^2}{r_b+r_c}+\frac{b^2}{r_a+r_c}+\frac{c^2}{r_a+r_b}=2(2R-r)$$

从而

$$\frac{m_a^2}{r_b+r_c}+\frac{m_b^2}{r_a+r_c}+\frac{m_c^2}{r_a+r_b}=$$

$$\frac{r^2}{4R}\left[\left(\frac{p}{r}\right)^2-\frac{4R}{r}-1\right]\left[\left(\frac{4R+r}{p}\right)^2+1\right]-\frac{3}{2}(2R-r)=$$

$$\frac{r^2}{4R}\left[4\left(\frac{R}{r}\right)^2+\frac{10R}{r}-\left(\frac{4R}{r}+1\right)\left(\frac{4R+r}{p}\right)^2+\left(\frac{p}{r}\right)^2\right]$$

即

$$\frac{m_a^2}{r_b+r_c}+\frac{m_b^2}{r_a+r_c}+\frac{m_c^2}{r_a+r_b}=\frac{r^2}{4R}\left[4\left(\frac{R}{r}\right)^2+\frac{10R}{r}-\left(\frac{4R}{r}+1\right)\left(\frac{4R+r}{p}\right)^2+\left(\frac{p}{r}\right)^2\right]$$

例 2.114　在$\triangle ABC$中，证明

$$\frac{m_b^2+m_c^2}{r_b+r_c}+\frac{m_a^2+m_c^2}{r_a+r_c}+\frac{m_a^2+m_b^2}{r_a+r_b}=\frac{r^2}{4R}\left[20\left(\frac{R}{r}\right)^2-\frac{4R}{r}-\frac{1}{2}\left(\frac{4R}{r}+1\right)\left(\frac{4R+r}{p}\right)^2+\frac{1}{2}\left(\frac{p}{r}\right)^2\right]$$

证明　由例 2.113 知

$$\frac{m_a^2}{r_b+r_c}+\frac{m_b^2}{r_a+r_c}+\frac{m_c^2}{r_a+r_b}=$$

$$\frac{r^2}{4R}\left[4\left(\frac{R}{r}\right)^2+\frac{10R}{r}-\left(\frac{4R}{r}+1\right)\left(\frac{4R+r}{p}\right)^2+\left(\frac{p}{r}\right)^2\right]$$

$$\frac{m_b^2+m_c^2}{r_b+r_c}+\frac{m_a^2+m_c^2}{r_a+r_c}+\frac{m_a^2+m_b^2}{r_a+r_b}=$$

$$(m_a^2+m_b^2+m_c^2)\left(\frac{1}{r_b+r_c}+\frac{1}{r_a+r_c}+\frac{1}{r_a+r_b}\right)-\left(\frac{m_a^2}{r_b+r_c}+\frac{m_b^2}{r_a+r_c}+\frac{m_c^2}{r_a+r_b}\right)-$$

$$\frac{3}{4}(a^2+b^2+c^2)\left(\frac{1}{r_b+r_c}+\frac{1}{r_a+r_c}+\frac{1}{r_a+r_b}\right)-$$

$$\frac{r^2}{4R}\left[4\left(\frac{R}{r}\right)^2+\frac{10R}{r}-\left(\frac{4R}{r}+1\right)\left(\frac{4R+r}{p}\right)^2+\left(\frac{p}{r}\right)^2\right]$$

又在$\triangle ABC$中,有

$$\frac{1}{r_b+r_c}+\frac{1}{r_a+r_c}+\frac{1}{r_a+r_b}=\frac{1}{4R}\left[\left(\frac{4R+r}{p}\right)^2+1\right]$$

从而

$$\frac{m_b^2+m_c^2}{r_b+r_c}+\frac{m_a^2+m_c^2}{r_a+r_c}+\frac{m_a^2+m_b^2}{r_a+r_b}=$$

$$(m_a^2+m_b^2+m_c^2)\left(\frac{1}{r_b+r_c}+\frac{1}{r_a+r_c}+\frac{1}{r_a+r_b}\right)-\left(\frac{m_a^2}{r_b+r_c}+\frac{m_b^2}{r_a+r_c}+\frac{m_c^2}{r_a+r_b}\right)=$$

$$\frac{r^2}{4R}\cdot\frac{3}{2}\left[\left(\frac{p}{r}\right)^2-\left(\frac{4R}{r}+1\right)\right]\left[\left(\frac{4R+r}{p}\right)^2+1\right]-\frac{r^2}{4R}\left[4\left(\frac{R}{r}\right)^2+\frac{10R}{r}-\left(\frac{4R}{r}+1\right)\left(\frac{4R+r}{p}\right)^2+\left(\frac{p}{r}\right)^2\right]=$$

$$\frac{r^2}{4R}\left[20\left(\frac{R}{r}\right)^2-\frac{4R}{r}-\frac{1}{2}\left(\frac{4R}{r}+1\right)\left(\frac{4R+r}{p}\right)^2+\frac{1}{2}\left(\frac{p}{r}\right)^2\right]$$

即

$$\frac{m_b^2+m_c^2}{r_b+r_c}+\frac{m_a^2+m_c^2}{r_a+r_c}+\frac{m_a^2+m_b^2}{r_a+r_b}=\frac{r^2}{4R}\left[20\left(\frac{R}{r}\right)^2-\frac{4R}{r}-\frac{1}{2}\left(\frac{4R}{r}+1\right)\left(\frac{4R+r}{p}\right)^2+\frac{1}{2}\left(\frac{p}{r}\right)^2\right]$$

例 2.115 在$\triangle ABC$中,证明

$$(m_b^2+m_c^2)\left(\frac{1}{r_a+r_c}+\frac{1}{r_a+r_b}\right)+(m_a^2+m_c^2)\left(\frac{1}{r_b+r_c}+\frac{1}{r_a+r_b}\right)+$$

$$(m_a^2+m_b^2)\left(\frac{1}{r_b+r_c}+\frac{1}{r_a+r_c}\right)=$$

$$\frac{r^2}{4R}\left[28\left(\frac{R}{r}\right)^2+\frac{16R}{r}-\frac{5}{2}\left(\frac{4R}{r}+1\right)\left(\frac{4R+r}{p}\right)^2+\frac{5}{2}\left(\frac{p}{r}\right)^2\right]$$

证明 由例 2.114 知

$$\frac{m_b^2+m_c^2}{r_b+r_c}+\frac{m_a^2+m_c^2}{r_a+r_c}+\frac{m_a^2+m_b^2}{r_a+r_b}=$$

$$\frac{r^2}{4R}\left[20\left(\frac{R}{r}\right)^2-\frac{4R}{r}-\frac{1}{2}\left(\frac{4R}{r}+1\right)\left(\frac{4R+r}{p}\right)^2+\frac{1}{2}\left(\frac{p}{r}\right)^2\right]$$

$$(m_b^2+m_c^2)\left(\frac{1}{r_a+r_c}+\frac{1}{r_a+r_b}\right)+(m_a^2+m_c^2)\left(\frac{1}{r_b+r_c}+\frac{1}{r_a+r_b}\right)+$$

$$(m_a^2+m_b^2)\left(\frac{1}{r_b+r_c}+\frac{1}{r_a+r_c}\right)=$$

$$2(m_a^2+m_b^2+m_c^2)\left(\frac{1}{r_b+r_c}+\frac{1}{r_a+r_c}+\frac{1}{r_a+r_b}\right)-\left(\frac{m_b^2+m_c^2}{r_b+r_c}+\frac{m_a^2+m_c^2}{r_a+r_c}+\frac{m_a^2+m_b^2}{r_a+r_b}\right)=$$

$$\frac{3}{2}(a^2+b^2+c^2)\left(\frac{1}{r_b+r_c}+\frac{1}{r_a+r_c}+\frac{1}{r_a+r_b}\right)-\frac{r^2}{4R}\left[4\left(\frac{R}{r}\right)^2+\frac{10R}{r}-\left(\frac{4R}{r}+1\right)\left(\frac{4R+r}{p}\right)^2+\left(\frac{p}{r}\right)^2\right]$$

又在$\triangle ABC$中,有

$$\frac{1}{r_b+r_c}+\frac{1}{r_a+r_c}+\frac{1}{r_a+r_b}=\frac{1}{4R}\left[\left(\frac{4R+r}{p}\right)^2+1\right]$$

从而

$$(m_b^2+m_c^2)\left(\frac{1}{r_a+r_c}+\frac{1}{r_a+r_b}\right)+(m_a^2+m_c^2)\left(\frac{1}{r_b+r_c}+\frac{1}{r_a+r_b}\right)+$$

$$(m_a^2+m_b^2)\left(\frac{1}{r_b+r_c}+\frac{1}{r_a+r_c}\right)=$$

$$2(m_a^2+m_b^2+m_c^2)\left(\frac{1}{r_b+r_c}+\frac{1}{r_a+r_c}+\frac{1}{r_a+r_b}\right)-\left(\frac{m_a^2}{r_b+r_c}+\frac{m_b^2}{r_a+r_c}+\frac{m_c^2}{r_a+r_b}\right)=$$

$$\frac{r^2}{4R}\cdot 3\left[\left(\frac{p}{r}\right)^2-\left(\frac{4R}{r}+1\right)\right]\left[\left(\frac{4R+r}{p}\right)^2+1\right]-\frac{r^2}{4R}\left[4\left(\frac{R}{r}\right)^2+\frac{10R}{r}-\left(\frac{4R}{r}+1\right)\left(\frac{4R+r}{p}\right)^2+\left(\frac{p}{r}\right)^2\right]=$$

$$\frac{r^2}{4R}\left[28\left(\frac{R}{r}\right)^2+\frac{16R}{r}-\frac{5}{2}\left(\frac{4R}{r}+1\right)\left(\frac{4R+r}{p}\right)^2+\frac{5}{2}\left(\frac{p}{r}\right)^2\right]$$

即

$$(m_b^2+m_c^2)\left(\frac{1}{r_a+r_c}+\frac{1}{r_a+r_b}\right)+(m_a^2+m_c^2)\left(\frac{1}{r_b+r_c}+\frac{1}{r_a+r_b}\right)+$$

$$(m_a^2+m_b^2)\left(\frac{1}{r_b+r_c}+\frac{1}{r_a+r_c}\right)=$$

$$\frac{r^2}{4R}\left[28\left(\frac{R}{r}\right)^2+\frac{16R}{r}-\frac{5}{2}\left(\frac{4R}{r}+1\right)\left(\frac{4R+r}{p}\right)^2+\frac{5}{2}\left(\frac{p}{r}\right)^2\right]$$

例 2.116　在$\triangle ABC$中,证明

$$\frac{m_b^2+m_c^2}{r_br_c}+\frac{m_a^2+m_c^2}{r_ar_c}+\frac{m_a^2+m_b^2}{r_ar_b}=\frac{5R}{r}-\frac{5}{2}-\frac{1}{2}\left(\frac{4R+r}{p}\right)^2$$

证明　在$\triangle ABC$中,易证

$$\frac{m_a^2}{r_br_c}+\frac{m_b^2}{r_ar_c}+\frac{m_c^2}{r_ar_b}=\frac{R}{r}+4-\left(\frac{4R+r}{p}\right)^2$$

在$\triangle ABC$中,可证

$$\frac{m_b^2+m_c^2}{r_br_c}+\frac{m_a^2+m_c^2}{r_ar_c}+\frac{m_b^2+m_a^2}{r_br_a}=(m_a^2+m_b^2+m_c^2)\left(\frac{1}{r_br_c}+\frac{1}{r_ar_c}+\frac{1}{r_ar_b}\right)-\left(\frac{m_a^2}{r_br_c}+\frac{m_b^2}{r_ar_c}+\frac{m_c^2}{r_ar_b}\right)=$$

$$\frac{3}{2}\left(1-\frac{4Rr+r^2}{p^2}\right)\left(\frac{4R}{r}+1\right)-\left[\frac{R}{r}+4-\left(\frac{4R+r}{p}\right)^2\right]=$$

$$\frac{3}{2}\left[\frac{4R}{r}+1-\left(\frac{4R+r}{p}\right)^2\right]-\left[\frac{R}{r}+4-\left(\frac{4R+r}{p}\right)^2\right]=$$

$$\frac{5R}{r}-\frac{5}{2}-\frac{1}{2}\left(\frac{4R+r}{p}\right)^2$$

即

$$\frac{m_b^2+m_c^2}{r_br_c}+\frac{m_a^2+m_c^2}{r_ar_c}+\frac{m_a^2+m_b^2}{r_ar_b}=\frac{5R}{r}-\frac{5}{2}-\frac{1}{2}\left(\frac{4R+r}{p}\right)^2$$

例 2.117　在$\triangle ABC$中,证明

$$(m_b^2+m_c^2)\left(\frac{1}{r_ar_c}+\frac{1}{r_ar_b}\right)+(m_a^2+m_c^2)\left(\frac{1}{r_br_c}+\frac{1}{r_ar_b}\right)+(m_a^2+m_b^2)\left(\frac{1}{r_br_c}+\frac{1}{r_ar_c}\right)=$$

$$\frac{7R}{r}+\frac{11}{2}-\frac{5}{2}\left(\frac{4R+r}{p}\right)^2$$

证明 由例 2.116 知

$$\frac{m_b^2+m_c^2}{r_br_c}+\frac{m_a^2+m_c^2}{r_ar_c}+\frac{m_a^2+m_b^2}{r_ar_b}=\frac{5R}{r}-\frac{5}{2}-\frac{1}{2}\left(\frac{4R+r}{p}\right)^2$$

在$\triangle ABC$中,可证

$$(m_b^2+m_c^2)\left(\frac{1}{r_ar_c}+\frac{1}{r_ar_b}\right)+(m_a^2+m_c^2)\left(\frac{1}{r_br_c}+\frac{1}{r_ar_b}\right)+(m_a^2+m_b^2)\left(\frac{1}{r_br_c}+\frac{1}{r_ar_c}\right)=$$

$$2(m_a^2+m_b^2+m_c^2)\left(\frac{1}{r_br_c}+\frac{1}{r_ar_c}+\frac{1}{r_ar_b}\right)-\left(\frac{m_b^2+m_c^2}{r_br_c}+\frac{m_a^2+m_c^2}{r_ar_c}+\frac{m_a^2+m_b^2}{r_ar_b}\right)=$$

$$3\left(1-\frac{4Rr+r^2}{p^2}\right)\left(\frac{4R}{r}+1\right)-\left[\frac{5R}{r}-\frac{5}{2}-\frac{1}{2}\left(\frac{4R+r}{p}\right)^2\right]=$$

$$\frac{7R}{r}+\frac{11}{2}-\frac{5}{2}\left(\frac{4R+r}{p}\right)^2$$

即

$$(m_b^2+m_c^2)\left(\frac{1}{r_ar_c}+\frac{1}{r_ar_b}\right)+(m_a^2+m_c^2)\left(\frac{1}{r_br_c}+\frac{1}{r_ar_b}\right)+(m_a^2+m_b^2)\left(\frac{1}{r_br_c}+\frac{1}{r_ar_c}\right)=$$

$$\frac{7R}{r}+\frac{11}{2}-\frac{5}{2}\left(\frac{4R+r}{p}\right)^2$$

例 2.118 在$\triangle ABC$中,证明

$$\frac{am_a^2}{r_b+r_c}+\frac{bm_b^2}{r_a+r_c}+\frac{cm_c^2}{r_a+r_b}=\Delta\left[\frac{R}{r}+4-\left(\frac{4R+r}{p}\right)^2\right]$$

证明 在$\triangle ABC$中,有

$$\frac{a}{r_b+r_c}+\frac{b}{r_a+r_c}+\frac{c}{r_a+r_b}=\frac{4R+r}{p}$$

$$\frac{a^3}{r_b+r_c}+\frac{b^3}{r_a+r_c}+\frac{c^3}{r_a+r_b}=4\Delta\left(\frac{R}{r}-1\right)$$

在$\triangle ABC$中,由三角形中线公式可得

$$m_a^2=\frac{1}{4}[2(b^2+c^2)-a^2]=$$

$$\frac{1}{2}(a^2+b^2+c^2)-\frac{3}{4}a^2=$$

$$\Delta\left(\frac{p}{r}-\frac{4R+r}{p}\right)-\frac{3}{4}a^2$$

从而

$$\frac{am_a^2}{r_b+r_c}+\frac{bm_b^2}{r_a+r_c}+\frac{cm_c^2}{r_a+r_b}=$$

$$\Delta\left(\frac{p}{r}-\frac{4R+r}{p}\right)\left(\frac{a}{r_b+r_c}+\frac{b}{r_a+r_c}+\frac{c}{r_a+r_b}\right)-\frac{3}{4}\left(\frac{a^3}{r_b+r_c}+\frac{b^3}{r_a+r_c}+\frac{c^3}{r_a+r_b}\right)$$

$$\Delta\left(\frac{p}{r}-\frac{4R+r}{p}\right)\frac{4R+r}{p}-3\Delta\left(\frac{R}{r}-1\right)=$$

$$\Delta\left[\frac{R}{r}+4-\left(\frac{4R+r}{p}\right)^2\right]$$

即

$$\frac{am_a^2}{r_b+r_c}+\frac{bm_b^2}{r_a+r_c}+\frac{cm_c^2}{r_a+r_b}=\Delta\left[\frac{R}{r}+4-\left(\frac{4R+r}{p}\right)^2\right]$$

例 2.119　在△ABC 中，证明

$$\frac{am_a^2}{r_a}+\frac{bm_b^2}{r_b}+\frac{cm_c^2}{r_c}=\Delta\left[\frac{5R}{r}-\frac{5}{2}-\frac{1}{2}\left(\frac{4R+r}{p}\right)^2\right]$$

证明　在△ABC 中，有

$$\frac{a}{r_a}+\frac{b}{r_b}+\frac{c}{r_c}=2\left(\frac{4R+r}{p}\right)$$

$$\frac{a^3}{r_a}+\frac{b^3}{r_b}+\frac{c^3}{r_c}=2\Delta\left[\frac{2R}{r}+3-\left(\frac{4R+r}{p}\right)^2\right]$$

在△ABC 中，由三角形中线公式可得

$$m_a^2=\frac{1}{4}\left[2(b^2+c^2)-a^2\right]=$$

$$\frac{1}{2}(a^2+b^2+c^2)-\frac{3}{4}a^2=$$

$$\Delta\left(\frac{p}{r}-\frac{4R+r}{p}\right)-\frac{3}{4}a^2$$

从而

$$\frac{am_a^2}{r_a}+\frac{bm_b^2}{r_b}+\frac{cm_c^2}{r_c}=$$

$$2\Delta\left(\frac{p}{r}-\frac{4R+r}{p}\right)\left(\frac{a}{r_a}+\frac{b}{r_b}+\frac{c}{r_c}\right)-\frac{3}{4}\left(\frac{a^3}{r_a}+\frac{b^3}{r_b}+\frac{c^3}{r_c}\right)=$$

$$2\Delta\left(\frac{p}{r}-\frac{4R+r}{p}\right)\frac{4R+r}{p}-\frac{3}{2}\Delta\left[\frac{2R}{r}+3-\left(\frac{4R+r}{p}\right)^2\right]=$$

$$\Delta\left[\frac{5R}{r}-\frac{5}{2}-\frac{1}{2}\left(\frac{4R+r}{p}\right)^2\right]$$

即

$$\frac{am_a^2}{r_a}+\frac{bm_b^2}{r_b}+\frac{cm_c^2}{r_c}=\Delta\left[\frac{5R}{r}-\frac{5}{2}-\frac{1}{2}\left(\frac{4R+r}{p}\right)^2\right]$$

例 2.120　在△ABC 中，证明

$$\frac{r_am_a^2}{a}+\frac{r_bm_b^2}{b}+\frac{r_cm_c^2}{c}=\frac{r}{4R}\cdot\Delta\left[4\left(\frac{R}{r}\right)^2+\frac{10R}{r}+\left(\frac{p}{r}\right)^2-\left(\frac{4R}{r}+1\right)\left(\frac{4R+r}{p}\right)^2\right]$$

证明　在△ABC 中，有

$$\frac{r_a}{a}+\frac{r_b}{b}+\frac{r_c}{c}=\frac{p}{4R}\left[\left(\frac{4R+r}{p}\right)^2+1\right]$$

$$a r_a+br_b+cr_c=2\Delta\left(\frac{2R}{r}-1\right)$$

在$\triangle ABC$中,由三角形中线公式可变为

$$m_a^2=\frac{1}{4}[2(b^2+c^2)-a^2]=$$

$$\frac{1}{2}(a^2+b^2+c^2)-\frac{3}{4}a^2=$$

$$\Delta\left(\frac{p}{r}-\frac{4R+r}{p}\right)-\frac{3}{4}a^2$$

从而

$$\frac{r_am_a^2}{a}+\frac{r_bm_b^2}{b}+\frac{r_cm_c^2}{c}=$$

$$\Delta\left(\frac{p}{r}-\frac{4R+r}{p}\right)\left(\frac{r_a}{a}+\frac{r_b}{b}+\frac{r_c}{c}\right)-\frac{3}{4}(a r_a+br_b+cr_c)=$$

$$\frac{\Delta p}{4R}\left(\frac{p}{r}-\frac{4R+r}{p}\right)\left[\left(\frac{4R+r}{p}\right)^2+1\right]-\frac{3}{2}\Delta\left(\frac{2R}{r}-1\right)=$$

$$\frac{r}{4R}\cdot\Delta\frac{p}{r}\left(\frac{p}{r}-\frac{4R+r}{p}\right)\left[\left(\frac{4R+r}{p}\right)^2+1\right]-\frac{r}{4R}\cdot\Delta\left[12\left(\frac{R}{r}\right)^2-\frac{6R}{r}\right]$$

$$\frac{r}{4R}\cdot\Delta\left[4\left(\frac{R}{r}\right)^2+\frac{10R}{r}+\left(\frac{p}{r}\right)^2-\left(\frac{4R}{r}+1\right)\left(\frac{4R+r}{p}\right)^2\right]$$

即

$$\frac{r_am_a^2}{a}+\frac{r_bm_b^2}{b}+\frac{r_cm_c^2}{c}=\frac{r}{4R}\cdot\Delta\left[4\left(\frac{R}{r}\right)^2+\frac{10R}{r}+\left(\frac{p}{r}\right)^2-\left(\frac{4R}{r}+1\right)\left(\frac{4R+r}{p}\right)^2\right]$$

例 2.121 在$\triangle ABC$中,证明

$$\frac{m_a^2}{a}+\frac{m_b^2}{b}+\frac{m_c^2}{c}=\frac{r}{4R}p\left[\left(\frac{p}{r}\right)^2-\left(\frac{4R+r}{p}\right)^2-\frac{6R}{r}\right]$$

证明 在$\triangle ABC$中,由三角形中线公式可得

$$m_a^2=\frac{1}{4}[2(b^2+c^2)-a^2]=$$

$$\frac{1}{2}(a^2+b^2+c^2)-\frac{3}{4}a^2=$$

$$\Delta\left(\frac{p}{r}-\frac{4R+r}{p}\right)-\frac{3}{4}a^2$$

从而

$$\frac{m_a^2}{a}+\frac{m_b^2}{b}+\frac{m_c^2}{c}=\Delta\left(\frac{p}{r}-\frac{4R+r}{p}\right)\left(\frac{1}{a}+\frac{1}{b}+\frac{1}{c}\right)-\frac{3}{4}(a+b+c)=$$

$$\frac{r}{4R}\cdot p\left(\frac{p}{r}-\frac{4R+r}{p}\right)\left(\frac{p}{r}+\frac{4R+r}{p}\right)-\frac{r}{4R}\cdot\frac{6R}{r}p=$$

$$\frac{r}{4R}\cdot p\left[\left(\frac{p}{r}\right)^2-\left(\frac{4R+r}{p}\right)^2-\frac{6R}{r}\right]$$

即

$$\frac{m_a^2}{a}+\frac{m_b^2}{b}+\frac{m_c^2}{c}=\frac{r}{4R}p\left[\left(\frac{p}{r}\right)^2-\left(\frac{4R+r}{p}\right)^2-\frac{6R}{r}\right]$$

例 2.122　在$\triangle ABC$中，证明

$$\frac{m_a^2}{ar_a}+\frac{m_b^2}{br_b}+\frac{m_c^2}{cr_c}=$$

$$\frac{1}{2}\cdot\frac{p}{r}\left[(a+b+c)\left(\frac{1}{a}+\frac{1}{b}+\frac{1}{c}\right)-6\right]-\frac{1}{2}\left(\frac{4R+r}{p}\right)\left[(a+b+c)\left(\frac{1}{a}+\frac{1}{b}+\frac{1}{c}\right)-3\right]$$

证明　在$\triangle ABC$中，有

$$\frac{a}{r_a}+\frac{b}{r_b}+\frac{c}{r_c}=2\left(\frac{4R+r}{p}\right)$$

$$\frac{1}{ar_a}+\frac{1}{br_b}+\frac{1}{cr_c}=\frac{1}{2\Delta}\left[(a+b+c)\left(\frac{1}{a}+\frac{1}{b}+\frac{1}{c}\right)-6\right]$$

在$\triangle ABC$中，由三角形中线公式可得

$$m_a^2=\frac{1}{4}[2(b^2+c^2)-a^2]=$$

$$\frac{1}{2}(a^2+b^2+c^2)-\frac{3}{4}a^2=$$

$$\Delta\left(\frac{p}{r}-\frac{4R+r}{p}\right)-\frac{3}{4}a^2$$

从而

$$\frac{m_a^2}{ar_a}+\frac{m_b^2}{br_b}+\frac{m_c^2}{cr_c}=$$

$$\Delta\left(\frac{p}{r}-\frac{4R+r}{p}\right)\left(\frac{1}{ar_a}+\frac{1}{br_b}+\frac{1}{cr_c}\right)-\frac{3}{4}\left(\frac{a}{r_a}+\frac{b}{r_b}+\frac{c}{r_c}\right)=$$

$$\frac{1}{2}\left(\frac{p}{r}-\frac{4R+r}{p}\right)\left[(a+b+c)\left(\frac{1}{a}+\frac{1}{b}+\frac{1}{c}\right)-6\right]-\frac{3}{2}\left(\frac{4R+r}{p}\right)=$$

$$\frac{1}{2}\cdot\frac{p}{r}\left[(a+b+c)\left(\frac{1}{a}+\frac{1}{b}+\frac{1}{c}\right)-6\right]-\frac{1}{2}\left(\frac{4R+r}{p}\right)\left[(a+b+c)\left(\frac{1}{a}+\frac{1}{b}+\frac{1}{c}\right)-3\right]$$

即

$$\frac{m_a^2}{ar_a}+\frac{m_b^2}{br_b}+\frac{m_c^2}{cr_c}=$$

$$\frac{1}{2}\cdot\frac{p}{r}\left[(a+b+c)\left(\frac{1}{a}+\frac{1}{b}+\frac{1}{c}\right)-6\right]-\frac{1}{2}\left(\frac{4R+r}{p}\right)\left[(a+b+c)\left(\frac{1}{a}+\frac{1}{b}+\frac{1}{c}\right)-3\right]$$

例 2.123 在$\triangle ABC$中,证明

$$\frac{a^4}{r_a^2}+\frac{b^4}{r_b^2}+\frac{c^4}{r_c^2}=r^2\left[16\left(\frac{R}{r}\right)^2+\frac{40R}{r}-2\left(\frac{4R}{r}+1\right)\left(\frac{4R+r}{p}\right)^2-2\left(\frac{p}{r}\right)^2+12\right]$$

证明 在$\triangle ABC$中,有

$$\frac{a^2}{r_a}+\frac{b^2}{r_b}+\frac{c^2}{r_c}=4(R+r)$$

由例 2.11 知

$$\frac{(ab)^2}{r_ar_b}+\frac{(bc)^2}{r_br_c}+\frac{(ca)^2}{r_cr_a}=r^2\left[\left(\frac{p}{r}\right)^2-\frac{4R}{r}+\left(\frac{4R}{r}+1\right)\left(\frac{4R+r}{p}\right)^2+2\right]$$

易证

$$\frac{a^4}{r_a^2}+\frac{b^4}{r_b^2}+\frac{c^4}{r_c^2}=\left(\frac{a^2}{r_a}+\frac{b^2}{r_b}+\frac{c^2}{r_c}\right)^2-2\left[\frac{(ab)^2}{r_ar_b}+\frac{(bc)^2}{r_br_c}+\frac{(ca)^2}{r_cr_a}\right]$$

从而

$$\frac{a^4}{r_a^2}+\frac{b^4}{r_b^2}+\frac{c^4}{r_c^2}=16r^2\left(\frac{R}{r}+1\right)^2-2r^2\left[\left(\frac{p}{r}\right)^2-\frac{4R}{r}+\left(\frac{4R}{r}+1\right)\left(\frac{4R+r}{p}\right)^2+2\right]=$$

$$r^2\left[16\left(\frac{R}{r}\right)^2+\frac{40R}{r}-2\left(\frac{4R}{r}+1\right)\left(\frac{4R+r}{p}\right)^2-2\left(\frac{p}{r}\right)^2+12\right]$$

即

$$\frac{a^4}{r_a^2}+\frac{b^4}{r_b^2}+\frac{c^4}{r_c^2}=r^2\left[16\left(\frac{R}{r}\right)^2+\frac{40R}{r}-2\left(\frac{4R}{r}+1\right)\left(\frac{4R+r}{p}\right)^2-2\left(\frac{p}{r}\right)^2+12\right]$$

例 2.124 在$\triangle ABC$中,证明

$$\frac{b^4+c^4}{r_a^2}+\frac{a^4+c^4}{r_b^2}+\frac{b^4+a^4}{r_c^2}=$$

$$r^2\left\{144\left(\frac{R}{r}\right)^2+\frac{104R}{r}-2\left(\frac{4R}{r}+1\right)\left(\frac{4R+r}{p}\right)^2+\left(\frac{p}{r}\right)^2\left[2\left(\frac{p}{r}\right)^2-\frac{32R}{r}-14\right]+14\right\}$$

证明 在$\triangle ABC$中,有

$$\frac{1}{r_a^2}+\frac{1}{r_b^2}+\frac{1}{r_c^2}=\frac{1}{p^2}\left[\left(\frac{p}{r}\right)^2-2\left(\frac{4R}{r}+1\right)\right]$$

由例 2.123 知

$$\frac{a^4}{r_a^2}+\frac{b^4}{r_b^2}+\frac{c^4}{r_c^2}=r^2\left[16\left(\frac{R}{r}\right)^2+\frac{40R}{r}-2\left(\frac{4R}{r}+1\right)\left(\frac{4R+r}{p}\right)^2-2\left(\frac{p}{r}\right)^2+12\right]$$

易证

$$\frac{b^4+c^4}{r_a^2}+\frac{a^4+c^4}{r_b^2}+\frac{b^4+a^4}{r_c^2}=(a^4+b^4+c^4)\left(\frac{1}{r_a^2}+\frac{1}{r_b^2}+\frac{1}{r_c^2}\right)-\left(\frac{a^4}{r_a^2}+\frac{b^4}{r_b^2}+\frac{c^4}{r_c^2}\right)$$

从而

$$\frac{b^4+c^4}{r_a^2}+\frac{a^4+c^4}{r_b^2}+\frac{b^4+a^4}{r_c^2}=$$

$$2r^2\left[\left(\frac{p}{r}\right)^2+\left(\frac{4R+r}{p}\right)^2-\frac{8R}{r}-6\right]\left[\left(\frac{p}{r}\right)^2-2\left(\frac{4R}{r}+1\right)\right]-$$

$$r^2\left[16\left(\frac{R}{r}\right)^2+\frac{40R}{r}-2\left(\frac{4R}{r}+1\right)\left(\frac{4R+r}{p}\right)^2-2\left(\frac{p}{r}\right)^2+12\right]=$$

$$r^2\left\{144\left(\frac{R}{r}\right)^2+\frac{104R}{r}-2\left(\frac{4R}{r}+1\right)\left(\frac{4R+r}{p}\right)^2+\left(\frac{p}{r}\right)^2\left[2\left(\frac{p}{r}\right)^2-\frac{32R}{r}-14\right]+14\right\}$$

即

$$\frac{b^4+c^4}{r_a^2}+\frac{a^4+c^4}{r_b^2}+\frac{b^4+a^4}{r_c^2}=$$

$$r^2\left\{144\left(\frac{R}{r}\right)^2+\frac{104R}{r}-2\left(\frac{4R}{r}+1\right)\left(\frac{4R+r}{p}\right)^2+\left(\frac{p}{r}\right)^2\left[2\left(\frac{p}{r}\right)^2-\frac{32R}{r}-14\right]+14\right\}$$

例 2.125　在△ABC 中，证明

$$(b^4+c^4)\left(\frac{1}{r_b^2}+\frac{1}{r_c^2}\right)+(a^4+c^4)\left(\frac{1}{r_a^2}+\frac{1}{r_c^2}\right)+(a^4+b^4)\left(\frac{1}{r_a^2}+\frac{1}{r_b^2}\right)=$$

$$r^2\left\{176\left(\frac{R}{r}\right)^2+\frac{184R}{r}-6\left(\frac{4R}{r}+1\right)\left(\frac{4R+r}{p}\right)^2+\left(\frac{p}{r}\right)^2\left[2\left(\frac{p}{r}\right)^2-\frac{32R}{r}-18\right]+38\right\}$$

证明　在△ABC 中，有

$$\frac{1}{r_a^2}+\frac{1}{r_b^2}+\frac{1}{r_c^2}=\frac{1}{p^2}\left[\left(\frac{p}{r}\right)^2-2\left(\frac{4R}{r}+1\right)\right]$$

由例 2.124 知

$$\frac{b^4+c^4}{r_a^2}+\frac{a^4+c^4}{r_b^2}+\frac{b^4+a^4}{r_c^2}=$$

$$r^2\left\{144\left(\frac{R}{r}\right)^2+\frac{104R}{r}-2\left(\frac{4R}{r}+1\right)\left(\frac{4R+r}{p}\right)^2+\left(\frac{p}{r}\right)^2\left[2\left(\frac{p}{r}\right)^2-\frac{32R}{r}-14\right]+14\right\}$$

易证

$$(b^4+c^4)\left(\frac{1}{r_b^2}+\frac{1}{r_c^2}\right)+(a^4+c^4)\left(\frac{1}{r_a^2}+\frac{1}{r_c^2}\right)+(a^4+b^4)\left(\frac{1}{r_a^2}+\frac{1}{r_b^2}\right)=$$

$$2(a^4+b^4+c^4)\left(\frac{1}{r_a^2}+\frac{1}{r_b^2}+\frac{1}{r_c^2}\right)-\left(\frac{b^4+c^4}{r_a^2}+\frac{a^4+c^4}{r_b^2}+\frac{b^4+a^4}{r_c^2}\right)$$

从而

$$(b^4+c^4)\left(\frac{1}{r_b^2}+\frac{1}{r_c^2}\right)+(a^4+c^4)\left(\frac{1}{r_a^2}+\frac{1}{r_c^2}\right)+(a^4+b^4)\left(\frac{1}{r_a^2}+\frac{1}{r_b^2}\right)=$$

$$4r^2\left[\left(\frac{p}{r}\right)^2+\left(\frac{4R+r}{p}\right)^2-\frac{8R}{r}-6\right]\left[\left(\frac{p}{r}\right)^2-2\left(\frac{4R}{r}+1\right)\right]-$$

$$r^2\left\{144\left(\frac{R}{r}\right)^2+\frac{104R}{r}-2\left(\frac{4R}{r}+1\right)\left(\frac{4R+r}{p}\right)^2+\left(\frac{p}{r}\right)^2\left[2\left(\frac{p}{r}\right)^2-\frac{32R}{r}-14\right]+14\right\}=$$

$$r^2\left\{176\left(\frac{R}{r}\right)^2+\frac{184R}{r}-6\left(\frac{4R}{r}+1\right)\left(\frac{4R+r}{p}\right)^2+\left(\frac{p}{r}\right)^2\left[2\left(\frac{p}{r}\right)^2-\frac{32R}{r}-18\right]+38\right\}$$

即

$$(b^4+c^4)\left(\frac{1}{r_b^2}+\frac{1}{r_c^2}\right)+(a^4+c^4)\left(\frac{1}{r_a^2}+\frac{1}{r_c^2}\right)+(a^4+b^4)\left(\frac{1}{r_a^2}+\frac{1}{r_b^2}\right)=$$

$$r^2\left\{176\left(\frac{R}{r}\right)^2+\frac{184R}{r}-6\left(\frac{4R}{r}+1\right)\left(\frac{4R+r}{p}\right)^2+\left(\frac{p}{r}\right)^2\left[2\left(\frac{p}{r}\right)^2-\frac{32R}{r}-18\right]+38\right\}$$

例 2.126 在△ABC 中,证明

$$\frac{m_a^2}{a^2}+\frac{m_b^2}{b^2}+\frac{m_c^2}{c^2}=\frac{r^2}{16R^2}\left[\left(\frac{p}{r}\right)^2-\left(\frac{4R}{r}+1\right)\right]\left[\left(\frac{p}{r}\right)^2+\left(\frac{4R+r}{p}\right)^2-\frac{8R}{r}+2\right]-\frac{9}{4}$$

证明 在△ABC 中,有

$$\frac{1}{a^2}+\frac{1}{b^2}+\frac{1}{c^2}=\frac{1}{16R^2}\left[\left(\frac{p}{r}\right)^2+\left(\frac{4R+r}{p}\right)^2-\frac{8R}{r}+2\right]$$

在△ABC 中,由三角形中线公式可得

$$m_a^2=\frac{1}{4}[2(b^2+c^2)-a^2]=$$

$$\frac{1}{2}(a^2+b^2+c^2)-\frac{3}{4}a^2=$$

$$r^2\left[\left(\frac{p}{r}\right)^2-\left(\frac{4R}{r}+1\right)\right]-\frac{3}{4}a^2$$

从而

$$\frac{m_a^2}{a^2}+\frac{m_b^2}{b^2}+\frac{m_c^2}{c^2}=r^2\left[\left(\frac{p}{r}\right)^2-\left(\frac{4R}{r}+1\right)\right]\left(\frac{1}{a^2}+\frac{1}{b^2}+\frac{1}{c^2}\right)-\frac{9}{4}=$$

$$\frac{r^2}{16R^2}\left[\left(\frac{p}{r}\right)^2-\left(\frac{4R}{r}+1\right)\right]\left[\left(\frac{p}{r}\right)^2+\left(\frac{4R+r}{p}\right)^2-\frac{8R}{r}+2\right]-\frac{9}{4}$$

即

$$\frac{m_a^2}{a^2}+\frac{m_b^2}{b^2}+\frac{m_c^2}{c^2}=\frac{r^2}{16R^2}\left[\left(\frac{p}{r}\right)^2-\left(\frac{4R}{r}+1\right)\right]\left[\left(\frac{p}{r}\right)^2+\left(\frac{4R+r}{p}\right)^2-\frac{8R}{r}+2\right]-\frac{9}{4}$$

例 2.127 在△ABC 中,证明

$$\frac{r_a^2m_a^2}{a^2}+\frac{r_b^2m_b^2}{b^2}+\frac{r_c^2m_c^2}{c^2}=$$

$$r^2\left[\left(\frac{p}{r}\right)^2-\left(\frac{4R}{r}+1\right)\right]\left\{\frac{p^2}{16R^2}\left[1+\left(\frac{4R+r}{p}\right)^2\right]^2-\left(4+\frac{r}{R}\right)\right\}-\frac{3}{4}p^2\left[\left(\frac{4R+r}{p}\right)^2-2\right]$$

证明 在△ABC 中,有

$$\frac{r_a^2}{a^2}+\frac{r_b^2}{b^2}+\frac{r_c^2}{c^2}=\frac{p^2}{16R^2}\left[1+\left(\frac{4R+r}{p}\right)^2\right]^2-\left(4+\frac{r}{R}\right)$$

在△ABC 中,由三角形中线公式可得

$$m_a^2=\frac{1}{4}[2(b^2+c^2)-a^2]=$$

$$\frac{1}{2}(a^2+b^2+c^2)-\frac{3}{4}a^2=$$

$$r^2\left[\left(\frac{p}{r}\right)^2-\left(\frac{4R}{r}+1\right)\right]-\frac{3}{4}a^2$$

从而

$$\frac{r_a^2m_a^2}{a^2}+\frac{r_b^2m_b^2}{b^2}+\frac{r_c^2m_c^2}{c^2}=$$

$$r^2\left[\left(\frac{p}{r}\right)^2-\left(\frac{4R}{r}+1\right)\right]\left(\frac{r_a^2}{a^2}+\frac{r_b^2}{b^2}+\frac{r_c^2}{c^2}\right)-\frac{3}{4}(r_a^2+r_b^2+r_c^2)=$$

$$r^2\left[\left(\frac{p}{r}\right)^2-\left(\frac{4R}{r}+1\right)\right]\left\{\frac{p^2}{16R^2}\left[1+\left(\frac{4R+r}{p}\right)^2\right]^2-\left(4+\frac{r}{R}\right)\right\}-\frac{3}{4}p^2\left[\left(\frac{4R+r}{p}\right)^2-2\right]$$

即

$$\frac{r_a^2m_a^2}{a^2}+\frac{r_b^2m_b^2}{b^2}+\frac{r_c^2m_c^2}{c^2}=$$

$$r^2\left[\left(\frac{p}{r}\right)^2-\left(\frac{4R}{r}+1\right)\right]\left\{\frac{p^2}{16R^2}\left[1+\left(\frac{4R+r}{p}\right)^2\right]^2-\left(4+\frac{r}{R}\right)\right\}-\frac{3}{4}p^2\left[\left(\frac{4R+r}{p}\right)^2-2\right]$$

例 2.128　在△ABC 中,证明

$$\frac{a^2m_a^2}{r_a^2}+\frac{b^2m_b^2}{r_b^2}+\frac{c^2m_c^2}{r_c^2}=$$

$$r^2\left[20\left(\frac{R}{r}\right)^2-\frac{6R}{r}-\frac{1}{2}\left(\frac{4R}{r}+1\right)\left(\frac{4R+r}{p}\right)^2-\frac{1}{2}\left(\frac{p}{r}\right)^2-5\right]$$

证明　由例 2.123 知

$$\frac{a^4}{r_a^2}+\frac{b^4}{r_b^2}+\frac{c^4}{r_c^2}=r^2\left[16\left(\frac{R}{r}\right)^2+\frac{40R}{r}-2\left(\frac{4R}{r}+1\right)\left(\frac{4R+r}{p}\right)^2-2\left(\frac{p}{r}\right)^2+12\right]$$

在△ABC 中,有

$$\frac{a^2}{r_a^2}+\frac{b^2}{r_b^2}+\frac{c^2}{r_c^2}=2\left[\left(\frac{4R+r}{p}\right)^2-1\right]$$

在△ABC 中,由三角形中线公式可得

$$m_a^2=\frac{1}{4}[2(b^2+c^2)-a^2]=$$

$$\frac{1}{2}(a^2+b^2+c^2)-\frac{3}{4}a^2=$$

$$r^2\left[\left(\frac{p}{r}\right)^2-\left(\frac{4R}{r}+1\right)\right]-\frac{3}{4}a^2$$

从而

$$\frac{a^2m_a^2}{r_a^2}+\frac{b^2m_b^2}{r_b^2}+\frac{c^2m_c^2}{r_c^2}=$$

$$r^2\left[\left(\frac{p}{r}\right)^2-\left(\frac{4R}{r}+1\right)\right]\left(\frac{a^2}{r_a^2}+\frac{b^2}{r_b^2}+\frac{c^2}{r_c^2}\right)-\frac{3}{4}\left(\frac{a^4}{r_a^2}+\frac{b^4}{r_b^2}+\frac{c^4}{r_c^2}\right)=$$

$$2r^2\left[\left(\frac{p}{r}\right)^2-\left(\frac{4R}{r}+1\right)\right]\left[\left(\frac{4R+r}{p}\right)^2-1\right]-$$

$$r^2\cdot\frac{3}{4}\left[16\left(\frac{R}{r}\right)^2+\frac{40R}{r}-2\left(\frac{4R}{r}+1\right)\left(\frac{4R+r}{p}\right)^2-2\left(\frac{p}{r}\right)^2+12\right]=$$

$$r^2\left[20\left(\frac{R}{r}\right)^2-\frac{6R}{r}-\frac{1}{2}\left(\frac{4R}{r}+1\right)\left(\frac{4R+r}{p}\right)^2-\frac{1}{2}\left(\frac{p}{r}\right)^2-5\right]$$

即

$$\frac{a^2m_a^2}{r_a^2}+\frac{b^2m_b^2}{r_b^2}+\frac{c^2m_c^2}{r_c^2}=$$

$$r^2\left[20\left(\frac{R}{r}\right)^2-\frac{6R}{r}-\frac{1}{2}\left(\frac{4R}{r}+1\right)\left(\frac{4R+r}{p}\right)^2-\frac{1}{2}\left(\frac{p}{r}\right)^2-5\right]$$

例 2.129 在$\triangle ABC$中,证明

$$\frac{a^2m_a^2}{r_b+r_c}+\frac{b^2m_b^2}{r_a+r_c}+\frac{c^2m_c^2}{r_a+r_b}=r^3\left[\left(\frac{p}{r}\right)^2\left(\frac{R}{r}+\frac{5}{2}\right)-16\left(\frac{R}{r}\right)^2-\frac{2R}{r}+\frac{1}{2}\right]$$

证明 由例 2.20 知

$$\frac{a^2}{r_b+r_c}+\frac{b^2}{r_a+r_c}+\frac{c^2}{r_a+r_b}=2(2R-r)$$

由例 2.31 知

$$\frac{a^4}{r_b+r_c}+\frac{b^4}{r_c+r_a}+\frac{c^4}{r_a+r_b}=2r^3\left[\left(\frac{p}{r}\right)^2\left(\frac{2R}{r}-3\right)+\frac{4R}{r}+1\right]$$

在$\triangle ABC$中,由三角形中线公式可得

$$m_a^2=\frac{1}{4}[2(b^2+c^2)-a^2]=$$

$$\frac{1}{2}(a^2+b^2+c^2)-\frac{3}{4}a^2=$$

$$r^2\left[\left(\frac{p}{r}\right)^2-\left(\frac{4R}{r}+1\right)\right]-\frac{3}{4}a^2$$

从而

$$\frac{a^2m_a^2}{r_b+r_c}+\frac{b^2m_b^2}{r_a+r_c}+\frac{c^2m_c^2}{r_a+r_b}=$$

$$r^2\left[\left(\frac{p}{r}\right)^2-\left(\frac{4R}{r}+1\right)\right]\left(\frac{a^2}{r_b+r_c}+\frac{b^2}{r_a+r_c}+\frac{c^2}{r_a+r_b}\right)-\frac{3}{4}\left(\frac{a^4}{r_b+r_c}+\frac{b^4}{r_c+r_a}+\frac{c^4}{r_a+r_b}\right)=$$

$$2r^3\left[\left(\frac{p}{r}\right)^2-\left(\frac{4R}{r}+1\right)\right]\left(\frac{2R}{r}-1\right)-\frac{3}{2}r^3\left[\left(\frac{p}{r}\right)^2\left(\frac{2R}{r}-3\right)+\frac{4R}{r}+1\right]=$$

$$r^3\left[\left(\frac{p}{r}\right)^2\left(\frac{R}{r}+\frac{5}{2}\right)-16\left(\frac{R}{r}\right)^2-\frac{2R}{r}+\frac{1}{2}\right]$$

即

$$\frac{a^2m_a^2}{r_b+r_c}+\frac{b^2m_b^2}{r_a+r_c}+\frac{c^2m_c^2}{r_a+r_b}=r^3\left[\left(\frac{p}{r}\right)^2\left(\frac{R}{r}+\frac{5}{2}\right)-16\left(\frac{R}{r}\right)^2-\frac{2R}{r}+\frac{1}{2}\right]$$

例 2.130　在$\triangle ABC$中,证明

$$\frac{b^2m_b^2+c^2m_c^2}{r_b+r_c}+\frac{a^2m_a^2+c^2m_c^2}{r_a+r_c}+\frac{a^2m_a^2+b^2m_b^2}{r_a+r_b}=$$

$$\frac{r^4}{8R}\left\{\left(\frac{p}{r}\right)^2\left[\left(\frac{p}{r}\right)^2+8\left(\frac{R}{r}\right)^2-\frac{20R}{r}+11\right]+\left(\frac{4R}{r}+1\right)^2\left(\frac{4R+r}{p}\right)^2+128\left(\frac{R}{r}\right)^2+\frac{76R}{r}+11\right\}$$

证明　由例 2.20 知

$$\frac{a^2}{r_b+r_c}+\frac{b^2}{r_a+r_c}+\frac{c^2}{r_a+r_b}=2(2R-r)$$

由例 2.31 知

$$\frac{a^4}{r_b+r_c}+\frac{b^4}{r_c+r_a}+\frac{c^4}{r_a+r_b}=2r^3\left[\left(\frac{p}{r}\right)^2\left(\frac{2R}{r}-3\right)+\frac{4R}{r}+1\right]$$

在$\triangle ABC$中,由三角形中线公式可得

$$m_a^2=\frac{1}{4}[2(b^2+c^2)-a^2]=$$

$$\frac{1}{2}(a^2+b^2+c^2)-\frac{3}{4}a^2$$

从而

$$a^2m_a^2+b^2m_b^2+c^2m_c^2=\frac{1}{2}(a^2+b^2+c^2)^2-\frac{3}{4}(a^4+b^4+c^4)=$$

$$-\frac{1}{4}(a^4+b^4+c^4)+(ab)^2+(bc)^2+(ca)^2=$$

$$-\frac{1}{2}\Delta^2\left[\left(\frac{p}{r}\right)^2+\left(\frac{4R+r}{p}\right)^2-\frac{8R}{r}-6\right]+\Delta^2\left[\left(\frac{p}{r}\right)^2+\left(\frac{4R+r}{p}\right)^2-\frac{8R}{r}+2\right]=$$

$$\frac{1}{2}\Delta^2\left[\left(\frac{p}{r}\right)^2+\left(\frac{4R+r}{p}\right)^2-\frac{8R}{r}+10\right]$$

即

$$a^2m_a^2+b^2m_b^2+c^2m_c^2=\frac{1}{2}\Delta^2\left[\left(\frac{p}{r}\right)^2+\left(\frac{4R+r}{p}\right)^2-\frac{8R}{r}+10\right]$$

易证

$$\frac{b^2m_b^2+c^2m_c^2}{r_b+r_c}+\frac{a^2m_a^2+c^2m_c^2}{r_a+r_c}+\frac{a^2m_a^2+b^2m_b^2}{r_a+r_b}=$$

$$(a^2m_a^2+b^2m_b^2+c^2m_c^2)\left(\frac{1}{r_b+r_c}+\frac{1}{r_a+r_c}+\frac{1}{r_a+r_b}\right)-$$

$$\left(\frac{a^2m_a^2}{r_b+r_c}+\frac{b^2m_b^2}{r_a+r_c}+\frac{c^2m_c^2}{r_a+r_b}\right)$$

将例 2.1 和例 2.129 代入上式并整理得

$$\frac{b^2m_b^2+c^2m_c^2}{r_b+r_c}+\frac{a^2m_a^2+c^2m_c^2}{r_a+r_c}+\frac{a^2m_a^2+b^2m_b^2}{r_a+r_b}=$$

$$\frac{1}{2}\cdot\frac{\Delta^2}{4R}\left[\left(\frac{p}{r}\right)^2+\left(\frac{4R+r}{p}\right)^2-\frac{8R}{r}+10\right]\left[\left(\frac{4R+r}{p}\right)^2+1\right]-$$

$$r^3\left[\left(\frac{p}{r}\right)^2\left(\frac{R}{r}+\frac{5}{2}\right)-16\left(\frac{R}{r}\right)^2-\frac{2R}{r}+\frac{1}{2}\right]=$$

$$\frac{1}{2}r^3\cdot\frac{r}{4R}\left(\frac{p}{r}\right)^2\left[\left(\frac{p}{r}\right)^2+\left(\frac{4R+r}{p}\right)^2-\frac{8R}{r}+10\right]\left[\left(\frac{4R+r}{p}\right)^2+1\right]-$$

$$\frac{1}{2}r^3\cdot\frac{r}{4R}\cdot\frac{8R}{r}\left[\left(\frac{p}{r}\right)^2\left(\frac{R}{r}+\frac{5}{2}\right)-16\left(\frac{R}{r}\right)^2-\frac{2R}{r}+\frac{1}{2}\right]=$$

$$\frac{r^4}{8R}\left[\left(\frac{p}{r}\right)^2+\left(\frac{4R+r}{p}\right)^2-\frac{8R}{r}+10\right]\left[\left(\frac{4R}{r}+1\right)^2+\left(\frac{p}{r}\right)^2\right]-$$

$$\frac{r^4}{8R}\cdot\frac{8R}{r}\left[\left(\frac{p}{r}\right)^2\left(\frac{R}{r}+\frac{5}{2}\right)-16\left(\frac{R}{r}\right)^2-\frac{2R}{r}+\frac{1}{2}\right]=$$

$$\frac{r^4}{8R}\left\{\left(\frac{p}{r}\right)^2\left[\left(\frac{p}{r}\right)^2+8\left(\frac{R}{r}\right)^2-\frac{20R}{r}+11\right]+\left(\frac{4R}{r}+1\right)^2\left(\frac{4R+r}{p}\right)^2+128\left(\frac{R}{r}\right)^2+\frac{76R}{r}+11\right\}$$

即

$$\frac{b^2m_b^2+c^2m_c^2}{r_b+r_c}+\frac{a^2m_a^2+c^2m_c^2}{r_a+r_c}+\frac{a^2m_a^2+b^2m_b^2}{r_a+r_b}=$$

$$\frac{r^4}{8R}\left\{\left(\frac{p}{r}\right)^2\left[\left(\frac{p}{r}\right)^2+8\left(\frac{R}{r}\right)^2-\frac{20R}{r}+11\right]+\left(\frac{4R}{r}+1\right)^2\left(\frac{4R+r}{p}\right)^2+128\left(\frac{R}{r}\right)^2+\frac{76R}{r}+11\right\}$$

例 2.131 在$\triangle ABC$中,证明

$$\left(\frac{a^4}{r_b+r_c}\right)^2+\left(\frac{b^4}{r_c+r_a}\right)^2+\left(\frac{c^4}{r_a+r_b}\right)^2=$$

$$\Delta^2r^2\left\{\left(\frac{p}{r}\right)^2\left[16\left(\frac{R}{r}\right)^2-2\left(\frac{p}{r}\right)^2-\frac{16R}{r}+30\right]-\frac{64R}{r}+2\left(\frac{4R+r}{p}\right)^2-30\right\}$$

证明 由旁切圆半径公式可证

$$\frac{a^4b^4}{(r_b+r_c)(r_a+r_c)}+\frac{b^4c^4}{(r_b+r_a)(r_a+r_c)}+\frac{c^4a^4}{(r_b+r_c)(r_a+r_b)}=$$

$$\frac{r_ar_ba^4b^4}{(r_ar_b+r_ar_c)(r_br_a+r_br_c)}+\frac{r_br_cb^4c^4}{(r_cr_b+r_cr_a)(r_br_a+r_br_c)}+\frac{r_cr_ac^4a^4}{(r_ar_b+r_ar_c)(r_cr_a+r_cr_b)}=$$

$$\frac{p(p-c)a^4b^4}{p^2ab}+\frac{p(p-a)b^4c^4}{p^2bc}+\frac{p(p-b)c^4a^4}{p^2ca}=$$

$$a^3b^3+b^3c^3+c^3a^3-4Rr[(ab)^2+(bc)^2+(ca)^2]=$$

$$\Delta^2r^2\left\{\left(\frac{p}{r}\right)^2\left[\left(\frac{p}{r}\right)^2-\frac{12R}{r}+3\right]+\left(\frac{4R}{r}+1\right)\left(\frac{4R+r}{p}\right)^2+3\right\}-$$

$$\Delta^2r^2\cdot\frac{4R}{r}\left[\left(\frac{p}{r}\right)^2+\left(\frac{4R+r}{p}\right)^2-\frac{8R}{r}+2\right]=$$

$$\Delta^2r^2\left\{\left(\frac{p}{r}\right)^2\left[\left(\frac{p}{r}\right)^2-\frac{16R}{r}+3\right]+32\left(\frac{R}{r}\right)^2-\frac{8R}{r}+\left(\frac{4R+r}{p}\right)^2+3\right\}$$

即

$$\frac{a^4b^4}{(r_b+r_c)(r_a+r_c)}+\frac{b^4c^4}{(r_b+r_a)(r_a+r_c)}+\frac{c^4a^4}{(r_b+r_c)(r_a+r_b)}=$$
$$\Delta^2r^2\left\{\left(\frac{p}{r}\right)^2\left[\left(\frac{p}{r}\right)^2-\frac{16R}{r}+3\right]+32\left(\frac{R}{r}\right)^2-\frac{8R}{r}+\left(\frac{4R+r}{p}\right)^2+3\right\}$$

由例 2.31 知

$$\frac{a^4}{r_b+r_c}+\frac{b^4}{r_c+r_a}+\frac{c^4}{r_a+r_b}=2r^3\left[\left(\frac{p}{r}\right)^2\left(\frac{2R}{r}-3\right)+\frac{4R}{r}+1\right]$$

易证

$$\left(\frac{a^4}{r_b+r_c}\right)^2+\left(\frac{b^4}{r_c+r_a}\right)^2+\left(\frac{c^4}{r_a+r_b}\right)^2=$$
$$\left(\frac{a^4}{r_b+r_c}+\frac{b^4}{r_c+r_a}+\frac{c^4}{r_a+r_b}\right)^2-2\left[\frac{a^4b^4}{(r_b+r_c)(r_a+r_c)}+\frac{b^4c^4}{(r_b+r_a)(r_a+r_c)}+\frac{c^4a^4}{(r_b+r_c)(r_a+r_b)}\right]=$$
$$\left\{2r^3\left[\left(\frac{p}{r}\right)^2\left(\frac{2R}{r}-3\right)+\frac{4R}{r}+1\right]\right\}^2-$$
$$2\Delta^2r^2\left\{\left(\frac{p}{r}\right)^2\left[\left(\frac{p}{r}\right)^2-\frac{16R}{r}+3\right]+32\left(\frac{R}{r}\right)^2-\frac{8R}{r}+\left(\frac{4R+r}{p}\right)^2+3\right\}=$$
$$4\Delta^2r^2\left[\frac{p}{r}\left(\frac{2R}{r}-3\right)+\frac{4R+r}{p}\right]^2-$$
$$2\Delta^2r^2\left\{\left(\frac{p}{r}\right)^2\left[\left(\frac{p}{r}\right)^2-\frac{16R}{r}+3\right]+32\left(\frac{R}{r}\right)^2-\frac{8R}{r}+\left(\frac{4R+r}{p}\right)^2+3\right\}=$$
$$\Delta^2r^2\left\{\left(\frac{p}{r}\right)^2\left[16\left(\frac{R}{r}\right)^2-2\left(\frac{p}{r}\right)^2-\frac{16R}{r}+30\right]-\frac{64R}{r}+2\left(\frac{4R+r}{p}\right)^2-30\right\}$$

即

$$\left(\frac{a^4}{r_b+r_c}\right)^2+\left(\frac{b^4}{r_c+r_a}\right)^2+\left(\frac{c^4}{r_a+r_b}\right)^2=$$
$$\Delta^2r^2\left\{\left(\frac{p}{r}\right)^2\left[16\left(\frac{R}{r}\right)^2-2\left(\frac{p}{r}\right)^2-\frac{16R}{r}+30\right]-\frac{64R}{r}+2\left(\frac{4R+r}{p}\right)^2-30\right\}$$

第 2 章习题

1. 在$\triangle ABC$中，证明

$$a^2r_a^2\left(\frac{b}{r_b^3}+\frac{c}{r_c^3}\right)+b^2r_b^2\left(\frac{a}{r_a^3}+\frac{c}{r_c^3}\right)+c^2r_c^2\left(\frac{a}{r_a^3}+\frac{b}{r_b^3}\right)=$$
$$4\Delta\left[8\left(\frac{R}{r}\right)^2-\left(\frac{p}{r}\right)^2+1\right]\left[\frac{2R}{r}-\left(\frac{4R+r}{p}\right)^2\right]-2\Delta\left[\frac{2R}{r}+3-\left(\frac{4R+r}{p}\right)^2\right]$$

2. 在$\triangle ABC$中，证明

$$(b^2r_b^2+c^2r_c^2)\left(\frac{b}{r_b^3}+\frac{c}{r_c^3}\right)+(a^2r_a^2+c^2r_c^2)\left(\frac{a}{r_a^3}+\frac{c}{r_c^3}\right)+(a^2r_a^2+b^2r_b^2)\left(\frac{a}{r_a^3}+\frac{b}{r_b^3}\right)=$$

$$4\Delta\left[8\left(\frac{R}{r}\right)^2-\left(\frac{p}{r}\right)^2+1\right]\left[\frac{2R}{r}-\left(\frac{4R+r}{p}\right)^2\right]+2\Delta\left[\frac{2R}{r}+3-\left(\frac{4R+r}{p}\right)^2\right]$$

3. 在$\triangle ABC$中，证明

$$ar_a^3\left(\frac{b}{r_b^3}+\frac{c}{r_c^3}\right)+br_b^3\left(\frac{a}{r_a^3}+\frac{c}{r_c^3}\right)+cr_c^3\left(\frac{a}{r_a^3}+\frac{b}{r_b^3}\right)=$$

$$2p^2\left[\frac{4R}{r}\left(\frac{4R+r}{p}\right)^2-\frac{12R}{r}+2\right]\left[\frac{2R}{r}-\left(\frac{4R+r}{p}\right)^2\right]-2p^2+2(4R+r)r$$

4. 在$\triangle ABC$中，证明

$$(br_b^3+cr_c^3)\left(\frac{b}{r_b^3}+\frac{c}{r_c^3}\right)+(ar_a^3+cr_c^3)\left(\frac{a}{r_a^3}+\frac{c}{r_c^3}\right)+(ar_a^3+br_b^3)\left(\frac{a}{r_a^3}+\frac{b}{r_b^3}\right)=$$

$$2p^2\left[\frac{4R}{r}\left(\frac{4R+r}{p}\right)^2-\frac{12R}{r}+2\right]\left[\frac{2R}{r}-\left(\frac{4R+r}{p}\right)^2\right]+(a^2+b^2+c^2)$$

5. 在$\triangle ABC$中，证明

$$ar_a^4\left(\frac{b}{r_b^3}+\frac{c}{r_c^3}\right)+br_b^4\left(\frac{a}{r_a^3}+\frac{c}{r_c^3}\right)+cr_c^4\left(\frac{a}{r_a^3}+\frac{b}{r_b^3}\right)=$$

$$2\Delta p\left[\frac{4R}{r}\left(\frac{4R}{r}+1\right)\left(\frac{4R+r}{p}\right)^2-4\left(\frac{4R}{r}+1\right)^2+2\left(\frac{p}{r}\right)^2+\frac{28R}{r}+4\right]\cdot$$

$$\left[\frac{2R}{r}-\left(\frac{4R+r}{p}\right)^2\right]-4\Delta p\left(\frac{R}{r}-1\right)$$

6. 在$\triangle ABC$中，证明

$$(br_b^4+cr_c^4)\left(\frac{b}{r_b^3}+\frac{c}{r_c^3}\right)+(ar_a^4+cr_c^4)\left(\frac{a}{r_a^3}+\frac{c}{r_c^3}\right)+(ar_a^4+br_b^4)\left(\frac{a}{r_a^3}+\frac{b}{r_b^3}\right)=$$

$$2\Delta p\left[\frac{4R}{r}\left(\frac{4R}{r}+1\right)\left(\frac{4R+r}{p}\right)^2-4\left(\frac{4R}{r}+1\right)^2+2\left(\frac{p}{r}\right)^2+\frac{28R}{r}+4\right]\cdot$$

$$\left[\frac{2R}{r}-\left(\frac{4R+r}{p}\right)^2\right]+4\Delta p\left(\frac{R}{r}-1\right)$$

7. 在$\triangle ABC$中，证明

$$(br_b+cr_c)(br_b^2+cr_c^2)+(ar_a+cr_c)(ar_a^2+cr_c^2)+(ar_a+br_b)(ar_a^2+br_b^2)=$$

$$\Delta^2 r\left[128\left(\frac{R}{r}\right)^3-\frac{20R}{r}\left(\frac{p}{r}\right)^2+8\left(\frac{p}{r}\right)^2-\frac{8R}{r}\right]$$

8. 在$\triangle ABC$中，证明

$$a^2r_a^3\left(\frac{b}{r_b^3}+\frac{c}{r_c^3}\right)+b^2r_b^3\left(\frac{a}{r_a^3}+\frac{c}{r_c^3}\right)+c^2r_c^3\left(\frac{a}{r_a^3}+\frac{b}{r_b^3}\right)=$$

$$2\Delta r\left[\frac{4R}{r}\left(\frac{4R}{r}+1\right)^2-\frac{12R}{r}\left(\frac{p}{r}\right)^2+4\left(\frac{p}{r}\right)^2-16\left(\frac{R}{r}\right)^2-\frac{4R}{r}\right]\left[\frac{2R}{r}-\left(\frac{4R+r}{p}\right)^2\right]-$$

$$2\Delta r\left[\left(\frac{p}{r}\right)^2-\frac{6R}{r}-3\right]$$

9. 在$\triangle ABC$中，证明

$$(b^2r_b^3+c^2r_c^3)\left(\frac{b}{r_b^3}+\frac{c}{r_c^3}\right)+(a^2r_a^3+c^2r_c^3)\left(\frac{a}{r_a^3}+\frac{c}{r_c^3}\right)+(a^2r_a^3+b^2r_b^3)\left(\frac{a}{r_a^3}+\frac{b}{r_b^3}\right)=$$

$$2\Delta r\left[\frac{4R}{r}\left(\frac{4R}{r}+1\right)^2-\frac{12R}{r}\left(\frac{p}{r}\right)^2+4\left(\frac{p}{r}\right)^2-16\left(\frac{R}{r}\right)^2-\frac{4R}{r}\right]\left[\frac{2R}{r}-\left(\frac{4R+r}{p}\right)^2\right]+$$

$$2\Delta r\left[\left(\frac{p}{r}\right)^2-\frac{6R}{r}-3\right]$$

10. 在△ABC 中,证明

$$r_a^2(b^2r_b+c^2r_c)+r_b^2(a^2r_a+c^2r_c)+r_c^2(a^2r_a+b^2r_b)=$$

$$4\Delta^2r\left[\left(\frac{R}{r}+1\right)\left(\frac{p}{r}\right)^2-12\left(\frac{R}{r}\right)^2-\frac{7R}{r}-1\right]$$

11. 在△ABC 中,证明

$$\frac{(ab)^4}{(r_ar_b)^2}+\frac{(bc)^4}{(r_br_c)^2}+\frac{(ca)^4}{(r_cr_a)^2}=r^4\left\{\left[\left(\frac{p}{r}\right)^2-\frac{4R}{r}+\left(\frac{4R}{r}+1\right)\left(\frac{4R+r}{p}\right)^2+2\right]^2-\right.$$

$$\left.128\left(\frac{R}{r}\right)^2\left(\frac{R}{r}+1\right)\right\}$$

12. 在△ABC 中,证明

$$\left(\frac{a^2}{r_b+r_c}\right)^2+\left(\frac{b^2}{r_a+r_c}\right)^2+\left(\frac{c^2}{r_a+r_b}\right)^2=16R^2+2r^2-2p^2$$

13. 在△ABC 中,证明

$$a^8r_a^2+b^8r_b^2+c^8r_c^2=$$

$$\Delta^4r^2\left\{400\left(\frac{R}{r}\right)^2+\frac{312R}{r}+56-2\left(\frac{4R}{r}+1\right)\left(\frac{4R+r}{p}\right)^2+\right.$$

$$\left.\left(\frac{p}{r}\right)^4\left[16\left(\frac{R}{r}-2\right)^2+\frac{40R}{r}-8-2\left(\frac{p}{r}\right)^2\right]-\left(\frac{p}{r}\right)^2\left(\frac{200R}{r}+140\right)\right\}$$

14. 在△ABC 中,证明

$$\frac{a^9r_a}{r_b+r_c}+\frac{b^9r_b}{r_a+r_c}+\frac{c^9r_c}{r_b+r_a}=$$

$$\Delta^3r^3\left\{400\left(\frac{R}{r}\right)^2+\frac{312R}{r}+56-2\left(\frac{4R}{r}+1\right)\left(\frac{4R+r}{p}\right)^2+\right.$$

$$\left.\left(\frac{p}{r}\right)^4\left[16\left(\frac{R}{r}-2\right)^2+\frac{40R}{r}-8-2\left(\frac{p}{r}\right)^2\right]-\left(\frac{p}{r}\right)^2\left[\frac{200R}{r}+140\right]\right\}$$

15. 在△ABC 中,证明

$$(abr_ar_b)^2+(bcr_br_c)^2+(car_cr_a)^2=\Delta^4\left\{\left(\frac{p}{r}\right)^2\left[\left(\frac{p}{r}\right)^2-\frac{16R}{r}+\left(\frac{4R+r}{p}\right)^2+2\right]+\frac{8R}{r}\left(\frac{2R}{r}-1\right)\right\}$$

16. 在△ABC 中,证明

$$a^6r_a^2+b^6r_b^2+c^6r_c^2=$$

$$\Delta^4\left\{\left(\frac{p}{r}\right)^2\left[16\left(\frac{R}{r}\right)^2-\frac{16R}{r}-2\left(\frac{p}{r}\right)^2+30\right]-\frac{64R}{r}+2\left(\frac{4R+r}{p}\right)^2-30\right\}$$

17. 在$\triangle ABC$中,证明

$$\frac{a^7 r_a}{r_b+r_c}+\frac{b^7 r_b}{r_a+r_c}+\frac{c^7 r_c}{r_b+r_a}=$$

$$\Delta^3 r\left\{\left(\frac{p}{r}\right)^2\left[16\left(\frac{R}{r}\right)^2-\frac{16R}{r}-2\left(\frac{p}{r}\right)^2+30\right]-\frac{64R}{r}+2\left(\frac{4R+r}{p}\right)^2-30\right\}$$

18. 在$\triangle ABC$中,证明

$$\left(\frac{a}{r_b+r_c}\right)^2+\left(\frac{b}{r_c+r_a}\right)^2+\left(\frac{c}{r_a+r_b}\right)^2=\left(\frac{4R+r}{p}\right)^2-2$$

第3章 旁切圆半径不等式的证明

例 3.1 在$\triangle ABC$中,试证明

$$\frac{1}{4r}+\frac{1}{2R}\geqslant\frac{1}{r_a+r_b}+\frac{1}{r_b+r_c}+\frac{1}{r_c+r_a}\geqslant\frac{1}{R}$$

证明 首先证明右边不等式.

由例 2.1 知

$$\frac{1}{r_a+r_b}+\frac{1}{r_b+r_c}+\frac{1}{r_c+r_a}=\frac{1}{4R}\left[\left(\frac{4R+r}{p}\right)^2+1\right]$$

在$\triangle ABC$中,有

$$\left(\frac{4R+r}{p}\right)^2\geqslant 3$$

从而

$$\frac{1}{r_a+r_b}+\frac{1}{r_b+r_c}+\frac{1}{r_c+r_a}\geqslant\frac{1}{R}$$

其次证明左边不等式.

由例 2.1 知

$$\frac{1}{r_a+r_b}+\frac{1}{r_b+r_c}+\frac{1}{r_c+r_a}=\frac{1}{4R}\left[\left(\frac{4R+r}{p}\right)^2+1\right]$$

在$\triangle ABC$中,有

$$\frac{R}{r}+1\geqslant\left(\frac{4R+r}{p}\right)^2$$

从而

$$\frac{1}{4r}+\frac{1}{2R}\geqslant\frac{1}{r_a+r_b}+\frac{1}{r_b+r_c}+\frac{1}{r_c+r_a}$$

综上所述,例 3.1 成立.

例 3.2 在$\triangle ABC$中，试证明

$$p\left(\frac{1}{4r}+\frac{1}{2R}\right)\geqslant\frac{r_c}{c}+\frac{r_a}{a}+\frac{r_b}{b}\geqslant\frac{p}{R}$$

证明 首先证明右边不等式.

由例 2.2 知

$$\frac{r_c}{c}+\frac{r_a}{a}+\frac{r_b}{b}=\frac{p}{4R}\left[\left(\frac{4R+r}{p}\right)^2+1\right]$$

在$\triangle ABC$中，有不等式

$$\left(\frac{4R+r}{p}\right)^2\geqslant 3$$

从而

$$\frac{r_c}{c}+\frac{r_a}{a}+\frac{r_b}{b}\geqslant\frac{p}{R}$$

其次证明左边不等式.

由例 2.2 知

$$\frac{r_c}{c}+\frac{r_a}{a}+\frac{r_b}{b}=\frac{p}{4R}\left[\left(\frac{4R+r}{p}\right)^2+1\right]$$

在$\triangle ABC$中，有不等式

$$\frac{R}{r}+1\geqslant\left(\frac{4R+r}{p}\right)^2$$

从而

$$p\left(\frac{1}{4r}+\frac{1}{2R}\right)\geqslant\frac{r_c}{c}+\frac{r_a}{a}+\frac{r_b}{b}$$

综上所述，例 3.2 成立.

例 3.3 在$\triangle ABC$中，试证明

$$\frac{R}{r}+2\geqslant\frac{ab}{r_ar_b}+\frac{bc}{r_br_c}+\frac{ca}{r_cr_a}\geqslant 4$$

证明 首先证明右边不等式.

由例 2.3 知

$$\frac{ab}{r_ar_b}+\frac{bc}{r_br_c}+\frac{ca}{r_cr_a}=\left(\frac{4R+r}{p}\right)^2+1$$

在$\triangle ABC$中，有

$$\left(\frac{4R+r}{p}\right)^2\geqslant 3$$

从而

$$\frac{ab}{r_ar_b}+\frac{bc}{r_br_c}+\frac{ca}{r_cr_a}\geqslant 4$$

其次证明左边不等式.

由例 2.3 知

$$\frac{ab}{r_a r_b}+\frac{bc}{r_b r_c}+\frac{ca}{r_c r_a}=\left(\frac{4R+r}{p}\right)^2+1$$

在△ABC 中,有

$$\frac{R}{r}+1\geqslant\left(\frac{4R+r}{p}\right)^2$$

从而

$$\frac{R}{r}+2\geqslant\frac{ab}{r_a r_b}+\frac{bc}{r_b r_c}+\frac{ca}{r_c r_a}$$

综上所述,例 3.3 成立.

例 3.4　在△ABC 中,试证明

$$\frac{R}{r}+\frac{r}{2R}-\frac{3}{4}\geqslant\frac{r_c}{r_a+r_b}+\frac{r_a}{r_b+r_c}+\frac{r_b}{r_c+r_a}\geqslant 2-\frac{r}{R}$$

证明　首先证明右边不等式.

由例 2.4 知

$$\frac{r_c}{r_a+r_b}+\frac{r_a}{r_b+r_c}+\frac{r_b}{r_c+r_a}=\left(1+\frac{r}{4R}\right)\left[\left(\frac{4R+r}{p}\right)^2+1\right]-3$$

在△ABC 中,有

$$\left(\frac{4R+r}{p}\right)^2\geqslant 4-\frac{2r}{R}$$

从而

$$\frac{r_c}{r_a+r_b}+\frac{r_a}{r_b+r_c}+\frac{r_b}{r_c+r_a}\geqslant\left(1+\frac{r}{4R}\right)\left(5-\frac{2r}{R}\right)-3=$$
$$2-\frac{2r}{R}+\frac{r}{4R}\left(5-\frac{2r}{R}\right)\geqslant 2-\frac{r}{R}$$

即

$$\frac{r_c}{r_a+r_b}+\frac{r_a}{r_b+r_c}+\frac{r_b}{r_c+r_a}\geqslant 2-\frac{r}{R}$$

其次证明左边不等式.

由例 2.4 知

$$\frac{r_c}{r_a+r_b}+\frac{r_a}{r_b+r_c}+\frac{r_b}{r_c+r_a}=\left(1+\frac{r}{4R}\right)\left[\left(\frac{4R+r}{p}\right)^2+1\right]-3$$

在△ABC 中,有

$$\frac{R}{r}+1\geqslant\left(\frac{4R+r}{p}\right)^2$$

从而

$$\frac{R}{r}+\frac{r}{2R}-\frac{3}{4}\geqslant\frac{r_c}{r_a+r_b}+\frac{r_a}{r_b+r_c}+\frac{r_b}{r_c+r_a}$$

综上所述,例 3.4 成立.

例 3.5 在$\triangle ABC$中,试证明

$$p\left(\frac{R}{r}-\frac{1}{2}\right)\geqslant\frac{r_c^2}{c}+\frac{r_a^2}{a}+\frac{r_b^2}{b}\geqslant p\left(2-\frac{r}{R}\right)$$

证明 首先证明右边不等式.

由例 2.5 知

$$\frac{r_c^2}{c}+\frac{r_a^2}{a}+\frac{r_b^2}{b}=p\left(1+\frac{r}{4R}\right)\left[\left(\frac{4R+r}{p}\right)^2+1\right]-3p$$

在$\triangle ABC$中,有

$$\left(\frac{4R+r}{p}\right)^2\geqslant 4-\frac{2r}{R}$$

从而

$$\frac{r_c^2}{c}+\frac{r_a^2}{a}+\frac{r_b^2}{b}\geqslant p\left(1+\frac{r}{4R}\right)\left(5-\frac{2r}{R}\right)-3p=$$

$$p\left[2-\frac{2r}{R}+\frac{r}{4R}\left(5-\frac{2r}{R}\right)\right]\geqslant p\left(2-\frac{r}{R}\right)$$

即

$$\frac{r_c^2}{c}+\frac{r_a^2}{a}+\frac{r_b^2}{b}\geqslant p\left(2-\frac{r}{R}\right)$$

其次证明左边不等式.

由例 2.5 知

$$\frac{r_c^2}{c}+\frac{r_a^2}{a}+\frac{r_b^2}{b}=p\left(1+\frac{r}{4R}\right)\left[\left(\frac{4R+r}{p}\right)^2+1\right]-3p$$

在$\triangle ABC$中,有

$$\frac{R}{r}+1\geqslant\left(\frac{4R+r}{p}\right)^2$$

从而

$$\frac{r_c^2}{c}+\frac{r_a^2}{a}+\frac{r_b^2}{b}\leqslant p\left(1+\frac{r}{4R}\right)\left(\frac{R}{r}+2\right)-3p=$$

$$p\left(\frac{R}{r}+\frac{r}{2R}-\frac{3}{4}\right)\leqslant p\left(\frac{R}{r}-\frac{1}{2}\right)$$

即

$$p\left(\frac{R}{r}-\frac{1}{2}\right)\geqslant\frac{r_c^2}{c}+\frac{r_a^2}{a}+\frac{r_b^2}{b}$$

综上所述,例 3.5 成立.

例 3.6　在$\triangle ABC$中,试证明

$$\frac{1}{p^2}\cdot\frac{2R}{r}\left(\frac{2R}{r}-1\right)\geqslant\frac{ab}{r_a^2r_b^2}+\frac{bc}{r_b^2r_c^2}+\frac{ca}{r_c^2r_a^2}\geqslant\frac{4}{p^2}\left(\frac{2R}{r}-1\right)$$

证明　首先证明右边不等式.

由例 2.6 知

$$\frac{ab}{r_a^2r_b^2}+\frac{bc}{r_b^2r_c^2}+\frac{ca}{r_c^2r_a^2}=\frac{4Rr}{\Delta^2}\left\{\left(1+\frac{r}{4R}\right)\left[\left(\frac{4R+r}{p}\right)^2+1\right]-3\right\}$$

在$\triangle ABC$中,有

$$\left(\frac{4R+r}{p}\right)^2\geqslant 4-\frac{2r}{R}$$

从而

$$\frac{ab}{r_a^2r_b^2}+\frac{bc}{r_b^2r_c^2}+\frac{ca}{r_c^2r_a^2}\geqslant\frac{4Rr}{\Delta^2}\left[\left(1+\frac{r}{4R}\right)\left(5-\frac{2r}{R}\right)-3\right]=$$

$$\frac{4Rr}{\Delta^2}\left[2-\frac{2r}{R}+\frac{r}{4R}\left(5-\frac{2r}{R}\right)\right]\geqslant p\left(2-\frac{r}{R}\right)\geqslant\frac{4}{p^2}\left(\frac{2R}{r}-1\right)$$

即

$$\frac{ab}{r_a^2r_b^2}+\frac{bc}{r_b^2r_c^2}+\frac{ca}{r_c^2r_a^2}\geqslant\frac{4}{p^2}\left(\frac{2R}{r}-1\right)$$

其次证明左边不等式.

由例 2.6 知

$$\frac{ab}{r_a^2r_b^2}+\frac{bc}{r_b^2r_c^2}+\frac{ca}{r_c^2r_a^2}=\frac{4Rr}{\Delta^2}\left\{\left(1+\frac{r}{4R}\right)\left[\left(\frac{4R+r}{p}\right)^2+1\right]-3\right\}$$

在$\triangle ABC$中,有

$$\frac{R}{r}+1\geqslant\left(\frac{4R+r}{p}\right)^2$$

从而

$$\frac{ab}{r_a^2r_b^2}+\frac{bc}{r_b^2r_c^2}+\frac{ca}{r_c^2r_a^2}\leqslant\frac{4Rr}{\Delta^2}\left[\left(1+\frac{r}{4R}\right)\left(\frac{R}{r}+2\right)-3\right]=$$

$$\frac{4Rr}{\Delta^2}\left(\frac{R}{r}+\frac{r}{2R}-\frac{3}{4}\right)\leqslant\frac{1}{p^2}\cdot\frac{2R}{r}\left(\frac{2R}{r}-1\right)$$

即

$$\frac{1}{p^2}\cdot\frac{2R}{r}\left(\frac{2R}{r}-1\right)\geqslant\frac{ab}{r_a^2r_b^2}+\frac{bc}{r_b^2r_c^2}+\frac{ca}{r_c^2r_a^2}$$

综上所述,例 3.6 成立.

例 3.7　在$\triangle ABC$中,试证明

$$\frac{4}{p^2}\cdot\frac{R}{r}\left(\frac{4R}{r}-5\right)\geqslant\frac{ac+bc}{r_a^2r_b^2}+\frac{ab+bc}{r_a^2r_c^2}+\frac{ac+ab}{r_c^2r_b^2}\geqslant\frac{8}{p^2}\left[\left(\frac{R}{r}\right)^2-1\right]$$

证明 首先证明右边不等式.

由例 2.7,知

$$\frac{ac+bc}{r_a^2r_b^2}+\frac{ab+bc}{r_a^2r_c^2}+\frac{ac+ab}{r_c^2r_b^2}=\frac{1}{\Delta^2}\left\{p^2\left[\left(\frac{4R+r}{p}\right)^2-2\right]-3r^2\right\}$$

上式变为

$$\begin{aligned}\frac{ac+bc}{r_a^2r_b^2}+\frac{ab+bc}{r_a^2r_c^2}+\frac{ac+ab}{r_c^2r_b^2}&=\frac{1}{p^2}\left\{\left(\frac{p}{r}\right)^2\left[\left(\frac{4R+r}{p}\right)^2-2\right]-3\right\}=\\&\frac{1}{p^2}\left\{\left[\left(\frac{4R}{r}+1\right)^2-2\left(\frac{p}{r}\right)^2\right]-3\right\}=\\&\frac{1}{p^2}\left[16\left(\frac{R}{r}\right)^2+\frac{8R}{r}-2\left(\frac{p}{r}\right)^2-2\right]\end{aligned}$$

即

$$\frac{ac+bc}{r_a^2r_b^2}+\frac{ab+bc}{r_a^2r_c^2}+\frac{ac+ab}{r_c^2r_b^2}=\frac{1}{p^2}\left[16\left(\frac{R}{r}\right)^2+\frac{8R}{r}-2\left(\frac{p}{r}\right)^2-2\right]$$

在$\triangle ABC$中,有格雷森不等式

$$4\left(\frac{R}{r}\right)^2+\frac{4R}{r}+3\geqslant\left(\frac{p}{r}\right)^2$$

从而

$$\frac{ac+bc}{r_a^2r_b^2}+\frac{ab+bc}{r_a^2r_c^2}+\frac{ac+ab}{r_c^2r_b^2}\geqslant\frac{8}{p^2}\left[\left(\frac{R}{r}\right)^2-1\right]$$

其次证明左边不等式.

由例 2.7,知

$$\frac{ac+bc}{r_a^2r_b^2}+\frac{ab+bc}{r_a^2r_c^2}+\frac{ac+ab}{r_c^2r_b^2}=\frac{1}{\Delta^2}\left\{p^2\left[\left(\frac{4R+r}{p}\right)^2-2\right]-3r^2\right\}$$

上式变为

$$\begin{aligned}\frac{ac+bc}{r_a^2r_b^2}+\frac{ab+bc}{r_a^2r_c^2}+\frac{ac+ab}{r_c^2r_b^2}&=\frac{1}{p^2}\left\{\left(\frac{p}{r}\right)^2\left[\left(\frac{4R+r}{p}\right)^2-2\right]-3\right\}=\\&\frac{1}{p^2}\left\{\left[\left(\frac{4R}{r}+1\right)^2-2\left(\frac{p}{r}\right)^2\right]-3\right\}=\\&\frac{1}{p^2}\left[16\left(\frac{R}{r}\right)^2+\frac{8R}{r}-2\left(\frac{p}{r}\right)^2-2\right]\end{aligned}$$

即

$$\frac{ac+bc}{r_a^2r_b^2}+\frac{ab+bc}{r_a^2r_c^2}+\frac{ac+ab}{r_c^2r_b^2}=\frac{1}{p^2}\left[16\left(\frac{R}{r}\right)^2+\frac{8R}{r}-2\left(\frac{p}{r}\right)^2-2\right]$$

在$\triangle ABC$中,有格雷森不等式

$$\left(\frac{p}{r}\right)^2\geqslant\frac{16R}{r}-5$$

从而

$$\frac{ac+bc}{r_a^2r_b^2}+\frac{ab+bc}{r_a^2r_c^2}+\frac{ac+ab}{r_c^2r_b^2}\leqslant\frac{1}{p^2}\left[16\left(\frac{R}{r}\right)^2+\frac{8R}{r}-2\left(\frac{p}{r}\right)^2-2\right]=$$

$$\frac{1}{p^2}\left[16\left(\frac{R}{r}\right)^2-\frac{24R}{r}+8\right]\leqslant$$

$$\frac{4}{p^2}\cdot\frac{R}{r}\left(\frac{4R}{r}-5\right)$$

$$\frac{4}{p^2}\cdot\frac{R}{r}\left(\frac{4R}{r}-5\right)\geqslant\frac{ac+bc}{r_a^2r_b^2}+\frac{ab+bc}{r_a^2r_c^2}+\frac{ac+ab}{r_c^2r_b^2}$$

综上所述,例 3.7 成立.

例 3.8 在$\triangle ABC$中,试证明

$$2r\left(\frac{R}{r}+1\right)\geqslant\frac{ab}{r_a+r_b}+\frac{bc}{r_b+r_c}+\frac{ca}{r_c+r_a}\geqslant\frac{r^2}{R}\left(\frac{7R}{r}-2\right)$$

证明 首先证明右边不等式.

由例 2.8 知

$$\frac{ab}{r_a+r_b}+\frac{bc}{r_b+r_c}+\frac{ca}{r_c+r_a}=\frac{r^2}{4R}\left[\left(\frac{p}{r}\right)^2-\frac{4R}{r}+\left(\frac{4R}{r}+1\right)\left(\frac{4R+r}{p}\right)^2+2\right]$$

在$\triangle ABC$中,有格雷森不等式

$$\left(\frac{p}{r}\right)^2\geqslant\frac{16R}{r}-5$$

在$\triangle ABC$中,又有

$$\left(\frac{4R+r}{p}\right)^2\geqslant4-\frac{2r}{R}$$

从而

$$\frac{ab}{r_a+r_b}+\frac{bc}{r_b+r_c}+\frac{ca}{r_c+r_a}\geqslant\frac{r^2}{4R}\left[\frac{12R}{r}+\left(\frac{4R}{r}+1\right)\left(4-\frac{2r}{R}\right)-3\right]=$$

$$\frac{r^2}{4R}\left(\frac{28R}{r}-7-\frac{2r}{R}\right)\geqslant\frac{r^2}{R}\left(\frac{7R}{r}-2\right)$$

即

$$\frac{ab}{r_a+r_b}+\frac{bc}{r_b+r_c}+\frac{ca}{r_c+r_a}\geqslant\frac{r^2}{R}\left(\frac{7R}{r}-2\right)$$

其次证明左边不等式.

由例 2.8 知

$$\frac{ab}{r_a+r_b}+\frac{bc}{r_b+r_c}+\frac{ca}{r_c+r_a}=\frac{r^2}{4R}\left[\left(\frac{p}{r}\right)^2-\frac{4R}{r}+\left(\frac{4R}{r}+1\right)\left(\frac{4R+r}{p}\right)^2+2\right]$$

在$\triangle ABC$中,有格雷森不等式

$$4\left(\frac{R}{r}\right)^2+\frac{4R}{r}+3\geqslant\left(\frac{p}{r}\right)^2$$

在$\triangle ABC$中，又有

$$\frac{R}{r}+1\geqslant\left(\frac{4R+r}{p}\right)^2$$

从而

$$\frac{ab}{r_a+r_b}+\frac{bc}{r_b+r_c}+\frac{ca}{r_c+r_a}\leqslant\frac{r^2}{4R}\left[4\left(\frac{R}{r}\right)^2+\left(\frac{4R}{r}+1\right)\left(\frac{R}{r}+1\right)+5\right]=$$

$$\frac{r^2}{4R}\left[8\left(\frac{R}{r}\right)^2+\frac{5R}{r}+6\right]\leqslant 2r\left(\frac{R}{r}+1\right)$$

即

$$2r\left(\frac{R}{r}+1\right)\geqslant\frac{ab}{r_a+r_b}+\frac{bc}{r_b+r_c}+\frac{ca}{r_c+r_a}$$

综上所述，例3.8成立.

例3.9 在$\triangle ABC$中，试证明

$$6R\geqslant\frac{ac+bc}{r_a+r_b}+\frac{ab+ac}{r_b+r_c}+\frac{ab+bc}{r_c+r_a}\geqslant 12r$$

证明 首先证明右边不等式.

由例2.9知

$$\frac{ac+bc}{r_a+r_b}+\frac{ab+ac}{r_b+r_c}+\frac{ab+bc}{r_c+r_a}=4r\left(\frac{R}{r}+1\right)$$

在$\triangle ABC$中，有欧拉不等式

$$\frac{R}{r}\geqslant 2$$

从而

$$\frac{ac+bc}{r_a+r_b}+\frac{ab+ac}{r_b+r_c}+\frac{ab+bc}{r_c+r_a}\geqslant 12r$$

其次证明左边不等式.

由例2.9知

$$\frac{ac+bc}{r_a+r_b}+\frac{ab+ac}{r_b+r_c}+\frac{ab+bc}{r_c+r_a}=4r\left(\frac{R}{r}+1\right)$$

在$\triangle ABC$中，有欧拉不等式

$$\frac{R}{r}\geqslant 2$$

从而

$$6R\geqslant\frac{ac+bc}{r_a+r_b}+\frac{ab+ac}{r_b+r_c}+\frac{ab+bc}{r_c+r_a}$$

综上所述，例3.9成立.

例3.10 在$\triangle ABC$中，试证明

$$4r^2\left(\frac{R}{r}+1\right)\left(\frac{R}{r}-1\right)\geqslant\left(\frac{ab}{r_a+r_b}\right)^2+\left(\frac{bc}{r_b+r_c}\right)^2+\left(\frac{ca}{r_c+r_a}\right)^2\geqslant\left[\frac{r^2}{R}\left(\frac{7R}{r}-2\right)\right]^2-8r^2\left(\frac{R}{r}+1\right)$$

证明　首先证明右边不等式.

由例 2.10 知

$$\left(\frac{ab}{r_a+r_b}\right)^2+\left(\frac{bc}{r_b+r_c}\right)^2+\left(\frac{ca}{r_c+r_a}\right)^2=$$

$$\left\{\frac{r^2}{4R}\left[\left(\frac{p}{r}\right)^2-\frac{4R}{r}+\left(\frac{4R}{r}+1\right)\left(\frac{4R+r}{p}\right)^2+2\right]\right\}^2-8r^2\left(\frac{R}{r}+1\right)$$

在$\triangle ABC$中，有格雷森不等式

$$\left(\frac{p}{r}\right)^2\geqslant\frac{16R}{r}-5$$

在$\triangle ABC$中，又有

$$\left(\frac{4R+r}{p}\right)^2\geqslant 4-\frac{2r}{R}$$

从而

$$\begin{aligned}\left(\frac{ab}{r_a+r_b}\right)^2+\left(\frac{bc}{r_b+r_c}\right)^2+\left(\frac{ca}{r_c+r_a}\right)^2&\geqslant\left\{\frac{r^2}{4R}\left[\frac{12R}{r}+\left(\frac{4R}{r}+1\right)\left(4-\frac{2r}{R}\right)-3\right]\right\}^2-8r^2\left(\frac{R}{r}+1\right)=\\&\left[\frac{r^2}{4R}\left(\frac{28R}{r}-7-\frac{2r}{R}\right)\right]^2-8r^2\left(\frac{R}{r}+1\right)\geqslant\\&\left[\frac{r^2}{R}\left(\frac{7R}{r}-2\right)\right]^2-8r^2\left(\frac{R}{r}+1\right)\end{aligned}$$

即

$$\left(\frac{ab}{r_a+r_b}\right)^2+\left(\frac{bc}{r_b+r_c}\right)^2+\left(\frac{ca}{r_c+r_a}\right)^2\geqslant\left[\frac{r^2}{R}\left(\frac{7R}{r}-2\right)\right]^2-8r^2\left(\frac{R}{r}+1\right)$$

其次证明左边不等式.

由例 2.10 知

$$\left(\frac{ab}{r_a+r_b}\right)^2+\left(\frac{bc}{r_b+r_c}\right)^2+\left(\frac{ca}{r_c+r_a}\right)^2=$$

$$\left\{\frac{r^2}{4R}\left[\left(\frac{p}{r}\right)^2-\frac{4R}{r}+\left(\frac{4R}{r}+1\right)\left(\frac{4R+r}{p}\right)^2+2\right]\right\}^2-8r^2\left(\frac{R}{r}+1\right)$$

在$\triangle ABC$中，有格雷森不等式

$$4\left(\frac{R}{r}\right)^2+\frac{4R}{r}+3\geqslant\left(\frac{p}{r}\right)^2$$

在$\triangle ABC$中，又有

$$\frac{R}{r}+1\geqslant\left(\frac{4R+r}{p}\right)^2$$

从而

$$\left(\frac{ab}{r_a+r_b}\right)^2+\left(\frac{bc}{r_b+r_c}\right)^2+\left(\frac{ca}{r_c+r_a}\right)^2\leqslant\left\{\frac{r^2}{4R}\left[4\left(\frac{R}{r}\right)^2+\left(\frac{4R}{r}+1\right)\left(\frac{R}{r}+1\right)+5\right]\right\}^2-8r^2\left(\frac{R}{r}+1\right)=$$

$$\left\{\frac{r^2}{4R}\left[8\left(\frac{R}{r}\right)^2+\frac{5R}{r}+6\right]\right\}^2-8r^2\left(\frac{R}{r}+1\right)\leqslant$$

$$\left[2r\left(\frac{R}{r}+1\right)\right]^2-8r^2\left(\frac{R}{r}+1\right)=4r^2\left(\frac{R}{r}+1\right)\left(\frac{R}{r}-1\right)$$

即

$$4r^2\left(\frac{R}{r}+1\right)\left(\frac{R}{r}-1\right)\geqslant\left(\frac{ab}{r_a+r_b}\right)^2+\left(\frac{bc}{r_b+r_c}\right)^2+\left(\frac{ca}{r_c+r_a}\right)^2$$

综上所述,例 3.10 成立.

例 3.11 在$\triangle ABC$中,试证明

$$8Rr\left(\frac{R}{r}+1\right)\geqslant\frac{(ab)^2}{r_ar_b}+\frac{(bc)^2}{r_br_c}+\frac{(ca)^2}{r_cr_a}\geqslant4r^2\left(\frac{7R}{r}-2\right)$$

证明 首先证明右边不等式.

由例 2.11 知

$$\frac{(ab)^2}{r_ar_b}+\frac{(bc)^2}{r_br_c}+\frac{(ca)^2}{r_cr_a}=r^2\left[\left(\frac{p}{r}\right)^2-\frac{4R}{r}+\left(\frac{4R}{r}+1\right)\left(\frac{4R+r}{p}\right)^2+2\right]$$

在$\triangle ABC$中,有格雷森不等式

$$\left(\frac{p}{r}\right)^2\geqslant\frac{16R}{r}-5$$

在$\triangle ABC$中,又有

$$\left(\frac{4R+r}{p}\right)^2\geqslant4-\frac{2r}{R}$$

从而

$$\frac{(ab)^2}{r_ar_b}+\frac{(bc)^2}{r_br_c}+\frac{(ca)^2}{r_cr_a}\geqslant r^2\left[\frac{12R}{r}+\left(\frac{4R}{r}+1\right)\left(4-\frac{2r}{R}\right)-3\right]=$$

$$r^2\left(\frac{28R}{r}-7-\frac{2r}{R}\right)\geqslant4r^2\left(\frac{7R}{r}-2\right)$$

即

$$\frac{(ab)^2}{r_ar_b}+\frac{(bc)^2}{r_br_c}+\frac{(ca)^2}{r_cr_a}\geqslant4r^2\left(\frac{7R}{r}-2\right)$$

其次证明左边不等式.

由例 2.11 知

$$\frac{(ab)^2}{r_ar_b}+\frac{(bc)^2}{r_br_c}+\frac{(ca)^2}{r_cr_a}=r^2\left[\left(\frac{p}{r}\right)^2-\frac{4R}{r}+\left(\frac{4R}{r}+1\right)\left(\frac{4R+r}{p}\right)^2+2\right]$$

在$\triangle ABC$中,有格雷森不等式

$$4\left(\frac{R}{r}\right)^2+\frac{4R}{r}+3\geqslant\left(\frac{p}{r}\right)^2$$

在△ABC 中，又有

$$\frac{R}{r}+1\geqslant\left(\frac{4R+r}{p}\right)^2$$

从而

$$\frac{(ab)^2}{r_ar_b}+\frac{(bc)^2}{r_br_c}+\frac{(ca)^2}{r_cr_a}\leqslant r^2\left[4\left(\frac{R}{r}\right)^2+\left(\frac{4R}{r}+1\right)\left(\frac{R}{r}+1\right)+5\right]=$$

$$r^2\left[8\left(\frac{R}{r}\right)^2+\frac{5R}{r}+6\right]\leqslant 8Rr\left(\frac{R}{r}+1\right)$$

即

$$8Rr\left(\frac{R}{r}+1\right)\geqslant\frac{(ab)^2}{r_ar_b}+\frac{(bc)^2}{r_br_c}+\frac{(ca)^2}{r_cr_a}$$

综上所述，例 3.11 成立.

例 3.12　在△ABC 中，试证明

$$8R^2\left(\frac{2R}{r}-1\right)\geqslant\frac{(ac)^2+(bc)^2}{r_ar_b}+\frac{(ca)^2+(ba)^2}{r_br_c}+\frac{(bc)^2+(ab)^2}{r_cr_a}\geqslant 16Rr\left(\frac{2R}{r}-1\right)$$

证明　首先证明右边不等式.

由例 2.12 知

$$\frac{(ac)^2+(bc)^2}{r_ar_b}+\frac{(ca)^2+(ba)^2}{r_br_c}+\frac{(bc)^2+(ab)^2}{r_cr_a}=r^2\left[\frac{4R}{r}\left(\frac{p}{r}\right)^2-32\left(\frac{R}{r}\right)^2+\frac{4R}{r}\right]$$

在△ABC 中，有格雷森不等式

$$\left(\frac{p}{r}\right)^2\geqslant\frac{16R}{r}-5$$

从而

$$\frac{(ac)^2+(bc)^2}{r_ar_b}+\frac{(ca)^2+(ba)^2}{r_br_c}+\frac{(bc)^2+(ab)^2}{r_cr_a}\geqslant r^2\left[\frac{4R}{r}\left(\frac{16R}{r}-5\right)-32\left(\frac{R}{r}\right)^2+\frac{4R}{r}\right]=$$

$$r^2\cdot\frac{16R}{r}\left(\frac{2R}{r}-1\right)$$

即

$$\frac{(ac)^2+(bc)^2}{r_ar_b}+\frac{(ca)^2+(ba)^2}{r_br_c}+\frac{(bc)^2+(ab)^2}{r_cr_a}\geqslant 16Rr\left(\frac{2R}{r}-1\right)$$

其次证明左边不等式.

由例 2.12 知

$$\frac{(ac)^2+(bc)^2}{r_ar_b}+\frac{(ca)^2+(ba)^2}{r_br_c}+\frac{(bc)^2+(ab)^2}{r_cr_a}=r^2\left[\frac{4R}{r}\left(\frac{p}{r}\right)^2-32\left(\frac{R}{r}\right)^2+\frac{4R}{r}\right]$$

在△ABC 中，有格雷森不等式

$$4\left(\frac{R}{r}\right)^2+\frac{4R}{r}+3\geqslant\left(\frac{p}{r}\right)^2$$

从而

$$\frac{(ac)^2+(bc)^2}{r_ar_b}+\frac{(ca)^2+(ba)^2}{r_br_c}+\frac{(bc)^2+(ab)^2}{r_cr_a}\leqslant r^2\left\{\frac{4R}{r}\left[4\left(\frac{R}{r}\right)^2+\frac{4R}{r}+3\right]-32\left(\frac{R}{r}\right)^2+\frac{4R}{r}\right\}=$$

$$r^2\left[16\left(\frac{R}{r}\right)^3-16\left(\frac{R}{r}\right)^2+\frac{16R}{r}\right]\leqslant$$

$$8R^2\left(\frac{2R}{r}-1\right)$$

即

$$8R^2\left(\frac{2R}{r}-1\right)\geqslant\frac{(ac)^2+(bc)^2}{r_ar_b}+\frac{(ca)^2+(ba)^2}{r_br_c}+\frac{(bc)^2+(ab)^2}{r_cr_a}$$

综上所述,例 3.12 成立.

例 3.13 在$\triangle ABC$中,试证明

$$\frac{\Delta^2}{108R}\left[472\left(\frac{R}{r}\right)^3-665\left(\frac{R}{r}\right)^2-\frac{459R}{r}+378\right]\geqslant\frac{(ab)^2}{r_a+r_b}+\frac{(bc)^2}{r_b+r_c}+\frac{(ca)^2}{r_c+r_a}\geqslant$$

$$\frac{2\Delta^2}{27R}\left[-162\left(\frac{R}{r}\right)^2+\frac{371R}{r}-22\right]$$

证明 首先证明右边不等式.

由例 2.13 知

$$\frac{(ab)^2}{r_a+r_b}+\frac{(bc)^2}{r_b+r_c}+\frac{(ca)^2}{r_c+r_a}=$$

$$\frac{\Delta^2}{4R}\left\{\left(\frac{p}{r}\right)^2\left[2\left(\frac{4R+r}{p}\right)^2+1\right]+\left(\frac{4R+r}{p}\right)^4-32\left(\frac{R}{r}\right)^2-\frac{16R}{r}\left(\frac{4R+r}{p}\right)^2-\right.$$

$$\left.\frac{24R}{r}+3\left(\frac{4R+r}{p}\right)^2+\frac{64R^2}{p^2}\left(\frac{4R}{r}+1\right)+1\right\}$$

在$\triangle ABC$中,有格雷森不等式

$$\left(\frac{p}{r}\right)^2\geqslant\frac{16R}{r}-5$$

在$\triangle ABC$中,又有

$$\frac{R}{r}+1\geqslant\left(\frac{4R+r}{p}\right)^2\geqslant3$$

$$\frac{3\sqrt{3}}{2}R\geqslant p$$

从而

$$\frac{(ab)^2}{r_a+r_b}+\frac{(bc)^2}{r_b+r_c}+\frac{(ca)^2}{r_c+r_a}\geqslant$$

$$\frac{\Delta^2}{4R}\left\{7\left(\frac{16R}{r}-5\right)+18-32\left(\frac{R}{r}\right)^2-\frac{16R}{r}\left(\frac{R}{r}+1\right)-\frac{24R}{r}+\frac{256}{27}\left(\frac{4R}{r}+1\right)+1\right\}=$$

$$\frac{2\Delta^2}{27R}\left[-162\left(\frac{R}{r}\right)^2+\frac{371R}{r}-22\right]$$

$$\frac{(ab)^2}{r_a+r_b}+\frac{(bc)^2}{r_b+r_c}+\frac{(ca)^2}{r_c+r_a}\geqslant\frac{2\Delta^2}{27R}\left[-162\left(\frac{R}{r}\right)^2+\frac{371R}{r}-22\right]$$

其次证明左边不等式.

由例 2.13 知

$$\frac{(ab)^2}{r_a+r_b}+\frac{(bc)^2}{r_b+r_c}+\frac{(ca)^2}{r_c+r_a}=$$

$$\frac{\Delta^2}{4R}\left\{\left(\frac{p}{r}\right)^2\left[2\left(\frac{4R+r}{p}\right)^2+1\right]+\left(\frac{4R+r}{p}\right)^4-32\left(\frac{R}{r}\right)^2-\right.$$

$$\left.\frac{16R}{r}\left(\frac{4R+r}{p}\right)^2-\frac{24R}{r}+3\left(\frac{4R+r}{p}\right)^2+\frac{64R^2}{p^2}\left(\frac{4R}{r}+1\right)+1\right\}$$

在△ABC 中,有格雷森不等式

$$4\left(\frac{R}{r}\right)^2+\frac{4R}{r}+3\geqslant\left(\frac{p}{r}\right)^2$$

在△ABC 中,有

$$\frac{R}{r}+1\geqslant\left(\frac{4R+r}{p}\right)^2$$

$$p\geqslant3\sqrt{3}\,r$$

从而

$$\frac{(ab)^2}{r_a+r_b}+\frac{(bc)^2}{r_b+r_c}+\frac{(ca)^2}{r_c+r_a}\leqslant$$

$$\frac{\Delta^2}{4R}\left\{\left[4\left(\frac{R}{r}\right)^2+\frac{4R}{r}+3\right]\left(\frac{2R}{r}+3\right)+\left(\frac{R}{r}+1\right)^2-32\left(\frac{R}{r}\right)^2-\right.$$

$$\left.\frac{16R}{r}\left(\frac{R}{r}+1\right)-\frac{24R}{r}+3\left(\frac{R}{r}+1\right)+\frac{64R^2}{27r^2}\left(\frac{4R}{r}+1\right)+1\right\}=$$

$$\frac{\Delta^2}{108R}\left[472\left(\frac{R}{r}\right)^3-665\left(\frac{R}{r}\right)^2-\frac{459R}{r}+378\right]$$

即

$$\frac{\Delta^2}{108R}\left[472\left(\frac{R}{r}\right)^3-665\left(\frac{R}{r}\right)^2-\frac{459R}{r}+378\right]\geqslant\frac{(ab)^2}{r_a+r_b}+\frac{(bc)^2}{r_b+r_c}+\frac{(ca)^2}{r_c+r_a}$$

综上所述,例 3.13 成立.

例 3.14　在△ABC 中,试证明

$$\frac{1}{27}\Delta^2\left[472\left(\frac{R}{r}\right)^3-665\left(\frac{R}{r}\right)^2-\frac{459R}{r}+378\right]\geqslant\frac{(ab)^3}{r_ar_b}+\frac{(bc)^3}{r_br_c}+\frac{(ca)^3}{r_cr_a}\geqslant$$

$$\frac{8}{27}\Delta^2\left[-162\left(\frac{R}{r}\right)^2+\frac{371R}{r}-22\right]$$

证明　首先证明右边不等式.

由例 2.14 知

$$\frac{(ab)^3}{r_ar_b}+\frac{(bc)^3}{r_br_c}+\frac{(ca)^3}{r_cr_a}=$$

$$\Delta^2\left\{\left(\frac{p}{r}\right)^2\left[2\left(\frac{4R+r}{p}\right)^2+1\right]+\left(\frac{4R+r}{p}\right)^4-32\left(\frac{R}{r}\right)^2-\frac{16R}{r}\left(\frac{4R+r}{p}\right)^2-\right.$$

$$\left.\frac{24R}{r}+3\left(\frac{4R+r}{p}\right)^2+\frac{64R^2}{p^2}\left(\frac{4R}{r}+1\right)+1\right\}$$

在△ABC 中,有格雷森不等式

$$\left(\frac{p}{r}\right)^2\geqslant\frac{16R}{r}-5$$

在△ABC 中,又有

$$\frac{R}{r}+1\geqslant\left(\frac{4R+r}{p}\right)^2\geqslant 3$$

$$\frac{3\sqrt{3}}{2}R\geqslant p$$

从而

$$\frac{(ab)^3}{r_ar_b}+\frac{(bc)^3}{r_br_c}+\frac{(ca)^3}{r_cr_a}\geqslant$$

$$\Delta^2\left\{7\left(\frac{16R}{r}-5\right)+18-32\left(\frac{R}{r}\right)^2-\frac{16R}{r}\left(\frac{R}{r}+1\right)-\frac{24R}{r}+\frac{256}{27}\left(\frac{4R}{r}+1\right)+1\right\}=$$

$$\frac{8}{27}\Delta^2\left[-162\left(\frac{R}{r}\right)^2+\frac{371R}{r}-22\right]$$

即

$$\frac{(ab)^3}{r_ar_b}+\frac{(bc)^3}{r_br_c}+\frac{(ca)^3}{r_cr_a}\geqslant\frac{8}{27}\Delta^2\left[-162\left(\frac{R}{r}\right)^2+\frac{371R}{r}-22\right]$$

其次证明左边不等式.

由例 2.14 知

$$\frac{(ab)^3}{r_ar_b}+\frac{(bc)^3}{r_br_c}+\frac{(ca)^3}{r_cr_a}=$$

$$\Delta^2\left\{\left(\frac{p}{r}\right)^2\left[2\left(\frac{4R+r}{p}\right)^2+1\right]+\left(\frac{4R+r}{p}\right)^4-32\left(\frac{R}{r}\right)^2-\right.$$

$$\left.\frac{16R}{r}\left(\frac{4R+r}{p}\right)^2-\frac{24R}{r}+3\left(\frac{4R+r}{p}\right)^2+\frac{64R^2}{p^2}\left(\frac{4R}{r}+1\right)+1\right\}$$

在△ABC 中,有格雷森不等式

$$4\left(\frac{R}{r}\right)^2+\frac{4R}{r}+3\geqslant\left(\frac{p}{r}\right)^2$$

在△ABC 中,又有

$$\frac{R}{r}+1\geqslant\left(\frac{4R+r}{p}\right)^2$$

$$p\geqslant3\sqrt{3}r$$

从而

$$\frac{(ab)^3}{r_ar_b}+\frac{(bc)^3}{r_br_c}+\frac{(ca)^3}{r_cr_a}\leqslant$$
$$\frac{\Delta^2}{4R}\left\{\left[4\left(\frac{R}{r}\right)^2+\frac{4R}{r}+3\right]\left(\frac{2R}{r}+3\right)+\left(\frac{R}{r}+1\right)^2-32\left(\frac{R}{r}\right)^2-\right.$$
$$\left.\frac{16R}{r}\left(\frac{R}{r}+1\right)-\frac{24R}{r}+3\left(\frac{R}{r}+1\right)+\frac{64R^2}{27r^2}\left(\frac{4R}{r}+1\right)+1\right\}=$$
$$\frac{1}{27}\Delta^2\left[472\left(\frac{R}{r}\right)^3-665\left(\frac{R}{r}\right)^2-\frac{459R}{r}+378\right]$$

即

$$\frac{1}{27}\Delta^2\left[472\left(\frac{R}{r}\right)^3-665\left(\frac{R}{r}\right)^2-\frac{459R}{r}+378\right]\geqslant\frac{(ab)^3}{r_ar_b}+\frac{(bc)^3}{r_br_c}+\frac{(ca)^3}{r_cr_a}$$

综上所述，例 3.14 成立.

例 3.15　在$\triangle ABC$中，试证明

$$\sqrt{\frac{R}{r}+1}\geqslant\frac{a}{r_b+r_c}+\frac{b}{r_c+r_a}+\frac{c}{r_a+r_b}\geqslant\sqrt{4-\frac{2r}{R}}$$

证明　首先证明右边不等式.

由例 2.15 知

$$\frac{a}{r_b+r_c}+\frac{b}{r_c+r_a}+\frac{c}{r_a+r_b}=\frac{4R+r}{p}$$

在$\triangle ABC$中，有

$$\left(\frac{4R+r}{p}\right)^2\geqslant4-\frac{2r}{R}$$

从而

$$\frac{a}{r_b+r_c}+\frac{b}{r_c+r_a}+\frac{c}{r_a+r_b}\geqslant\sqrt{4-\frac{2r}{R}}$$

其次证明左边不等式.

由例 2.15 知

$$\frac{a}{r_b+r_c}+\frac{b}{r_c+r_a}+\frac{c}{r_a+r_b}=\frac{4R+r}{p}$$

在$\triangle ABC$中，有

$$\frac{R}{r}+1\geqslant\left(\frac{4R+r}{p}\right)^2$$

从而

$$\sqrt{\frac{R}{r}+1}\geqslant\frac{a}{r_b+r_c}+\frac{b}{r_c+r_a}+\frac{c}{r_a+r_b}$$

综上所述,例 3.15 成立.

例 3.16 在$\triangle ABC$中,试证明

$$p\left(\frac{1}{2r}+\frac{1}{R}\right)-\frac{4R+r}{p}\geqslant\frac{b+c}{r_b+r_c}+\frac{c+a}{r_c+r_a}+\frac{a+b}{r_a+r_b}\geqslant\frac{2p}{R}-\frac{4R+r}{p}$$

证明 首先证明右边不等式.

由例 2.16 知

$$\frac{b+c}{r_b+r_c}+\frac{c+a}{r_c+r_a}+\frac{a+b}{r_a+r_b}=\frac{p}{2R}\left[\left(\frac{4R+r}{p}\right)^2+1\right]-\frac{4R+r}{p}$$

在$\triangle ABC$中,有不等式

$$\left(\frac{4R+r}{p}\right)^2\geqslant 4-\frac{2r}{R}$$

从而

$$\frac{b+c}{r_b+r_c}+\frac{c+a}{r_c+r_a}+\frac{a+b}{r_a+r_b}\geqslant\frac{2p}{R}-\frac{4R+r}{p}$$

其次证明左边不等式.

由例 2.16 知

$$\frac{b+c}{r_b+r_c}+\frac{c+a}{r_c+r_a}+\frac{a+b}{r_a+r_b}=\frac{p}{2R}\left[\left(\frac{4R+r}{p}\right)^2+1\right]-\frac{4R+r}{p}$$

在$\triangle ABC$中,有不等式

$$\frac{R}{r}+1\geqslant\left(\frac{4R+r}{p}\right)^2$$

从而

$$p\left(\frac{1}{2r}+\frac{1}{R}\right)-\frac{4R+r}{p}\geqslant\frac{b+c}{r_b+r_c}+\frac{c+a}{r_c+r_a}+\frac{a+b}{r_a+r_b}$$

综上所述,例 3.16 成立.

例 3.17 在$\triangle ABC$中,试证明

$$6R\geqslant\frac{b^2+c^2}{r_b+r_c}+\frac{c^2+a^2}{r_c+r_a}+\frac{a^2+b^2}{r_a+r_b}\geqslant 2r\left(\frac{R}{r}+4\right)$$

证明 首先证明右边不等式.

由例 2.21 知

$$\frac{b^2+c^2}{r_b+r_c}+\frac{c^2+a^2}{r_c+r_a}+\frac{a^2+b^2}{r_a+r_b}=\frac{r^2}{2R}\left\{8\left(\frac{R}{r}\right)^2+\frac{12R}{r}+1+\left(\frac{p}{r}\right)^2-\left(\frac{4R}{r}+1\right)\left[\left(\frac{4R+r}{p}\right)^2+1\right]\right\}$$

在$\triangle ABC$中,有格雷森不等式

$$\left(\frac{p}{r}\right)^2\geqslant\frac{16R}{r}-5$$

在$\triangle ABC$中，又有

$$\frac{R}{r}+1\geqslant\left(\frac{4R+r}{p}\right)^2$$

从而

$$\frac{b^2+c^2}{r_b+r_c}+\frac{c^2+a^2}{r_c+r_a}+\frac{a^2+b^2}{r_a+r_b}\geqslant\frac{r^2}{2R}\left[8\left(\frac{R}{r}\right)^2+\frac{28R}{r}-4-\left(\frac{4R}{r}+1\right)\left(\frac{R}{r}+2\right)\right]\geqslant$$

$$\frac{r^2}{2R}\left[4\left(\frac{R}{r}\right)^2+\frac{19R}{r}-6\right]\geqslant 2r\left(\frac{R}{r}+4\right)$$

即

$$\frac{b^2+c^2}{r_b+r_c}+\frac{c^2+a^2}{r_c+r_a}+\frac{a^2+b^2}{r_a+r_b}\geqslant 2r\left(\frac{R}{r}+4\right)$$

其次证明左边不等式.

由例2.21知

$$\frac{b^2+c^2}{r_b+r_c}+\frac{c^2+a^2}{r_c+r_a}+\frac{a^2+b^2}{r_a+r_b}=\frac{r^2}{2R}\left\{8\left(\frac{R}{r}\right)^2+\frac{12R}{r}+1+\left(\frac{p}{r}\right)^2-\left(\frac{4R}{r}+1\right)\left[\left(\frac{4R+r}{p}\right)^2+1\right]\right\}$$

在$\triangle ABC$中，有格雷森不等式

$$4\left(\frac{R}{r}\right)^2+\frac{4R}{r}+3\geqslant\left(\frac{p}{r}\right)^2$$

在$\triangle ABC$中，又有

$$\left(\frac{4R+r}{p}\right)^2\geqslant 3$$

从而

$$\frac{b^2+c^2}{r_b+r_c}+\frac{c^2+a^2}{r_c+r_a}+\frac{a^2+b^2}{r_a+r_b}\leqslant\frac{r^2}{2R}\left[12\left(\frac{R}{r}\right)^2+\frac{16R}{r}+4-4\left(\frac{4R}{r}+1\right)\right]=6R$$

即

$$6R\geqslant\frac{b^2+c^2}{r_b+r_c}+\frac{c^2+a^2}{r_c+r_a}+\frac{a^2+b^2}{r_a+r_b}$$

综上所述，例3.17成立.

例3.18 在$\triangle ABC$中，试证明

$$\Delta p\cdot\frac{4R}{r}\geqslant(b^2+c^2)r_a+(a^2+c^2)r_b+(a^2+b^2)r_c\geqslant 2\Delta p\left(\frac{R}{r}+2\right)$$

证明 首先证明右边不等式.

由例2.23知

$$(b^2+c^2)r_a+(a^2+c^2)r_b+(a^2+b^2)r_c=\Delta p\left[\frac{4R}{r}+6-2\left(\frac{4R+r}{p}\right)^2\right]$$

在$\triangle ABC$中，有

$$\frac{R}{r}+1\geqslant\left(\frac{4R+r}{p}\right)^2$$

从而

$$(b^2+c^2)r_a+(a^2+c^2)r_b+(a^2+b^2)r_c\geqslant 2\Delta\ p\left(\frac{R}{r}+2\right)$$

其次证明左边不等式.

由例 2.23 知

$$(b^2+c^2)r_a+(a^2+c^2)r_b+(a^2+b^2)r_c=\Delta\ p\left[\frac{4R}{r}+6-2\left(\frac{4R+r}{p}\right)^2\right]$$

在$\triangle ABC$中,有

$$\left(\frac{4R+r}{p}\right)^2\geqslant 3$$

从而

$$\Delta\ p\cdot\frac{4R}{r}\geqslant(b^2+c^2)r_a+(a^2+c^2)r_b+(a^2+b^2)r_c$$

综上所述,例 3.18 成立.

例 3.19 在$\triangle ABC$中,试证明

$$\Delta\left(\frac{6R}{r}-2-\frac{4r}{R}\right)\geqslant\frac{b^3+c^3}{r_b+r_c}+\frac{c^3+a^3}{r_c+r_a}+\frac{a^3+b^3}{r_a+r_b}\geqslant\Delta\left(\frac{R}{r}+6\right)$$

证明 首先证明右边不等式.

由例 2.25 知

$$\frac{b^3+c^3}{r_b+r_c}+\frac{c^3+a^3}{r_c+r_a}+\frac{a^3+b^3}{r_a+r_b}=\Delta\cdot\frac{r}{2R}\left\{8\left(\frac{R}{r}\right)^2+\frac{16R}{r}+1+\left(\frac{p}{r}\right)^2-3\left(\frac{2R}{r}+1\right)\left[\left(\frac{4R+r}{p}\right)^2+1\right]\right\}$$

在$\triangle ABC$中,有格雷森不等式

$$\left(\frac{p}{r}\right)^2\geqslant\frac{16R}{r}-5$$

在$\triangle ABC$中,又有

$$\frac{R}{r}+1\geqslant\left(\frac{4R+r}{p}\right)^2$$

从而

$$\frac{b^3+c^3}{r_b+r_c}+\frac{c^3+a^3}{r_c+r_a}+\frac{a^3+b^3}{r_a+r_b}\geqslant\Delta\cdot\frac{r}{2R}\left[8\left(\frac{R}{r}\right)^2+\frac{32R}{r}-4-3\left(\frac{2R}{r}+1\right)\left(\frac{R}{r}+2\right)\right]=$$

$$\Delta\cdot\frac{r}{2R}\left[2\left(\frac{R}{r}\right)^2+\frac{17R}{r}-10\right]\geqslant\Delta\left(\frac{R}{r}+6\right)$$

即

$$\frac{b^3+c^3}{r_b+r_c}+\frac{c^3+a^3}{r_c+r_a}+\frac{a^3+b^3}{r_a+r_b}\geqslant\Delta\left(\frac{R}{r}+6\right)$$

其次证明左边不等式.

由例 2.25 知

$$\frac{b^3+c^3}{r_b+r_c}+\frac{c^3+a^3}{r_c+r_a}+\frac{a^3+b^3}{r_a+r_b}=\Delta\cdot\frac{r}{2R}\left\{8\left(\frac{R}{r}\right)^2+\frac{16R}{r}+1+\left(\frac{p}{r}\right)^2-3\left(\frac{2R}{r}+1\right)\left[\left(\frac{4R+r}{p}\right)^2+1\right]\right\}$$

在△ABC 中，有格雷森不等式

$$4\left(\frac{R}{r}\right)^2+\frac{4R}{r}+3\geqslant\left(\frac{p}{r}\right)^2$$

在△ABC 中，又有

$$\left(\frac{4R+r}{p}\right)^2\geqslant 3$$

从而

$$\frac{b^3+c^3}{r_b+r_c}+\frac{c^3+a^3}{r_c+r_a}+\frac{a^3+b^3}{r_a+r_b}\leqslant\Delta\cdot\frac{r}{2R}\left[12\left(\frac{R}{r}\right)^2+\frac{20R}{r}+4-12\left(\frac{2R}{r}+1\right)\right]=$$

$$\Delta\left(\frac{6R}{r}-2-\frac{4r}{R}\right)$$

即

$$\Delta\left(\frac{6R}{r}-2-\frac{4r}{R}\right)\geqslant\frac{b^3+c^3}{r_b+r_c}+\frac{c^3+a^3}{r_c+r_a}+\frac{a^3+b^3}{r_a+r_b}$$

综上所述，例 3.19 成立.

例 3.20　在△ABC 中，试证明

$$p\left(\frac{R}{r}-1\right)\geqslant\frac{ar_a}{r_b+r_c}+\frac{br_b}{r_c+r_a}+\frac{cr_c}{r_a+r_b}\geqslant p\left(2-\frac{2r}{R}\right)$$

证明　首先证明右边不等式.

由例 2.26 知

$$\frac{ar_a}{r_b+r_c}+\frac{br_b}{r_c+r_a}+\frac{cr_c}{r_a+r_b}=p\left[\left(\frac{4R+r}{p}\right)^2-2\right]$$

在△ABC 中，有

$$\left(\frac{4R+r}{p}\right)^2\geqslant 4-\frac{2r}{R}$$

从而

$$\frac{ar_a}{r_b+r_c}+\frac{br_b}{r_c+r_a}+\frac{cr_c}{r_a+r_b}\geqslant p\left(2-\frac{2r}{R}\right)$$

其次证明左边不等式.

由例 2.26 知

$$\frac{ar_a}{r_b+r_c}+\frac{br_b}{r_c+r_a}+\frac{cr_c}{r_a+r_b}=p\left[\left(\frac{4R+r}{p}\right)^2-2\right]$$

在△ABC 中，有

$$\frac{R}{r}+1\geqslant\left(\frac{4R+r}{p}\right)^2$$

从而

$$p\left(\frac{R}{r}-1\right)\geqslant\frac{ar_a}{r_b+r_c}+\frac{br_b}{r_c+r_a}+\frac{cr_c}{r_a+r_b}$$

综上所述,例 3.20 成立.

例 3.21 在$\triangle ABC$中,试证明

$$p\left(3-\frac{2r}{R}\right)\geqslant\frac{br_b+cr_c}{r_b+r_c}+\frac{cr_c+ar_a}{r_c+r_a}+\frac{ar_a+br_b}{r_a+r_b}\geqslant\frac{p}{2}\left(5-\frac{2r}{R}\right)$$

证明 首先证明右边不等式.

由例 2.27 知

$$\frac{br_b+cr_c}{r_b+r_c}+\frac{cr_c+ar_a}{r_c+r_a}+\frac{ar_a+br_b}{r_a+r_b}=\frac{r}{2R}\cdot p\left[\frac{6R}{r}-\left(\frac{4R+r}{p}\right)^2-1\right]$$

在$\triangle ABC$中,有

$$\frac{R}{r}+1\geqslant\left(\frac{4R+r}{p}\right)^2$$

从而

$$\frac{br_b+cr_c}{r_b+r_c}+\frac{cr_c+ar_a}{r_c+r_a}+\frac{ar_a+br_b}{r_a+r_b}\geqslant\frac{p}{2}\left(5-\frac{2r}{R}\right)$$

其次证明左边不等式.

由例 2.27 知

$$\frac{br_b+cr_c}{r_b+r_c}+\frac{cr_c+ar_a}{r_c+r_a}+\frac{ar_a+br_b}{r_a+r_b}=\frac{r}{2R}\cdot p\left[\frac{6R}{r}-\left(\frac{4R+r}{p}\right)^2-1\right]$$

在$\triangle ABC$中,有

$$\left(\frac{4R+r}{p}\right)^2\geqslant 4-\frac{2r}{R}$$

从而

$$p\left(3-\frac{2r}{R}\right)\geqslant\frac{br_b+cr_c}{r_b+r_c}+\frac{cr_c+ar_a}{r_c+r_a}+\frac{ar_a+br_b}{r_a+r_b}$$

综上所述,例 3.21 成立.

例 3.22 在$\triangle ABC$中,试证明

$$r^2\left[16\left(\frac{R}{r}\right)^3-32\left(\frac{R}{r}\right)^2+\frac{R}{r}+7\right]\geqslant\left(\frac{ar_a}{r_b+r_c}\right)^2+\left(\frac{br_b}{r_c+r_a}\right)^2+\left(\frac{cr_c}{r_a+r_b}\right)^2\geqslant 9r^2\left(\frac{R}{r}-1\right)$$

证明 首先证明右边不等式.

由例 2.28 知

$$\left(\frac{ar_a}{r_b+r_c}\right)^2+\left(\frac{br_b}{r_c+r_a}\right)^2+\left(\frac{cr_c}{r_a+r_b}\right)^2=$$

$$r^2\left[\left(\frac{4R}{r}+1\right)^2\left(\frac{4R+r}{p}\right)^2-4\left(\frac{4R}{r}+1\right)^2+4\left(\frac{4R}{r}+1\right)+2\left(\frac{p}{r}\right)^2\right]$$

在$\triangle ABC$中，有格雷森不等式

$$\left(\frac{p}{r}\right)^2\geqslant\frac{16R}{r}-5$$

在$\triangle ABC$中，又有

$$\left(\frac{4R+r}{p}\right)^2\geqslant 4-\frac{2r}{R}$$

从而

$$\left(\frac{ar_a}{r_b+r_c}\right)^2+\left(\frac{br_b}{r_c+r_a}\right)^2+\left(\frac{cr_c}{r_a+r_b}\right)^2\geqslant$$

$$r^2\left[\left(\frac{4R}{r}+1\right)^2\left(4-\frac{2r}{R}\right)-4\left(\frac{4R}{r}+1\right)^2+4\left(\frac{4R}{r}+1\right)+2\left(\frac{16R}{r}-5\right)\right]=$$

$$r^2\left(\frac{16R}{r}-22-\frac{2r}{R}\right)\geqslant r^2\left(\frac{16R}{r}-23\right)\geqslant 9r^2\left(\frac{R}{r}-1\right)$$

即

$$\left(\frac{ar_a}{r_b+r_c}\right)^2+\left(\frac{br_b}{r_c+r_a}\right)^2+\left(\frac{cr_c}{r_a+r_b}\right)^2\geqslant 9r^2\left(\frac{R}{r}-1\right)$$

其次证明左边不等式.

由例 2.28 知

$$\left(\frac{ar_a}{r_b+r_c}\right)^2+\left(\frac{br_b}{r_c+r_a}\right)^2+\left(\frac{cr_c}{r_a+r_b}\right)^2=$$

$$r^2\left[\left(\frac{4R}{r}+1\right)^2\left(\frac{4R+r}{p}\right)^2-4\left(\frac{4R}{r}+1\right)^2+4\left(\frac{4R}{r}+1\right)+2\left(\frac{p}{r}\right)^2\right]$$

在$\triangle ABC$中，有格雷森不等式

$$4\left(\frac{R}{r}\right)^2+\frac{4R}{r}+3\geqslant\left(\frac{p}{r}\right)^2$$

在$\triangle ABC$中，又有

$$\frac{R}{r}+1\geqslant\left(\frac{4R+r}{p}\right)^2$$

从而

$$\left(\frac{ar_a}{r_b+r_c}\right)^2+\left(\frac{br_b}{r_c+r_a}\right)^2+\left(\frac{cr_c}{r_a+r_b}\right)^2\leqslant$$

$$r^2\left[\left(\frac{4R}{r}+1\right)^2\left(\frac{R}{r}+1\right)-4\left(\frac{4R}{r}+1\right)^2+4\left(\frac{4R}{r}+1\right)+8\left(\frac{R}{r}\right)^2+\frac{8R}{r}+6\right]=$$

$$r^2\left[16\left(\frac{R}{r}\right)^3-32\left(\frac{R}{r}\right)^2+\frac{R}{r}+7\right]$$

即

$$r^2\left[16\left(\frac{R}{r}\right)^3-32\left(\frac{R}{r}\right)^2+\frac{R}{r}+7\right]\geqslant\left(\frac{ar_a}{r_b+r_c}\right)^2+\left(\frac{br_b}{r_c+r_a}\right)^2+\left(\frac{cr_c}{r_a+r_b}\right)^2$$

综上所述,例 3.22 成立.

例 3.23 在△ABC 中,试证明

$$2\Delta r^2\left[8\left(\frac{R}{r}\right)^3-4\left(\frac{R}{r}\right)^2-\frac{2R}{r}-8\right]\geqslant a^3r_a+b^3r_b+c^3r_c\geqslant 2\Delta r^2\left[5\left(\frac{R}{r}\right)^2+16\right]$$

证明 首先证明右边不等式.

由例 2.29 知

$$a^3r_a+b^3r_b+c^3r_c=2\Delta r^2\left[\left(\frac{p}{r}\right)^2\left(\frac{2R}{r}-3\right)+\frac{4R}{r}+1\right]$$

在△ABC 中,有格雷森不等式

$$\left(\frac{p}{r}\right)^2\geqslant\frac{16R}{r}-5$$

从而

$$\begin{aligned}&a^3r_a+b^3r_b+c^3r_c\geqslant\\&2\Delta r^2\left[\left(\frac{16R}{r}-5\right)\left(\frac{2R}{r}-3\right)+\frac{4R}{r}+1\right]=\\&2\Delta r^2\left[32\left(\frac{R}{r}\right)^2-\frac{54R}{r}+16\right]\geqslant 2\Delta r^2\left[5\left(\frac{R}{r}\right)^2+16\right]\end{aligned}$$

即

$$a^3r_a+b^3r_b+c^3r_c\geqslant 2\Delta r^2\left[5\left(\frac{R}{r}\right)^2+16\right]$$

其次证明左边不等式.

由例 2.29 知

$$a^3r_a+b^3r_b+c^3r_c=2\Delta r^2\left[\left(\frac{p}{r}\right)^2\left(\frac{2R}{r}-3\right)+\frac{4R}{r}+1\right]$$

在△ABC 中,有格雷森不等式

$$4\left(\frac{R}{r}\right)^2+\frac{4R}{r}+3\geqslant\left(\frac{p}{r}\right)^2$$

从而

$$\begin{aligned}a^3r_a+b^3r_b+c^3r_c&\leqslant 2\Delta r^2\left\{\left[4\left(\frac{R}{r}\right)^2+\frac{4R}{r}+3\right]\left(\frac{2R}{r}-3\right)+\frac{4R}{r}+1\right\}=\\&2\Delta r^2\left[8\left(\frac{R}{r}\right)^3-4\left(\frac{R}{r}\right)^2-\frac{2R}{r}-8\right]\end{aligned}$$

即

$$2\Delta r^2\left[8\left(\frac{R}{r}\right)^3-4\left(\frac{R}{r}\right)^2-\frac{2R}{r}-8\right]\geqslant a^3r_a+b^3r_b+c^3r_c$$

综上所述,例 3.23 成立.

例 3.24 在△ABC 中,试证明

$$16\Delta r^2\left[\left(\frac{R}{r}\right)^3+1\right]\geqslant(b^3+c^3)r_a+(a^3+c^3)r_b+(a^3+b^3)r_c\geqslant 8\Delta r^2\cdot\frac{R}{r}\left(\frac{2R}{r}+5\right)$$

证明　首先证明右边不等式.

由例 2.30 知

$$(b^3+c^3)r_a+(a^3+c^3)r_b+(a^3+b^3)r_c=4\Delta r^2\left[\left(\frac{p}{r}\right)^2\left(\frac{R}{r}+2\right)-\left(\frac{4R}{r}+1\right)\left(\frac{3R}{r}+2\right)\right]$$

在$\triangle ABC$中,有格雷森不等式

$$\left(\frac{p}{r}\right)^2\geqslant\frac{16R}{r}-5$$

从而

$$\begin{aligned}&(b^3+c^3)r_a+(a^3+c^3)r_b+(a^3+b^3)r_c\geqslant\\&4\Delta r^2\left[\left(\frac{16R}{r}-5\right)\left(\frac{R}{r}+2\right)-\left(\frac{4R}{r}+1\right)\left(\frac{3R}{r}+2\right)\right]=\\&4\Delta r^2\left[4\left(\frac{R}{r}\right)^2+\frac{16R}{r}-12\right]\geqslant 8\Delta r^2\cdot\frac{R}{r}\left(\frac{2R}{r}+5\right)\end{aligned}$$

即

$$(b^3+c^3)r_a+(a^3+c^3)r_b+(a^3+b^3)r_c\geqslant 8\Delta r^2\cdot\frac{R}{r}\left(\frac{2R}{r}+5\right)$$

其次证明左边不等式.

由例 2.30 知

$$(b^3+c^3)r_a+(a^3+c^3)r_b+(a^3+b^3)r_c=4\Delta r^2\left[\left(\frac{p}{r}\right)^2\left(\frac{R}{r}+2\right)-\left(\frac{4R}{r}+1\right)\left(\frac{3R}{r}+2\right)\right]$$

在$\triangle ABC$中,有格雷森不等式

$$4\left(\frac{R}{r}\right)^2+\frac{4R}{r}+3\geqslant\left(\frac{p}{r}\right)^2$$

从而

$$\begin{aligned}&(b^3+c^3)r_a+(a^3+c^3)r_b+(a^3+b^3)r_c\leqslant\\&4\Delta r^2\left\{\left[4\left(\frac{R}{r}\right)^2+\frac{4R}{r}+3\right]\left(\frac{R}{r}+2\right)-\left(\frac{4R}{r}+1\right)\left(\frac{3R}{r}+2\right)\right\}=\\&16\Delta r^2\left[\left(\frac{R}{r}\right)^3+1\right]\end{aligned}$$

即

$$16\Delta r^2\left[\left(\frac{R}{r}\right)^3+1\right]\geqslant(b^3+c^3)r_a+(a^3+c^3)r_b+(a^3+b^3)r_c$$

综上所述,例 3.24 成立.

例 3.25　在$\triangle ABC$中,试证明

$$2r^3\left[8\left(\frac{R}{r}\right)^3-4\left(\frac{R}{r}\right)^2-\frac{2R}{r}-8\right]\geqslant\frac{a^4}{r_b+r_c}+\frac{b^4}{r_c+r_a}+\frac{c^4}{r_a+r_b}\geqslant 2r^3\left[5\left(\frac{R}{r}\right)^2+16\right]$$

证明 首先证明右边不等式.

由例 2.31 知

$$\frac{a^4}{r_b+r_c}+\frac{b^4}{r_c+r_a}+\frac{c^4}{r_a+r_b}=2r^3\left[\left(\frac{p}{r}\right)^2\left(\frac{2R}{r}-3\right)+\frac{4R}{r}+1\right]$$

在△ABC 中,有格雷森不等式

$$\left(\frac{p}{r}\right)^2\geqslant\frac{16R}{r}-5$$

从而

$$\frac{a^4}{r_b+r_c}+\frac{b^4}{r_c+r_a}+\frac{c^4}{r_a+r_b}\geqslant 2r^3\left[\left(\frac{16R}{r}-5\right)\left(\frac{2R}{r}-3\right)+\frac{4R}{r}+1\right]=$$

$$2r^3\left[32\left(\frac{R}{r}\right)^2-\frac{54R}{r}+16\right]\geqslant 2r^3\left[5\left(\frac{R}{r}\right)^2+16\right]$$

即

$$\frac{a^4}{r_b+r_c}+\frac{b^4}{r_c+r_a}+\frac{c^4}{r_a+r_b}\geqslant 2r^3\left[5\left(\frac{R}{r}\right)^2+16\right]$$

其次证明左边不等式.

由例 2.31 知

$$\frac{a^4}{r_b+r_c}+\frac{b^4}{r_c+r_a}+\frac{c^4}{r_a+r_b}=2r^3\left[\left(\frac{p}{r}\right)^2\left(\frac{2R}{r}-3\right)+\frac{4R}{r}+1\right]$$

在△ABC 中,有格雷森不等式

$$4\left(\frac{R}{r}\right)^2+\frac{4R}{r}+3\geqslant\left(\frac{p}{r}\right)^2$$

从而

$$\frac{a^4}{r_b+r_c}+\frac{b^4}{r_c+r_a}+\frac{c^4}{r_a+r_b}\leqslant 2r^3\left\{\left[4\left(\frac{R}{r}\right)^2+\frac{4R}{r}+3\right]\left(\frac{2R}{r}-3\right)+\frac{4R}{r}+1\right\}=$$

$$2r^3\left[8\left(\frac{R}{r}\right)^3-4\left(\frac{R}{r}\right)^2-\frac{2R}{r}-8\right]$$

即

$$2r^3\left[8\left(\frac{R}{r}\right)^3-4\left(\frac{R}{r}\right)^2-\frac{2R}{r}-8\right]\geqslant\frac{a^4}{r_b+r_c}+\frac{b^4}{r_c+r_a}+\frac{c^4}{r_a+r_b}$$

综上所述,例 3.25 成立.

例 3.26 在△ABC 中,试证明

$$\frac{r^4}{2R}\left[48\left(\frac{R}{r}\right)^4-44\left(\frac{R}{r}\right)^2-\frac{3R}{r}-10\right]\geqslant\frac{b^4+c^4}{r_b+r_c}+\frac{c^4+a^4}{r_c+r_a}+\frac{a^4+b^4}{r_a+r_b}\geqslant\frac{2r^4}{R}\left[33\left(\frac{R}{r}\right)^2+12\right]$$

证明 首先证明右边不等式.

由例 2.32 知

$$\frac{b^4+c^4}{r_b+r_c}+\frac{c^4+a^4}{r_c+r_a}+\frac{a^4+b^4}{r_a+r_b}=$$

$$\frac{r^4}{2R}\left\{\left(\frac{p}{r}\right)^2\left[\left(\frac{p}{r}\right)^2+8\left(\frac{R}{r}\right)^2+\frac{12R}{r}-5\right]+\left(\frac{4R}{r}+1\right)\left[\left(\frac{4R}{r}+1\right)\left(\frac{4R+r}{p}\right)^2-\right.\right.$$

$$\left.\left.\left(\frac{4R}{r}+1\right)\left(\frac{8R}{r}+6\right)+1\right]\right\}$$

在$\triangle ABC$中，有格雷森不等式

$$\left(\frac{p}{r}\right)^2\geqslant\frac{16R}{r}-5$$

在$\triangle ABC$中，又有

$$\left(\frac{4R+r}{p}\right)^2\geqslant 3$$

从而

$$\frac{b^4+c^4}{r_b+r_c}+\frac{c^4+a^4}{r_c+r_a}+\frac{a^4+b^4}{r_a+r_b}\geqslant$$

$$\frac{r^4}{2R}\left\{\left(\frac{16R}{r}-5\right)\left[8\left(\frac{R}{r}\right)^2+\frac{28R}{r}-10\right]-\left(\frac{4R}{r}+1\right)\left[32\left(\frac{R}{r}\right)^2+\frac{20R}{r}+2\right]\right\}=$$

$$\frac{r^4}{2R}\left[296\left(\frac{R}{r}\right)^2-\frac{328R}{r}+48\right]\geqslant\frac{2r^4}{R}\left[33\left(\frac{R}{r}\right)^2+12\right]$$

即

$$\frac{b^4+c^4}{r_b+r_c}+\frac{c^4+a^4}{r_c+r_a}+\frac{a^4+b^4}{r_a+r_b}\geqslant\frac{2r^4}{R}\left[33\left(\frac{R}{r}\right)^2+12\right]$$

其次证明左边不等式.

由例2.32知

$$\frac{b^4+c^4}{r_b+r_c}+\frac{c^4+a^4}{r_c+r_a}+\frac{a^4+b^4}{r_a+r_b}=$$

$$\frac{r^4}{2R}\left\{\left(\frac{p}{r}\right)^2\left[\left(\frac{p}{r}\right)^2+8\left(\frac{R}{r}\right)^2+\frac{12R}{r}-5\right]+\left(\frac{4R}{r}+1\right)\left[\left(\frac{4R}{r}+1\right)\left(\frac{4R+r}{p}\right)^2-\right.\right.$$

$$\left.\left.\left(\frac{4R}{r}+1\right)\left(\frac{8R}{r}+6\right)+1\right]\right\}$$

在$\triangle ABC$中，有格雷森不等式

$$4\left(\frac{R}{r}\right)^2+\frac{4R}{r}+3\geqslant\left(\frac{p}{r}\right)^2$$

在$\triangle ABC$中，有

$$\frac{R}{r}+1\geqslant\left(\frac{4R+r}{p}\right)^2$$

从而

$$\frac{b^4+c^4}{r_b+r_c}+\frac{c^4+a^4}{r_c+r_a}+\frac{a^4+b^4}{r_a+r_b}\leqslant$$

$$\frac{r^4}{2R}\left\{\left[4\left(\frac{R}{r}\right)^2+\frac{4R}{r}+3\right]\left[12\left(\frac{R}{r}\right)^2+\frac{16R}{r}-2\right]+\left(\frac{4R}{r}+1\right)\left[\left(\frac{4R}{r}+1\right)\left(\frac{R}{r}+1\right)-\right.\right.$$

$$\left(\frac{4R}{r}+1\right)\left(\frac{8R}{r}+6\right)+1\Big]\Big\}=$$

$$\frac{r^4}{2R}\left[48\left(\frac{R}{r}\right)^4-44\left(\frac{R}{r}\right)^2-\frac{3R}{r}-10\right]$$

即

$$\frac{r^4}{2R}\left[48\left(\frac{R}{r}\right)^4-44\left(\frac{R}{r}\right)^2-\frac{3R}{r}-10\right]\geqslant\frac{b^4+c^4}{r_b+r_c}+\frac{c^4+a^4}{r_c+r_a}+\frac{a^4+b^4}{r_a+r_b}$$

综上所述,例 3.26 成立.

例 3.27 在$\triangle ABC$中,试证明

$$4\Delta^2r\left\{\left[4\left(\frac{R}{r}\right)^2+\frac{4R}{r}+3\right]\left(\frac{R}{r}-2\right)+\frac{5R}{r}+2\right\}\geqslant$$

$$a^4r_a+b^4r_b+c^4r_c\geqslant4\Delta^2r\left[\left(\frac{16R}{r}-5\right)\left(\frac{R}{r}-2\right)+\frac{5R}{r}+2\right]$$

证明 首先证明右边不等式.

由例 2.33 知

$$a^4r_a+b^4r_b+c^4r_c=4\Delta^2r\left[\left(\frac{p}{r}\right)^2\left(\frac{R}{r}-2\right)+\frac{5R}{r}+2\right]$$

在$\triangle ABC$中,有格雷森不等式

$$\left(\frac{p}{r}\right)^2\geqslant\frac{16R}{r}-5$$

从而

$$a^4r_a+b^4r_b+c^4r_c\geqslant4\Delta^2r\left[\left(\frac{16R}{r}-5\right)\left(\frac{R}{r}-2\right)+\frac{5R}{r}+2\right]$$

其次证明左边不等式.

由例 2.33 知

$$a^4r_a+b^4r_b+c^4r_c=4\Delta^2r\left[\left(\frac{p}{r}\right)^2\left(\frac{R}{r}-2\right)+\frac{5R}{r}+2\right]$$

在$\triangle ABC$中,有格雷森不等式

$$4\left(\frac{R}{r}\right)^2+\frac{4R}{r}+3\geqslant\left(\frac{p}{r}\right)^2$$

从而

$$4\Delta^2r\left\{\left[4\left(\frac{R}{r}\right)^2+\frac{4R}{r}+3\right]\left(\frac{R}{r}-2\right)+\frac{5R}{r}+2\right\}\geqslant a^4r_a+b^4r_b+c^4r_c$$

综上所述,例 3.27 成立.

例 3.28 在$\triangle ABC$中,试证明

$$16\Delta^2r\cdot\frac{R}{r}\left(\frac{R}{r}+1\right)\left(\frac{R}{r}-1\right)\geqslant(b^4+c^4)r_a+(a^4+c^4)r_b+(a^4+b^4)r_c\geqslant16\Delta^2r\left(\frac{5R}{r}-4\right)$$

证明　首先证明右边不等式.

由例 2.34 知

$$(b^4+c^4)r_a+(a^4+c^4)r_b+(a^4+b^4)r_c=$$
$$2\Delta^2 r\left[\left(\frac{p}{r}\right)^2\left(\frac{2R}{r}+5\right)+\left(\frac{4R}{r}+1\right)\left(\frac{4R+r}{p}\right)^2-32\left(\frac{R}{r}\right)^2-\frac{42R}{r}-10\right]$$

在$\triangle ABC$中,有格雷森不等式

$$\left(\frac{p}{r}\right)^2\geqslant\frac{16R}{r}-5$$

在$\triangle ABC$中,又有

$$\left(\frac{4R+r}{p}\right)^2\geqslant 3$$

从而

$$(b^4+c^4)r_a+(a^4+c^4)r_b+(a^4+b^4)r_c\geqslant$$
$$2\Delta^2 r\left[\left(\frac{16R}{r}-5\right)\left(\frac{2R}{r}+5\right)+3\left(\frac{4R}{r}+1\right)-32\left(\frac{R}{r}\right)^2-\frac{42R}{r}-10\right]=$$
$$16\Delta^2 r\left(\frac{5R}{r}-4\right)$$

即

$$(b^4+c^4)r_a+(a^4+c^4)r_b+(a^4+b^4)r_c\geqslant 16\Delta^2 r\left(\frac{5R}{r}-4\right)$$

其次证明左边不等式.

由例 2.34 知

$$(b^4+c^4)r_a+(a^4+c^4)r_b+(a^4+b^4)r_c=$$
$$2\Delta^2 r\left[\left(\frac{p}{r}\right)^2\left(\frac{2R}{r}+5\right)+\left(\frac{4R}{r}+1\right)\left(\frac{4R+r}{p}\right)^2-32\left(\frac{R}{r}\right)^2-\frac{42R}{r}-10\right]$$

在$\triangle ABC$中,有格雷森不等式

$$4\left(\frac{R}{r}\right)^2+\frac{4R}{r}+3\geqslant\left(\frac{p}{r}\right)^2$$

在$\triangle ABC$中,又有

$$\frac{R}{r}+1\geqslant\left(\frac{4R+r}{p}\right)^2$$

从而

$$(b^4+c^4)r_a+(a^4+c^4)r_b+(a^4+b^4)r_c\leqslant$$
$$2\Delta^2 r\left\{\left[4\left(\frac{R}{r}\right)^2+\frac{4R}{r}+3\right]\left(\frac{2R}{r}+5\right)+\left(\frac{4R}{r}+1\right)\left(\frac{R}{r}+1\right)-32\left(\frac{R}{r}\right)^2-\frac{42R}{r}-10\right\}=$$
$$2\Delta^2 r\left[8\left(\frac{R}{r}\right)^3-\frac{11R}{r}+6\right]\leqslant 16\Delta^2 r\cdot\frac{R}{r}\left(\frac{R}{r}+1\right)\left(\frac{R}{r}-1\right)$$

即

$$16\Delta^2 r\cdot\frac{R}{r}\left(\frac{R}{r}+1\right)\left(\frac{R}{r}-1\right)\geqslant(b^4+c^4)r_a+(a^4+c^4)r_b+(a^4+b^4)r_c$$

综上所述,例 3.28 成立.

例 3.29 在$\triangle ABC$中,试证明

$$4\Delta r^2\left\{\left[4\left(\frac{R}{r}\right)^2+\frac{4R}{r}+3\right]\left(\frac{R}{r}-2\right)+\frac{5R}{r}+2\right\}\geqslant\frac{a^5}{r_b+r_c}+\frac{b^5}{r_c+r_a}+\frac{c^5}{r_a+r_b}\geqslant$$
$$4\Delta r^2\left[\left(\frac{16R}{r}-5\right)\left(\frac{R}{r}-2\right)+\frac{5R}{r}+2\right]$$

证明 首先证明右边不等式.

由例 2.35 知

$$\frac{a^5}{r_b+r_c}+\frac{b^5}{r_c+r_a}+\frac{c^5}{r_a+r_b}=4\Delta r^2\left[\left(\frac{p}{r}\right)^2\left(\frac{R}{r}-2\right)+\frac{5R}{r}+2\right]$$

在$\triangle ABC$中,有格雷森不等式

$$\left(\frac{p}{r}\right)^2\geqslant\frac{16R}{r}-5$$

从而

$$\frac{a^5}{r_b+r_c}+\frac{b^5}{r_c+r_a}+\frac{c^5}{r_a+r_b}\geqslant4\Delta r^2\left[\left(\frac{16R}{r}-5\right)\left(\frac{R}{r}-2\right)+\frac{5R}{r}+2\right]$$

其次证明左边不等式.

由例 2.35 知

$$\frac{a^5}{r_b+r_c}+\frac{b^5}{r_c+r_a}+\frac{c^5}{r_a+r_b}=4\Delta r^2\left[\left(\frac{p}{r}\right)^2\left(\frac{R}{r}-2\right)+\frac{5R}{r}+2\right]$$

在$\triangle ABC$中,有格雷森不等式

$$4\left(\frac{R}{r}\right)^2+\frac{4R}{r}+3\geqslant\left(\frac{p}{r}\right)^2$$

从而

$$4\Delta r^2\left\{\left[4\left(\frac{R}{r}\right)^2+\frac{4R}{r}+3\right]\left(\frac{R}{r}-2\right)+\frac{5R}{r}+2\right\}\geqslant\frac{a^5}{r_b+r_c}+\frac{b^5}{r_c+r_a}+\frac{c^5}{r_a+r_b}$$

综上所述,例 3.29 成立.

例 3.30 在$\triangle ABC$中,试证明

$$8\Delta^3\left[2\left(\frac{R}{r}\right)^3-3\left(\frac{R}{r}\right)^2+\frac{R}{r}-2\right]\geqslant a^5r_a+b^5r_b+c^5r_c\geqslant2\Delta^3\left[32\left(\frac{R}{r}\right)^2-\frac{73R}{r}+34\right]$$

证明 首先证明右边不等式.

由例 2.36 知

$$a^5r_a+b^5r_b+c^5r_c=2\Delta^3\left[\left(\frac{p}{r}\right)^2\left(\frac{2R}{r}-5\right)+\frac{18R}{r}+10-\left(\frac{4R+r}{p}\right)^2\right]$$

在$\triangle ABC$中，有格雷森不等式

$$\left(\frac{p}{r}\right)^2\geqslant\frac{16R}{r}-5$$

在$\triangle ABC$中，又有

$$\frac{R}{r}+1\geqslant\left(\frac{4R+r}{p}\right)^2$$

从而

$$a^5r_a+b^5r_b+c^5r_c\geqslant 2\Delta^3\left[\left(\frac{16R}{r}-5\right)\left(\frac{2R}{r}-5\right)+\frac{17R}{r}+9\right]\geqslant 2\Delta^3\left[32\left(\frac{R}{r}\right)^2-\frac{73R}{r}+34\right]$$

即

$$a^5r_a+b^5r_b+c^5r_c\geqslant 2\Delta^3\left[32\left(\frac{R}{r}\right)^2-\frac{73R}{r}+34\right]$$

其次证明左边不等式

由例 2.36 知

$$a^5r_a+b^5r_b+c^5r_c=2\Delta^3\left[\left(\frac{p}{r}\right)^2\left(\frac{2R}{r}-5\right)+\frac{18R}{r}+10-\left(\frac{4R+r}{p}\right)^2\right]$$

在$\triangle ABC$中，有格雷森不等式

$$4\left(\frac{R}{r}\right)^2+\frac{4R}{r}+3\geqslant\left(\frac{p}{r}\right)^2$$

在$\triangle ABC$中，又有

$$\left(\frac{4R+r}{p}\right)^2\geqslant 3$$

从而

$$a^5r_a+b^5r_b+c^5r_c\leqslant 2\Delta^3\left\{\left[4\left(\frac{R}{r}\right)^2+\frac{4R}{r}+3\right]\left(\frac{2R}{r}-5\right)+\frac{18R}{r}+7\right\}=8\Delta^3\left[2\left(\frac{R}{r}\right)^3-3\left(\frac{R}{r}\right)^2+\frac{R}{r}-2\right]$$

即

$$8\Delta^3\left[2\left(\frac{R}{r}\right)^3-3\left(\frac{R}{r}\right)^2+\frac{R}{r}-2\right]\geqslant a^5r_a+b^5r_b+c^5r_c$$

综上所述，例 3.30 成立.

例 3.31　在$\triangle ABC$中，试证明

$$8\Delta^2r\left[2\left(\frac{R}{r}\right)^3-3\left(\frac{R}{r}\right)^2+\frac{R}{r}-2\right]\geqslant\frac{a^6}{r_b+r_c}+\frac{b^6}{r_c+r_a}+\frac{c^6}{r_a+r_b}\geqslant 2\Delta^2r\left[32\left(\frac{R}{r}\right)^2-\frac{73R}{r}+34\right]$$

证明　首先证明右边不等式.

由例 2.37 知

$$\frac{a^6}{r_b+r_c}+\frac{b^6}{r_c+r_a}+\frac{c^6}{r_a+r_b}=2\Delta^2 r\left[\left(\frac{p}{r}\right)^2\left(\frac{2R}{r}-5\right)+\frac{18R}{r}+10-\left(\frac{4R+r}{p}\right)^2\right]$$

在△ABC 中,有格雷森不等式

$$\left(\frac{p}{r}\right)^2\geqslant\frac{16R}{r}-5$$

在△ABC 中,又有

$$\frac{R}{r}+1\geqslant\left(\frac{4R+r}{p}\right)^2$$

从而

$$\frac{a^6}{r_b+r_c}+\frac{b^6}{r_c+r_a}+\frac{c^6}{r_a+r_b}\geqslant 2\Delta^2 r\left[\left(\frac{16R}{r}-5\right)\left(\frac{2R}{r}-5\right)+\frac{17R}{r}+9\right]\geqslant$$

$$2\Delta^2 r\left[32\left(\frac{R}{r}\right)^2-\frac{73R}{r}+34\right]$$

即

$$\frac{a^6}{r_b+r_c}+\frac{b^6}{r_c+r_a}+\frac{c^6}{r_a+r_b}\geqslant 2\Delta^2 r\left[32\left(\frac{R}{r}\right)^2-\frac{73R}{r}+34\right]$$

其次证明左边不等式.

由例 2.37 知

$$\frac{a^6}{r_b+r_c}+\frac{b^6}{r_c+r_a}+\frac{c^6}{r_a+r_b}=2\Delta^2 r\left[\left(\frac{p}{r}\right)^2\left(\frac{2R}{r}-5\right)+\frac{18R}{r}+10-\left(\frac{4R+r}{p}\right)^2\right]$$

在△ABC 中,有格雷森不等式

$$4\left(\frac{R}{r}\right)^2+\frac{4R}{r}+3\geqslant\left(\frac{p}{r}\right)^2$$

在△ABC 中,又有

$$\left(\frac{4R+r}{p}\right)^2\geqslant 3$$

从而

$$\frac{a^6}{r_b+r_c}+\frac{b^6}{r_c+r_a}+\frac{c^6}{r_a+r_b}\leqslant 2\Delta^2 r\left\{\left[4\left(\frac{R}{r}\right)^2+\frac{4R}{r}+3\right]\left(\frac{2R}{r}-5\right)+\frac{18R}{r}+7\right\}=$$

$$8\Delta^2 r\left[2\left(\frac{R}{r}\right)^3-3\left(\frac{R}{r}\right)^2+\frac{R}{r}-2\right]$$

即

$$8\Delta^2 r\left[2\left(\frac{R}{r}\right)^3-3\left(\frac{R}{r}\right)^2+\frac{R}{r}-2\right]\geqslant\frac{a^6}{r_b+r_c}+\frac{b^6}{r_c+r_a}+\frac{c^6}{r_a+r_b}$$

综上所述,例 3.31 成立.

例 3.32 在△ABC 中,试证明

$$2\Delta r\cdot\frac{R}{2r}\left(\frac{16R}{r}-23\right)\geqslant ar_a^2+br_b^2+cr_c^2\geqslant 6\Delta r\left(\frac{R}{r}+1\right)\left(\frac{R}{r}-1\right)$$

证明　首先证明右边不等式.

由例 2.38 知

$$ar_a^2+br_b^2+cr_c^2=2\Delta r\left[8\left(\frac{R}{r}\right)^2+\frac{2R}{r}-\left(\frac{p}{r}\right)^2\right]$$

在$\triangle ABC$中,有格雷森不等式

$$4\left(\frac{R}{r}\right)^2+\frac{4R}{r}+3\geqslant\left(\frac{p}{r}\right)^2$$

从而

$$ar_a^2+br_b^2+cr_c^2\geqslant 2\Delta r\left[4\left(\frac{R}{r}\right)^2-\frac{2R}{r}-3\right]\geqslant 6\Delta r\left(\frac{R}{r}+1\right)\left(\frac{R}{r}-1\right)$$

即

$$ar_a^2+br_b^2+cr_c^2\geqslant 6\Delta r\left(\frac{R}{r}+1\right)\left(\frac{R}{r}-1\right)$$

其次证明左边不等式.

由例 2.38 知

$$ar_a^2+br_b^2+cr_c^2=2\Delta r\left[8\left(\frac{R}{r}\right)^2+\frac{2R}{r}-\left(\frac{p}{r}\right)^2\right]$$

在$\triangle ABC$中,有格雷森不等式

$$\left(\frac{p}{r}\right)^2\geqslant\frac{16R}{r}-5$$

从而

$$ar_a^2+br_b^2+cr_c^2\leqslant 2\Delta r\left[8\left(\frac{R}{r}\right)^2-\frac{14R}{r}+5\right]\leqslant 2\Delta r\cdot\frac{R}{2r}\left(\frac{16R}{r}-23\right)$$

即

$$2\Delta r\cdot\frac{R}{2r}\left(\frac{16R}{r}-23\right)\geqslant ar_a^2+br_b^2+cr_c^2$$

综上所述,例 3.32 成立.

例 3.33　在$\triangle ABC$中,试证明

$$2\Delta r\cdot\frac{R}{r}\left(\frac{8R}{r}-7\right)\geqslant(b+c)r_a^2+(a+c)r_b^2+(a+b)r_c^2\geqslant 2\Delta r\cdot\frac{R}{r}\left(\frac{4R}{r}+1\right)$$

证明　首先证明右边不等式.

由例 2.39 知

$$(b+c)r_a^2+(a+c)r_b^2+(a+b)r_c^2=2\Delta r\left[8\left(\frac{R}{r}\right)^2+\frac{6R}{r}+1-\left(\frac{p}{r}\right)^2\right]$$

在$\triangle ABC$中,有格雷森不等式

$$4\left(\frac{R}{r}\right)^2+\frac{4R}{r}+3\geqslant\left(\frac{p}{r}\right)^2$$

从而

$$(b+c)r_a^2+(a+c)r_b^2+(a+b)r_c^2\geqslant 2\Delta r\left[4\left(\frac{R}{r}\right)^2+\frac{2R}{r}-2\right]\geqslant 2\Delta r\cdot\frac{R}{r}\left(\frac{4R}{r}+1\right)$$

即

$$(b+c)r_a^2+(a+c)r_b^2+(a+b)r_c^2\geqslant 2\Delta r\cdot\frac{R}{r}\left(\frac{4R}{r}+1\right)$$

其次证明左边不等式.

由例 2.39 知

$$(b+c)r_a^2+(a+c)r_b^2+(a+b)r_c^2=2\Delta r\left[8\left(\frac{R}{r}\right)^2+\frac{6R}{r}+1-\left(\frac{p}{r}\right)^2\right]$$

在$\triangle ABC$中,有格雷森不等式

$$\left(\frac{p}{r}\right)^2\geqslant\frac{16R}{r}-5$$

从而

$$(b+c)r_a^2+(a+c)r_b^2+(a+b)r_c^2\leqslant 2\Delta r\left[8\left(\frac{R}{r}\right)^2-\frac{10R}{r}+6\right]\leqslant 2\Delta r\left[8\left(\frac{R}{r}\right)^2-\frac{7R}{r}\right]\leqslant 2\Delta r\cdot\frac{R}{r}\left(\frac{8R}{r}-7\right)$$

即

$$2\Delta r\cdot\frac{R}{r}\left(\frac{8R}{r}-7\right)\geqslant(b+c)r_a^2+(a+c)r_b^2+(a+b)r_c^2$$

综上所述,例 3.33 成立.

例 3.34 在$\triangle ABC$中,试证明

$$2r^2\cdot\frac{R}{2r}\left(\frac{32R}{2r}-23\right)\geqslant\frac{a^2r_a}{r_b+r_c}+\frac{b^2r_b}{r_c+r_a}+\frac{c^2r_c}{r_a+r_b}\geqslant 6r^2\left(\frac{R}{r}+1\right)\left(\frac{R}{r}-1\right)$$

证明 首先证明右边不等式.

由例 2.40 知

$$\frac{a^2r_a}{r_b+r_c}+\frac{b^2r_b}{r_c+r_a}+\frac{c^2r_c}{r_a+r_b}=2r^2\left[8\left(\frac{R}{r}\right)^2+\frac{2R}{r}-\left(\frac{p}{r}\right)^2\right]$$

在$\triangle ABC$中,有格雷森不等式

$$4\left(\frac{R}{r}\right)^2+\frac{4R}{r}+3\geqslant\left(\frac{p}{r}\right)^2$$

从而

$$\frac{a^2 r_a}{r_b+r_c}+\frac{b^2 r_b}{r_c+r_a}+\frac{c^2 r_c}{r_a+r_b}\geqslant 2r^2\left[4\left(\frac{R}{r}\right)^2-\frac{2R}{r}-3\right]\geqslant$$

$$6r^2\left(\frac{R}{r}+1\right)\left(\frac{R}{r}-1\right)$$

即

$$\frac{a^2 r_a}{r_b+r_c}+\frac{b^2 r_b}{r_c+r_a}+\frac{c^2 r_c}{r_a+r_b}\geqslant 6r^2\left(\frac{R}{r}+1\right)\left(\frac{R}{r}-1\right)$$

其次证明左边不等式.

由例 2.40 知

$$\frac{a^2 r_a}{r_b+r_c}+\frac{b^2 r_b}{r_c+r_a}+\frac{c^2 r_c}{r_a+r_b}=2r^2\left[8\left(\frac{R}{r}\right)^2+\frac{2R}{r}-\left(\frac{p}{r}\right)^2\right]$$

在$\triangle ABC$中,有格雷森不等式

$$\left(\frac{p}{r}\right)^2\geqslant\frac{16R}{r}-5$$

从而

$$\frac{a^2 r_a}{r_b+r_c}+\frac{b^2 r_b}{r_c+r_a}+\frac{c^2 r_c}{r_a+r_b}\leqslant 2r^2\left[8\left(\frac{R}{r}\right)^2-\frac{14R}{r}+5\right]\leqslant$$

$$2r^2\cdot\frac{R}{2r}\left(\frac{32R}{2r}-23\right)$$

即

$$2r^2\cdot\frac{R}{2r}\left(\frac{32R}{2r}-23\right)\geqslant\frac{a^2 r_a}{r_b+r_c}+\frac{b^2 r_b}{r_c+r_a}+\frac{c^2 r_c}{r_a+r_b}$$

综上所述,例 3.34 成立.

例 3.35　在$\triangle ABC$中,试证明

$$r^2\left[12\left(\frac{R}{r}\right)^2-\frac{4R}{r}-2-\frac{4r}{R}\right]\geqslant\frac{c^2 r_c+b^2 r_b}{r_b+r_c}+\frac{c^2 r_c+a^2 r_a}{r_c+r_a}+\frac{b^2 r_b+a^2 r_a}{r_a+r_b}\geqslant r^2\left(\frac{36R}{r}-38+\frac{4r}{R}\right)$$

证明　首先证明右边不等式.

由例 2.41 知

$$\frac{c^2 r_c+b^2 r_b}{r_b+r_c}+\frac{c^2 r_c+a^2 r_a}{r_c+r_a}+\frac{b^2 r_b+a^2 r_a}{r_a+r_b}=\frac{r^3}{R}\left[\left(\frac{3R}{r}-1\right)\left(\frac{p}{r}\right)^2-12\left(\frac{R}{r}\right)^2-\frac{7R}{r}-1\right]$$

在$\triangle ABC$中,有格雷森不等式

$$\left(\frac{p}{r}\right)^2\geqslant\frac{16R}{r}-5$$

从而

$$\frac{c^2 r_c+b^2 r_b}{r_b+r_c}+\frac{c^2 r_c+a^2 r_a}{r_c+r_a}+\frac{b^2 r_b+a^2 r_a}{r_a+r_b}\geqslant\frac{r^3}{R}\left[\left(\frac{3R}{r}-1\right)\left(\frac{16R}{r}-5\right)-12\left(\frac{R}{r}\right)^2-\frac{7R}{r}-1\right]=$$

$$\frac{r^3}{R}\left[36\left(\frac{R}{r}\right)^2-\frac{38R}{r}+4\right]=r^2\left(\frac{36R}{r}-38+\frac{4r}{R}\right)$$

即

$$\frac{c^2r_c+b^2r_b}{r_b+r_c}+\frac{c^2r_c+a^2r_a}{r_c+r_a}+\frac{b^2r_b+a^2r_a}{r_a+r_b}\geqslant r^2\left(\frac{36R}{r}-38+\frac{4r}{R}\right)$$

其次证明左边不等式.

由例 2.41 知

$$\frac{c^2r_c+b^2r_b}{r_b+r_c}+\frac{c^2r_c+a^2r_a}{r_c+r_a}+\frac{b^2r_b+a^2r_a}{r_a+r_b}=\frac{r^3}{R}\left[\left(\frac{3R}{r}-1\right)\left(\frac{p}{r}\right)^2-12\left(\frac{R}{r}\right)^2-\frac{7R}{r}-1\right]$$

在$\triangle ABC$中,有格雷森不等式

$$4\left(\frac{R}{r}\right)^2+\frac{4R}{r}+3\geqslant\left(\frac{p}{r}\right)^2$$

从而

$$\frac{c^2r_c+b^2r_b}{r_b+r_c}+\frac{c^2r_c+a^2r_a}{r_c+r_a}+\frac{b^2r_b+a^2r_a}{r_a+r_b}\leqslant$$

$$\frac{r^3}{R}\left\{\left(\frac{3R}{r}-1\right)\left[4\left(\frac{R}{r}\right)^2+\frac{4R}{r}+3\right]-12\left(\frac{R}{r}\right)^2-\frac{7R}{r}-1\right\}=$$

$$r^2\left[12\left(\frac{R}{r}\right)^2-\frac{4R}{r}-2-\frac{4r}{R}\right]$$

即

$$r^2\left[12\left(\frac{R}{r}\right)^2-\frac{4R}{r}-2-\frac{4r}{R}\right]\geqslant\frac{c^2r_c+b^2r_b}{r_b+r_c}+\frac{c^2r_c+a^2r_a}{r_c+r_a}+\frac{b^2r_b+a^2r_a}{r_a+r_b}$$

综上所述,例 3.35 成立.

例 3.36 在$\triangle ABC$中,试证明

$$2\Delta^2\left[8\left(\frac{R}{r}\right)^2-\frac{16R}{r}+6\right]\geqslant a^2r_a^2+b^2r_b^2+c^2r_c^2\geqslant\Delta^2\ \frac{R}{r}\left(\frac{7R}{r}-8\right)$$

证明 首先证明右边不等式.

由例 2.42 知

$$a^2r_a^2+b^2r_b^2+c^2r_c^2=2\Delta^2\left[8\left(\frac{R}{r}\right)^2+1-\left(\frac{p}{r}\right)^2\right]$$

在$\triangle ABC$中,有格雷森不等式

$$4\left(\frac{R}{r}\right)^2+\frac{4R}{r}+3\geqslant\left(\frac{p}{r}\right)^2$$

从而

$$a^2r_a^2+b^2r_b^2+c^2r_c^2\geqslant 2\Delta^2\left[4\left(\frac{R}{r}\right)^2-\frac{4R}{r}-2\right]\geqslant\Delta^2\ \frac{R}{r}\left(\frac{7R}{r}-8\right)$$

即

$$a^2r_a^2+b^2r_b^2+c^2r_c^2\geqslant\Delta^2\ \frac{R}{r}\left(\frac{7R}{r}-8\right)$$

其次证明左边不等式.

由例 2.42 知

$$a^2r_a^2+b^2r_b^2+c^2r_c^2=2\Delta^2\left[8\left(\frac{R}{r}\right)^2+1-\left(\frac{p}{r}\right)^2\right]$$

在△ABC中，有格雷森不等式

$$\left(\frac{p}{r}\right)^2\geqslant\frac{16R}{r}-5$$

从而

$$2\Delta^2\left[8\left(\frac{R}{r}\right)^2-\frac{16R}{r}+6\right]\geqslant a^2r_a^2+b^2r_b^2+c^2r_c^2$$

综上所述，例 3.36 成立.

例 3.37　在△ABC中，试证明

$$4\Delta^2\cdot\frac{R}{r}\left(\frac{4R}{r}-5\right)\geqslant(b^2+c^2)r_a^2+(a^2+c^2)r_b^2+(a^2+b^2)r_c^2\geqslant2\Delta^2\left(\frac{7R}{r}-2\right)$$

证明　首先证明右边不等式.

由例 2.43 知

$$(b^2+c^2)r_a^2+(a^2+c^2)r_b^2+(a^2+b^2)r_c^2=$$

$$2\Delta^2\left[8\left(\frac{R}{r}\right)^2-\left(\frac{p}{r}\right)^2+\frac{16R}{r}+2-\left(\frac{4R}{r}+1\right)\left(\frac{4R+r}{p}\right)^2\right]$$

在△ABC中，有格雷森不等式

$$4\left(\frac{R}{r}\right)^2+\frac{4R}{r}+3\geqslant\left(\frac{p}{r}\right)^2$$

在△ABC中，又有

$$\frac{R}{r}+1\geqslant\left(\frac{4R+r}{p}\right)^2$$

从而

$$(b^2+c^2)r_a^2+(a^2+c^2)r_b^2+(a^2+b^2)r_c^2\geqslant2\Delta^2\left[4\left(\frac{R}{r}\right)^2+\frac{12R}{r}-1-\left(\frac{4R}{r}+1\right)\left(\frac{R}{r}+1\right)\right]=$$

$$2\Delta^2\left(\frac{7R}{r}-2\right)$$

即

$$(b^2+c^2)r_a^2+(a^2+c^2)r_b^2+(a^2+b^2)r_c^2\geqslant2\Delta^2\left(\frac{7R}{r}-2\right)$$

其次证明左边不等式.

由例 2.43 知

$$(b^2+c^2)r_a^2+(a^2+c^2)r_b^2+(a^2+b^2)r_c^2=$$

$$2\Delta^2\left[8\left(\frac{R}{r}\right)^2-\left(\frac{p}{r}\right)^2+\frac{16R}{r}+2-\left(\frac{4R}{r}+1\right)\left(\frac{4R+r}{p}\right)^2\right]$$

在$\triangle ABC$中,有格雷森不等式

$$\left(\frac{p}{r}\right)^2\geqslant\frac{16R}{r}-5$$

在$\triangle ABC$中,又有

$$\left(\frac{4R+r}{p}\right)^2\geqslant 3$$

从而

$$(b^2+c^2)r_a^2+(a^2+c^2)r_b^2+(a^2+b^2)r_c^2\leqslant 2\Delta^2\left[8\left(\frac{R}{r}\right)^2-\frac{12R}{r}+4\right]\leqslant 4\Delta^2\ \frac{R}{r}\left(\frac{4R}{r}-5\right)$$

$$4\Delta^2\ \frac{R}{r}\left(\frac{4R}{r}-5\right)\geqslant(b^2+c^2)r_a^2+(a^2+c^2)r_b^2+(a^2+b^2)r_c^2$$

综上所述,例 3.37 成立.

例 3.38 在$\triangle ABC$中,试证明

$$2\Delta\, r\left[8\left(\frac{R}{r}\right)^2-\frac{16R}{r}+6\right]\geqslant\frac{a^3r_a}{r_b+r_c}+\frac{b^3r_b}{r_c+r_a}+\frac{c^3r_c}{r_a+r_b}\geqslant\Delta\, r\cdot\frac{R}{r}\left(\frac{7R}{r}-8\right)$$

证明 首先证明右边不等式.

由例 2.44 知

$$\frac{a^3r_a}{r_b+r_c}+\frac{b^3r_b}{r_c+r_a}+\frac{c^3r_c}{r_a+r_b}=2\Delta\, r\left[8\left(\frac{R}{r}\right)^2+1-\left(\frac{p}{r}\right)^2\right]$$

在$\triangle ABC$中,有格雷森不等式

$$4\left(\frac{R}{r}\right)^2+\frac{4R}{r}+3\geqslant\left(\frac{p}{r}\right)^2$$

从而

$$\frac{a^3r_a}{r_b+r_c}+\frac{b^3r_b}{r_c+r_a}+\frac{c^3r_c}{r_a+r_b}\geqslant 2\Delta\, r\left[4\left(\frac{R}{r}\right)^2-\frac{4R}{r}-2\right]\geqslant 2\Delta\, r\cdot\frac{R}{r}\left(\frac{7R}{r}-8\right)$$

即

$$\frac{a^3r_a}{r_b+r_c}+\frac{b^3r_b}{r_c+r_a}+\frac{c^3r_c}{r_a+r_b}\geqslant 2\Delta\, r\cdot\frac{R}{r}\left(\frac{7R}{r}-8\right)$$

其次证明左边不等式.

由例 2.44 知

$$\frac{a^3r_a}{r_b+r_c}+\frac{b^3r_b}{r_c+r_a}+\frac{c^3r_c}{r_a+r_b}=2\Delta\, r\left[8\left(\frac{R}{r}\right)^2+1-\left(\frac{p}{r}\right)^2\right]$$

在$\triangle ABC$中,有格雷森不等式

$$\left(\frac{p}{r}\right)^2 \geqslant \frac{16R}{r} - 5$$

从而

$$2\Delta r\left[8\left(\frac{R}{r}\right)^2 - \frac{16R}{r} + 6\right] \geqslant \frac{a^3 r_a}{r_b + r_c} + \frac{b^3 r_b}{r_c + r_a} + \frac{c^3 r_c}{r_a + r_b}$$

综上所述,例 3.38 成立.

例 3.39　在$\triangle ABC$中,试证明

$$\Delta r \cdot \frac{2r}{R}\left[6\left(\frac{R}{r}\right)^3 - 5\left(\frac{R}{r}\right)^2 - \frac{R}{r} - 2\right] \geqslant \frac{c^3 r_c + b^3 r_b}{r_b + r_c} + \frac{c^3 r_c + a^3 r_a}{r_c + r_a} + \frac{b^3 r_b + a^3 r_a}{r_a + r_b} \geqslant \Delta r \cdot \frac{2r}{R}\left[5\left(\frac{R}{r}\right)^2 + 4\right]$$

证明　首先证明右边不等式

由例 2.45 知

$$\frac{c^3 r_c + b^3 r_b}{r_b + r_c} + \frac{c^3 r_c + a^3 r_a}{r_c + r_a} + \frac{b^3 r_b + a^3 r_a}{r_a + r_b} =$$

$$\Delta r \cdot \frac{r}{2R}\left[3\left(\frac{p}{r}\right)^2\left(\frac{2R}{r} - 1\right) + \left(\frac{2R}{r} - 3\right)\left(\frac{4R}{r} + 1\right)^2 + \left(\frac{4R}{r} + 1\right)\left(\frac{4R + r}{p}\right)^2 - 32\left(\frac{R}{r}\right)^3 + 1\right]$$

在$\triangle ABC$中,有格雷森不等式

$$\left(\frac{p}{r}\right)^2 \geqslant \frac{16R}{r} - 5$$

在$\triangle ABC$中,又有

$$\left(\frac{4R + r}{p}\right)^2 \geqslant 3$$

从而

$$\frac{c^3 r_c + b^3 r_b}{r_b + r_c} + \frac{c^3 r_c + a^3 r_a}{r_c + r_a} + \frac{b^3 r_b + a^3 r_a}{r_a + r_b} \geqslant$$

$$\Delta r \cdot \frac{r}{2R}\left[3\left(\frac{16R}{r} - 5\right)\left(\frac{2R}{r} - 1\right) + \left(\frac{2R}{r} - 3\right)\left(\frac{4R}{r} + 1\right)^2 + 3\left(\frac{4R}{r} + 1\right) - 32\left(\frac{R}{r}\right)^3 + 1\right] =$$

$$\Delta r \cdot \frac{r}{2R}\left[64\left(\frac{R}{r}\right)^2 - \frac{88R}{r} + 16\right] \geqslant \Delta r \cdot \frac{2r}{R}\left[5\left(\frac{R}{r}\right)^2 + 4\right]$$

即

$$\frac{c^3 r_c + b^3 r_b}{r_b + r_c} + \frac{c^3 r_c + a^3 r_a}{r_c + r_a} + \frac{b^3 r_b + a^3 r_a}{r_a + r_b} \geqslant \Delta r \cdot \frac{2r}{R}\left[5\left(\frac{R}{r}\right)^2 + 4\right]$$

其次证明左边不等式.

由例 2.45 知

$$\frac{c^3 r_c + b^3 r_b}{r_b + r_c} + \frac{c^3 r_c + a^3 r_a}{r_c + r_a} + \frac{b^3 r_b + a^3 r_a}{r_a + r_b} =$$

$$\Delta r\cdot\frac{r}{2R}\left[3\left(\frac{p}{r}\right)^2\left(\frac{2R}{r}-1\right)+\left(\frac{2R}{r}-3\right)\left(\frac{4R}{r}+1\right)^2+\left(\frac{4R}{r}+1\right)\left(\frac{4R+r}{p}\right)^2-32\left(\frac{R}{r}\right)^3+1\right]$$

在$\triangle ABC$中，有格雷森不等式

$$4\left(\frac{R}{r}\right)^2+\frac{4R}{r}+3\geqslant\left(\frac{p}{r}\right)^2$$

在$\triangle ABC$中，又有

$$\frac{R}{r}+1\geqslant\left(\frac{4R+r}{p}\right)^2$$

从而

$$\frac{c^3r_c+b^3r_b}{r_b+r_c}+\frac{c^3r_c+a^3r_a}{r_c+r_a}+\frac{b^3r_b+a^3r_a}{r_a+r_b}\leqslant$$

$$\Delta r\cdot\frac{r}{2R}\left\{3\left[4\left(\frac{R}{r}\right)^2+\frac{4R}{r}+3\right]\left(\frac{2R}{r}-1\right)+\left(\frac{2R}{r}-3\right)\left(\frac{4R}{r}+1\right)^2+\left(\frac{4R}{r}+1\right)\left(\frac{R}{r}+1\right)-32\left(\frac{R}{r}\right)^3+1\right\}=$$

$$\Delta r\cdot\frac{2r}{R}\left[6\left(\frac{R}{r}\right)^3-5\left(\frac{R}{r}\right)^2-\frac{R}{r}-2\right]$$

即

$$\Delta r\cdot\frac{2r}{R}\left[6\left(\frac{R}{r}\right)^3-5\left(\frac{R}{r}\right)^2-\frac{R}{r}-2\right]\geqslant\frac{c^3r_c+b^3r_b}{r_b+r_c}+\frac{c^3r_c+a^3r_a}{r_c+r_a}+\frac{b^3r_b+a^3r_a}{r_a+r_b}$$

综上所述，例 3.39 成立.

例 3.40 在$\triangle ABC$中，试证明

$$2\Delta^2p\,\frac{2R}{r}\left(\frac{4R}{r}-7\right)\geqslant a^3r_a^2+b^3r_b^2+c^3r_c^2\geqslant2\Delta^2p\cdot\frac{2R}{r}\left(\frac{2R}{r}-3\right)$$

证明 首先证明右边不等式.

由例 2.46 知

$$a^3r_a^2+b^3r_b^2+c^3r_c^2=2\Delta^2p\left[8\left(\frac{R}{r}\right)^2-\frac{2R}{r}-\left(\frac{p}{r}\right)^2+3\right]$$

在$\triangle ABC$中，有格雷森不等式

$$4\left(\frac{R}{r}\right)^2+\frac{4R}{r}+3\geqslant\left(\frac{p}{r}\right)^2$$

从而

$$a^3r_a^2+b^3r_b^2+c^3r_c^2\geqslant2\Delta^2p\cdot\frac{2R}{r}\left(\frac{2R}{r}-3\right)$$

其次证明左边不等式.

由例 2.46 知

$$a^3r_a^2+b^3r_b^2+c^3r_c^2=2\Delta^2p\left[8\left(\frac{R}{r}\right)^2-\frac{2R}{r}-\left(\frac{p}{r}\right)^2+3\right]$$

在$\triangle ABC$中，有格雷森不等式

$$\left(\frac{p}{r}\right)^2\geqslant\frac{16R}{r}-5$$

从而

$$a^3r_a^2+b^3r_b^2+c^3r_c^2\leqslant2\Delta^2p\left[8\left(\frac{R}{r}\right)^2-\frac{18R}{r}+8\right]\leqslant$$

$$2\Delta^2p\,\frac{2R}{r}\left(\frac{4R}{r}-7\right)$$

即

$$2\Delta^2p\,\frac{2R}{r}\left(\frac{4R}{r}-7\right)\geqslant a^3r_a^2+b^3r_b^2+c^3r_c^2$$

综上所述,例 3.40 成立.

例 3.41　在$\triangle ABC$中,试证明

$$8\Delta^2p\,\frac{R}{r}\left(\frac{2R}{r}-3\right)\geqslant(b^3+c^3)r_a^2+(a^3+c^3)r_b^2+(a^3+b^3)r_c^2\geqslant$$

$$2\Delta^2p\left[-2\left(\frac{R}{r}\right)^2+\frac{9R}{r}-2\right]$$

证明　首先证明右边不等式.

由例 2.47 知

$$(b^3+c^3)r_a^2+(a^3+c^3)r_b^2+(a^3+b^3)r_c^2=2\Delta^2p\left[8\left(\frac{R}{r}\right)^2+\frac{22R}{r}+4-\left(\frac{p}{r}\right)^2-3\left(\frac{2R}{r}+1\right)\left(\frac{4R+r}{p}\right)^2\right]$$

在$\triangle ABC$中,有格雷森不等式

$$4\left(\frac{R}{r}\right)^2+\frac{4R}{r}+3\geqslant\left(\frac{p}{r}\right)^2$$

又有

$$\frac{R}{r}+1\geqslant\left(\frac{4R+r}{p}\right)^2$$

从而

$$(b^3+c^3)r_a^2+(a^3+c^3)r_b^2+(a^3+b^3)r_c^2\geqslant2\Delta^2p\left[-2\left(\frac{R}{r}\right)^2+\frac{9R}{r}-2\right]$$

其次证明左边不等式.

由例 2.47 知

$$(b^3+c^3)r_a^2+(a^3+c^3)r_b^2+(a^3+b^3)r_c^2=2\Delta^2p\left[8\left(\frac{R}{r}\right)^2+\frac{22R}{r}+4-\left(\frac{p}{r}\right)^2-3\left(\frac{2R}{r}+1\right)\left(\frac{4R+r}{p}\right)^2\right]$$

在$\triangle ABC$中,有格雷森不等式

$$\left(\frac{p}{r}\right)^2\geqslant\frac{16R}{r}-5$$

又有

$$\left(\frac{4R+r}{p}\right)^2\geqslant 3$$

从而

$$8\Delta^2 p\frac{R}{r}\left(\frac{2R}{r}-3\right)\geqslant (b^3+c^3)r_a^2+(a^3+c^3)r_b^2+(a^3+b^3)r_c^2$$

综上所述,例 3.41 成立.

例 3.42 在△ABC 中,试证明

$$2\Delta^2\cdot\frac{2R}{r}\left(\frac{4R}{r}-7\right)\geqslant\frac{a^4r_a}{r_b+r_c}+\frac{b^4r_b}{r_c+r_a}+\frac{c^4r_c}{r_a+r_b}\geqslant 2\Delta^2\cdot\frac{2R}{r}\left(\frac{2R}{r}-3\right)$$

证明 首先证明右边不等式.

由例 2.48 知

$$\frac{a^4r_a}{r_b+r_c}+\frac{b^4r_b}{r_c+r_a}+\frac{c^4r_c}{r_a+r_b}=2\Delta^2\left[8\left(\frac{R}{r}\right)^2-\frac{2R}{r}-\left(\frac{p}{r}\right)^2+3\right]$$

在△ABC 中,有格雷森不等式

$$4\left(\frac{R}{r}\right)^2+\frac{4R}{r}+3\geqslant\left(\frac{p}{r}\right)^2$$

从而

$$\frac{a^4r_a}{r_b+r_c}+\frac{b^4r_b}{r_c+r_a}+\frac{c^4r_c}{r_a+r_b}\geqslant 2\Delta^2\cdot\frac{2R}{r}\left(\frac{2R}{r}-3\right)$$

其次证明左边不等式.

由例 2.48 知

$$\frac{a^4r_a}{r_b+r_c}+\frac{b^4r_b}{r_c+r_a}+\frac{c^4r_c}{r_a+r_b}=2\Delta^2\left[8\left(\frac{R}{r}\right)^2-\frac{2R}{r}-\left(\frac{p}{r}\right)^2+3\right]$$

在△ABC 中,有格雷森不等式

$$\left(\frac{p}{r}\right)^2\geqslant\frac{16R}{r}-5$$

从而

$$\frac{a^4r_a}{r_b+r_c}+\frac{b^4r_b}{r_c+r_a}+\frac{c^4r_c}{r_a+r_b}\leqslant 2\Delta^2\left[8\left(\frac{R}{r}\right)^2-\frac{18R}{r}+8\right]\leqslant 2\Delta^2\cdot\frac{2R}{r}\left(\frac{4R}{r}-7\right)$$

即

$$2\Delta^2\cdot\frac{2R}{r}\left(\frac{4R}{r}-7\right)\geqslant\frac{a^4r_a}{r_b+r_c}+\frac{b^4r_b}{r_c+r_a}+\frac{c^4r_c}{r_a+r_b}$$

综上所述,例 3.42 成立.

例 3.43 在△ABC 中,试证明

$$\Delta^2\cdot\frac{r}{R}\left[12\left(\frac{R}{r}\right)^3-11\left(\frac{R}{r}\right)^2-\frac{8R}{r}-4\right]\geqslant\frac{c^4r_c+b^4r_b}{r_b+r_c}+\frac{c^4r_c+a^4r_a}{r_c+r_a}+\frac{b^4r_b+a^4r_a}{r_a+r_b}\geqslant$$

$$\Delta^2 \cdot \frac{4r}{R}\left[\left(\frac{R}{r}\right)^2+4\right]$$

证明　首先证明右边不等式.

由例 2.49 知

$$\frac{c^4r_c+b^4r_b}{r_b+r_c}+\frac{c^4r_c+a^4r_a}{r_c+r_a}+\frac{b^4r_b+a^4r_a}{r_a+r_b}=$$

$$\Delta^2\cdot\frac{r}{R}\left[\left(\frac{4R}{r}+1\right)^2\left(\frac{R}{r}-2\right)+\left(\frac{p}{r}\right)^2\left(\frac{3R}{r}-2\right)+\left(\frac{5R}{r}+2\right)\left(\frac{4R+r}{p}\right)^2-16\left(\frac{R}{r}\right)^3+4\left(\frac{R}{r}\right)^2-\frac{R}{r}+2\right]$$

在$\triangle ABC$中,有格雷森不等式

$$\left(\frac{p}{r}\right)^2\geqslant\frac{16R}{r}-5$$

在$\triangle ABC$中,又有

$$\left(\frac{4R+r}{p}\right)^2\geqslant 3$$

从而

$$\frac{c^4r_c+b^4r_b}{r_b+r_c}+\frac{c^4r_c+a^4r_a}{r_c+r_a}+\frac{b^4r_b+a^4r_a}{r_a+r_b}\geqslant$$

$$\Delta^2\cdot\frac{r}{R}\left[\left(\frac{4R}{r}+1\right)^2\left(\frac{R}{r}-2\right)+\left(\frac{16R}{r}-5\right)\left(\frac{3R}{r}-2\right)+3\left(\frac{5R}{r}+2\right)-16\left(\frac{R}{r}\right)^3+4\left(\frac{R}{r}\right)^2-\frac{R}{r}+2\right]=$$

$$\Delta^2\cdot\frac{r}{R}\left[28\left(\frac{R}{r}\right)^2-\frac{48R}{r}+16\right]\geqslant\Delta^2\cdot\frac{4r}{R}\left[\left(\frac{R}{r}\right)^2+4\right]$$

即

$$\frac{c^4r_c+b^4r_b}{r_b+r_c}+\frac{c^4r_c+a^4r_a}{r_c+r_a}+\frac{b^4r_b+a^4r_a}{r_a+r_b}\geqslant\Delta^2\cdot\frac{4r}{R}\left[\left(\frac{R}{r}\right)^2+4\right]$$

其次证明左边不等式.

由例 2.49 知

$$\frac{c^4r_c+b^4r_b}{r_b+r_c}+\frac{c^4r_c+a^4r_a}{r_c+r_a}+\frac{b^4r_b+a^4r_a}{r_a+r_b}=$$

$$\Delta^2\cdot\frac{r}{R}\left[\left(\frac{4R}{r}+1\right)^2\left(\frac{R}{r}-2\right)+\left(\frac{p}{r}\right)^2\left(\frac{3R}{r}-2\right)+\left(\frac{5R}{r}+2\right)\left(\frac{4R+r}{p}\right)^2-16\left(\frac{R}{r}\right)^3+4\left(\frac{R}{r}\right)^2-\frac{R}{r}+2\right]$$

在$\triangle ABC$中,有格雷森不等式

$$4\left(\frac{R}{r}\right)^2+\frac{4R}{r}+3\geqslant\left(\frac{p}{r}\right)^2$$

在$\triangle ABC$中,又有

$$\frac{R}{r}+1\geqslant\left(\frac{4R+r}{p}\right)^2$$

从而

$$\frac{c^4r_c+b^4r_b}{r_b+r_c}+\frac{c^4r_c+a^4r_a}{r_c+r_a}+\frac{b^4r_b+a^4r_a}{r_a+r_b}\leqslant$$

$$\Delta^2\cdot\frac{r}{R}\left\{\left(\frac{4R}{r}+1\right)^2\left(\frac{R}{r}-2\right)+\left[4\left(\frac{R}{r}\right)^2+\frac{4R}{r}+3\right]\left(\frac{3R}{r}-2\right)+\right.$$

$$\left.\left(\frac{5R}{r}+2\right)\left(\frac{R}{r}+1\right)-16\left(\frac{R}{r}\right)^3+4\left(\frac{R}{r}\right)^2-\frac{R}{r}+2\right\}=$$

$$\Delta^2\cdot\frac{r}{R}\left[12\left(\frac{R}{r}\right)^3-11\left(\frac{R}{r}\right)^2-\frac{8R}{r}-4\right]$$

即

$$\Delta^2\cdot\frac{r}{R}\left[12\left(\frac{R}{r}\right)^3-11\left(\frac{R}{r}\right)^2-\frac{8R}{r}-4\right]\geqslant\frac{c^4r_c+b^4r_b}{r_b+r_c}+\frac{c^4r_c+a^4r_a}{r_c+r_a}+\frac{b^4r_b+a^4r_a}{r_a+r_b}$$

综上所述,例 3.43 成立.

例 3.44 在$\triangle ABC$中,试证明

$$\Delta p^2\cdot\frac{R}{r}\left(\frac{4R}{r}-7\right)\geqslant ar_a^3+br_b^3+cr_c^3\geqslant 2\Delta p^2\left(\frac{2R}{r}-3\right)$$

证明 首先证明右边不等式.

由例 2.50 知

$$ar_a^3+br_b^3+cr_c^3=\Delta p^2\left[\frac{4R}{r}\left(\frac{4R+r}{p}\right)^2-\frac{12R}{r}+2\right]$$

在$\triangle ABC$中,有

$$\left(\frac{4R+r}{p}\right)^2\geqslant 4-\frac{2r}{R}$$

从而

$$ar_a^3+br_b^3+cr_c^3\geqslant\Delta p^2\left[\frac{4R}{r}\left(4-\frac{2r}{R}\right)-\frac{12R}{r}+2\right]=2\Delta p^2\left(\frac{2R}{r}-3\right)$$

即

$$ar_a^3+br_b^3+cr_c^3\geqslant 2\Delta p^2\left(\frac{2R}{r}-3\right)$$

其次证明左边不等式.

由例 2.50 知

$$ar_a^3+br_b^3+cr_c^3=\Delta p^2\left[\frac{4R}{r}\left(\frac{4R+r}{p}\right)^2-\frac{12R}{r}+2\right]$$

在$\triangle ABC$中,有

$$\frac{R}{r}+1\geqslant\left(\frac{4R+r}{p}\right)^2$$

从而

$$ar_a^3+br_b^3+cr_c^3\leqslant\Delta p^2\left[\frac{4R}{r}\left(\frac{R}{r}+1\right)-\frac{12R}{r}+2\right]=$$

$$\Delta p^2\left[4\left(\frac{R}{r}\right)^2-\frac{8R}{r}+2\right]\leqslant\Delta p^2\cdot\frac{R}{r}\left(\frac{4R}{r}-7\right)$$

即

$$\Delta p^2\cdot\frac{R}{r}\left(\frac{4R}{r}-7\right)\geqslant ar_a^3+br_b^3+cr_c^3$$

综上所述,例 3.44 成立.

例 3.45　在$\triangle ABC$中,试证明

$$\Delta p^2\cdot\frac{2R}{r}\left(\frac{2R}{r}-3\right)\geqslant(b+c)r_a^3+(a+c)r_b^3+(a+b)r_c^3\geqslant4\Delta p^2\left(\frac{R}{r}-1\right)$$

证明　首先证明右边不等式.

由例 2.51 知

$$(b+c)r_a^3+(a+c)r_b^3+(a+b)r_c^3=\Delta p^2\left[\left(\frac{4R}{r}+2\right)\left(\frac{4R+r}{p}\right)^2-\frac{12R}{r}-2\right]$$

在$\triangle ABC$中,有

$$\left(\frac{4R+r}{p}\right)^2\geqslant4-\frac{2r}{R}$$

从而

$$(b+c)r_a^3+(a+c)r_b^3+(a+b)r_c^3\geqslant2\Delta p^2\left[\left(\frac{4R}{r}+2\right)\left(4-\frac{2r}{R}\right)-\frac{12R}{r}-2\right]=$$

$$\Delta p^2\left(\frac{4R}{r}-2-\frac{4r}{R}\right)\geqslant4\Delta p^2\left(\frac{R}{r}-1\right)$$

即

$$(b+c)r_a^3+(a+c)r_b^3+(a+b)r_c^3\geqslant4\Delta p^2\left(\frac{R}{r}-1\right)$$

其次证明左边不等式.

由例 2.51 知

$$(b+c)r_a^3+(a+c)r_b^3+(a+b)r_c^3=\Delta p^2\left[\left(\frac{4R}{r}+2\right)\left(\frac{4R+r}{p}\right)^2-\frac{12R}{r}-2\right]$$

在$\triangle ABC$中,有

$$\frac{R}{r}+1\geqslant\left(\frac{4R+r}{p}\right)^2$$

从而

$$(b+c)r_a^3+(a+c)r_b^3+(a+b)r_c^3\leqslant\Delta p^2\left[\left(\frac{4R}{r}+2\right)\left(\frac{R}{r}+1\right)-\frac{12R}{r}-2\right]=$$

$$\Delta p^2\cdot\frac{2R}{r}\left(\frac{2R}{r}-3\right)$$

即

$$\Delta p^2 \cdot \frac{2R}{r}\left(\frac{2R}{r}-3\right) \geqslant (b+c)r_a^3+(a+c)r_b^3+(a+b)r_c^3$$

综上所述,例 3.45 成立.

例 3.46 在$\triangle ABC$中,试证明

$$\Delta p \cdot \frac{R}{r}\left(\frac{4R}{r}-7\right) \geqslant \frac{a^2 r_a^2}{r_b+r_c}+\frac{b^2 r_b^2}{r_c+r_a}+\frac{c^2 r_c^2}{r_a+r_b} \geqslant 2\Delta p\left(\frac{2R}{r}-3\right)$$

证明 首先证明右边不等式.

由例 2.52 知

$$\frac{a^2 r_a^2}{r_b+r_c}+\frac{b^2 r_b^2}{r_c+r_a}+\frac{c^2 r_c^2}{r_a+r_b}=\Delta p\left[\frac{4R}{r}\left(\frac{4R+r}{p}\right)^2-\frac{12R}{r}+2\right]$$

在$\triangle ABC$中,有

$$\left(\frac{4R+r}{p}\right)^2 \geqslant 4-\frac{2r}{R}$$

从而

$$\frac{a^2 r_a^2}{r_b+r_c}+\frac{b^2 r_b^2}{r_c+r_a}+\frac{c^2 r_c^2}{r_a+r_b} \geqslant \Delta p\left[\frac{4R}{r}\left(4-\frac{2r}{R}\right)-\frac{12R}{r}+2\right]=2\Delta p\left(\frac{2R}{r}-3\right)$$

即

$$\frac{a^2 r_a^2}{r_b+r_c}+\frac{b^2 r_b^2}{r_c+r_a}+\frac{c^2 r_c^2}{r_a+r_b} \geqslant 2\Delta p\left(\frac{2R}{r}-3\right)$$

其次证明左边不等式.

由例 2.52 知

$$\frac{a^2 r_a^2}{r_b+r_c}+\frac{b^2 r_b^2}{r_c+r_a}+\frac{c^2 r_c^2}{r_a+r_b}=\Delta p\left[\frac{4R}{r}\left(\frac{4R+r}{p}\right)^2-\frac{12R}{r}+2\right]$$

在$\triangle ABC$中,有

$$\frac{R}{r}+1 \geqslant \left(\frac{4R+r}{p}\right)^2$$

从而

$$\frac{a^2 r_a^2}{r_b+r_c}+\frac{b^2 r_b^2}{r_c+r_a}+\frac{c^2 r_c^2}{r_a+r_b} \leqslant \Delta p\left[\frac{4R}{r}\left(\frac{R}{r}+1\right)-\frac{12R}{r}+2\right]=$$

$$\Delta p\left[4\left(\frac{R}{r}\right)^2-\frac{8R}{r}+2\right] \leqslant \Delta p \cdot \frac{R}{r}\left(\frac{4R}{r}-7\right)$$

即

$$\Delta p \cdot \frac{R}{r}\left(\frac{4R}{r}-7\right) \geqslant \frac{a^2 r_a^2}{r_b+r_c}+\frac{b^2 r_b^2}{r_c+r_a}+\frac{c^2 r_c^2}{r_a+r_b}$$

综上所述,例 3.46 成立.

例 3.47 在$\triangle ABC$中,试证明

$$4\Delta p\left(\frac{2R}{r}-3\right)\geqslant\frac{c^2r_c^2+b^2r_b^2}{r_b+r_c}+\frac{c^2r_c^2+a^2r_a^2}{r_c+r_a}+\frac{b^2r_b^2+a^2r_a^2}{r_a+r_b}\geqslant2\Delta p\left(\frac{3R}{r}-4\right)$$

证明 首先证明右边不等式.

由例 2.53 知

$$\frac{c^2r_c^2+b^2r_b^2}{r_b+r_c}+\frac{c^2r_c^2+a^2r_a^2}{r_c+r_a}+\frac{b^2r_b^2+a^2r_a^2}{r_a+r_b}=\Delta p\cdot\frac{r}{2R}\left[16\left(\frac{R}{r}\right)^2-\frac{12R}{r}+\left(\frac{4R+r}{p}\right)^2-\left(\frac{p}{r}\right)^2\right]$$

在$\triangle ABC$中,有

$$\left(\frac{4R+r}{p}\right)^2\geqslant4-\frac{2r}{R}$$

在$\triangle ABC$中,有格雷森不等式

$$4\left(\frac{R}{r}\right)^2+\frac{4R}{r}+3\geqslant\left(\frac{p}{r}\right)^2$$

从而

$$\frac{c^2r_c^2+b^2r_b^2}{r_b+r_c}+\frac{c^2r_c^2+a^2r_a^2}{r_c+r_a}+\frac{b^2r_b^2+a^2r_a^2}{r_a+r_b}\geqslant\Delta p\cdot\frac{r}{2R}\left[12\left(\frac{R}{r}\right)^2-\frac{16R}{r}+1-\frac{2r}{R}\right]=2\Delta p\left(\frac{3R}{r}-4\right)$$

即

$$\frac{c^2r_c^2+b^2r_b^2}{r_b+r_c}+\frac{c^2r_c^2+a^2r_a^2}{r_c+r_a}+\frac{b^2r_b^2+a^2r_a^2}{r_a+r_b}\geqslant2\Delta p\left(\frac{3R}{r}-4\right)$$

其次证明左边不等式.

由例 2.53 知

$$\frac{c^2r_c^2+b^2r_b^2}{r_b+r_c}+\frac{c^2r_c^2+a^2r_a^2}{r_c+r_a}+\frac{b^2r_b^2+a^2r_a^2}{r_a+r_b}=\Delta p\cdot\frac{r}{2R}\left[16\left(\frac{R}{r}\right)^2-\frac{12R}{r}+\left(\frac{4R+r}{p}\right)^2-\left(\frac{p}{r}\right)^2\right]$$

在$\triangle ABC$中,有

$$\frac{R}{r}+1\geqslant\left(\frac{4R+r}{p}\right)^2$$

在$\triangle ABC$中,有格雷森不等式

$$\left(\frac{p}{r}\right)^2\geqslant\frac{16R}{r}-5$$

从而

$$\frac{c^2r_c^2+b^2r_b^2}{r_b+r_c}+\frac{c^2r_c^2+a^2r_a^2}{r_c+r_a}+\frac{b^2r_b^2+a^2r_a^2}{r_a+r_b}\leqslant\Delta p\cdot\frac{r}{2R}\left[16\left(\frac{R}{r}\right)^2-\frac{27R}{r}+6\right]\leqslant$$
$$4\Delta p\left(\frac{2R}{r}-3\right)$$

即

$$4\Delta p\left(\frac{2R}{r}-3\right)\geqslant\frac{c^2r_c^2+b^2r_b^2}{r_b+r_c}+\frac{c^2r_c^2+a^2r_a^2}{r_c+r_a}+\frac{b^2r_b^2+a^2r_a^2}{r_a+r_b}$$

综上所述,例 3.47 成立.

例 3.48 在$\triangle ABC$中,试证明

$$\Delta^2 r\cdot\left(\frac{R}{r}\right)^2\left(\frac{64R}{r}-119\right)\geqslant a^2 r_a^3+b^2 r_b^3+c^2 r_c^3\geqslant\Delta^2 r\cdot\frac{2R}{r}\left[8\left(\frac{R}{r}\right)^2-\frac{16R}{r}+9\right]$$

证明 首先证明右边不等式.

由例 2.54 知

$$a^2 r_a^3+b^2 r_b^3+c^2 r_c^3=\Delta^2 r\left[\left(\frac{4R}{r}\right)^2\left(\frac{4R}{r}+1\right)-\frac{12R}{r}\left(\frac{p}{r}\right)^2+4\left(\frac{p}{r}\right)^2\right]$$

在$\triangle ABC$中,有格雷森不等式

$$4\left(\frac{R}{r}\right)^2+\frac{4R}{r}+3\geqslant\left(\frac{p}{r}\right)^2\geqslant\frac{16R}{r}-5$$

从而

$$a^2 r_a^3+b^2 r_b^3+c^2 r_c^3\geqslant\Delta^2 r\left\{\left(\frac{4R}{r}\right)^2\left(\frac{4R}{r}+1\right)-\frac{12R}{r}\left[4\left(\frac{R}{r}\right)^2+\frac{4R}{r}+3\right]+4\left(\frac{16R}{r}-5\right)\right\}=$$

$$\Delta^2 r\left[16\left(\frac{R}{r}\right)^3-32\left(\frac{R}{r}\right)^2+\frac{28R}{r}-20\right]\geqslant$$

$$\Delta^2 r\cdot\frac{2R}{r}\left[8\left(\frac{R}{r}\right)^2-\frac{16R}{r}+9\right]$$

即

$$a^2 r_a^3+b^2 r_b^3+c^2 r_c^3\geqslant\Delta^2 r\cdot\frac{2R}{r}\left[8\left(\frac{R}{r}\right)^2-\frac{16R}{r}+9\right]$$

其次证明左边不等式

由例 2.54 知

$$a^2 r_a^3+b^2 r_b^3+c^2 r_c^3=\Delta^2 r\left[\left(\frac{4R}{r}\right)^2\left(\frac{4R}{r}+1\right)-\frac{12R}{r}\left(\frac{p}{r}\right)^2+4\left(\frac{p}{r}\right)^2\right]$$

在$\triangle ABC$中,有格雷森不等式

$$4\left(\frac{R}{r}\right)^2+\frac{4R}{r}+3\geqslant\left(\frac{p}{r}\right)^2\geqslant\frac{16R}{r}-5$$

从而

$$a^2 r_a^3+b^2 r_b^3+c^2 r_c^3\leqslant\Delta^2 r\left\{\left(\frac{4R}{r}\right)^2\left(\frac{4R}{r}+1\right)-\frac{12R}{r}\left(\frac{16R}{r}-5\right)+4\left[4\left(\frac{R}{r}\right)^2+\frac{4R}{r}+3\right]\right\}=$$

$$\Delta^2 r\left[64\left(\frac{R}{r}\right)^3-160\left(\frac{R}{r}\right)^2+\frac{76R}{r}+12\right]\leqslant\Delta^2 r\cdot\left(\frac{R}{r}\right)^2\left(\frac{64R}{r}-119\right)$$

即

$$\Delta^2 r\cdot\left(\frac{R}{r}\right)^2\left(\frac{64R}{r}-119\right)\geqslant a^2 r_a^3+b^2 r_b^3+c^2 r_c^3$$

综上所述,例 3.48 成立.

例 3.49 在$\triangle ABC$中,试证明

$$\Delta^2 r\left[64\left(\frac{R}{r}\right)^3-112\left(\frac{R}{r}\right)^2-\frac{4R}{r}+16\right]\geqslant(b^2+c^2)r_a^3+(a^2+c^2)r_b^3+(a^2+b^2)r_c^3\geqslant$$
$$\Delta^2 r\left[-16\left(\frac{R}{r}\right)^3+64\left(\frac{R}{r}\right)^2-\frac{22R}{r}-12\right]$$

证明 首先证明右边不等式.

由例 2.55 知

$(b^2+c^2)r_a^3+(a^2+c^2)r_b^3+(a^2+b^2)r_c^3=$

$$\Delta^2 r\left[64\left(\frac{R}{r}\right)^3+176\left(\frac{R}{r}\right)^2+\frac{48R}{r}-\frac{12R}{r}\left(\frac{p}{r}\right)^2-2\left(\frac{4R}{r}+1\right)^2\left(\frac{4R+r}{p}\right)^2-4\left(\frac{p}{r}\right)^2+2\right]$$

在$\triangle ABC$中,有格雷森不等式

$$4\left(\frac{R}{r}\right)^2+\frac{4R}{r}+3\geqslant\left(\frac{p}{r}\right)^2$$

在$\triangle ABC$中,又有

$$\frac{R}{r}+1\geqslant\left(\frac{4R+r}{p}\right)^2$$

从而

$(b^2+c^2)r_a^3+(a^2+c^2)r_b^3+(a^2+b^2)r_c^3\geqslant$

$$\Delta^2 r\left\{64\left(\frac{R}{r}\right)^3+160\left(\frac{R}{r}\right)^2+\frac{32R}{r}-\frac{12R}{r}\left[4\left(\frac{R}{r}\right)^2+\frac{4R}{r}+3\right]-2\left(\frac{4R}{r}+1\right)^2\left(\frac{R}{r}+1\right)-10\right\}=$$
$$\Delta^2 r\left[-16\left(\frac{R}{r}\right)^3+64\left(\frac{R}{r}\right)^2-\frac{22R}{r}-12\right]$$

即

$$(b^2+c^2)r_a^3+(a^2+c^2)r_b^3+(a^2+b^2)r_c^3\geqslant\Delta^2 r\left[-16\left(\frac{R}{r}\right)^3+64\left(\frac{R}{r}\right)^2-\frac{22R}{r}-12\right]$$

其次证明左边不等式.

由例 2.55 知

$(b^2+c^2)r_a^3+(a^2+c^2)r_b^3+(a^2+b^2)r_c^3=$

$$\Delta^2 r\left[64\left(\frac{R}{r}\right)^3+176\left(\frac{R}{r}\right)^2+\frac{48R}{r}-\frac{12R}{r}\left(\frac{p}{r}\right)^2-2\left(\frac{4R}{r}+1\right)^2\left(\frac{4R+r}{p}\right)^2-4\left(\frac{p}{r}\right)^2+2\right]$$

在$\triangle ABC$中,有格雷森不等式

$$\left(\frac{p}{r}\right)^2\geqslant\frac{16R}{r}-5$$

在$\triangle ABC$中,有

$$\left(\frac{4R+r}{p}\right)^2\geqslant 3$$

从而

$(b^2+c^2)r_a^3+(a^2+c^2)r_b^3+(a^2+b^2)r_c^3\leqslant$

$$\Delta^2 r\left[64\left(\frac{R}{r}\right)^3+176\left(\frac{R}{r}\right)^2+\frac{48R}{r}-\frac{12R}{r}\left(\frac{16R}{r}-5\right)-6\left(\frac{4R}{r}+1\right)^2-4\left(\frac{16R}{r}-5\right)+2\right]=$$

$$\Delta^2 r\left[64\left(\frac{R}{r}\right)^3-112\left(\frac{R}{r}\right)^2-\frac{4R}{r}+16\right]$$

即

$$\Delta^2 r\left[64\left(\frac{R}{r}\right)^3-112\left(\frac{R}{r}\right)^2-\frac{4R}{r}+16\right]\geqslant(b^2+c^2)r_a^3+(a^2+c^2)r_b^3+(a^2+b^2)r_c^3$$

综上所述,例 3.49 成立.

例 3.50 在$\triangle ABC$中,试证明

$$\Delta r^2\cdot\left(\frac{R}{r}\right)^2\left(\frac{64R}{r}-119\right)\geqslant\frac{a^3r_a^2}{r_b+r_c}+\frac{b^3r_b^2}{r_c+r_a}+\frac{c^3r_c^2}{r_a+r_b}\geqslant\Delta r^2\frac{2R}{r}\left[8\left(\frac{R}{r}\right)^2-\frac{16R}{r}+9\right]$$

证明 首先证明右边不等式.

由例 2.56 知

$$\frac{a^3r_a^2}{r_b+r_c}+\frac{b^3r_b^2}{r_c+r_a}+\frac{c^3r_c^2}{r_a+r_b}=\Delta r^2\left[\left(\frac{4R}{r}\right)^2\left(\frac{4R}{r}+1\right)-\frac{12R}{r}\left(\frac{p}{r}\right)^2+4\left(\frac{p}{r}\right)^2\right]$$

在$\triangle ABC$中,有格雷森不等式

$$4\left(\frac{R}{r}\right)^2+\frac{4R}{r}+3\geqslant\left(\frac{p}{r}\right)^2\geqslant\frac{16R}{r}-5$$

从而

$$\frac{a^3r_a^2}{r_b+r_c}+\frac{b^3r_b^2}{r_c+r_a}+\frac{c^3r_c^2}{r_a+r_b}\geqslant\Delta r^2\left\{\left(\frac{4R}{r}\right)^2\left(\frac{4R}{r}+1\right)-\frac{12R}{r}\left[4\left(\frac{R}{r}\right)^2+\frac{4R}{r}+3\right]+4\left(\frac{16R}{r}-5\right)\right\}=$$

$$\Delta r^2\left[16\left(\frac{R}{r}\right)^3-32\left(\frac{R}{r}\right)^2+\frac{28R}{r}-20\right]\geqslant$$

$$\Delta r^2\cdot\frac{2R}{r}\left[8\left(\frac{R}{r}\right)^2-\frac{16R}{r}+9\right]$$

即

$$\frac{a^3r_a^2}{r_b+r_c}+\frac{b^3r_b^2}{r_c+r_a}+\frac{c^3r_c^2}{r_a+r_b}\geqslant\Delta r^2\cdot\frac{2R}{r}\left[8\left(\frac{R}{r}\right)^2-\frac{16R}{r}+9\right]$$

其次证明左边不等式.

由例 2.56 知

$$\frac{a^3r_a^2}{r_b+r_c}+\frac{b^3r_b^2}{r_c+r_a}+\frac{c^3r_c^2}{r_a+r_b}=\Delta r^2\left[\left(\frac{4R}{r}\right)^2\left(\frac{4R}{r}+1\right)-\frac{12R}{r}\left(\frac{p}{r}\right)^2+4\left(\frac{p}{r}\right)^2\right]$$

在$\triangle ABC$中,有格雷森不等式

$$4\left(\frac{R}{r}\right)^2+\frac{4R}{r}+3\geqslant\left(\frac{p}{r}\right)^2\geqslant\frac{16R}{r}-5$$

从而

$$\frac{a^3r_a^2}{r_b+r_c}+\frac{b^3r_b^2}{r_c+r_a}+\frac{c^3r_c^2}{r_a+r_b}\leqslant\Delta^2 r\left\{\left(\frac{4R}{r}\right)^2\left(\frac{4R}{r}+1\right)-\frac{12R}{r}\left(\frac{16R}{r}-5\right)+4\left[4\left(\frac{R}{r}\right)^2+\frac{4R}{r}+3\right]\right\}=$$

$$\Delta r^2\left[64\left(\frac{R}{r}\right)^3-160\left(\frac{R}{r}\right)^2+\frac{76R}{r}+12\right]\leqslant$$

$$\Delta r^2\cdot\left(\frac{R}{r}\right)^2\left(\frac{64R}{r}-119\right)$$

即

$$\Delta r^2\cdot\left(\frac{R}{r}\right)^2\left(\frac{64R}{r}-119\right)\geqslant\frac{a^3r_a^2}{r_b+r_c}+\frac{b^3r_b^2}{r_c+r_a}+\frac{c^3r_c^2}{r_a+r_b}$$

综上所述,例 3.50 成立.

例 3.51　在$\triangle ABC$中,试证明

$$\Delta p^2\cdot\frac{r}{2R}\left[8\left(\frac{R}{r}\right)^3+22\left(\frac{R}{r}\right)^2-\frac{1\ 915R}{27r}+\frac{14}{27}\right]\geqslant$$

$$\frac{c^3r_c^2+b^3r_b^2}{r_b+r_c}+\frac{c^3r_c^2+a^3r_a^2}{r_c+r_a}+\frac{b^3r_b^2+a^3r_a^2}{r_a+r_b}\geqslant$$

$$\Delta p^2\cdot\frac{r}{2R}\left[36\left(\frac{R}{r}\right)^2-\frac{28R}{r}+8-\frac{128}{27}\left(\frac{R}{r}\right)^4-\frac{32}{27}\left(\frac{R}{r}\right)^3\right]$$

证明　首先证明右边不等式.

由例 2.57 知

$$\frac{c^3r_c^2+b^3r_b^2}{r_b+r_c}+\frac{c^3r_c^2+a^3r_a^2}{r_c+r_a}+\frac{b^3r_b^2+a^3r_a^2}{r_a+r_b}=$$

$$\Delta p^2\cdot\frac{r}{2R}\left\{\left[\left(\frac{4R+r}{p}\right)^2+1\right]\left[8\left(\frac{R}{r}\right)^2-\frac{2R}{r}+3\right]+8\left(\frac{R}{r}\right)^2-\frac{16R}{r}-1-\frac{32R^3}{\Delta p}\left(\frac{4R}{r}+1\right)-\left(\frac{p}{r}\right)^2\right\}$$

在$\triangle ABC$中,有格雷森不等式

$$4\left(\frac{R}{r}\right)^2+\frac{4R}{r}+3\geqslant\left(\frac{p}{r}\right)^2$$

在$\triangle ABC$中,又有

$$\left(\frac{4R+r}{p}\right)^2\geqslant3$$

$$\Delta\geqslant3\sqrt{3}r^2$$

$$p\geqslant3\sqrt{3}r$$

从而

$$\frac{c^3r_c^2+b^3r_b^2}{r_b+r_c}+\frac{c^3r_c^2+a^3r_a^2}{r_c+r_a}+\frac{b^3r_b^2+a^3r_a^2}{r_a+r_b}\geqslant$$

$$\Delta p^2\cdot\frac{r}{2R}\left\{4\left[8\left(\frac{R}{r}\right)^2-\frac{2R}{r}+3\right]+4\left(\frac{R}{r}\right)^2-\frac{20R}{r}-4-\frac{32R^3}{27r^3}\left(\frac{4R}{r}+1\right)\right\}=$$

$$\Delta p^2\cdot\frac{r}{2R}\left\{36\left(\frac{R}{r}\right)^2-\frac{28R}{r}+8-\frac{128}{27}\left(\frac{R}{r}\right)^4-\frac{32}{27}\left(\frac{R}{r}\right)^3\right\}$$

即

$$\frac{c^3r_c^2+b^3r_b^2}{r_b+r_c}+\frac{c^3r_c^2+a^3r_a^2}{r_c+r_a}+\frac{b^3r_b^2+a^3r_a^2}{r_a+r_b}\geqslant$$

$$\Delta p^2\cdot\frac{r}{2R}\left[36\left(\frac{R}{r}\right)^2-\frac{28R}{r}+8-\frac{128}{27}\left(\frac{R}{r}\right)^4-\frac{32}{27}\left(\frac{R}{r}\right)^3\right]$$

其次证明左边不等式.

由例 2.57 知

$$\frac{c^3r_c^2+b^3r_b^2}{r_b+r_c}+\frac{c^3r_c^2+a^3r_a^2}{r_c+r_a}+\frac{b^3r_b^2+a^3r_a^2}{r_a+r_b}=$$

$$\Delta p^2\cdot\frac{r}{2R}\left\{\left[\left(\frac{4R+r}{p}\right)^2+1\right]\left[8\left(\frac{R}{r}\right)^2-\frac{2R}{r}+3\right]+8\left(\frac{R}{r}\right)^2-\frac{16R}{r}-1-\frac{32R^3}{\Delta p}\left(\frac{4R}{r}+1\right)-\left(\frac{p}{r}\right)^2\right\}$$

在$\triangle ABC$中，有格雷森不等式

$$\left(\frac{p}{r}\right)^2\geqslant\frac{16R}{r}-5$$

在$\triangle ABC$中，有

$$\frac{R}{r}+1\geqslant\left(\frac{4R+r}{p}\right)^2$$

$$\frac{3\sqrt{3}}{4}R^2\geqslant\Delta$$

$$\frac{3\sqrt{3}}{2}R\geqslant p$$

从而

$$\frac{c^3r_c^2+b^3r_b^2}{r_b+r_c}+\frac{c^3r_c^2+a^3r_a^2}{r_c+r_a}+\frac{b^3r_b^2+a^3r_a^2}{r_a+r_b}\leqslant$$

$$\Delta p^2\cdot\frac{r}{2R}\left\{\left(\frac{R}{r}+2\right)\left[8\left(\frac{R}{r}\right)^2-\frac{2R}{r}+3\right]+8\left(\frac{R}{r}\right)^2-\frac{32R}{r}+4-\frac{256}{27}\left(\frac{4R}{r}+1\right)\right\}=$$

$$\Delta p^2\cdot\frac{r}{2R}\left\{8\left(\frac{R}{r}\right)^3+22\left(\frac{R}{r}\right)^2-\frac{1\,915R}{27r}+\frac{14}{27}\right\}$$

即

$$\Delta p^2\cdot\frac{r}{2R}\left[8\left(\frac{R}{r}\right)^3+22\left(\frac{R}{r}\right)^2-\frac{1\,915R}{27r}+\frac{14}{27}\right]\geqslant\frac{c^3r_c^2+b^3r_b^2}{r_b+r_c}+\frac{c^3r_c^2+a^3r_a^2}{r_c+r_a}+\frac{b^3r_b^2+a^3r_a^2}{r_a+r_b}$$

综上所述，例 3.51 成立.

例 3.52 在$\triangle ABC$中，试证明

$$\Delta^3\left[64\left(\frac{R}{r}\right)^3-168\left(\frac{R}{r}\right)^2+\frac{84R}{r}+16\right]\geqslant a^3r_a^3+b^3r_b^3+c^3r_c^3\geqslant$$

$$4\Delta^3\left[4\left(\frac{R}{r}\right)^3-12\left(\frac{R}{r}\right)^2+\frac{15R}{r}-8\right]$$

证明 首先证明右边不等式.

由例 2.58 知

$$a^3r_a^3+b^3r_b^3+c^3r_c^3=\Delta^3\left[64\left(\frac{R}{r}\right)^3-\frac{12R}{r}\left(\frac{p}{r}\right)^2+6\left(\frac{p}{r}\right)^2-2\right]$$

在△ABC中,有格雷森不等式

$$4\left(\frac{R}{r}\right)^2+\frac{4R}{r}+3\geqslant\left(\frac{p}{r}\right)^2\geqslant\frac{16R}{r}-5$$

从而

$$a^3r_a^3+b^3r_b^3+c^3r_c^3\geqslant\Delta^3\left\{64\left(\frac{R}{r}\right)^3-\frac{12R}{r}\left[4\left(\frac{R}{r}\right)^2+\frac{4R}{r}+3\right]+6\left(\frac{16R}{r}-5\right)-2\right\}=$$

$$4\Delta^3\left\{4\left(\frac{R}{r}\right)^3-12\left(\frac{R}{r}\right)^2+\frac{15R}{r}-8\right\}$$

即

$$a^3r_a^3+b^3r_b^3+c^3r_c^3\geqslant4\Delta^3\left\{4\left(\frac{R}{r}\right)^3-12\left(\frac{R}{r}\right)^2+\frac{15R}{r}-8\right\}$$

其次证明左边不等式.

由例 2.58 知

$$a^3r_a^3+b^3r_b^3+c^3r_c^3=\Delta^3\left[64\left(\frac{R}{r}\right)^3-\frac{12R}{r}\left(\frac{p}{r}\right)^2+6\left(\frac{p}{r}\right)^2-2\right]$$

在△ABC中,有格雷森不等式

$$4\left(\frac{R}{r}\right)^2+\frac{4R}{r}+3\geqslant\left(\frac{p}{r}\right)^2\geqslant\frac{16R}{r}-5$$

从而

$$a^3r_a^3+b^3r_b^3+c^3r_c^3\leqslant\Delta^3\left\{64\left(\frac{R}{r}\right)^3-\frac{12R}{r}\left(\frac{16R}{r}-5\right)+6\left[4\left(\frac{R}{r}\right)^2+\frac{4R}{r}+3\right]-2\right\}=$$

$$\Delta^3\left\{64\left(\frac{R}{r}\right)^3-168\left(\frac{R}{r}\right)^2+\frac{84R}{r}+16\right\}$$

即

$$\Delta^3\left\{64\left(\frac{R}{r}\right)^3-168\left(\frac{R}{r}\right)^2+\frac{84R}{r}+16\right\}\geqslant a^3r_a^3+b^3r_b^3+c^3r_c^3$$

综上所述,例 3.52 成立.

例 3.53　在△ABC中,试证明

$$16\Delta^3\left[4\left(\frac{R}{r}\right)^3-6\left(\frac{R}{r}\right)^2-\frac{3R}{r}+1\right]\geqslant(b^3+c^3)r_a^3+(a^3+c^3)r_b^3+(a^3+b^3)r_c^3\geqslant$$

$$\Delta^3\left[-32\left(\frac{R}{r}\right)^3+84\left(\frac{R}{r}\right)^2-\frac{6R}{r}-20\right]$$

证明　首先证明右边不等式.

由例 2.59 知

$(b^3+c^3)r_a^3+(a^3+c^3)r_b^3+(a^3+b^3)r_c^3=$

$$\Delta^3\left[64\left(\frac{R}{r}\right)^3+240\left(\frac{R}{r}\right)^2+\frac{96R}{r}-\frac{12R}{r}\left(\frac{p}{r}\right)^2-6\left(\frac{p}{r}\right)^2-6\left(\frac{2R}{r}+1\right)\left(\frac{4R}{r}+1\right)\left(\frac{4R+r}{p}\right)^2+4\right]$$

在△ABC中,有格雷森不等式

$$4\left(\frac{R}{r}\right)^2+\frac{4R}{r}+3\geqslant\left(\frac{p}{r}\right)^2$$

在△ABC中,又有

$$\frac{R}{r}+1\geqslant\left(\frac{4R+r}{p}\right)^2$$

从而

$$\begin{aligned}&(b^3+c^3)r_a^3+(a^3+c^3)r_b^3+(a^3+b^3)r_c^3\geqslant\\&\Delta^3\left\{64\left(\frac{R}{r}\right)^3+240\left(\frac{R}{r}\right)^2+\frac{96R}{r}-\frac{12R}{r}\left[4\left(\frac{R}{r}\right)^2+\frac{4R}{r}+3\right]-\right.\\&\left.6\left[4\left(\frac{R}{r}\right)^2+\frac{4R}{r}+3\right]-6\left(\frac{2R}{r}+1\right)\left(\frac{4R}{r}+1\right)\left(\frac{R}{r}+1\right)+4\right\}=\\&\Delta^3\left[-32\left(\frac{R}{r}\right)^3+84\left(\frac{R}{r}\right)^2-\frac{6R}{r}-20\right]\end{aligned}$$

即

$$(b^3+c^3)r_a^3+(a^3+c^3)r_b^3+(a^3+b^3)r_c^3\geqslant\Delta^3\left[-32\left(\frac{R}{r}\right)^3+84\left(\frac{R}{r}\right)^2-\frac{6R}{r}-20\right]$$

其次证明左边不等式.

由例2.59知

$(b^3+c^3)r_a^3+(a^3+c^3)r_b^3+(a^3+b^3)r_c^3=$

$$\Delta^3\left[64\left(\frac{R}{r}\right)^3+240\left(\frac{R}{r}\right)^2+\frac{96R}{r}-\frac{12R}{r}\left(\frac{p}{r}\right)^2-6\left(\frac{p}{r}\right)^2-6\left(\frac{2R}{r}+1\right)\left(\frac{4R}{r}+1\right)\left(\frac{4R+r}{p}\right)^2+4\right]$$

在△ABC中,有格雷森不等式

$$\left(\frac{p}{r}\right)^2\geqslant\frac{16R}{r}-5$$

在△ABC中,有

$$\left(\frac{4R+r}{p}\right)^2\geqslant3$$

从而

$$\begin{aligned}&(b^3+c^3)r_a^3+(a^3+c^3)r_b^3+(a^3+b^3)r_c^3\leqslant\\&\Delta^3\left[64\left(\frac{R}{r}\right)^3+240\left(\frac{R}{r}\right)^2+\frac{96R}{r}-\frac{12R}{r}\left(\frac{16R}{r}-5\right)-6\left(\frac{16R}{r}-5\right)-18\left(\frac{2R}{r}+1\right)\left(\frac{4R}{r}+1\right)+4\right]=\\&16\Delta^3\left[4\left(\frac{R}{r}\right)^3-6\left(\frac{R}{r}\right)^2-\frac{3R}{r}+1\right]\end{aligned}$$

即

$$16\Delta^3\left[4\left(\frac{R}{r}\right)^3-6\left(\frac{R}{r}\right)^2-\frac{3R}{r}+1\right]\geqslant(b^3+c^3)r_a^3+(a^3+c^3)r_b^3+(a^3+b^3)r_c^3$$

综上所述,例 3.53 成立.

例 3.54　在△ABC 中,试证明

$$8\Delta^2r^2\left[8\left(\frac{R}{r}\right)^4-12\left(\frac{R}{r}\right)^3-3\left(\frac{R}{r}\right)^2-\frac{5R}{r}+8\right]\geqslant a^4r_a^2+b^4r_b^2+c^4r_c^2\geqslant$$
$$8\Delta^2r^2\left[16\left(\frac{R}{r}\right)^3-37\left(\frac{R}{r}\right)^2+\frac{21R}{r}-4\right]$$

证明　首先证明右边不等式.

由例 2.60 知

$$a^4r_a^2+b^4r_b^2+c^4r_c^2=2\Delta^2r^2\left\{\left(\frac{p}{r}\right)^2\left[8\left(\frac{R}{r}\right)^2-\frac{4R}{r}-\left(\frac{p}{r}\right)^2+6\right]-\left(\frac{4R}{r}+1\right)\right\}$$

在△ABC 中,有格雷森不等式

$$4\left(\frac{R}{r}\right)^2+\frac{4R}{r}+3\geqslant\left(\frac{p}{r}\right)^2\geqslant\frac{16R}{r}-5$$

从而

$$a^4r_a^2+b^4r_b^2+c^4r_c^2\geqslant2\Delta^2r^2\left\{\left(\frac{16R}{r}-5\right)\left[4\left(\frac{R}{r}\right)^2-\frac{8R}{r}+3\right]-\left(\frac{4R}{r}+1\right)\right\}=$$
$$8\Delta^2r^2\left[16\left(\frac{R}{r}\right)^3-37\left(\frac{R}{r}\right)^2+\frac{21R}{r}-4\right]$$

即

$$a^4r_a^2+b^4r_b^2+c^4r_c^2\geqslant8\Delta^2r^2\left[16\left(\frac{R}{r}\right)^3-37\left(\frac{R}{r}\right)^2+\frac{21R}{r}-4\right]$$

其次证明左边不等式.

由例 2.60 知

$$a^4r_a^2+b^4r_b^2+c^4r_c^2=2\Delta^2r^2\left\{\left(\frac{p}{r}\right)^2\left[8\left(\frac{R}{r}\right)^2-\frac{4R}{r}-\left(\frac{p}{r}\right)^2+6\right]-\left(\frac{4R}{r}+1\right)\right\}$$

在△ABC 中,有格雷森不等式

$$4\left(\frac{R}{r}\right)^2+\frac{4R}{r}+3\geqslant\left(\frac{p}{r}\right)^2\geqslant\frac{16R}{r}-5$$

从而

$$a^4r_a^2+b^4r_b^2+c^4r_c^2\leqslant2\Delta^2r^2\left\{\left[4\left(\frac{R}{r}\right)^2+\frac{4R}{r}+3\right]\left[8\left(\frac{R}{r}\right)^2-\frac{20R}{r}+11\right]-\left(\frac{4R}{r}+1\right)\right\}\leqslant$$
$$8\Delta^2r^2\left[8\left(\frac{R}{r}\right)^4-12\left(\frac{R}{r}\right)^3-3\left(\frac{R}{r}\right)^2-\frac{5R}{r}+8\right]$$

即

$$8\Delta^2r^2\left[8\left(\frac{R}{r}\right)^4-12\left(\frac{R}{r}\right)^3-3\left(\frac{R}{r}\right)^2-\frac{5R}{r}+8\right]\geqslant a^4r_a^2+b^4r_b^2+c^4r_c^2$$

综上所述,例 3.54 成立.

例 3.55　在△ABC 中,试证明

$$2\Delta^2r^2\left[32\left(\frac{R}{r}\right)^4-32\left(\frac{R}{r}\right)^3-48\left(\frac{R}{r}\right)^2+\frac{25R}{r}+30\right]\geqslant$$

$$(b^4+c^4)r_a^2+(a^4+c^4)r_b^2+(a^4+b^4)r_c^2\geqslant$$
$$8\Delta^2r^2\left[-16\left(\frac{R}{r}\right)^3+55\left(\frac{R}{r}\right)^2-\frac{25R}{r}-6\right]$$

证明 首先证明右边不等式.

由例 2.61 知

$$(b^4+c^4)r_a^2+(a^4+c^4)r_b^2+(a^4+b^4)r_c^2=$$
$$2\Delta^2r^2\left\{\left(\frac{p}{r}\right)^2\left[8\left(\frac{R}{r}\right)^2+\frac{28R}{r}-\left(\frac{p}{r}\right)^2+7\right]+\left(\frac{4R+r}{p}\right)^2\left(\frac{4R}{r}+1\right)^2-\left(\frac{8R}{r}+8\right)\left(\frac{4R}{r}+1\right)^2+\frac{4R}{r}+1\right\}$$

在$\triangle ABC$中,有格雷森不等式

$$4\left(\frac{R}{r}\right)^2+\frac{4R}{r}+3\geqslant\left(\frac{p}{r}\right)^2\geqslant\frac{16R}{r}-5$$

在$\triangle ABC$中,有

$$\left(\frac{4R}{r}+1\right)^2\geqslant3$$

从而

$$(b^4+c^4)r_a^2+(a^4+c^4)r_b^2+(a^4+b^4)r_c^2\geqslant$$
$$2\Delta^2r^2\left\{\left(\frac{16R}{r}-5\right)\left[4\left(\frac{R}{r}\right)^2+\frac{24R}{r}+4\right]+3\left(\frac{4R}{r}+1\right)^2-\left(\frac{8R}{r}+8\right)\left(\frac{4R}{r}+1\right)^2+\frac{4R}{r}+1\right\}=$$
$$8\Delta^2r^2\left[-16\left(\frac{R}{r}\right)^3+55\left(\frac{R}{r}\right)^2-\frac{25R}{r}-6\right]$$

即

$$(b^4+c^4)r_a^2+(a^4+c^4)r_b^2+(a^4+b^4)r_c^2\geqslant8\Delta^2r^2\left[-16\left(\frac{R}{r}\right)^3+55\left(\frac{R}{r}\right)^2-\frac{25R}{r}-6\right]$$

其次证明左边不等式.

由例 2.61 知

$$(b^4+c^4)r_a^2+(a^4+c^4)r_b^2+(a^4+b^4)r_c^2=$$
$$2\Delta^2r^2\left\{\left(\frac{p}{r}\right)^2\left[8\left(\frac{R}{r}\right)^2+\frac{28R}{r}-\left(\frac{p}{r}\right)^2+7\right]+\left(\frac{4R+r}{p}\right)^2\left(\frac{4R}{r}+1\right)^2-\left(\frac{8R}{r}+8\right)\left(\frac{4R}{r}+1\right)^2+\frac{4R}{r}+1\right\}$$

在$\triangle ABC$中,有格雷森不等式

$$4\left(\frac{R}{r}\right)^2+\frac{4R}{r}+3\geqslant\left(\frac{p}{r}\right)^2\geqslant\frac{16R}{r}-5$$

在$\triangle ABC$中,有

$$\frac{R}{r}+1\geqslant\left(\frac{4R+r}{p}\right)^2$$

从而

$$(b^4+c^4)r_a^2+(a^4+c^4)r_b^2+(a^4+b^4)r_c^2\leqslant$$
$$2\Delta^2r^2\left\{\left[4\left(\frac{R}{r}\right)^2+\frac{4R}{r}+3\right]\left[8\left(\frac{R}{r}\right)^2+\frac{12R}{r}+12\right]+\left(\frac{R}{r}+1\right)\left(\frac{4R}{r}+1\right)^2-\left(\frac{8R}{r}+8\right)\left(\frac{4R}{r}+1\right)^2+\frac{4R}{r}+1\right\}=$$
$$2\Delta^2r^2\left[32\left(\frac{R}{r}\right)^4-32\left(\frac{R}{r}\right)^3-48\left(\frac{R}{r}\right)^2+\frac{25R}{r}+30\right]$$

即

$$2\Delta^2 r^2\left[32\left(\frac{R}{r}\right)^4-32\left(\frac{R}{r}\right)^3-48\left(\frac{R}{r}\right)^2+\frac{25R}{r}+30\right]\geqslant$$

$$(b^4+c^4)r_a^2+(a^4+c^4)r_b^2+(a^4+b^4)r_c^2$$

综上所述,例 3.55 成立.

例 3.56　在$\triangle ABC$中,试证明

$$\Delta^2 r\left[64\left(\frac{R}{r}\right)^3-168\left(\frac{R}{r}\right)^2+\frac{84R}{r}+16\right]\geqslant\frac{a^4r_a^2}{r_b+r_c}+\frac{b^4r_b^2}{r_c+r_a}+\frac{c^4r_c^2}{r_a+r_b}\geqslant$$

$$4\Delta^2 r\left[4\left(\frac{R}{r}\right)^3-12\left(\frac{R}{r}\right)^2+\frac{15R}{r}-8\right]$$

证明　首先证明右边不等式.

由例 2.62 知

$$\frac{a^4r_a^2}{r_b+r_c}+\frac{b^4r_b^2}{r_c+r_a}+\frac{c^4r_c^2}{r_a+r_b}=\Delta^2 r\left[64\left(\frac{R}{r}\right)^3-\frac{12R}{r}\left(\frac{p}{r}\right)^2+6\left(\frac{p}{r}\right)^2-2\right]$$

在$\triangle ABC$中,有格雷森不等式

$$4\left(\frac{R}{r}\right)^2+\frac{4R}{r}+3\geqslant\left(\frac{p}{r}\right)^2\geqslant\frac{16R}{r}-5$$

从而

$$\frac{a^4r_a^2}{r_b+r_c}+\frac{b^4r_b^2}{r_c+r_a}+\frac{c^4r_c^2}{r_a+r_b}\geqslant\Delta^2 r\left\{64\left(\frac{R}{r}\right)^3-\frac{12R}{r}\left[4\left(\frac{R}{r}\right)^2+\frac{4R}{r}+3\right]+6\left(\frac{16R}{r}-5\right)-2\right\}=$$

$$4\Delta^2 r\left[4\left(\frac{R}{r}\right)^3-12\left(\frac{R}{r}\right)^2+\frac{15R}{r}-8\right]$$

即

$$\frac{a^4r_a^2}{r_b+r_c}+\frac{b^4r_b^2}{r_c+r_a}+\frac{c^4r_c^2}{r_a+r_b}\geqslant4\Delta^2 r\left[4\left(\frac{R}{r}\right)^3-12\left(\frac{R}{r}\right)^2+\frac{15R}{r}-8\right]$$

其次证明左边不等式.

由例 2.62 知

$$\frac{a^4r_a^2}{r_b+r_c}+\frac{b^4r_b^2}{r_c+r_a}+\frac{c^4r_c^2}{r_a+r_b}=\Delta^2 r\left[64\left(\frac{R}{r}\right)^3-\frac{12R}{r}\left(\frac{p}{r}\right)^2+6\left(\frac{p}{r}\right)^2-2\right]$$

在$\triangle ABC$中,有格雷森不等式

$$4\left(\frac{R}{r}\right)^2+\frac{4R}{r}+3\geqslant\left(\frac{p}{r}\right)^2\geqslant\frac{16R}{r}-5$$

从而

$$\frac{a^4r_a^2}{r_b+r_c}+\frac{b^4r_b^2}{r_c+r_a}+\frac{c^4r_c^2}{r_a+r_b}\leqslant$$

$$\Delta^2 r\left\{64\left(\frac{R}{r}\right)^3-\frac{12R}{r}\left(\frac{16R}{r}-5\right)+6\left[4\left(\frac{R}{r}\right)^2+\frac{4R}{r}+3\right]-2\right\}=$$

$$\Delta^2 r\left[64\left(\frac{R}{r}\right)^3-168\left(\frac{R}{r}\right)^2+\frac{84R}{r}+16\right]$$

即

$$\Delta^2 r\left[64\left(\frac{R}{r}\right)^3-168\left(\frac{R}{r}\right)^2+\frac{84R}{r}+16\right]\geqslant\frac{a^4r_a^2}{r_b+r_c}+\frac{b^4r_b^2}{r_c+r_a}+\frac{c^4r_c^2}{r_a+r_b}$$

综上所述,例 3.56 成立.

例 3.57 在$\triangle ABC$中,试证明

$$\Delta^2\frac{2r^2}{R}\left[16\left(\frac{R}{r}\right)^4-8\left(\frac{R}{r}\right)^3-53\left(\frac{R}{r}\right)^2+\frac{35R}{r}-2\right]\geqslant$$

$$\frac{c^4r_c^2+b^4r_b^2}{r_b+r_c}+\frac{c^4r_c^2+a^4r_a^2}{r_c+r_a}+\frac{b^4r_b^2+a^4r_a^2}{r_a+r_b}\geqslant$$

$$\Delta^2\frac{r^2}{2R}\left[-16\left(\frac{R}{r}\right)^4+224\left(\frac{R}{r}\right)^3-436\left(\frac{R}{r}\right)^2+\frac{215R}{r}-30\right]$$

证明 首先证明右边不等式.

由例 2.63 知

$$\frac{c^4r_c^2+b^4r_b^2}{r_b+r_c}+\frac{c^4r_c^2+a^4r_a^2}{r_c+r_a}+\frac{b^4r_b^2+a^4r_a^2}{r_a+r_b}=$$

$$\Delta^2\frac{r^2}{2R}\left\{\left(\frac{p}{r}\right)^2\left[16\left(\frac{R}{r}\right)^2-\frac{24R}{r}+5-\left(\frac{p}{r}\right)^2\right]+72\left(\frac{R}{r}\right)^2+\frac{44R}{r}+5-\left(\frac{4R}{r}+1\right)\left(\frac{4R+r}{p}\right)^2\right\}$$

在$\triangle ABC$中,有格雷森不等式

$$4\left(\frac{R}{r}\right)^2+\frac{4R}{r}+3\geqslant\left(\frac{p}{r}\right)^2\geqslant\frac{16R}{r}-5$$

在$\triangle ABC$中,又有

$$\frac{R}{r}+1\geqslant\left(\frac{4R+r}{p}\right)^2$$

从而

$$\frac{c^4r_c^2+b^4r_b^2}{r_b+r_c}+\frac{c^4r_c^2+a^4r_a^2}{r_c+r_a}+\frac{b^4r_b^2+a^4r_a^2}{r_a+r_b}\geqslant$$

$$\Delta^2\frac{r^2}{2R}\left\{\left(\frac{16R}{r}-5\right)\left[16\left(\frac{R}{r}\right)^2-\frac{24R}{r}+5\right]-\left[4\left(\frac{R}{r}\right)^2+\frac{4R}{r}+3\right]^2+\right.$$

$$\left.72\left(\frac{R}{r}\right)^2+\frac{44R}{r}+5-\left(\frac{4R}{r}+1\right)\left(\frac{R}{r}+1\right)\right\}=$$

$$\Delta^2\frac{r^2}{2R}\left[-16\left(\frac{R}{r}\right)^4+224\left(\frac{R}{r}\right)^3-436\left(\frac{R}{r}\right)^2+\frac{215R}{r}-30\right]$$

即

$$\frac{c^4r_c^2+b^4r_b^2}{r_b+r_c}+\frac{c^4r_c^2+a^4r_a^2}{r_c+r_a}+\frac{b^4r_b^2+a^4r_a^2}{r_a+r_b}\geqslant$$

$$\Delta^2\frac{r^2}{2R}\left[-16\left(\frac{R}{r}\right)^4+224\left(\frac{R}{r}\right)^3-436\left(\frac{R}{r}\right)^2+\frac{215R}{r}-30\right]$$

其次证明左边不等式.

由例 2.63 知

$$\frac{c^4 r_c^2+b^4 r_b^2}{r_b+r_c}+\frac{c^4 r_c^2+a^4 r_a^2}{r_c+r_a}+\frac{b^4 r_b^2+a^4 r_a^2}{r_a+r_b}=$$

$$\Delta^2\frac{r^2}{2R}\left\{\left(\frac{p}{r}\right)^2\left[16\left(\frac{R}{r}\right)^2-\frac{24R}{r}+5-\left(\frac{p}{r}\right)^2\right]+72\left(\frac{R}{r}\right)^2+\frac{44R}{r}+5-\left(\frac{4R}{r}+1\right)\left(\frac{4R+r}{p}\right)^2\right\}$$

在△ABC中，有格雷森不等式

$$4\left(\frac{R}{r}\right)^2+\frac{4R}{r}+3\geqslant\left(\frac{p}{r}\right)^2\geqslant\frac{16R}{r}-5$$

在△ABC中，又有

$$\left(\frac{4R+r}{p}\right)^2\geqslant 3$$

从而

$$\frac{c^4 r_c^2+b^4 r_b^2}{r_b+r_c}+\frac{c^4 r_c^2+a^4 r_a^2}{r_c+r_a}+\frac{b^4 r_b^2+a^4 r_a^2}{r_a+r_b}\leqslant$$

$$\Delta^2\frac{r^2}{2R}\left\{\left[4\left(\frac{R}{r}\right)^2+\frac{4R}{r}+3\right]\left[16\left(\frac{R}{r}\right)^2-\frac{24R}{r}+5\right]-\left(\frac{16R}{r}-5\right)^2+\right.$$

$$\left.72\left(\frac{R}{r}\right)^2+\frac{44R}{r}+5-3\left(\frac{4R}{r}+1\right)\right\}=$$

$$\Delta^2\frac{2r^2}{R}\left[16\left(\frac{R}{r}\right)^4-8\left(\frac{R}{r}\right)^3-53\left(\frac{R}{r}\right)^2+\frac{35R}{r}-2\right]$$

即

$$\Delta^2\frac{2r^2}{R}\left[16\left(\frac{R}{r}\right)^4-8\left(\frac{R}{r}\right)^3-53\left(\frac{R}{r}\right)^2+\frac{35R}{r}-2\right]\geqslant\frac{c^4 r_c^2+b^4 r_b^2}{r_b+r_c}+\frac{c^4 r_c^2+a^4 r_a^2}{r_c+r_a}+\frac{b^4 r_b^2+a^4 r_a^2}{r_a+r_b}$$

综上所述，例3.57成立.

例3.58　在△ABC中，试证明

$$p\Delta^2\left[16\left(\frac{R}{r}\right)^3-36\left(\frac{R}{r}\right)^2+\frac{8R}{r}+6\right]\geqslant a r_a^4+b r_b^4+c r_c^4\geqslant 6p\Delta^2\left(\frac{2R}{r}-3\right)$$

证明　首先证明右边不等式.

由例2.64知

$$a r_a^4+b r_b^4+c r_c^4=p\Delta^2\left[\frac{4R}{r}\left(\frac{4R}{r}+1\right)\left(\frac{4R+r}{p}\right)^2-4\left(\frac{4R}{r}+1\right)^2+2\left(\frac{p}{r}\right)^2+\frac{28R}{r}+4\right]$$

在△ABC中，有格雷森不等式

$$\left(\frac{p}{r}\right)^2\geqslant\frac{16R}{r}-5$$

在△ABC中，又有

$$\left(\frac{4R+r}{p}\right)^2\geqslant 4-\frac{2r}{R}$$

从而

$$a r_a^4+b r_b^4+c r_c^4\geqslant p\Delta^2\left[\frac{4R}{r}\left(\frac{4R}{r}+1\right)\left(4-\frac{2r}{R}\right)-4\left(\frac{4R}{r}+1\right)^2+2\left(\frac{16R}{r}-5\right)+\frac{28R}{r}+4\right]=$$

$$6p\Delta^2\left(\frac{2R}{r}-3\right)$$

即

$$ar_a^4+br_b^4+cr_c^4\geqslant 6p\Delta^2\left(\frac{2R}{r}-3\right)$$

其次证明左边不等式.

由例 2.64 知

$$ar_a^4+br_b^4+cr_c^4=p\Delta^2\left[\frac{4R}{r}\left(\frac{4R}{r}+1\right)\left(\frac{4R+r}{p}\right)^2-4\left(\frac{4R}{r}+1\right)^2+2\left(\frac{p}{r}\right)^2+\frac{28R}{r}+4\right]$$

在$\triangle ABC$中,有格雷森不等式

$$4\left(\frac{R}{r}\right)^2+\frac{4R}{r}+3\geqslant\left(\frac{p}{r}\right)^2$$

在$\triangle ABC$中,又有

$$\frac{R}{r}+1\geqslant\left(\frac{4R+r}{p}\right)^2$$

从而

$$ar_a^4+br_b^4+cr_c^4\leqslant p\Delta^2\left[\frac{4R}{r}\left(\frac{4R}{r}+1\right)\left(\frac{R}{r}+1\right)-4\left(\frac{4R}{r}+1\right)^2+8\left(\frac{R}{r}\right)^2+\frac{36R}{r}+10\right]=$$

$$p\Delta^2\left[16\left(\frac{R}{r}\right)^3-36\left(\frac{R}{r}\right)^2+\frac{8R}{r}+6\right]$$

即

$$p\Delta^2\left[16\left(\frac{R}{r}\right)^3-36\left(\frac{R}{r}\right)^2+\frac{8R}{r}+6\right]\geqslant ar_a^4+br_b^4+cr_c^4$$

综上所述,例 3.58 成立.

例 3.59 在$\triangle ABC$中,试证明

$$p\Delta^2\left[16\left(\frac{R}{r}\right)^3-28\left(\frac{R}{r}\right)^2-\frac{6R}{r}+8\right]\geqslant(b+c)r_a^4+(a+c)r_b^4+(a+b)r_c^4\geqslant 4p\Delta^2\left(\frac{5R}{r}-7\right)$$

证明 首先证明右边不等式.

由例 2.65 知

$$(b+c)r_a^4+(a+c)r_b^4+(a+b)r_c^4=$$

$$p\Delta^2\left\{2\left[8\left(\frac{R}{r}\right)^2+\frac{6R}{r}+1\right]\left(\frac{4R+r}{p}\right)^2-4\left(\frac{4R}{r}+1\right)^2+2\left(\frac{p}{r}\right)^2+\frac{4R}{r}+4\right\}$$

在$\triangle ABC$中,有格雷森不等式

$$\left(\frac{p}{r}\right)^2\geqslant\frac{16R}{r}-5$$

在$\triangle ABC$中,又有

$$\left(\frac{4R+r}{p}\right)^2\geqslant 4-\frac{2r}{R}$$

从而

$$(b+c)r_a^4+(a+c)r_b^4+(a+b)r_c^4\geqslant$$

$$p\Delta^2\left\{2\left[8\left(\frac{R}{r}\right)^2+\frac{6R}{r}+1\right]\left(4-\frac{2r}{R}\right)-4\left(\frac{4R}{r}+1\right)^2+2\left(\frac{16R}{r}-5\right)+\frac{4R}{r}+4\right\}=$$

$$p\Delta^2\left(\frac{20R}{r}-26-\frac{4r}{R}\right)\geqslant 4p\Delta^2\left(\frac{5R}{r}-7\right)$$

$$(b+c)r_a^4+(a+c)r_b^4+(a+b)r_c^4\geqslant 4p\Delta^2\left(\frac{5R}{r}-7\right)$$

其次证明左边不等式.

由例2.65知

$$(b+c)r_a^4+(a+c)r_b^4+(a+b)r_c^4=$$

$$p\Delta^2\left\{2\left[8\left(\frac{R}{r}\right)^2+\frac{6R}{r}+1\right]\left(\frac{4R+r}{p}\right)^2-4\left(\frac{4R}{r}+1\right)^2+2\left(\frac{p}{r}\right)^2+\frac{4R}{r}+4\right\}$$

在△ABC中,有格雷森不等式

$$4\left(\frac{R}{r}\right)^2+\frac{4R}{r}+3\geqslant\left(\frac{p}{r}\right)^2$$

在△ABC中,又有

$$\frac{R}{r}+1\geqslant\left(\frac{4R+r}{p}\right)^2$$

从而

$$(b+c)r_a^4+(a+c)r_b^4+(a+b)r_c^4\leqslant$$

$$p\Delta^2\left\{2\left[8\left(\frac{R}{r}\right)^2+\frac{6R}{r}+1\right]\left(\frac{R}{r}+1\right)-4\left(\frac{4R}{r}+1\right)^2+8\left(\frac{R}{r}\right)^2+\frac{12R}{r}+10\right\}=$$

$$p\Delta^2\left[16\left(\frac{R}{r}\right)^3-28\left(\frac{R}{r}\right)^2-\frac{6R}{r}+8\right]$$

即

$$p\Delta^2\left[16\left(\frac{R}{r}\right)^3-28\left(\frac{R}{r}\right)^2-\frac{6R}{r}+8\right]\geqslant(b+c)r_a^4+(a+c)r_b^4+(a+b)r_c^4$$

综上所述,例3.59成立.

例3.60 在△ABC中,试证明

$$\Delta^2\left[16\left(\frac{R}{r}\right)^3-36\left(\frac{R}{r}\right)^2+\frac{8R}{r}+6\right]\geqslant\frac{a^2r_a^3}{r_b+r_c}+\frac{b^2r_b^3}{r_c+r_a}+\frac{c^2r_c^3}{r_a+r_b}\geqslant 6\Delta^2\left(\frac{2R}{r}-3\right)$$

证明 首先证明右边不等式.

由例2.66知

$$\frac{a^2r_a^3}{r_b+r_c}+\frac{b^2r_b^3}{r_c+r_a}+\frac{c^2r_c^3}{r_a+r_b}=$$

$$\Delta^2\left[\frac{4R}{r}\left(\frac{4R}{r}+1\right)\left(\frac{4R+r}{p}\right)^2-4\left(\frac{4R}{r}+1\right)^2+2\left(\frac{p}{r}\right)^2+\frac{28R}{r}+4\right]$$

在$\triangle ABC$中，有格雷森不等式

$$\left(\frac{p}{r}\right)^2\geqslant\frac{16R}{r}-5$$

在$\triangle ABC$中，又有

$$\left(\frac{4R+r}{p}\right)^2\geqslant 4-\frac{2r}{R}$$

从而

$$\frac{a^2r_a^3}{r_b+r_c}+\frac{b^2r_b^3}{r_c+r_a}+\frac{c^2r_c^3}{r_a+r_b}\geqslant\Delta^2\left[\frac{4R}{r}\left(\frac{4R}{r}+1\right)\left(4-\frac{2r}{R}\right)-4\left(\frac{4R}{r}+1\right)^2+2\left(\frac{16R}{r}-5\right)+\frac{28R}{r}+4\right]=6\Delta^2\left(\frac{2R}{r}-3\right)$$

即

$$\frac{a^2r_a^3}{r_b+r_c}+\frac{b^2r_b^3}{r_c+r_a}+\frac{c^2r_c^3}{r_a+r_b}\geqslant 6\Delta^2\left(\frac{2R}{r}-3\right)$$

其次证明左边不等式.

由例 2.66 知

$$\frac{a^2r_a^3}{r_b+r_c}+\frac{b^2r_b^3}{r_c+r_a}+\frac{c^2r_c^3}{r_a+r_b}=\Delta^2\left[\frac{4R}{r}\left(\frac{4R}{r}+1\right)\left(\frac{4R+r}{p}\right)^2-4\left(\frac{4R}{r}+1\right)^2+2\left(\frac{p}{r}\right)^2+\frac{28R}{r}+4\right]$$

在$\triangle ABC$中，有格雷森不等式

$$4\left(\frac{R}{r}\right)^2+\frac{4R}{r}+3\geqslant\left(\frac{p}{r}\right)^2$$

在$\triangle ABC$中，又有

$$\frac{R}{r}+1\geqslant\left(\frac{4R+r}{p}\right)^2$$

从而

$$\frac{a^2r_a^3}{r_b+r_c}+\frac{b^2r_b^3}{r_c+r_a}+\frac{c^2r_c^3}{r_a+r_b}\leqslant\Delta^2\left[\frac{4R}{r}\left(\frac{4R}{r}+1\right)\left(\frac{R}{r}+1\right)-4\left(\frac{4R}{r}+1\right)^2+8\left(\frac{R}{r}\right)^2+\frac{36R}{r}+10\right]=\Delta^2\left[16\left(\frac{R}{r}\right)^3-36\left(\frac{R}{r}\right)^2+\frac{8R}{r}+6\right]$$

即

$$\Delta^2\left[16\left(\frac{R}{r}\right)^3-36\left(\frac{R}{r}\right)^2+\frac{8R}{r}+6\right]\geqslant\frac{a^2r_a^3}{r_b+r_c}+\frac{b^2r_b^3}{r_c+r_a}+\frac{c^2r_c^3}{r_a+r_b}$$

综上所述，例 3.60 成立.

例 3.61 在$\triangle ABC$中，试证明

$$\Delta^2\frac{2R}{r}\left(\frac{16R}{r}-29\right)\geqslant\frac{c^2r_c^3+b^2r_b^3}{r_b+r_c}+\frac{c^2r_c^3+a^2r_a^3}{r_c+r_a}+\frac{b^2r_b^3+a^2r_a^3}{r_a+r_b}\geqslant 2\Delta^2\left[\left(\frac{R}{r}\right)^2+2\right]$$

证明　首先证明右边不等式.

由例 2.67 知

$$\frac{c^2r_c^3+b^2r_b^3}{r_b+r_c}+\frac{c^2r_c^3+a^2r_a^3}{r_c+r_a}+\frac{b^2r_b^3+a^2r_a^3}{r_a+r_b}=$$

$$\Delta^2\ \frac{r}{4R}\left[128\left(\frac{R}{r}\right)^3+\frac{20R}{r}-\frac{20R}{r}\left(\frac{p}{r}\right)^2+4\left(\frac{p}{r}\right)^2+4\right]$$

在△ABC中,有格雷森不等式

$$4\left(\frac{R}{r}\right)^2+\frac{4R}{r}+3\geqslant\left(\frac{p}{r}\right)^2\geqslant\frac{16R}{r}-5$$

从而

$$\frac{c^2r_c^3+b^2r_b^3}{r_b+r_c}+\frac{c^2r_c^3+a^2r_a^3}{r_c+r_a}+\frac{b^2r_b^3+a^2r_a^3}{r_a+r_b}\geqslant$$

$$\Delta^2\ \frac{r}{4R}\left\{128\left(\frac{R}{r}\right)^3+\frac{20R}{r}-\frac{20R}{r}\left[4\left(\frac{R}{r}\right)^2+\frac{4R}{r}+3\right]+4\left(\frac{16R}{r}-5\right)+4\right\}\geqslant$$

$$\Delta^2\ \frac{r}{4R}\left[48\left(\frac{R}{r}\right)^3-80\left(\frac{R}{r}\right)^2+\frac{24R}{r}-16\right]\geqslant2\Delta^2\left[\left(\frac{R}{r}\right)^2+2\right]$$

即

$$\frac{c^2r_c^3+b^2r_b^3}{r_b+r_c}+\frac{c^2r_c^3+a^2r_a^3}{r_c+r_a}+\frac{b^2r_b^3+a^2r_a^3}{r_a+r_b}\geqslant2\Delta^2\left[\left(\frac{R}{r}\right)^2+2\right]$$

其次证明左边不等式.

由例 2.67 知

$$\frac{c^2r_c^3+b^2r_b^3}{r_b+r_c}+\frac{c^2r_c^3+a^2r_a^3}{r_c+r_a}+\frac{b^2r_b^3+a^2r_a^3}{r_a+r_b}=$$

$$\Delta^2\ \frac{r}{4R}\left[128\left(\frac{R}{r}\right)^3+\frac{20R}{r}-\frac{20R}{r}\left(\frac{p}{r}\right)^2+4\left(\frac{p}{r}\right)^2+4\right]$$

在△ABC中,有格雷森不等式

$$4\left(\frac{R}{r}\right)^2+\frac{4R}{r}+3\geqslant\left(\frac{p}{r}\right)^2\geqslant\frac{16R}{r}-5$$

从而

$$\frac{c^2r_c^3+b^2r_b^3}{r_b+r_c}+\frac{c^2r_c^3+a^2r_a^3}{r_c+r_a}+\frac{b^2r_b^3+a^2r_a^3}{r_a+r_b}\leqslant$$

$$\Delta^2\ \frac{r}{4R}\left[128\left(\frac{R}{r}\right)^3+\frac{20R}{r}-\frac{20R}{r}\left(\frac{16R}{r}-5\right)+16\left(\frac{R}{r}\right)^2+\frac{16R}{r}+16\right]=$$

$$\Delta^2\ \frac{r}{4R}\left[128\left(\frac{R}{r}\right)^3-304\left(\frac{R}{r}\right)^2+\frac{136R}{r}+16\right]\leqslant$$

$$\Delta^2\ \frac{r}{4R}\left[128\left(\frac{R}{r}\right)^3-304\left(\frac{R}{r}\right)^2+\frac{136R}{r}+16\right]\leqslant$$

$$\Delta^2\frac{2R}{r}\left(\frac{16R}{r}-29\right)$$

即

$$\Delta^2\frac{2R}{r}\left(\frac{16R}{r}-29\right)\geqslant\frac{c^2r_c^3+b^2r_b^3}{r_b+r_c}+\frac{c^2r_c^3+a^2r_a^3}{r_c+r_a}+\frac{b^2r_b^3+a^2r_a^3}{r_a+r_b}$$

综上所述,例 3.61 成立.

例 3.62 在$\triangle ABC$中,试证明

$$\Delta^2p^2\left(\frac{R}{r}\right)^2\left(\frac{16R}{r}-31\right)\geqslant a^2r_a^4+b^2r_b^4+c^2r_c^4\geqslant 4\Delta^2p^2\left(\frac{2R}{r}-3\right)$$

证明 首先证明右边不等式.

由例 2.68 知

$$a^2r_a^4+b^2r_b^4+c^2r_c^4=\Delta^2p^2\left[16\left(\frac{R}{r}\right)^2\left(\frac{4R+r}{p}\right)^2-4\left(\frac{4R}{r}+1\right)^2+2\left(\frac{p}{r}\right)^2+\frac{40R}{r}+2\right]$$

在$\triangle ABC$中,有格雷森不等式

$$\left(\frac{p}{r}\right)^2\geqslant\frac{16R}{r}-5$$

在$\triangle ABC$中,又有

$$\left(\frac{4R+r}{p}\right)^2\geqslant 4-\frac{2r}{R}$$

从而

$$a^2r_a^4+b^2r_b^4+c^2r_c^4\geqslant\Delta^2p^2\left[16\left(\frac{R}{r}\right)^2\left(4-\frac{2r}{R}\right)-4\left(\frac{4R}{r}+1\right)^2+2\left(\frac{16R}{r}-5\right)+\frac{40R}{r}+2\right]=$$
$$4\Delta^2p^2\left(\frac{2R}{r}-3\right)$$

即

$$a^2r_a^4+b^2r_b^4+c^2r_c^4\geqslant 4\Delta^2p^2\left(\frac{2R}{r}-3\right)$$

其次证明左边不等式.

由例 2.68 知

$$a^2r_a^4+b^2r_b^4+c^2r_c^4=\Delta^2p^2\left[16\left(\frac{R}{r}\right)^2\left(\frac{4R+r}{p}\right)^2-4\left(\frac{4R}{r}+1\right)^2+2\left(\frac{p}{r}\right)^2+\frac{40R}{r}+2\right]$$

在$\triangle ABC$中,有格雷森不等式

$$4\left(\frac{R}{r}\right)^2+\frac{4R}{r}+3\geqslant\left(\frac{p}{r}\right)^2$$

在$\triangle ABC$中,有

$$\frac{R}{r}+1\geqslant\left(\frac{4R+r}{p}\right)^2$$

从而

$$a^2r_a^4+b^2r_b^4+c^2r_c^4\leqslant\Delta^2p^2\left[16\left(\frac{R}{r}\right)^2\left(\frac{R}{r}+1\right)-4\left(\frac{4R}{r}+1\right)^2+8\left(\frac{R}{r}\right)^2+\frac{48R}{r}+8\right]=$$

$$\Delta^2p^2\left[16\left(\frac{R}{r}\right)^3-40\left(\frac{R}{r}\right)^2+\frac{16R}{r}+4\right]\leqslant\Delta^2p^2\left(\frac{R}{r}\right)^2\left(\frac{16R}{r}-31\right)$$

即

$$\Delta^2p^2\left(\frac{R}{r}\right)^2\left(\frac{16R}{r}-31\right)\geqslant a^2r_a^4+b^2r_b^4+c^2r_c^4$$

综上所述,例 3.62 成立.

例 3.63 在$\triangle ABC$中,试证明

$$\Delta^2r^2\left[288\left(\frac{R}{r}\right)^4-448\left(\frac{R}{r}\right)^3-352\left(\frac{R}{r}\right)^2+\frac{288R}{r}+24\right]\geqslant$$

$$(b^2+c^2)r_a^4+(a^2+c^2)r_b^4+(a^2+b^2)r_c^4\geqslant$$

$$\Delta^2r^2\left[-128\left(\frac{R}{r}\right)^4+192\left(\frac{R}{r}\right)^3+400\left(\frac{R}{r}\right)^2-\frac{458R}{r}+44\right]$$

证明 首先证明右边不等式.

由例 2.69 知

$$(b^2+c^2)r_a^4+(a^2+c^2)r_b^4+(a^2+b^2)r_c^4=$$

$$\Delta^2r^2\left\{\left(\frac{p}{r}\right)^2\left[2\left(\frac{p}{r}\right)^2-64\left(\frac{R}{r}\right)^2-\frac{56R}{r}-2\right]+\left(\frac{4R}{r}+1\right)^2\left[16\left(\frac{R}{r}\right)^2+\frac{48R}{r}+2\right]-\right.$$

$$\left.2\left(\frac{4R}{r}+1\right)^3\left(\frac{4R+r}{p}\right)^2\right\}$$

在$\triangle ABC$中,有格雷森不等式

$$4\left(\frac{R}{r}\right)^2+\frac{4R}{r}+3\geqslant\left(\frac{p}{r}\right)^2\geqslant\frac{16R}{r}-5$$

在$\triangle ABC$中,又有

$$\frac{R}{r}+1\geqslant\left(\frac{4R+r}{p}\right)^2$$

从而

$$(b^2+c^2)r_a^4+(a^2+c^2)r_b^4+(a^2+b^2)r_c^4\geqslant$$

$$\Delta^2r^2\left\{2\left(\frac{16R}{r}-5\right)^2-\left[4\left(\frac{R}{r}\right)^2+\frac{4R}{r}+3\right]\left[64\left(\frac{R}{r}\right)^2+\frac{56R}{r}+2\right]+\right.$$

$$\left.\left(\frac{4R}{r}+1\right)^2\left[16\left(\frac{R}{r}\right)^2+\frac{48R}{r}+2\right]-2\left(\frac{4R}{r}+1\right)^3\left(\frac{R}{r}+1\right)\right\}=$$

$$\Delta^2r^2\left[-128\left(\frac{R}{r}\right)^4+192\left(\frac{R}{r}\right)^3+400\left(\frac{R}{r}\right)^2-\frac{458R}{r}+44\right]$$

即

$$(b^2+c^2)r_a^4+(a^2+c^2)r_b^4+(a^2+b^2)r_c^4\geqslant$$
$$\Delta^2r^2\left[-128\left(\frac{R}{r}\right)^4+192\left(\frac{R}{r}\right)^3+400\left(\frac{R}{r}\right)^2-\frac{458R}{r}+44\right]$$

其次证明左边不等式.

由例 2.69 知

$$(b^2+c^2)r_a^4+(a^2+c^2)r_b^4+(a^2+b^2)r_c^4=$$
$$\Delta^2r^2\left\{\left(\frac{p}{r}\right)^2\left[2\left(\frac{p}{r}\right)^2-64\left(\frac{R}{r}\right)^2-\frac{56R}{r}-2\right]+\right.$$
$$\left.\left(\frac{4R}{r}+1\right)^2\left[16\left(\frac{R}{r}\right)^2+\frac{48R}{r}+2\right]-2\left(\frac{4R}{r}+1\right)^3\left(\frac{4R+r}{p}\right)^2\right\}$$

在$\triangle ABC$中,有格雷森不等式

$$4\left(\frac{R}{r}\right)^2+\frac{4R}{r}+3\geqslant\left(\frac{p}{r}\right)^2\geqslant\frac{16R}{r}-5$$

在$\triangle ABC$中,又有

$$\left(\frac{4R+r}{p}\right)^2\geqslant4-\frac{2r}{R}\geqslant3$$

从而

$$(b^2+c^2)r_a^4+(a^2+c^2)r_b^4+(a^2+b^2)r_c^4\leqslant$$
$$\Delta^2r^2\left\{2\left[4\left(\frac{R}{r}\right)^2+\frac{4R}{r}+3\right]^2-\left(\frac{16R}{r}-5\right)\left[64\left(\frac{R}{r}\right)^2+\frac{56R}{r}+2\right]+\right.$$
$$\left.\left(\frac{4R}{r}+1\right)^2\left[16\left(\frac{R}{r}\right)^2+\frac{48R}{r}+2\right]-6\left(\frac{4R}{r}+1\right)^3\right\}=$$
$$\Delta^2r^2\left[288\left(\frac{R}{r}\right)^4-448\left(\frac{R}{r}\right)^3-352\left(\frac{R}{r}\right)^2+\frac{288R}{r}+24\right]$$

即

$$\Delta^2r^2\left[288\left(\frac{R}{r}\right)^4-448\left(\frac{R}{r}\right)^3-352\left(\frac{R}{r}\right)^2+\frac{288R}{r}+24\right]\geqslant$$
$$(b^2+c^2)r_a^4+(a^2+c^2)r_b^4+(a^2+b^2)r_c^4$$

综上所述,例 3.63 成立.

例 3.64 在$\triangle ABC$中,试证明

$$\Delta^2p\left(\frac{R}{r}\right)^2\left(\frac{16R}{r}-31\right)\geqslant\frac{a^3r_a^3}{r_b+r_c}+\frac{b^3r_b^3}{r_c+r_a}+\frac{c^3r_c^3}{r_a+r_b}\geqslant4\Delta^2p\left(\frac{2R}{r}-3\right)$$

证明 首先证明右边不等式.

由例 2.70 知

$$\frac{a^3r_a^3}{r_b+r_c}+\frac{b^3r_b^3}{r_c+r_a}+\frac{c^3r_c^3}{r_a+r_b}=$$
$$\Delta^2p\left[16\left(\frac{R}{r}\right)^2\left(\frac{4R+r}{p}\right)^2-4\left(\frac{4R}{r}+1\right)^2+2\left(\frac{p}{r}\right)^2+\frac{40R}{r}+2\right]$$

在$\triangle ABC$中，有格雷森不等式

$$\left(\frac{p}{r}\right)^2\geqslant\frac{16R}{r}-5$$

在$\triangle ABC$中，又有

$$\left(\frac{4R+r}{p}\right)^2\geqslant 4-\frac{2r}{R}$$

从而

$$\frac{a^3r_a^3}{r_b+r_c}+\frac{b^3r_b^3}{r_c+r_a}+\frac{c^3r_c^3}{r_a+r_b}\geqslant\Delta^2p\left[16\left(\frac{R}{r}\right)^2\left(4-\frac{2r}{R}\right)-4\left(\frac{4R}{r}+1\right)^2+2\left(\frac{16R}{r}-5\right)+\frac{40R}{r}+2\right]=$$

$$4\Delta^2p\left(\frac{2R}{r}-3\right)$$

即

$$\frac{a^3r_a^3}{r_b+r_c}+\frac{b^3r_b^3}{r_c+r_a}+\frac{c^3r_c^3}{r_a+r_b}\geqslant 4\Delta^2p\left(\frac{2R}{r}-3\right)$$

其次证明左边不等式

由例2.70知

$$\frac{a^3r_a^3}{r_b+r_c}+\frac{b^3r_b^3}{r_c+r_a}+\frac{c^3r_c^3}{r_a+r_b}=$$

$$\Delta^2p\left[16\left(\frac{R}{r}\right)^2\left(\frac{4R+r}{p}\right)^2-4\left(\frac{4R}{r}+1\right)^2+2\left(\frac{p}{r}\right)^2+\frac{40R}{r}+2\right]$$

在$\triangle ABC$中，有格雷森不等式

$$4\left(\frac{R}{r}\right)^2+\frac{4R}{r}+3\geqslant\left(\frac{p}{r}\right)^2$$

在$\triangle ABC$中，又有

$$\frac{R}{r}+1\geqslant\left(\frac{4R+r}{p}\right)^2$$

从而

$$\frac{a^3r_a^3}{r_b+r_c}+\frac{b^3r_b^3}{r_c+r_a}+\frac{c^3r_c^3}{r_a+r_b}\leqslant$$

$$\Delta^2p\left[16\left(\frac{R}{r}\right)^2\left(\frac{R}{r}+1\right)-4\left(\frac{4R}{r}+1\right)^2+8\left(\frac{R}{r}\right)^2+\frac{48R}{r}+8\right]=$$

$$\Delta^2p\left[16\left(\frac{R}{r}\right)^3-40\left(\frac{R}{r}\right)^2+\frac{16R}{r}+4\right]\leqslant\Delta^2p\left(\frac{R}{r}\right)^2\left(\frac{16R}{r}-31\right)$$

即

$$\Delta^2p\left(\frac{R}{r}\right)^2\left(\frac{16R}{r}-31\right)\geqslant\frac{a^3r_a^3}{r_b+r_c}+\frac{b^3r_b^3}{r_c+r_a}+\frac{c^3r_c^3}{r_a+r_b}$$

综上所述，例3.64成立.

例 3.65 在$\triangle ABC$中，试证明

$$\Delta^2 p\cdot\frac{r}{4R}\left[128\left(\frac{R}{r}\right)^3-328\left(\frac{R}{r}\right)^2+\frac{168R}{r}+16\right]\geqslant$$

$$\frac{c^3r_c^3+b^3r_b^3}{r_b+r_c}+\frac{c^3r_c^3+a^3r_a^3}{r_c+r_a}+\frac{b^3r_b^3+a^3r_a^3}{r_a+r_b}\geqslant$$

$$\Delta^2 p\cdot\frac{r}{4R}\left[48\left(\frac{R}{r}\right)^3-112\left(\frac{R}{r}\right)^2+\frac{78R}{r}-28\right]$$

证明 首先证明右边不等式.

由例 2.71 知

$$\frac{c^3r_c^3+b^3r_b^3}{r_b+r_c}+\frac{c^3r_c^3+a^3r_a^3}{r_c+r_a}+\frac{b^3r_b^3+a^3r_a^3}{r_a+r_b}=$$

$$\Delta^2 p\frac{r}{4R}\left[128\left(\frac{R}{r}\right)^3-32\left(\frac{R}{r}\right)^2+\frac{44R}{r}-\frac{20R}{r}\left(\frac{p}{r}\right)^2+6\left(\frac{p}{r}\right)^2+4-2\left(\frac{4R+r}{p}\right)^2\right]$$

在$\triangle ABC$中，有格雷森不等式

$$4\left(\frac{R}{r}\right)^2+\frac{4R}{r}+3\geqslant\left(\frac{p}{r}\right)^2\geqslant\frac{16R}{r}-5$$

在$\triangle ABC$中，有

$$\frac{R}{r}+1\geqslant\left(\frac{4R+r}{p}\right)^2$$

从而

$$\frac{c^3r_c^3+b^3r_b^3}{r_b+r_c}+\frac{c^3r_c^3+a^3r_a^3}{r_c+r_a}+\frac{b^3r_b^3+a^3r_a^3}{r_a+r_b}\geqslant$$

$$\Delta^2 p\frac{r}{4R}\left\{128\left(\frac{R}{r}\right)^3-32\left(\frac{R}{r}\right)^2+\frac{44R}{r}-\frac{20R}{r}\left[4\left(\frac{R}{r}\right)^2+\frac{4R}{r}+3\right]+\right.$$

$$\left.6\left(\frac{16R}{r}-5\right)+4-2\left(\frac{R}{r}+1\right)\right\}=$$

$$\Delta^2 p\cdot\frac{r}{4R}\left[48\left(\frac{R}{r}\right)^3-112\left(\frac{R}{r}\right)^2+\frac{78R}{r}-28\right\}$$

即

$$\frac{c^3r_c^3+b^3r_b^3}{r_b+r_c}+\frac{c^3r_c^3+a^3r_a^3}{r_c+r_a}+\frac{b^3r_b^3+a^3r_a^3}{r_a+r_b}\geqslant\Delta^2 p\cdot\frac{r}{4R}\left[48\left(\frac{R}{r}\right)^3-112\left(\frac{R}{r}\right)^2+\frac{78R}{r}-28\right]$$

其次证明左边不等式.

由例 2.71 知

$$\frac{c^3r_c^3+b^3r_b^3}{r_b+r_c}+\frac{c^3r_c^3+a^3r_a^3}{r_c+r_a}+\frac{b^3r_b^3+a^3r_a^3}{r_a+r_b}=$$

$$\Delta^2 p\frac{r}{4R}\left[128\left(\frac{R}{r}\right)^3-32\left(\frac{R}{r}\right)^2+\frac{44R}{r}-\frac{20R}{r}\left(\frac{p}{r}\right)^2+6\left(\frac{p}{r}\right)^2+4-2\left(\frac{4R+r}{p}\right)^2\right]$$

在$\triangle ABC$中，有格雷森不等式

$$\left(\frac{R}{r}\right)^2+\frac{4R}{r}+3\geqslant\left(\frac{p}{r}\right)^2\geqslant\frac{16R}{r}-5$$

在$\triangle ABC$中,有

$$\left(\frac{4R+r}{p}\right)^2\geqslant 3$$

从而

$$\frac{c^3r_c^3+b^3r_b^3}{r_b+r_c}+\frac{c^3r_c^3+a^3r_a^3}{r_c+r_a}+\frac{b^3r_b^3+a^3r_a^3}{r_a+r_b}\leqslant$$

$$\Delta^2 p\cdot\frac{r}{4R}\left\{128\left(\frac{R}{r}\right)^3-32\left(\frac{R}{r}\right)^2+\frac{44R}{r}-\frac{20R}{r}\left(\frac{16R}{r}-5\right)+6\left[4\left(\frac{R}{r}\right)^2+\frac{4R}{r}+3\right]-2\right\}=$$

$$\Delta^2 p\cdot\frac{r}{4R}\left[128\left(\frac{R}{r}\right)^3-328\left(\frac{R}{r}\right)^2+\frac{168R}{r}+16\right]$$

即

$$\Delta^2 p\cdot\frac{r}{4R}\left[128\left(\frac{R}{r}\right)^3-328\left(\frac{R}{r}\right)^2+\frac{168R}{r}+16\right]\geqslant\frac{c^3r_c^3+b^3r_b^3}{r_b+r_c}+\frac{c^3r_c^3+a^3r_a^3}{r_c+r_a}+\frac{b^3r_b^3+a^3r_a^3}{r_a+r_b}$$

综上所述,例 3.65 成立.

例 3.66　在$\triangle ABC$中,试证明

$$8\Delta^3 r\left[36\left(\frac{R}{r}\right)^4-102\left(\frac{R}{r}\right)^3+57\left(\frac{R}{r}\right)^2+\frac{21R}{2r}\right]\geqslant a^3r_a^4+b^3r_b^4+c^3r_c^4\geqslant$$

$$8\Delta^3 r\left[-24\left(\frac{R}{r}\right)^3+80\left(\frac{R}{r}\right)^2-\frac{129R}{2r}+10\right]$$

证明　首先证明右边不等式.

由例 2.72 知

$$a^3r_a^4+b^3r_b^4+c^3r_c^4=\Delta^3 r\left\{\left(\frac{4R}{r}\right)^3\left(\frac{4R}{r}+1\right)+\left(\frac{p}{r}\right)^2\left[-64\left(\frac{R}{r}\right)^2+\frac{20R}{r}+2\left(\frac{p}{r}\right)^2-6\right]\right\}$$

在$\triangle ABC$中,有格雷森不等式

$$4\left(\frac{R}{r}\right)^2+\frac{4R}{r}+3\geqslant\left(\frac{p}{r}\right)^2\geqslant\frac{16R}{r}-5$$

从而

$$a^3r_a^4+b^3r_b^4+c^3r_c^4\geqslant$$

$$\Delta^3 r\left\{\left(\frac{4R}{r}\right)^3\left(\frac{4R}{r}+1\right)-64\left(\frac{R}{r}\right)^2\left[4\left(\frac{R}{r}\right)^2+\frac{4R}{r}+3\right]+\left(\frac{16R}{r}-5\right)\left(\frac{52R}{r}-16\right)\right\}=$$

$$8\Delta^3 r\left[-24\left(\frac{R}{r}\right)^3+80\left(\frac{R}{r}\right)^2-\frac{129R}{2r}+10\right]$$

即

$$a^3r_a^4+b^3r_b^4+c^3r_c^4\geqslant 8\Delta^3 r\left[-24\left(\frac{R}{r}\right)^3+80\left(\frac{R}{r}\right)^2-\frac{129R}{2r}+10\right]$$

其次证明左边不等式.

由例 2.72 知

$$a^3r_a^4+b^3r_b^4+c^3r_c^4=\Delta^3 r\left\{\left(\frac{4R}{r}\right)^3\left(\frac{4R}{r}+1\right)+\left(\frac{p}{r}\right)^2\left[-64\left(\frac{R}{r}\right)^2+\frac{20R}{r}+2\left(\frac{p}{r}\right)^2-6\right]\right\}$$

在$\triangle ABC$中，有格雷森不等式

$$\left(\frac{R}{r}\right)^2+\frac{4R}{r}+3\geqslant\left(\frac{p}{r}\right)^2\geqslant\frac{16R}{r}-5$$

从而

$$a^3r_a^4+b^3r_b^4+c^3r_c^4\leqslant$$

$$\Delta^3 r\left\{\left(\frac{4R}{r}\right)^3\left(\frac{4R}{r}+1\right)-64\left(\frac{16R}{r}-5\right)\left(\frac{R}{r}\right)^2+\left[4\left(\frac{R}{r}\right)^2+\frac{4R}{r}+3\right]\left[8\left(\frac{R}{r}\right)^2+\frac{28R}{r}\right]\right\}=$$

$$8\Delta^3 r\left[36\left(\frac{R}{r}\right)^4-102\left(\frac{R}{r}\right)^3+57\left(\frac{R}{r}\right)^2+\frac{21R}{2r}\right]$$

即

$$8\Delta^3 r\left[36\left(\frac{R}{r}\right)^4-102\left(\frac{R}{r}\right)^3+57\left(\frac{R}{r}\right)^2+\frac{21R}{2r}\right]\geqslant a^3r_a^4+b^3r_b^4+c^3r_c^4$$

综上所述，例 3.66 成立.

例 3.67 在$\triangle ABC$中，试证明

$$8\Delta^3 r\left[36\left(\frac{R}{r}\right)^4-40\left(\frac{R}{r}\right)^3-81\left(\frac{R}{r}\right)^2+\frac{44R}{r}-2\right]\geqslant$$

$$(b^3+c^3)r_a^4+(a^3+c^3)r_b^4+(b^3+a^3)r_c^4\geqslant$$

$$\Delta^3 r\left[-192\left(\frac{R}{r}\right)^4+272\left(\frac{R}{r}\right)^3+532\left(\frac{R}{r}\right)^2-\frac{582R}{r}+76\right]$$

证明 首先证明右边不等式.

由例 2.73 知

$$(b^3+c^3)r_a^4+(a^3+c^3)r_b^4+(b^3+a^3)r_c^4=$$

$$\Delta^3 r\left\{\left(\frac{4R}{r}+1\right)\left[64\left(\frac{R}{r}\right)^3+288\left(\frac{R}{r}\right)^2+\frac{120R}{r}+2\right]+\right.$$

$$\left.\left(\frac{p}{r}\right)^2\left[-64\left(\frac{R}{r}\right)^2-\frac{76R}{r}+2\left(\frac{p}{r}\right)^2-6\right]-2\left(\frac{6R}{r}+3\right)\left(\frac{4R}{r}+1\right)^2\left(\frac{4R+r}{p}\right)^2\right\}$$

在$\triangle ABC$中，有格雷森不等式

$$4\left(\frac{R}{r}\right)^2+\frac{4R}{r}+3\geqslant\left(\frac{p}{r}\right)^2\geqslant\frac{16R}{r}-5$$

在$\triangle ABC$中，又有

$$\frac{R}{r}+1\geqslant\left(\frac{4R+r}{p}\right)^2$$

从而

$$(b^3+c^3)r_a^4+(a^3+c^3)r_b^4+(b^3+a^3)r_c^4\geqslant$$

$$\Delta^3 r\left\{\left(\frac{4R}{r}+1\right)\left[64\left(\frac{R}{r}\right)^3+288\left(\frac{R}{r}\right)^2+\frac{120R}{r}+2\right]-\left[64\left(\frac{R}{r}\right)^2+\frac{76R}{r}\right]\left[4\left(\frac{R}{r}\right)^2+\frac{4R}{r}+3\right]+\right.$$

$$\left.\left(\frac{16R}{r}-5\right)\left(\frac{32R}{r}-16\right)-2\left(\frac{6R}{r}+3\right)\left(\frac{4R}{r}+1\right)^2\left(\frac{R}{r}+1\right)\right\}=$$

$$\Delta^3 r\left[-192\left(\frac{R}{r}\right)^4+272\left(\frac{R}{r}\right)^3+532\left(\frac{R}{r}\right)^2-\frac{582R}{r}+76\right]$$

即

$$(b^3+c^3)r_a^4+(a^3+c^3)r_b^4+(b^3+a^3)r_c^4\geqslant$$
$$\Delta^3 r\left[-192\left(\frac{R}{r}\right)^4+272\left(\frac{R}{r}\right)^3+532\left(\frac{R}{r}\right)^2-\frac{582R}{r}+76\right]$$

其次证明左边不等式.

由例 2.73 知

$$(b^3+c^3)r_a^4+(a^3+c^3)r_b^4+(b^3+a^3)r_c^4=$$

$$\Delta^3 r\left\{\left(\frac{4R}{r}+1\right)\left[64\left(\frac{R}{r}\right)^3+288\left(\frac{R}{r}\right)^2+\frac{120R}{r}+2\right]+\right.$$

$$\left.\left(\frac{p}{r}\right)^2\left[-64\left(\frac{R}{r}\right)^2-\frac{76R}{r}+2\left(\frac{p}{r}\right)^2-6\right]-2\left(\frac{6R}{r}+3\right)\left(\frac{4R}{r}+1\right)^2\left(\frac{4R+r}{p}\right)^2\right\}$$

在△ABC中,有格雷森不等式

$$4\left(\frac{R}{r}\right)^2+\frac{4R}{r}+3\geqslant\left(\frac{p}{r}\right)^2\geqslant\frac{16R}{r}-5$$

在△ABC中,又有

$$\left(\frac{4R+r}{p}\right)^2\geqslant 3$$

从而

$$(b^3+c^3)r_a^4+(a^3+c^3)r_b^4+(b^3+a^3)r_c^4\leqslant$$

$$\Delta^3 r\left\{\left(\frac{4R}{r}+1\right)\left[64\left(\frac{R}{r}\right)^3+288\left(\frac{R}{r}\right)^2+\frac{120R}{r}+2\right]-\left[64\left(\frac{R}{r}\right)^2+\frac{76R}{r}\right]\left(\frac{16R}{r}-5\right)+\right.$$

$$\left.\left[4\left(\frac{R}{r}\right)^2+\frac{4R}{r}+3\right]\left[8\left(\frac{R}{r}\right)^2+\frac{8R}{r}\right]-6\left(\frac{6R}{r}+3\right)\left(\frac{4R}{r}+1\right)^2\right\}=$$

$$8\Delta^3 r\left[36\left(\frac{R}{r}\right)^4-40\left(\frac{R}{r}\right)^3-81\left(\frac{R}{r}\right)^2+\frac{44R}{r}-2\right]$$

即

$$8\Delta^3 r\left[36\left(\frac{R}{r}\right)^4-40\left(\frac{R}{r}\right)^3-81\left(\frac{R}{r}\right)^2+\frac{44R}{r}-2\right]\geqslant$$
$$(b^3+c^3)r_a^4+(a^3+c^3)r_b^4+(b^3+a^3)r_c^4$$

综上所述,例 3.67 成立.

例 3.68　在△ABC中,试证明

$$p\Delta^3\left[64\left(\frac{R}{r}\right)^3-176\left(\frac{R}{r}\right)^2+\frac{96R}{r}+16\right]\geqslant a^4r_a^3+b^4r_b^3+c^4r_c^3\geqslant$$
$$p\Delta^3\left[16\left(\frac{R}{r}\right)^3-64\left(\frac{R}{r}\right)^2+\frac{96R}{r}-48\right]$$

证明 首先证明右边不等式.

由例 2.74 知

$$a^4r_a^3+b^4r_b^3+c^4r_c^3=p\Delta^3\left[64\left(\frac{R}{r}\right)^3-16\left(\frac{R}{r}\right)^2+\frac{4R}{r}-\frac{12R}{r}\left(\frac{p}{r}\right)^2+8\left(\frac{p}{r}\right)^2-8\right]$$

在$\triangle ABC$中,有格雷森不等式

$$4\left(\frac{R}{r}\right)^2+\frac{4R}{r}+3\geqslant\left(\frac{p}{r}\right)^2\geqslant\frac{16R}{r}-5$$

从而

$$a^4r_a^3+b^4r_b^3+c^4r_c^3\geqslant$$
$$p\Delta^3\left\{64\left(\frac{R}{r}\right)^3-16\left(\frac{R}{r}\right)^2+\frac{4R}{r}-\frac{12R}{r}\left[4\left(\frac{R}{r}\right)^2+\frac{4R}{r}+3\right]+8\left(\frac{16R}{r}-5\right)-8\right\}=$$
$$p\Delta^3\left[16\left(\frac{R}{r}\right)^3-64\left(\frac{R}{r}\right)^2+\frac{96R}{r}-48\right]$$

即

$$a^4r_a^3+b^4r_b^3+c^4r_c^3\geqslant p\Delta^3\left[16\left(\frac{R}{r}\right)^3-64\left(\frac{R}{r}\right)^2+\frac{96R}{r}-48\right]$$

其次证明左边不等式.

由例 2.74 知

$$a^4r_a^3+b^4r_b^3+c^4r_c^3=p\Delta^3\left[64\left(\frac{R}{r}\right)^3-16\left(\frac{R}{r}\right)^2+\frac{4R}{r}-\frac{12R}{r}\left(\frac{p}{r}\right)^2+8\left(\frac{p}{r}\right)^2-8\right]$$

在$\triangle ABC$中,有格雷森不等式

$$4\left(\frac{R}{r}\right)^2+\frac{4R}{r}+3\geqslant\left(\frac{p}{r}\right)^2\geqslant\frac{16R}{r}-5$$

从而

$$a^4r_a^3+b^4r_b^3+c^4r_c^3\leqslant$$
$$p\Delta^3\left\{64\left(\frac{R}{r}\right)^3-16\left(\frac{R}{r}\right)^2+\frac{4R}{r}-\frac{12R}{r}\left(\frac{16R}{r}-5\right)+8\left[4\left(\frac{R}{r}\right)^2+\frac{4R}{r}+3\right]-8\right\}=$$
$$p\Delta^3\left[64\left(\frac{R}{r}\right)^3-176\left(\frac{R}{r}\right)^2+\frac{96R}{r}+16\right]$$

即

$$p\Delta^3\left[64\left(\frac{R}{r}\right)^3-176\left(\frac{R}{r}\right)^2+\frac{96R}{r}+16\right]\geqslant a^4r_a^3+b^4r_b^3+c^4r_c^3$$

综上所述,例 3.68 成立.

例 3.69　在△ABC中,试证明

$$p\Delta^3\left[72\left(\frac{R}{r}\right)^3-62\left(\frac{R}{r}\right)^2-\frac{156R}{r}+16\right]\geqslant$$
$$(b^4+c^4)r_a^3+(a^4+c^4)r_b^3+(b^4+a^4)r_c^3\geqslant$$
$$p\Delta^3\left[-48\left(\frac{R}{r}\right)^3+72\left(\frac{R}{r}\right)^2+\frac{68R}{r}-8\right]$$

证明　首先证明右边不等式.

由例2.75知

$$(b^4+c^4)r_a^3+(a^4+c^4)r_b^3+(b^4+a^4)r_c^3=$$
$$p\Delta^3\left\{\left[64\left(\frac{R}{r}\right)^3+304\left(\frac{R}{r}\right)^2+\frac{164R}{r}-\frac{12R}{r}\left(\frac{p}{r}\right)^2-8\left(\frac{p}{r}\right)^2+10\right]+\right.$$
$$\left.\left(\frac{4R+r}{p}\right)^2\left[2\left(\frac{4R}{r}+1\right)\left(\frac{4R+r}{p}\right)^2-64\left(\frac{R}{r}\right)^2-\frac{88R}{r}-12\right]\right\}$$

在△ABC中,有格雷森不等式

$$4\left(\frac{R}{r}\right)^2+\frac{4R}{r}+3\geqslant\left(\frac{p}{r}\right)^2\geqslant\frac{16R}{r}-5$$

在△ABC中,有不等式

$$\frac{R}{r}+1\geqslant\left(\frac{4R+r}{p}\right)^2\geqslant 3$$

从而

$$(b^4+c^4)r_a^3+(a^4+c^4)r_b^3+(b^4+a^4)r_c^3\geqslant$$
$$p\Delta^3\left\{64\left(\frac{R}{r}\right)^3+304\left(\frac{R}{r}\right)^2+\frac{164R}{r}-\left(\frac{12R}{r}+8\right)\left[4\left(\frac{R}{r}\right)^2+\frac{4R}{r}+3\right]+10+\right.$$
$$\left.18\left(\frac{4R}{r}+1\right)-\left(\frac{R}{r}+1\right)\left[64\left(\frac{R}{r}\right)^2+\frac{88R}{r}+12\right]\right\}=$$
$$p\Delta^3\left[-48\left(\frac{R}{r}\right)^3+72\left(\frac{R}{r}\right)^2+\frac{68R}{r}-8\right]$$

即

$$(b^4+c^4)r_a^3+(a^4+c^4)r_b^3+(b^4+a^4)r_c^3\geqslant p\Delta^3\left[-48\left(\frac{R}{r}\right)^3+72\left(\frac{R}{r}\right)^2+\frac{68R}{r}-8\right]$$

其次证明左边不等式.

由例2.75知

$$(b^4+c^4)r_a^3+(a^4+c^4)r_b^3+(b^4+a^4)r_c^3=$$
$$p\Delta^3\left\{\left[64\left(\frac{R}{r}\right)^3+304\left(\frac{R}{r}\right)^2+\frac{164R}{r}-\frac{12R}{r}\left(\frac{p}{r}\right)^2-8\left(\frac{p}{r}\right)^2+10\right]+\right.$$
$$\left.\left(\frac{4R+r}{p}\right)^2\left[2\left(\frac{4R}{r}+1\right)\left(\frac{4R+r}{p}\right)^2-64\left(\frac{R}{r}\right)^2-\frac{88R}{r}-12\right]\right\}$$

在$\triangle ABC$中，有格雷森不等式

$$4\left(\frac{R}{r}\right)^2+\frac{4R}{r}+3\geqslant\left(\frac{p}{r}\right)^2\geqslant\frac{16R}{r}-5$$

在$\triangle ABC$中，有不等式

$$\frac{R}{r}+1\geqslant\left(\frac{4R+r}{p}\right)^2\geqslant 3$$

从而

$$\begin{aligned}&(b^4+c^4)r_a^3+(a^4+c^4)r_b^3+(b^4+a^4)r_c^3\leqslant\\&p\Delta^3\left\{\left[64\left(\frac{R}{r}\right)^3+304\left(\frac{R}{r}\right)^2+\frac{164R}{r}-\left(\frac{12R}{r}+8\right)\left(\frac{16R}{r}-5\right)+10\right]+\right.\\&\left.2\left(\frac{4R}{r}+1\right)\left(\frac{R}{r}+1\right)^2-3\left[64\left(\frac{R}{r}\right)^2+\frac{88R}{r}+12\right]\right\}=\\&p\Delta^3\left[72\left(\frac{R}{r}\right)^3-62\left(\frac{R}{r}\right)^2-\frac{156R}{r}+16\right]\end{aligned}$$

即

$$p\Delta^3\left[72\left(\frac{R}{r}\right)^3-62\left(\frac{R}{r}\right)^2-\frac{156R}{r}+16\right]\geqslant(b^4+c^4)r_a^3+(a^4+c^4)r_b^3+(b^4+a^4)r_c^3$$

综上所述，例 3.69 成立.

例 3.70 在$\triangle ABC$中，试证明

$$\begin{aligned}&8\Delta^2r^2\left[36\left(\frac{R}{r}\right)^4-102\left(\frac{R}{r}\right)^3+57\left(\frac{R}{r}\right)^2+\frac{21R}{2r}\right]\geqslant\frac{a^4r_a^3}{r_b+r_c}+\frac{b^4r_b^3}{r_c+r_a}+\frac{c^4r_c^3}{r_a+r_b}\geqslant\\&8\Delta^2r^2\left[-24\left(\frac{R}{r}\right)^3+80\left(\frac{R}{r}\right)^2-\frac{129R}{2r}+10\right]\end{aligned}$$

证明 首先证明右边不等式.

由例 2.76 知

$$\begin{aligned}&\frac{a^4r_a^3}{r_b+r_c}+\frac{b^4r_b^3}{r_c+r_a}+\frac{c^4r_c^3}{r_a+r_b}=\\&\Delta^2r^2\left\{\left(\frac{4R}{r}\right)^3\left(\frac{4R}{r}+1\right)+\left(\frac{p}{r}\right)^2\left[-64\left(\frac{R}{r}\right)^2+\frac{20R}{r}+2\left(\frac{p}{r}\right)^2-6\right]\right\}\end{aligned}$$

在$\triangle ABC$中，有格雷森不等式

$$4\left(\frac{R}{r}\right)^2+\frac{4R}{r}+3\geqslant\left(\frac{p}{r}\right)^2\geqslant\frac{16R}{r}-5$$

从而

$$\begin{aligned}&\frac{a^4r_a^3}{r_b+r_c}+\frac{b^4r_b^3}{r_c+r_a}+\frac{c^4r_c^3}{r_a+r_b}\geqslant\\&\Delta^2r^2\left\{\left(\frac{4R}{r}\right)^3\left(\frac{4R}{r}+1\right)-64\left(\frac{R}{r}\right)^2\left[4\left(\frac{R}{r}\right)^2+\frac{4R}{r}+3\right]+\left(\frac{16R}{r}-5\right)\left(\frac{52R}{r}-16\right)\right\}=\end{aligned}$$

$$8\Delta^2 r^2\left\{-24\left(\frac{R}{r}\right)^3+80\left(\frac{R}{r}\right)^2-\frac{129R}{2r}+10\right\}$$

即

$$\frac{a^4 r_a^3}{r_b+r_c}+\frac{b^4 r_b^3}{r_c+r_a}+\frac{c^4 r_c^3}{r_a+r_b}\geqslant 8\Delta^2 r^2\left[-24\left(\frac{R}{r}\right)^3+80\left(\frac{R}{r}\right)^2-\frac{129R}{2r}+10\right]$$

其次证明左边不等式.

由例 2.76 知

$$\frac{a^4 r_a^3}{r_b+r_c}+\frac{b^4 r_b^3}{r_c+r_a}+\frac{c^4 r_c^3}{r_a+r_b}=$$

$$\Delta^2 r^2\left\{\left(\frac{4R}{r}\right)^3\left(\frac{4R}{r}+1\right)+\left(\frac{p}{r}\right)^2\left[-64\left(\frac{R}{r}\right)^2+\frac{20R}{r}+2\left(\frac{p}{r}\right)^2-6\right]\right\}$$

在$\triangle ABC$中，有格雷森不等式

$$\left(\frac{R}{r}\right)^2+\frac{4R}{r}+3\geqslant\left(\frac{p}{r}\right)^2\geqslant\frac{16R}{r}-5$$

从而

$$\frac{a^4 r_a^3}{r_b+r_c}+\frac{b^4 r_b^3}{r_c+r_a}+\frac{c^4 r_c^3}{r_a+r_b}\leqslant$$

$$\Delta^2 r^2\left\{\left(\frac{4R}{r}\right)^3\left(\frac{4R}{r}+1\right)-64\left(\frac{16R}{r}-5\right)\left(\frac{R}{r}\right)^2+\left[4\left(\frac{R}{r}\right)^2+\frac{4R}{r}+3\right]\left[8\left(\frac{R}{r}\right)^2+\frac{28R}{r}\right]\right\}=$$

$$8\Delta^2 r^2\left[36\left(\frac{R}{r}\right)^4-102\left(\frac{R}{r}\right)^3+57\left(\frac{R}{r}\right)^2+\frac{21R}{2r}\right]$$

即

$$8\Delta^2 r^2\left[36\left(\frac{R}{r}\right)^4-102\left(\frac{R}{r}\right)^3+57\left(\frac{R}{r}\right)^2+\frac{21R}{2r}\right]\geqslant\frac{a^4 r_a^3}{r_b+r_c}+\frac{b^4 r_b^3}{r_c+r_a}+\frac{c^4 r_c^3}{r_a+r_b}$$

综上所述，例 3.70 成立.

例 3.71　在$\triangle ABC$中，试证明

$$\Delta^2 r^2\cdot\frac{r}{4R}\left[512\left(\frac{R}{r}\right)^5+384\left(\frac{R}{r}\right)^4-4\ 146\left(\frac{R}{r}\right)^3+3\ 536\left(\frac{R}{r}\right)^2-\frac{128R}{r}+64\right]\geqslant$$

$$\frac{c^4 r_c^3+b^4 r_b^3}{r_b+r_c}+\frac{c^4 r_c^3+a^4 r_a^3}{r_c+r_a}+\frac{b^4 r_b^3+a^4 r_a^3}{r_a+r_b}\geqslant$$

$$\Delta^2 r^2\cdot\frac{2r}{R}\left[-320\left(\frac{R}{r}\right)^5+1\ 408\left(\frac{R}{r}\right)^4-2\ 464\left(\frac{R}{r}\right)^3+3\ 056\left(\frac{R}{r}\right)^2-\frac{1\ 920R}{r}+192\right]$$

证明　首先证明右边不等式.

由例 2.77 知

$$\frac{c^4 r_c^3+b^4 r_b^3}{r_b+r_c}+\frac{c^4 r_c^3+a^4 r_a^3}{r_c+r_a}+\frac{b^4 r_b^3+a^4 r_a^3}{r_a+r_b}=$$

$$\Delta^2 r^2\,\frac{r}{4R}\left\{-112\left(\frac{R}{r}\right)^2-\frac{60R}{r}-8+\left(\frac{p}{r}\right)^2\left[128\left(\frac{R}{r}\right)^3-64\left(\frac{R}{r}\right)^2+\frac{80R}{r}-\frac{20R}{r}\left(\frac{p}{r}\right)^2+8\left(\frac{p}{r}\right)^2\right]\right\}$$

在$\triangle ABC$中，有格雷森不等式

$$4\left(\frac{R}{r}\right)^2+\frac{4R}{r}+3\geqslant\left(\frac{p}{r}\right)^2\geqslant\frac{16R}{r}-5$$

从而

$$\frac{c^4r_c^3+b^4r_b^3}{r_b+r_c}+\frac{c^4r_c^3+a^4r_a^3}{r_c+r_a}+\frac{b^4r_b^3+a^4r_a^3}{r_a+r_b}\geqslant$$

$$\Delta^2r^2\frac{r}{4R}\left\{-112\left(\frac{R}{r}\right)^2-\frac{60R}{r}-8+\frac{20R}{r}\left[4\left(\frac{R}{r}\right)^2+\frac{4R}{r}+3\right]^2+\right.$$

$$\left.\left(\frac{16R}{r}-5\right)\left[128\left(\frac{R}{r}\right)^3-64\left(\frac{R}{r}\right)^2+\frac{80R}{r}+8\left(\frac{16R}{r}-5\right)\right]\right\}=$$

$$\Delta^2r^2\frac{2r}{R}\left[-320\left(\frac{R}{r}\right)^5+1\ 408\left(\frac{R}{r}\right)^4-2\ 464\left(\frac{R}{r}\right)^3+3\ 056\left(\frac{R}{r}\right)^2-\frac{1\ 920R}{r}+192\right]$$

即

$$\frac{c^4r_c^3+b^4r_b^3}{r_b+r_c}+\frac{c^4r_c^3+a^4r_a^3}{r_c+r_a}+\frac{b^4r_b^3+a^4r_a^3}{r_a+r_b}\geqslant$$

$$\Delta^2r^2\frac{2r}{R}\left[-320\left(\frac{R}{r}\right)^5+1\ 408\left(\frac{R}{r}\right)^4-2\ 464\left(\frac{R}{r}\right)^3+3\ 056\left(\frac{R}{r}\right)^2-\frac{1\ 920R}{r}+192\right]$$

其次证明左边不等式.

由例 2.77 知

$$\frac{c^4r_c^3+b^4r_b^3}{r_b+r_c}+\frac{c^4r_c^3+a^4r_a^3}{r_c+r_a}+\frac{b^4r_b^3+a^4r_a^3}{r_a+r_b}=$$

$$\Delta^2r^2\frac{r}{4R}\left\{-112\left(\frac{R}{r}\right)^2-\frac{60R}{r}-8+\left(\frac{p}{r}\right)^2\left[128\left(\frac{R}{r}\right)^3-64\left(\frac{R}{r}\right)^2+\frac{80R}{r}-\frac{20R}{r}\left(\frac{p}{r}\right)^2+8\left(\frac{p}{r}\right)^2\right]\right\}$$

在$\triangle ABC$中，有格雷森不等式

$$4\left(\frac{R}{r}\right)^2+\frac{4R}{r}+3\geqslant\left(\frac{p}{r}\right)^2\geqslant\frac{16R}{r}-5$$

从而

$$\frac{c^4r_c^3+b^4r_b^3}{r_b+r_c}+\frac{c^4r_c^3+a^4r_a^3}{r_c+r_a}+\frac{b^4r_b^3+a^4r_a^3}{r_a+r_b}\leqslant$$

$$\Delta^2r^2\frac{r}{4R}\left\{-112\left(\frac{R}{r}\right)^2-\frac{60R}{r}-8-\frac{20R}{r}\left(\frac{16R}{r}-5\right)^2+\left[4\left(\frac{R}{r}\right)^2+\frac{4R}{r}+3\right]\left[128\left(\frac{R}{r}\right)^3-\right.\right.$$

$$\left.\left.32\left(\frac{R}{r}\right)^2+\frac{112R}{r}+24\right]\right\}=$$

$$\Delta^2r^2\frac{r}{4R}\left[512\left(\frac{R}{r}\right)^5+384\left(\frac{R}{r}\right)^4-4\ 146\left(\frac{R}{r}\right)^3+3\ 536\left(\frac{R}{r}\right)^2-\frac{128R}{r}+64\right]$$

即

$$\Delta^2r^2\frac{r}{4R}\left[512\left(\frac{R}{r}\right)^5+384\left(\frac{R}{r}\right)^4-4\ 146\left(\frac{R}{r}\right)^3+3\ 536\left(\frac{R}{r}\right)^2-\frac{128R}{r}+64\right]\geqslant$$

$$\frac{c^4r_c^3+b^4r_b^3}{r_b+r_c}+\frac{c^4r_c^3+a^4r_a^3}{r_c+r_a}+\frac{b^4r_b^3+a^4r_a^3}{r_a+r_b}$$

综上所述,例 3.71 成立.

例 3.72 在$\triangle ABC$中,试证明

$$\Delta^4\left[288\left(\frac{R}{r}\right)^4-832\left(\frac{R}{r}\right)^3+480\left(\frac{R}{r}\right)^2+\frac{96R}{r}-16\right]\geqslant a^4r_a^4+b^4r_b^4+c^4r_c^4\geqslant$$

$$\Delta^4\left[-256\left(\frac{R}{r}\right)^3+832\left(\frac{R}{r}\right)^2-\frac{672R}{r}+112\right]$$

证明 首先证明右边不等式.

由例 2.78 知

$$a^4r_a^4+b^4r_b^4+c^4r_c^4=\Delta^4\left\{\left(\frac{4R}{r}\right)^4+2+\left(\frac{p}{r}\right)^2\left[-64\left(\frac{R}{r}\right)^2+\frac{32R}{r}+2\left(\frac{p}{r}\right)^2-12\right]\right\}$$

在$\triangle ABC$中,有格雷森不等式

$$4\left(\frac{R}{r}\right)^2+\frac{4R}{r}+3\geqslant\left(\frac{p}{r}\right)^2\geqslant\frac{16R}{r}-5$$

从而

$$a^4r_a^4+b^4r_b^4+c^4r_c^4\geqslant\Delta^4\left\{\left(\frac{4R}{r}\right)^4+2-64\left(\frac{R}{r}\right)^2\left[4\left(\frac{R}{r}\right)^2+\frac{4R}{r}+3\right]+\left(\frac{16R}{r}-5\right)\left(\frac{64R}{r}-22\right)\right\}\geqslant$$

$$\Delta^4\left[-256\left(\frac{R}{r}\right)^3+832\left(\frac{R}{r}\right)^2-\frac{672R}{r}+112\right]$$

即

$$a^4r_a^4+b^4r_b^4+c^4r_c^4\geqslant\Delta^4\left[-256\left(\frac{R}{r}\right)^3+832\left(\frac{R}{r}\right)^2-\frac{672R}{r}+112\right]$$

其次证明左边不等式.

由例 2.78 知

$$a^4r_a^4+b^4r_b^4+c^4r_c^4=\Delta^4\left\{\left(\frac{4R}{r}\right)^4+2+\left(\frac{p}{r}\right)^2\left[-64\left(\frac{R}{r}\right)^2+\frac{32R}{r}+2\left(\frac{p}{r}\right)^2-12\right]\right\}$$

在$\triangle ABC$中,有格雷森不等式

$$4\left(\frac{R}{r}\right)^2+\frac{4R}{r}+3\geqslant\left(\frac{p}{r}\right)^2\geqslant\frac{16R}{r}-5$$

从而

$$a^4r_a^4+b^4r_b^4+c^4r_c^4\leqslant$$

$$\Delta^4\left\{\left(\frac{4R}{r}\right)^4+2-64\left(\frac{R}{r}\right)^2\left(\frac{16R}{r}-5\right)+\left[4\left(\frac{R}{r}\right)^2+\frac{4R}{r}+3\right]\left[8\left(\frac{R}{r}\right)^2+\frac{40R}{r}-6\right]\right\}\leqslant$$

$$\Delta^4\left[288\left(\frac{R}{r}\right)^4-832\left(\frac{R}{r}\right)^3+480\left(\frac{R}{r}\right)^2+\frac{96R}{r}-16\right]$$

即

$$\Delta^4\left[288\left(\frac{R}{r}\right)^4-832\left(\frac{R}{r}\right)^2+480\left(\frac{R}{r}\right)^2+\frac{96R}{r}-16\right]\geqslant a^4r_a^4+b^4r_b^4+c^4r_c^4$$

综上所述,例 3.72 成立.

例 3.73 在$\triangle ABC$中,试证明

$$\Delta^4\left[320\left(\frac{R}{r}\right)^4-112\left(\frac{R}{r}\right)^3-1\ 182\left(\frac{R}{r}\right)^2+\frac{324R}{r}-48\right]\geqslant$$
$$(b^4+c^4)r_a^4+(a^4+c^4)r_b^4+(b^4+a^4)r_c^4\geqslant$$
$$\Delta^4\left[-256\left(\frac{R}{r}\right)^4+192\left(\frac{R}{r}\right)^3+912\left(\frac{R}{r}\right)^2-\frac{556R}{r}+120\right]$$

证明 首先证明右边不等式.

由例 2.79 知

$$(b^4+c^4)r_a^4+(a^4+c^4)r_b^4+(b^4+a^4)r_c^4=$$
$$\Delta^4\left\{256\left(\frac{R}{r}\right)^4+1\ 536\left(\frac{R}{r}\right)^3+1\ 280\left(\frac{R}{r}\right)^2+\frac{256R}{r}+4+\right.$$
$$2\left(\frac{4R+r}{p}\right)^2\left[\left(\frac{4R}{r}+1\right)^2\left(\frac{4R+r}{p}\right)^2-128\left(\frac{R}{r}\right)^3-224\left(\frac{R}{r}\right)^2-\frac{72R}{r}-6\right]+$$
$$\left.\left(\frac{p}{r}\right)^2\left[-64\left(\frac{R}{r}\right)^2-\frac{96R}{r}+2\left(\frac{p}{r}\right)^2-12\right]\right\}$$

在$\triangle ABC$中,有格雷森不等式

$$4\left(\frac{R}{r}\right)^2+\frac{4R}{r}+3\geqslant\left(\frac{p}{r}\right)^2\geqslant\frac{16R}{r}-5$$

在$\triangle ABC$中,还有不等式

$$\frac{R}{r}+1\geqslant\left(\frac{4R+r}{p}\right)^2\geqslant 3$$

从而

$$(b^4+c^4)r_a^4+(a^4+c^4)r_b^4+(b^4+a^4)r_c^4\geqslant$$
$$\Delta^4\left\{256\left(\frac{R}{r}\right)^4+1\ 536\left(\frac{R}{r}\right)^3+1\ 280\left(\frac{R}{r}\right)^2+\frac{256R}{r}+4+\right.$$
$$18\left(\frac{4R}{r}+1\right)^2-2\left(\frac{R}{r}+1\right)\left[128\left(\frac{R}{r}\right)^3+224\left(\frac{R}{r}\right)^2+\frac{72R}{r}+6\right]-$$
$$\left.\left[64\left(\frac{R}{r}\right)^2+\frac{96R}{r}\right]\left[4\left(\frac{R}{r}\right)^2+\frac{4R}{r}+3\right]+\left(\frac{16R}{r}-5\right)\left(\frac{32R}{r}-22\right)\right\}=$$
$$\Delta^4\left[-256\left(\frac{R}{r}\right)^4+192\left(\frac{R}{r}\right)^3+912\left(\frac{R}{r}\right)^2-\frac{556R}{r}+120\right]$$

即

$$(b^4+c^4)r_a^4+(a^4+c^4)r_b^4+(b^4+a^4)r_c^4\geqslant$$
$$\Delta^4\left[-256\left(\frac{R}{r}\right)^4+192\left(\frac{R}{r}\right)^3+912\left(\frac{R}{r}\right)^2-\frac{556R}{r}+120\right]$$

其次证明左边不等式.

由例 2.79 知

$$(b^4+c^4)r_a^4+(a^4+c^4)r_b^4+(b^4+a^4)r_c^4=$$
$$\Delta^4\left\{256\left(\frac{R}{r}\right)^4+1\ 536\left(\frac{R}{r}\right)^3+1\ 280\left(\frac{R}{r}\right)^2+\frac{256R}{r}+4+\right.$$
$$2\left(\frac{4R+r}{p}\right)^2\left[\left(\frac{4R}{r}+1\right)^2\left(\frac{4R+r}{p}\right)^2-128\left(\frac{R}{r}\right)^3-224\left(\frac{R}{r}\right)^2-\frac{72R}{r}-6\right]+$$
$$\left.\left(\frac{p}{r}\right)^2\left[-64\left(\frac{R}{r}\right)^2-\frac{96R}{r}+2\left(\frac{p}{r}\right)^2-12\right]\right\}$$

在 $\triangle ABC$ 中,有格雷森不等式

$$4\left(\frac{R}{r}\right)^2+\frac{4R}{r}+3\geqslant\left(\frac{p}{r}\right)^2\geqslant\frac{16R}{r}-5$$

在 $\triangle ABC$ 中,还有不等式

$$\frac{R}{r}+1\geqslant\left(\frac{4R+r}{p}\right)^2\geqslant 3$$

从而

$$(b^4+c^4)r_a^4+(a^4+c^4)r_b^4+(b^4+a^4)r_c^4\geqslant$$
$$\Delta^4\left\{256\left(\frac{R}{r}\right)^4+1\ 536\left(\frac{R}{r}\right)^3+1\ 280\left(\frac{R}{r}\right)^2+\frac{256R}{r}+4+\right.$$
$$2\left(\frac{R}{r}+1\right)^2\left(\frac{4R}{r}+1\right)^2-6\left[128\left(\frac{R}{r}\right)^3+224\left(\frac{R}{r}\right)^2+\frac{72R}{r}+6\right]-$$
$$\left.\left[64\left(\frac{R}{r}\right)^2+\frac{96R}{r}\right]\left(\frac{16R}{r}-5\right)+\left[4\left(\frac{R}{r}\right)^2+\frac{4R}{r}+3\right]\left[8\left(\frac{R}{r}\right)^2+\frac{8R}{r}-6\right]\right\}=$$
$$\Delta^4\left[320\left(\frac{R}{r}\right)^4-112\left(\frac{R}{r}\right)^3-1\ 182\left(\frac{R}{r}\right)^2+\frac{324R}{r}-48\right]$$

即

$$\Delta^4\left[320\left(\frac{R}{r}\right)^4-112\left(\frac{R}{r}\right)^3-1\ 182\left(\frac{R}{r}\right)^2+\frac{324R}{r}-48\right]\geqslant$$
$$(b^4+c^4)r_a^4+(a^4+c^4)r_b^4+(b^4+a^4)r_c^4$$

综上所述,例 3.73 成立.

例 3.74　在 $\triangle ABC$ 中,试证明

$$\Delta^3 r\left[288\left(\frac{R}{r}\right)^4-832\left(\frac{R}{r}\right)^3+480\left(\frac{R}{r}\right)^2+\frac{96R}{r}-16\right]\geqslant$$
$$\frac{a^5r_a^3}{r_b+r_c}+\frac{b^5r_b^3}{r_c+r_a}+\frac{c^5r_c^3}{r_a+r_b}\geqslant$$
$$\Delta^3 r\left[-256\left(\frac{R}{r}\right)^3+832\left(\frac{R}{r}\right)^2-\frac{672R}{r}+112\right]$$

证明　首先证明右边不等式.

由例 2.80 知

$$\frac{a^5r_a^3}{r_b+r_c}+\frac{b^5r_b^3}{r_c+r_a}+\frac{c^5r_c^3}{r_a+r_b}=$$
$$\Delta^3r\left\{\left(\frac{4R}{r}\right)^4+2+\left(\frac{p}{r}\right)^2\left[-64\left(\frac{R}{r}\right)^2+\frac{32R}{r}+2\left(\frac{p}{r}\right)^2-12\right]\right\}$$

在△ABC 中，有格雷森不等式

$$4\left(\frac{R}{r}\right)^2+\frac{4R}{r}+3\geqslant\left(\frac{p}{r}\right)^2\geqslant\frac{16R}{r}-5$$

从而

$$\frac{a^5r_a^3}{r_b+r_c}+\frac{b^5r_b^3}{r_c+r_a}+\frac{c^5r_c^3}{r_a+r_b}\geqslant$$
$$\Delta^3r\left\{\left(\frac{4R}{r}\right)^4+2-64\left(\frac{R}{r}\right)^2\left[4\left(\frac{R}{r}\right)^2+\frac{4R}{r}+3\right]+\left(\frac{16R}{r}-5\right)\left(\frac{64R}{r}-22\right)\right\}\geqslant$$
$$\Delta^3r\left[-256\left(\frac{R}{r}\right)^3+832\left(\frac{R}{r}\right)^2-\frac{672R}{r}+112\right]$$

即

$$\frac{a^5r_a^3}{r_b+r_c}+\frac{b^5r_b^3}{r_c+r_a}+\frac{c^5r_c^3}{r_a+r_b}\geqslant\Delta^3r\left[-256\left(\frac{R}{r}\right)^3+832\left(\frac{R}{r}\right)^2-\frac{672R}{r}+112\right]$$

其次证明左边不等式.

由例 2.80 知

$$\frac{a^5r_a^3}{r_b+r_c}+\frac{b^5r_b^3}{r_c+r_a}+\frac{c^5r_c^3}{r_a+r_b}=$$
$$\Delta^3r\left\{\left(\frac{4R}{r}\right)^4+2+\left(\frac{p}{r}\right)^2\left[-64\left(\frac{R}{r}\right)^2+\frac{32R}{r}+2\left(\frac{p}{r}\right)^2-12\right]\right\}$$

在△ABC 中，有格雷森不等式

$$4\left(\frac{R}{r}\right)^2+\frac{4R}{r}+3\geqslant\left(\frac{p}{r}\right)^2\geqslant\frac{16R}{r}-5$$

从而

$$\frac{a^5r_a^3}{r_b+r_c}+\frac{b^5r_b^3}{r_c+r_a}+\frac{c^5r_c^3}{r_a+r_b}\leqslant$$
$$\Delta^3r\left\{\left(\frac{4R}{r}\right)^4+2-64\left(\frac{R}{r}\right)^2\left(\frac{16R}{r}-5\right)+\left[4\left(\frac{R}{r}\right)^2+\frac{4R}{r}+3\right]\left[8\left(\frac{R}{r}\right)^2+\frac{40R}{r}-6\right]\right\}\leqslant$$
$$\Delta^3r\left[288\left(\frac{R}{r}\right)^4-832\left(\frac{R}{r}\right)^3+480\left(\frac{R}{r}\right)^2+\frac{96R}{r}-16\right]$$

即

$$\Delta^3r\left[288\left(\frac{R}{r}\right)^4-832\left(\frac{R}{r}\right)^3+480\left(\frac{R}{r}\right)^2+\frac{96R}{r}-16\right]\geqslant\frac{a^5r_a^3}{r_b+r_c}+\frac{b^5r_b^3}{r_c+r_a}+\frac{c^5r_c^3}{r_a+r_b}$$

综上所述，例 3.74 成立.

例 3.75 在$\triangle ABC$中,试证明

$$r^2\Delta^3\left[256\left(\frac{R}{r}\right)^5-480\left(\frac{R}{r}\right)^4-96\left(\frac{R}{r}\right)^3-64\left(\frac{R}{r}\right)^2+\frac{384R}{r}+32\right]\geqslant$$

$$a^5r_a^3+b^5r_b^3+c^5r_c^3\geqslant$$

$$r^2\Delta^3\left[256\left(\frac{R}{r}\right)^4-1\ 360\left(\frac{R}{r}\right)^3+2\ 576\left(\frac{R}{r}\right)^2-\frac{1\ 792R}{r}+352\right]$$

证明 首先证明右边不等式.

由例 2.81 知

$$a^5r_a^3+b^5r_b^3+c^5r_c^3=$$

$$r^2\Delta^3\left\{\left(\frac{p}{r}\right)^2\left[64\left(\frac{R}{r}\right)^3-32\left(\frac{R}{r}\right)^2+\frac{12R}{r}-\frac{12R}{r}\left(\frac{p}{r}\right)^2+10\left(\frac{p}{r}\right)^2-20\right]+2\left(\frac{4R}{r}+1\right)\right\}$$

在$\triangle ABC$中,有格雷森不等式

$$4\left(\frac{R}{r}\right)^2+\frac{4R}{r}+3\geqslant\left(\frac{p}{r}\right)^2\geqslant\frac{16R}{r}-5$$

从而

$$a^5r_a^3+b^5r_b^3+c^5r_c^3\geqslant$$

$$r^2\Delta^3\left(\left(\frac{16R}{r}-5\right)\left\{64\left(\frac{R}{r}\right)^3-32\left(\frac{R}{r}\right)^2+\frac{12R}{r}-\frac{12R}{r}\left[4\left(\frac{R}{r}\right)^2+\frac{4R}{r}+3\right]+\right.\right.$$

$$\left.\left.10\left(\frac{16R}{r}-5\right)-20\right\}-2\left(\frac{4R}{r}+1\right)\right)=$$

$$r^2\Delta^3\left[256\left(\frac{R}{r}\right)^4-1\ 360\left(\frac{R}{r}\right)^3+2\ 576\left(\frac{R}{r}\right)^2-\frac{1\ 792R}{r}+352\right]$$

即

$$a^5r_a^3+b^5r_b^3+c^5r_c^3\geqslant r^2\Delta^3\left[256\left(\frac{R}{r}\right)^4-1\ 360\left(\frac{R}{r}\right)^3+2\ 576\left(\frac{R}{r}\right)^2-\frac{1\ 792R}{r}+352\right]$$

其次证明左边不等式.

由例 2.81 知

$$a^5r_a^3+b^5r_b^3+c^5r_c^3=$$

$$r^2\Delta^3\left\{\left(\frac{p}{r}\right)^2\left[64\left(\frac{R}{r}\right)^3-32\left(\frac{R}{r}\right)^2+\frac{12R}{r}-\frac{12R}{r}\left(\frac{p}{r}\right)^2+10\left(\frac{p}{r}\right)^2-20\right]+2\left(\frac{4R}{r}+1\right)\right\}$$

在$\triangle ABC$中,有格雷森不等式

$$4\left(\frac{R}{r}\right)^2+\frac{4R}{r}+3\geqslant\left(\frac{p}{r}\right)^2\geqslant\frac{16R}{r}-5$$

从而

$$a^5r_a^3+b^5r_b^3+c^5r_c^3\leqslant$$

$$r^2\Delta^3\left(\left[4\left(\frac{R}{r}\right)^2+\frac{4R}{r}+3\right]\left\{64\left(\frac{R}{r}\right)^3-32\left(\frac{R}{r}\right)^2+\frac{12R}{r}-\frac{12R}{r}\left(\frac{16R}{r}-5\right)+\right.\right.$$

$$10\left[4\left(\frac{R}{r}\right)^2+\frac{4R}{r}+3\right]-20\Bigg\}+2\left(\frac{4R}{r}+1\right)\Bigg)=$$

$$r^2\Delta^3\left[256\left(\frac{R}{r}\right)^5-480\left(\frac{R}{r}\right)^4-96\left(\frac{R}{r}\right)^3-64\left(\frac{R}{r}\right)^2+\frac{384R}{r}+32\right]$$

即

$$r^2\Delta^3\left[256\left(\frac{R}{r}\right)^5-480\left(\frac{R}{r}\right)^4-96\left(\frac{R}{r}\right)^3-64\left(\frac{R}{r}\right)^2+\frac{384R}{r}+32\right]\geqslant a^5r_a^3+b^5r_b^3+c^5r_c^3$$

综上所述,例 3.75 成立.

例 3.76 在$\triangle ABC$中,试证明

$$r^3\Delta^2\left[256\left(\frac{R}{r}\right)^5-480\left(\frac{R}{r}\right)^4-96\left(\frac{R}{r}\right)^3-64\left(\frac{R}{r}\right)^2+\frac{384R}{r}+32\right]\geqslant$$

$$\frac{a^6r_a^2}{r_b+r_c}+\frac{b^6r_b^2}{r_c+r_a}+\frac{c^6r_c^2}{r_a+r_b}\geqslant$$

$$r^3\Delta^2\left[256\left(\frac{R}{r}\right)^4-1\ 360\left(\frac{R}{r}\right)^3+2\ 576\left(\frac{R}{r}\right)^2-\frac{1\ 792R}{r}+352\right]$$

证明 首先证明右边不等式.

由例 2.82 知

$$\frac{a^6r_a^2}{r_b+r_c}+\frac{b^6r_b^2}{r_c+r_a}+\frac{c^6r_c^2}{r_a+r_b}=$$

$$r^3\Delta^2\left\{\left(\frac{p}{r}\right)^2\left[64\left(\frac{R}{r}\right)^3-32\left(\frac{R}{r}\right)^2+\frac{12R}{r}-\frac{12R}{r}\left(\frac{p}{r}\right)^2+10\left(\frac{p}{r}\right)^2-20\right]+2\left(\frac{4R}{r}+1\right)\right\}$$

在$\triangle ABC$中,有格雷森不等式

$$4\left(\frac{R}{r}\right)^2+\frac{4R}{r}+3\geqslant\left(\frac{p}{r}\right)^2\geqslant\frac{16R}{r}-5$$

从而

$$\frac{a^6r_a^2}{r_b+r_c}+\frac{b^6r_b^2}{r_c+r_a}+\frac{c^6r_c^2}{r_a+r_b}\geqslant$$

$$r^3\Delta^2\Bigg(\left(\frac{16R}{r}-5\right)\Bigg\{64\left(\frac{R}{r}\right)^3-32\left(\frac{R}{r}\right)^2+\frac{12R}{r}-\frac{12R}{r}\left[4\left(\frac{R}{r}\right)^2+\frac{4R}{r}+3\right]+$$

$$10\left(\frac{16R}{r}-5\right)-20\Bigg\}-2\left(\frac{4R}{r}+1\right)\Bigg)=$$

$$r^3\Delta^2\left[256\left(\frac{R}{r}\right)^4-1\ 360\left(\frac{R}{r}\right)^3+2\ 576\left(\frac{R}{r}\right)^2-\frac{1\ 792R}{r}+352\right]$$

即

$$\frac{a^6r_a^2}{r_b+r_c}+\frac{b^6r_b^2}{r_c+r_a}+\frac{c^6r_c^2}{r_a+r_b}\geqslant r^3\Delta^2\left[256\left(\frac{R}{r}\right)^4-1\ 360\left(\frac{R}{r}\right)^3+2\ 576\left(\frac{R}{r}\right)^2-\frac{1\ 792R}{r}+352\right]$$

其次证明左边不等式.

由例 2.82 知

$$\frac{a^6r_a^2}{r_b+r_c}+\frac{b^6r_b^2}{r_c+r_a}+\frac{c^6r_c^2}{r_a+r_b}=$$

$$r^3\Delta^2\left\{\left(\frac{p}{r}\right)^2\left[64\left(\frac{R}{r}\right)^3-32\left(\frac{R}{r}\right)^2+\frac{12R}{r}-\frac{12R}{r}\left(\frac{p}{r}\right)^2+10\left(\frac{p}{r}\right)^2-20\right]+2\left(\frac{4R}{r}+1\right)\right\}$$

在$\triangle ABC$中，有格雷森不等式

$$4\left(\frac{R}{r}\right)^2+\frac{4R}{r}+3\geqslant\left(\frac{p}{r}\right)^2\geqslant\frac{16R}{r}-5$$

从而

$$\frac{a^6r_a^2}{r_b+r_c}+\frac{b^6r_b^2}{r_c+r_a}+\frac{c^6r_c^2}{r_a+r_b}\leqslant$$

$$r^3\Delta^2\left(\left[4\left(\frac{R}{r}\right)^2+\frac{4R}{r}+3\right]\left\{64\left(\frac{R}{r}\right)^3-32\left(\frac{R}{r}\right)^2+\frac{12R}{r}-\frac{12R}{r}\left(\frac{16R}{r}-5\right)+\right.\right.$$

$$\left.\left.10\left[4\left(\frac{R}{r}\right)^2+\frac{4R}{r}+3\right]-20\right\}+2\left(\frac{4R}{r}+1\right)\right)=$$

$$r^3\Delta^2\left[256\left(\frac{R}{r}\right)^5-480\left(\frac{R}{r}\right)^4-96\left(\frac{R}{r}\right)^3-64\left(\frac{R}{r}\right)^2+\frac{384R}{r}+32\right]$$

即

$$r^3\Delta^2\left[256\left(\frac{R}{r}\right)^5-480\left(\frac{R}{r}\right)^4-96\left(\frac{R}{r}\right)^3-64\left(\frac{R}{r}\right)^2+\frac{384R}{r}+32\right]\geqslant$$

$$\frac{a^6r_a^2}{r_b+r_c}+\frac{b^6r_b^2}{r_c+r_a}+\frac{c^6r_c^2}{r_a+r_b}$$

综上所述，例 3.76 成立.

例 3.77　在$\triangle ABC$中，试证明

$$p\Delta^4\left[288\left(\frac{R}{r}\right)^4-848\left(\frac{R}{r}\right)^3+512\left(\frac{R}{r}\right)^2+\frac{96R}{r}-32\right]\geqslant a^5r_a^4+b^5r_b^4+c^5r_c^4\geqslant$$

$$p\Delta^4\left[-320\left(\frac{R}{r}\right)^3+1\,040\left(\frac{R}{r}\right)^2-\frac{864R}{r}+160\right]$$

证明　首先证明右边不等式.

由例 2.83 知

$$a^5r_a^4+b^5r_b^4+c^5r_c^4=$$

$$p\Delta^4\left\{\left(\frac{4R}{r}\right)^4-64\left(\frac{R}{r}\right)^3+16\left(\frac{R}{r}\right)^2-\frac{4R}{r}+10+\left(\frac{p}{r}\right)^2\left[-64\left(\frac{R}{r}\right)^2+\frac{44R}{r}+2\left(\frac{p}{r}\right)^2-20\right]\right\}$$

在$\triangle ABC$中，有格雷森不等式

$$4\left(\frac{R}{r}\right)^2+\frac{4R}{r}+3\geqslant\left(\frac{p}{r}\right)^2\geqslant\frac{16R}{r}-5$$

从而

$$a^5r_a^4+b^5r_b^4+c^5r_c^4\geqslant$$

$$p\Delta^4\left\{\left(\frac{4R}{r}\right)^4-64\left(\frac{R}{r}\right)^3+16\left(\frac{R}{r}\right)^2-\frac{4R}{r}+10-64\left(\frac{R}{r}\right)^2\left[4\left(\frac{R}{r}\right)^2+\frac{4R}{r}+3\right]+\right.$$

$$\left.\left(\frac{16R}{r}-5\right)\left(\frac{76R}{r}-30\right)\right\}=$$

$$p\Delta^4\left[-320\left(\frac{R}{r}\right)^3+1\ 040\left(\frac{R}{r}\right)^2-\frac{864R}{r}+160\right]$$

即

$$a^5r_a^4+b^5r_b^4+c^5r_c^4\geqslant p\Delta^4\left[-320\left(\frac{R}{r}\right)^3+1\ 040\left(\frac{R}{r}\right)^2-\frac{864R}{r}+160\right]$$

其次证明左边不等式.

由例 2.83 知

$$a^5r_a^4+b^5r_b^4+c^5r_c^4=$$

$$p\Delta^4\left\{\left(\frac{4R}{r}\right)^4-64\left(\frac{R}{r}\right)^3+16\left(\frac{R}{r}\right)^2-\frac{4R}{r}+10+\left(\frac{p}{r}\right)^2\left[-64\left(\frac{R}{r}\right)^2+\frac{44R}{r}+2\left(\frac{p}{r}\right)^2-20\right]\right\}$$

在$\triangle ABC$中,有格雷森不等式

$$4\left(\frac{R}{r}\right)^2+\frac{4R}{r}+3\geqslant\left(\frac{p}{r}\right)^2\geqslant\frac{16R}{r}-5$$

从而

$$a^5r_a^4+b^5r_b^4+c^5r_c^4\leqslant$$

$$p\Delta^4\left\{\left(\frac{4R}{r}\right)^4-64\left(\frac{R}{r}\right)^3+16\left(\frac{R}{r}\right)^2-\frac{4R}{r}+10-64\left(\frac{R}{r}\right)^2\left(\frac{16R}{r}-5\right)+\right.$$

$$\left.\left[4\left(\frac{R}{r}\right)^2+\frac{4R}{r}+3\right]\left[8\left(\frac{R}{r}\right)^2+\frac{52R}{r}-14\right]\right\}=$$

$$p\Delta^4\left[288\left(\frac{R}{r}\right)^4-848\left(\frac{R}{r}\right)^3+512\left(\frac{R}{r}\right)^2+\frac{96R}{r}-32\right]$$

即

$$p\Delta^4\left[288\left(\frac{R}{r}\right)^4-848\left(\frac{R}{r}\right)^3+512\left(\frac{R}{r}\right)^2+\frac{96R}{r}-32\right]\geqslant a^5r_a^4+b^5r_b^4+c^5r_c^4$$

综上所述,例 3.77 成立.

例 3.78 在$\triangle ABC$中,试证明

$$\Delta^4\left[288\left(\frac{R}{r}\right)^4-848\left(\frac{R}{r}\right)^3+512\left(\frac{R}{r}\right)^2+\frac{96R}{r}-32\right]\geqslant\frac{a^6r_a^3}{r_b+r_c}+\frac{b^6r_b^3}{r_c+r_a}+\frac{c^6r_c^3}{r_a+r_b}\geqslant$$

$$\Delta^4\left[-320\left(\frac{R}{r}\right)^3+1\ 040\left(\frac{R}{r}\right)^2-\frac{864R}{r}+160\right]$$

证明 首先证明右边不等式.

由例 2.84 知

$$\frac{a^6r_a^3}{r_b+r_c}+\frac{b^6r_b^3}{r_c+r_a}+\frac{c^6r_c^3}{r_a+r_b}=$$

$$\Delta^4\left\{\left(\frac{4R}{r}\right)^4-64\left(\frac{R}{r}\right)^3+16\left(\frac{R}{r}\right)^2-\frac{4R}{r}+10+\left(\frac{p}{r}\right)^2\left[-64\left(\frac{R}{r}\right)^2+\frac{44R}{r}+2\left(\frac{p}{r}\right)^2-20\right]\right\}$$

在$\triangle ABC$中，有格雷森不等式

$$4\left(\frac{R}{r}\right)^2+\frac{4R}{r}+3\geqslant\left(\frac{p}{r}\right)^2\geqslant\frac{16R}{r}-5$$

从而

$$\frac{a^6r_a^3}{r_b+r_c}+\frac{b^6r_b^3}{r_c+r_a}+\frac{c^6r_c^3}{r_a+r_b}\geqslant$$

$$\Delta^4\left\{\left(\frac{4R}{r}\right)^4-64\left(\frac{R}{r}\right)^3+16\left(\frac{R}{r}\right)^2-\frac{4R}{r}+10-64\left(\frac{R}{r}\right)^2\left[4\left(\frac{R}{r}\right)^2+\frac{4R}{r}+3\right]+\left(\frac{16R}{r}-5\right)\left(\frac{76R}{r}-30\right)\right\}=$$

$$\Delta^4\left[-320\left(\frac{R}{r}\right)^3+1\ 040\left(\frac{R}{r}\right)^2-\frac{864R}{r}+160\right]$$

即

$$\frac{a^6r_a^3}{r_b+r_c}+\frac{b^6r_b^3}{r_c+r_a}+\frac{c^6r_c^3}{r_a+r_b}\geqslant\Delta^4\left[-320\left(\frac{R}{r}\right)^3+1\ 040\left(\frac{R}{r}\right)^2-\frac{864R}{r}+160\right]$$

其次证明左边不等式.

由例 2.84 知

$$\frac{a^6r_a^3}{r_b+r_c}+\frac{b^6r_b^3}{r_c+r_a}+\frac{c^6r_c^3}{r_a+r_b}=$$

$$\Delta^4\left\{\left(\frac{4R}{r}\right)^4-64\left(\frac{R}{r}\right)^3+16\left(\frac{R}{r}\right)^2-\frac{4R}{r}+10+\left(\frac{p}{r}\right)^2\left[-64\left(\frac{R}{r}\right)^2+\frac{44R}{r}+2\left(\frac{p}{r}\right)^2-20\right]\right\}$$

在$\triangle ABC$中，有格雷森不等式

$$4\left(\frac{R}{r}\right)^2+\frac{4R}{r}+3\geqslant\left(\frac{p}{r}\right)^2\geqslant\frac{16R}{r}-5$$

从而

$$\frac{a^6r_a^3}{r_b+r_c}+\frac{b^6r_b^3}{r_c+r_a}+\frac{c^6r_c^3}{r_a+r_b}\leqslant$$

$$\Delta^4\left\{\left(\frac{4R}{r}\right)^4-64\left(\frac{R}{r}\right)^3+16\left(\frac{R}{r}\right)^2-\frac{4R}{r}+10-64\left(\frac{R}{r}\right)^2\left(\frac{16R}{r}-5\right)+\right.$$

$$\left.\left[4\left(\frac{R}{r}\right)^2+\frac{4R}{r}+3\right]\left[8\left(\frac{R}{r}\right)^2+\frac{52R}{r}-14\right]\right\}=$$

$$\Delta^4\left[288\left(\frac{R}{r}\right)^4-848\left(\frac{R}{r}\right)^3+512\left(\frac{R}{r}\right)^2+\frac{96R}{r}-32\right]$$

即

$$\Delta^4\left[288\left(\frac{R}{r}\right)^4-848\left(\frac{R}{r}\right)^3+512\left(\frac{R}{r}\right)^2+\frac{96R}{r}-32\right]\geqslant\frac{a^6r_a^3}{r_b+r_c}+\frac{b^6r_b^3}{r_c+r_a}+\frac{c^6r_c^3}{r_a+r_b}$$

综上所述,例 3.78 成立.

例 3.79 在$\triangle ABC$中,试证明

$$r^2\Delta^4\left[1\ 152\left(\frac{R}{r}\right)^6+1\ 792\left(\frac{R}{r}\right)^5-13\ 792\left(\frac{R}{r}\right)^4+12\ 288\left(\frac{R}{r}\right)^3-2\ 912\left(\frac{R}{r}\right)^2+\frac{1\ 904R}{r}-288\right]\geqslant$$
$$a^6r_a^4+b^6r_b^4+c^6r_c^4\geqslant$$
$$r^2\Delta^4\left[-1\ 024\left(\frac{R}{r}\right)^6+2\ 048\left(\frac{R}{r}\right)^5-6\ 048\left(\frac{R}{r}\right)^4+22\ 080\left(\frac{R}{r}\right)^3-23\ 232\left(\frac{R}{r}\right)^2+\frac{7\ 312R}{r}-992\right]$$

证明 首先证明右边不等式.

由例 2.85 知

$$a^6r_a^4+b^6r_b^4+c^6r_c^4=$$
$$r^2\Delta^4\left\{\left(\frac{p}{r}\right)^2\left[\left(\frac{4R}{r}\right)^4-128\left(\frac{R}{r}\right)^3+48\left(\frac{R}{r}\right)^2-\frac{16R}{r}+\frac{12R}{r}\left(\frac{p}{r}\right)^2-10\left(\frac{p}{r}\right)^2+30\right]-\right.$$
$$\left.2\left(\frac{4R}{r}+1\right)+\left(\frac{p}{r}\right)^4\left[-64\left(\frac{R}{r}\right)^2+\frac{44R}{r}+2\left(\frac{p}{r}\right)^2-20\right]\right\}$$

在$\triangle ABC$中,有格雷森不等式

$$4\left(\frac{R}{r}\right)^2+\frac{4R}{r}+3\geqslant\left(\frac{p}{r}\right)^2\geqslant\frac{16R}{r}-5$$

从而

$$a^6r_a^4+b^6r_b^4+c^6r_c^4\geqslant$$
$$r^2\Delta^4\left\{\left(\frac{16R}{r}-5\right)\left[\left(\frac{4R}{r}\right)^4-128\left(\frac{R}{r}\right)^3+48\left(\frac{R}{r}\right)^2-\frac{16R}{r}+\frac{12R}{r}\left(\frac{16R}{r}-5\right)+30\right]-\right.$$
$$\left.10\left[4\left(\frac{R}{r}\right)^2+\frac{4R}{r}+3\right]^2-2\left(\frac{4R}{r}+1\right)-64\left(\frac{R}{r}\right)^2\left[4\left(\frac{R}{r}\right)^2+\frac{4R}{r}+3\right]^2+\left(\frac{16R}{r}-5\right)^2\left(\frac{76R}{r}-30\right)\right\}=$$
$$r^2\Delta^4\left[-1\ 024\left(\frac{R}{r}\right)^6+2\ 048\left(\frac{R}{r}\right)^5-6\ 048\left(\frac{R}{r}\right)^4+22\ 080\left(\frac{R}{r}\right)^3-23\ 232\left(\frac{R}{r}\right)^2+\frac{7\ 312R}{r}-992\right]$$

即

$$a^6r_a^4+b^6r_b^4+c^6r_c^4\geqslant$$
$$r^2\Delta^4\left[-1\ 024\left(\frac{R}{r}\right)^6+2\ 048\left(\frac{R}{r}\right)^5-6\ 048\left(\frac{R}{r}\right)^4+22\ 080\left(\frac{R}{r}\right)^3-23\ 232\left(\frac{R}{r}\right)^2+\frac{7\ 312R}{r}-992\right]$$

其次证明左边不等式

由例 2.85 知

$$a^6r_a^4+b^6r_b^4+c^6r_c^4=$$
$$r^2\Delta^4\left\{\left(\frac{p}{r}\right)^2\left[\left(\frac{4R}{r}\right)^4-128\left(\frac{R}{r}\right)^3+48\left(\frac{R}{r}\right)^2-\frac{16R}{r}+\frac{12R}{r}\left(\frac{p}{r}\right)^2-10\left(\frac{p}{r}\right)^2+30\right]-\right.$$
$$\left.2\left(\frac{4R}{r}+1\right)+\left(\frac{p}{r}\right)^4\left[-64\left(\frac{R}{r}\right)^2+\frac{44R}{r}+2\left(\frac{p}{r}\right)^2-20\right]\right\}$$

在$\triangle ABC$中,有格雷森不等式

$$4\left(\frac{R}{r}\right)^2+\frac{4R}{r}+3\geqslant\left(\frac{p}{r}\right)^2\geqslant\frac{16R}{r}-5$$

从而

$a^6r_a^4+b^6r_b^4+c^6r_c^4\leqslant$

$r^2\Delta^4\left\{\left[4\left(\frac{R}{r}\right)^2+\frac{4R}{r}+3\right]\left[\left(\frac{4R}{r}\right)^4-128\left(\frac{R}{r}\right)^3+48\left(\frac{R}{r}\right)^2-\frac{16R}{r}+\frac{12R}{r}\left[4\left(\frac{R}{r}\right)^2+\frac{4R}{r}+3\right]+30\right]-\right.$

$10\left(\frac{16R}{r}-5\right)^2-2\left(\frac{4R}{r}+1\right)-64\left(\frac{R}{r}\right)^2\left(\frac{16R}{r}-5\right)^2+$

$\left.\left[4\left(\frac{R}{r}\right)^2+\frac{4R}{r}+3\right]^2\left[8\left(\frac{R}{r}\right)^2+\frac{52R}{r}-14\right]\right\}=$

$r^2\Delta^4\left[1\ 152\left(\frac{R}{r}\right)^6+1\ 792\left(\frac{R}{r}\right)^5-13\ 792\left(\frac{R}{r}\right)^4+12\ 288\left(\frac{R}{r}\right)^3-2\ 912\left(\frac{R}{r}\right)^2+\frac{1\ 904R}{r}-288\right]$

即

$r^2\Delta^4\left[1\ 152\left(\frac{R}{r}\right)^6+1\ 792\left(\frac{R}{r}\right)^5-13\ 792\left(\frac{R}{r}\right)^4+12\ 288\left(\frac{R}{r}\right)^3-2\ 912\left(\frac{R}{r}\right)^2+\frac{1\ 904R}{r}-288\right]\geqslant$

$a^6r_a^4+b^6r_b^4+c^6r_c^4$

综上所述,例 3.79 成立.

例 3.80　在$\triangle ABC$中,试证明

$r^3\Delta^3\left[1\ 152\left(\frac{R}{r}\right)^6+1\ 792\left(\frac{R}{r}\right)^5-13\ 792\left(\frac{R}{r}\right)^4+12\ 288\left(\frac{R}{r}\right)^3-2\ 912\left(\frac{R}{r}\right)^2+\frac{1\ 904R}{r}-288\right]\geqslant$

$\frac{a^7r_a^3}{r_b+r_c}+\frac{b^7r_b^3}{r_c+r_a}+\frac{c^7r_c^3}{r_a+r_b}\geqslant$

$r^3\Delta^3\left[-1\ 024\left(\frac{R}{r}\right)^6+2\ 048\left(\frac{R}{r}\right)^5-6\ 048\left(\frac{R}{r}\right)^4+22\ 080\left(\frac{R}{r}\right)^3-23\ 232\left(\frac{R}{r}\right)^2+\frac{7\ 312R}{r}-992\right]$

证明　首先证明右边不等式.

由例 2.86 知

$\frac{a^7r_a^3}{r_b+r_c}+\frac{b^7r_b^3}{r_c+r_a}+\frac{c^7r_c^3}{r_a+r_b}=$

$r^3\Delta^3\left\{\left(\frac{p}{r}\right)^2\left[\left(\frac{4R}{r}\right)^4-128\left(\frac{R}{r}\right)^3+48\left(\frac{R}{r}\right)^2-\frac{16R}{r}+\frac{12R}{r}\left(\frac{p}{r}\right)^2-10\left(\frac{p}{r}\right)^2+30\right]-\right.$

$\left.2\left(\frac{4R}{r}+1\right)+\left(\frac{p}{r}\right)^4\left[-64\left(\frac{R}{r}\right)^2+\frac{44R}{r}+2\left(\frac{p}{r}\right)^2-20\right]\right\}$

在$\triangle ABC$中,有格雷森不等式

$$4\left(\frac{R}{r}\right)^2+\frac{4R}{r}+3\geqslant\left(\frac{p}{r}\right)^2\geqslant\frac{16R}{r}-5$$

从而

$\frac{a^7r_a^3}{r_b+r_c}+\frac{b^7r_b^3}{r_c+r_a}+\frac{c^7r_c^3}{r_a+r_b}\geqslant$

$$r^3\Delta^3\left\{\left(\frac{16R}{r}-5\right)\left[\left(\frac{4R}{r}\right)^4-128\left(\frac{R}{r}\right)^3+48\left(\frac{R}{r}\right)^2-\frac{16R}{r}+\frac{12R}{r}\left(\frac{16R}{r}-5\right)+30\right]-\right.$$

$$\left.10\left[4\left(\frac{R}{r}\right)^2+\frac{4R}{r}+3\right]^2-2\left(\frac{4R}{r}+1\right)-64\left(\frac{R}{r}\right)^2\left[4\left(\frac{R}{r}\right)^2+\frac{4R}{r}+3\right]^2+\left(\frac{16R}{r}-5\right)^2\left(\frac{76R}{r}-30\right)\right\}=$$

$$r^3\Delta^3\left[-1\ 024\left(\frac{R}{r}\right)^6+2\ 048\left(\frac{R}{r}\right)^5-6\ 048\left(\frac{R}{r}\right)^4+22\ 080\left(\frac{R}{r}\right)^3-23\ 232\left(\frac{R}{r}\right)^2+\frac{7\ 312R}{r}-992\right]$$

即

$$\frac{a^7r_a^3}{r_b+r_c}+\frac{b^7r_b^3}{r_c+r_a}+\frac{c^7r_c^3}{r_a+r_b}\geqslant$$

$$r^3\Delta^3\left[-1\ 024\left(\frac{R}{r}\right)^6+2\ 048\left(\frac{R}{r}\right)^5-6\ 048\left(\frac{R}{r}\right)^4+22\ 080\left(\frac{R}{r}\right)^3-23\ 232\left(\frac{R}{r}\right)^2+\frac{7\ 312R}{r}-992\right]$$

其次证明左边不等式.

由例 2.86 知

$$\frac{a^7r_a^3}{r_b+r_c}+\frac{b^7r_b^3}{r_c+r_a}+\frac{c^7r_c^3}{r_a+r_b}=$$

$$r^3\Delta^3\left\{\left(\frac{p}{r}\right)^2\left[\left(\frac{4R}{r}\right)^4-128\left(\frac{R}{r}\right)^3+48\left(\frac{R}{r}\right)^2-\frac{16R}{r}+\frac{12R}{r}\left(\frac{p}{r}\right)^2-10\left(\frac{p}{r}\right)^2+30\right]-\right.$$

$$\left.2\left(\frac{4R}{r}+1\right)+\left(\frac{p}{r}\right)^4\left[-64\left(\frac{R}{r}\right)^2+\frac{44R}{r}+2\left(\frac{p}{r}\right)^2-20\right]\right\}$$

在△ABC 中,有格雷森不等式

$$4\left(\frac{R}{r}\right)^2+\frac{4R}{r}+3\geqslant\left(\frac{p}{r}\right)^2\geqslant\frac{16R}{r}-5$$

从而

$$\frac{a^7r_a^3}{r_b+r_c}+\frac{b^7r_b^3}{r_c+r_a}+\frac{c^7r_c^3}{r_a+r_b}\leqslant$$

$$r^3\Delta^3\left(\left[4\left(\frac{R}{r}\right)^2+\frac{4R}{r}+3\right]\left\{\left(\frac{4R}{r}\right)^4-128\left(\frac{R}{r}\right)^3+48\left(\frac{R}{r}\right)^2-\frac{16R}{r}+\frac{12R}{r}\left[4\left(\frac{R}{r}\right)^2+\frac{4R}{r}+3\right]+30\right\}-\right.$$

$$10\left(\frac{16R}{r}-5\right)^2-2\left(\frac{4R}{r}+1\right)-64\left(\frac{R}{r}\right)^2\left(\frac{16R}{r}-5\right)^2+$$

$$\left.\left[4\left(\frac{R}{r}\right)^2+\frac{4R}{r}+3\right]^2\left[8\left(\frac{R}{r}\right)^2+\frac{52R}{r}-14\right]\right)=$$

$$r^3\Delta^3\left[1\ 152\left(\frac{R}{r}\right)^6+1\ 792\left(\frac{R}{r}\right)^5-13\ 792\left(\frac{R}{r}\right)^4+12\ 288\left(\frac{R}{r}\right)^3-2\ 912\left(\frac{R}{r}\right)^2+\frac{1\ 904R}{r}-288\right]$$

即

$$r^3\Delta^3\left[1\ 152\left(\frac{R}{r}\right)^6+1\ 792\left(\frac{R}{r}\right)^5-13\ 792\left(\frac{R}{r}\right)^4+12\ 288\left(\frac{R}{r}\right)^3-2\ 912\left(\frac{R}{r}\right)^2+\frac{1\ 904R}{r}-288\right]\geqslant$$

$$\frac{a^7r_a^3}{r_b+r_c}+\frac{b^7r_b^3}{r_c+r_a}+\frac{c^7r_c^3}{r_a+r_b}$$

综上所述,例3.80成立.

例3.81　在$\triangle ABC$中,试证明

$$2\Delta^3 r\left[32\left(\frac{R}{r}\right)^4-56\left(\frac{R}{r}\right)^3-4\left(\frac{R}{r}\right)^2-\frac{20R}{r}+40\right]\geqslant a^5r_a^2+b^5r_b^2+c^5r_c^2\geqslant$$

$$2\Delta^3 r\left[64\left(\frac{R}{r}\right)^3-180\left(\frac{R}{r}\right)^2+\frac{148R}{r}-40\right]$$

证明　首先证明右边不等式.

由例2.87知

$$a^5r_a^2+b^5r_b^2+c^5r_c^2=2\Delta^3 r\left\{\left(\frac{p}{r}\right)^2\left[8\left(\frac{R}{r}\right)^2-\frac{6R}{r}-\left(\frac{p}{r}\right)^2+10\right]-\left(\frac{14R}{r}+5\right)\right\}$$

在$\triangle ABC$中,有格雷森不等式

$$4\left(\frac{R}{r}\right)^2+\frac{4R}{r}+3\geqslant\left(\frac{p}{r}\right)^2\geqslant\frac{16R}{r}-5$$

从而

$$a^5r_a^2+b^5r_b^2+c^5r_c^2\geqslant 2\Delta^3 r\left\{\left(\frac{16R}{r}-5\right)\left[4\left(\frac{R}{r}\right)^2-\frac{10R}{r}+7\right]-\left(\frac{14R}{r}+5\right)\right\}=$$

$$2\Delta^3 r\left[64\left(\frac{R}{r}\right)^3-180\left(\frac{R}{r}\right)^2+\frac{148R}{r}-40\right]$$

即

$$a^5r_a^2+b^5r_b^2+c^5r_c^2\geqslant 2\Delta^3 r\left[64\left(\frac{R}{r}\right)^3-180\left(\frac{R}{r}\right)^2+\frac{148R}{r}-40\right]$$

其次证明左边不等式.

由例2.87知

$$a^5r_a^2+b^5r_b^2+c^5r_c^2=2\Delta^3 r\left\{\left(\frac{p}{r}\right)^2\left[8\left(\frac{R}{r}\right)^2-\frac{6R}{r}-\left(\frac{p}{r}\right)^2+10\right]-\left(\frac{14R}{r}+5\right)\right\}$$

在$\triangle ABC$中,有格雷森不等式

$$4\left(\frac{R}{r}\right)^2+\frac{4R}{r}+3\geqslant\left(\frac{p}{r}\right)^2\geqslant\frac{16R}{r}-5$$

从而

$$a^5r_a^2+b^5r_b^2+c^5r_c^2\leqslant\Delta^3 r\left\{\left[4\left(\frac{R}{r}\right)^2+\frac{4R}{r}+3\right]\left[8\left(\frac{R}{r}\right)^2-\frac{22R}{r}+15\right]-\left(\frac{14R}{r}+5\right)\right\}=$$

$$2\Delta^3 r\left[32\left(\frac{R}{r}\right)^4-56\left(\frac{R}{r}\right)^3-4\left(\frac{R}{r}\right)^2-\frac{20R}{r}+40\right]$$

即

$$2\Delta^3 r\left[32\left(\frac{R}{r}\right)^4-56\left(\frac{R}{r}\right)^3-4\left(\frac{R}{r}\right)^2-\frac{20R}{r}+40\right]\geqslant a^5r_a^2+b^5r_b^2+c^5r_c^2$$

综上所述,例3.81成立.

例 3.82 在$\triangle ABC$中，试证明

$$2\Delta^2 r^2\left[32\left(\frac{R}{r}\right)^4-56\left(\frac{R}{r}\right)^3-4\left(\frac{R}{r}\right)^2-\frac{20R}{r}+40\right]\geqslant\frac{a^6 r_a}{r_b+r_c}+\frac{b^6 r_b}{r_c+r_a}+\frac{c^6 r_c}{r_a+r_b}\geqslant$$
$$2\Delta^2 r^2\left[64\left(\frac{R}{r}\right)^3-180\left(\frac{R}{r}\right)^2+\frac{148R}{r}-40\right]$$

证明 首先证明右边不等式.

由例 2.88 知

$$\frac{a^6 r_a}{r_b+r_c}+\frac{b^6 r_b}{r_c+r_a}+\frac{c^6 r_c}{r_a+r_b}=2\Delta^2 r^2\left\{\left(\frac{p}{r}\right)^2\left[8\left(\frac{R}{r}\right)^2-\frac{6R}{r}-\left(\frac{p}{r}\right)^2+10\right]-\left(\frac{14R}{r}+5\right)\right\}$$

在$\triangle ABC$中，有格雷森不等式

$$4\left(\frac{R}{r}\right)^2+\frac{4R}{r}+3\geqslant\left(\frac{p}{r}\right)^2\geqslant\frac{16R}{r}-5$$

从而

$$\frac{a^6 r_a}{r_b+r_c}+\frac{b^6 r_b}{r_c+r_a}+\frac{c^6 r_c}{r_a+r_b}\geqslant 2\Delta^2 r^2\left\{\left(\frac{16R}{r}-5\right)\left[4\left(\frac{R}{r}\right)^2-\frac{10R}{r}+7\right]-\left(\frac{14R}{r}+5\right)\right\}=$$
$$2\Delta^2 r^2\left[64\left(\frac{R}{r}\right)^3-180\left(\frac{R}{r}\right)^2+\frac{148R}{r}-40\right]$$

即

$$\frac{a^6 r_a}{r_b+r_c}+\frac{b^6 r_b}{r_c+r_a}+\frac{c^6 r_c}{r_a+r_b}\geqslant 2\Delta^2 r^2\left[64\left(\frac{R}{r}\right)^3-180\left(\frac{R}{r}\right)^2+\frac{148R}{r}-40\right]$$

其次证明左边不等式.

由例 2.88 知

$$\frac{a^6 r_a}{r_b+r_c}+\frac{b^6 r_b}{r_c+r_a}+\frac{c^6 r_c}{r_a+r_b}=2\Delta^2 r^2\left\{\left(\frac{p}{r}\right)^2\left[8\left(\frac{R}{r}\right)^2-\frac{6R}{r}-\left(\frac{p}{r}\right)^2+10\right]-\left(\frac{14R}{r}+5\right)\right\}$$

在$\triangle ABC$中，有格雷森不等式

$$4\left(\frac{R}{r}\right)^2+\frac{4R}{r}+3\geqslant\left(\frac{p}{r}\right)^2\geqslant\frac{16R}{r}-5$$

从而

$$\frac{a^6 r_a}{r_b+r_c}+\frac{b^6 r_b}{r_c+r_a}+\frac{c^6 r_c}{r_a+r_b}\leqslant$$
$$2\Delta^2 r^2\left\{\left[4\left(\frac{R}{r}\right)^2+\frac{4R}{r}+3\right]\left[8\left(\frac{R}{r}\right)^2-\frac{22R}{r}+15\right]-\left(\frac{14R}{r}+5\right)\right\}=$$
$$2\Delta^2 r^2\left[32\left(\frac{R}{r}\right)^4-56\left(\frac{R}{r}\right)^3-4\left(\frac{R}{r}\right)^2-\frac{20R}{r}+40\right]$$

即

$$2\Delta^2 r^2\left[32\left(\frac{R}{r}\right)^4-56\left(\frac{R}{r}\right)^3-4\left(\frac{R}{r}\right)^2-\frac{20R}{r}+40\right]\geqslant\frac{a^6 r_a}{r_b+r_c}+\frac{b^6 r_b}{r_c+r_a}+\frac{c^6 r_c}{r_a+r_b}$$

综上所述,例 3.82 成立.

例 3.83 在$\triangle ABC$中,试证明

$$4r\Delta^4\left[64\left(\frac{R}{r}\right)^5-128\left(\frac{R}{r}\right)^4-12\left(\frac{R}{r}\right)^3-16\left(\frac{R}{r}\right)^2+\frac{104R}{r}\right]\geqslant a^6 r_a^3+b^6 r_b^3+c^6 r_c^3\geqslant$$

$$4r\Delta^4\left[64\left(\frac{R}{r}\right)^4-404\left(\frac{R}{r}\right)^3+840\left(\frac{R}{r}\right)^2-\frac{616R}{r}+128\right]$$

证明 首先证明右边不等式.

由例 2.89 知

$$a^6 r_a^3+b^6 r_b^3+c^6 r_c^3=4r\Delta^4\left\{\left(\frac{p}{r}\right)^2\left[16\left(\frac{R}{r}\right)^3-12\left(\frac{R}{r}\right)^2+\frac{6R}{r}-\frac{3R}{r}\left(\frac{p}{r}\right)^2+3\left(\frac{p}{r}\right)^2-10\right]+\frac{9R}{r}+3\right\}$$

在$\triangle ABC$中,有格雷森不等式

$$4\left(\frac{R}{r}\right)^2+\frac{4R}{r}+3\geqslant\left(\frac{p}{r}\right)^2\geqslant\frac{16R}{r}-5$$

从而

$$a^6 r_a^3+b^6 r_b^3+c^6 r_c^3\geqslant$$

$$4r\Delta^4\left(\left(\frac{16R}{r}-5\right)\left\{16\left(\frac{R}{r}\right)^3-12\left(\frac{R}{r}\right)^2-\frac{3R}{r}\left[4\left(\frac{R}{r}\right)^2+\frac{4R}{r}+3\right]+\frac{6R}{r}+3\left(\frac{16R}{r}-5\right)-10\right\}+\frac{9R}{r}+3\right)=$$

$$4r\Delta^4\left[64\left(\frac{R}{r}\right)^4-404\left(\frac{R}{r}\right)^3+840\left(\frac{R}{r}\right)^2-\frac{616R}{r}+128\right]$$

即

$$a^6 r_a^3+b^6 r_b^3+c^6 r_c^3\geqslant 4r\Delta^4\left[64\left(\frac{R}{r}\right)^4-404\left(\frac{R}{r}\right)^3+840\left(\frac{R}{r}\right)^2-\frac{616R}{r}+128\right]$$

其次证明左边不等式.

由例 2.89 知

$$a^6 r_a^3+b^6 r_b^3+c^6 r_c^3=$$

$$4r\Delta^4\left\{\left(\frac{p}{r}\right)^2\left[16\left(\frac{R}{r}\right)^3-12\left(\frac{R}{r}\right)^2+\frac{6R}{r}-\frac{3R}{r}\left(\frac{p}{r}\right)^2+3\left(\frac{p}{r}\right)^2-10\right]+\frac{9R}{r}+3\right\}$$

在$\triangle ABC$中,有格雷森不等式

$$4\left(\frac{R}{r}\right)^2+\frac{4R}{r}+3\geqslant\left(\frac{p}{r}\right)^2\geqslant\frac{16R}{r}-5$$

从而

$$a^6 r_a^3+b^6 r_b^3+c^6 r_c^3\leqslant$$

$$4r\Delta^4\left\{\left[4\left(\frac{R}{r}\right)^2+\frac{4R}{r}+3\right]\left[16\left(\frac{R}{r}\right)^3+\frac{18R}{r}-\frac{3R}{r}\left(\frac{16R}{r}-5\right)-1\right]+\frac{9R}{r}+3\right\}=$$

$$4r\Delta^4\left[64\left(\frac{R}{r}\right)^5-128\left(\frac{R}{r}\right)^4-12\left(\frac{R}{r}\right)^3-16\left(\frac{R}{r}\right)^2+\frac{104R}{r}\right]$$

即

$$4r\Delta^4\left[64\left(\frac{R}{r}\right)^5-128\left(\frac{R}{r}\right)^4-12\left(\frac{R}{r}\right)^3-16\left(\frac{R}{r}\right)^2+\frac{104R}{r}\right]\geqslant a^6r_a^3+b^6r_b^3+c^6r_c^3$$

综上所述,例 3.83 成立.

例 3.84 在$\triangle ABC$中,试证明

$$4r^2\Delta^3\left[64\left(\frac{R}{r}\right)^5-128\left(\frac{R}{r}\right)^4-12\left(\frac{R}{r}\right)^3-16\left(\frac{R}{r}\right)^2+\frac{104R}{r}\right]\geqslant\frac{a^7r_a^2}{r_b+r_c}+\frac{b^7r_b^2}{r_c+r_a}+\frac{c^7r_c^2}{r_a+r_b}\geqslant$$
$$4r^2\Delta^3\left[64\left(\frac{R}{r}\right)^4-404\left(\frac{R}{r}\right)^3+840\left(\frac{R}{r}\right)^2-\frac{616R}{r}+128\right]$$

证明 首先证明右边不等式.

由例 2.90 知

$$\frac{a^7r_a^2}{r_b+r_c}+\frac{b^7r_b^2}{r_c+r_a}+\frac{c^7r_c^2}{r_a+r_b}=$$
$$4r^2\Delta^3\left\{\left(\frac{p}{r}\right)^2\left[16\left(\frac{R}{r}\right)^3-12\left(\frac{R}{r}\right)^2+\frac{6R}{r}-\frac{3R}{r}\left(\frac{p}{r}\right)^2+3\left(\frac{p}{r}\right)^2-10\right]+\frac{9R}{r}+3\right\}$$

在$\triangle ABC$中,有格雷森不等式

$$4\left(\frac{R}{r}\right)^2+\frac{4R}{r}+3\geqslant\left(\frac{p}{r}\right)^2\geqslant\frac{16R}{r}-5$$

从而

$$\frac{a^7r_a^2}{r_b+r_c}+\frac{b^7r_b^2}{r_c+r_a}+\frac{c^7r_c^2}{r_a+r_b}\geqslant$$
$$4r^2\Delta^3\left(\left(\frac{16R}{r}-5\right)\left\{16\left(\frac{R}{r}\right)^3-12\left(\frac{R}{r}\right)^2-\frac{3R}{r}\left[4\left(\frac{R}{r}\right)^2+\frac{4R}{r}+3\right]+\frac{6R}{r}+3\left(\frac{16R}{r}-5\right)-10\right\}+\frac{9R}{r}+3\right)=$$
$$4r^2\Delta^3\left[64\left(\frac{R}{r}\right)^4-404\left(\frac{R}{r}\right)^3+840\left(\frac{R}{r}\right)^2-\frac{616R}{r}+128\right]$$

即

$$\frac{a^7r_a^2}{r_b+r_c}+\frac{b^7r_b^2}{r_c+r_a}+\frac{c^7r_c^2}{r_a+r_b}\geqslant4r^2\Delta^3\left[64\left(\frac{R}{r}\right)^4-404\left(\frac{R}{r}\right)^3+840\left(\frac{R}{r}\right)^2-\frac{616R}{r}+128\right]$$

其次证明左边不等式.

由例 2.90 知

$$\frac{a^7r_a^2}{r_b+r_c}+\frac{b^7r_b^2}{r_c+r_a}+\frac{c^7r_c^2}{r_a+r_b}=$$
$$4r^2\Delta^3\left\{\left(\frac{p}{r}\right)^2\left[16\left(\frac{R}{r}\right)^3-12\left(\frac{R}{r}\right)^2+\frac{6R}{r}-\frac{3R}{r}\left(\frac{p}{r}\right)^2+3\left(\frac{p}{r}\right)^2-10\right]+\frac{9R}{r}+3\right\}$$

在$\triangle ABC$中,有格雷森不等式

$$4\left(\frac{R}{r}\right)^2+\frac{4R}{r}+3\geqslant\left(\frac{p}{r}\right)^2\geqslant\frac{16R}{r}-5$$

从而

$$\frac{a^7r_a^2}{r_b+r_c}+\frac{b^7r_b^2}{r_c+r_a}+\frac{c^7r_c^2}{r_a+r_b}\leqslant$$

$$4r^2\Delta^3\left\{\left[4\left(\frac{R}{r}\right)^2+\frac{4R}{r}+3\right]\left[16\left(\frac{R}{r}\right)^3+\frac{18R}{r}-\frac{3R}{r}\left(\frac{16R}{r}-5\right)-1\right]+\frac{9R}{r}+3\right\}=$$

$$4r^2\Delta^3\left[64\left(\frac{R}{r}\right)^5-128\left(\frac{R}{r}\right)^4-12\left(\frac{R}{r}\right)^3-16\left(\frac{R}{r}\right)^2+\frac{104R}{r}\right]$$

即

$$4r^2\Delta^3\left[64\left(\frac{R}{r}\right)^5-128\left(\frac{R}{r}\right)^4-12\left(\frac{R}{r}\right)^3-16\left(\frac{R}{r}\right)^2+\frac{104R}{r}\right]\geqslant\frac{a^7r_a^2}{r_b+r_c}+\frac{b^7r_b^2}{r_c+r_a}+\frac{c^7r_c^2}{r_a+r_b}$$

综上所述,例 3.84 成立.

例 3.85　在△ABC 中,试证明

$$r\Delta^5\left[1\,152\left(\frac{R}{r}\right)^6+1\,728\left(\frac{R}{r}\right)^5-13\,472\left(\frac{R}{r}\right)^4+12\,672\left(\frac{R}{r}\right)^3-5\,488\left(\frac{R}{r}\right)^2+\frac{3\,984R}{r}-480\right]\geqslant$$

$$a^7r_a^4+b^7r_b^4+c^7r_c^4\geqslant$$

$$r\Delta^5\left[-1\,024\left(\frac{R}{r}\right)^6+2\,048\left(\frac{R}{r}\right)^5-7\,264\left(\frac{R}{r}\right)^4+25\,856\left(\frac{R}{r}\right)^3-26\,256\left(\frac{R}{r}\right)^2+\frac{8\,048R}{r}-1\,312\right]$$

证明　首先证明右边不等式.

由例 2.91 知

$$a^7r_a^4+b^7r_b^4+c^7r_c^4=$$

$$r\Delta^5\left\{\left(\frac{p}{r}\right)^2\left[\left(\frac{4R}{r}\right)^4-192\left(\frac{R}{r}\right)^3+96\left(\frac{R}{r}\right)^2-\frac{40R}{r}+\frac{24R}{r}\left(\frac{p}{r}\right)^2-22\left(\frac{p}{r}\right)^2+70\right]-\right.$$

$$\left.\left(\frac{44R}{r}+14\right)+\left(\frac{p}{r}\right)^4\left[-64\left(\frac{R}{r}\right)^2+\frac{44R}{r}+2\left(\frac{p}{r}\right)^2-20\right]\right\}$$

在△ABC 中,有格雷森不等式

$$4\left(\frac{R}{r}\right)^2+\frac{4R}{r}+3\geqslant\left(\frac{p}{r}\right)^2\geqslant\frac{16R}{r}-5$$

从而

$$a^7r_a^4+b^7r_b^4+c^7r_c^4\geqslant$$

$$r\Delta^5\left\{\left(\frac{16R}{r}-5\right)\left[\left(\frac{4R}{r}\right)^4-192\left(\frac{R}{r}\right)^3+96\left(\frac{R}{r}\right)^2-\frac{40R}{r}+\frac{24R}{r}\left(\frac{16R}{r}-5\right)+70\right]-\right.$$

$$22\left[4\left(\frac{R}{r}\right)^2+\frac{4R}{r}+3\right]^2-\left(\frac{44R}{r}+14\right)-64\left(\frac{R}{r}\right)^2\left[4\left(\frac{R}{r}\right)^2+\frac{4R}{r}+3\right]^2+$$

$$\left.\left(\frac{16R}{r}-5\right)^2\left(\frac{76R}{r}-30\right)\right\}=$$

$$r\Delta^5\left\{\left(\frac{16R}{r}-5\right)\left[\left(\frac{4R}{r}\right)^4-192\left(\frac{R}{r}\right)^3+480\left(\frac{R}{r}\right)^2-\frac{160R}{r}+70\right]-\right.$$

$$22\left[4\left(\frac{R}{r}\right)^2+\frac{4R}{r}+3\right]^2-\left(\frac{44R}{r}+14\right)-64\left(\frac{R}{r}\right)^2\left[4\left(\frac{R}{r}\right)^2+\frac{4R}{r}+3\right]^2+$$

$$\left.\left(\frac{16R}{r}-5\right)^2\left(\frac{76R}{r}-30\right)\right\}=$$

$$r\Delta^5\left[-1\ 024\left(\frac{R}{r}\right)^6+2\ 048\left(\frac{R}{r}\right)^5-7\ 264\left(\frac{R}{r}\right)^4+25\ 856\left(\frac{R}{r}\right)^3-26\ 256\left(\frac{R}{r}\right)^2+\frac{8\ 048R}{r}-1\ 312\right]$$

即

$$a^7r_a^4+b^7r_b^4+c^7r_c^4\geqslant$$

$$r\Delta^5\left[-1\ 024\left(\frac{R}{r}\right)^6+2\ 048\left(\frac{R}{r}\right)^5-7\ 264\left(\frac{R}{r}\right)^4+25\ 856\left(\frac{R}{r}\right)^3-26\ 256\left(\frac{R}{r}\right)^2+\frac{8\ 048R}{r}-1\ 312\right]$$

其次证明左边不等式.

由例 2.91 知

$$a^7r_a^4+b^7r_b^4+c^7r_c^4=$$

$$r\Delta^5\left\{\left(\frac{p}{r}\right)^2\left[\left(\frac{4R}{r}\right)^4-192\left(\frac{R}{r}\right)^3+96\left(\frac{R}{r}\right)^2-\frac{40R}{r}+\frac{24R}{r}\left(\frac{p}{r}\right)^2-22\left(\frac{p}{r}\right)^2+70\right]-\right.$$

$$\left.\left(\frac{44R}{r}+14\right)+\left(\frac{p}{r}\right)^4\left[-64\left(\frac{R}{r}\right)^2+\frac{44R}{r}+2\left(\frac{p}{r}\right)^2-20\right]\right\}$$

在$\triangle ABC$中,有格雷森不等式

$$4\left(\frac{R}{r}\right)^2+\frac{4R}{r}+3\geqslant\left(\frac{p}{r}\right)^2\geqslant\frac{16R}{r}-5$$

从而

$$a^7r_a^4+b^7r_b^4+c^7r_c^4\leqslant$$

$$r\Delta^5\left(\left[4\left(\frac{R}{r}\right)^2+\frac{4R}{r}+3\right]\left\{\left(\frac{4R}{r}\right)^4-192\left(\frac{R}{r}\right)^3+96\left(\frac{R}{r}\right)^2-\frac{40R}{r}+\right.\right.$$

$$\left.\frac{24R}{r}\left[4\left(\frac{R}{r}\right)^2+\frac{4R}{r}+3\right]+70\right\}-22\left(\frac{16R}{r}-5\right)^2-\left(\frac{44R}{r}+14\right)-64\left(\frac{R}{r}\right)^2\left(\frac{16R}{r}-5\right)^2+$$

$$\left.\left[4\left(\frac{R}{r}\right)^2+\frac{4R}{r}+3\right]^2\left[8\left(\frac{R}{r}\right)^2+\frac{52R}{r}-14\right]\right)=$$

$$r\Delta^5\left\{\left[4\left(\frac{R}{r}\right)^2+\frac{4R}{r}+3\right]\left[\left(\frac{4R}{r}\right)^4-96\left(\frac{R}{r}\right)^3+192\left(\frac{R}{r}\right)^2+\frac{32R}{r}+70\right]-\right.$$

$$22\left(\frac{16R}{r}-5\right)^2-\left(\frac{44R}{r}+14\right)-64\left(\frac{R}{r}\right)^2\left(\frac{16R}{r}-5\right)^2+$$

$$\left.\left[4\left(\frac{R}{r}\right)^2+\frac{4R}{r}+3\right]^2\left[8\left(\frac{R}{r}\right)^2+\frac{52R}{r}-14\right]\right\}=$$

$$r\Delta^5\left[1\ 152\left(\frac{R}{r}\right)^6+1\ 728\left(\frac{R}{r}\right)^5-13\ 472\left(\frac{R}{r}\right)^4+12\ 672\left(\frac{R}{r}\right)^3-5\ 488\left(\frac{R}{r}\right)^2+\frac{3\ 984R}{r}-480\right]$$

即

$$r\Delta^5\left[1\ 152\left(\frac{R}{r}\right)^6+1\ 728\left(\frac{R}{r}\right)^5-13\ 472\left(\frac{R}{r}\right)^4+12\ 672\left(\frac{R}{r}\right)^3-5\ 488\left(\frac{R}{r}\right)^2+\frac{3\ 984R}{r}-480\right]\geqslant$$

$$a^7r_a^4+b^7r_b^4+c^7r_c^4$$

综上所述,例 3.85 成立.

例 3.86 在$\triangle ABC$中,试证明

$$r^2\Delta^4\left[1\ 152\left(\frac{R}{r}\right)^6+1\ 728\left(\frac{R}{r}\right)^5-13\ 472\left(\frac{R}{r}\right)^4+12\ 672\left(\frac{R}{r}\right)^3-5\ 488\left(\frac{R}{r}\right)^2+\frac{3\ 984R}{r}-480\right]\geqslant$$

$$\frac{a^8r_a^3}{r_b+r_c}+\frac{b^8r_b^3}{r_c+r_a}+\frac{c^8r_c^3}{r_a+r_b}\geqslant$$

$$r^2\Delta^4\left[-1\ 024\left(\frac{R}{r}\right)^6+2\ 048\left(\frac{R}{r}\right)^5-7\ 264\left(\frac{R}{r}\right)^4+25\ 856\left(\frac{R}{r}\right)^3-26\ 256\left(\frac{R}{r}\right)^2+\frac{8\ 048R}{r}-1\ 312\right]$$

证明 首先证明右边不等式.

由例 2.92 知

$$\frac{a^8r_a^3}{r_b+r_c}+\frac{b^8r_b^3}{r_c+r_a}+\frac{c^8r_c^3}{r_a+r_b}=$$

$$r^2\Delta^4\left\{\left(\frac{p}{r}\right)^2\left[\left(\frac{4R}{r}\right)^4-192\left(\frac{R}{r}\right)^3+96\left(\frac{R}{r}\right)^2-\frac{40R}{r}+\frac{24R}{r}\left(\frac{p}{r}\right)^2-22\left(\frac{p}{r}\right)^2+70\right]-\right.$$

$$\left.\left(\frac{44R}{r}+14\right)+\left(\frac{p}{r}\right)^4\left[-64\left(\frac{R}{r}\right)^2+\frac{44R}{r}+2\left(\frac{p}{r}\right)^2-20\right]\right\}$$

在$\triangle ABC$中,有格雷森不等式

$$4\left(\frac{R}{r}\right)^2+\frac{4R}{r}+3\geqslant\left(\frac{p}{r}\right)^2\geqslant\frac{16R}{r}-5$$

从而

$$\frac{a^8r_a^3}{r_b+r_c}+\frac{b^8r_b^3}{r_c+r_a}+\frac{c^8r_c^3}{r_a+r_b}\geqslant$$

$$r^2\Delta^4\left\{\left(\frac{16R}{r}-5\right)\left[\left(\frac{4R}{r}\right)^4-192\left(\frac{R}{r}\right)^3+96\left(\frac{R}{r}\right)^2-\frac{40R}{r}+\frac{24R}{r}\left(\frac{16R}{r}-5\right)+70\right]-\right.$$

$$22\left[4\left(\frac{R}{r}\right)^2+\frac{4R}{r}+3\right]^2-\left(\frac{44R}{r}+14\right)-64\left(\frac{R}{r}\right)^2\left[4\left(\frac{R}{r}\right)^2+\frac{4R}{r}+3\right]^2+$$

$$\left.\left(\frac{16R}{r}-5\right)^2\left(\frac{76R}{r}-30\right)\right\}=$$

$$r^2\Delta^4\left\{\left(\frac{16R}{r}-5\right)\left[\left(\frac{4R}{r}\right)^4-192\left(\frac{R}{r}\right)^3+480\left(\frac{R}{r}\right)^2-\frac{160R}{r}+70\right]-\right.$$

$$22\left[4\left(\frac{R}{r}\right)^2+\frac{4R}{r}+3\right]^2-\left(\frac{44R}{r}+14\right)-64\left(\frac{R}{r}\right)^2\left[4\left(\frac{R}{r}\right)^2+\frac{4R}{r}+3\right]^2+$$

$$\left.\left(\frac{16R}{r}-5\right)^2\left(\frac{76R}{r}-30\right)\right\}=$$

$$r^2\Delta^4\cdot$$

$$\left[-1\ 024\left(\frac{R}{r}\right)^6+2\ 048\left(\frac{R}{r}\right)^5-7\ 264\left(\frac{R}{r}\right)^4+25\ 856\left(\frac{R}{r}\right)^3-26\ 256\left(\frac{R}{r}\right)^2+\frac{8\ 048R}{r}-1\ 312\right]$$

即

$$\frac{a^8r_a^3}{r_b+r_c}+\frac{b^8r_b^3}{r_c+r_a}+\frac{c^8r_c^3}{r_a+r_b}\geqslant$$

$$r^2\Delta^4\left[-1\ 024\left(\frac{R}{r}\right)^6+2\ 048\left(\frac{R}{r}\right)^5-7\ 264\left(\frac{R}{r}\right)^4+25\ 856\left(\frac{R}{r}\right)^3-26\ 256\left(\frac{R}{r}\right)^2+\frac{8\ 048R}{r}-1\ 312\right]$$

其次证明左边不等式.

由例 2.92 知

$$\frac{a^8r_a^3}{r_b+r_c}+\frac{b^8r_b^3}{r_c+r_a}+\frac{c^8r_c^3}{r_a+r_b}=$$

$$r^2\Delta^4\left\{\left(\frac{p}{r}\right)^2\left[\left(\frac{4R}{r}\right)^4-192\left(\frac{R}{r}\right)^3+96\left(\frac{R}{r}\right)^2-\frac{40R}{r}+\frac{24R}{r}\left(\frac{p}{r}\right)^2-22\left(\frac{p}{r}\right)^2+70\right]-\right.$$

$$\left.\left(\frac{44R}{r}+14\right)+\left(\frac{p}{r}\right)^4\left[-64\left(\frac{R}{r}\right)^2+\frac{44R}{r}+2\left(\frac{p}{r}\right)^2-20\right]\right\}$$

在$\triangle ABC$中,有格雷森不等式

$$4\left(\frac{R}{r}\right)^2+\frac{4R}{r}+3\geqslant\left(\frac{p}{r}\right)^2\geqslant\frac{16R}{r}-5$$

从而

$$\frac{a^8r_a^3}{r_b+r_c}+\frac{b^8r_b^3}{r_c+r_a}+\frac{c^8r_c^3}{r_a+r_b}\leqslant$$

$$r^2\Delta^4\left(\left[4\left(\frac{R}{r}\right)^2+\frac{4R}{r}+3\right]\left\{\left(\frac{4R}{r}\right)^4-192\left(\frac{R}{r}\right)^3+96\left(\frac{R}{r}\right)^2-\frac{40R}{r}+\right.\right.$$

$$\left.\frac{24R}{r}\left[4\left(\frac{R}{r}\right)^2+\frac{4R}{r}+3\right]+70\right\}-22\left(\frac{16R}{r}-5\right)^2-\left(\frac{44R}{r}+14\right)-$$

$$\left.64\left(\frac{R}{r}\right)^2\left(\frac{16R}{r}-5\right)^2+\left[4\left(\frac{R}{r}\right)^2+\frac{4R}{r}+3\right]^2\left[8\left(\frac{R}{r}\right)^2+\frac{52R}{r}-14\right]\right)=$$

$$r^2\Delta^4\left\{\left[4\left(\frac{R}{r}\right)^2+\frac{4R}{r}+3\right]\left[\left(\frac{4R}{r}\right)^4-96\left(\frac{R}{r}\right)^3+192\left(\frac{R}{r}\right)^2+\frac{32R}{r}+70\right]-\right.$$

$$22\left(\frac{16R}{r}-5\right)^2-\left(\frac{44R}{r}+14\right)-64\left(\frac{R}{r}\right)^2\left(\frac{16R}{r}-5\right)^2+$$

$$\left.\left[4\left(\frac{R}{r}\right)^2+\frac{4R}{r}+3\right]^2\left[8\left(\frac{R}{r}\right)^2+\frac{52R}{r}-14\right]\right\}=$$

$$r^2\Delta^4\left[1\ 152\left(\frac{R}{r}\right)^6+1\ 728\left(\frac{R}{r}\right)^5-13\ 472\left(\frac{R}{r}\right)^4+12\ 672\left(\frac{R}{r}\right)^3-5\ 488\left(\frac{R}{r}\right)^2+\frac{3\ 984R}{r}-480\right]$$

即

$$r^2\Delta^4\left[1\ 152\left(\frac{R}{r}\right)^6+1\ 728\left(\frac{R}{r}\right)^5-13\ 472\left(\frac{R}{r}\right)^4+12\ 672\left(\frac{R}{r}\right)^3-5\ 488\left(\frac{R}{r}\right)^2+\frac{3\ 984R}{r}-480\right]\geqslant$$

$$\frac{a^8r_a^3}{r_b+r_c}+\frac{b^8r_b^3}{r_c+r_a}+\frac{c^8r_c^3}{r_a+r_b}$$

综上所述,例 3.86 成立.

例 3.87 在$\triangle ABC$中,试证明

$$r\left(\frac{8R}{r}-8+\frac{2r}{R}\right)\geqslant\frac{r_a^2+r_b^2}{r_a+r_b}+\frac{r_b^2+r_c^2}{r_b+r_c}+\frac{r_c^2+r_a^2}{r_c+r_a}\geqslant3r\left(\frac{2R}{r}-1\right)$$

证明 首先证明右边不等式.

由例 2.93 知

$$\frac{r_a^2+r_b^2}{r_a+r_b}+\frac{r_b^2+r_c^2}{r_b+r_c}+\frac{r_c^2+r_a^2}{r_c+r_a}=r\left[2\left(\frac{4R}{r}+1\right)-(a+b+c)\left(\frac{1}{a}+\frac{1}{b}+\frac{1}{c}\right)\right]$$

在$\triangle ABC$中,有不等式

$$\frac{2R}{r}+5\geqslant(a+b+c)\left(\frac{1}{a}+\frac{1}{b}+\frac{1}{c}\right)$$

从而

$$\frac{r_a^2+r_b^2}{r_a+r_b}+\frac{r_b^2+r_c^2}{r_b+r_c}+\frac{r_c^2+r_a^2}{r_c+r_a}\geqslant3r\left(\frac{2R}{r}-1\right)$$

其次证明左边不等式.

由例 2.93 知

$$\frac{r_a^2+r_b^2}{r_a+r_b}+\frac{r_b^2+r_c^2}{r_b+r_c}+\frac{r_c^2+r_a^2}{r_c+r_a}=r\left[2\left(\frac{4R}{r}+1\right)-(a+b+c)\left(\frac{1}{a}+\frac{1}{b}+\frac{1}{c}\right)\right]$$

在$\triangle ABC$中,有不等式

$$(a+b+c)\left(\frac{1}{a}+\frac{1}{b}+\frac{1}{c}\right)\geqslant10-\frac{2r}{R}$$

从而

$$r\left(\frac{8R}{r}-8+\frac{2r}{R}\right)\geqslant\frac{r_a^2+r_b^2}{r_a+r_b}+\frac{r_b^2+r_c^2}{r_b+r_c}+\frac{r_c^2+r_a^2}{r_c+r_a}$$

综上所述,例 3.87 成立.

例 3.88 在$\triangle ABC$中,试证明

$$\left(R+\frac{11r}{8}\right)\left(\frac{R}{r}-1\right)\left(\frac{R}{r}+2\right)-r\left(\frac{4R}{r}+1\right)\geqslant\frac{r_c^2}{r_a+r_b}+\frac{r_a^2}{r_b+r_c}+\frac{r_b^2}{r_c+r_a}\geqslant r\left(24-\frac{7r}{R}-\frac{8R}{r}\right)$$

证明 首先证明右边不等式.

由例 2.94 知

$$\frac{r_c^2}{r_a+r_b}+\frac{r_a^2}{r_b+r_c}+\frac{r_b^2}{r_c+r_a}=$$

$$\frac{p^2}{4R}\left[\left(\frac{4R+r}{p}\right)^2-2\right]\left[\left(\frac{4R+r}{p}\right)^2+1\right]-r\left[2\left(\frac{4R}{r}+1\right)-(a+b+c)\left(\frac{1}{a}+\frac{1}{b}+\frac{1}{c}\right)\right]$$

在$\triangle ABC$中,有不等式

$$(a+b+c)\left(\frac{1}{a}+\frac{1}{b}+\frac{1}{c}\right)\geqslant 10-\frac{2r}{R}$$

$$\left(\frac{4R+r}{p}\right)^2\geqslant 4-\frac{2r}{R}\geqslant 3$$

在$\triangle ABC$中,有格雷森不等式

$$\left(\frac{p}{r}\right)^2\geqslant\frac{16R}{r}-5$$

从而

$$\frac{r_c^2}{r_a+r_b}+\frac{r_a^2}{r_b+r_c}+\frac{r_b^2}{r_c+r_a}\geqslant$$

$$\frac{(16rR-5r^2)}{R}\left(2-\frac{2r}{R}\right)+r\left(10-\frac{2r}{R}\right)-2r\left(\frac{4R}{r}+1\right)=$$

$$\left(16r-5r\frac{r}{R}\right)\left(2-\frac{2r}{R}\right)+r\left(10-\frac{2r}{R}\right)-2r\left(\frac{4R}{r}+1\right)\geqslant$$

$$r\left(24-\frac{7r}{R}-\frac{8R}{r}\right)$$

即

$$\frac{r_c^2}{r_a+r_b}+\frac{r_a^2}{r_b+r_c}+\frac{r_b^2}{r_c+r_a}\geqslant r\left(24-\frac{7r}{R}-\frac{8R}{r}\right)$$

其次证明左边不等式.

由例 2.94 知

$$\frac{r_c^2}{r_a+r_b}+\frac{r_a^2}{r_b+r_c}+\frac{r_b^2}{r_c+r_a}=$$

$$\frac{p^2}{4R}\left[\left(\frac{4R+r}{p}\right)^2-2\right]\left[\left(\frac{4R+r}{p}\right)^2+1\right]-r\left[2\left(\frac{4R}{r}+1\right)-(a+b+c)\left(\frac{1}{a}+\frac{1}{b}+\frac{1}{c}\right)\right]$$

在$\triangle ABC$中,有不等式

$$\frac{2R}{r}+5\geqslant(a+b+c)\left(\frac{1}{a}+\frac{1}{b}+\frac{1}{c}\right)$$

$$\frac{R}{r}+1\geqslant\left(\frac{4R+r}{p}\right)^2$$

在$\triangle ABC$中,有格雷森不等式

$$4\left(\frac{R}{r}\right)^2+\frac{4R}{r}+3\geqslant\left(\frac{p}{r}\right)^2$$

从而

$$\frac{r_c^2}{r_a+r_b}+\frac{r_a^2}{r_b+r_c}+\frac{r_b^2}{r_c+r_a}\leqslant$$

$$\frac{4R^2+4Rr+3r^2}{4R}\left(\frac{R}{r}-1\right)\left(\frac{R}{r}+2\right)-r\left[2\left(\frac{4R}{r}+1\right)-\left(\frac{2R}{r}+5\right)\right]\leqslant$$

$$\left(R+r+\frac{3r^2}{4R}\right)\left(\frac{R}{r}-1\right)\left(\frac{R}{r}+2\right)-r\left[2\left(\frac{4R}{r}+1\right)-\left(\frac{2R}{r}+5\right)\right]\leqslant\left(R+\frac{11r}{8}\right)\left(\frac{R}{r}-1\right)\left(\frac{R}{r}+2\right)-r\left(\frac{4R}{r}+1\right)$$

即

$$\left(R+\frac{11r}{8}\right)\left(\frac{R}{r}-1\right)\left(\frac{R}{r}+2\right)-r\left(\frac{4R}{r}+1\right)\geqslant\frac{r_c^2}{r_a+r_b}+\frac{r_a^2}{r_b+r_c}+\frac{r_b^2}{r_c+r_a}$$

综上所述，例 3.88 成立.

例 3.89　在$\triangle ABC$中，试证明

$$\frac{4Rr}{\Delta^2p^2}\left[\left(\frac{R}{r}+\frac{11}{8}\right)\left(\frac{R}{r}-1\right)\left(\frac{R}{r}+2\right)-\left(\frac{4R}{r}+1\right)\right]\geqslant\frac{ab}{r_a^3r_b^3}+\frac{bc}{r_b^3r_c^3}+\frac{ca}{r_c^3r_a^3}\geqslant\frac{4Rr}{\Delta^2p^2}\left(24-\frac{7r}{R}-\frac{8R}{r}\right)$$

证明　首先证明右边不等式.

由例 2.95 知

$$\frac{ab}{r_a^3r_b^3}+\frac{bc}{r_b^3r_c^3}+\frac{ca}{r_c^3r_a^3}=$$

$$\frac{4R}{\Delta^2p^2}\left\{\frac{p^2}{4R}\left[\left(\frac{4R+r}{p}\right)^2-2\right]\left[\left(\frac{4R+r}{p}\right)^2+1\right]+r(a+b+c)\left(\frac{1}{a}+\frac{1}{b}+\frac{1}{c}\right)-2r\left(\frac{4R}{r}+1\right)\right\}$$

在$\triangle ABC$中，有不等式

$$(a+b+c)\left(\frac{1}{a}+\frac{1}{b}+\frac{1}{c}\right)\geqslant10-\frac{2r}{R}$$

$$\left(\frac{4R+r}{p}\right)^2\geqslant4-\frac{2r}{R}\geqslant3$$

在$\triangle ABC$中，有格雷森不等式

$$\left(\frac{p}{r}\right)^2\geqslant\frac{16R}{r}-5$$

从而

$$\frac{ab}{r_a^3r_b^3}+\frac{bc}{r_b^3r_c^3}+\frac{ca}{r_c^3r_a^3}\geqslant$$

$$\frac{4R}{\Delta^2p^2}\left[\frac{(16rR-5r^2)}{R}\left(2-\frac{2r}{R}\right)+r\left(10-\frac{2r}{R}\right)-2r\left(\frac{4R}{r}+1\right)\right]=$$

$$\frac{4R}{\Delta^2p^2}\left[\left(16r-5r\frac{r}{R}\right)\left(2-\frac{2r}{R}\right)+r\left(10-\frac{2r}{R}\right)-2r\left(\frac{4R}{r}+1\right)\right]\geqslant$$

$$\frac{4Rr}{\Delta^2p^2}\left(24-\frac{7r}{R}-\frac{8R}{r}\right)$$

即

$$\frac{ab}{r_a^3r_b^3}+\frac{bc}{r_b^3r_c^3}+\frac{ca}{r_c^3r_a^3}\geqslant\frac{4Rr}{\Delta^2p^2}\left(24-\frac{7r}{R}-\frac{8R}{r}\right)$$

其次证明左边不等式.

由例 2.95 知

$$\frac{ab}{r_a^3r_b^3}+\frac{bc}{r_b^3r_c^3}+\frac{ca}{r_c^3r_a^3}=$$

$$\frac{4R}{\Delta^2p^2}\left\{\frac{p^2}{4R}\left[\left(\frac{4R+r}{p}\right)^2-2\right]\left[\left(\frac{4R+r}{p}\right)^2+1\right]+r(a+b+c)\left(\frac{1}{a}+\frac{1}{b}+\frac{1}{c}\right)-2r\left(\frac{4R}{r}+1\right)\right\}$$

在△ABC中,有不等式

$$\frac{2R}{r}+5\geqslant(a+b+c)\left(\frac{1}{a}+\frac{1}{b}+\frac{1}{c}\right)$$

$$\frac{R}{r}+1\geqslant\left(\frac{4R+r}{p}\right)^2$$

在△ABC中,有格雷森不等式

$$4\left(\frac{R}{r}\right)^2+\frac{4R}{r}+3\geqslant\left(\frac{p}{r}\right)^2$$

从而

$$\begin{aligned}
&\frac{ab}{r_a^3r_b^3}+\frac{bc}{r_b^3r_c^3}+\frac{ca}{r_c^3r_a^3}\leqslant\\
&\frac{4R}{\Delta^2p^2}\left\{\frac{4R^2+4Rr+3r^2}{4R}\left(\frac{R}{r}-1\right)\left(\frac{R}{r}+2\right)-r\left[2\left(\frac{4R}{r}+1\right)-\left(\frac{2R}{r}+5\right)\right]\right\}\leqslant\\
&\frac{4R}{\Delta^2p^2}\left\{\left(R+r+\frac{3r^2}{4R}\right)\left(\frac{R}{r}-1\right)\left(\frac{R}{r}+2\right)-r\left[2\left(\frac{4R}{r}+1\right)-\left(\frac{2R}{r}+5\right)\right]\right\}\leqslant\\
&\frac{4Rr}{\Delta^2p^2}\left[\left(\frac{R}{r}+\frac{11}{8}\right)\left(\frac{R}{r}-1\right)\left(\frac{R}{r}+2\right)-\left(\frac{4R}{r}+1\right)\right]
\end{aligned}$$

即

$$\frac{4Rr}{\Delta^2p^2}\left[\left(\frac{R}{r}+\frac{11}{8}\right)\left(\frac{R}{r}-1\right)\left(\frac{R}{r}+2\right)-\left(\frac{4R}{r}+1\right)\right]\geqslant\frac{ab}{r_a^3r_b^3}+\frac{bc}{r_b^3r_c^3}+\frac{ca}{r_c^3r_a^3}$$

综上所述,例 3.89 成立.

例 3.90 在△ABC中,试证明

$$p^2\left(\frac{2R}{r}-3\right)\geqslant\frac{r_a^3+r_b^3}{r_a+r_b}+\frac{r_b^3+r_c^3}{r_b+r_c}+\frac{r_c^3+r_a^3}{r_c+r_a}\geqslant p^2\left(2-\frac{2r}{R}\right)$$

证明 首先证明右边不等式.

由例 2.96 知

$$\frac{r_a^3+r_b^3}{r_a+r_b}+\frac{r_b^3+r_c^3}{r_b+r_c}+\frac{r_c^3+r_a^3}{r_c+r_a}=p^2\left[2\left(\frac{4R+r}{p}\right)^2-5\right]$$

在△ABC中,有不等式

$$\left(\frac{4R+r}{p}\right)^2\geqslant 4-\frac{2r}{R}$$

从而

$$\frac{r_a^3+r_b^3}{r_a+r_b}+\frac{r_b^3+r_c^3}{r_b+r_c}+\frac{r_c^3+r_a^3}{r_c+r_a}\geqslant p^2\left(3-\frac{4r}{R}\right)\geqslant p^2\left(2-\frac{2r}{R}\right)$$

即

$$\frac{r_a^3+r_b^3}{r_a+r_b}+\frac{r_b^3+r_c^3}{r_b+r_c}+\frac{r_c^3+r_a^3}{r_c+r_a}\geqslant p^2\left(2-\frac{2r}{R}\right)$$

其次证明左边不等式.

由例2.96知

$$\frac{r_a^3+r_b^3}{r_a+r_b}+\frac{r_b^3+r_c^3}{r_b+r_c}+\frac{r_c^3+r_a^3}{r_c+r_a}=p^2\left[2\left(\frac{4R+r}{p}\right)^2-5\right]$$

在$\triangle ABC$中，有不等式

$$\frac{R}{r}+1\geqslant\left(\frac{4R+r}{p}\right)^2$$

从而

$$p^2\left(\frac{2R}{r}-3\right)\geqslant\frac{r_a^3+r_b^3}{r_a+r_b}+\frac{r_b^3+r_c^3}{r_b+r_c}+\frac{r_c^3+r_a^3}{r_c+r_a}$$

综上所述，例3.90成立.

例3.91　在$\triangle ABC$中，试证明

$$\frac{p^2}{2}\left[4\left(\frac{R}{r}\right)^2-\frac{7R}{r}-1\right]\geqslant\frac{r_c^3}{r_a+r_b}+\frac{r_a^3}{r_b+r_c}+\frac{r_b^3}{r_c+r_a}\geqslant p^2\left(7-\frac{5r}{R}-\frac{2R}{r}\right)$$

证明　首先证明右边不等式.

由例2.97知

$$\frac{r_c^3}{r_a+r_b}+\frac{r_a^3}{r_b+r_c}+\frac{r_b^3}{r_c+r_a}=$$

$$p^2\left\{\frac{r}{4R}\left[\left(\frac{4R}{r}+1\right)\left(\frac{4R+r}{p}\right)^2-\frac{12R}{r}\right]\left[\left(\frac{4R+r}{p}\right)^2+1\right]-\left[2\left(\frac{4R+r}{p}\right)^2-5\right]\right\}$$

在$\triangle ABC$中，有不等式

$$\frac{R}{r}+1\geqslant\left(\frac{4R+r}{p}\right)^2\geqslant4-\frac{2r}{R}\geqslant3$$

从而

$$\frac{r_c^3}{r_a+r_b}+\frac{r_a^3}{r_b+r_c}+\frac{r_b^3}{r_c+r_a}\geqslant$$

$$p^2\left\{\frac{r}{R}\left[\left(\frac{4R}{r}+1\right)\left(4-\frac{2r}{R}\right)-\frac{12R}{r}\right]-\left[2\left(\frac{R}{r}+1\right)-5\right]\right\}=$$

$$p^2\left\{\frac{r}{R}\left(\frac{4R}{r}-4-\frac{2r}{R}\right)-\left[2\left(\frac{R}{r}+1\right)-5\right]\right\}\geqslant$$

$$p^2\left(7-\frac{5r}{R}-\frac{2R}{r}\right)$$

即

$$\frac{r_c^3}{r_a+r_b}+\frac{r_a^3}{r_b+r_c}+\frac{r_b^3}{r_c+r_a}\geqslant p^2\left(7-\frac{5r}{R}-\frac{2R}{r}\right)$$

其次证明左边不等式.

由例2.97知

$$\frac{r_c^3}{r_a+r_b}+\frac{r_a^3}{r_b+r_c}+\frac{r_b^3}{r_c+r_a}=$$

$$p^2\left\{\frac{r}{4R}\left[\left(\frac{4R}{r}+1\right)\left(\frac{4R+r}{p}\right)^2-\frac{12R}{r}\right]\left[\left(\frac{4R+r}{p}\right)^2+1\right]-\left[2\left(\frac{4R+r}{p}\right)^2-5\right]\right\}$$

在△ABC中,有不等式

$$\frac{R}{r}+1\geqslant\left(\frac{4R+r}{p}\right)^2\geqslant 4-\frac{2r}{R}\geqslant 3$$

从而

$$\frac{r_c^3}{r_a+r_b}+\frac{r_a^3}{r_b+r_c}+\frac{r_b^3}{r_c+r_a}\leqslant$$

$$p^2\left\{\frac{r}{4R}\left[\left(\frac{4R}{r}+1\right)\left(\frac{R}{r}+1\right)-\frac{12R}{r}\right]\left(\frac{R}{r}+2\right)-1\right\}=$$

$$p^2\left\{\frac{r}{4R}\left[4\left(\frac{R}{r}\right)^2-\frac{7R}{r}+1\right]\left(\frac{R}{r}+2\right)-1\right\}\leqslant$$

$$\frac{p^2}{2}\left[4\left(\frac{R}{r}\right)^2-\frac{7R}{r}-1\right]$$

即

$$\frac{p^2}{2}\left[4\left(\frac{R}{r}\right)^2-\frac{7R}{r}-1\right]\geqslant\frac{r_c^3}{r_a+r_b}+\frac{r_a^3}{r_b+r_c}+\frac{r_b^3}{r_c+r_a}$$

综上所述,例 3.91 成立.

例 3.92 在△ABC中,试证明

$$\frac{2R}{\Delta^3 p}\left[4\left(\frac{R}{r}\right)^2-\frac{7R}{r}-1\right]\geqslant\frac{ab}{r_a^4r_b^4}+\frac{bc}{r_b^4r_c^4}+\frac{ca}{r_c^4r_a^4}\geqslant\frac{4R}{\Delta^3 p}\left(7-\frac{5r}{R}-\frac{2R}{r}\right)$$

证明 首先证明右边不等式.

由例 2.98 知

$$\frac{ab}{r_a^4r_b^4}+\frac{bc}{r_b^4r_c^4}+\frac{ca}{r_c^4r_a^4}=$$

$$\frac{4R}{\Delta^3 p}\left\{\frac{r}{4R}\left[\left(\frac{4R}{r}+1\right)\left(\frac{4R+r}{p}\right)^2-\frac{12R}{r}\right]\left[\left(\frac{4R+r}{p}\right)^2+1\right]-\left[2\left(\frac{4R+r}{p}\right)^2-5\right]\right\}$$

在△ABC中,有不等式

$$\frac{R}{r}+1\geqslant\left(\frac{4R+r}{p}\right)^2\geqslant 4-\frac{2r}{R}\geqslant 3$$

从而

$$\frac{ab}{r_a^4r_b^4}+\frac{bc}{r_b^4r_c^4}+\frac{ca}{r_c^4r_a^4}\geqslant\frac{4R}{\Delta^3 p}\left\{\frac{r}{R}\left[\left(\frac{4R}{r}+1\right)\left(4-\frac{2r}{R}\right)-\frac{12R}{r}\right]-\left[2\left(\frac{R}{r}+1\right)-5\right]\right\}=$$

$$\frac{4R}{\Delta^3 p}\left\{\frac{r}{R}\left(\frac{4R}{r}-4-\frac{2r}{R}\right)-\left[2\left(\frac{R}{r}+1\right)-5\right]\right\}\geqslant$$

$$\frac{4R}{\Delta^3 p}\left(7-\frac{5r}{R}-\frac{2R}{r}\right)$$

即

$$\frac{ab}{r_a^4r_b^4}+\frac{bc}{r_b^4r_c^4}+\frac{ca}{r_c^4r_a^4}\geqslant\frac{4R}{\Delta^3 p}\left(7-\frac{5r}{R}-\frac{2R}{r}\right)$$

其次证明左边不等式.

由例 2.98 知

$\frac{ab}{r_a^4r_b^4}+\frac{bc}{r_b^4r_c^4}+\frac{ca}{r_c^4r_a^4}=$

$\frac{4R}{\Delta^3 p}\left\{\frac{r}{4R}\left[\left(\frac{4R}{r}+1\right)\left(\frac{4R+r}{p}\right)^2-\frac{12R}{r}\right]\left[\left(\frac{4R+r}{p}\right)^2+1\right]-\left[2\left(\frac{4R+r}{p}\right)^2-5\right]\right\}$

在$\triangle ABC$中,有不等式

$$\frac{R}{r}+1\geqslant\left(\frac{4R+r}{p}\right)^2\geqslant4-\frac{2r}{R}\geqslant3$$

从而

$$\begin{aligned}\frac{ab}{r_a^4r_b^4}+\frac{bc}{r_b^4r_c^4}+\frac{ca}{r_c^4r_a^4}&\leqslant\frac{4R}{\Delta^3 p}\left\{\frac{r}{4R}\left[\left(\frac{4R}{r}+1\right)\left(\frac{R}{r}+1\right)-\frac{12R}{r}\right]\left(\frac{R}{r}+2\right)-1\right\}=\\&\frac{4R}{\Delta^3 p}\left\{\frac{r}{4R}\left[4\left(\frac{R}{r}\right)^2-\frac{7R}{r}+1\right]\left(\frac{R}{r}+2\right)-1\right\}\leqslant\\&\frac{2R}{\Delta^3 p}\left[4\left(\frac{R}{r}\right)^2-\frac{7R}{r}-1\right]\end{aligned}$$

即

$$\frac{2R}{\Delta^3 p}\left[4\left(\frac{R}{r}\right)^2-\frac{7R}{r}-1\right]\geqslant\frac{ab}{r_a^4r_b^4}+\frac{bc}{r_b^4r_c^4}+\frac{ca}{r_c^4r_a^4}$$

综上所述,例 3.92 成立.

例 3.93　在$\triangle ABC$中,试证明

$$\begin{aligned}&r\Delta^2\left[16\left(\frac{R}{r}\right)^3-12\left(\frac{R}{r}\right)^2-\frac{33R}{r}+13\right]\geqslant m_a^2r_a^3+m_b^2r_b^3+m_c^2r_c^3\geqslant\\&r\Delta^2\left[-12\left(\frac{R}{r}\right)^3+36\left(\frac{R}{r}\right)^2-\frac{6R}{r}-9\right]\end{aligned}$$

证明　首先证明右边不等式.

由例 2.99 知

$m_a^2r_a^3+m_b^2r_b^3+m_c^2r_c^3=$

$r\Delta^2\left[\left(\frac{R}{r}+1\right)\left(\frac{4R}{r}+1\right)^2-3\left(\frac{R}{r}+1\right)\left(\frac{p}{r}\right)^2-\left(\frac{4R}{r}+1\right)^2\left(\frac{4R+r}{p}\right)^2+\frac{15R}{r}\left(\frac{4R}{r}+1\right)\right]$

在$\triangle ABC$中,有不等式

$$\frac{R}{r}+1\geqslant\left(\frac{4R+r}{p}\right)^2$$

在$\triangle ABC$中,有格雷森不等式

$$4\left(\frac{R}{r}\right)^2+\frac{4R}{r}+3\geqslant\left(\frac{p}{r}\right)^2$$

从而

$$m_a^2r_a^3+m_b^2r_b^3+m_c^2r_c^3\geqslant$$
$$r\Delta^2\left\{\left(\frac{R}{r}+1\right)\left(\frac{4R}{r}+1\right)^2-3\left(\frac{R}{r}+1\right)\left[4\left(\frac{R}{r}\right)^2+\frac{4R}{r}+3\right]-\left(\frac{4R}{r}+1\right)^2\left(\frac{R}{r}+1\right)+\frac{15R}{r}\left(\frac{4R}{r}+1\right)\right\}=$$
$$r\Delta^2\left[-12\left(\frac{R}{r}\right)^3+36\left(\frac{R}{r}\right)^2-\frac{6R}{r}-9\right]$$

即

$$m_a^2r_a^3+m_b^2r_b^3+m_c^2r_c^3\geqslant r\Delta^2\left[-12\left(\frac{R}{r}\right)^3+36\left(\frac{R}{r}\right)^2-\frac{6R}{r}-9\right]$$

其次证明左边不等式.

由例2.99知

$$m_a^2r_a^3+m_b^2r_b^3+m_c^2r_c^3=$$
$$r\Delta^2\left[\left(\frac{R}{r}+1\right)\left(\frac{4R}{r}+1\right)^2-3\left(\frac{R}{r}+1\right)\left(\frac{p}{r}\right)^2-\left(\frac{4R}{r}+1\right)^2\left(\frac{4R+r}{p}\right)^2+\frac{15R}{r}\left(\frac{4R}{r}+1\right)\right]$$

在$\triangle ABC$中,有不等式

$$\left(\frac{4R+r}{p}\right)^2\geqslant 4-\frac{2r}{R}\geqslant 3$$

在$\triangle ABC$中,有格雷森不等式

$$\left(\frac{p}{r}\right)^2\geqslant\frac{16R}{r}-5$$

从而

$$m_a^2r_a^3+m_b^2r_b^3+m_c^2r_c^3\leqslant$$
$$r\Delta^2\left[\left(\frac{R}{r}+1\right)\left(\frac{4R}{r}+1\right)^2-3\left(\frac{R}{r}+1\right)\left(\frac{16R}{r}-5\right)-3\left(\frac{4R}{r}+1\right)^2+\frac{15R}{r}\left(\frac{4R}{r}+1\right)\right]=$$
$$r\Delta^2\left[16\left(\frac{R}{r}\right)^3-12\left(\frac{R}{r}\right)^2-\frac{33R}{r}+13\right]$$

即

$$r\Delta^2\left[16\left(\frac{R}{r}\right)^3-12\left(\frac{R}{r}\right)^2-\frac{33R}{r}+13\right]\geqslant m_a^2r_a^3+m_b^2r_b^3+m_c^2r_c^3$$

综上所述,例3.93成立.

例3.94 在$\triangle ABC$中,试证明

$$r\Delta^2\left[92\left(\frac{R}{r}\right)^3-228\left(\frac{R}{r}\right)^2+\frac{111R}{r}+8\right]\geqslant m_a^2(r_b^3+r_c^3)+m_b^2(r_a^3+r_c^3)+m_c^2(r_a^3+r_b^3)\geqslant 54r\Delta^2\left(\frac{R}{2r}\right)^2$$

证明　首先证明右边不等式.

由例 2.100 知

$m_a^2(r_b^3+r_c^3)+m_b^2(r_a^3+r_c^3)+m_c^2(r_a^3+r_b^3)=$

$r\Delta^2\left[80\left(\frac{R}{r}\right)^3+60\left(\frac{R}{r}\right)^2+\frac{12R}{r}+3\left(\frac{R}{r}+1\right)\left(\frac{p}{r}\right)^2-\frac{18R}{r}\left(\frac{p}{r}\right)^2-\frac{1}{2}\left(\frac{4R}{r}+1\right)^2\left(\frac{4R+r}{p}\right)^2+\frac{1}{2}\right]$

在△ABC 中,有不等式

$$\frac{R}{r}+1\geqslant\left(\frac{4R+r}{p}\right)^2$$

在△ABC 中,有格雷森不等式

$$4\left(\frac{R}{r}\right)^2+\frac{4R}{r}+3\geqslant\left(\frac{p}{r}\right)^2\geqslant\frac{16R}{r}-5$$

从而

$m_a^2(r_b^3+r_c^3)+m_b^2(r_a^3+r_c^3)+m_c^2(r_a^3+r_b^3)\geqslant$

$r\Delta^2\left[80\left(\frac{R}{r}\right)^3+60\left(\frac{R}{r}\right)^2+\frac{12R}{r}+3\left(\frac{R}{r}+1\right)\left(\frac{16R}{r}-5\right)-\frac{18R}{r}\left[4\left(\frac{R}{r}\right)^2+\frac{4R}{r}+3\right]-\right.$

$\left.\frac{1}{2}\left(\frac{4R}{r}+1\right)^2\left(\frac{R}{r}+1\right)+\frac{1}{2}\right]=$

$r\Delta^2\left[24\left(\frac{R}{r}\right)^2-\frac{27R}{2r}-15\right]\geqslant54\,r\Delta^2\left(\frac{R}{2r}\right)^2$

即

$$m_a^2(r_b^3+r_c^3)+m_b^2(r_a^3+r_c^3)+m_c^2(r_a^3+r_b^3)\geqslant54\,r\Delta^2\left(\frac{R}{2r}\right)^2$$

其次证明左边不等式.

由例 2.100 知

$m_a^2(r_b^3+r_c^3)+m_b^2(r_a^3+r_c^3)+m_c^2(r_a^3+r_b^3)=$

$r\Delta^2\left[80\left(\frac{R}{r}\right)^3+60\left(\frac{R}{r}\right)^2+\frac{12R}{r}+3\left(\frac{R}{r}+1\right)\left(\frac{p}{r}\right)^2-\frac{18R}{r}\left(\frac{p}{r}\right)^2-\frac{1}{2}\left(\frac{4R}{r}+1\right)^2\left(\frac{4R+r}{p}\right)^2+\frac{1}{2}\right]$

在△ABC 中,有不等式

$$\left(\frac{4R+r}{p}\right)^2\geqslant4-\frac{2r}{R}\geqslant3$$

在△ABC 中,有格雷森不等式

$$4\left(\frac{R}{r}\right)^2+\frac{4R}{r}+3\geqslant\left(\frac{p}{r}\right)^2\geqslant\frac{16R}{r}-5$$

从而

$m_a^2(r_b^3+r_c^3)+m_b^2(r_a^3+r_c^3)+m_c^2(r_a^3+r_b^3)\leqslant$

$r\Delta^2\left\{80\left(\frac{R}{r}\right)^3+60\left(\frac{R}{r}\right)^2+\frac{12R}{r}+3\left(\frac{R}{r}+1\right)\left[4\left(\frac{R}{r}\right)^2+\frac{4R}{r}+3\right]-\frac{18R}{r}\left(\frac{16R}{r}-5\right)-\frac{3}{2}\left(\frac{4R}{r}+1\right)^2+\frac{1}{2}\right\}=$

$$r\Delta^2\left[92\left(\frac{R}{r}\right)^3-288\left(\frac{R}{r}\right)^2+\frac{111R}{r}+8\right]$$

即

$$r\Delta^2\left[92\left(\frac{R}{r}\right)^3-228\left(\frac{R}{r}\right)^2+\frac{111R}{r}+8\right]\geqslant m_a^2(r_b^3+r_c^3)+m_b^2(r_a^3+r_c^3)+m_c^2(r_a^3+r_b^3)$$

综上所述,例 3.94 成立.

例 3.95 在$\triangle ABC$中,试证明

$$r^2\Delta^2\left[72\left(\frac{R}{r}\right)^4-16\left(\frac{R}{r}\right)^3-312\left(\frac{R}{r}\right)^2+\frac{150R}{r}+5\right]\geqslant m_a^2r_a^4+m_b^2r_b^4+m_c^2r_c^4\geqslant$$
$$r^2\Delta^2\left[-64\left(\frac{R}{r}\right)^4+120\left(\frac{R}{r}\right)^3+110\left(\frac{R}{r}\right)^2-\frac{153R}{r}+11\right]$$

证明 首先证明右边不等式.

由例 2.101 知

$$m_a^2r_a^4+m_b^2r_b^4+m_c^2r_c^4=$$
$$r^2\Delta^2\left\{\left[4\left(\frac{R}{r}\right)^2+\frac{24R}{r}+1\right]\left(\frac{4R}{r}+1\right)^2-\left[16\left(\frac{R}{r}\right)^2+\frac{30R}{r}+\frac{1}{2}\right]\left(\frac{p}{r}\right)^2+\frac{1}{2}\left(\frac{p}{r}\right)^4-\left(\frac{4R}{r}+1\right)^3\left(\frac{4R+r}{p}\right)^2\right\}$$

在$\triangle ABC$中,有不等式

$$\frac{R}{r}+1\geqslant\left(\frac{4R+r}{p}\right)^2$$

在$\triangle ABC$中,有格雷森不等式

$$4\left(\frac{R}{r}\right)^2+\frac{4R}{r}+3\geqslant\left(\frac{p}{r}\right)^2\geqslant\frac{16R}{r}-5$$

从而

$$m_a^2r_a^4+m_b^2r_b^4+m_c^2r_c^4\geqslant$$
$$r^2\Delta^2\left\{\left[4\left(\frac{R}{r}\right)^2+\frac{24R}{r}+1\right]\left(\frac{4R}{r}+1\right)^2-\left[16\left(\frac{R}{r}\right)^2+\frac{30R}{r}+\frac{1}{2}\right]\left[4\left(\frac{R}{r}\right)^2+\frac{4R}{r}+3\right]+\right.$$
$$\left.\frac{1}{2}\left(\frac{16R}{r}-5\right)^2-\left(\frac{4R}{r}+1\right)^3\left(\frac{R}{r}+1\right)\right\}=$$
$$r^2\Delta^2\left[-64\left(\frac{R}{r}\right)^4+120\left(\frac{R}{r}\right)^3+110\left(\frac{R}{r}\right)^2-\frac{153R}{r}+11\right]$$

即

$$m_a^2r_a^4+m_b^2r_b^4+m_c^2r_c^4\geqslant r^2\Delta^2\left[-64\left(\frac{R}{r}\right)^4+120\left(\frac{R}{r}\right)^3+110\left(\frac{R}{r}\right)^2-\frac{153R}{r}+11\right]$$

其次证明左边不等式.

由例 2.101 知

$$m_a^2r_a^4+m_b^2r_b^4+m_c^2r_c^4=$$
$$r^2\Delta^2\left\{\left[4\left(\frac{R}{r}\right)^2+\frac{24R}{r}+1\right]\left(\frac{4R}{r}+1\right)^2-\left[16\left(\frac{R}{r}\right)^2+\frac{30R}{r}+\frac{1}{2}\right]\left(\frac{p}{r}\right)^2+\frac{1}{2}\left(\frac{p}{r}\right)^4-\left(\frac{4R}{r}+1\right)^3\left(\frac{4R+r}{p}\right)^2\right\}$$

在$\triangle ABC$中,有不等式

$$\left(\frac{4R+r}{p}\right)^2\geqslant 4-\frac{2r}{R}\geqslant 3$$

在$\triangle ABC$中,有格雷森不等式

$$4\left(\frac{R}{r}\right)^2+\frac{4R}{r}+3\geqslant\left(\frac{p}{r}\right)^2\geqslant\frac{16R}{r}-5$$

从而

$$m_a^2r_a^4+m_b^2r_b^4+m_c^2r_c^4\leqslant$$

$$r^2\Delta^2\left\{\left[4\left(\frac{R}{r}\right)^2+\frac{24R}{r}+1\right]\left(\frac{4R}{r}+1\right)^2-\left[16\left(\frac{R}{r}\right)^2+\frac{30R}{r}+\frac{1}{2}\right]\left(\frac{16R}{r}-5\right)+\right.$$

$$\left.\frac{1}{2}\left[4\left(\frac{R}{r}\right)^2+\frac{4R}{r}+3\right]^2-3\left(\frac{4R}{r}+1\right)^3\right\}=$$

$$r^2\Delta^2\left[72\left(\frac{R}{r}\right)^4-16\left(\frac{R}{r}\right)^3-312\left(\frac{R}{r}\right)^2+\frac{150R}{r}+5\right]$$

即

$$r^2\Delta^2\left[72\left(\frac{R}{r}\right)^4-16\left(\frac{R}{r}\right)^3-312\left(\frac{R}{r}\right)^2+\frac{150R}{r}+5\right]\geqslant m_a^2r_a^4+m_b^2r_b^4+m_c^2r_c^4$$

综上所述,例 3.95 成立.

例 3.96　在$\triangle ABC$中,试证明

$$r^2\Delta^2\left[360\left(\frac{R}{r}\right)^4-944\left(\frac{R}{r}\right)^3+456\left(\frac{R}{r}\right)^2+\frac{48R}{r}+34\right]\geqslant$$

$$m_a^2(r_b^4+r_c^4)+m_b^2(r_a^4+r_c^4)+m_c^2(r_a^4+r_b^4)\geqslant$$

$$r^2\Delta^2\left[-32\left(\frac{R}{r}\right)^4-48\left(\frac{R}{r}\right)^3+460\left(\frac{R}{r}\right)^2-\frac{837R}{2r}+55\right]$$

证明　首先证明右边不等式.

由例 2.102 知

$$m_a^2(r_b^4+r_c^4)+m_b^2(r_a^4+r_c^4)+m_c^2(r_a^4+r_b^4)=$$

$$r^2\Delta^2\left\{\left[20\left(\frac{R}{r}\right)^2+\frac{12R}{r}+\frac{1}{2}\right]\left(\frac{4R}{r}+1\right)^2-\right.$$

$$\left.\left[80\left(\frac{R}{r}\right)^2+\frac{6R}{r}+\frac{5}{2}\right]\left(\frac{p}{r}\right)^2+\frac{5}{2}\left(\frac{p}{r}\right)^4-\frac{1}{2}\left(\frac{4R}{r}+1\right)^3\left(\frac{4R+r}{p}\right)^2\right\}$$

在$\triangle ABC$中,有不等式

$$\frac{R}{r}+1\geqslant\left(\frac{4R+r}{p}\right)^2$$

在$\triangle ABC$中,有格雷森不等式

$$4\left(\frac{R}{r}\right)^2+\frac{4R}{r}+3\geqslant\left(\frac{p}{r}\right)^2\geqslant\frac{16R}{r}-5$$

从而

$$m_a^2(r_b^4+r_c^4)+m_b^2(r_a^4+r_c^4)+m_c^2(r_a^4+r_b^4)\geqslant$$
$$r^2\Delta^2\left\{\left[20\left(\frac{R}{r}\right)^2+\frac{12R}{r}+\frac{1}{2}\right]\left(\frac{4R}{r}+1\right)^2-\left[80\left(\frac{R}{r}\right)^2+\frac{6R}{r}+\frac{5}{2}\right]\left[4\left(\frac{R}{r}\right)^2+\frac{4R}{r}+3\right]+\right.$$
$$\left.\frac{5}{2}\left(\frac{16R}{r}-5\right)^2-\frac{1}{2}\left(\frac{4R}{r}+1\right)^3\left(\frac{R}{r}+1\right)\right\}=$$
$$r^2\Delta^2\left[-32\left(\frac{R}{r}\right)^4-48\left(\frac{R}{r}\right)^3+460\left(\frac{R}{r}\right)^2-\frac{837R}{2r}+55\right]$$

即

$$m_a^2(r_b^4+r_c^4)+m_b^2(r_a^4+r_c^4)+m_c^2(r_a^4+r_b^4)\geqslant$$
$$r^2\Delta^2\left[-32\left(\frac{R}{r}\right)^4-48\left(\frac{R}{r}\right)^3+460\left(\frac{R}{r}\right)^2-\frac{837R}{2r}+55\right]$$

其次证明左边不等式.

由例 2.102 知

$$m_a^2(r_b^4+r_c^4)+m_b^2(r_a^4+r_c^4)+m_c^2(r_a^4+r_b^4)=$$
$$r^2\Delta^2\left\{\left[20\left(\frac{R}{r}\right)^2+\frac{12R}{r}+\frac{1}{2}\right]\left(\frac{4R}{r}+1\right)^2-\left[80\left(\frac{R}{r}\right)^2+\frac{6R}{r}+\frac{5}{2}\right]\left(\frac{p}{r}\right)^2+\frac{5}{2}\left(\frac{p}{r}\right)^4-\right.$$
$$\left.\frac{1}{2}\left(\frac{4R}{r}+1\right)^3\left(\frac{4R+r}{p}\right)^2\right\}$$

在$\triangle ABC$中,有不等式

$$\left(\frac{4R+r}{p}\right)^2\geqslant 4-\frac{2r}{R}\geqslant 3$$

在$\triangle ABC$中,有格雷森不等式

$$4\left(\frac{R}{r}\right)^2+\frac{4R}{r}+3\geqslant\left(\frac{p}{r}\right)^2\geqslant\frac{16R}{r}-5$$

从而

$$m_a^2(r_b^4+r_c^4)+m_b^2(r_a^4+r_c^4)+m_c^2(r_a^4+r_b^4)\leqslant$$
$$r^2\Delta^2\left\{\left[20\left(\frac{R}{r}\right)^2+\frac{12R}{r}+\frac{1}{2}\right]\left(\frac{4R}{r}+1\right)^2-\left[80\left(\frac{R}{r}\right)^2+\frac{6R}{r}+\frac{5}{2}\right]\left(\frac{16R}{r}-5\right)+\right.$$
$$\left.\frac{5}{2}\left[4\left(\frac{R}{r}\right)^2+\frac{4R}{r}+3\right]^2-\frac{3}{2}\left(\frac{4R}{r}+1\right)^3\right\}=$$
$$r^2\Delta^2\left[360\left(\frac{R}{r}\right)^4-944\left(\frac{R}{r}\right)^3+456\left(\frac{R}{r}\right)^2+\frac{48R}{r}+34\right]$$

即

$$r^2\Delta^2\left[360\left(\frac{R}{r}\right)^4-944\left(\frac{R}{r}\right)^3+456\left(\frac{R}{r}\right)^2+\frac{48R}{r}+34\right]\geqslant$$
$$m_a^2(r_b^4+r_c^4)+m_b^2(r_a^4+r_c^4)+m_c^2(r_a^4+r_b^4)$$

综上所述,例 3.96 成立.

例 3.97　在△ABC 中,试证明

$$r^2\Delta^2\left[504\left(\frac{R}{r}\right)^4-976\left(\frac{R}{r}\right)^3-168\left(\frac{R}{r}\right)^2+\frac{348R}{r}+44\right]\geqslant$$

$$(m_b^2+m_c^2)(r_b^4+r_c^4)+(m_a^2+m_c^2)(r_a^4+r_c^4)+(m_a^2+m_b^2)(r_a^4+r_b^4)\geqslant$$

$$r^2\Delta^2\left[-160\left(\frac{R}{r}\right)^4+192\left(\frac{R}{r}\right)^3+680\left(\frac{R}{r}\right)^2-\frac{1\ 449R}{2r}+77\right]$$

证明　首先证明右边不等式.

由例 2.103 知

$$(m_b^2+m_c^2)(r_b^4+r_c^4)+(m_a^2+m_c^2)(r_a^4+r_c^4)+(m_a^2+m_b^2)(r_a^4+r_b^4)=$$

$$r^2\Delta^2\left\{\left[28\left(\frac{R}{r}\right)^2+\frac{60R}{r}+\frac{5}{2}\right]\left(\frac{4R}{r}+1\right)^2-\left[112\left(\frac{R}{r}\right)^2+\frac{66R}{r}+\frac{7}{2}\right]\left(\frac{p}{r}\right)^2+\frac{7}{2}\left(\frac{p}{r}\right)^4-\right.$$

$$\left.\frac{5}{2}\left(\frac{4R}{r}+1\right)^3\left(\frac{4R+r}{p}\right)^2\right\}$$

在△ABC 中,有不等式

$$\frac{R}{r}+1\geqslant\left(\frac{4R+r}{p}\right)^2$$

在△ABC 中,有格雷森不等式

$$4\left(\frac{R}{r}\right)^2+\frac{4R}{r}+3\geqslant\left(\frac{p}{r}\right)^2\geqslant\frac{16R}{r}-5$$

从而

$$(m_b^2+m_c^2)(r_b^4+r_c^4)+(m_a^2+m_c^2)(r_a^4+r_c^4)+(m_a^2+m_b^2)(r_a^4+r_b^4)\geqslant$$

$$r^2\Delta^2\left\{\left[28\left(\frac{R}{r}\right)^2+\frac{60R}{r}+\frac{5}{2}\right]\left(\frac{4R}{r}+1\right)^2-\left[112\left(\frac{R}{r}\right)^2+\frac{66R}{r}+\frac{7}{2}\right]\left[4\left(\frac{R}{r}\right)^2+\frac{4R}{r}+3\right]+\right.$$

$$\left.\frac{7}{2}\left(\frac{16R}{r}-5\right)^2-\frac{5}{2}\left(\frac{4R}{r}+1\right)^3\left(\frac{R}{r}+1\right)\right\}=$$

$$r^2\Delta^2\left[-160\left(\frac{R}{r}\right)^4+192\left(\frac{R}{r}\right)^3+680\left(\frac{R}{r}\right)^2-\frac{1\ 449R}{2r}+77\right]$$

即

$$(m_b^2+m_c^2)(r_b^4+r_c^4)+(m_a^2+m_c^2)(r_a^4+r_c^4)+(m_a^2+m_b^2)(r_a^4+r_b^4)\geqslant$$

$$r^2\Delta^2\left[-160\left(\frac{R}{r}\right)^4+192\left(\frac{R}{r}\right)^3+680\left(\frac{R}{r}\right)^2-\frac{1\ 449R}{2r}+77\right]$$

其次证明左边不等式.

由例 2.103 知

$$(m_b^2+m_c^2)(r_b^4+r_c^4)+(m_a^2+m_c^2)(r_a^4+r_c^4)+(m_a^2+m_b^2)(r_a^4+r_b^4)=$$

$$r^2\Delta^2\left\{\left[28\left(\frac{R}{r}\right)^2+\frac{60R}{r}+\frac{5}{2}\right]\left(\frac{4R}{r}+1\right)^2-\left[112\left(\frac{R}{r}\right)^2+\frac{66R}{r}+\frac{7}{2}\right]\left(\frac{p}{r}\right)^2+\frac{7}{2}\left(\frac{p}{r}\right)^4-\right.$$

$$\frac{5}{2}\left(\frac{4R}{r}+1\right)^3\left(\frac{4R+r}{p}\right)^2\Big\}$$

在△ABC中，有不等式

$$\left(\frac{4R+r}{p}\right)^2\geqslant 4-\frac{2r}{R}\geqslant 3$$

在△ABC中，有格雷森不等式

$$4\left(\frac{R}{r}\right)^2+\frac{4R}{r}+3\geqslant\left(\frac{p}{r}\right)^2\geqslant\frac{16R}{r}-5$$

从而

$$(m_b^2+m_c^2)(r_b^4+r_c^4)+(m_a^2+m_c^2)(r_a^4+r_c^4)+(m_a^2+m_b^2)(r_a^4+r_b^4)\leqslant$$

$$r^2\Delta^2\left\{\left[28\left(\frac{R}{r}\right)^2+\frac{60R}{r}+\frac{5}{2}\right]\left(\frac{4R}{r}+1\right)^2-\left[112\left(\frac{R}{r}\right)^2+\frac{66R}{r}+\frac{7}{2}\right]\left(\frac{16R}{r}-5\right)+\right.$$

$$\left.\frac{7}{2}\left[4\left(\frac{R}{r}\right)^2+\frac{4R}{r}+3\right]^2-\frac{15}{2}\left(\frac{4R}{r}+1\right)^3\right\}=$$

$$r^2\Delta^2\left[504\left(\frac{R}{r}\right)^4-976\left(\frac{R}{r}\right)^3-168\left(\frac{R}{r}\right)^2+\frac{348R}{r}+44\right]$$

即

$$r^2\Delta^2\left[504\left(\frac{R}{r}\right)^4-976\left(\frac{R}{r}\right)^3-168\left(\frac{R}{r}\right)^2+\frac{348R}{r}+44\right]\geqslant$$

$$(m_b^2+m_c^2)(r_b^4+r_c^4)+(m_a^2+m_c^2)(r_a^4+r_c^4)+(m_a^2+m_b^2)(r_a^4+r_b^4)$$

综上所述，例3.97成立.

例3.98 在△ABC中，试证明

$$\Delta^2\left(\frac{2R}{r}-1\right)^2\geqslant m_a^2r_a^2+m_b^2r_b^2+m_c^2r_c^2\geqslant\Delta^2\left[-2\left(\frac{R}{r}\right)^2+\frac{9R}{r}-1\right]$$

证明 首先证明右边不等式.

由例2.104知

$$m_a^2r_a^2+m_b^2r_b^2+m_c^2r_c^2=\Delta^2\left[4\left(\frac{R}{r}\right)^2+\frac{16R}{r}-\frac{1}{2}\left(\frac{p}{r}\right)^2-\left(\frac{4R}{r}+1\right)\left(\frac{4R+r}{p}\right)^2+\frac{3}{2}\right]$$

在△ABC中，有不等式

$$\frac{R}{r}+1\geqslant\left(\frac{4R+r}{p}\right)^2$$

在△ABC中，有格雷森不等式

$$4\left(\frac{R}{r}\right)^2+\frac{4R}{r}+3\geqslant\left(\frac{p}{r}\right)^2$$

从而

$$m_a^2r_a^2+m_b^2r_b^2+m_c^2r_c^2\geqslant$$

$$\Delta^2\left\{4\left(\frac{R}{r}\right)^2+\frac{16R}{r}-\frac{1}{2}\left[4\left(\frac{R}{r}\right)^2+\frac{4R}{r}+3\right]-\left(\frac{4R}{r}+1\right)\left(\frac{R}{r}+1\right)+\frac{3}{2}\right\}=$$

$$\Delta^2\left[-2\left(\frac{R}{r}\right)^2+\frac{9R}{r}-1\right]$$

即

$$m_a^2r_a^2+m_b^2r_b^2+m_c^2r_c^2\geqslant\Delta^2\left[-2\left(\frac{R}{r}\right)^2+\frac{9R}{r}-1\right]$$

再次证明左边不等式.

由例 2.104 知

$$m_a^2r_a^2+m_b^2r_b^2+m_c^2r_c^2=\Delta^2\left[4\left(\frac{R}{r}\right)^2+\frac{16R}{r}-\frac{1}{2}\left(\frac{p}{r}\right)^2-\left(\frac{4R}{r}+1\right)\left(\frac{4R+r}{p}\right)^2+\frac{3}{2}\right]$$

在$\triangle ABC$中,有不等式

$$\left(\frac{4R+r}{p}\right)^2\geqslant4-\frac{2r}{R}\geqslant3$$

在$\triangle ABC$中,有格雷森不等式

$$\left(\frac{p}{r}\right)^2\geqslant\frac{16R}{r}-5$$

从而

$$m_a^2r_a^2+m_b^2r_b^2+m_c^2r_c^2\leqslant\Delta^2\left[4\left(\frac{R}{r}\right)^2+\frac{16R}{r}-\frac{1}{2}\left(\frac{16R}{r}-5\right)-3\left(\frac{4R}{r}+1\right)+\frac{3}{2}\right]=\Delta^2\left(\frac{2R}{r}-1\right)^2$$

即

$$\Delta^2\left(\frac{2R}{r}-1\right)^2\geqslant m_a^2r_a^2+m_b^2r_b^2+m_c^2r_c^2$$

综上所述,例 3.98 成立.

例 3.99　在$\triangle ABC$中,试证明

$$\Delta^2\left[20\left(\frac{R}{r}\right)^2-\frac{38R}{r}+14\right]\geqslant m_a^2(r_b^2+r_c^2)+m_b^2(r_a^2+r_c^2)+m_c^2(r_a^2+r_b^2)\geqslant18\Delta^2\left(\frac{R}{2r}\right)^2$$

证明　首先证明右边不等式.

由例 2.105 知

$$m_a^2(r_b^2+r_c^2)+m_b^2(r_a^2+r_c^2)+m_c^2(r_a^2+r_b^2)=$$

$$\Delta^2\left[20\left(\frac{R}{r}\right)^2+\frac{8R}{r}-\frac{5}{2}\left(\frac{p}{r}\right)^2-\frac{1}{2}\left(\frac{4R}{r}+1\right)\left(\frac{4R+r}{p}\right)^2+3\right]$$

在$\triangle ABC$中,有不等式

$$\frac{R}{r}+1\geqslant\left(\frac{4R+r}{p}\right)^2$$

在$\triangle ABC$中,有格雷森不等式

$$4\left(\frac{R}{r}\right)^2+\frac{4R}{r}+3\geqslant\left(\frac{p}{r}\right)^2$$

从而

$$m_a^2(r_b^2+r_c^2)+m_b^2(r_a^2+r_c^2)+m_c^2(r_a^2+r_b^2)\geqslant$$
$$\Delta^2\left\{20\left(\frac{R}{r}\right)^2+\frac{8R}{r}-\frac{5}{2}\left[4\left(\frac{R}{r}\right)^2+\frac{4R}{r}+3\right]-\frac{1}{2}\left(\frac{4R}{r}+1\right)\left(\frac{R}{r}+1\right)+3\right\}=$$
$$\Delta^2\left[8\left(\frac{R}{r}\right)^2-\frac{9R}{2r}-5\right]\geqslant 18\Delta^2\left(\frac{R}{2r}\right)^2$$

即

$$m_a^2(r_b^2+r_c^2)+m_b^2(r_a^2+r_c^2)+m_c^2(r_a^2+r_b^2)\geqslant 18\Delta^2\left(\frac{R}{2r}\right)^2$$

再次证明左边不等式.

由例 2.105 知

$$m_a^2(r_b^2+r_c^2)+m_b^2(r_a^2+r_c^2)+m_c^2(r_a^2+r_b^2)=$$
$$\Delta^2\left[20\left(\frac{R}{r}\right)^2+\frac{8R}{r}-\frac{5}{2}\left(\frac{p}{r}\right)^2-\frac{1}{2}\left(\frac{4R}{r}+1\right)\left(\frac{4R+r}{p}\right)^2+3\right]$$

在$\triangle ABC$中,有不等式

$$\left(\frac{4R+r}{p}\right)^2\geqslant 4-\frac{2r}{R}\geqslant 3$$

在$\triangle ABC$中,有格雷森不等式

$$\left(\frac{p}{r}\right)^2\geqslant\frac{16R}{r}-5$$

从而

$$m_a^2(r_b^2+r_c^2)+m_b^2(r_a^2+r_c^2)+m_c^2(r_a^2+r_b^2)\leqslant$$
$$\Delta^2\left[20\left(\frac{R}{r}\right)^2+\frac{8R}{r}-\frac{5}{2}\left(\frac{16R}{r}-5\right)-\frac{3}{2}\left(\frac{4R}{r}+1\right)+3\right]=$$
$$\Delta^2\left[20\left(\frac{R}{r}\right)^2-\frac{38R}{r}+14\right]$$

即

$$\Delta^2\left[20\left(\frac{R}{r}\right)^2-\frac{38R}{r}+14\right]\geqslant m_a^2(r_b^2+r_c^2)+m_b^2(r_a^2+r_c^2)+m_c^2(r_a^2+r_b^2)$$

综上所述,例 3.99 成立.

例 3.100 在$\triangle ABC$中,试证明

$$\Delta^2\left[28\left(\frac{R}{r}\right)^2-\frac{46R}{r}+16\right]\geqslant(m_b^2+m_c^2)(r_b^2+r_c^2)+(m_a^2+m_c^2)(r_a^2+r_c^2)+(m_a^2+m_b^2)(r_a^2+r_b^2)\geqslant$$
$$\Delta^2\cdot\frac{2R}{r}\left(\frac{2R}{r}+5\right)$$

证明 首先证明右边不等式.

由例 2.106 知

$$(m_b^2+m_c^2)(r_b^2+r_c^2)+(m_a^2+m_c^2)(r_a^2+r_c^2)+(m_a^2+m_b^2)(r_a^2+r_b^2)=$$

$$\Delta^2\left[28\left(\frac{R}{r}\right)^2+\frac{40R}{r}-\frac{7}{2}\left(\frac{p}{r}\right)^2-\frac{5}{2}\left(\frac{4R}{r}+1\right)\left(\frac{4R+r}{p}\right)^2+6\right]$$

在$\triangle ABC$中,有不等式

$$\frac{R}{r}+1\geqslant\left(\frac{4R+r}{p}\right)^2$$

在$\triangle ABC$中,有格雷森不等式

$$4\left(\frac{R}{r}\right)^2+\frac{4R}{r}+3\geqslant\left(\frac{p}{r}\right)^2$$

从而

$$(m_b^2+m_c^2)(r_b^2+r_c^2)+(m_a^2+m_c^2)(r_a^2+r_c^2)+(m_a^2+m_b^2)(r_a^2+r_b^2)\geqslant$$

$$\Delta^2\left\{28\left(\frac{R}{r}\right)^2+\frac{40R}{r}-\frac{7}{2}\left[4\left(\frac{R}{r}\right)^2+\frac{4R}{r}+3\right]-\frac{5}{2}\left(\frac{4R}{r}+1\right)\left(\frac{R}{r}+1\right)+6\right\}=$$

$$\Delta^2\left[4\left(\frac{R}{r}\right)^2+\frac{27R}{2r}-7\right]\geqslant\Delta^2\cdot\frac{2R}{r}\left(\frac{2R}{r}+5\right)$$

即

$$(m_b^2+m_c^2)(r_b^2+r_c^2)+(m_a^2+m_c^2)(r_a^2+r_c^2)+(m_a^2+m_b^2)(r_a^2+r_b^2)\geqslant\Delta^2\cdot\frac{2R}{r}\left(\frac{2R}{r}+5\right)$$

其次证明左边不等式.

由例2.106知

$$(m_b^2+m_c^2)(r_b^2+r_c^2)+(m_a^2+m_c^2)(r_a^2+r_c^2)+(m_a^2+m_b^2)(r_a^2+r_b^2)=$$

$$\Delta^2\left[28\left(\frac{R}{r}\right)^2+\frac{40R}{r}-\frac{7}{2}\left(\frac{p}{r}\right)^2-\frac{5}{2}\left(\frac{4R}{r}+1\right)\left(\frac{4R+r}{p}\right)^2+6\right]$$

在$\triangle ABC$中,有不等式

$$\left(\frac{4R+r}{p}\right)^2\geqslant 4-\frac{2r}{R}\geqslant 3$$

在$\triangle ABC$中,有格雷森不等式

$$\left(\frac{p}{r}\right)^2\geqslant\frac{16R}{r}-5$$

从而

$$(m_b^2+m_c^2)(r_b^2+r_c^2)+(m_a^2+m_c^2)(r_a^2+r_c^2)+(m_a^2+m_b^2)(r_a^2+r_b^2)\leqslant$$

$$\Delta^2\left[28\left(\frac{R}{r}\right)^2+\frac{40R}{r}-\frac{7}{2}\left(\frac{16R}{r}-5\right)-\frac{15}{2}\left(\frac{4R}{r}+1\right)+6\right]=$$

$$\Delta^2\left[28\left(\frac{R}{r}\right)^2-\frac{46R}{r}+16\right]$$

即

$$\Delta^2\left[28\left(\frac{R}{r}\right)^2-\frac{46R}{r}+16\right]\geqslant$$

$$(m_b^2+m_c^2)(r_b^2+r_c^2)+(m_a^2+m_c^2)(r_a^2+r_c^2)+(m_a^2+m_b^2)(r_a^2+r_b^2)$$

综上所述,例 3.100 成立.

例 3.101 在$\triangle ABC$中,试证明

$$9\Delta^2\left(\frac{R}{r}-1\right)^2\geqslant m_a^2r_cr_b+m_b^2r_ar_c+m_c^2r_ar_b\geqslant 9\Delta^2\left(\frac{R}{r}-1\right)$$

证明 首先证明右边不等式.

由例 2.107 知

$$m_a^2r_cr_b+m_b^2r_ar_c+m_c^2r_ar_b=\Delta^2\left[\left(\frac{p}{r}\right)^2-\frac{7R}{r}-4\right]$$

在$\triangle ABC$中,有格雷森不等式

$$\left(\frac{p}{r}\right)^2\geqslant\frac{16R}{r}-5$$

从而

$$m_a^2r_cr_b+m_b^2r_ar_c+m_c^2r_ar_b\geqslant 9\Delta^2\left(\frac{R}{r}-1\right)$$

其次证明左边不等式.

由例 2.107 知

$$m_a^2r_cr_b+m_b^2r_ar_c+m_c^2r_ar_b=\Delta^2\left[\left(\frac{p}{r}\right)^2-\frac{7R}{r}-4\right]$$

在$\triangle ABC$中,有格雷森不等式

$$4\left(\frac{R}{r}\right)^2+\frac{4R}{r}+3\geqslant\left(\frac{p}{r}\right)^2$$

从而

$$9\Delta^2\left(\frac{R}{r}-1\right)^2\geqslant\Delta^2\left[4\left(\frac{R}{r}\right)^2-\frac{3R}{r}-1\right]\geqslant m_a^2r_cr_b+m_b^2r_ar_c+m_c^2r_ar_b$$

即

$$9\Delta^2\left(\frac{R}{r}-1\right)^2\geqslant m_a^2r_cr_b+m_b^2r_ar_c+m_c^2r_ar_b$$

综上所述,例 3.101 成立.

例 3.102 在$\triangle ABC$中,试证明

$$R\left(\frac{2R}{r}+5\right)\geqslant m_a^2\left(\frac{1}{r_b}+\frac{1}{r_c}\right)+m_b^2\left(\frac{1}{r_a}+\frac{1}{r_c}\right)+m_c^2\left(\frac{1}{r_a}+\frac{1}{r_b}\right)\geqslant 9R$$

证明 首先证明右边不等式.

由例 2.108 知

$$m_a^2\left(\frac{1}{r_b}+\frac{1}{r_c}\right)+m_b^2\left(\frac{1}{r_a}+\frac{1}{r_c}\right)+m_c^2\left(\frac{1}{r_a}+\frac{1}{r_b}\right)=\frac{1}{2}r\left[\left(\frac{p}{r}\right)^2+\frac{2R}{r}+5\right]$$

在$\triangle ABC$中,有格雷森不等式

$$\left(\frac{p}{r}\right)^2\geqslant\frac{16R}{r}-5$$

从而

$$m_a^2\left(\frac{1}{r_b}+\frac{1}{r_c}\right)+m_b^2\left(\frac{1}{r_a}+\frac{1}{r_c}\right)+m_c^2\left(\frac{1}{r_a}+\frac{1}{r_b}\right)\geqslant 9R$$

其次证明左边不等式.

由例2.108知

$$m_a^2\left(\frac{1}{r_b}+\frac{1}{r_c}\right)+m_b^2\left(\frac{1}{r_a}+\frac{1}{r_c}\right)+m_c^2\left(\frac{1}{r_a}+\frac{1}{r_b}\right)=\frac{1}{2}r\left[\left(\frac{p}{r}\right)^2+\frac{2R}{r}+5\right]$$

在$\triangle ABC$中,有格雷森不等式

$$4\left(\frac{R}{r}\right)^2+\frac{4R}{r}+3\geqslant\left(\frac{p}{r}\right)^2$$

从而

$$m_a^2\left(\frac{1}{r_b}+\frac{1}{r_c}\right)+m_b^2\left(\frac{1}{r_a}+\frac{1}{r_c}\right)+m_c^2\left(\frac{1}{r_a}+\frac{1}{r_b}\right)\leqslant\frac{1}{2}r\left[4\left(\frac{R}{r}\right)^2+\frac{6R}{r}+8\right]\leqslant R\left(\frac{2R}{r}+5\right)$$

即

$$R\left(\frac{2R}{r}+5\right)\geqslant m_a^2\left(\frac{1}{r_b}+\frac{1}{r_c}\right)+m_b^2\left(\frac{1}{r_a}+\frac{1}{r_c}\right)+m_c^2\left(\frac{1}{r_a}+\frac{1}{r_b}\right)$$

综上所述,例3.102成立.

例3.103　在$\triangle ABC$中,试证明

$$\frac{R}{2r}\left(\frac{8R}{r}-13\right)\geqslant\frac{m_a^2}{r_a^2}+\frac{m_b^2}{r_b^2}+\frac{m_c^2}{r_c^2}\geqslant\frac{4R}{r}-5$$

证明　首先证明右边不等式.

由例2.109知

$$\frac{m_a^2}{r_a^2}+\frac{m_b^2}{r_b^2}+\frac{m_c^2}{r_c^2}=\left(\frac{p}{r}\right)^2-3\left(\frac{4R}{r}+1\right)+\frac{1}{2}\left(\frac{4R+r}{p}\right)^2+\frac{3}{2}$$

在$\triangle ABC$中,有格雷森不等式

$$\left(\frac{p}{r}\right)^2\geqslant\frac{16R}{r}-5$$

在$\triangle ABC$中,又有

$$\left(\frac{4R+r}{p}\right)^2\geqslant 4-\frac{2r}{R}\geqslant 3$$

从而

$$\frac{m_a^2}{r_a^2}+\frac{m_b^2}{r_b^2}+\frac{m_c^2}{r_c^2}\geqslant\frac{4R}{r}-5$$

其次证明左边不等式.

由例2.109知

$$\frac{m_a^2}{r_a^2}+\frac{m_b^2}{r_b^2}+\frac{m_c^2}{r_c^2}=\left(\frac{p}{r}\right)^2-3\left(\frac{4R}{r}+1\right)+\frac{1}{2}\left(\frac{4R+r}{p}\right)^2+\frac{3}{2}$$

在△ABC 中,有格雷森不等式

$$4\left(\frac{R}{r}\right)^2+\frac{4R}{r}+3\geqslant\left(\frac{p}{r}\right)^2$$

在△ABC 中,又有

$$\frac{R}{r}+1\geqslant\left(\frac{4R+r}{p}\right)^2$$

从而

$$\frac{m_a^2}{r_a^2}+\frac{m_b^2}{r_b^2}+\frac{m_c^2}{r_c^2}\leqslant 4\left(\frac{R}{r}\right)^2+\frac{4R}{r}+3-3\left(\frac{4R}{r}+1\right)+\frac{1}{2}\left(\frac{R}{r}+1\right)+\frac{3}{2}=$$

$$4\left(\frac{R}{r}\right)^2-\frac{15R}{2r}+2\leqslant\frac{R}{2r}\left(\frac{8R}{r}-13\right)$$

即

$$\frac{R}{2r}\left(\frac{8R}{r}-13\right)\geqslant\frac{m_a^2}{r_a^2}+\frac{m_b^2}{r_b^2}+\frac{m_c^2}{r_c^2}$$

综上所述,例 3.103 成立.

例 3.104 在△ABC 中,试证明

$$\frac{R}{r}\left(\frac{2R}{r}-1\right)\geqslant(m_b^2+m_c^2)\frac{1}{r_a^2}+(m_a^2+m_c^2)\frac{1}{r_b^2}+(m_a^2+m_b^2)\frac{1}{r_c^2}\geqslant 2\left(\frac{R}{r}+1\right)$$

证明 首先证明右边不等式.

由例 2.110 知

$$(m_b^2+m_c^2)\frac{1}{r_a^2}+(m_a^2+m_c^2)\frac{1}{r_b^2}+(m_a^2+m_b^2)\frac{1}{r_c^2}=\frac{1}{2}\left(\frac{p}{r}\right)^2-\frac{6R}{r}+\frac{5}{2}\left(\frac{4R+r}{p}\right)^2-3$$

在△ABC 中,有格雷森不等式

$$\left(\frac{p}{r}\right)^2\geqslant\frac{16R}{r}-5$$

在△ABC 中,又有不等式

$$\left(\frac{4R+r}{p}\right)^2\geqslant 4-\frac{2r}{R}\geqslant 3$$

从而

$$(m_b^2+m_c^2)\frac{1}{r_a^2}+(m_a^2+m_c^2)\frac{1}{r_b^2}+(m_a^2+m_b^2)\frac{1}{r_c^2}\geqslant 2\left(\frac{R}{r}+1\right)$$

其次证明左边不等式.

由例 2.110 知

$$(m_b^2+m_c^2)\frac{1}{r_a^2}+(m_a^2+m_c^2)\frac{1}{r_b^2}+(m_a^2+m_b^2)\frac{1}{r_c^2}=\frac{1}{2}\left(\frac{p}{r}\right)^2-\frac{6R}{r}+\frac{5}{2}\left(\frac{4R+r}{p}\right)^2-3$$

在$\triangle ABC$中,有格雷森不等式

$$4\left(\frac{R}{r}\right)^2+\frac{4R}{r}+3\geqslant\left(\frac{p}{r}\right)^2$$

在$\triangle ABC$中,又有不等式

$$\frac{R}{r}+1\geqslant\left(\frac{4R+r}{p}\right)^2$$

从而

$$(m_b^2+m_c^2)\frac{1}{r_a^2}+(m_a^2+m_c^2)\frac{1}{r_b^2}+(m_a^2+m_b^2)\frac{1}{r_c^2}\leqslant$$

$$\frac{1}{2}\left[4\left(\frac{R}{r}\right)^2+\frac{4R}{r}+3\right]-\frac{6R}{r}+\frac{5}{2}\left(\frac{R}{r}+1\right)-3=$$

$$2\left(\frac{R}{r}\right)^2-\frac{3R}{2r}+1\leqslant\frac{R}{r}\left(\frac{2R}{r}-1\right)$$

即

$$\frac{R}{r}\left(\frac{2R}{r}-1\right)\geqslant(m_b^2+m_c^2)\frac{1}{r_a^2}+(m_a^2+m_c^2)\frac{1}{r_b^2}+(m_a^2+m_b^2)\frac{1}{r_c^2}$$

综上所述,例3.104成立.

例3.105　在$\triangle ABC$中,试证明

$$\frac{2R}{r}\left(\frac{5R}{r}-7\right)\geqslant(m_b^2+m_c^2)\left(\frac{1}{r_b^2}+\frac{1}{r_c^2}\right)+(m_a^2+m_c^2)\left(\frac{1}{r_a^2}+\frac{1}{r_c^2}\right)+(m_a^2+m_b^2)\left(\frac{1}{r_a^2}+\frac{1}{r_b^2}\right)\geqslant$$

$$2\left(\frac{5R}{r}-4\right)$$

证明　首先证明右边不等式.

由例2.111知

$$(m_b^2+m_c^2)\left(\frac{1}{r_b^2}+\frac{1}{r_c^2}\right)+(m_a^2+m_c^2)\left(\frac{1}{r_a^2}+\frac{1}{r_c^2}\right)+(m_a^2+m_b^2)\left(\frac{1}{r_a^2}+\frac{1}{r_b^2}\right)=$$

$$\frac{5}{2}\left(\frac{p}{r}\right)^2-\frac{30R}{r}+\frac{7}{2}\left(\frac{4R+r}{p}\right)^2-6$$

在$\triangle ABC$中,有格雷森不等式

$$\left(\frac{p}{r}\right)^2\geqslant\frac{16R}{r}-5$$

在$\triangle ABC$中,又有不等式

$$\left(\frac{4R+r}{p}\right)^2\geqslant4-\frac{2r}{R}\geqslant3$$

从而

$$(m_b^2+m_c^2)\left(\frac{1}{r_b^2}+\frac{1}{r_c^2}\right)+(m_a^2+m_c^2)\left(\frac{1}{r_a^2}+\frac{1}{r_c^2}\right)+(m_a^2+m_b^2)\left(\frac{1}{r_a^2}+\frac{1}{r_b^2}\right)\geqslant2\left(\frac{5R}{r}-4\right)$$

其次证明左边不等式.

由例 2.111 知

$$(m_b^2+m_c^2)\left(\frac{1}{r_b^2}+\frac{1}{r_c^2}\right)+(m_a^2+m_c^2)\left(\frac{1}{r_a^2}+\frac{1}{r_c^2}\right)+(m_a^2+m_b^2)\left(\frac{1}{r_a^2}+\frac{1}{r_b^2}\right)=$$

$$\frac{5}{2}\left(\frac{p}{r}\right)^2-\frac{30R}{r}+\frac{7}{2}\left(\frac{4R+r}{p}\right)^2-6$$

在$\triangle ABC$中,有格雷森不等式

$$4\left(\frac{R}{r}\right)^2+\frac{4R}{r}+3\geqslant\left(\frac{p}{r}\right)^2$$

在$\triangle ABC$中,又有不等式

$$\frac{R}{r}+1\geqslant\left(\frac{4R+r}{p}\right)^2$$

从而

$$(m_b^2+m_c^2)\left(\frac{1}{r_b^2}+\frac{1}{r_c^2}\right)+(m_a^2+m_c^2)\left(\frac{1}{r_a^2}+\frac{1}{r_c^2}\right)+(m_a^2+m_b^2)\left(\frac{1}{r_a^2}+\frac{1}{r_b^2}\right)\leqslant$$

$$\frac{5}{2}\left[4\left(\frac{R}{r}\right)^2+\frac{4R}{r}+3\right]-\frac{30R}{r}+\frac{7}{2}\left(\frac{R}{r}+1\right)-6=$$

$$10\left(\frac{R}{r}\right)^2-\frac{33R}{2r}+5\leqslant\frac{2R}{r}\left(\frac{5R}{r}-7\right)$$

即

$$\frac{2R}{r}\left(\frac{5R}{r}-7\right)\geqslant(m_b^2+m_c^2)\left(\frac{1}{r_b^2}+\frac{1}{r_c^2}\right)+(m_a^2+m_c^2)\left(\frac{1}{r_a^2}+\frac{1}{r_c^2}\right)+(m_a^2+m_b^2)\left(\frac{1}{r_a^2}+\frac{1}{r_b^2}\right)$$

综上所述,例 3.105 成立.

例 3.106 在$\triangle ABC$中,试证明

$$2R\left(\frac{5R}{r}-1\right)\geqslant(m_b^2+m_c^2)\left(\frac{1}{r_b}+\frac{1}{r_c}\right)+(m_a^2+m_c^2)\left(\frac{1}{r_a}+\frac{1}{r_c}\right)+(m_a^2+m_b^2)\left(\frac{1}{r_a}+\frac{1}{r_b}\right)\geqslant$$

$$9(3R-2r)$$

证明 首先证明右边不等式.

由例 2.112 知

$$(m_b^2+m_c^2)\left(\frac{1}{r_b}+\frac{1}{r_c}\right)+(m_a^2+m_c^2)\left(\frac{1}{r_a}+\frac{1}{r_c}\right)+(m_a^2+m_b^2)\left(\frac{1}{r_a}+\frac{1}{r_b}\right)=$$

$$\frac{1}{2}r\left[5\left(\frac{p}{r}\right)^2-\frac{26R}{r}-11\right]$$

在$\triangle ABC$中,有格雷森不等式

$$\left(\frac{p}{r}\right)^2\geqslant\frac{16R}{r}-5$$

从而

$$(m_b^2+m_c^2)\left(\frac{1}{r_b}+\frac{1}{r_c}\right)+(m_a^2+m_c^2)\left(\frac{1}{r_a}+\frac{1}{r_c}\right)+(m_a^2+m_b^2)\left(\frac{1}{r_a}+\frac{1}{r_b}\right)\geqslant 9(3R-2r)$$

其次证明左边不等式.

由例 2.112 知

$$(m_b^2+m_c^2)\left(\frac{1}{r_b}+\frac{1}{r_c}\right)+(m_a^2+m_c^2)\left(\frac{1}{r_a}+\frac{1}{r_c}\right)+(m_a^2+m_b^2)\left(\frac{1}{r_a}+\frac{1}{r_b}\right)=$$

$$\frac{1}{2}r\left[5\left(\frac{p}{r}\right)^2-\frac{26R}{r}-11\right]$$

在$\triangle ABC$中,有格雷森不等式

$$4\left(\frac{R}{r}\right)^2+\frac{4R}{r}+3\geqslant\left(\frac{p}{r}\right)^2$$

从而

$$(m_b^2+m_c^2)\left(\frac{1}{r_b}+\frac{1}{r_c}\right)+(m_a^2+m_c^2)\left(\frac{1}{r_a}+\frac{1}{r_c}\right)+(m_a^2+m_b^2)\left(\frac{1}{r_a}+\frac{1}{r_b}\right)\leqslant$$

$$\frac{1}{2}r\left\{5\left[4\left(\frac{R}{r}\right)^2+\frac{4R}{r}+3\right]-\frac{26R}{r}-11\right\}=$$

$$r\left[10\left(\frac{R}{r}\right)^2-\frac{3R}{r}+2\right]\leqslant$$

$$2R\left(\frac{5R}{r}-1\right)$$

即

$$2R\left(\frac{5R}{r}-1\right)\geqslant(m_b^2+m_c^2)\left(\frac{1}{r_b}+\frac{1}{r_c}\right)+(m_a^2+m_c^2)\left(\frac{1}{r_a}+\frac{1}{r_c}\right)+(m_a^2+m_b^2)\left(\frac{1}{r_a}+\frac{1}{r_b}\right)$$

综上所述,例 3.106 成立.

例 3.107　在$\triangle ABC$中,试证明

$$\frac{r}{2}\left(\frac{4R}{r}+1\right)\geqslant\frac{m_a^2}{r_b+r_c}+\frac{m_b^2}{r_a+r_c}+\frac{m_c^2}{r_a+r_b}\geqslant\frac{3r^2}{4R}\left(\frac{7R}{r}-2\right)$$

证明　首先证明右边不等式.

由例 2.113 知

$$\frac{m_a^2}{r_b+r_c}+\frac{m_b^2}{r_a+r_c}+\frac{m_c^2}{r_a+r_b}=\frac{r^2}{4R}\left[4\left(\frac{R}{r}\right)^2+\frac{10R}{r}-\left(\frac{4R}{r}+1\right)\left(\frac{4R+r}{p}\right)^2+\left(\frac{p}{r}\right)^2\right]$$

在$\triangle ABC$中,有格雷森不等式

$$\left(\frac{p}{r}\right)^2\geqslant\frac{16R}{r}-5$$

在$\triangle ABC$中,又有不等式

$$\frac{R}{r}+1\geqslant\left(\frac{4R+r}{p}\right)^2$$

从而

$$\frac{m_a^2}{r_b+r_c}+\frac{m_b^2}{r_a+r_c}+\frac{m_c^2}{r_a+r_b}\geqslant\frac{3r^2}{4R}\left(\frac{7R}{r}-2\right)$$

其次证明左边不等式.

由例 2.113 知

$$\frac{m_a^2}{r_b+r_c}+\frac{m_b^2}{r_a+r_c}+\frac{m_c^2}{r_a+r_b}=\frac{r^2}{4R}\left[4\left(\frac{R}{r}\right)^2+\frac{10R}{r}-\left(\frac{4R}{r}+1\right)\left(\frac{4R+r}{p}\right)^2+\left(\frac{p}{r}\right)^2\right]$$

在$\triangle ABC$中,有格雷森不等式

$$4\left(\frac{R}{r}\right)^2+\frac{4R}{r}+3\geqslant\left(\frac{p}{r}\right)^2$$

从而

$$\frac{m_a^2}{r_b+r_c}+\frac{m_b^2}{r_a+r_c}+\frac{m_c^2}{r_a+r_b}\leqslant\frac{r^2}{4R}\left[8\left(\frac{R}{r}\right)^2+\frac{14R}{r}-3\left(\frac{4R}{r}+1\right)+3\right]=\frac{r}{2}\left(\frac{4R}{r}+1\right)$$

即

$$\frac{r}{2}\left(\frac{4R}{r}+1\right)\geqslant\frac{m_a^2}{r_b+r_c}+\frac{m_b^2}{r_a+r_c}+\frac{m_c^2}{r_a+r_b}$$

综上所述,例 3.107 成立.

例 3.108 在$\triangle ABC$中,试证明

$$\frac{r}{2}\left(\frac{11R}{r}-4\right)\geqslant\frac{m_b^2+m_c^2}{r_b+r_c}+\frac{m_a^2+m_c^2}{r_a+r_c}+\frac{m_a^2+m_b^2}{r_a+r_b}\geqslant\frac{9}{2}R$$

证明 首先证明右边不等式.

由例 2.114 知

$$\frac{m_b^2+m_c^2}{r_b+r_c}+\frac{m_a^2+m_c^2}{r_a+r_c}+\frac{m_a^2+m_b^2}{r_a+r_b}=\frac{r^2}{4R}\left[20\left(\frac{R}{r}\right)^2-\frac{4R}{r}-\frac{1}{2}\left(\frac{4R}{r}+1\right)\left(\frac{4R+r}{p}\right)^2+\frac{1}{2}\left(\frac{p}{r}\right)^2\right]$$

在$\triangle ABC$中,有格雷森不等式

$$\left(\frac{p}{r}\right)^2\geqslant\frac{16R}{r}-5$$

在$\triangle ABC$中,又有不等式

$$\frac{R}{r}+1\geqslant\left(\frac{4R+r}{p}\right)^2$$

从而

$$\frac{m_b^2+m_c^2}{r_b+r_c}+\frac{m_a^2+m_c^2}{r_a+r_c}+\frac{m_a^2+m_b^2}{r_a+r_b}\geqslant\frac{r^2}{4R}\left[20\left(\frac{R}{r}\right)^2-\frac{4R}{r}-\frac{1}{2}\left(\frac{4R}{r}+1\right)\left(\frac{R}{r}+1\right)+\frac{1}{2}\left(\frac{16R}{r}-5\right)\right]=$$

$$\frac{r^2}{4R}\left[18\left(\frac{R}{r}\right)^2+\frac{3R}{2r}-3\right]\geqslant\frac{9}{2}R$$

即

$$\frac{m_b^2+m_c^2}{r_b+r_c}+\frac{m_a^2+m_c^2}{r_a+r_c}+\frac{m_a^2+m_b^2}{r_a+r_b}\geqslant\frac{9}{2}R$$

其次证明左边不等式.

由例 2.114 知

$$\frac{m_b^2+m_c^2}{r_b+r_c}+\frac{m_a^2+m_c^2}{r_a+r_c}+\frac{m_a^2+m_b^2}{r_a+r_b}=\frac{r^2}{4R}\left[20\left(\frac{R}{r}\right)^2-\frac{4R}{r}-\frac{1}{2}\left(\frac{4R}{r}+1\right)\left(\frac{4R+r}{p}\right)^2+\frac{1}{2}\left(\frac{p}{r}\right)^2\right]$$

在△ABC 中,有格雷森不等式

$$4\left(\frac{R}{r}\right)^2+\frac{4R}{r}+3\geqslant\left(\frac{p}{r}\right)^2$$

在△ABC 中,又有不等式

$$\left(\frac{4R+r}{p}\right)^2\geqslant 3$$

从而

$$\frac{m_b^2+m_c^2}{r_b+r_c}+\frac{m_a^2+m_c^2}{r_a+r_c}+\frac{m_a^2+m_b^2}{r_a+r_b}\leqslant$$
$$\frac{r^2}{4R}\left\{20\left(\frac{R}{r}\right)^2-\frac{4R}{r}-\frac{3}{2}\left(\frac{4R}{r}+1\right)+\frac{1}{2}\left[4\left(\frac{R}{r}\right)^2+\frac{4R}{r}+3\right]\right\}=$$
$$\frac{r}{2}\left(\frac{11R}{r}-4\right)$$

即

$$\frac{r}{2}\left(\frac{11R}{r}-4\right)\geqslant\frac{m_b^2+m_c^2}{r_b+r_c}+\frac{m_a^2+m_c^2}{r_a+r_c}+\frac{m_a^2+m_b^2}{r_a+r_b}$$

综上所述,例 3.108 成立.

例 3.109　在△ABC 中,试证明

$$\frac{r}{2}\left(\frac{19R}{r}-2\right)\geqslant(m_b^2+m_c^2)\left(\frac{1}{r_a+r_c}+\frac{1}{r_a+r_b}\right)+(m_a^2+m_c^2)\left(\frac{1}{r_b+r_c}+\frac{1}{r_a+r_b}\right)+$$
$$(m_a^2+m_b^2)\left(\frac{1}{r_b+r_c}+\frac{1}{r_a+r_c}\right)\geqslant$$
$$\frac{9r}{2}\left(\frac{R}{r}+2\right)$$

证明　首先证明右边不等式.

由例 2.115 知

$$(m_b^2+m_c^2)\left(\frac{1}{r_a+r_c}+\frac{1}{r_a+r_b}\right)+(m_a^2+m_c^2)\left(\frac{1}{r_b+r_c}+\frac{1}{r_a+r_b}\right)+$$
$$(m_a^2+m_b^2)\left(\frac{1}{r_b+r_c}+\frac{1}{r_a+r_c}\right)=$$
$$\frac{r^2}{4R}\left[28\left(\frac{R}{r}\right)^2+\frac{16R}{r}-\frac{5}{2}\left(\frac{4R}{r}+1\right)\left(\frac{4R+r}{p}\right)^2+\frac{5}{2}\left(\frac{p}{r}\right)^2\right]$$

在△ABC 中,有格雷森不等式

$$\left(\frac{p}{r}\right)^2\geqslant\frac{16R}{r}-5$$

在$\triangle ABC$中,又有不等式

$$\frac{R}{r}+1\geqslant\left(\frac{4R+r}{p}\right)^2$$

从而

$$(m_b^2+m_c^2)\left(\frac{1}{r_a+r_c}+\frac{1}{r_a+r_b}\right)+(m_a^2+m_c^2)\left(\frac{1}{r_b+r_c}+\frac{1}{r_a+r_b}\right)+(m_a^2+m_b^2)\left(\frac{1}{r_b+r_c}+\frac{1}{r_a+r_c}\right)\geqslant$$

$$\frac{r^2}{4R}\left[28\left(\frac{R}{r}\right)^2+\frac{16R}{r}-\frac{5}{2}\left(\frac{4R}{r}+1\right)\left(\frac{R}{r}+1\right)+\frac{5}{2}\left(\frac{16R}{r}-5\right)\right]=$$

$$\frac{r^2}{4R}\left[18\left(\frac{R}{r}\right)^2+\frac{87R}{2r}-15\right]\geqslant\frac{9r}{2}\left(\frac{R}{r}+2\right)$$

即

$$(m_b^2+m_c^2)\left(\frac{1}{r_a+r_c}+\frac{1}{r_a+r_b}\right)+(m_a^2+m_c^2)\left(\frac{1}{r_b+r_c}+\frac{1}{r_a+r_b}\right)+(m_a^2+m_b^2)\left(\frac{1}{r_b+r_c}+\frac{1}{r_a+r_c}\right)\geqslant$$

$$\frac{9r}{2}\left(\frac{R}{r}+2\right)$$

其次证明左边不等式.

由例 2.115 知

$$(m_b^2+m_c^2)\left(\frac{1}{r_a+r_c}+\frac{1}{r_a+r_b}\right)+(m_a^2+m_c^2)\left(\frac{1}{r_b+r_c}+\frac{1}{r_a+r_b}\right)+(m_a^2+m_b^2)\left(\frac{1}{r_b+r_c}+\frac{1}{r_a+r_c}\right)=$$

$$\frac{r^2}{4R}\left[28\left(\frac{R}{r}\right)^2+\frac{16R}{r}-\frac{5}{2}\left(\frac{4R}{r}+1\right)\left(\frac{4R+r}{p}\right)^2+\frac{5}{2}\left(\frac{p}{r}\right)^2\right]$$

在$\triangle ABC$中,有格雷森不等式

$$4\left(\frac{R}{r}\right)^2+\frac{4R}{r}+3\geqslant\left(\frac{p}{r}\right)^2$$

在$\triangle ABC$中,有不等式

$$\left(\frac{4R+r}{p}\right)^2\geqslant 3$$

从而

$$(m_b^2+m_c^2)\left(\frac{1}{r_a+r_c}+\frac{1}{r_a+r_b}\right)+(m_a^2+m_c^2)\left(\frac{1}{r_b+r_c}+\frac{1}{r_a+r_b}\right)+(m_a^2+m_b^2)\left(\frac{1}{r_b+r_c}+\frac{1}{r_a+r_c}\right)\leqslant$$

$$\frac{r^2}{4R}\left\{28\left(\frac{R}{r}\right)^2+\frac{16R}{r}-\frac{15}{2}\left(\frac{4R}{r}+1\right)+\frac{5}{2}\left[4\left(\frac{R}{r}\right)^2+\frac{4R}{r}+3\right]\right\}=$$

$$\frac{r}{2}\left(\frac{19R}{r}-2\right)$$

即

$$\frac{r}{2}\left(\frac{19R}{r}-2\right)\geqslant(m_b^2+m_c^2)\left(\frac{1}{r_a+r_c}+\frac{1}{r_a+r_b}\right)+(m_a^2+m_c^2)\left(\frac{1}{r_b+r_c}+\frac{1}{r_a+r_b}\right)+$$

$$(m_a^2+m_b^2)\left(\frac{1}{r_b+r_c}+\frac{1}{r_a+r_c}\right)$$

综上所述,例 3.109 成立.

例 3.110　在$\triangle ABC$中,试证明

$$\frac{5R}{r}-4\geqslant\frac{m_b^2+m_c^2}{r_br_c}+\frac{m_a^2+m_c^2}{r_ar_c}+\frac{m_a^2+m_b^2}{r_ar_b}\geqslant\frac{9R}{2r}-3$$

证明　首先证明右边不等式.

由例 2.116 知

$$\frac{m_b^2+m_c^2}{r_br_c}+\frac{m_a^2+m_c^2}{r_ar_c}+\frac{m_a^2+m_b^2}{r_ar_b}=\frac{5R}{r}-\frac{5}{2}-\frac{1}{2}\left(\frac{4R+r}{p}\right)^2$$

在$\triangle ABC$中,有不等式

$$\frac{R}{r}+1\geqslant\left(\frac{4R+r}{p}\right)^2$$

从而

$$\frac{m_b^2+m_c^2}{r_br_c}+\frac{m_a^2+m_c^2}{r_ar_c}+\frac{m_a^2+m_b^2}{r_ar_b}\geqslant\frac{5R}{r}-\frac{5}{2}-\frac{1}{2}\left(\frac{R}{r}+1\right)=\frac{9R}{2r}-3$$

即

$$\frac{m_b^2+m_c^2}{r_br_c}+\frac{m_a^2+m_c^2}{r_ar_c}+\frac{m_a^2+m_b^2}{r_ar_b}\geqslant\frac{9R}{2r}-3$$

其次证明左边不等式.

由例 2.116 知

$$\frac{m_b^2+m_c^2}{r_br_c}+\frac{m_a^2+m_c^2}{r_ar_c}+\frac{m_a^2+m_b^2}{r_ar_b}=\frac{5R}{r}-\frac{5}{2}-\frac{1}{2}\left(\frac{4R+r}{p}\right)^2$$

在$\triangle ABC$中,有不等式

$$\left(\frac{4R+r}{p}\right)^2\geqslant 3$$

从而

$$\frac{5R}{r}-4\geqslant\frac{m_b^2+m_c^2}{r_br_c}+\frac{m_a^2+m_c^2}{r_ar_c}+\frac{m_a^2+m_b^2}{r_ar_b}$$

综上所述,例 3.110 成立.

例 3.111　在$\triangle ABC$中,试证明

$$\frac{7R}{r}-2\geqslant(m_b^2+m_c^2)\left(\frac{1}{r_ar_c}+\frac{1}{r_ar_b}\right)+(m_a^2+m_c^2)\left(\frac{1}{r_br_c}+\frac{1}{r_ar_b}\right)+(m_a^2+m_b^2)\left(\frac{1}{r_br_c}+\frac{1}{r_ar_c}\right)\geqslant\frac{9R}{2r}+3$$

证明　首先证明右边不等式.

由例 2.117 知

$$(m_b^2+m_c^2)\left(\frac{1}{r_ar_c}+\frac{1}{r_ar_b}\right)+(m_a^2+m_c^2)\left(\frac{1}{r_br_c}+\frac{1}{r_ar_b}\right)+(m_a^2+m_b^2)\left(\frac{1}{r_br_c}+\frac{1}{r_ar_c}\right)=$$
$$\frac{7R}{r}+\frac{11}{2}-\frac{5}{2}\left(\frac{4R+r}{p}\right)^2$$

在$\triangle ABC$中，有不等式

$$\frac{R}{r}+1\geqslant\left(\frac{4R+r}{p}\right)^2$$

从而

$$(m_b^2+m_c^2)\left(\frac{1}{r_ar_c}+\frac{1}{r_ar_b}\right)+(m_a^2+m_c^2)\left(\frac{1}{r_br_c}+\frac{1}{r_ar_b}\right)+(m_a^2+m_b^2)\left(\frac{1}{r_br_c}+\frac{1}{r_ar_c}\right)\geqslant\frac{9R}{2r}+3$$

其次证明左边不等式.

由例2.117知

$$(m_b^2+m_c^2)\left(\frac{1}{r_ar_c}+\frac{1}{r_ar_b}\right)+(m_a^2+m_c^2)\left(\frac{1}{r_br_c}+\frac{1}{r_ar_b}\right)+(m_a^2+m_b^2)\left(\frac{1}{r_br_c}+\frac{1}{r_ar_c}\right)=$$
$$\frac{7R}{r}+\frac{11}{2}-\frac{5}{2}\left(\frac{4R+r}{p}\right)^2$$

在$\triangle ABC$中，有不等式

$$\left(\frac{4R+r}{p}\right)^2\geqslant 3$$

从而

$$\frac{7R}{r}-2\geqslant(m_b^2+m_c^2)\left(\frac{1}{r_ar_c}+\frac{1}{r_ar_b}\right)+(m_a^2+m_c^2)\left(\frac{1}{r_br_c}+\frac{1}{r_ar_b}\right)+(m_a^2+m_b^2)\left(\frac{1}{r_br_c}+\frac{1}{r_ar_c}\right)$$

综上所述，例3.111成立.

例3.112 在$\triangle ABC$中，试证明

$$\Delta\left(\frac{R}{r}+1\right)\geqslant\frac{am_a^2}{r_b+r_c}+\frac{bm_b^2}{r_a+r_c}+\frac{cm_c^2}{r_a+r_b}\geqslant 3\Delta$$

证明 首先证明右边不等式.

由例2.118知

$$\frac{am_a^2}{r_b+r_c}+\frac{bm_b^2}{r_a+r_c}+\frac{cm_c^2}{r_a+r_b}=\Delta\left[\frac{R}{r}+4-\left(\frac{4R+r}{p}\right)^2\right]$$

在$\triangle ABC$中，有不等式

$$\frac{R}{r}+1\geqslant\left(\frac{4R+r}{p}\right)^2$$

从而

$$\frac{am_a^2}{r_b+r_c}+\frac{bm_b^2}{r_a+r_c}+\frac{cm_c^2}{r_a+r_b}\geqslant 3\Delta$$

其次证明左边不等式

由例 2.118 知

$$\frac{am_a^2}{r_b+r_c}+\frac{bm_b^2}{r_a+r_c}+\frac{cm_c^2}{r_a+r_b}=\Delta\left[\frac{R}{r}+4-\left(\frac{4R+r}{p}\right)^2\right]$$

在 $\triangle ABC$ 中,有不等式

$$\left(\frac{4R+r}{p}\right)^2\geqslant 3$$

从而

$$\Delta\left(\frac{R}{r}+1\right)\geqslant\frac{am_a^2}{r_b+r_c}+\frac{bm_b^2}{r_a+r_c}+\frac{cm_c^2}{r_a+r_b}$$

综上所述,例 3.112 成立.

例 3.113 在 $\triangle ABC$ 中,试证明

$$\Delta\left(\frac{5R}{r}-4\right)\geqslant\frac{am_a^2}{r_a}+\frac{bm_b^2}{r_b}+\frac{cm_c^2}{r_c}\geqslant\Delta\left(\frac{9R}{2r}-3\right)$$

证明 首先证明右边不等式.

由例 2.119 知

$$\frac{am_a^2}{r_a}+\frac{bm_b^2}{r_b}+\frac{cm_c^2}{r_c}=\Delta\left[\frac{5R}{r}-\frac{5}{2}-\frac{1}{2}\left(\frac{4R+r}{p}\right)^2\right]$$

在 $\triangle ABC$ 中,有不等式

$$\frac{R}{r}+1\geqslant\left(\frac{4R+r}{p}\right)^2$$

从而

$$\frac{am_a^2}{r_a}+\frac{bm_b^2}{r_b}+\frac{cm_c^2}{r_c}\geqslant\Delta\left(\frac{9R}{2r}-3\right)$$

其次证明左边不等式.

由例 2.119 知

$$\frac{am_a^2}{r_a}+\frac{bm_b^2}{r_b}+\frac{cm_c^2}{r_c}=\Delta\left[\frac{5R}{r}-\frac{5}{2}-\frac{1}{2}\left(\frac{4R+r}{p}\right)^2\right]$$

在 $\triangle ABC$ 中,有不等式

$$\left(\frac{4R+r}{p}\right)^2\geqslant 3$$

从而

$$\Delta\left(\frac{5R}{r}-4\right)\geqslant\frac{am_a^2}{r_a}+\frac{bm_b^2}{r_b}+\frac{cm_c^2}{r_c}$$

综上所述,例 3.113 成立.

例 3.114 在 $\triangle ABC$ 中,试证明

$$\frac{\Delta}{2}\left(\frac{4R}{r}+1\right)\geqslant\frac{r_am_a^2}{a}+\frac{r_bm_b^2}{b}+\frac{r_cm_c^2}{c}\geqslant\Delta\left(\frac{21}{4}-\frac{3r}{2R}\right)$$

证明 首先证明右边不等式.

由例 2.120 知

$$\frac{r_am_a^2}{a}+\frac{r_bm_b^2}{b}+\frac{r_cm_c^2}{c}=\frac{r}{4R}\cdot\Delta\left[4\left(\frac{R}{r}\right)^2+\frac{10R}{r}+\left(\frac{p}{r}\right)^2-\left(\frac{4R}{r}+1\right)\left(\frac{4R+r}{p}\right)^2\right]$$

在$\triangle ABC$中,有不等式

$$\frac{R}{r}+1\geqslant\left(\frac{4R+r}{p}\right)^2$$

在$\triangle ABC$中,有格雷森不等式

$$\left(\frac{p}{r}\right)^2\geqslant\frac{16R}{r}-5$$

从而

$$\frac{r_am_a^2}{a}+\frac{r_bm_b^2}{b}+\frac{r_cm_c^2}{c}\geqslant\frac{r}{4R}\cdot\Delta\left[4\left(\frac{R}{r}\right)^2+\frac{26R}{r}-5-\left(\frac{4R}{r}+1\right)\left(\frac{4R+r}{p}\right)^2\right]=$$

$$\frac{r}{4R}\cdot\Delta\left(\frac{21R}{r}-6\right)\geqslant\Delta\left(\frac{21}{4}-\frac{3r}{2R}\right)$$

即

$$\frac{r_am_a^2}{a}+\frac{r_bm_b^2}{b}+\frac{r_cm_c^2}{c}\geqslant\Delta\left(\frac{21}{4}-\frac{3r}{2R}\right)$$

其次证明左边不等式.

由例 2.120 知

$$\frac{r_am_a^2}{a}+\frac{r_bm_b^2}{b}+\frac{r_cm_c^2}{c}=\frac{r}{4R}\cdot\Delta\left[4\left(\frac{R}{r}\right)^2+\frac{10R}{r}+\left(\frac{p}{r}\right)^2-\left(\frac{4R}{r}+1\right)\left(\frac{4R+r}{p}\right)^2\right]$$

在$\triangle ABC$中,有不等式

$$\left(\frac{4R+r}{p}\right)^2\geqslant3$$

在$\triangle ABC$中,有格雷森不等式

$$4\left(\frac{R}{r}\right)^2+\frac{4R}{r}+3\geqslant\left(\frac{p}{r}\right)^2$$

从而

$$\frac{\Delta}{2}\left(\frac{4R}{r}+1\right)\geqslant\frac{r_am_a^2}{a}+\frac{r_bm_b^2}{b}+\frac{r_cm_c^2}{c}$$

综上所述,例 3.114 成立.

例 3.115 在$\triangle ABC$中,试证明

$$\frac{p}{2}\left(\frac{2R}{r}-1\right)\geqslant\frac{m_a^2}{a}+\frac{m_b^2}{b}+\frac{m_c^2}{c}\geqslant\frac{3}{4}p\left(3-\frac{2r}{R}\right)$$

证明 首先证明右边不等式.

由例 2.121 知

$$\frac{m_a^2}{a}+\frac{m_b^2}{b}+\frac{m_c^2}{c}=\frac{r}{4R}p\left[\left(\frac{p}{r}\right)^2-\left(\frac{4R+r}{p}\right)^2-\frac{6R}{r}\right]$$

在△ABC 中,有不等式

$$\frac{R}{r}+1\geqslant\left(\frac{4R+r}{p}\right)^2$$

在△ABC 中,有格雷森不等式

$$\left(\frac{p}{r}\right)^2\geqslant\frac{16R}{r}-5$$

从而

$$\frac{m_a^2}{a}+\frac{m_b^2}{b}+\frac{m_c^2}{c}\geqslant\frac{3}{4}p\left(3-\frac{2r}{R}\right)$$

其次证明左边不等式.

由例 2.121 知

$$\frac{m_a^2}{a}+\frac{m_b^2}{b}+\frac{m_c^2}{c}=\frac{r}{4R}p\left[\left(\frac{p}{r}\right)^2-\left(\frac{4R+r}{p}\right)^2-\frac{6R}{r}\right]$$

在△ABC 中,有不等式

$$\left(\frac{4R+r}{p}\right)^2\geqslant 3$$

在△ABC 中,有格雷森不等式

$$4\left(\frac{R}{r}\right)^2+\frac{4R}{r}+3\geqslant\left(\frac{p}{r}\right)^2$$

从而

$$\frac{p}{2}\left(\frac{2R}{r}-1\right)\geqslant\frac{m_a^2}{a}+\frac{m_b^2}{b}+\frac{m_c^2}{c}$$

综上所述,例 3.115 成立.

例 3.116 在△ABC 中,试证明

$$\frac{1}{2}\left(\frac{4R+r}{p}\right)\left[\frac{R}{r}(a+b+c)\left(\frac{1}{a}+\frac{1}{b}+\frac{1}{c}\right)-15\right]\geqslant\frac{m_a^2}{a\,r_a}+\frac{m_b^2}{b\,r_b}+\frac{m_c^2}{c\,r_c}\geqslant$$
$$\frac{1}{2}\left(\frac{4R+r}{p}\right)\left[2(a+b+c)\left(\frac{1}{a}+\frac{1}{b}+\frac{1}{c}\right)-15\right]$$

证明 首先证明右边不等式.

由例 2.122 知

$$\frac{m_a^2}{a\,r_a}+\frac{m_b^2}{b\,r_b}+\frac{m_c^2}{c\,r_c}=$$
$$\frac{1}{2}\cdot\frac{p}{r}\left[(a+b+c)\left(\frac{1}{a}+\frac{1}{b}+\frac{1}{c}\right)-6\right]-\frac{1}{2}\left(\frac{4R+r}{p}\right)\left[(a+b+c)\left(\frac{1}{a}+\frac{1}{b}+\frac{1}{c}\right)-3\right]$$

在△ABC 中,有不等式

$$\frac{p}{r}\geqslant 3\left(\frac{4R+r}{p}\right)$$

从而

$$\frac{m_a^2}{a\,r_a}+\frac{m_b^2}{b\,r_b}+\frac{m_c^2}{c\,r_c}\geqslant$$

$$\frac{3}{2}\left(\frac{4R+r}{p}\right)\left[(a+b+c)\left(\frac{1}{a}+\frac{1}{b}+\frac{1}{c}\right)-6\right]-\frac{1}{2}\left(\frac{4R+r}{p}\right)\left[(a+b+c)\left(\frac{1}{a}+\frac{1}{b}+\frac{1}{c}\right)-3\right]=$$

$$\frac{1}{2}\left(\frac{4R+r}{p}\right)\left[2(a+b+c)\left(\frac{1}{a}+\frac{1}{b}+\frac{1}{c}\right)-15\right]$$

即

$$\frac{m_a^2}{a\,r_a}+\frac{m_b^2}{b\,r_b}+\frac{m_c^2}{c\,r_c}\geqslant\frac{1}{2}\left(\frac{4R+r}{p}\right)\left[2(a+b+c)\left(\frac{1}{a}+\frac{1}{b}+\frac{1}{c}\right)-15\right]$$

其次证明左边不等式.

由例 2.122 知

$$\frac{m_a^2}{a\,r_a}+\frac{m_b^2}{b\,r_b}+\frac{m_c^2}{c\,r_c}=$$

$$\frac{1}{2}\cdot\frac{p}{r}\left[(a+b+c)\left(\frac{1}{a}+\frac{1}{b}+\frac{1}{c}\right)-6\right]-\frac{1}{2}\left(\frac{4R+r}{p}\right)\left[(a+b+c)\left(\frac{1}{a}+\frac{1}{b}+\frac{1}{c}\right)-3\right]$$

在$\triangle ABC$中,有不等式

$$\left(\frac{R}{r}+1\right)\left(\frac{4R+r}{p}\right)\geqslant\frac{p}{r}$$

从而

$$\frac{1}{2}\left(\frac{4R+r}{p}\right)\left[\frac{R}{r}(a+b+c)\left(\frac{1}{a}+\frac{1}{b}+\frac{1}{c}\right)-15\right]\geqslant$$

$$\frac{1}{2}\left(\frac{4R+r}{p}\right)\left[\frac{R}{r}(a+b+c)\left(\frac{1}{a}+\frac{1}{b}+\frac{1}{c}\right)-3\left(\frac{2R}{r}+1\right)\right]\geqslant$$

$$\frac{m_a^2}{a\,r_a}+\frac{m_b^2}{b\,r_b}+\frac{m_c^2}{c\,r_c}$$

即

$$\frac{1}{2}\left(\frac{4R+r}{p}\right)\left[\frac{R}{r}(a+b+c)\left(\frac{1}{a}+\frac{1}{b}+\frac{1}{c}\right)-15\right]\geqslant\frac{m_a^2}{a\,r_a}+\frac{m_b^2}{b\,r_b}+\frac{m_c^2}{c\,r_c}$$

综上所述,例 3.116 成立.

例 3.117 在$\triangle ABC$中,试证明

$$8Rr\left(\frac{2R}{r}-1\right)\geqslant\frac{a^4}{r_a^2}+\frac{b^4}{r_b^2}+\frac{c^4}{r_c^2}\geqslant r^2\left(\frac{22R}{r}+4\right)$$

证明 首先证明右边不等式.

由例 2.123 知

$$\frac{a^4}{r_a^2}+\frac{b^4}{r_b^2}+\frac{c^4}{r_c^2}=r^2\left[16\left(\frac{R}{r}\right)^2+\frac{40R}{r}-2\left(\frac{4R}{r}+1\right)\left(\frac{4R+r}{p}\right)^2-2\left(\frac{p}{r}\right)^2+12\right]$$

在△ABC 中,有不等式

$$\frac{R}{r}+1\geqslant\left(\frac{4R+r}{p}\right)^2$$

在△ABC 中,有格雷森不等式

$$4\left(\frac{R}{r}\right)^2+\frac{4R}{r}+3\geqslant\left(\frac{p}{r}\right)^2$$

从而

$$\frac{a^4}{r_a^2}+\frac{b^4}{r_b^2}+\frac{c^4}{r_c^2}\geqslant r^2\left[8\left(\frac{R}{r}\right)^2+\frac{32R}{r}-2\left(\frac{4R}{r}+1\right)\left(\frac{R}{r}+1\right)+6\right]=r^2\left(\frac{22R}{r}+4\right)$$

即

$$\frac{a^4}{r_a^2}+\frac{b^4}{r_b^2}+\frac{c^4}{r_c^2}\geqslant r^2\left(\frac{22R}{r}+4\right)$$

其次证明左边不等式.

由例 2.123 知

$$\frac{a^4}{r_a^2}+\frac{b^4}{r_b^2}+\frac{c^4}{r_c^2}=r^2\left[16\left(\frac{R}{r}\right)^2+\frac{40R}{r}-2\left(\frac{4R}{r}+1\right)\left(\frac{4R+r}{p}\right)^2-2\left(\frac{p}{r}\right)^2+12\right]$$

在△ABC 中,有不等式

$$\left(\frac{4R+r}{p}\right)^2\geqslant 3$$

在△ABC 中,有格雷森不等式

$$\left(\frac{p}{r}\right)^2\geqslant\frac{16R}{r}-5$$

从而

$$\frac{a^4}{r_a^2}+\frac{b^4}{r_b^2}+\frac{c^4}{r_c^2}\leqslant r^2\left[16\left(\frac{R}{r}\right)^2+\frac{40R}{r}-6\left(\frac{4R}{r}+1\right)-2\left(\frac{16R}{r}-5\right)+12\right]=$$

$$r^2\left[16\left(\frac{R}{r}\right)^2-\frac{16R}{r}+16\right]\leqslant 8Rr\left(\frac{2R}{r}-1\right)$$

即

$$8Rr\left(\frac{2R}{r}-1\right)\geqslant\frac{a^4}{r_a^2}+\frac{b^4}{r_b^2}+\frac{c^4}{r_c^2}$$

综上所述,例 3.117 成立.

例 3.118　在△ABC 中,试证明

$$r^2\left[32\left(\frac{R}{r}\right)^4+64\left(\frac{R}{r}\right)^3-288\left(\frac{R}{r}\right)^2+\frac{64R}{r}+96\right]\geqslant\frac{b^4+c^4}{r_a^2}+\frac{a^4+c^4}{r_b^2}+\frac{b^4+a^4}{r_c^2}\geqslant$$

$$r^2\left[-128\left(\frac{R}{r}\right)^3+464\left(\frac{R}{r}\right)^2-\frac{378R}{r}+20\right]$$

证明 首先证明右边不等式.

由例 2.124 知

$$\frac{b^4+c^4}{r_a^2}+\frac{a^4+c^4}{r_b^2}+\frac{b^4+a^4}{r_c^2}=$$

$$r^2\left\{144\left(\frac{R}{r}\right)^2+\frac{104R}{r}-2\left(\frac{4R}{r}+1\right)\left(\frac{4R+r}{p}\right)^2+\left(\frac{p}{r}\right)^2\left[2\left(\frac{p}{r}\right)^2-\frac{32R}{r}-14\right]+14\right\}$$

在$\triangle ABC$中,有不等式

$$\frac{R}{r}+1\geqslant\left(\frac{4R+r}{p}\right)^2$$

在$\triangle ABC$中,有格雷森不等式

$$4\left(\frac{R}{r}\right)^2+\frac{4R}{r}+3\geqslant\left(\frac{p}{r}\right)^2\geqslant\frac{16R}{r}-5$$

从而

$$\frac{b^4+c^4}{r_a^2}+\frac{a^4+c^4}{r_b^2}+\frac{b^4+a^4}{r_c^2}\geqslant$$

$$r^2\left\{144\left(\frac{R}{r}\right)^2+\frac{104R}{r}-2\left(\frac{4R}{r}+1\right)\left(\frac{R}{r}+1\right)+2\left(\frac{16R}{r}-5\right)^2-\right.$$

$$\left.\left(\frac{32R}{r}+14\right)\left[4\left(\frac{R}{r}\right)^2+\frac{4R}{r}+3\right]+14\right\}=$$

$$r^2\left[-128\left(\frac{R}{r}\right)^3+464\left(\frac{R}{r}\right)^2-\frac{378R}{r}+20\right]$$

即

$$\frac{b^4+c^4}{r_a^2}+\frac{a^4+c^4}{r_b^2}+\frac{b^4+a^4}{r_c^2}\geqslant r^2\left[-128\left(\frac{R}{r}\right)^3+464\left(\frac{R}{r}\right)^2-\frac{378R}{r}+20\right]$$

再次证明左边不等式.

由例 2.124 知

$$\frac{b^4+c^4}{r_a^2}+\frac{a^4+c^4}{r_b^2}+\frac{b^4+a^4}{r_c^2}=$$

$$r^2\left\{144\left(\frac{R}{r}\right)^2+\frac{104R}{r}-2\left(\frac{4R}{r}+1\right)\left(\frac{4R+r}{p}\right)^2+\left(\frac{p}{r}\right)^2\left[2\left(\frac{p}{r}\right)^2-\frac{32R}{r}-14\right]+14\right\}$$

在$\triangle ABC$中,有不等式

$$\left(\frac{4R+r}{p}\right)^2\geqslant 3$$

在$\triangle ABC$中,有格雷森不等式

$$4\left(\frac{R}{r}\right)^2+\frac{4R}{r}+3\geqslant\left(\frac{p}{r}\right)^2\geqslant\frac{16R}{r}-5$$

从而

$$\frac{b^4+c^4}{r_a^2}+\frac{a^4+c^4}{r_b^2}+\frac{b^4+a^4}{r_c^2}\leqslant$$

$$r^2\left\{144\left(\frac{R}{r}\right)^2+\frac{104R}{r}-6\left(\frac{4R}{r}+1\right)+2\left[4\left(\frac{R}{r}\right)^2+\frac{4R}{r}+3\right]^2-\left(\frac{32R}{r}+14\right)\left(\frac{16R}{r}-5\right)+14\right\}\leqslant$$

$$r^2\left[32\left(\frac{R}{r}\right)^4+64\left(\frac{R}{r}\right)^3-288\left(\frac{R}{r}\right)^2+\frac{64R}{r}+96\right]$$

即

$$r^2\left[32\left(\frac{R}{r}\right)^4+64\left(\frac{R}{r}\right)^3-288\left(\frac{R}{r}\right)^2+\frac{64R}{r}+96\right]\geqslant\frac{b^4+c^4}{r_a^2}+\frac{a^4+c^4}{r_b^2}+\frac{b^4+a^4}{r_c^2}$$

综上所述，例 3.118 成立.

例 3.119　在△ABC 中，试证明

$$r^2\left[32\left(\frac{R}{r}\right)^4+64\left(\frac{R}{r}\right)^3-256\left(\frac{R}{r}\right)^2+\frac{32R}{r}+128\right]\geqslant$$

$$(b^4+c^4)\left(\frac{1}{r_b^2}+\frac{1}{r_c^2}\right)+(a^4+c^4)\left(\frac{1}{r_a^2}+\frac{1}{r_c^2}\right)+(a^4+b^4)\left(\frac{1}{r_a^2}+\frac{1}{r_b^2}\right)\geqslant$$

$$r^2\left[-128\left(\frac{R}{r}\right)^3+464\left(\frac{R}{r}\right)^2-\frac{334R}{r}+28\right]$$

证明　首先证明右边不等式.

由例 2.125 知

$$(b^4+c^4)\left(\frac{1}{r_b^2}+\frac{1}{r_c^2}\right)+(a^4+c^4)\left(\frac{1}{r_a^2}+\frac{1}{r_c^2}\right)+(a^4+b^4)\left(\frac{1}{r_a^2}+\frac{1}{r_b^2}\right)=$$

$$r^2\left\{176\left(\frac{R}{r}\right)^2+\frac{184R}{r}-6\left(\frac{4R}{r}+1\right)\left(\frac{4R+r}{p}\right)^2+\left(\frac{p}{r}\right)^2\left[2\left(\frac{p}{r}\right)^2-\frac{32R}{r}-18\right]+38\right\}$$

在△ABC 中，有不等式

$$\frac{R}{r}+1\geqslant\left(\frac{4R+r}{p}\right)^2$$

在△ABC 中，有格雷森不等式

$$4\left(\frac{R}{r}\right)^2+\frac{4R}{r}+3\geqslant\left(\frac{p}{r}\right)^2\geqslant\frac{16R}{r}-5$$

从而

$$(b^4+c^4)\left(\frac{1}{r_b^2}+\frac{1}{r_c^2}\right)+(a^4+c^4)\left(\frac{1}{r_a^2}+\frac{1}{r_c^2}\right)+(a^4+b^4)\left(\frac{1}{r_a^2}+\frac{1}{r_b^2}\right)\geqslant$$

$$r^2\left\{176\left(\frac{R}{r}\right)^2+\frac{184R}{r}-6\left(\frac{4R}{r}+1\right)\left(\frac{R}{r}+1\right)+2\left(\frac{16R}{r}-5\right)^2-\left(\frac{32R}{r}+18\right)\left[4\left(\frac{R}{r}\right)^2+\frac{4R}{r}+3\right]+38\right\}=$$

$$r^2\left[-128\left(\frac{R}{r}\right)^3+464\left(\frac{R}{r}\right)^2-\frac{334R}{r}+28\right]$$

即

$$(b^4+c^4)\left(\frac{1}{r_b^2}+\frac{1}{r_c^2}\right)+(a^4+c^4)\left(\frac{1}{r_a^2}+\frac{1}{r_c^2}\right)+(a^4+b^4)\left(\frac{1}{r_a^2}+\frac{1}{r_b^2}\right)\geqslant$$

$$r^2\left[-128\left(\frac{R}{r}\right)^3+464\left(\frac{R}{r}\right)^2-\frac{334R}{r}+28\right]$$

其次证明左边不等式.

由例 2.125 知

$$(b^4+c^4)\left(\frac{1}{r_b^2}+\frac{1}{r_c^2}\right)+(a^4+c^4)\left(\frac{1}{r_a^2}+\frac{1}{r_c^2}\right)+(a^4+b^4)\left(\frac{1}{r_a^2}+\frac{1}{r_b^2}\right)=$$

$$r^2\left\{176\left(\frac{R}{r}\right)^2+\frac{184R}{r}-6\left(\frac{4R}{r}+1\right)\left(\frac{4R+r}{p}\right)^2+\left(\frac{p}{r}\right)^2\left[2\left(\frac{p}{r}\right)^2-\frac{32R}{r}-18\right]+38\right\}$$

在△ABC 中,有不等式

$$\left(\frac{4R+r}{p}\right)^2\geqslant 3$$

在△ABC 中,有格雷森不等式

$$4\left(\frac{R}{r}\right)^2+\frac{4R}{r}+3\geqslant\left(\frac{p}{r}\right)^2\geqslant\frac{16R}{r}-5$$

从而

$$(b^4+c^4)\left(\frac{1}{r_b^2}+\frac{1}{r_c^2}\right)+(a^4+c^4)\left(\frac{1}{r_a^2}+\frac{1}{r_c^2}\right)+(a^4+b^4)\left(\frac{1}{r_a^2}+\frac{1}{r_b^2}\right)\leqslant$$

$$r^2\left\{176\left(\frac{R}{r}\right)^2+\frac{184R}{r}-18\left(\frac{4R}{r}+1\right)+2\left[4\left(\frac{R}{r}\right)^2+\frac{4R}{r}+3\right]^2-\left(\frac{32R}{r}+18\right)\left(\frac{16R}{r}-5\right)+38\right\}\leqslant$$

$$r^2\left[32\left(\frac{R}{r}\right)^4+64\left(\frac{R}{r}\right)^3-256\left(\frac{R}{r}\right)^2+\frac{32R}{r}+128\right]$$

即

$$r^2\left[32\left(\frac{R}{r}\right)^4+64\left(\frac{R}{r}\right)^3-256\left(\frac{R}{r}\right)^2+\frac{32R}{r}+128\right]\geqslant$$

$$(b^4+c^4)\left(\frac{1}{r_b^2}+\frac{1}{r_c^2}\right)+(a^4+c^4)\left(\frac{1}{r_a^2}+\frac{1}{r_c^2}\right)+(a^4+b^4)\left(\frac{1}{r_a^2}+\frac{1}{r_b^2}\right)$$

综上所述,例 3.119 成立.

例 3.120 在△ABC 中,试证明

$$\left(\frac{R}{r}\right)^2-\frac{7}{4}\geqslant\frac{m_a^2}{a^2}+\frac{m_b^2}{b^2}+\frac{m_c^2}{c^2}\geqslant\frac{15}{4}-\frac{3r}{R}$$

证明 首先证明右边不等式.

由例 2.126 知

$$\frac{m_a^2}{a^2}+\frac{m_b^2}{b^2}+\frac{m_c^2}{c^2}=\frac{r^2}{16R^2}\left[\left(\frac{p}{r}\right)^2-\left(\frac{4R}{r}+1\right)\right]\left[\left(\frac{p}{r}\right)^2+\left(\frac{4R+r}{p}\right)^2-\frac{8R}{r}+2\right]-\frac{9}{4}$$

在△ABC 中,有不等式

$$\left(\frac{4R+r}{p}\right)^2\geqslant 3$$

在$\triangle ABC$中，有格雷森不等式

$$\left(\frac{p}{r}\right)^2\geqslant\frac{16R}{r}-5$$

从而

$$\frac{m_a^2}{a^2}+\frac{m_b^2}{b^2}+\frac{m_c^2}{c^2}\geqslant\frac{15}{4}-\frac{3r}{R}$$

其次证明左边不等式.

由例 2.126 知

$$\frac{m_a^2}{a^2}+\frac{m_b^2}{b^2}+\frac{m_c^2}{c^2}=\frac{r^2}{16R^2}\left[\left(\frac{p}{r}\right)^2-\left(\frac{4R}{r}+1\right)\right]\left[\left(\frac{p}{r}\right)^2+\left(\frac{4R+r}{p}\right)^2-\frac{8R}{r}+2\right]-\frac{9}{4}$$

在$\triangle ABC$中，有不等式

$$\frac{R}{r}+1\geqslant\left(\frac{4R+r}{p}\right)^2$$

在$\triangle ABC$中，有格雷森不等式

$$4\left(\frac{R}{r}\right)^2+\frac{4R}{r}+3\geqslant\left(\frac{p}{r}\right)^2$$

从而

$$\frac{m_a^2}{a^2}+\frac{m_b^2}{b^2}+\frac{m_c^2}{c^2}\leqslant\frac{r^2}{16R^2}\left[4\left(\frac{R}{r}\right)^2+2\right]\left[4\left(\frac{R}{r}\right)^2-\frac{3R}{r}+6\right]-\frac{9}{4}\leqslant\left(\frac{R}{r}\right)^2-\frac{7}{4}$$

即

$$\left(\frac{R}{r}\right)^2-\frac{7}{4}\geqslant\frac{m_a^2}{a^2}+\frac{m_b^2}{b^2}+\frac{m_c^2}{c^2}$$

综上所述，例 3.120 成立.

例 3.121　在$\triangle ABC$中，试证明

$$20R^2-20Rr-4r^2\geqslant\frac{a^2m_a^2}{r_a^2}+\frac{b^2m_b^2}{r_b^2}+\frac{c^2m_c^2}{r_c^2}\geqslant 9R^2$$

证明　首先证明右边不等式.

由例 2.128 知

$$\frac{a^2m_a^2}{r_a^2}+\frac{b^2m_b^2}{r_b^2}+\frac{c^2m_c^2}{r_c^2}=r^2\left[20\left(\frac{R}{r}\right)^2-\frac{6R}{r}-\frac{1}{2}\left(\frac{4R}{r}+1\right)\left(\frac{4R+r}{p}\right)^2-\frac{1}{2}\left(\frac{p}{r}\right)^2-5\right]$$

在$\triangle ABC$中，有不等式

$$\frac{R}{r}+1\geqslant\left(\frac{4R+r}{p}\right)^2$$

在$\triangle ABC$中，有格雷森不等式

$$4\left(\frac{R}{r}\right)^2+\frac{4R}{r}+3\geqslant\left(\frac{p}{r}\right)^2$$

从而

$$\frac{a^2m_a^2}{r_a^2}+\frac{b^2m_b^2}{r_b^2}+\frac{c^2m_c^2}{r_c^2}\geqslant$$

$$r^2\left\{20\left(\frac{R}{r}\right)^2-\frac{6R}{r}-\frac{1}{2}\left(\frac{4R}{r}+1\right)\left(\frac{R}{r}+1\right)-\frac{1}{2}\left[4\left(\frac{R}{r}\right)^2+\frac{4R}{r}+3\right]-5\right\}=$$

$$r^2\left[16\left(\frac{R}{r}\right)^2-\frac{21R}{2r}-7\right]\geqslant 9R^2$$

即

$$\frac{a^2m_a^2}{r_a^2}+\frac{b^2m_b^2}{r_b^2}+\frac{c^2m_c^2}{r_c^2}\geqslant 9R^2$$

其次证明左边不等式.

由例 2.128 知

$$\frac{a^2m_a^2}{r_a^2}+\frac{b^2m_b^2}{r_b^2}+\frac{c^2m_c^2}{r_c^2}=r^2\left[20\left(\frac{R}{r}\right)^2-\frac{6R}{r}-\frac{1}{2}\left(\frac{4R}{r}+1\right)\left(\frac{4R+r}{p}\right)^2-\frac{1}{2}\left(\frac{p}{r}\right)^2-5\right]$$

在$\triangle ABC$中,有不等式

$$\left(\frac{4R+r}{p}\right)^2\geqslant 3$$

在$\triangle ABC$中,有格雷森不等式

$$\left(\frac{p}{r}\right)^2\geqslant\frac{16R}{r}-5$$

从而

$$\frac{a^2m_a^2}{r_a^2}+\frac{b^2m_b^2}{r_b^2}+\frac{c^2m_c^2}{r_c^2}\leqslant$$

$$r^2\left[20\left(\frac{R}{r}\right)^2-\frac{6R}{r}-\frac{3}{2}\left(\frac{4R}{r}+1\right)-\frac{1}{2}\left(\frac{16R}{r}-5\right)-5\right]=$$

$$20R^2-20Rr-4r^2$$

即

$$20R^2-20Rr-4r^2\geqslant\frac{a^2m_a^2}{r_a^2}+\frac{b^2m_b^2}{r_b^2}+\frac{c^2m_c^2}{r_c^2}$$

综上所述,例 3.121 成立.

例 3.122 在$\triangle ABC$中,试证明

$$r^3\left[4\left(\frac{R}{r}\right)^3-2\left(\frac{R}{r}\right)^2+\frac{11R}{r}+8\right]\geqslant\frac{a^2m_a^2}{r_b+r_c}+\frac{b^2m_b^2}{r_a+r_c}+\frac{c^2m_c^2}{r_a+r_b}\geqslant r^3\left(\frac{33R}{r}-12\right)$$

证明 首先证明右边不等式.

由例 2.129 知

$$\frac{a^2m_a^2}{r_b+r_c}+\frac{b^2m_b^2}{r_a+r_c}+\frac{c^2m_c^2}{r_a+r_b}=r^3\left[\left(\frac{p}{r}\right)^2\left(\frac{R}{r}+\frac{5}{2}\right)-16\left(\frac{R}{r}\right)^2-\frac{2R}{r}+\frac{1}{2}\right]$$

在$\triangle ABC$中，有格雷森不等式

$$\left(\frac{p}{r}\right)^2\geqslant\frac{16R}{r}-5$$

从而

$$\frac{a^2m_a^2}{r_b+r_c}+\frac{b^2m_b^2}{r_a+r_c}+\frac{c^2m_c^2}{r_a+r_b}\geqslant r^3\left[\left(\frac{16R}{r}-5\right)\left(\frac{R}{r}+\frac{5}{2}\right)-16\left(\frac{R}{r}\right)^2-\frac{2R}{r}+\frac{1}{2}\right]=r^3\left(\frac{33R}{r}-12\right)$$

即

$$\frac{a^2m_a^2}{r_b+r_c}+\frac{b^2m_b^2}{r_a+r_c}+\frac{c^2m_c^2}{r_a+r_b}\geqslant r^3\left(\frac{33R}{r}-12\right)$$

其次证明左边不等式.

由例 2.129 知

$$\frac{a^2m_a^2}{r_b+r_c}+\frac{b^2m_b^2}{r_a+r_c}+\frac{c^2m_c^2}{r_a+r_b}=r^3\left[\left(\frac{p}{r}\right)^2\left(\frac{R}{r}+\frac{5}{2}\right)-16\left(\frac{R}{r}\right)^2-\frac{2R}{r}+\frac{1}{2}\right]$$

在$\triangle ABC$中，有格雷森不等式

$$4\left(\frac{R}{r}\right)^2+\frac{4R}{r}+3\geqslant\left(\frac{p}{r}\right)^2$$

从而

$$\frac{a^2m_a^2}{r_b+r_c}+\frac{b^2m_b^2}{r_a+r_c}+\frac{c^2m_c^2}{r_a+r_b}\leqslant r^3\left\{\left[4\left(\frac{R}{r}\right)^2+\frac{4R}{r}+3\right]\left(\frac{R}{r}+\frac{5}{2}\right)-16\left(\frac{R}{r}\right)^2-\frac{2R}{r}+\frac{1}{2}\right\}=$$
$$r^3\left[4\left(\frac{R}{r}\right)^3-2\left(\frac{R}{r}\right)^2+\frac{11R}{r}+8\right]$$

即

$$r^3\left[4\left(\frac{R}{r}\right)^3-2\left(\frac{R}{r}\right)^2+\frac{11R}{r}+8\right]\geqslant\frac{a^2m_a^2}{r_b+r_c}+\frac{b^2m_b^2}{r_a+r_c}+\frac{c^2m_c^2}{r_a+r_b}$$

综上所述，例 3.122 成立.

例 3.123　在$\triangle ABC$中，试证明

$$r^3\left[4\left(\frac{R}{r}\right)^3+14\left(\frac{R}{r}\right)^2-\frac{7R}{r}+34\right]\geqslant\frac{b^2m_b^2+c^2m_c^2}{r_b+r_c}+\frac{a^2m_a^2+c^2m_c^2}{r_a+r_c}+\frac{a^2m_a^2+b^2m_b^2}{r_a+r_b}\geqslant$$
$$r^3\left[6\left(\frac{R}{r}\right)^2+\frac{39R}{r}+6\right]$$

证明　首先证明右边不等式.

由例 2.130 知

$$\frac{b^2m_b^2+c^2m_c^2}{r_b+r_c}+\frac{a^2m_a^2+c^2m_c^2}{r_a+r_c}+\frac{a^2m_a^2+b^2m_b^2}{r_a+r_b}=$$

$$\frac{r^4}{8R}\left\{\left(\frac{p}{r}\right)^2\left[\left(\frac{p}{r}\right)^2+8\left(\frac{R}{r}\right)^2-\frac{20R}{r}+11\right]+\left(\frac{4R}{r}+1\right)^2\left(\frac{4R+r}{p}\right)^2+128\left(\frac{R}{r}\right)^2+\frac{76R}{r}+11\right\}$$

在△ABC 中,有格雷森不等式

$$4\left(\frac{R}{r}\right)^2+\frac{4R}{r}+3\geqslant\left(\frac{p}{r}\right)^2\geqslant\frac{16R}{r}-5$$

在△ABC 中,有不等式

$$\frac{R}{r}+1\geqslant\left(\frac{4R+r}{p}\right)^2$$

从而

$$\frac{b^2m_b^2+c^2m_c^2}{r_b+r_c}+\frac{a^2m_a^2+c^2m_c^2}{r_a+r_c}+\frac{a^2m_a^2+b^2m_b^2}{r_a+r_b}\geqslant$$

$$\frac{r^4}{8R}\left[\left(\frac{16R}{r}-5\right)\left[8\left(\frac{R}{r}\right)^2+\frac{16R}{r}+6\right]-\frac{20R}{r}\left[4\left(\frac{R}{r}\right)^2+\frac{4R}{r}+3\right]+3\left(\frac{4R}{r}+1\right)^2+128\left(\frac{R}{r}\right)^2+\frac{76R}{r}+11\right]=$$

$$\frac{r^4}{8R}\left[48\left(\frac{R}{r}\right)^3+312\left(\frac{R}{r}\right)^2+\frac{56R}{r}-16\right]\geqslant r^3\left[6\left(\frac{R}{r}\right)^2+\frac{39R}{r}+6\right]$$

即

$$\frac{b^2m_b^2+c^2m_c^2}{r_b+r_c}+\frac{a^2m_a^2+c^2m_c^2}{r_a+r_c}+\frac{a^2m_a^2+b^2m_b^2}{r_a+r_b}\geqslant r^3\left[6\left(\frac{R}{r}\right)^2+\frac{39R}{r}+6\right]$$

其次证明左边不等式.

由例 2.130 知

$$\frac{b^2m_b^2+c^2m_c^2}{r_b+r_c}+\frac{a^2m_a^2+c^2m_c^2}{r_a+r_c}+\frac{a^2m_a^2+b^2m_b^2}{r_a+r_b}=$$

$$\frac{r^4}{8R}\left\{\left(\frac{p}{r}\right)^2\left[\left(\frac{p}{r}\right)^2+8\left(\frac{R}{r}\right)^2-\frac{20R}{r}+11\right]+\left(\frac{4R}{r}+1\right)^2\left(\frac{4R+r}{p}\right)^2+128\left(\frac{R}{r}\right)^2+\frac{76R}{r}+11\right\}$$

在△ABC 中,有格雷森不等式

$$4\left(\frac{R}{r}\right)^2+\frac{4R}{r}+3\geqslant\left(\frac{p}{r}\right)^2\geqslant\frac{16R}{r}-5$$

在△ABC 中,有不等式

$$\frac{R}{r}+1\geqslant\left(\frac{4R+r}{p}\right)^2$$

从而

$$\frac{b^2m_b^2+c^2m_c^2}{r_b+r_c}+\frac{a^2m_a^2+c^2m_c^2}{r_a+r_c}+\frac{a^2m_a^2+b^2m_b^2}{r_a+r_b}\leqslant$$

$$\frac{r^4}{8R}\left\{\left[4\left(\frac{R}{r}\right)^2+\frac{4R}{r}+3\right]\left[8\left(\frac{R}{r}\right)^2+\frac{16R}{r}+6\right]-\frac{20R}{r}\left(\frac{16R}{r}-5\right)+\left(\frac{4R}{r}+1\right)^2\left(\frac{R}{r}+1\right)+128\left(\frac{R}{r}\right)^2+\frac{76R}{r}+11\right\}=$$

$$\frac{r^4}{8R}\left[32\left(\frac{R}{r}\right)^4+112\left(\frac{R}{r}\right)^3-56\left(\frac{R}{r}\right)^2+\frac{257R}{r}+30\right]\leqslant r^3\left[4\left(\frac{R}{r}\right)^3+14\left(\frac{R}{r}\right)^2-\frac{7R}{r}+34\right]$$

即

$$r^3\left[4\left(\frac{R}{r}\right)^3+14\left(\frac{R}{r}\right)^2-\frac{7R}{r}+34\right]\geqslant\frac{b^2m_b^2+c^2m_c^2}{r_b+r_c}+\frac{a^2m_a^2+c^2m_c^2}{r_a+r_c}+\frac{a^2m_a^2+b^2m_b^2}{r_a+r_b}$$

综上所述,例 3.123 成立.

例 3.124 在$\triangle ABC$中,试证明

$$\Delta^2 r^2\left[64\left(\frac{R}{r}\right)^4-128\left(\frac{R}{r}\right)^3+16\left(\frac{R}{r}\right)^2-\frac{46R}{r}+92\right]\geqslant$$

$$\left(\frac{a^4}{r_b+r_c}\right)^2+\left(\frac{b^4}{r_c+r_a}\right)^2+\left(\frac{c^4}{r_a+r_b}\right)^2\geqslant 8\Delta^2 r^2\left[16\left(\frac{R}{r}\right)^3-53\left(\frac{R}{r}\right)^2+\frac{55R}{r}-18\right]$$

证明 首先证明右边不等式.

由例 2.131 知

$$\left(\frac{a^4}{r_b+r_c}\right)^2+\left(\frac{b^4}{r_c+r_a}\right)^2+\left(\frac{c^4}{r_a+r_b}\right)^2=$$

$$\Delta^2 r^2\left\{\left(\frac{p}{r}\right)^2\left[16\left(\frac{R}{r}\right)^2-2\left(\frac{p}{r}\right)^2-\frac{16R}{r}+30\right]-\frac{64R}{r}+2\left(\frac{4R+r}{p}\right)^2-30\right\}$$

在$\triangle ABC$中,有格雷森不等式

$$4\left(\frac{R}{r}\right)^2+\frac{4R}{r}+3\geqslant\left(\frac{p}{r}\right)^2\geqslant\frac{16R}{r}-5$$

在$\triangle ABC$中,有不等式

$$\left(\frac{4R+r}{p}\right)^2\geqslant 3$$

从而

$$\left(\frac{a^4}{r_b+r_c}\right)^2+\left(\frac{b^4}{r_c+r_a}\right)^2+\left(\frac{c^4}{r_a+r_b}\right)^2\geqslant\Delta^2 r^2\left\{\left(\frac{16R}{r}-5\right)\left[8\left(\frac{R}{r}\right)^2-\frac{24R}{r}+24\right]-\frac{64R}{r}-24\right\}=$$

$$8\Delta^2 r^2\left[16\left(\frac{R}{r}\right)^3-53\left(\frac{R}{r}\right)^2+\frac{55R}{r}-18\right]$$

即

$$\left(\frac{a^4}{r_b+r_c}\right)^2+\left(\frac{b^4}{r_c+r_a}\right)^2+\left(\frac{c^4}{r_a+r_b}\right)^2\geqslant 8\Delta^2 r^2\left[16\left(\frac{R}{r}\right)^3-53\left(\frac{R}{r}\right)^2+\frac{55R}{r}-18\right]$$

其次证明左边不等式.

由例 2.131 知

$$\left(\frac{a^4}{r_b+r_c}\right)^2+\left(\frac{b^4}{r_c+r_a}\right)^2+\left(\frac{c^4}{r_a+r_b}\right)^2=$$

$$\Delta^2 r^2\left\{\left(\frac{p}{r}\right)^2\left[16\left(\frac{R}{r}\right)^2-2\left(\frac{p}{r}\right)^2-\frac{16R}{r}+30\right]-\frac{64R}{r}+2\left(\frac{4R+r}{p}\right)^2-30\right\}$$

在$\triangle ABC$中,有格雷森不等式

$$4\left(\frac{R}{r}\right)^2+\frac{4R}{r}+3\geqslant\left(\frac{p}{r}\right)^2\geqslant\frac{16R}{r}-5$$

在$\triangle ABC$中,又有不等式

$$\frac{R}{r}+1\geqslant\left(\frac{4R+r}{p}\right)^2$$

从而

$$\left(\frac{a^4}{r_b+r_c}\right)^2+\left(\frac{b^4}{r_c+r_a}\right)^2+\left(\frac{c^4}{r_a+r_b}\right)^2\leqslant$$

$$\Delta^2r^2\left\{\left[4\left(\frac{R}{r}\right)^2+\frac{4R}{r}+3\right]\left[16\left(\frac{R}{r}\right)^2-\frac{48R}{r}+40\right]-\frac{64R}{r}+2\left(\frac{R}{r}+1\right)-30\right\}=$$

$$\Delta^2r^2\left[64\left(\frac{R}{r}\right)^4-128\left(\frac{R}{r}\right)^3+16\left(\frac{R}{r}\right)^2-\frac{46R}{r}+92\right]$$

即

$$\Delta^2r^2\left[64\left(\frac{R}{r}\right)^4-128\left(\frac{R}{r}\right)^3+16\left(\frac{R}{r}\right)^2-\frac{46R}{r}+92\right]\geqslant\left(\frac{a^4}{r_b+r_c}\right)^2+\left(\frac{b^4}{r_c+r_a}\right)^2+\left(\frac{c^4}{r_a+r_b}\right)^2$$

综上所述,例 3.124 成立.

第3章习题

1..在$\triangle ABC$中,证明

$$a^2r_a^2\left(\frac{b}{r_b^3}+\frac{c}{r_c^3}\right)+b^2r_b^2\left(\frac{a}{r_a^3}+\frac{c}{r_c^3}\right)+c^2r_c^2\left(\frac{a}{r_a^3}+\frac{b}{r_b^3}\right)\geqslant16\Delta\left(\frac{R}{2r}\right)^3$$

2. 在$\triangle ABC$中,证明

$$(b^2r_b^2+c^2r_c^2)\left(\frac{b}{r_b^3}+\frac{c}{r_c^3}\right)+(a^2r_a^2+c^2r_c^2)\left(\frac{a}{r_a^3}+\frac{c}{r_c^3}\right)+(a^2r_a^2+b^2r_b^2)\left(\frac{a}{r_a^3}+\frac{b}{r_b^3}\right)\geqslant$$

$$8\Delta\left[\left(\frac{R}{r}+1\right)\left(\frac{R}{r}-1\right)^2+1\right]$$

3. 在$\triangle ABC$中,证明

$$ar_a^3\left(\frac{b}{r_b^3}+\frac{c}{r_c^3}\right)+br_b^3\left(\frac{a}{r_a^3}+\frac{c}{r_c^3}\right)+cr_c^3\left(\frac{a}{r_a^3}+\frac{b}{r_b^3}\right)\geqslant2p^2\left[2\left(\frac{R}{r}-1\right)^2-1\right]+2(4R+r)r$$

4. 在$\triangle ABC$中,证明

$$(br_b^3+cr_c^3)\left(\frac{b}{r_b^3}+\frac{c}{r_c^3}\right)+(ar_a^3+cr_c^3)\left(\frac{a}{r_a^3}+\frac{c}{r_c^3}\right)+(ar_a^3+br_b^3)\left(\frac{a}{r_a^3}+\frac{b}{r_b^3}\right)\geqslant$$

$$4p^2\left(\frac{R}{r}-1\right)^2+4\sqrt{3}\Delta\sqrt{\frac{R}{2r}}$$

5. 在$\triangle ABC$中,证明

$$ar_a^4\left(\frac{b}{r_b^3}+\frac{c}{r_c^3}\right)+br_b^4\left(\frac{a}{r_a^3}+\frac{c}{r_c^3}\right)+cr_c^4\left(\frac{a}{r_a^3}+\frac{b}{r_b^3}\right)\geqslant8\Delta p\left(\frac{R}{r}-1\right)^2$$

6. 在$\triangle ABC$中,证明

$$(br_b^4+cr_c^4)\left(\frac{b}{r_b^3}+\frac{c}{r_c^3}\right)+(ar_a^4+cr_c^4)\left(\frac{a}{r_a^3}+\frac{c}{r_c^3}\right)+(ar_a^4+br_b^4)\left(\frac{a}{r_a^3}+\frac{b}{r_b^3}\right)\geqslant16\Delta p\left(\frac{R}{r}-1\right)^2$$

7. 在$\triangle ABC$中,证明

$$(br_b+cr_c)(br_b^2+cr_c^2)+(ar_a+cr_c)(ar_a^2+cr_c^2)+(ar_a+br_b)(ar_a^2+br_b^2)\geqslant$$

$$\Delta^2 r\cdot\frac{8R}{r}\left(\frac{2R}{r}+5\right)$$

8. 在△ABC 中,证明

$$a^2r_a^3\left(\frac{b}{r_b^3}+\frac{c}{r_c^3}\right)+b^2r_b^3\left(\frac{a}{r_a^3}+\frac{c}{r_c^3}\right)+c^2r_c^3\left(\frac{a}{r_a^3}+\frac{b}{r_b^3}\right)\geqslant 4\Delta r\left(\frac{R}{r}+10\right)$$

9. 在△ABC 中,证明

$$(b^2r_b^3+c^2r_c^3)\left(\frac{b}{r_b^3}+\frac{c}{r_c^3}\right)+(a^2r_a^3+c^2r_c^3)\left(\frac{a}{r_a^3}+\frac{c}{r_c^3}\right)+(a^2r_a^3+b^2r_b^3)\left(\frac{a}{r_a^3}+\frac{b}{r_b^3}\right)\geqslant$$

$$6\Delta r\left[3\left(\frac{R}{r}\right)^2+4\right]$$

10. 在△ABC 中,证明

$$r_a^2(b^2r_b+c^2r_c)+r_b^2(a^2r_a+c^2r_c)+r_c^2(a^2r_a+b^2r_b)\geqslant 4\Delta^2 r\cdot\frac{R}{r}\left(\frac{4R}{r}+1\right)$$

11. 在△ABC 中,证明

$$\frac{4R}{r}\left(\frac{p}{r}\right)^2\left(\frac{R}{r}-2\right)+\frac{8R}{r}\left(\frac{2R}{r}-1\right)\geqslant\frac{(abr_ar_b)^2+(bcr_br_c)^2+(car_cr_a)^2}{\Delta^4}\geqslant\frac{8R}{r}\left(\frac{2R}{r}-1\right)$$

12. 在△ABC 中,证明

$$64R^2r^2\left(\frac{R}{r}+1\right)\left(\frac{R}{r}-1\right)\geqslant\frac{(ab)^4}{(r_ar_b)^2}+\frac{(bc)^4}{(r_br_c)^2}+\frac{(ca)^4}{(r_cr_a)^2}\geqslant 64R^2r^2\left(7-\frac{2R}{r}\right)$$

13. 在△ABC 中,证明

$$\frac{R}{r}-1\geqslant\left(\frac{a}{r_b+r_c}\right)^2+\left(\frac{b}{r_c+r_a}\right)^2+\left(\frac{c}{r_a+r_b}\right)^2\geqslant 2-\frac{2r}{R}$$

第4章 三角形中线、角平分线不等式的证明

例 4.1 在$\triangle ABC$中,试证明

$$\frac{a}{w_a^2}+\frac{b}{w_b^2}+\frac{c}{w_c^2}\geqslant\frac{2}{p}\left(\frac{2R}{r}-1\right)$$

证明 由例 2.18 知

$$ar_a+br_b+cr_c=2\Delta\left(\frac{2R}{r}-1\right)$$

上式两边同乘$\frac{1}{r_ar_br_c}$,并整理得

$$\frac{a}{r_br_c}+\frac{b}{r_ar_c}+\frac{c}{r_ar_b}=\frac{2}{p}\left(\frac{2R}{r}-1\right)$$

在$\triangle ABC$中,可证

$$r_ar_b\geqslant w_c^2,r_br_c\geqslant w_a^2,r_cr_a\geqslant w_b^2$$

从而

$$\frac{a}{w_a^2}+\frac{b}{w_b^2}+\frac{c}{w_c^2}\geqslant\frac{2}{p}\left(\frac{2R}{r}-1\right)$$

例 4.2 在$\triangle ABC$中,试证明

$$\frac{2}{p}\left(\frac{2R}{r}-1\right)\geqslant\frac{a}{m_a^2}+\frac{b}{m_b^2}+\frac{c}{m_c^2}$$

证明 由例 2.18 知

$$ar_a+br_b+cr_c=2\Delta\left(\frac{2R}{r}-1\right)$$

上式两边同乘$\frac{1}{r_ar_br_c}$,并整理得

$$\frac{a}{r_br_c}+\frac{b}{r_ar_c}+\frac{c}{r_ar_b}=\frac{2}{p}\left(\frac{2R}{r}-1\right)$$

在$\triangle ABC$中,可证

$$r_ar_b\leqslant m_c^2,r_br_c\leqslant m_a^2,r_cr_a\leqslant m_b^2$$

从而

$$\frac{2}{p}\left(\frac{2R}{r}-1\right)\geqslant\frac{a}{m_a^2}+\frac{b}{m_b^2}+\frac{c}{m_c^2}$$

例 4.3　在$\triangle ABC$中,试证明

$$\frac{a^2}{w_a^2}+\frac{b^2}{w_b^2}+\frac{c^2}{w_c^2}\geqslant 4\left(\frac{R}{r}-1\right)$$

证明　由例 2.22 知

$$a^2r_a+b^2r_b+c^2r_c=4\Delta p\left(\frac{R}{r}-1\right)$$

上式两边同乘$\frac{1}{r_ar_br_c}$,并整理得

$$\frac{a^2}{r_br_c}+\frac{b^2}{r_ar_c}+\frac{c^2}{r_ar_b}=4\left(\frac{R}{r}-1\right)$$

在$\triangle ABC$中,可证

$$r_ar_b\geqslant w_c^2,r_br_c\geqslant w_a^2,r_cr_a\geqslant w_b^2$$

从而

$$\frac{a^2}{w_a^2}+\frac{b^2}{w_b^2}+\frac{c^2}{w_c^2}\geqslant 4\left(\frac{R}{r}-1\right)$$

例 4.4　在$\triangle ABC$中,试证明

$$4\left(\frac{R}{r}-1\right)\geqslant\frac{a^2}{m_a^2}+\frac{b^2}{m_b^2}+\frac{c^2}{m_c^2}$$

证明　由例 2.22 知

$$a^2r_a+b^2r_b+c^2r_c=4\Delta p\left(\frac{R}{r}-1\right)$$

上式两边同乘$\frac{1}{r_ar_br_c}$,并整理得

$$\frac{a^2}{r_br_c}+\frac{b^2}{r_ar_c}+\frac{c^2}{r_ar_b}=4\left(\frac{R}{r}-1\right)$$

在$\triangle ABC$中,可证

$$r_ar_b\leqslant m_c^2,r_br_c\leqslant m_a^2,r_cr_a\leqslant m_b^2$$

从而

$$4\left(\frac{R}{r}-1\right)\geqslant\frac{a^2}{m_a^2}+\frac{b^2}{m_b^2}+\frac{c^2}{m_c^2}$$

例 4.5　在$\triangle ABC$中,试证明

$$\frac{1}{w_a}+\frac{1}{w_b}+\frac{1}{w_c}\geqslant\frac{2}{R}$$

证明　由例 3.1 知

$$\frac{1}{r_a+r_b}+\frac{1}{r_b+r_c}+\frac{1}{r_c+r_a}\geqslant\frac{1}{R}$$

在$\triangle ABC$中,可证

$$r_a+r_b\geqslant 2w_c, r_b+r_c\geqslant 2w_a, r_c+r_a\geqslant 2w_b$$

从而

$$\frac{1}{w_a}+\frac{1}{w_b}+\frac{1}{w_c}\geqslant\frac{2}{R}$$

例 4.6 在$\triangle ABC$中,试证明

$$\frac{1}{cw_c^2}+\frac{1}{aw_a^2}+\frac{1}{bw_b^2}\geqslant\frac{1}{\Delta R}$$

证明 由例 3.2 知

$$\frac{r_c}{c}+\frac{r_a}{a}+\frac{r_b}{b}\geqslant\frac{p}{R}$$

上式两边同乘$\frac{1}{r_ar_br_c}$,并整理得

$$\frac{1}{cr_ar_b}+\frac{1}{ar_br_c}+\frac{1}{br_ar_c}\geqslant\frac{1}{\Delta R}$$

在$\triangle ABC$中,有

$$r_ar_b\geqslant w_c^2, r_br_c\geqslant w_a^2, r_cr_a\geqslant w_b^2$$

从而

$$\frac{1}{cw_c^2}+\frac{1}{aw_a^2}+\frac{1}{bw_b^2}\geqslant\frac{1}{\Delta R}$$

例 4.7 在$\triangle ABC$中,试证明

$$\frac{1}{\Delta}\left(\frac{1}{4r}+\frac{1}{2R}\right)\geqslant\frac{1}{cm_c^2}+\frac{1}{am_a^2}+\frac{1}{bm_b^2}$$

证明 由例 3.2 知

$$p\left(\frac{1}{4r}+\frac{1}{2R}\right)\geqslant\frac{r_c}{c}+\frac{r_a}{a}+\frac{r_b}{b}$$

上式两边同乘$\frac{1}{r_ar_br_c}$,并整理得

$$\frac{1}{\Delta}\left(\frac{1}{4r}+\frac{1}{2R}\right)\geqslant\frac{1}{cr_ar_b}+\frac{1}{ar_br_c}+\frac{1}{br_ar_c}$$

在$\triangle ABC$中,有

$$r_ar_b\leqslant m_c^2, r_br_c\leqslant m_a^2, r_cr_a\leqslant m_b^2$$

从而

$$\frac{1}{\Delta}\left(\frac{1}{4r}+\frac{1}{2R}\right)\geqslant\frac{1}{cm_c^2}+\frac{1}{am_a^2}+\frac{1}{bm_b^2}$$

例 4.8 在$\triangle ABC$中,试证明

$$\frac{ab}{w_c^2}+\frac{bc}{w_a^2}+\frac{ca}{w_b^2}\geqslant 4$$

证明　由例 3.3 知

$$\frac{ab}{r_a r_b}+\frac{bc}{r_b r_c}+\frac{ca}{r_c r_a}\geqslant 4$$

在$\triangle ABC$中，有

$$r_a r_b\geqslant w_c^2, r_b r_c\geqslant w_a^2, r_c r_a\geqslant w_b^2$$

从而

$$\frac{ab}{w_c^2}+\frac{bc}{w_a^2}+\frac{ca}{w_b^2}\geqslant 4$$

例 4.9　在$\triangle ABC$中，试证明

$$\frac{R}{r}+2\geqslant\frac{ab}{m_c^2}+\frac{bc}{m_a^2}+\frac{ca}{m_b^2}$$

证明　由例 3.3 知

$$\frac{R}{r}+2\geqslant\frac{ab}{r_a r_b}+\frac{bc}{r_b r_c}+\frac{ca}{r_c r_a}$$

在$\triangle ABC$中，有

$$r_a r_b\leqslant m_c^2, r_b r_c\leqslant m_a^2, r_c r_a\leqslant m_b^2$$

从而

$$\frac{R}{r}+2\geqslant\frac{ab}{m_c^2}+\frac{bc}{m_a^2}+\frac{ca}{m_b^2}$$

例 4.10　在$\triangle ABC$中，试证明

$$\frac{r_c}{w_c}+\frac{r_a}{w_a}+\frac{r_b}{w_b}\geqslant 4-\frac{2r}{R}$$

证明　由例 3.4 知

$$\frac{r_c}{r_a+r_b}+\frac{r_a}{r_b+r_c}+\frac{r_b}{r_c+r_a}\geqslant 2-\frac{r}{R}$$

在$\triangle ABC$中，可证

$$r_a+r_b\geqslant 2w_c, r_b+r_c\geqslant 2w_a, r_c+r_a\geqslant 2w_b$$

从而

$$\frac{r_c}{w_c}+\frac{r_a}{w_a}+\frac{r_b}{w_b}\geqslant 4-\frac{2r}{R}$$

例 4.11　在$\triangle ABC$中，试证明

$$p\left(\frac{R}{r}-\frac{1}{2}\right)\geqslant\frac{w_b^2}{\sqrt{ac}}+\frac{w_c^2}{\sqrt{ab}}+\frac{w_a^2}{\sqrt{bc}}$$

证明　由例 3.5 知

$$p\left(\frac{R}{r}-\frac{1}{2}\right)\geqslant\frac{r_c^2}{c}+\frac{r_a^2}{a}+\frac{r_b^2}{b}$$

由上式易证

$$p\left(\frac{R}{r}-\frac{1}{2}\right)\geqslant\frac{r_cr_a}{\sqrt{ac}}+\frac{r_ar_b}{\sqrt{ab}}+\frac{r_br_c}{\sqrt{bc}}$$

在$\triangle ABC$中，可证

$$r_ar_b\geqslant w_c^2, r_br_c\geqslant w_a^2, r_cr_a\geqslant w_b^2$$

从而

$$p\left(\frac{R}{r}-\frac{1}{2}\right)\geqslant\frac{w_b^2}{\sqrt{ac}}+\frac{w_c^2}{\sqrt{ab}}+\frac{w_a^2}{\sqrt{bc}}$$

例 4.12 在$\triangle ABC$中，试证明

$$\frac{ab}{w_c^4}+\frac{bc}{w_a^4}+\frac{ca}{w_b^4}\geqslant\frac{4}{p^2}\left(\frac{2R}{r}-1\right)$$

证明 由例 3.6 知

$$\frac{ab}{r_a^2r_b^2}+\frac{bc}{r_b^2r_c^2}+\frac{ca}{r_c^2r_a^2}\geqslant\frac{4}{p^2}\left(\frac{2R}{r}-1\right)$$

在$\triangle ABC$中，有

$$r_ar_b\geqslant w_c^2, r_br_c\geqslant w_a^2, r_cr_a\geqslant w_b^2$$

从而

$$\frac{ab}{w_c^4}+\frac{bc}{w_a^4}+\frac{ca}{w_b^4}\geqslant\frac{4}{p^2}\left(\frac{2R}{r}-1\right)$$

例 4.13 在$\triangle ABC$中，试证明

$$\frac{1}{p^2}\cdot\frac{2R}{r}\left(\frac{2R}{r}-1\right)\geqslant\frac{ab}{m_c^4}+\frac{bc}{m_a^4}+\frac{ca}{m_b^4}$$

证明 由例 3.6 知

$$\frac{1}{p^2}\cdot\frac{2R}{r}\left(\frac{2R}{r}-1\right)\geqslant\frac{ab}{r_a^2r_b^2}+\frac{bc}{r_b^2r_c^2}+\frac{ca}{r_c^2r_a^2}$$

在$\triangle ABC$中，有

$$r_ar_b\leqslant m_c^2, r_br_c\leqslant m_a^2, r_cr_a\leqslant m_b^2$$

从而

$$\frac{1}{p^2}\cdot\frac{2R}{r}\left(\frac{2R}{r}-1\right)\geqslant\frac{ab}{m_c^4}+\frac{bc}{m_a^4}+\frac{ca}{m_b^4}$$

例 4.14 在$\triangle ABC$中，试证明

$$\frac{ac+bc}{w_c^4}+\frac{ab+bc}{w_b^4}+\frac{ab+ac}{w_a^2}\geqslant\frac{8}{p^2}\left[\left(\frac{R}{r}\right)^2-1\right]$$

证明 由例 3.7 知

$$\frac{ac+bc}{r_a^2r_b^2}+\frac{ab+bc}{r_a^2r_c^2}+\frac{ac+ab}{r_c^2r_b^2}\geqslant\frac{8}{p^2}\left[\left(\frac{R}{r}\right)^2-1\right]$$

在△ABC 中，有

$$r_ar_b\geqslant w_c^2,r_br_c\geqslant w_a^2,r_cr_a\geqslant w_b^2$$

从而

$$\frac{ac+bc}{w_c^4}+\frac{ab+bc}{w_b^4}+\frac{ab+ac}{w_a^2}\geqslant\frac{8}{p^2}\left[\left(\frac{R}{r}\right)^2-1\right]$$

例 4.15　在△ABC 中，试证明

$$\frac{4}{p^2}\cdot\frac{R}{r}\left(\frac{4R}{r}-5\right)\geqslant\frac{ac+bc}{m_c^4}+\frac{ab+bc}{m_b^4}+\frac{ab+ac}{m_a^2}$$

证明　由例 3.7 知

$$\frac{4}{p^2}\cdot\frac{R}{r}\left(\frac{4R}{r}-5\right)\geqslant\frac{ac+bc}{r_a^2r_b^2}+\frac{ab+bc}{r_a^2r_c^2}+\frac{ac+ab}{r_c^2r_b^2}$$

在△ABC 中，有

$$r_ar_b\leqslant m_c^2,r_br_c\leqslant m_a^2,r_cr_a\leqslant m_b^2$$

从而

$$\frac{4}{p^2}\cdot\frac{R}{r}\left(\frac{4R}{r}-5\right)\geqslant\frac{ac+bc}{m_c^4}+\frac{ab+bc}{m_b^4}+\frac{ab+ac}{m_a^2}$$

例 4.16　在△ABC 中，试证明

$$\frac{ab}{w_c}+\frac{bc}{w_a}+\frac{ca}{w_b}\geqslant 2r\left(7-\frac{2r}{R}\right)$$

证明　由例 3.8 知

$$\frac{ab}{r_a+r_b}+\frac{bc}{r_b+r_c}+\frac{ca}{r_c+r_a}\geqslant\frac{r^2}{R}\left(\frac{7R}{r}-2\right)$$

在△ABC 中，可证

$$r_a+r_b\geqslant 2\,w_c,r_b+r_c\geqslant 2\,w_a,r_c+r_a\geqslant 2\,w_b$$

从而

$$\frac{ab}{w_c}+\frac{bc}{w_a}+\frac{ca}{w_b}\geqslant 2r\left(7-\frac{2r}{R}\right)$$

例 4.17　在△ABC 中，试证明

$$\frac{ac+bc}{w_c}+\frac{ab+ac}{w_a}+\frac{ab+bc}{w_b}\geqslant 24r$$

证明　由例 3.9 知

$$\frac{ac+bc}{r_a+r_b}+\frac{ab+ac}{r_b+r_c}+\frac{ab+bc}{r_c+r_a}\geqslant 12r$$

在△ABC 中，可证

$$r_a+r_b\geqslant 2\,w_c,r_b+r_c\geqslant 2\,w_a,r_c+r_a\geqslant 2\,w_b$$

从而

$$\frac{ac+bc}{w_c}+\frac{ab+ac}{w_a}+\frac{ab+bc}{w_b}\geqslant 24r$$

例 4.18 在$\triangle ABC$中,试证明

$$\left(\frac{ab}{w_c}\right)^2+\left(\frac{bc}{w_a}\right)^2+\left(\frac{ca}{w_b}\right)^2\geqslant\left[2r\left(7-\frac{2r}{R}\right)\right]^2-32r^2\left(\frac{R}{r}+1\right)$$

证明 由例 3.10 知

$$\left(\frac{ab}{r_a+r_b}\right)^2+\left(\frac{bc}{r_b+r_c}\right)^2+\left(\frac{ca}{r_c+r_a}\right)^2\geqslant\left[\frac{r^2}{R}\left(\frac{7R}{r}-2\right)\right]^2-8r^2\left(\frac{R}{r}+1\right)$$

在$\triangle ABC$中,可证

$$r_a+r_b\geqslant 2w_c,r_b+r_c\geqslant 2w_a,r_c+r_a\geqslant 2w_b$$

从而

$$\left(\frac{ab}{w_c}\right)^2+\left(\frac{bc}{w_a}\right)^2+\left(\frac{ca}{w_b}\right)^2\geqslant\left[2r\left(7-\frac{2r}{R}\right)\right]^2-32r^2\left(\frac{R}{r}+1\right)$$

例 4.19 在$\triangle ABC$中,试证明

$$\frac{(ab)^2}{w_c^2}+\frac{(bc)^2}{w_a^2}+\frac{(ca)^2}{w_b^2}\geqslant 4r^2\left(\frac{7R}{r}-2\right)$$

证明 由例 3.11 知

$$\frac{(ab)^2}{r_ar_b}+\frac{(bc)^2}{r_br_c}+\frac{(ca)^2}{r_cr_a}\geqslant 4r^2\left(\frac{7R}{r}-2\right)$$

在$\triangle ABC$中,可证

$$r_ar_b\geqslant w_c^2,r_br_c\geqslant w_a^2,r_cr_a\geqslant w_b^2$$

从而

$$\frac{(ab)^2}{w_c^2}+\frac{(bc)^2}{w_a^2}+\frac{(ca)^2}{w_b^2}\geqslant 4r^2\left(\frac{7R}{r}-2\right)$$

例 4.20 在$\triangle ABC$中,试证明

$$8Rr\left(\frac{R}{r}+1\right)\geqslant\frac{(ab)^2}{m_c^2}+\frac{(bc)^2}{m_a^2}+\frac{(ca)^2}{m_b^2}$$

证明 由例 3.11 知

$$8Rr\left(\frac{R}{r}+1\right)\geqslant\frac{(ab)^2}{r_ar_b}+\frac{(bc)^2}{r_br_c}+\frac{(ca)^2}{r_cr_a}$$

在$\triangle ABC$中,有

$$r_ar_b\leqslant m_c^2,r_br_c\leqslant m_a^2,r_cr_a\leqslant m_b^2$$

从而

$$8Rr\left(\frac{R}{r}+1\right)\geqslant\frac{(ab)^2}{m_c^2}+\frac{(bc)^2}{m_a^2}+\frac{(ca)^2}{m_b^2}$$

例 4.21 在$\triangle ABC$中,试证明

$$\frac{(ac)^2+(bc)^2}{w_c^2}+\frac{(ca)^2+(ba)^2}{w_a^2}+\frac{(bc)^2+(ab)^2}{w_b^2}\geqslant 16Rr\left(\frac{2R}{r}-1\right)$$

证明　由例 3.12 知

$$\frac{(ac)^2+(bc)^2}{r_ar_b}+\frac{(ca)^2+(ba)^2}{r_br_c}+\frac{(bc)^2+(ab)^2}{r_cr_a}\geqslant 16Rr\left(\frac{2R}{r}-1\right)$$

在△ABC 中，可证

$$r_ar_b\geqslant w_c^2, r_br_c\geqslant w_a^2, r_cr_a\geqslant w_b^2$$

从而

$$\frac{(ac)^2+(bc)^2}{w_c^2}+\frac{(ca)^2+(ba)^2}{w_a^2}+\frac{(bc)^2+(ab)^2}{w_b^2}\geqslant 16Rr\left(\frac{2R}{r}-1\right)$$

例 4.22　在△ABC 中，试证明

$$8R^2\left(\frac{2R}{r}-1\right)\geqslant\frac{(ac)^2+(bc)^2}{m_c^2}+\frac{(ca)^2+(ba)^2}{m_a^2}+\frac{(bc)^2+(ab)^2}{m_b^2}$$

证明　由例 3.12 知

$$8R^2\left(\frac{2R}{r}-1\right)\geqslant\frac{(ac)^2+(bc)^2}{r_ar_b}+\frac{(ca)^2+(ba)^2}{r_br_c}+\frac{(bc)^2+(ab)^2}{r_cr_a}$$

在△ABC 中，有

$$r_ar_b\leqslant m_c^2, r_br_c\leqslant m_a^2, r_cr_a\leqslant m_b^2$$

从而

$$8R^2\left(\frac{2R}{r}-1\right)\geqslant\frac{(ac)^2+(bc)^2}{m_c^2}+\frac{(ca)^2+(ba)^2}{m_a^2}+\frac{(bc)^2+(ab)^2}{m_b^2}$$

例 4.23　在△ABC 中，试证明

$$\frac{(ab)^2}{w_c}+\frac{(bc)^2}{w_a}+\frac{(ca)^2}{w_b}\geqslant\frac{4\Delta^2}{27R}\left[-162\left(\frac{R}{r}\right)^2+\frac{371R}{r}-22\right]$$

证明　由例 3.13 知

$$\frac{(ab)^2}{r_a+r_b}+\frac{(bc)^2}{r_b+r_c}+\frac{(ca)^2}{r_c+r_a}\geqslant\frac{2\Delta^2}{27R}\left[-162\left(\frac{R}{r}\right)^2+\frac{371R}{r}-22\right]$$

在△ABC 中，可证

$$r_a+r_b\geqslant 2w_c, r_b+r_c\geqslant 2w_a, r_c+r_a\geqslant 2w_b$$

从而

$$\frac{(ab)^2}{w_c}+\frac{(bc)^2}{w_a}+\frac{(ca)^2}{w_b}\geqslant\frac{4\Delta^2}{27R}\left[-162\left(\frac{R}{r}\right)^2+\frac{371R}{r}-22\right]$$

例 4.24　在△ABC 中，试证明

$$\frac{(ab)^3}{w_c^2}+\frac{(bc)^3}{w_a^2}+\frac{(ca)^3}{w_b^2}\geqslant\frac{8}{27}\Delta^2\left[-162\left(\frac{R}{r}\right)^2+\frac{371R}{r}-22\right]$$

证明　由例 3.14 知

$$\frac{(ab)^3}{r_ar_b}+\frac{(bc)^3}{r_br_c}+\frac{(ca)^3}{r_cr_a}\geqslant\frac{8}{27}\Delta^2\left[-162\left(\frac{R}{r}\right)^2+\frac{371R}{r}-22\right]$$

在△ABC中,有

$$r_ar_b\geqslant w_c^2,r_br_c\geqslant w_a^2,r_cr_a\geqslant w_b^2$$

从而

$$\frac{(ab)^3}{w_c^2}+\frac{(bc)^3}{w_a^2}+\frac{(ca)^3}{w_b^2}\geqslant\frac{8}{27}\Delta^2\left[-162\left(\frac{R}{r}\right)^2+\frac{371R}{r}-22\right]$$

例 4.25 在△ABC中,试证明

$$\frac{1}{27}\Delta^2\left[472\left(\frac{R}{r}\right)^3-665\left(\frac{R}{r}\right)^2-\frac{459R}{r}+378\right]\geqslant\frac{(ab)^3}{m_c^2}+\frac{(bc)^3}{m_a^2}+\frac{(ca)^3}{m_b^2}$$

证明 由例 3.14 知

$$\frac{1}{27}\Delta^2\left[472\left(\frac{R}{r}\right)^3-665\left(\frac{R}{r}\right)^2-\frac{459R}{r}+378\right]\geqslant\frac{(ab)^3}{r_ar_b}+\frac{(bc)^3}{r_br_c}+\frac{(ca)^3}{r_cr_a}$$

在△ABC中,可证

$$r_ar_b\leqslant m_c^2,r_br_c\leqslant m_a^2,r_cr_a\leqslant m_b^2$$

从而

$$\frac{1}{27}\Delta^2\left[472\left(\frac{R}{r}\right)^3-665\left(\frac{R}{r}\right)^2-\frac{459R}{r}+378\right]\geqslant\frac{(ab)^3}{m_c^2}+\frac{(bc)^3}{m_a^2}+\frac{(ca)^3}{m_b^2}$$

例 4.26 在△ABC中,试证明

$$\frac{a}{w_a}+\frac{b}{w_b}+\frac{c}{w_c}\geqslant2\sqrt{4-\frac{2r}{R}}$$

证明 由例 3.15 知

$$\frac{a}{r_b+r_c}+\frac{b}{r_c+r_a}+\frac{c}{r_a+r_b}\geqslant\sqrt{4-\frac{2r}{R}}$$

在△ABC中,可证

$$r_a+r_b\geqslant2w_c,r_b+r_c\geqslant2w_a,r_c+r_a\geqslant2w_b$$

从而

$$\frac{a}{w_a}+\frac{b}{w_b}+\frac{c}{w_c}\geqslant2\sqrt{4-\frac{2r}{R}}$$

例 4.27 在△ABC中,试证明

$$\frac{b^2+c^2}{w_a}+\frac{c^2+a^2}{w_b}+\frac{a^2+b^2}{w_c}\geqslant4r\left(\frac{R}{r}+4\right)$$

证明 由例 3.17 知

$$\frac{b^2+c^2}{r_b+r_c}+\frac{c^2+a^2}{r_c+r_a}+\frac{a^2+b^2}{r_a+r_b}\geqslant2r\left(\frac{R}{r}+4\right)$$

在△ABC中,可证

$$r_a+r_b\geqslant 2w_c, r_b+r_c\geqslant 2w_a, r_c+r_a\geqslant 2w_b$$

从而

$$\frac{b^2+c^2}{w_a}+\frac{c^2+a^2}{w_b}+\frac{a^2+b^2}{w_c}\geqslant 4r\left(\frac{R}{r}+4\right)$$

例 4.28　在△ABC 中,试证明

$$\frac{b^2+c^2}{w_a^2}+\frac{a^2+c^2}{w_b^2}+\frac{a^2+b^2}{w_c^2}\geqslant 2\left(\frac{R}{r}+2\right)$$

证明　由例 3.18 知

$$(b^2+c^2)r_a+(a^2+c^2)r_b+(a^2+b^2)r_c\geqslant 2\Delta p\left(\frac{R}{r}+2\right)$$

上式两边同乘$\frac{1}{r_ar_br_c}$,并整理得

$$\frac{b^2+c^2}{r_br_c}+\frac{a^2+c^2}{r_ar_c}+\frac{a^2+b^2}{r_ar_b}\geqslant 2\left(\frac{R}{r}+2\right)$$

在△ABC 中,有

$$r_ar_b\geqslant w_c^2, r_br_c\geqslant w_a^2, r_cr_a\geqslant w_b^2$$

从而

$$\frac{b^2+c^2}{w_a^2}+\frac{a^2+c^2}{w_b^2}+\frac{a^2+b^2}{w_c^2}\geqslant 2\left(\frac{R}{r}+2\right)$$

例 4.29　在△ABC 中,试证明

$$\frac{4R}{r}\geqslant\frac{b^2+c^2}{m_a^2}+\frac{a^2+c^2}{m_b^2}+\frac{a^2+b^2}{m_c^2}$$

证明　由例 3.18 知

$$\Delta p\cdot\frac{4R}{r}\geqslant(b^2+c^2)r_a+(a^2+c^2)r_b+(a^2+b^2)r_c$$

上式两边同乘$\frac{1}{r_ar_br_c}$,并整理得

$$\frac{4R}{r}\geqslant\frac{b^2+c^2}{r_br_c}+\frac{a^2+c^2}{r_ar_c}+\frac{a^2+b^2}{r_ar_b}$$

在△ABC 中,有

$$r_ar_b\leqslant m_c^2, r_br_c\leqslant m_a^2, r_cr_a\leqslant m_b^2$$

从而

$$\frac{4R}{r}\geqslant\frac{b^2+c^2}{m_a^2}+\frac{a^2+c^2}{m_b^2}+\frac{a^2+b^2}{m_c^2}$$

例 4.30　在△ABC 中,试证明

$$\frac{b^3+c^3}{w_a}+\frac{c^3+a^3}{w_b}+\frac{a^3+b^3}{w_c}\geqslant 2\Delta\left(\frac{R}{r}+6\right)$$

证明 由例 3.19 知

$$\frac{b^3+c^3}{r_b+r_c}+\frac{c^3+a^3}{r_c+r_a}+\frac{a^3+b^3}{r_a+r_b}\geqslant\Delta\left(\frac{R}{r}+6\right)$$

在$\triangle ABC$中,可证

$$r_a+r_b\geqslant 2w_c, r_b+r_c\geqslant 2w_a, r_c+r_a\geqslant 2w_b$$

从而

$$\frac{b^3+c^3}{w_a}+\frac{c^3+a^3}{w_b}+\frac{a^3+b^3}{w_c}\geqslant 2\Delta\left(\frac{R}{r}+6\right)$$

例 4.31 在$\triangle ABC$中,试证明

$$4R\Delta\left(\frac{6R}{r}-2-\frac{4r}{R}\right)\geqslant\frac{bc(b^3+c^3)}{m_a^2}+\frac{ca(c^3+a^3)}{m_b^2}+\frac{ab(a^3+b^3)}{m_c^2}$$

证明 由例 3.19 知

$$\Delta\left(\frac{6R}{r}-2-\frac{4r}{R}\right)\geqslant\frac{b^3+c^3}{r_b+r_c}+\frac{c^3+a^3}{r_c+r_a}+\frac{a^3+b^3}{r_a+r_b}\geqslant\Delta\left(\frac{R}{r}+6\right)$$

上式可变为

$$\Delta\left(\frac{6R}{r}-2-\frac{4r}{R}\right)\geqslant\frac{(b^3+c^3)r_a}{r_ar_b+r_ar_c}+\frac{(c^3+a^3)r_b}{r_br_c+r_br_a}+\frac{(a^3+b^3)r_c}{r_cr_a+r_cr_b}$$

即

$$\Delta\left(\frac{6R}{r}-2-\frac{4r}{R}\right)\geqslant\frac{(b^3+c^3)r_a}{pa}+\frac{(c^3+a^3)r_b}{pb}+\frac{(a^3+b^3)r_c}{pc}$$

上式两边同乘$\frac{pabc}{r_ar_br_c}$,并整理得

$$4R\Delta\left(\frac{6R}{r}-2-\frac{4r}{R}\right)\geqslant\frac{bc(b^3+c^3)}{r_br_c}+\frac{ca(c^3+a^3)}{r_cr_a}+\frac{ab(a^3+b^3)}{r_ar_b}$$

在$\triangle ABC$中,可证

$$r_ar_b\leqslant m_c^2, r_br_c\leqslant m_a^2, r_cr_a\leqslant m_b^2$$

从而

$$4R\Delta\left(\frac{6R}{r}-2-\frac{4r}{R}\right)\geqslant\frac{bc(b^3+c^3)}{m_a^2}+\frac{ca(c^3+a^3)}{m_b^2}+\frac{ab(a^3+b^3)}{m_c^2}$$

例 4.32 在$\triangle ABC$中,试证明

$$\frac{bc(b^3+c^3)}{w_a^2}+\frac{ca(c^3+a^3)}{w_b^2}+\frac{ab(a^3+b^3)}{w_c^2}\geqslant 4R\Delta\left(\frac{R}{r}+6\right)$$

证明 由例 3.19 知

$$\frac{b^3+c^3}{r_b+r_c}+\frac{c^3+a^3}{r_c+r_a}+\frac{a^3+b^3}{r_a+r_b}\geqslant\Delta\left(\frac{R}{r}+6\right)$$

上式可变为

$$\frac{(b^3+c^3)r_a}{r_ar_b+r_ar_c}+\frac{(c^3+a^3)r_b}{r_br_c+r_br_a}+\frac{(a^3+b^3)r_c}{r_cr_a+r_cr_b}\geqslant\Delta\left(\frac{R}{r}+6\right)$$

即

$$\frac{(b^3+c^3)r_a}{pa}+\frac{(c^3+a^3)r_b}{pb}+\frac{(a^3+b^3)r_c}{pc}\geqslant\Delta\left(\frac{R}{r}+6\right)$$

上式两边同乘$\frac{pabc}{r_ar_br_c}$,并整理得

$$\frac{bc(b^3+c^3)}{r_br_c}+\frac{ca(c^3+a^3)}{r_cr_a}+\frac{ab(a^3+b^3)}{r_ar_b}\geqslant 4R\Delta\left(\frac{R}{r}+6\right)$$

在$\triangle ABC$中,可证

$$r_ar_b\geqslant w_c^2,r_br_c\geqslant w_a^2,r_cr_a\geqslant w_b^2$$

从而

$$\frac{bc(b^3+c^3)}{w_a^2}+\frac{ca(c^3+a^3)}{w_b^2}+\frac{ab(a^3+b^3)}{w_c^2}\geqslant 4R\Delta\left(\frac{R}{r}+6\right)$$

例 4.33　在$\triangle ABC$中,试证明

$$\frac{ar_a}{w_a}+\frac{br_b}{w_b}+\frac{cr_c}{w_c}\geqslant 2p\left(2-\frac{2r}{R}\right)$$

证明　由例 3.20 知

$$\frac{ar_a}{r_b+r_c}+\frac{br_b}{r_c+r_a}+\frac{cr_c}{r_a+r_b}\geqslant p\left(2-\frac{2r}{R}\right)$$

在$\triangle ABC$中,可证

$$r_a+r_b\geqslant 2w_c,r_b+r_c\geqslant 2w_a,r_c+r_a\geqslant 2w_b$$

从而

$$\frac{ar_a}{w_a}+\frac{br_b}{w_b}+\frac{cr_c}{w_c}\geqslant 2p\left(2-\frac{2r}{R}\right)$$

例 4.34　在$\triangle ABC$中,试证明

$$\frac{a}{w_a^3}+\frac{b}{w_b^3}+\frac{c}{w_c^3}\geqslant\frac{2}{\Delta}\left(2-\frac{2r}{R}\right)$$

证明　由例 4.33 知

$$\frac{ar_a}{w_a}+\frac{br_b}{w_b}+\frac{cr_c}{w_c}\geqslant 2p\left(2-\frac{2r}{R}\right)$$

上式两边同乘$\frac{1}{r_ar_br_c}$,并整理得

$$\frac{a}{r_br_cw_a}+\frac{b}{r_ar_cw_b}+\frac{c}{r_ar_bw_c}\geqslant\frac{2}{\Delta}\left(2-\frac{2r}{R}\right)$$

在$\triangle ABC$中,可证

$$r_ar_b\geqslant w_c^2,r_br_c\geqslant w_a^2,r_cr_a\geqslant w_b^2$$

从而

$$\frac{a}{w_a^3}+\frac{b}{w_b^3}+\frac{c}{w_c^3}\geqslant\frac{2}{\Delta}\left(2-\frac{2r}{R}\right)$$

例 4.35 在$\triangle ABC$中,试证明

$$\frac{br_b+cr_c}{w_a}+\frac{cr_c+ar_a}{w_b}+\frac{ar_a+br_b}{w_c}\geqslant p\left(5-\frac{2r}{R}\right)$$

证明 由例 3.21 知

$$\frac{br_b+cr_c}{r_b+r_c}+\frac{cr_c+ar_a}{r_c+r_a}+\frac{ar_a+br_b}{r_a+r_b}\geqslant\frac{p}{2}\left(5-\frac{2r}{R}\right)$$

在$\triangle ABC$中,可证

$$r_a+r_b\geqslant 2w_c,r_b+r_c\geqslant 2w_a,r_c+r_a\geqslant 2w_b$$

从而

$$\frac{br_b+cr_c}{w_a}+\frac{cr_c+ar_a}{w_b}+\frac{ar_a+br_b}{w_c}\geqslant p\left(5-\frac{2r}{R}\right)$$

例 4.36 在$\triangle ABC$中,试证明

$$p\left(3-\frac{2r}{R}\right)\geqslant\frac{2\sqrt{bc}w_a}{r_b+r_c}+\frac{2\sqrt{ac}w_b}{r_c+r_a}+\frac{2\sqrt{ab}w_c}{r_a+r_b}$$

证明 由例 3.21 知

$$p\left(3-\frac{2r}{R}\right)\geqslant\frac{br_b+cr_c}{r_b+r_c}+\frac{cr_c+ar_a}{r_c+r_a}+\frac{ar_a+br_b}{r_a+r_b}$$

由上式易得

$$p\left(3-\frac{2r}{R}\right)\geqslant\frac{2\sqrt{bcr_br_c}}{r_b+r_c}+\frac{2\sqrt{acr_cr_a}}{r_c+r_a}+\frac{2\sqrt{abr_ar_b}}{r_a+r_b}$$

在$\triangle ABC$中,可证

$$r_ar_b\geqslant w_c^2,r_br_c\geqslant w_a^2,r_cr_a\geqslant w_b^2$$

从而

$$p\left(3-\frac{2r}{R}\right)\geqslant\frac{2\sqrt{bc}w_a}{r_b+r_c}+\frac{2\sqrt{ac}w_b}{r_c+r_a}+\frac{2\sqrt{ab}w_c}{r_a+r_b}$$

例 4.37 在$\triangle ABC$中,试证明

$$\frac{bc(bm_c^2+cm_b^2)+ac(cm_a^2+am_c^2)+ab(am_b^2+bm_a^2)}{2p\Delta^2}\geqslant\frac{5R}{r}-2$$

证明 由例 3.21 知

$$\frac{br_b+cr_c}{r_b+r_c}+\frac{cr_c+ar_a}{r_c+r_a}+\frac{ar_a+br_b}{r_a+r_b}\geqslant\frac{p}{2}\left(5-\frac{2r}{R}\right)$$

由上式易得

$$\frac{br_ar_b+cr_ar_c}{r_ar_b+r_ar_c}+\frac{cr_br_c+ar_br_a}{r_br_c+r_br_a}+\frac{ar_cr_a+br_cr_b}{r_cr_a+r_cr_b}\geqslant\frac{p}{2}\left(5-\frac{2r}{R}\right)$$

即

$$\frac{br_ar_b+cr_ar_c}{pa}+\frac{cr_br_c+ar_br_a}{pb}+\frac{ar_cr_a+br_cr_b}{pc}\geqslant\frac{p}{2}\left(5-\frac{2r}{R}\right)$$

在$\triangle ABC$中，可证

$$r_ar_b\leqslant m_c^2,r_br_c\leqslant m_a^2,r_cr_a\leqslant m_b^2$$

从而

$$\frac{bm_c^2+cm_b^2}{pa}+\frac{cm_a^2+am_c^2}{pb}+\frac{am_b^2+bm_a^2}{pc}\geqslant\frac{p}{2}\left(5-\frac{2r}{R}\right)$$

上式两边同乘 $pabc$ 并整理得

$$\frac{bc(bm_c^2+cm_b^2)+ac(cm_a^2+am_c^2)+ab(am_b^2+bm_a^2)}{2p\Delta^2}\geqslant\frac{5R}{r}-2$$

例 4.38　在$\triangle ABC$中，试证明

$$\frac{3R}{r}-2\geqslant\frac{bc(bw_c^2+cw_b^2)+ac(cw_a^2+aw_c^2)+ab(aw_b^2+bw_a^2)}{4p\Delta^2}$$

证明　由例 3.21 知

$$p\left(3-\frac{2r}{R}\right)\geqslant\frac{br_b+cr_c}{r_b+r_c}+\frac{cr_c+ar_a}{r_c+r_a}+\frac{ar_a+br_b}{r_a+r_b}$$

由上式易得

$$p\left(3-\frac{2r}{R}\right)\geqslant\frac{br_ar_b+cr_ar_c}{r_ar_b+r_ar_c}+\frac{cr_br_c+ar_br_a}{r_br_c+r_br_a}+\frac{ar_cr_a+br_cr_b}{r_cr_a+r_cr_b}$$

即

$$p\left(3-\frac{2r}{R}\right)\geqslant\frac{br_ar_b+cr_ar_c}{pa}+\frac{cr_br_c+ar_br_a}{pb}+\frac{ar_cr_a+br_cr_b}{pc}$$

在$\triangle ABC$中，可证

$$r_ar_b\geqslant w_c^2,r_br_c\geqslant w_a^2,r_cr_a\geqslant w_b^2$$

从而

$$p\left(3-\frac{2r}{R}\right)\geqslant\frac{bw_c^2+cw_b^2}{pa}+\frac{cw_a^2+aw_c^2}{pb}+\frac{aw_b^2+bw_a^2}{pc}$$

上式两边同乘 $pabc$ 并整理得

$$\frac{3R}{r}-2\geqslant\frac{bc(bw_c^2+cw_b^2)+ac(cw_a^2+aw_c^2)+ab(aw_b^2+bw_a^2)}{4p\Delta^2}$$

例 4.39　在$\triangle ABC$中，试证明

$$\left(\frac{ar_a}{w_a}\right)^2+\left(\frac{br_b}{w_b}\right)^2+\left(\frac{cr_c}{w_c}\right)^2\geqslant36r^2\left(\frac{R}{r}-1\right)$$

证明　由例 3.22 知

$$\left(\frac{ar_a}{r_b+r_c}\right)^2+\left(\frac{br_b}{r_c+r_a}\right)^2+\left(\frac{cr_c}{r_a+r_b}\right)^2\geqslant9r^2\left(\frac{R}{r}-1\right)$$

在△ABC中,可证

$$r_a+r_b\geqslant 2w_c,r_b+r_c\geqslant 2w_a,r_c+r_a\geqslant 2w_b$$

从而

$$\left(\frac{ar_a}{w_a}\right)^2+\left(\frac{br_b}{w_b}\right)^2+\left(\frac{cr_c}{w_c}\right)^2\geqslant 36r^2\left(\frac{R}{r}-1\right)$$

例 4.40 在△ABC中,试证明

$$\frac{a^2}{w_a^6}+\frac{b^2}{w_b^6}+\frac{c^2}{w_c^6}\geqslant\frac{36}{p^4}\left(\frac{R}{r}-1\right)$$

证明 由例 4.39 知

$$\left(\frac{ar_a}{w_a}\right)^2+\left(\frac{br_b}{w_b}\right)^2+\left(\frac{cr_c}{w_c}\right)^2\geqslant 36r^2\left(\frac{R}{r}-1\right)$$

上式两边同乘$\frac{1}{r_a^2r_b^2r_c^2}$,并整理得

$$\left(\frac{a}{r_br_cw_a}\right)^2+\left(\frac{b}{r_ar_cw_b}\right)^2+\left(\frac{c}{r_ar_bw_c}\right)^2\geqslant\frac{36}{p^4}\left(\frac{R}{r}-1\right)$$

在△ABC中,可证

$$r_ar_b\geqslant w_c^2,r_br_c\geqslant w_a^2,r_cr_a\geqslant w_b^2$$

从而

$$\frac{a^2}{w_a^6}+\frac{b^2}{w_b^6}+\frac{c^2}{w_c^6}\geqslant\frac{36}{p^4}\left(\frac{R}{r}-1\right)$$

例 4.41 在△ABC中,试证明

$$\frac{a^3}{w_a^2}+\frac{b^3}{w_b^2}+\frac{c^3}{w_c^2}\geqslant\frac{2r^2}{p}\left[5\left(\frac{R}{r}\right)^2+16\right]$$

证明 由例 3.23 知

$$a^3r_a+b^3r_b+c^3r_c\geqslant 2\Delta r^2\left[5\left(\frac{R}{r}\right)^2+16\right]$$

上式两边同乘$\frac{1}{r_ar_br_c}$,并整理得

$$\frac{a^3}{r_br_c}+\frac{b^3}{r_cr_a}+\frac{c^3}{r_ar_b}\geqslant\frac{2r^2}{p}\left[5\left(\frac{R}{r}\right)^2+16\right]$$

在△ABC中,可证

$$r_ar_b\geqslant w_c^2,r_br_c\geqslant w_a^2,r_cr_a\geqslant w_b^2$$

从而

$$\frac{a^3}{w_a^2}+\frac{b^3}{w_b^2}+\frac{c^3}{w_c^2}\geqslant\frac{2r^2}{p}\left[5\left(\frac{R}{r}\right)^2+16\right]$$

例 4.42 在△ABC中,试证明

$$\frac{2r^2}{p}\left[8\left(\frac{R}{r}\right)^3-4\left(\frac{R}{r}\right)^2-\frac{2R}{r}-8\right]\geqslant\frac{a^3}{m_a^2}+\frac{b^3}{m_b^2}+\frac{c^3}{m_c^2}$$

证明　由例 3.23 知

$$2\Delta r^2\left[8\left(\frac{R}{r}\right)^3-4\left(\frac{R}{r}\right)^2-\frac{2R}{r}-8\right]\geqslant a^3r_a+b^3r_b+c^3r_c$$

上式两边同乘$\frac{1}{r_ar_br_c}$,并整理得

$$\frac{2r^2}{p}\left[8\left(\frac{R}{r}\right)^3-4\left(\frac{R}{r}\right)^2-\frac{2R}{r}-8\right]\geqslant\frac{a^3}{r_br_c}+\frac{b^3}{r_cr_a}+\frac{c^3}{r_ar_b}$$

在$\triangle ABC$中,可证

$$r_ar_b\leqslant m_c^2,r_br_c\leqslant m_a^2,r_cr_a\leqslant m_b^2$$

从而

$$\frac{2r^2}{p}\left[8\left(\frac{R}{r}\right)^3-4\left(\frac{R}{r}\right)^2-\frac{2R}{r}-8\right]\geqslant\frac{a^3}{m_a^2}+\frac{b^3}{m_b^2}+\frac{c^3}{m_c^2}$$

例 4.43　在$\triangle ABC$中,试证明

$$\frac{b^3+c^3}{w_a^2}+\frac{a^3+c^3}{w_b^2}+\frac{a^3+b^3}{w_c^2}\geqslant\frac{8r^2}{p}\cdot\frac{R}{r}\left(\frac{2R}{r}+5\right)$$

证明　由例 3.24 知

$$(b^3+c^3)r_a+(a^3+c^3)r_b+(a^3+b^3)r_c\geqslant 8\Delta r^2\cdot\frac{R}{r}\left(\frac{2R}{r}+5\right)$$

上式两边同乘$\frac{1}{r_ar_br_c}$,并整理得

$$\frac{b^3+c^3}{r_br_c}+\frac{a^3+c^3}{r_cr_a}+\frac{a^3+b^3}{r_ar_b}\geqslant\frac{8r^2}{p}\cdot\frac{R}{r}\left(\frac{2R}{r}+5\right)$$

在$\triangle ABC$中,可证

$$r_ar_b\geqslant w_c^2,r_br_c\geqslant w_a^2,r_cr_a\geqslant w_b^2$$

从而

$$\frac{b^3+c^3}{w_a^2}+\frac{a^3+c^3}{w_b^2}+\frac{a^3+b^3}{w_c^2}\geqslant\frac{8r^2}{p}\cdot\frac{R}{r}\left(\frac{2R}{r}+5\right)$$

例 4.44　在$\triangle ABC$中,试证明

$$\frac{16r^2}{p}\left[\left(\frac{R}{r}\right)^3+1\right]\geqslant\frac{b^3+c^3}{m_a^2}+\frac{a^3+c^3}{m_b^2}+\frac{a^3+b^3}{m_c^2}$$

证明　由例 3.24 知

$$16\Delta r^2\left[\left(\frac{R}{r}\right)^3+1\right]\geqslant(b^3+c^3)r_a+(a^3+c^3)r_b+(a^3+b^3)r_c$$

上式两边同乘$\frac{1}{r_ar_br_c}$,并整理得

$$\frac{16r^2}{p}\left[\left(\frac{R}{r}\right)^3+1\right]\geqslant\frac{b^3+c^3}{r_br_c}+\frac{a^3+c^3}{r_cr_a}+\frac{a^3+b^3}{r_ar_b}$$

在$\triangle ABC$中，可证

$$r_ar_b\leqslant m_c^2,r_br_c\leqslant m_a^2,r_cr_a\leqslant m_b^2$$

从而

$$\frac{16r^2}{p}\left[\left(\frac{R}{r}\right)^3+1\right]\geqslant\frac{b^3+c^3}{m_a^2}+\frac{a^3+c^3}{m_b^2}+\frac{a^3+b^3}{m_c^2}$$

例 4.45 在$\triangle ABC$中，试证明

$$\frac{a^4}{w_a}+\frac{b^4}{w_b}+\frac{c^4}{w_c}\geqslant 4r^3\left[5\left(\frac{R}{r}\right)^2+16\right]$$

证明 由例 3.25 知

$$\frac{a^4}{r_b+r_c}+\frac{b^4}{r_c+r_a}+\frac{c^4}{r_a+r_b}\geqslant 2r^3\left[5\left(\frac{R}{r}\right)^2+16\right]$$

在$\triangle ABC$中，可证

$$r_a+r_b\geqslant 2w_c,r_b+r_c\geqslant 2w_a,r_c+r_a\geqslant 2w_b$$

从而

$$\frac{a^4}{w_a}+\frac{b^4}{w_b}+\frac{c^4}{w_c}\geqslant 4r^3\left[5\left(\frac{R}{r}\right)^2+16\right]$$

例 4.46 在$\triangle ABC$中，试证明

$$\frac{b^4+c^4}{w_a}+\frac{c^4+a^4}{w_b}+\frac{a^4+b^4}{w_c}\geqslant\frac{4r^4}{R}\left[33\left(\frac{R}{r}\right)^2+12\right]$$

证明 由例 3.26 知

$$\frac{b^4+c^4}{r_b+r_c}+\frac{c^4+a^4}{r_c+r_a}+\frac{a^4+b^4}{r_a+r_b}\geqslant\frac{2r^4}{R}\left[33\left(\frac{R}{r}\right)^2+12\right]$$

在$\triangle ABC$中，可证

$$r_a+r_b\geqslant 2w_c,r_b+r_c\geqslant 2w_a,r_c+r_a\geqslant 2w_b$$

从而

$$\frac{b^4+c^4}{w_a}+\frac{c^4+a^4}{w_b}+\frac{a^4+b^4}{w_c}\geqslant\frac{4r^4}{R}\left[33\left(\frac{R}{r}\right)^2+12\right]$$

例 4.47 在$\triangle ABC$中，试证明

$$\frac{bc(b^4+c^4)}{w_a^2}+\frac{ca(c^4+a^4)}{w_b^2}+\frac{ab(a^4+b^4)}{w_c^2}\geqslant 8r^4\left[33\left(\frac{R}{r}\right)^2+12\right]$$

证明 由例 3.26 知

$$\frac{b^4+c^4}{r_b+r_c}+\frac{c^4+a^4}{r_c+r_a}+\frac{a^4+b^4}{r_a+r_b}\geqslant\frac{2r^4}{R}\left[33\left(\frac{R}{r}\right)^2+12\right]$$

上式可变为

$$\frac{r_a(b^4+c^4)}{r_ar_b+r_ar_c}+\frac{r_b(c^4+a^4)}{r_br_c+r_br_a}+\frac{r_c(a^4+b^4)}{r_cr_a+r_cr_b}\geqslant\frac{2r^4}{R}\left[33\left(\frac{R}{r}\right)^2+12\right]$$

即

$$\frac{r_a(b^4+c^4)}{pa}+\frac{r_b(c^4+a^4)}{pb}+\frac{r_c(a^4+b^4)}{pc}\geqslant\frac{2r^4}{R}\left[33\left(\frac{R}{r}\right)^2+12\right]$$

上式两边同乘$\frac{pabc}{r_ar_br_c}$,并整理得

$$\frac{bc(b^4+c^4)}{r_br_c}+\frac{ca(c^4+a^4)}{r_cr_a}+\frac{ab(a^4+b^4)}{r_ar_b}\geqslant 8r^4\left[33\left(\frac{R}{r}\right)^2+12\right]$$

在$\triangle ABC$中,可证

$$r_ar_b\geqslant w_c^2,r_br_c\geqslant w_a^2,r_cr_a\geqslant w_b^2$$

从而

$$\frac{bc(b^4+c^4)}{w_a^2}+\frac{ca(c^4+a^4)}{w_b^2}+\frac{ab(a^4+b^4)}{w_c^2}\geqslant 8r^4\left[33\left(\frac{R}{r}\right)^2+12\right]$$

例 4.48　在$\triangle ABC$中,试证明

$$2r^4\left[48\left(\frac{R}{r}\right)^4-44\left(\frac{R}{r}\right)^2-\frac{3R}{r}-10\right]\geqslant$$
$$\frac{bc(b^4+c^4)}{m_a^2}+\frac{ca(c^4+a^4)}{m_b^2}+\frac{ab(a^4+b^4)}{m_c^2}$$

证明　由例3.26知

$$\frac{r^4}{2R}\left[48\left(\frac{R}{r}\right)^4-44\left(\frac{R}{r}\right)^2-\frac{3R}{r}-10\right]\geqslant\frac{b^4+c^4}{r_b+r_c}+\frac{c^4+a^4}{r_c+r_a}+\frac{a^4+b^4}{r_a+r_b}$$

上式可变为

$$\frac{r^4}{2R}\left[48\left(\frac{R}{r}\right)^4-44\left(\frac{R}{r}\right)^2-\frac{3R}{r}-10\right]\geqslant\frac{r_a(b^4+c^4)}{r_ar_b+r_ar_c}+\frac{r_b(c^4+a^4)}{r_br_c+r_br_a}+\frac{r_c(a^4+b^4)}{r_cr_a+r_cr_b}$$

即

$$\frac{r^4}{2R}\left[48\left(\frac{R}{r}\right)^4-44\left(\frac{R}{r}\right)^2-\frac{3R}{r}-10\right]\geqslant\frac{r_a(b^4+c^4)}{pa}+\frac{r_b(c^4+a^4)}{pb}+\frac{r_c(a^4+b^4)}{pc}$$

上式两边同乘$\frac{pabc}{r_ar_br_c}$,并整理得

$$2r^4\left[48\left(\frac{R}{r}\right)^4-44\left(\frac{R}{r}\right)^2-\frac{3R}{r}-10\right]\geqslant$$
$$\frac{bc(b^4+c^4)}{r_br_c}+\frac{ca(c^4+a^4)}{r_cr_a}+\frac{ab(a^4+b^4)}{r_ar_b}$$

在$\triangle ABC$中,可证

$$r_ar_b\leqslant m_c^2,r_br_c\leqslant m_a^2,r_cr_a\leqslant m_b^2$$

从而

$$2r^4\left[48\left(\frac{R}{r}\right)^4-44\left(\frac{R}{r}\right)^2-\frac{3R}{r}-10\right]\geqslant$$
$$\frac{bc(b^4+c^4)}{m_a^2}+\frac{ca(c^4+a^4)}{m_b^2}+\frac{ab(a^4+b^4)}{m_c^2}$$

例 4.49 在$\triangle ABC$中，试证明

$$\frac{a^4}{w_a^2}+\frac{b^4}{w_b^2}+\frac{c^4}{w_c^2}\geqslant 4r^2\left[\left(\frac{16R}{r}-5\right)\left(\frac{R}{r}-2\right)+\frac{5R}{r}+2\right]$$

证明 由例 3.27 知

$$a^4r_a+b^4r_b+c^4r_c\geqslant 4\Delta^2 r\left[\left(\frac{16R}{r}-5\right)\left(\frac{R}{r}-2\right)+\frac{5R}{r}+2\right]$$

上式两边同乘$\frac{1}{r_ar_br_c}$，并整理得

$$\frac{a^4}{r_br_c}+\frac{b^4}{r_cr_a}+\frac{c^4}{r_ar_b}\geqslant 4r^2\left[\left(\frac{16R}{r}-5\right)\left(\frac{R}{r}-2\right)+\frac{5R}{r}+2\right]$$

在$\triangle ABC$中，可证

$$r_ar_b\geqslant w_c^2, r_br_c\geqslant w_a^2, r_cr_a\geqslant w_b^2$$

从而

$$\frac{a^4}{w_a^2}+\frac{b^4}{w_b^2}+\frac{c^4}{w_c^2}\geqslant 4r^2\left[\left(\frac{16R}{r}-5\right)\left(\frac{R}{r}-2\right)+\frac{5R}{r}+2\right]$$

例 4.50 在$\triangle ABC$中，试证明

$$4r^2\left\{\left[4\left(\frac{R}{r}\right)^2+\frac{4R}{r}+3\right]\left(\frac{R}{r}-2\right)+\frac{5R}{r}+2\right\}\geqslant\frac{a^4}{m_a^2}+\frac{b^4}{m_b^2}+\frac{c^4}{m_c^2}$$

证明 由例 3.27 知

$$4\Delta^2 r\left\{\left[4\left(\frac{R}{r}\right)^2+\frac{4R}{r}+3\right]\left(\frac{R}{r}-2\right)+\frac{5R}{r}+2\right\}\geqslant a^4r_a+b^4r_b+c^4r_c$$

上式两边同乘$\frac{1}{r_ar_br_c}$，并整理得

$$4r^2\left\{\left[4\left(\frac{R}{r}\right)^2+\frac{4R}{r}+3\right]\left(\frac{R}{r}-2\right)+\frac{5R}{r}+2\right\}\geqslant\frac{a^4}{r_br_c}+\frac{b^4}{r_cr_a}+\frac{c^4}{r_ar_b}$$

在$\triangle ABC$中，可证

$$r_ar_b\leqslant m_c^2, r_br_c\leqslant m_a^2, r_cr_a\leqslant m_b^2$$

从而

$$4r^2\left\{\left[4\left(\frac{R}{r}\right)^2+\frac{4R}{r}+3\right]\left(\frac{R}{r}-2\right)+\frac{5R}{r}+2\right\}\geqslant\frac{a^4}{m_a^2}+\frac{b^4}{m_b^2}+\frac{c^4}{m_c^2}$$

例 4.51 在$\triangle ABC$中，试证明

$$\frac{b^4+c^4}{w_a^2}+\frac{a^4+c^4}{w_b^2}+\frac{a^4+b^4}{w_c^2}\geqslant 16r^2\left(\frac{5R}{r}-4\right)$$

证明　由例 3.28 知

$$(b^4+c^4)r_a+(a^4+c^4)r_b+(a^4+b^4)r_c\geqslant 16\Delta^2 r\left(\frac{5R}{r}-4\right)$$

上式两边同乘$\frac{1}{r_a r_b r_c}$，并整理得

$$\frac{b^4+c^4}{r_b r_c}+\frac{a^4+c^4}{r_c r_a}+\frac{a^4+b^4}{r_a r_b}\geqslant 16r^2\left(\frac{5R}{r}-4\right)$$

在$\triangle ABC$中，可证

$$r_a r_b\geqslant w_c^2, r_b r_c\geqslant w_a^2, r_c r_a\geqslant w_b^2$$

从而

$$\frac{b^4+c^4}{w_a^2}+\frac{a^4+c^4}{w_b^2}+\frac{a^4+b^4}{w_c^2}\geqslant 16r^2\left(\frac{5R}{r}-4\right)$$

例 4.52　在$\triangle ABC$中，试证明

$$16r^2\frac{R}{r}\left(\frac{R}{r}+1\right)\left(\frac{R}{r}-1\right)\geqslant\frac{b^4+c^4}{m_a^2}+\frac{a^4+c^4}{m_b^2}+\frac{a^4+b^4}{m_c^2}$$

证明　由例 3.28 知

$$16\Delta^2 r\cdot\frac{R}{r}\left(\frac{R}{r}+1\right)\left(\frac{R}{r}-1\right)\geqslant(b^4+c^4)r_a+(a^4+c^4)r_b+(a^4+b^4)r_c$$

上式两边同乘$\frac{1}{r_a r_b r_c}$，并整理得

$$16r^2\frac{R}{r}\left(\frac{R}{r}+1\right)\left(\frac{R}{r}-1\right)\geqslant\frac{b^4+c^4}{r_b r_c}+\frac{a^4+c^4}{r_c r_a}+\frac{a^4+b^4}{r_a r_b}$$

在$\triangle ABC$中，可证

$$r_a r_b\leqslant m_c^2, r_b r_c\leqslant m_a^2, r_c r_a\leqslant m_b^2$$

从而

$$16r^2\frac{R}{r}\left(\frac{R}{r}+1\right)\left(\frac{R}{r}-1\right)\geqslant\frac{b^4+c^4}{m_a^2}+\frac{a^4+c^4}{m_b^2}+\frac{a^4+b^4}{m_c^2}$$

例 4.53　在$\triangle ABC$中，试证明

$$\frac{a^5}{w_a}+\frac{b^5}{w_b}+\frac{c^5}{w_c}\geqslant 8\Delta r^2\left[\left(\frac{16R}{r}-5\right)\left(\frac{R}{r}-2\right)+\frac{5R}{r}+2\right]$$

证明　由例 3.29 知

$$\frac{a^5}{r_b+r_c}+\frac{b^5}{r_c+r_a}+\frac{c^5}{r_a+r_b}\geqslant 4\Delta r^2\left[\left(\frac{16R}{r}-5\right)\left(\frac{R}{r}-2\right)+\frac{5R}{r}+2\right]$$

在$\triangle ABC$中，可证

$$r_a+r_b\geqslant 2w_c, r_b+r_c\geqslant 2w_a, r_c+r_a\geqslant 2w_b$$

从而

$$\frac{a^5}{w_a}+\frac{b^5}{w_b}+\frac{c^5}{w_c}\geqslant 8\Delta r^2\left[\left(\frac{16R}{r}-5\right)\left(\frac{R}{r}-2\right)+\frac{5R}{r}+2\right]$$

例 4.54 在$\triangle ABC$中，试证明

$$\frac{a^5}{w_a^2}+\frac{b^5}{w_b^2}+\frac{c^5}{w_c^2}\geqslant 2\Delta r\left[32\left(\frac{R}{r}\right)^2-\frac{73R}{r}+34\right]$$

证明 由例 3.30 知

$$a^5r_a+b^5r_b+c^5r_c\geqslant 2\Delta^3\left[32\left(\frac{R}{r}\right)^2-\frac{73R}{r}+34\right]$$

上式两边同乘$\frac{1}{r_ar_br_c}$，并整理得

$$\frac{a^5}{r_br_c}+\frac{b^5}{r_cr_a}+\frac{c^5}{r_ar_b}\geqslant 2\Delta r\left[32\left(\frac{R}{r}\right)^2-\frac{73R}{r}+34\right]$$

在$\triangle ABC$中，可证

$$r_ar_b\geqslant w_c^2,r_br_c\geqslant w_a^2,r_cr_a\geqslant w_b^2$$

从而

$$\frac{a^5}{w_a^2}+\frac{b^5}{w_b^2}+\frac{c^5}{w_c^2}\geqslant 2\Delta r\left[32\left(\frac{R}{r}\right)^2-\frac{73R}{r}+34\right]$$

例 4.55 在$\triangle ABC$中，试证明

$$8\Delta r\left[2\left(\frac{R}{r}\right)^3-3\left(\frac{R}{r}\right)^2+\frac{R}{r}-2\right]\geqslant\frac{a^5}{m_a^2}+\frac{b^5}{m_b^2}+\frac{c^5}{m_c^2}$$

证明 由例 3.30 知

$$8\Delta^3\left[2\left(\frac{R}{r}\right)^3-3\left(\frac{R}{r}\right)^2+\frac{R}{r}-2\right]\geqslant a^5r_a+b^5r_b+c^5r_c$$

上式两边同乘$\frac{1}{r_ar_br_c}$，并整理得

$$8\Delta r\left[2\left(\frac{R}{r}\right)^3-3\left(\frac{R}{r}\right)^2+\frac{R}{r}-2\right]\geqslant\frac{a^5}{r_br_c}+\frac{b^5}{r_cr_a}+\frac{c^5}{r_ar_b}$$

在$\triangle ABC$中，可证

$$r_ar_b\leqslant m_c^2,r_br_c\leqslant m_a^2,r_cr_a\leqslant m_b^2$$

从而

$$8\Delta r\left[2\left(\frac{R}{r}\right)^3-3\left(\frac{R}{r}\right)^2+\frac{R}{r}-2\right]\geqslant\frac{a^5}{m_a^2}+\frac{b^5}{m_b^2}+\frac{c^5}{m_c^2}$$

例 4.56 在$\triangle ABC$中，试证明

$$\frac{a^6}{w_a}+\frac{b^6}{w_b}+\frac{c^6}{w_c}\geqslant 4\Delta^2r\left[32\left(\frac{R}{r}\right)^2-\frac{73R}{r}+34\right]$$

证明 由例 3.31 知

$$\frac{a^6}{r_b+r_c}+\frac{b^6}{r_c+r_a}+\frac{c^6}{r_a+r_b}\geqslant 2\Delta^2r\left[32\left(\frac{R}{r}\right)^2-\frac{73R}{r}+34\right]$$

在$\triangle ABC$中，可证

$$r_a+r_b\geqslant 2w_c,\ r_b+r_c\geqslant 2w_a,\ r_c+r_a\geqslant 2w_b$$

从而

$$\frac{a^6}{w_a}+\frac{b^6}{w_b}+\frac{c^6}{w_c}\geqslant 4\Delta^2 r\left[32\left(\frac{R}{r}\right)^2-\frac{73R}{r}+34\right]$$

例 4.57　在$\triangle ABC$中，试证明

$$\frac{a}{w_a^4}+\frac{b}{w_b^4}+\frac{c}{w_c^4}\geqslant\frac{6}{p^3}\left(\frac{R}{r}+1\right)\left(\frac{R}{r}-1\right)$$

证明　由例 3.32 知

$$ar_a^2+br_b^2+cr_c^2\geqslant 6\Delta r\left(\frac{R}{r}+1\right)\left(\frac{R}{r}-1\right)$$

上式两边同乘$\frac{1}{r_a^2r_b^2r_c^2}$，并整理得

$$\frac{a}{r_b^2r_c^2}+\frac{b}{r_a^2r_c^2}+\frac{c}{r_a^2r_b^2}\geqslant\frac{6}{p^3}\left(\frac{R}{r}+1\right)\left(\frac{R}{r}-1\right)$$

在$\triangle ABC$中，可证

$$r_ar_b\geqslant w_c^2,\ r_br_c\geqslant w_a^2,\ r_cr_a\geqslant w_b^2$$

从而

$$\frac{a}{w_a^4}+\frac{b}{w_b^4}+\frac{c}{w_c^4}\geqslant\frac{6}{p^3}\left(\frac{R}{r}+1\right)\left(\frac{R}{r}-1\right)$$

例 4.58　在$\triangle ABC$中，试证明

$$\frac{2}{p^3}\cdot\frac{R}{2r}\left(\frac{16R}{r}-23\right)\geqslant\frac{a}{m_a^4}+\frac{b}{m_b^4}+\frac{c}{m_c^4}$$

证明　由例 3.32 知

$$2\Delta r\cdot\frac{R}{2r}\left(\frac{16R}{r}-23\right)\geqslant ar_a^2+br_b^2+cr_c^2$$

上式两边同乘$\frac{1}{r_a^2r_b^2r_c^2}$，并整理得

$$\frac{2}{p^3}\cdot\frac{R}{2r}\left(\frac{16R}{r}-23\right)\geqslant\frac{a}{r_b^2r_c^2}+\frac{b}{r_a^2r_c^2}+\frac{c}{r_a^2r_b^2}$$

在$\triangle ABC$中，可证

$$r_ar_b\leqslant m_c^2,\ r_br_c\leqslant m_a^2,\ r_cr_a\leqslant m_b^2$$

从而

$$\frac{2}{p^3}\cdot\frac{R}{2r}\left(\frac{16R}{r}-23\right)\geqslant\frac{a}{m_a^4}+\frac{b}{m_b^4}+\frac{c}{m_c^4}$$

例 4.59　在$\triangle ABC$中，试证明

$$\frac{2}{p^3}\cdot\frac{R}{r}\left(\frac{8R}{r}-7\right)\geqslant\frac{b+c}{m_a^4}+\frac{a+c}{m_b^4}+\frac{a+b}{m_c^4}$$

证明 由例 3.33 知

$$2\Delta r\cdot\frac{R}{r}\left(\frac{8R}{r}-7\right)\geqslant(b+c)r_a^2+(a+c)r_b^2+(a+b)r_c^2$$

上式两边同乘$\frac{1}{r_a^2r_b^2r_c^2}$,并整理得

$$\frac{2}{p^3}\cdot\frac{R}{r}\left(\frac{8R}{r}-7\right)\geqslant\frac{b+c}{r_b^2r_c^2}+\frac{a+c}{r_a^2r_c^2}+\frac{a+b}{r_a^2r_b^2}$$

在$\triangle ABC$中,可证

$$r_ar_b\leqslant m_c^2,r_br_c\leqslant m_a^2,r_cr_a\leqslant m_b^2$$

从而

$$\frac{2}{p^3}\cdot\frac{R}{r}\left(\frac{8R}{r}-7\right)\geqslant\frac{b+c}{m_a^4}+\frac{a+c}{m_b^4}+\frac{a+b}{m_c^4}$$

例 4.60 在$\triangle ABC$中,试证明

$$\frac{b+c}{w_a^4}+\frac{a+c}{w_b^4}+\frac{a+b}{w_c^4}\geqslant\frac{2}{p^3}\cdot\frac{R}{r}\left(\frac{4R}{r}+1\right)$$

证明 在例 3.33 中

$$(b+c)r_a^2+(a+c)r_b^2+(a+b)r_c^2\geqslant 2\Delta r\cdot\frac{R}{r}\left(\frac{4R}{r}+1\right)$$

上式两边同乘$\frac{1}{r_a^2r_b^2r_c^2}$,并整理得

$$\frac{b+c}{r_b^2r_c^2}+\frac{a+c}{r_a^2r_c^2}+\frac{a+b}{r_a^2r_b^2}\geqslant\frac{2}{p^3}\cdot\frac{R}{r}\left(\frac{4R}{r}+1\right)$$

在$\triangle ABC$中,可证

$$r_ar_b\geqslant w_c^2,r_br_c\geqslant w_a^2,r_cr_a\geqslant w_b^2$$

从而

$$\frac{b+c}{w_a^4}+\frac{a+c}{w_b^4}+\frac{a+b}{w_c^4}\geqslant\frac{2}{p^3}\cdot\frac{R}{r}\left(\frac{4R}{r}+1\right)$$

例 4.61 在$\triangle ABC$中,试证明

$$\frac{a^2r_a}{w_a}+\frac{b^2r_b}{w_b}+\frac{c^2r_c}{w_c}\geqslant 12r^2\left(\frac{R}{r}+1\right)\left(\frac{R}{r}-1\right)$$

证明 由例 3.34 知

$$\frac{a^2r_a}{r_b+r_c}+\frac{b^2r_b}{r_c+r_a}+\frac{c^2r_c}{r_a+r_b}\geqslant 6r^2\left(\frac{R}{r}+1\right)\left(\frac{R}{r}-1\right)$$

在$\triangle ABC$中,可证

$$r_a+r_b\geqslant 2w_c,r_b+r_c\geqslant 2w_a,r_c+r_a\geqslant 2w_b$$

从而

$$\frac{a^2 r_a}{w_a}+\frac{b^2 r_b}{w_b}+\frac{c^2 r_c}{w_c}\geqslant 12r^2\left(\frac{R}{r}+1\right)\left(\frac{R}{r}-1\right)$$

例 4.62　在$\triangle ABC$中，试证明

$$\frac{a^2}{w_a^3}+\frac{b^2}{w_b^3}+\frac{c^2}{w_c^3}\geqslant\frac{12r}{p^2}\left(\frac{4R}{r}+1\right)$$

证明　由例 4.61 知

$$\frac{a^2 r_a}{w_a}+\frac{b^2 r_b}{w_b}+\frac{c^2 r_c}{w_c}\geqslant 12r^2\left(\frac{R}{r}+1\right)\left(\frac{R}{r}-1\right)$$

上式两边同乘$\frac{1}{r_a r_b r_c}$，并整理得

$$\frac{a^2}{r_b r_c w_a}+\frac{b^2}{r_a r_c w_b}+\frac{c^2}{r_a r_b w_c}\geqslant\frac{12r}{p^2}\left(\frac{4R}{r}+1\right)$$

在$\triangle ABC$中，可证

$$r_a r_b\geqslant w_c^2,r_b r_c\geqslant w_a^2,r_c r_a\geqslant w_b^2$$

从而

$$\frac{a^2}{w_a^3}+\frac{b^2}{w_b^3}+\frac{c^2}{w_c^3}\geqslant\frac{12r}{p^2}\left(\frac{4R}{r}+1\right)$$

例 4.63　在$\triangle ABC$中，试证明

$$\frac{c^2 r_c+b^2 r_b}{w_a}+\frac{c^2 r_c+a^2 r_a}{w_b}+\frac{b^2 r_b+a^2 r_a}{w_c}\geqslant 2r^2\left(\frac{36R}{r}-38+\frac{4r}{R}\right)$$

证明　由例 3.35 知

$$\frac{c^2 r_c+b^2 r_b}{r_b+r_c}+\frac{c^2 r_c+a^2 r_a}{r_c+r_a}+\frac{b^2 r_b+a^2 r_a}{r_a+r_b}\geqslant r^2\left(\frac{36R}{r}-38+\frac{4r}{R}\right)$$

在$\triangle ABC$中，可证

$$r_a+r_b\geqslant 2w_c,r_b+r_c\geqslant 2w_a,r_c+r_a\geqslant 2w_b$$

从而

$$\frac{c^2 r_c+b^2 r_b}{w_a}+\frac{c^2 r_c+a^2 r_a}{w_b}+\frac{b^2 r_b+a^2 r_a}{w_c}\geqslant 2r^2\left(\frac{36R}{r}-38+\frac{4r}{R}\right)$$

例 4.64　在$\triangle ABC$中，试证明

$$\frac{bc(c^2m_b^2+b^2m_c^2)+ca(c^2m_a^2+a^2m_c^2)+ab(b^2m_a^2+a^2m_b^2)}{4rR\Delta^2}\geqslant\frac{36R}{r}-38+\frac{4r}{R}$$

证明　由例 3.35 知

$$\frac{c^2 r_c+b^2 r_b}{r_b+r_c}+\frac{c^2 r_c+a^2 r_a}{r_c+r_a}+\frac{b^2 r_b+a^2 r_a}{r_a+r_b}\geqslant r^2\left(\frac{36R}{r}-38+\frac{4r}{R}\right)$$

上式可变为

$$\frac{c^2 r_a r_c+b^2 r_a r_b}{r_a r_b+r_a r_c}+\frac{c^2 r_b r_c+a^2 r_b r_a}{r_b r_c+r_b r_a}+\frac{b^2 r_c r_b+a^2 r_c r_a}{r_c r_a+r_c r_b}\geqslant r^2\left(\frac{36R}{r}-38+\frac{4r}{R}\right)$$

即

$$\frac{c^2r_ar_c+b^2r_ar_b}{pa}+\frac{c^2r_br_c+a^2r_br_a}{pb}+\frac{b^2r_cr_b+a^2r_cr_a}{pc}\geqslant r^2\left(\frac{36R}{r}-38+\frac{4r}{R}\right)$$

上式两边同乘 $pabc$ 并整理得

$$bc(c^2r_ar_c+b^2r_ar_b)+ca(c^2r_br_c+a^2r_br_a)+ab(b^2r_cr_b+a^2r_cr_a)\geqslant 4rR\Delta^2\left(\frac{36R}{r}-38+\frac{4r}{R}\right)$$

在$\triangle ABC$中,可证

$$r_ar_b\leqslant m_c^2,r_br_c\leqslant m_a^2,r_cr_a\leqslant m_b^2$$

从而

$$\frac{bc(c^2m_b^2+b^2m_c^2)+ca(c^2m_a^2+a^2m_c^2)+ab(b^2m_a^2+a^2m_b^2)}{4rR\Delta^2}\geqslant\frac{36R}{r}-38+\frac{4r}{R}$$

例 4.65 在$\triangle ABC$中,试证明

$$12\left(\frac{R}{r}\right)^2-\frac{4R}{r}-2-\frac{4r}{R}\geqslant\frac{bc(c^2w_b^2+b^2w_c^2)+ca(c^2w_a^2+a^2w_c^2)+ab(b^2w_a^2+a^2w_b^2)}{4rR\Delta^2}$$

证明 由例 3.35 知

$$r^2\left[12\left(\frac{R}{r}\right)^2-\frac{4R}{r}-2-\frac{4r}{R}\right]\geqslant\frac{c^2r_c+b^2r_b}{r_b+r_c}+\frac{c^2r_c+a^2r_a}{r_c+r_a}+\frac{b^2r_b+a^2r_a}{r_a+r_b}$$

上式可变为

$$r^2\left[12\left(\frac{R}{r}\right)^2-\frac{4R}{r}-2-\frac{4r}{R}\right]\geqslant\frac{c^2r_ar_c+b^2r_ar_b}{r_ar_b+r_ar_c}+\frac{c^2r_br_c+a^2r_br_a}{r_br_c+r_br_a}+\frac{b^2r_cr_b+a^2r_cr_a}{r_cr_a+r_cr_b}$$

即

$$r^2\left[12\left(\frac{R}{r}\right)^2-\frac{4R}{r}-2-\frac{4r}{R}\right]\geqslant\frac{c^2r_ar_c+b^2r_ar_b}{pa}+\frac{c^2r_br_c+a^2r_br_a}{pb}+\frac{b^2r_cr_b+a^2r_cr_a}{pc}$$

上式两边同乘 $pabc$ 并整理得

$$4r^2\Delta^2\left[12\left(\frac{R}{r}\right)^3-4\left(\frac{R}{r}\right)^2-\frac{2R}{r}-4\right]\geqslant$$

$$bc(c^2r_ar_c+b^2r_ar_b)+ca(c^2r_br_c+a^2r_br_a)+ab(b^2r_cr_b+a^2r_cr_a)$$

在$\triangle ABC$中,可证

$$r_ar_b\geqslant w_c^2,r_br_c\geqslant w_a^2,r_cr_a\geqslant w_b^2$$

从而

$$12\left(\frac{R}{r}\right)^2-\frac{4R}{r}-2-\frac{4r}{R}\geqslant\frac{bc(c^2w_b^2+b^2w_c^2)+ca(c^2w_a^2+a^2w_c^2)+ab(b^2w_a^2+a^2w_b^2)}{4rR\Delta^2}$$

例 4.66 在$\triangle ABC$中,试证明

$$\frac{a^2}{w_a^4}+\frac{b^2}{w_b^4}+\frac{c^2}{w_c^4}\geqslant\frac{1}{p^2}\cdot\frac{R}{r}\left(\frac{7R}{r}-8\right)$$

证明 由例 3.36 知

$$a^2r_a^2+b^2r_b^2+c^2r_c^2\geqslant\Delta^2\ \frac{R}{r}\left(\frac{7R}{r}-8\right)$$

上式两边同乘$\frac{1}{r_a^2r_b^2r_c^2}$,并整理得

$$\frac{a^2}{r_b^2r_c^2}+\frac{b^2}{r_a^2r_c^2}+\frac{c^2}{r_a^2r_b^2}\geqslant\frac{1}{p^2}\cdot\frac{R}{r}\left(\frac{7R}{r}-8\right)$$

在$\triangle ABC$中,可证

$$r_ar_b\geqslant w_c^2, r_br_c\geqslant w_a^2, r_cr_a\geqslant w_b^2$$

从而

$$\frac{a^2}{w_a^4}+\frac{b^2}{w_b^4}+\frac{c^2}{w_c^4}\geqslant\frac{1}{p^2}\cdot\frac{R}{r}\left(\frac{7R}{r}-8\right)$$

例 4.67　在$\triangle ABC$中,试证明

$$\frac{2}{p^2}\left[8\left(\frac{R}{r}\right)^2-\frac{16R}{r}+6\right]\geqslant\frac{a^2}{m_a^4}+\frac{b^2}{m_b^4}+\frac{c^2}{m_c^4}$$

证明　由例 3.36 知

$$2\Delta^2\left[8\left(\frac{R}{r}\right)^2-\frac{16R}{r}+6\right]\geqslant a^2r_a^2+b^2r_b^2+c^2r_c^2$$

上式两边同乘$\frac{1}{r_a^2r_b^2r_c^2}$,并整理得

$$\frac{2}{p^2}\left[8\left(\frac{R}{r}\right)^2-\frac{16R}{r}+6\right]\geqslant\frac{a^2}{r_b^2r_c^2}+\frac{b^2}{r_a^2r_c^2}+\frac{c^2}{r_a^2r_b^2}$$

在$\triangle ABC$中,可证

$$r_ar_b\leqslant m_c^2, r_br_c\leqslant m_a^2, r_cr_a\leqslant m_b^2$$

从而

$$\frac{2}{p^2}\left[8\left(\frac{R}{r}\right)^2-\frac{16R}{r}+6\right]\geqslant\frac{a^2}{m_a^4}+\frac{b^2}{m_b^4}+\frac{c^2}{m_c^4}$$

例 4.68　在$\triangle ABC$中,试证明

$$\frac{b^2+c^2}{w_a^4}+\frac{a^2+c^2}{w_b^4}+\frac{a^2+b^2}{w_c^4}\geqslant\frac{2}{p^2}\left(\frac{7R}{r}-2\right)$$

证明　由例 3.37 知

$$(b^2+c^2)r_a^2+(a^2+c^2)r_b^2+(a^2+b^2)r_c^2\geqslant2\Delta^2\left(\frac{7R}{r}-2\right)$$

上式两边同乘$\frac{1}{r_a^2r_b^2r_c^2}$,并整理得

$$\frac{b^2+c^2}{r_b^2r_c^2}+\frac{a^2+c^2}{r_a^2r_c^2}+\frac{a^2+b^2}{r_a^2r_b^2}\geqslant\frac{2}{p^2}\left(\frac{7R}{r}-2\right)$$

在$\triangle ABC$中,可证

$$r_a r_b \geqslant w_c^2, r_b r_c \geqslant w_a^2, r_c r_a \geqslant w_b^2$$

从而

$$\frac{b^2+c^2}{w_a^4}+\frac{a^2+c^2}{w_b^4}+\frac{a^2+b^2}{w_c^4} \geqslant \frac{2}{p^2} \cdot \left(\frac{7R}{r}-2\right)$$

例 4.69 在$\triangle ABC$中,试证明

$$\frac{4}{p^2} \cdot \frac{R}{r}\left(\frac{4R}{r}-5\right) \geqslant \frac{b^2+c^2}{m_a^4}+\frac{a^2+c^2}{m_b^4}+\frac{a^2+b^2}{m_c^4}$$

证明 由例 3.37 知

$$4\Delta^2 \cdot \frac{R}{r}\left(\frac{4R}{r}-5\right) \geqslant (b^2+c^2) r_a^2+(a^2+c^2) r_b^2+(a^2+b^2) r_c^2$$

上式两边同乘$\frac{1}{r_a^2 r_b^2 r_c^2}$,并整理得

$$\frac{4}{p^2} \cdot \frac{R}{r}\left(\frac{4R}{r}-5\right) \geqslant \frac{b^2+c^2}{r_b^2 r_c^2}+\frac{a^2+c^2}{r_a^2 r_c^2}+\frac{a^2+b^2}{r_a^2 r_b^2}$$

在$\triangle ABC$中,可证

$$r_a r_b \leqslant m_c^2, r_b r_c \leqslant m_a^2, r_c r_a \leqslant m_b^2$$

从而

$$\frac{4}{p^2} \cdot \frac{R}{r}\left(\frac{4R}{r}-5\right) \geqslant \frac{b^2+c^2}{m_a^4}+\frac{a^2+c^2}{m_b^4}+\frac{a^2+b^2}{m_c^4}$$

例 4.70 在$\triangle ABC$中,试证明

$$\frac{a^3 r_a}{w_a}+\frac{b^3 r_b}{w_b}+\frac{c^3 r_c}{w_c} \geqslant 2\Delta r \cdot \frac{R}{r}\left(\frac{7R}{r}-8\right)$$

证明 由例 3.38 知

$$\frac{a^3 r_a}{r_b+r_c}+\frac{b^3 r_b}{r_c+r_a}+\frac{c^3 r_c}{r_a+r_b} \geqslant \Delta r \cdot \frac{R}{r}\left(\frac{7R}{r}-8\right)$$

在$\triangle ABC$中,可证

$$r_a+r_b \geqslant 2 w_c, r_b+r_c \geqslant 2 w_a, r_c+r_a \geqslant 2 w_b$$

从而

$$\frac{a^3 r_a}{w_a}+\frac{b^3 r_b}{w_b}+\frac{c^3 r_c}{w_c} \geqslant 2\Delta r \cdot \frac{R}{r}\left(\frac{7R}{r}-8\right)$$

例 4.71 在$\triangle ABC$中,试证明

$$\frac{a^3}{w_a^3}+\frac{b^3}{w_b^3}+\frac{c^3}{w_c^3} \geqslant \frac{4\sqrt{3}}{9}\left(\frac{7R}{r}-8\right)$$

证明 由例 4.70 知

$$\frac{a^3 r_a}{w_a}+\frac{b^3 r_b}{w_b}+\frac{c^3 r_c}{w_c} \geqslant 2\Delta r \cdot \frac{R}{r}\left(\frac{7R}{r}-8\right)$$

上式两边同乘$\frac{1}{r_ar_br_c}$，并整理得

$$\frac{a^3}{r_br_cw_a}+\frac{b^3}{r_ar_cw_b}+\frac{c^3}{r_ar_bw_c}\geqslant\frac{2R}{p}\left(\frac{7R}{r}-8\right)$$

在$\triangle ABC$中，可证

$$r_ar_b\geqslant w_c^2, r_br_c\geqslant w_a^2, r_cr_a\geqslant w_b^2$$

从而

$$\frac{a^3}{w_a^3}+\frac{b^3}{w_b^3}+\frac{c^3}{w_c^3}\geqslant\frac{2R}{p}\left(\frac{7R}{r}-8\right)$$

在$\triangle ABC$中，有

$$p\leqslant\frac{3\sqrt{3}}{2}R$$

从而

$$\frac{a^3}{w_a^3}+\frac{b^3}{w_b^3}+\frac{c^3}{w_c^3}\geqslant\frac{4\sqrt{3}}{9}\left(\frac{7R}{r}-8\right)$$

例4.72　在$\triangle ABC$中，试证明

$$\frac{c^3r_c+b^3r_b}{w_a}+\frac{c^3r_c+a^3r_a}{w_b}+\frac{b^3r_b+a^3r_a}{w_c}\geqslant\Delta r\cdot\frac{4r}{R}\left[5\left(\frac{R}{r}\right)^2+4\right]$$

证明　由例3.39知

$$\frac{c^3r_c+b^3r_b}{r_b+r_c}+\frac{c^3r_c+a^3r_a}{r_c+r_a}+\frac{b^3r_b+a^3r_a}{r_a+r_b}\geqslant\Delta r\cdot\frac{2r}{R}\left[5\left(\frac{R}{r}\right)^2+4\right]$$

在$\triangle ABC$中，可证

$$r_a+r_b\geqslant 2w_c, r_b+r_c\geqslant 2w_a, r_c+r_a\geqslant 2w_b$$

从而

$$\frac{c^3r_c+b^3r_b}{w_a}+\frac{c^3r_c+a^3r_a}{w_b}+\frac{b^3r_b+a^3r_a}{w_c}\geqslant\Delta r\cdot\frac{4r}{R}\left[5\left(\frac{R}{r}\right)^2+4\right]$$

例4.73　在$\triangle ABC$中，试证明

$$2\Delta r\left[6\left(\frac{R}{r}\right)^2-\frac{5R}{r}-1-\frac{2r}{R}\right]\geqslant\frac{2w_abc\sqrt{bc}}{r_b+r_c}+\frac{2w_bca\sqrt{ca}}{r_c+r_a}+\frac{2w_cba\sqrt{ba}}{r_a+r_b}$$

证明　由例3.39知

$$\Delta r\cdot\frac{2r}{R}\left[6\left(\frac{R}{r}\right)^3-5\left(\frac{R}{r}\right)^2-\frac{R}{r}-2\right]\geqslant\frac{c^3r_c+b^3r_b}{r_b+r_c}+\frac{c^3r_c+a^3r_a}{r_c+r_a}+\frac{b^3r_b+a^3r_a}{r_a+r_b}$$

由上式易得

$$\Delta r\cdot\frac{2r}{R}\left[6\left(\frac{R}{r}\right)^3-5\left(\frac{R}{r}\right)^2-\frac{R}{r}-2\right]\geqslant\frac{2bc\sqrt{bcr_cr_b}}{r_b+r_c}+\frac{2ca\sqrt{car_cr_a}}{r_c+r_a}+\frac{2ba\sqrt{bar_br_a}}{r_a+r_b}$$

在$\triangle ABC$中，可证

$$r_ar_b\geqslant w_c^2,r_br_c\geqslant w_a^2,r_cr_a\geqslant w_b^2$$

从而

$$2\Delta r\left[6\left(\frac{R}{r}\right)^2-\frac{5R}{r}-1-\frac{2r}{R}\right]\geqslant\frac{2w_abc\sqrt{bc}}{r_b+r_c}+\frac{2w_bca\sqrt{ca}}{r_c+r_a}+\frac{2w_cba\sqrt{ba}}{r_a+r_b}$$

例 4.74 在△ABC 中,试证明

$$6\left(\frac{R}{r}\right)^3-5\left(\frac{R}{r}\right)^2-\frac{R}{r}-2\geqslant\frac{bc(c^3w_b^2+b^3w_c^2)+ac(c^3w_a^2+a^3w_c^2)+ab(b^3w_a^2+a^3w_b^2)}{8\Delta^3r}$$

证明 由例 3.39 知

$$\Delta r\cdot\frac{2r}{R}\left[6\left(\frac{R}{r}\right)^3-5\left(\frac{R}{r}\right)^2-\frac{R}{r}-2\right]\geqslant\frac{c^3r_c+b^3r_b}{r_b+r_c}+\frac{c^3r_c+a^3r_a}{r_c+r_a}+\frac{b^3r_b+a^3r_a}{r_a+r_b}$$

由上式易得

$$\Delta r\cdot\frac{2r}{R}\left[6\left(\frac{R}{r}\right)^3-5\left(\frac{R}{r}\right)^2-\frac{R}{r}-2\right]\geqslant\frac{c^3r_ar_c+b^3r_ar_b}{r_ar_b+r_ar_c}+\frac{c^3r_br_c+a^3r_br_a}{r_br_c+r_br_a}+\frac{b^3r_cr_b+a^3r_cr_a}{r_cr_b+r_ar_c}$$

即

$$\Delta r\cdot\frac{2r}{R}\left[6\left(\frac{R}{r}\right)^3-5\left(\frac{R}{r}\right)^2-\frac{R}{r}-2\right]\geqslant\frac{c^3r_ar_c+b^3r_ar_b}{pa}+\frac{c^3r_br_c+a^3r_br_a}{pb}+\frac{b^3r_cr_b+a^3r_cr_a}{pc}$$

上式两边同乘 $pabc$ 并整理得

$$6\left(\frac{R}{r}\right)^3-5\left(\frac{R}{r}\right)^2-\frac{R}{r}-2\geqslant\frac{bc(c^3r_ar_c+b^3r_ar_b)+ac(c^3r_br_c+a^3r_br_a)+ab(b^3r_cr_b+a^3r_cr_a)}{8\Delta^3r}$$

在△ABC 中,可证

$$r_ar_b\geqslant w_c^2,r_br_c\geqslant w_a^2,r_cr_a\geqslant w_b^2$$

从而

$$6\left(\frac{R}{r}\right)^3-5\left(\frac{R}{r}\right)^2-\frac{R}{r}-2\geqslant\frac{bc(c^3w_b^2+b^3w_c^2)+ac(c^3w_a^2+a^3w_c^2)+ab(b^3w_a^2+a^3w_b^2)}{8\Delta^3r}$$

例 4.75 在△ABC 中,试证明

$$\frac{bc(c^3m_b^2+b^3m_c^2)+ac(c^3m_a^2+a^3m_c^2)+ab(b^3m_a^2+a^3m_b^2)}{8\Delta^3r}\geqslant5\left(\frac{R}{r}\right)^2+4$$

证明 由例 3.39 知

$$\frac{c^3r_c+b^3r_b}{r_b+r_c}+\frac{c^3r_c+a^3r_a}{r_c+r_a}+\frac{b^3r_b+a^3r_a}{r_a+r_b}\geqslant\Delta r\cdot\frac{2r}{R}\left[5\left(\frac{R}{r}\right)^2+4\right]$$

由上式易得

$$\frac{c^3r_ar_c+b^3r_ar_b}{r_ar_b+r_ar_c}+\frac{c^3r_br_c+a^3r_br_a}{r_br_c+r_br_a}+\frac{b^3r_cr_b+a^3r_cr_a}{r_cr_a+r_ar_b}\geqslant\Delta r\cdot\frac{2r}{R}\left[5\left(\frac{R}{r}\right)^2+4\right]$$

即

$$\frac{c^3r_ar_c+b^3r_ar_b}{pa}+\frac{c^3r_br_c+a^3r_br_a}{pb}+\frac{b^3r_cr_b+a^3r_cr_a}{pc}\geqslant\Delta r\cdot\frac{2r}{R}\left[5\left(\frac{R}{r}\right)^2+4\right]$$

上式两边同乘 $pabc$，并整理得

$$\frac{bc(c^3r_ar_c+b^3r_ar_b)+ac(c^3r_br_c+a^3r_br_a)+ab(b^3r_cr_b+a^3r_cr_a)}{8\Delta^3r}\geqslant 5\left(\frac{R}{r}\right)^2+4$$

在 $\triangle ABC$ 中，可证

$$r_ar_b\leqslant m_c^2, r_br_c\leqslant m_a^2, r_cr_a\leqslant m_b^2$$

从而

$$\frac{bc(c^3m_b^2+b^3m_c^2)+ac(c^3m_a^2+a^3m_c^2)+ab(b^3m_a^2+a^3m_b^2)}{8\Delta^3r}\geqslant 5\left(\frac{R}{r}\right)^2+4$$

例 4.76　在 $\triangle ABC$ 中，试证明

$$\frac{b^3+c^3}{w_a^4}+\frac{a^3+c^3}{w_b^4}+\frac{a^3+b^3}{w_c^4}\geqslant\frac{8}{p}\left[\frac{7R}{r}-2\left(\frac{R}{r}\right)^2-4\right]$$

证明　由例 3.41 知

$$(b^3+c^3)r_a^2+(a^3+c^3)r_b^2+(a^3+b^3)r_c^2\geqslant 8\Delta^2p\left[\frac{7R}{r}-2\left(\frac{R}{r}\right)^2-4\right]$$

上式两边同乘$\frac{1}{r_a^2r_b^2r_c^2}$，并整理得

$$\frac{b^3+c^3}{r_b^2r_c^2}+\frac{a^3+c^3}{r_a^2r_c^2}+\frac{a^3+b^3}{r_a^2r_b^2}\geqslant\frac{2}{p}\left[-2\left(\frac{R}{r}\right)^2+\frac{9R}{r}-2\right]$$

在 $\triangle ABC$ 中，可证

$$r_ar_b\geqslant w_c^2, r_br_c\geqslant w_a^2, r_cr_a\geqslant w_b^2$$

从而

$$\frac{b^3+c^3}{w_a^4}+\frac{a^3+c^3}{w_b^4}+\frac{a^3+b^3}{w_c^4}\geqslant\frac{2}{p}\left[-2\left(\frac{R}{r}\right)^2+\frac{9R}{r}-2\right]$$

例 4.77　在 $\triangle ABC$ 中，试证明

$$\frac{1}{p}\cdot\frac{8R}{r}\geqslant\frac{b^3+c^3}{m_a^4}+\frac{a^3+c^3}{m_b^4}+\frac{a^3+b^3}{m_c^4}$$

证明　由例 3.41 知

$$8\Delta^2p\frac{R}{r}\left(\frac{2R}{r}-3\right)\geqslant(b^3+c^3)r_a^2+(a^3+c^3)r_b^2+(a^3+b^3)r_c^2$$

上式两边同乘$\frac{1}{r_a^2r_b^2r_c^2}$，并整理得

$$\frac{8}{p}\cdot\frac{R}{r}\left(\frac{2R}{r}-3\right)\geqslant\frac{b^3+c^3}{r_b^2r_c^2}+\frac{a^3+c^3}{r_a^2r_c^2}+\frac{a^3+b^3}{r_a^2r_b^2}$$

在 $\triangle ABC$ 中，可证

$$r_ar_b\leqslant m_c^2, r_br_c\leqslant m_a^2, r_cr_a\leqslant m_b^2$$

从而

$$\frac{8}{p}\cdot\frac{R}{r}\left(\frac{2R}{r}-3\right)\geqslant\frac{b^3+c^3}{m_a^4}+\frac{a^3+c^3}{m_b^4}+\frac{a^3+b^3}{m_c^4}$$

例 4.78 在$\triangle ABC$中,试证明

$$\frac{a^4r_a}{w_a}+\frac{b^4r_b}{w_b}+\frac{c^4r_c}{w_c}\geqslant 4\Delta^2\cdot\frac{2R}{r}\left(\frac{2R}{r}-3\right)$$

证明 由例 3.42 知

$$\frac{a^4r_a}{r_b+r_c}+\frac{b^4r_b}{r_c+r_a}+\frac{c^4r_c}{r_a+r_b}\geqslant 2\Delta^2\cdot\frac{2R}{r}\left(\frac{2R}{r}-3\right)$$

在$\triangle ABC$中,可证

$$r_a+r_b\geqslant 2w_c,r_b+r_c\geqslant 2w_a,r_c+r_a\geqslant 2w_b$$

从而

$$\frac{a^4r_a}{w_a}+\frac{b^4r_b}{w_b}+\frac{c^4r_c}{w_c}\geqslant 4\Delta^2\cdot\frac{2R}{r}\left(\frac{2R}{r}-3\right)$$

例 4.79 在$\triangle ABC$中,试证明

$$\frac{a^4}{w_a^3}+\frac{b^4}{w_b^3}+\frac{c^4}{w_c^3}\geqslant 8R\left(\frac{2R}{r}-3\right)$$

证明 由例 4.78 知

$$\frac{a^4r_a}{w_a}+\frac{b^4r_b}{w_b}+\frac{c^4r_c}{w_c}\geqslant 4\Delta^2\cdot\frac{2R}{r}\left(\frac{2R}{r}-3\right)$$

上式两边同乘$\frac{1}{r_ar_br_c}$,并整理得

$$\frac{a^4}{r_br_cw_a}+\frac{b^4}{r_ar_cw_b}+\frac{c^4}{r_ar_bw_c}\geqslant 8R\left(\frac{2R}{r}-3\right)$$

在$\triangle ABC$中,可证

$$r_ar_b\geqslant w_c^2,r_br_c\geqslant w_a^2,r_cr_a\geqslant w_b^2$$

从而

$$\frac{a^4}{w_a^3}+\frac{b^4}{w_b^3}+\frac{c^4}{w_c^3}\geqslant 8R\left(\frac{2R}{r}-3\right)$$

例 4.80 在$\triangle ABC$中,试证明

$$\frac{c^4r_c+b^4r_b}{w_a}+\frac{c^4r_c+a^4r_a}{w_b}+\frac{b^4r_b+a^4r_a}{w_c}\geqslant\Delta^2\cdot\frac{8r}{R}\left[\left(\frac{R}{r}\right)^2+4\right]$$

证明 由例 3.43 知

$$\frac{c^4r_c+b^4r_b}{r_b+r_c}+\frac{c^4r_c+a^4r_a}{r_c+r_a}+\frac{b^4r_b+a^4r_a}{r_a+r_b}\geqslant\Delta^2\cdot\frac{4r}{R}\left[\left(\frac{R}{r}\right)^2+4\right]$$

在$\triangle ABC$中,可证

$$r_a+r_b\geqslant 2w_c,r_b+r_c\geqslant 2w_a,r_c+r_a\geqslant 2w_b$$

从而

$$\frac{c^4r_c+b^4r_b}{w_a}+\frac{c^4r_c+a^4r_a}{w_b}+\frac{b^4r_b+a^4r_a}{w_c}\geqslant\Delta^2\cdot\frac{8r}{R}\left[\left(\frac{R}{r}\right)^2+4\right]$$

例 4.81　在△ABC 中，试证明

$$\frac{bc(c^4m_b^2+b^4m_c^2)+ac(c^4m_a^2+a^4m_c^2)+ab(b^4m_a^2+a^4m_b^2)}{16\Delta^4}\geqslant\left(\frac{R}{r}\right)^2+4$$

证明　由例 3.43 知

$$\frac{c^4r_c+b^4r_b}{r_b+r_c}+\frac{c^4r_c+a^4r_a}{r_c+r_a}+\frac{b^4r_b+a^4r_a}{r_a+r_b}\geqslant\Delta^2\cdot\frac{4r}{R}\left[\left(\frac{R}{r}\right)^2+4\right]$$

由上式易得

$$\frac{c^4r_ar_c+b^4r_ar_b}{r_ar_b+r_ar_c}+\frac{c^4r_br_c+a^4r_br_a}{r_br_c+r_br_a}+\frac{b^4r_cr_b+a^4r_cr_a}{r_cr_a+r_cr_b}\geqslant\Delta^2\cdot\frac{4r}{R}\left[\left(\frac{R}{r}\right)^2+4\right]$$

即

$$\frac{c^4r_ar_c+b^4r_ar_b}{pa}+\frac{c^4r_br_c+a^4r_br_a}{pb}+\frac{b^4r_cr_b+a^4r_cr_a}{pc}\geqslant\Delta^2\cdot\frac{4r}{R}\left[\left(\frac{R}{r}\right)^2+4\right]$$

上式两边同乘 $pabc$ 并整理得

$$\frac{bc(c^4r_ar_c+b^4r_ar_b)+ac(c^4r_br_c+a^4r_br_a)+ab(b^4r_cr_b+a^4r_cr_a)}{16\Delta^4}\geqslant\left(\frac{R}{r}\right)^2+4$$

在△ABC 中，可证

$$r_ar_b\leqslant m_c^2,r_br_c\leqslant m_a^2,r_cr_a\leqslant m_b^2$$

从而

$$\frac{bc(c^4m_b^2+b^4m_c^2)+ac(c^4m_a^2+a^4m_c^2)+ab(b^4m_a^2+a^4m_b^2)}{16\Delta^4}\geqslant\left(\frac{R}{r}\right)^2+4$$

例 4.82　在△ABC 中，试证明

$$12\left(\frac{R}{r}\right)^3-11\left(\frac{R}{r}\right)^2-\frac{8R}{r}-4\geqslant\frac{bc(c^4w_b^2+b^4w_c^2)+ac(c^4w_a^2+a^4w_c^2)+ab(b^4w_a^2+a^4w_b^2)}{4\Delta^4}$$

证明　由例 3.43 知

$$\Delta^2\cdot\frac{r}{R}\left[12\left(\frac{R}{r}\right)^3-11\left(\frac{R}{r}\right)^2-\frac{8R}{r}-4\right]\geqslant\frac{c^4r_c+b^4r_b}{r_b+r_c}+\frac{c^4r_c+a^4r_a}{r_c+r_a}+\frac{b^4r_b+a^4r_a}{r_a+r_b}$$

由上式易得

$$\Delta^2\cdot\frac{r}{R}\left[12\left(\frac{R}{r}\right)^3-11\left(\frac{R}{r}\right)^2-\frac{8R}{r}-4\right]\geqslant\frac{c^4r_ar_c+b^4r_ar_b}{r_ar_b+r_ar_c}+\frac{c^4r_br_c+a^4r_br_a}{r_br_c+r_br_a}+\frac{b^4r_cr_b+a^4r_cr_a}{r_cr_a+r_cr_b}$$

即

$$\Delta^2\cdot\frac{r}{R}\left[12\left(\frac{R}{r}\right)^3-11\left(\frac{R}{r}\right)^2-\frac{8R}{r}-4\right]\geqslant\frac{c^4r_ar_c+b^4r_ar_b}{pa}+\frac{c^4r_br_c+a^4r_br_a}{pb}+\frac{b^4r_cr_b+a^4r_cr_a}{pc}$$

上式两边同乘 $pabc$ 并整理得

$$12\left(\frac{R}{r}\right)^3-11\left(\frac{R}{r}\right)^2-\frac{8R}{r}-4\geqslant\frac{bc(c^4r_ar_c+b^4r_ar_b)+ac(c^4r_br_c+a^4r_br_a)+ab(b^4r_cr_b+a^4r_cr_a)}{4\Delta^4}$$

在△ABC中,可证

$$r_ar_b\geqslant w_c^2,r_br_c\geqslant w_a^2,r_cr_a\geqslant w_b^2$$

从而

$$12\left(\frac{R}{r}\right)^3-11\left(\frac{R}{r}\right)^2-\frac{8R}{r}-4\geqslant\frac{bc(c^4w_b^2+b^4w_c^2)+ac(c^4w_a^2+a^4w_c^2)+ab(b^4w_a^2+a^4w_b^2)}{4\Delta^4}$$

例 4.83 在△ABC中,试证明

$$\frac{a}{w_a^6}+\frac{b}{w_b^6}+\frac{c}{w_c^6}\geqslant\frac{2}{\Delta^2p}\left(\frac{2R}{r}-3\right)$$

证明 由例 3.44 知

$$ar_a^3+br_b^3+cr_c^3\geqslant 2\Delta p^2\left(\frac{2R}{r}-3\right)$$

上式两边同乘$\frac{1}{r_a^3r_b^3r_c^3}$,并整理得

$$\frac{a}{r_b^3r_c^3}+\frac{b}{r_a^3r_c^3}+\frac{c}{r_b^3r_a^3}\geqslant\frac{2}{\Delta^2p}\left(\frac{2R}{r}-3\right)$$

在△ABC中,可证

$$r_ar_b\geqslant w_c^2,r_br_c\geqslant w_a^2,r_cr_a\geqslant w_b^2$$

从而

$$\frac{a}{w_a^6}+\frac{b}{w_b^6}+\frac{c}{w_c^6}\geqslant\frac{2}{\Delta^2p}\left(\frac{2R}{r}-3\right)$$

例 4.84 在△ABC中,试证明

$$\frac{1}{\Delta^2p}\cdot\frac{R}{r}\left(\frac{4R}{r}-7\right)\geqslant\frac{a}{m_a^6}+\frac{b}{m_b^6}+\frac{c}{m_c^6}$$

证明 由例 3.44 知

$$\Delta p^2\cdot\frac{R}{r}\left(\frac{4R}{r}-7\right)\geqslant ar_a^3+br_b^3+cr_c^3$$

上式两边同乘$\frac{1}{r_a^3r_b^3r_c^3}$,并整理得

$$\frac{1}{\Delta^2p}\cdot\frac{R}{r}\left(\frac{4R}{r}-7\right)\geqslant\frac{a}{r_b^3r_c^3}+\frac{b}{r_a^3r_c^3}+\frac{c}{r_b^3r_a^3}$$

在△ABC中,可证

$$r_ar_b\leqslant m_c^2,r_br_c\leqslant m_a^2,r_cr_a\leqslant m_b^2$$

从而

$$\frac{1}{\Delta^2p}\cdot\frac{R}{r}\left(\frac{4R}{r}-7\right)\geqslant\frac{a}{m_a^6}+\frac{b}{m_b^6}+\frac{c}{m_c^6}$$

例 4.85 在△ABC中,试证明

$$\frac{b+c}{w_a^6}+\frac{a+c}{w_b^6}+\frac{a+b}{w_c^6}\geqslant\frac{4}{\Delta^2 p}\left(\frac{R}{r}-1\right)$$

证明　由例 3.45 知

$$(b+c)r_a^3+(a+c)r_b^3+(a+b)r_c^3\geqslant 4\Delta p^2\left(\frac{R}{r}-1\right)$$

上式两边同乘$\frac{1}{r_a^3 r_b^3 r_c^3}$,并整理得

$$\frac{b+c}{r_b^3 r_c^3}+\frac{a+c}{r_a^3 r_c^3}+\frac{a+b}{r_b^3 r_a^3}\geqslant\frac{4}{\Delta^2 p}\left(\frac{R}{r}-1\right)$$

在$\triangle ABC$中,可证

$$r_a r_b\geqslant w_c^2, r_b r_c\geqslant w_a^2, r_c r_a\geqslant w_b^2$$

从而

$$\frac{b+c}{w_a^6}+\frac{a+c}{w_b^6}+\frac{a+b}{w_c^6}\geqslant\frac{4}{\Delta^2 p}\left(\frac{R}{r}-1\right)$$

例 4.86　在$\triangle ABC$中,试证明

$$\frac{1}{\Delta^2 p}\cdot\frac{2R}{r}\left(\frac{2R}{r}-3\right)\geqslant\frac{b+c}{m_a^6}+\frac{a+c}{m_b^6}+\frac{a+b}{m_c^6}$$

证明　由例 3.45 知

$$\Delta p^2\cdot\frac{2R}{r}\left(\frac{2R}{r}-3\right)\geqslant(b+c)r_a^3+(a+c)r_b^3+(a+b)r_c^3$$

上式两边同乘$\frac{1}{r_a^3 r_b^3 r_c^3}$,并整理得

$$\frac{1}{\Delta^2 p}\cdot\frac{2R}{r}\left(\frac{2R}{r}-3\right)\geqslant\frac{b+c}{r_b^3 r_c^3}+\frac{a+c}{r_a^3 r_c^3}+\frac{a+b}{r_b^3 r_a^3}$$

在$\triangle ABC$中,可证

$$r_a r_b\leqslant m_c^2, r_b r_c\leqslant m_a^2, r_c r_a\leqslant m_b^2$$

从而

$$\frac{1}{\Delta^2 p}\cdot\frac{2R}{r}\left(\frac{2R}{r}-3\right)\geqslant\frac{b+c}{m_a^6}+\frac{a+c}{m_b^6}+\frac{a+b}{m_c^6}$$

例 4.87　在$\triangle ABC$中,试证明

$$\frac{a^2 r_a^2}{w_a}+\frac{b^2 r_b^2}{w_b}+\frac{c^2 r_c^2}{w_c}\geqslant 4\Delta p\left(\frac{2R}{r}-3\right)$$

证明　由例 3.46 知

$$\frac{a^2 r_a^2}{r_b+r_c}+\frac{b^2 r_b^2}{r_c+r_a}+\frac{c^2 r_c^2}{r_a+r_b}\geqslant 2\Delta p\left(\frac{2R}{r}-3\right)$$

在$\triangle ABC$中,可证

$$r_a+r_b\geqslant 2w_c, r_b+r_c\geqslant 2w_a, r_c+r_a\geqslant 2w_b$$

从而

$$\frac{a^2r_a^2}{w_a}+\frac{b^2r_b^2}{w_b}+\frac{c^2r_c^2}{w_c}\geqslant 4\Delta p\left(\frac{2R}{r}-3\right)$$

例 4.88 在$\triangle ABC$中,试证明

$$\frac{a^2}{w_a^5}+\frac{b^2}{w_b^5}+\frac{c^2}{w_c^5}\geqslant\frac{4}{\Delta p}\left(\frac{2R}{r}-3\right)$$

证明 由例 4.87 知

$$\frac{a^2r_a^2}{w_a}+\frac{b^2r_b^2}{w_b}+\frac{c^2r_c^2}{w_c}\geqslant 4\Delta p\left(\frac{2R}{r}-3\right)$$

上式两边同乘$\frac{1}{r_a^2r_b^2r_c^2}$,并整理得

$$\frac{a^2}{r_b^2r_c^2w_a}+\frac{b^2}{r_a^2r_c^2w_b}+\frac{c^2}{r_b^2r_a^2w_c}\geqslant\frac{4}{\Delta p}\left(\frac{2R}{r}-3\right)$$

在$\triangle ABC$中,可证

$$r_ar_b\geqslant w_c^2,r_br_c\geqslant w_a^2,r_cr_a\geqslant w_b^2$$

从而

$$\frac{a^2}{w_a^5}+\frac{b^2}{w_b^5}+\frac{c^2}{w_c^5}\geqslant\frac{4}{\Delta p}\left(\frac{2R}{r}-3\right)$$

例 4.89 在$\triangle ABC$中,试证明

$$\frac{c^2r_c^2+b^2r_b^2}{w_a}+\frac{c^2r_c^2+a^2r_a^2}{w_b}+\frac{b^2r_b^2+a^2r_a^2}{w_c}\geqslant 4\Delta p\left(\frac{3R}{r}-4\right)$$

证明 由例 3.47 知

$$\frac{c^2r_c^2+b^2r_b^2}{r_b+r_c}+\frac{c^2r_c^2+a^2r_a^2}{r_c+r_a}+\frac{b^2r_b^2+a^2r_a^2}{r_a+r_b}\geqslant 2\Delta p\left(\frac{3R}{r}-4\right)$$

在$\triangle ABC$中,可证

$$r_a+r_b\geqslant 2w_c,r_b+r_c\geqslant 2w_a,r_c+r_a\geqslant 2w_b$$

从而

$$\frac{c^2r_c^2+b^2r_b^2}{w_a}+\frac{c^2r_c^2+a^2r_a^2}{w_b}+\frac{b^2r_b^2+a^2r_a^2}{w_c}\geqslant 4\Delta p\left(\frac{3R}{r}-4\right)$$

例 4.90 在$\triangle ABC$中,试证明

$$2\Delta p\left(\frac{2R}{r}-3\right)\geqslant\frac{bcw_a^2}{r_b+r_c}+\frac{acw_b^2}{r_c+r_a}+\frac{abw_c^2}{r_a+r_b}$$

证明 由例 3.47 知

$$4\Delta p\left(\frac{2R}{r}-3\right)\geqslant\frac{c^2r_c^2+b^2r_b^2}{r_b+r_c}+\frac{c^2r_c^2+a^2r_a^2}{r_c+r_a}+\frac{b^2r_b^2+a^2r_a^2}{r_a+r_b}$$

由上式易得

$$2\Delta p\left(\frac{2R}{r}-3\right)\geqslant\frac{bc\,r_br_c}{r_b+r_c}+\frac{ac\,r_ar_c}{r_c+r_a}+\frac{ab\,r_ar_b}{r_a+r_b}$$

在$\triangle ABC$中，可证

$$r_ar_b\geqslant w_c^2,r_br_c\geqslant w_a^2,r_cr_a\geqslant w_b^2$$

从而

$$2\Delta p\left(\frac{2R}{r}-3\right)\geqslant\frac{bc\,w_a^2}{r_b+r_c}+\frac{ac\,w_b^2}{r_c+r_a}+\frac{ab\,w_c^2}{r_a+r_b}$$

例 4.91　在$\triangle ABC$中，试证明

$$\frac{bc(c^2m_b^2r_c+b^2m_c^2r_b)+ca(c^2m_a^2r_c+a^2m_c^2r_a)+ab(b^2m_a^2r_b+a^2m_b^2r_a)}{8\Delta^3p}\geqslant\frac{R}{r}\left(\frac{3R}{r}-4\right)$$

证明　由例 3.47 知

$$\frac{c^2r_c^2+b^2r_b^2}{r_b+r_c}+\frac{c^2r_c^2+a^2r_a^2}{r_c+r_a}+\frac{b^2r_b^2+a^2r_a^2}{r_a+r_b}\geqslant2\Delta p\left(\frac{3R}{r}-4\right)$$

由上式易得

$$\frac{c^2r_ar_c^2+b^2r_ar_b^2}{r_ar_b+r_ar_c}+\frac{c^2r_br_c^2+a^2r_br_a^2}{r_br_c+r_br_a}+\frac{b^2r_cr_b^2+a^2r_cr_a^2}{r_cr_a+r_cr_b}\geqslant2\Delta p\left(\frac{3R}{r}-4\right)$$

即

$$\frac{c^2r_ar_c^2+b^2r_ar_b^2}{pa}+\frac{c^2r_br_c^2+a^2r_br_a^2}{pb}+\frac{b^2r_cr_b^2+a^2r_cr_a^2}{pc}\geqslant2\Delta p\left(\frac{3R}{r}-4\right)$$

上式两边同乘 $pabc$ 并整理得

$$bc(c^2r_ar_c^2+b^2r_ar_b^2)+ca(c^2r_br_c^2+a^2r_br_a^2)+ab(b^2r_cr_b^2+a^2r_cr_a^2)\geqslant\Delta^3p\,\frac{8R}{r}\left(\frac{3R}{r}-4\right)$$

在$\triangle ABC$中，可证

$$r_ar_b\leqslant m_c^2,r_br_c\leqslant m_a^2,r_cr_a\leqslant m_b^2$$

从而

$$\frac{bc(c^2m_b^2r_c+b^2m_c^2r_b)+ca(c^2m_a^2r_c+a^2m_c^2r_a)+ab(b^2m_a^2r_b+a^2m_b^2r_a)}{8\Delta^3p}\geqslant\frac{R}{r}\left(\frac{3R}{r}-4\right)$$

例 4.92　在$\triangle ABC$中，试证明

$$\frac{R}{r}\left(\frac{2R}{r}-3\right)\geqslant\frac{bc(c^2w_b^2r_c+b^2w_c^2r_b)+ca(c^2w_a^2r_c+a^2w_c^2r_a)+ab(b^2w_a^2r_b+a^2w_b^2r_a)}{16\Delta^3p}$$

证明　由例 3.47 知

$$4\Delta p\left(\frac{2R}{r}-3\right)\geqslant\frac{c^2r_c^2+b^2r_b^2}{r_b+r_c}+\frac{c^2r_c^2+a^2r_a^2}{r_c+r_a}+\frac{b^2r_b^2+a^2r_a^2}{r_a+r_b}$$

由上式易得

$$4\Delta p\left(\frac{2R}{r}-3\right)\geqslant\frac{c^2r_ar_c^2+b^2r_ar_b^2}{r_ar_b+r_ar_c}+\frac{c^2r_br_c^2+a^2r_br_a^2}{r_br_c+r_br_a}+\frac{b^2r_cr_b^2+a^2r_cr_a^2}{r_cr_a+r_cr_b}$$

即

$$4\Delta p\left(\frac{2R}{r}-3\right)\geqslant\frac{c^2r_ar_c^2+b^2r_ar_b^2}{pa}+\frac{c^2r_br_c^2+a^2r_br_a^2}{pb}+\frac{b^2r_cr_b^2+a^2r_cr_a^2}{pc}$$

上式两边同乘 $pabc$,并整理得

$$\Delta^3p\frac{16R}{r}\left(\frac{2R}{r}-3\right)\geqslant bc(c^2r_ar_c^2+b^2r_ar_b^2)+ca(c^2r_br_c^2+a^2r_br_a^2)+ab(b^2r_cr_b^2+a^2r_cr_a^2)$$

在$\triangle ABC$中,可证

$$r_ar_b\geqslant w_c^2,r_br_c\geqslant w_a^2,r_cr_a\geqslant w_b^2$$

从而

$$\frac{R}{r}\left(\frac{2R}{r}-3\right)\geqslant\frac{bc(c^2w_b^2r_c+b^2w_c^2r_b)+ca(c^2w_a^2r_c+a^2w_c^2r_a)+ab(b^2w_a^2r_b+a^2w_b^2r_a)}{16\Delta^3p}$$

例 4.93 在$\triangle ABC$中,试证明

$$\frac{16R}{r}\left(\frac{2R}{r}-3\right)\Delta^2\geqslant bc\left(\frac{c^2w_b^2}{m_c^2}+\frac{b^2w_c^2}{m_b^2}\right)+ca\left(\frac{c^2w_a^2}{m_c^2}+\frac{a^2w_c^2}{m_a^2}\right)+ab\left(\frac{b^2w_a^2}{m_b^2}+\frac{a^2w_b^2}{m_a^2}\right)$$

证明 由例 4.92 知

$$\frac{R}{r}\left(\frac{2R}{r}-3\right)\geqslant\frac{bc(c^2w_b^2r_c+b^2w_c^2r_b)+ca(c^2w_a^2r_c+a^2w_c^2r_a)+ab(b^2w_a^2r_b+a^2w_b^2r_a)}{16\Delta^3p}$$

上式两边同乘$\frac{1}{r_ar_br_c}$,并整理得

$$\frac{16R}{r}\left(\frac{2R}{r}-3\right)\Delta^2\geqslant bc\left(\frac{c^2w_b^2}{r_ar_b}+\frac{b^2w_c^2}{r_ar_c}\right)+ca\left(\frac{c^2w_a^2}{r_ar_b}+\frac{a^2w_c^2}{r_cr_b}\right)+ab\left(\frac{b^2w_a^2}{r_ar_c}+\frac{a^2w_b^2}{r_br_c}\right)$$

在$\triangle ABC$中,可证

$$r_ar_b\leqslant m_c^2,r_br_c\leqslant m_a^2,r_cr_a\leqslant m_b^2$$

从而

$$\frac{16R}{r}\left(\frac{2R}{r}-3\right)\Delta^2\geqslant bc\left(\frac{c^2w_b^2}{m_c^2}+\frac{b^2w_c^2}{m_b^2}\right)+ca\left(\frac{c^2w_a^2}{m_c^2}+\frac{a^2w_c^2}{m_a^2}\right)+ab\left(\frac{b^2w_a^2}{m_b^2}+\frac{a^2w_b^2}{m_a^2}\right)$$

例 4.94 在$\triangle ABC$中,试证明

$$\frac{a^2}{w_a^6}+\frac{b^2}{w_b^6}+\frac{c^2}{w_c^6}\geqslant\frac{1}{p^4}\cdot\frac{2R}{r}\left[8\left(\frac{R}{r}\right)^2-\frac{16R}{r}+9\right]$$

证明 由例 3.48 知

$$a^2r_a^3+b^2r_b^3+c^2r_c^3\geqslant\Delta^2r\cdot\frac{2R}{r}\left[8\left(\frac{R}{r}\right)^2-\frac{16R}{r}+9\right]$$

上式两边同乘$\frac{1}{r_a^3r_b^3r_c^3}$,并整理得

$$\frac{a^2}{r_b^3r_c^3}+\frac{b^2}{r_a^3r_c^3}+\frac{c^2}{r_b^3r_a^3}\geqslant\frac{1}{p^4}\cdot\frac{2R}{r}\left[8\left(\frac{R}{r}\right)^2-\frac{16R}{r}+9\right]$$

在$\triangle ABC$中,可证

$$r_ar_b\geqslant w_c^2,r_br_c\geqslant w_a^2,r_cr_a\geqslant w_b^2$$

从而

$$\frac{a^2}{w_a^6}+\frac{b^2}{w_b^6}+\frac{c^2}{w_c^6}\geqslant\frac{1}{p^4}\cdot\frac{2R}{r}\left[8\left(\frac{R}{r}\right)^2-\frac{16R}{r}+9\right]$$

例 4.95 在 $\triangle ABC$ 中,试证明

$$\frac{1}{p^4}\left(\frac{R}{r}\right)^2\left(\frac{64R}{r}-119\right)\geqslant\frac{a^2}{m_a^6}+\frac{b^2}{m_b^6}+\frac{c^2}{m_c^6}$$

证明 由例 3.48 知

$$\Delta^2 r\left(\frac{R}{r}\right)^2\left(\frac{64R}{r}-119\right)\geqslant a^2r_a^3+b^2r_b^3+c^2r_c^3$$

上式两边同乘 $\frac{1}{r_a^3r_b^3r_c^3}$,并整理得

$$\frac{1}{p^4}\left(\frac{R}{r}\right)^2\left(\frac{64R}{r}-119\right)\geqslant\frac{a^2}{r_b^3r_c^3}+\frac{b^2}{r_a^3r_c^3}+\frac{c^2}{r_b^3r_a^3}$$

在 $\triangle ABC$ 中,可证

$$r_ar_b\leqslant m_c^2,r_br_c\leqslant m_a^2,r_cr_a\leqslant m_b^2$$

从而

$$\frac{1}{p^4}\left(\frac{R}{r}\right)^2\left(\frac{64R}{r}-119\right)\geqslant\frac{a^2}{m_a^6}+\frac{b^2}{m_b^6}+\frac{c^2}{m_c^6}$$

例 4.96 在 $\triangle ABC$ 中,试证明

$$\frac{1}{p^4}\left[64\left(\frac{R}{r}\right)^3-112\left(\frac{R}{r}\right)^2-\frac{4R}{r}+16\right]\geqslant\frac{b^2+c^2}{m_a^6}+\frac{a^2+c^2}{m_b^6}+\frac{a^2+b^2}{m_c^6}$$

证明 由例 3.49 知

$$\Delta^2 r\left[64\left(\frac{R}{r}\right)^3-112\left(\frac{R}{r}\right)^2-\frac{4R}{r}+16\right]\geqslant(b^2+c^2)r_a^3+(a^2+c^2)r_b^3+(a^2+b^2)r_c^3$$

上式两边同乘 $\frac{1}{r_a^3r_b^3r_c^3}$,并整理得

$$\frac{1}{p^4}\left[64\left(\frac{R}{r}\right)^3-112\left(\frac{R}{r}\right)^2-\frac{4R}{r}+16\right]\geqslant\frac{b^2+c^2}{r_b^3r_c^3}+\frac{a^2+c^2}{r_a^3r_c^3}+\frac{a^2+b^2}{r_b^3r_a^3}$$

在 $\triangle ABC$ 中,可证

$$r_ar_b\leqslant m_c^2,r_br_c\leqslant m_a^2,r_cr_a\leqslant m_b^2$$

从而

$$\frac{1}{p^4}\left[64\left(\frac{R}{r}\right)^3-112\left(\frac{R}{r}\right)^2-\frac{4R}{r}+16\right]\geqslant\frac{b^2+c^2}{m_a^6}+\frac{a^2+c^2}{m_b^6}+\frac{a^2+b^2}{m_c^6}$$

例 4.97 在 $\triangle ABC$ 中,试证明

$$\frac{b^2+c^2}{w_a^6}+\frac{a^2+c^2}{w_b^6}+\frac{a^2+b^2}{w_c^6}\geqslant\frac{1}{p^4}\left[-16\left(\frac{R}{r}\right)^3+64\left(\frac{R}{r}\right)^2-\frac{22R}{r}-12\right]$$

证明 由例 3.49 知

$$(b^2+c^2)r_a^3+(a^2+c^2)r_b^3+(a^2+b^2)r_c^3\geqslant\Delta^2 r\left[-16\left(\frac{R}{r}\right)^3+64\left(\frac{R}{r}\right)^2-\frac{22R}{r}-12\right]$$

上式两边同乘$\frac{1}{r_a^3r_b^3r_c^3}$,并整理得

$$\frac{b^2+c^2}{r_b^3r_c^3}+\frac{a^2+c^2}{r_a^3r_c^3}+\frac{a^2+b^2}{r_b^3r_a^3}\geqslant\frac{1}{p^4}\left[-16\left(\frac{R}{r}\right)^3+64\left(\frac{R}{r}\right)^2-\frac{22R}{r}-12\right]$$

在$\triangle ABC$中,可证

$$r_ar_b\geqslant w_c^2,r_br_c\geqslant w_a^2,r_cr_a\geqslant w_b^2$$

从而

$$\frac{b^2+c^2}{w_a^6}+\frac{a^2+c^2}{w_b^6}+\frac{a^2+b^2}{w_c^6}\geqslant\frac{1}{p^4}\left[-16\left(\frac{R}{r}\right)^3+64\left(\frac{R}{r}\right)^2-\frac{22R}{r}-12\right]$$

例 4.98 在$\triangle ABC$中,试证明

$$\frac{a^3r_a^2}{w_a}+\frac{b^3r_b^2}{w_b}+\frac{c^3r_c^2}{w_c}\geqslant\Delta r^2\frac{4R}{r}\left[8\left(\frac{R}{r}\right)^2-\frac{16R}{r}+9\right]$$

证明 由例 3.50 知

$$\frac{a^3r_a^2}{r_b+r_c}+\frac{b^3r_b^2}{r_c+r_a}+\frac{c^3r_c^2}{r_a+r_b}\geqslant\Delta r^2\cdot\frac{2R}{r}\left[8\left(\frac{R}{r}\right)^2-\frac{16R}{r}+9\right]$$

在$\triangle ABC$中,可证

$$r_a+r_b\geqslant 2w_c,r_b+r_c\geqslant 2w_a,r_c+r_a\geqslant 2w_b$$

从而

$$\frac{a^3r_a^2}{w_a}+\frac{b^3r_b^2}{w_b}+\frac{c^3r_c^2}{w_c}\geqslant\Delta r^2\cdot\frac{4R}{r}\left[8\left(\frac{R}{r}\right)^2-\frac{16R}{r}+9\right]$$

例 4.99 在$\triangle ABC$中,试证明

$$\frac{a^3}{w_a^5}+\frac{b^3}{w_b^5}+\frac{c^3}{w_c^5}\geqslant\frac{8\sqrt{3}}{9p^2}\left[8\left(\frac{R}{r}\right)^2-\frac{16R}{r}+9\right]$$

证明 由例 4.50 知

$$\frac{a^3r_a^2}{w_a}+\frac{b^3r_b^2}{w_b}+\frac{c^3r_c^2}{w_c}\geqslant\Delta r^2\cdot\frac{4R}{r}\left[8\left(\frac{R}{r}\right)^2-\frac{16R}{r}+9\right]$$

上式两边同乘$\frac{1}{r_a^2r_b^2r_c^2}$,并整理得

$$\frac{a^3}{r_b^2r_c^2w_a}+\frac{b^3}{r_a^2r_c^2w_b}+\frac{c^3}{r_b^2r_a^2w_c}\geqslant\frac{4R}{p^3}\left[8\left(\frac{R}{r}\right)^2-\frac{16R}{r}+9\right]$$

在$\triangle ABC$中,可证

$$r_ar_b\geqslant w_c^2,r_br_c\geqslant w_a^2,r_cr_a\geqslant w_b^2$$

从而

$$\frac{a^3}{w_a^5}+\frac{b^3}{w_b^5}+\frac{c^3}{w_c^5}\geqslant\frac{4R}{p^3}\left[8\left(\frac{R}{r}\right)^2-\frac{16R}{r}+9\right]$$

在$\triangle ABC$中，有

$$p\leqslant\frac{3\sqrt{3}}{2}R$$

从而

$$\frac{a^3}{w_a^5}+\frac{b^3}{w_b^5}+\frac{c^3}{w_c^5}\geqslant\frac{8\sqrt{3}}{9p^2}\left[8\left(\frac{R}{r}\right)^2-\frac{16R}{r}+9\right]$$

例 4.100　在$\triangle ABC$中，试证明

$$\frac{c^3r_c^2+b^3r_b^2}{w_a}+\frac{c^3r_c^2+a^3r_a^2}{w_b}+\frac{b^3r_b^2+a^3r_a^2}{w_c}\geqslant$$

$$\Delta p^2\cdot\frac{r}{R}\left[36\left(\frac{R}{r}\right)^2-\frac{28R}{r}+8-\frac{128}{27}\left(\frac{R}{r}\right)^4-\frac{32}{27}\left(\frac{R}{r}\right)^3\right]$$

证明　由例 3.51 知

$$\frac{c^3r_c^2+b^3r_b^2}{r_b+r_c}+\frac{c^3r_c^2+a^3r_a^2}{r_c+r_a}+\frac{b^3r_b^2+a^3r_a^2}{r_a+r_b}\geqslant$$

$$\Delta p^2\cdot\frac{r}{2R}\left[36\left(\frac{R}{r}\right)^2-\frac{28R}{r}+8-\frac{128}{27}\left(\frac{R}{r}\right)^4-\frac{32}{27}\left(\frac{R}{r}\right)^3\right]$$

在$\triangle ABC$中，可证

$$r_a+r_b\geqslant2w_c,r_b+r_c\geqslant2w_a,r_c+r_a\geqslant2w_b$$

从而

$$\frac{c^3r_c^2+b^3r_b^2}{w_a}+\frac{c^3r_c^2+a^3r_a^2}{w_b}+\frac{b^3r_b^2+a^3r_a^2}{w_c}\geqslant$$

$$\Delta p^2\cdot\frac{r}{R}\left[36\left(\frac{R}{r}\right)^2-\frac{28R}{r}+8-\frac{128}{27}\left(\frac{R}{r}\right)^4-\frac{32}{27}\left(\frac{R}{r}\right)^3\right]$$

例 4.101　在$\triangle ABC$中，试证明

$$8\left(\frac{R}{r}\right)^3+22\left(\frac{R}{r}\right)^2-\frac{1\,915R}{27r}+\frac{14}{27}\geqslant$$

$$\frac{bc(c^3w_b^2r_c+b^3w_c^2r_b)+ca(c^3w_a^2r_c+a^3w_c^2r_a)+ab(b^3w_a^2r_b+a^3w_b^2r_a)}{2\Delta^3p^2}$$

证明　由例 3.51 知

$$\Delta p^2\cdot\frac{r}{2R}\left[8\left(\frac{R}{r}\right)^3+22\left(\frac{R}{r}\right)^2-\frac{1\,915R}{27r}+\frac{14}{27}\right]\geqslant$$

$$\frac{c^3r_c^2+b^3r_b^2}{r_b+r_c}+\frac{c^3r_c^2+a^3r_a^2}{r_c+r_a}+\frac{b^3r_b^2+a^3r_a^2}{r_a+r_b}$$

由上式易得

$$\Delta p^2\cdot\frac{r}{2R}\left[8\left(\frac{R}{r}\right)^3+22\left(\frac{R}{r}\right)^2-\frac{1\,915R}{27r}+\frac{14}{27}\right]\geqslant$$

$$\frac{c^3r_ar_c^2+b^3r_ar_b^2}{r_ar_b+r_ar_c}+\frac{c^3r_br_c^2+a^3r_br_a^2}{r_br_c+r_br_a}+\frac{b^3r_cr_b^2+a^3r_cr_a^2}{r_cr_a+r_cr_b}$$

即

$$\Delta p^{2}\cdot\frac{r}{2R}\left[8\left(\frac{R}{r}\right)^{3}+22\left(\frac{R}{r}\right)^{2}-\frac{1\ 915R}{27r}+\frac{14}{27}\right]\geqslant$$

$$\frac{c^{3}r_{a}r_{c}^{2}+b^{3}r_{a}r_{b}^{2}}{pa}+\frac{c^{3}r_{b}r_{c}^{2}+a^{3}r_{b}r_{a}^{2}}{pb}+\frac{b^{3}r_{c}r_{b}^{2}+a^{3}r_{c}r_{a}^{2}}{pc}$$

上式两边同乘 $pabc$,并整理得

$$2\Delta^{3}p^{2}\left[8\left(\frac{R}{r}\right)^{3}+22\left(\frac{R}{r}\right)^{2}-\frac{1\ 915R}{27r}+\frac{14}{27}\right]\geqslant$$

$$bc(c^{3}r_{a}r_{c}^{2}+b^{3}r_{a}r_{b}^{2})+ca(c^{3}r_{b}r_{c}^{2}+a^{3}r_{b}r_{a}^{2})+ab(b^{3}r_{c}r_{b}^{2}+a^{3}r_{c}r_{a}^{2})$$

在$\triangle ABC$中,可证

$$r_{a}r_{b}\geqslant w_{c}^{2},r_{b}r_{c}\geqslant w_{a}^{2},r_{c}r_{a}\geqslant w_{b}^{2}$$

从而

$$8\left(\frac{R}{r}\right)^{3}+22\left(\frac{R}{r}\right)^{2}-\frac{1\ 915R}{27r}+\frac{14}{27}\geqslant$$

$$\frac{bc(c^{3}w_{b}^{2}r_{c}+b^{3}w_{c}^{2}r_{b})+ca(c^{3}w_{a}^{2}r_{c}+a^{3}w_{c}^{2}r_{a})+ab(b^{3}w_{a}^{2}r_{b}+a^{3}w_{b}^{2}r_{a})}{2\Delta^{3}p^{2}}$$

例 4.102 在$\triangle ABC$中,试证明

$$\frac{a^{3}}{w_{a}^{6}}+\frac{b^{3}}{w_{b}^{6}}+\frac{c^{3}}{w_{c}^{6}}\geqslant\frac{4}{p^{3}}\left[4\left(\frac{R}{r}\right)^{3}-12\left(\frac{R}{r}\right)^{2}+\frac{15R}{r}-8\right]$$

证明 由例 3.52 知

$$a^{3}r_{a}^{3}+b^{3}r_{b}^{3}+c^{3}r_{c}^{3}\geqslant4\Delta^{3}\left[4\left(\frac{R}{r}\right)^{3}-12\left(\frac{R}{r}\right)^{2}+\frac{15R}{r}-8\right]$$

上式两边同乘$\frac{1}{r_{a}^{3}r_{b}^{3}r_{c}^{3}}$,并整理得

$$\frac{a^{3}}{r_{b}^{3}r_{c}^{3}}+\frac{b^{3}}{r_{a}^{3}r_{c}^{3}}+\frac{c^{3}}{r_{b}^{3}r_{a}^{3}}\geqslant\frac{4}{p^{3}}\left[4\left(\frac{R}{r}\right)^{3}-12\left(\frac{R}{r}\right)^{2}+\frac{15R}{r}-8\right]$$

在$\triangle ABC$中,可证

$$r_{a}r_{b}\geqslant w_{c}^{2},r_{b}r_{c}\geqslant w_{a}^{2},r_{c}r_{a}\geqslant w_{b}^{2}$$

从而

$$\frac{a^{3}}{w_{a}^{6}}+\frac{b^{3}}{w_{b}^{6}}+\frac{c^{3}}{w_{c}^{6}}\geqslant\frac{4}{p^{3}}\left[4\left(\frac{R}{r}\right)^{3}-12\left(\frac{R}{r}\right)^{2}+\frac{15R}{r}-8\right]$$

例 4.103 在$\triangle ABC$中,试证明

$$\frac{1}{p^{3}}\left[64\left(\frac{R}{r}\right)^{3}-168\left(\frac{R}{r}\right)^{2}+\frac{84R}{r}+16\right]\geqslant\frac{a^{3}}{m_{a}^{6}}+\frac{b^{3}}{m_{b}^{6}}+\frac{c^{3}}{m_{c}^{6}}$$

证明 由例 3.52 知

$$\Delta^{3}\left[64\left(\frac{R}{r}\right)^{3}-168\left(\frac{R}{r}\right)^{2}+\frac{84R}{r}+16\right]\geqslant a^{3}r_{a}^{3}+b^{3}r_{b}^{3}+c^{3}r_{c}^{3}$$

上式两边同乘$\frac{1}{r_a^3r_b^3r_c^3}$，并整理得

$$\frac{1}{p^3}\left[64\left(\frac{R}{r}\right)^3-168\left(\frac{R}{r}\right)^2+\frac{84R}{r}+16\right]\geqslant\frac{a^3}{r_b^3r_c^3}+\frac{b^3}{r_a^3r_c^3}+\frac{c^3}{r_b^3r_a^3}$$

在$\triangle ABC$中，可证

$$r_ar_b\leqslant m_c^2, r_br_c\leqslant m_a^2, r_cr_a\leqslant m_b^2$$

从而

$$\frac{1}{p^3}\left[64\left(\frac{R}{r}\right)^3-168\left(\frac{R}{r}\right)^2+\frac{84R}{r}+16\right]\geqslant\frac{a^3}{m_a^6}+\frac{b^3}{m_b^6}+\frac{c^3}{m_c^6}$$

例 4.104　在$\triangle ABC$中，试证明

$$\frac{\sqrt{3}}{9}\left[64\left(\frac{R}{r}\right)^3-168\left(\frac{R}{r}\right)^2+\frac{84R}{r}+16\right]\geqslant\frac{a^3r_a}{m_a^4}+\frac{b^3r_b}{m_b^4}+\frac{c^3r_c}{m_c^4}$$

证明　由例 3.52 知

$$\Delta^3\left[64\left(\frac{R}{r}\right)^3-168\left(\frac{R}{r}\right)^2+\frac{84R}{r}+16\right]\geqslant a^3r_a^3+b^3r_b^3+c^3r_c^3$$

上式两边同乘$\frac{1}{r_a^2r_b^2r_c^2}$，并整理得

$$\frac{r}{p}\left[64\left(\frac{R}{r}\right)^3-168\left(\frac{R}{r}\right)^2+\frac{84R}{r}+16\right]\geqslant\frac{a^3r_a}{r_b^2r_c^2}+\frac{b^3r_b}{r_a^2r_c^2}+\frac{c^3r_c}{r_b^2r_a^2}$$

在$\triangle ABC$中，可证

$$r_ar_b\leqslant m_c^2, r_br_c\leqslant m_a^2, r_cr_a\leqslant m_b^2$$

从而

$$\frac{r}{p}\left[64\left(\frac{R}{r}\right)^3-168\left(\frac{R}{r}\right)^2+\frac{84R}{r}+16\right]\geqslant\frac{a^3r_a}{m_a^4}+\frac{b^3r_b}{m_b^4}+\frac{c^3r_c}{m_c^4}$$

在$\triangle ABC$中，有

$$p\geqslant3\sqrt{3}r$$

从而

$$\frac{\sqrt{3}}{9}\left[64\left(\frac{R}{r}\right)^3-168\left(\frac{R}{r}\right)^2+\frac{84R}{r}+16\right]\geqslant\frac{a^3r_a}{m_a^4}+\frac{b^3r_b}{m_b^4}+\frac{c^3r_c}{m_c^4}$$

例 4.105　在$\triangle ABC$中，试证明

$$\frac{16}{p^3}\left[4\left(\frac{R}{r}\right)^3-6\left(\frac{R}{r}\right)^2-\frac{3R}{r}+1\right]\geqslant\frac{b^3+c^3}{m_a^6}+\frac{a^3+c^3}{m_b^6}+\frac{a^3+b^3}{m_c^6}$$

证明　由例 3.53 知

$$16\Delta^3\left[4\left(\frac{R}{r}\right)^3-6\left(\frac{R}{r}\right)^2-\frac{3R}{r}+1\right]\geqslant(b^3+c^3)r_a^3+(a^3+c^3)r_b^3+(a^3+b^3)r_c^3$$

上式两边同乘$\frac{1}{r_a^3r_b^3r_c^3}$，并整理得

$$\frac{16}{p^3}\left[4\left(\frac{R}{r}\right)^3-6\left(\frac{R}{r}\right)^2-\frac{3R}{r}+1\right]\geqslant\frac{b^3+c^3}{r_b^3r_c^3}+\frac{a^3+c^3}{r_a^3r_c^3}+\frac{a^3+b^3}{r_b^3r_a^3}$$

在$\triangle ABC$中,可证

$$r_ar_b\leqslant m_c^2,r_br_c\leqslant m_a^2,r_cr_a\leqslant m_b^2$$

从而

$$\frac{16}{p^3}\left[4\left(\frac{R}{r}\right)^3-6\left(\frac{R}{r}\right)^2-\frac{3R}{r}+1\right]\geqslant\frac{b^3+c^3}{m_a^6}+\frac{a^3+c^3}{m_b^6}+\frac{a^3+b^3}{m_c^6}$$

例 4.106 在$\triangle ABC$中,试证明

$$\frac{b^3+c^3}{w_a^6}+\frac{a^3+c^3}{w_b^6}+\frac{a^3+b^3}{w_c^6}\geqslant\frac{1}{p^3}\left[-32\left(\frac{R}{r}\right)^3+84\left(\frac{R}{r}\right)^2-\frac{6R}{r}-20\right]$$

证明 由例 3.53 知

$$(b^3+c^3)r_a^3+(a^3+c^3)r_b^3+(a^3+b^3)r_c^3\geqslant\Delta^3\left[-32\left(\frac{R}{r}\right)^3+84\left(\frac{R}{r}\right)^2-\frac{6R}{r}-20\right]$$

上式两边同乘$\frac{1}{r_a^3r_b^3r_c^3}$,并整理得

$$\frac{b^3+c^3}{r_b^3r_c^3}+\frac{a^3+c^3}{r_a^3r_c^3}+\frac{a^3+b^3}{r_b^3r_a^3}\geqslant\frac{1}{p^3}\left[-32\left(\frac{R}{r}\right)^3+84\left(\frac{R}{r}\right)^2-\frac{6R}{r}-20\right]$$

在$\triangle ABC$中,可证

$$r_ar_b\geqslant w_c^2,r_br_c\geqslant w_a^2,r_cr_a\geqslant w_b^2$$

从而

$$\frac{b^3+c^3}{w_a^6}+\frac{a^3+c^3}{w_b^6}+\frac{a^3+b^3}{w_c^6}\geqslant\frac{1}{p^3}\left[-32\left(\frac{R}{r}\right)^3+84\left(\frac{R}{r}\right)^2-\frac{6R}{r}-20\right]$$

例 4.107 在$\triangle ABC$中,试证明

$$\frac{a^4}{w_a^4}+\frac{b^4}{w_b^4}+\frac{c^4}{w_c^4}\geqslant\frac{8}{27}\left(\frac{2r}{R}\right)^2\left[16\left(\frac{R}{r}\right)^3-37\left(\frac{R}{r}\right)^2+\frac{21R}{r}-4\right]$$

证明 由例 3.54 知

$$a^4r_a^2+b^4r_b^2+c^4r_c^2\geqslant8\Delta^2r^2\left[16\left(\frac{R}{r}\right)^3-37\left(\frac{R}{r}\right)^2+\frac{21R}{r}-4\right]$$

上式两边同乘$\frac{1}{r_a^2r_b^2r_c^2}$,并整理得

$$\frac{a^4}{r_b^2r_c^2}+\frac{b^4}{r_a^2r_c^2}+\frac{c^4}{r_b^2r_a^2}\geqslant\frac{8r^2}{p^2}\left[16\left(\frac{R}{r}\right)^3-37\left(\frac{R}{r}\right)^2+\frac{21R}{r}-4\right]$$

在$\triangle ABC$中,可证

$$r_ar_b\geqslant w_c^2,r_br_c\geqslant w_a^2,r_cr_a\geqslant w_b^2$$

从而

$$\frac{a^4}{w_a^4}+\frac{b^4}{w_b^4}+\frac{c^4}{w_c^4}\geqslant\frac{8r^2}{p^2}\left[16\left(\frac{R}{r}\right)^3-37\left(\frac{R}{r}\right)^2+\frac{21R}{r}-4\right]$$

在△ABC 中，有

$$p\leqslant\frac{3\sqrt{3}}{2}R$$

从而

$$\frac{a^4}{w_a^4}+\frac{b^4}{w_b^4}+\frac{c^4}{w_c^4}\geqslant\frac{8}{27}\left(\frac{2r}{R}\right)^2\left[16\left(\frac{R}{r}\right)^3-37\left(\frac{R}{r}\right)^2+\frac{21R}{r}-4\right]$$

注　例 4.107 还有一个较强的结论

$$\frac{a^4}{w_a^4}+\frac{b^4}{w_b^4}+\frac{c^4}{w_c^4}\geqslant8\left(\frac{R}{r}\right)^2-\frac{16R}{r}+\frac{88R-32r}{16R-5r}$$

请读者自证！

由上式结论易证不等式

$$\frac{a^8+b^8+c^8}{128\,\Delta^4}\geqslant\left(\frac{R}{r}\right)^2-\frac{2R}{r}+\frac{11R-4r}{16R-5r}$$

例 4.108　在△ABC 中，试证明

$$\frac{8}{27}\left[8\left(\frac{R}{r}\right)^4-12\left(\frac{R}{r}\right)^3-3\left(\frac{R}{r}\right)^2-\frac{5R}{r}+8\right]\geqslant\frac{a^4}{m_a^4}+\frac{b^4}{m_b^4}+\frac{c^4}{m_c^4}$$

证明　由例 3.54 知

$$8\Delta^2r^2\left[8\left(\frac{R}{r}\right)^4-12\left(\frac{R}{r}\right)^3-3\left(\frac{R}{r}\right)^2-\frac{5R}{r}+8\right]\geqslant a^4r_a^2+b^4r_b^2+c^4r_c^2$$

上式两边同乘$\frac{1}{r_a^2r_b^2r_c^2}$，并整理得

$$\frac{8r^2}{p^2}\left[8\left(\frac{R}{r}\right)^4-12\left(\frac{R}{r}\right)^3-3\left(\frac{R}{r}\right)^2-\frac{5R}{r}+8\right]\geqslant\frac{a^4}{r_b^2r_c^2}+\frac{b^4}{r_a^2r_c^2}+\frac{c^4}{r_b^2r_a^2}$$

在△ABC 中，可证

$$r_ar_b\leqslant m_c^2,r_br_c\leqslant m_a^2,r_cr_a\leqslant m_b^2$$

从而

$$\frac{8r^2}{p^2}\left[8\left(\frac{R}{r}\right)^4-12\left(\frac{R}{r}\right)^3-3\left(\frac{R}{r}\right)^2-\frac{5R}{r}+8\right]\geqslant\frac{a^4}{m_a^4}+\frac{b^4}{m_b^4}+\frac{c^4}{m_c^4}$$

在△ABC 中，有

$$p\geqslant3\sqrt{3}\,r$$

从而

$$\frac{8}{27}\left[8\left(\frac{R}{r}\right)^4-12\left(\frac{R}{r}\right)^3-3\left(\frac{R}{r}\right)^2-\frac{5R}{r}+8\right]\geqslant\frac{a^4}{m_a^4}+\frac{b^4}{m_b^4}+\frac{c^4}{m_c^4}$$

例 4.109　在△ABC 中，试证明

$$\frac{2}{27}\left[32\left(\frac{R}{r}\right)^4-32\left(\frac{R}{r}\right)^3-48\left(\frac{R}{r}\right)^2+\frac{25R}{r}+30\right]\geqslant\frac{b^4+c^4}{m_a^4}+\frac{a^4+c^4}{m_b^4}+\frac{a^4+b^4}{m_c^4}$$

证明　由例 3.55 知

$$2\Delta^2 r^2\left[32\left(\frac{R}{r}\right)^4-32\left(\frac{R}{r}\right)^3-48\left(\frac{R}{r}\right)^2+\frac{25R}{r}+30\right]\geqslant(b^4+c^4)r_a^2+(a^4+c^4)r_b^2+(a^4+b^4)r_c^2$$

上式两边同乘$\frac{1}{r_a^2r_b^2r_c^2}$,并整理得

$$\frac{2r^2}{p^2}\left[32\left(\frac{R}{r}\right)^4-32\left(\frac{R}{r}\right)^3-48\left(\frac{R}{r}\right)^2+\frac{25R}{r}+30\right]\geqslant\frac{b^4+c^4}{r_b^2r_c^2}+\frac{a^4+c^4}{r_a^2r_c^2}+\frac{a^4+b^4}{r_b^2r_a^2}$$

在△ABC中,可证

$$r_ar_b\leqslant m_c^2,r_br_c\leqslant m_a^2,r_cr_a\leqslant m_b^2$$

从而

$$\frac{2r^2}{p^2}\left[32\left(\frac{R}{r}\right)^4-32\left(\frac{R}{r}\right)^3-48\left(\frac{R}{r}\right)^2+\frac{25R}{r}+30\right]\geqslant\frac{b^4+c^4}{m_a^4}+\frac{a^4+c^4}{m_b^4}+\frac{a^4+b^4}{m_c^4}$$

在△ABC中,有

$$p\geqslant3\sqrt{3}r$$

从而

$$\frac{2}{27}\left[32\left(\frac{R}{r}\right)^4-32\left(\frac{R}{r}\right)^3-48\left(\frac{R}{r}\right)^2+\frac{25R}{r}+30\right]\geqslant\frac{b^4+c^4}{m_a^4}+\frac{a^4+c^4}{m_b^4}+\frac{a^4+b^4}{m_c^4}$$

例 4.110 在△ABC中,试证明

$$\frac{b^4+c^4}{w_a^4}+\frac{a^4+c^4}{w_b^4}+\frac{a^4+b^4}{w_c^4}\geqslant\frac{8}{27}\left(\frac{2r}{R}\right)^2\left[-16\left(\frac{R}{r}\right)^3+55\left(\frac{R}{r}\right)^2-\frac{25R}{r}-6\right]$$

证明 由例 3.55 知

$$(b^4+c^4)r_a^2+(a^4+c^4)r_b^2+(a^4+b^4)r_c^2\geqslant8\Delta^2r^2\left[-16\left(\frac{R}{r}\right)^3+55\left(\frac{R}{r}\right)^2-\frac{25R}{r}-6\right]$$

上式两边同乘$\frac{1}{r_a^2r_b^2r_c^2}$,并整理得

$$\frac{b^4+c^4}{r_b^2r_c^2}+\frac{a^4+c^4}{r_a^2r_c^2}+\frac{a^4+b^4}{r_b^2r_a^2}\geqslant\frac{8r^2}{p^2}\left[-16\left(\frac{R}{r}\right)^3+55\left(\frac{R}{r}\right)^2-\frac{25R}{r}-6\right]$$

在△ABC中,可证

$$r_ar_b\geqslant w_c^2,r_br_c\geqslant w_a^2,r_cr_a\geqslant w_b^2$$

从而

$$\frac{b^4+c^4}{w_a^4}+\frac{a^4+c^4}{w_b^4}+\frac{a^4+b^4}{w_c^4}\geqslant\frac{8r^2}{p^2}\left[-16\left(\frac{R}{r}\right)^3+55\left(\frac{R}{r}\right)^2-\frac{25R}{r}-6\right]$$

在△ABC中,有

$$p\leqslant\frac{3\sqrt{3}}{2}R$$

从而

$$\frac{b^4+c^4}{w_a^4}+\frac{a^4+c^4}{w_b^4}+\frac{a^4+b^4}{w_c^4}\geqslant\frac{8}{27}\left(\frac{2r}{R}\right)^2\left[-16\left(\frac{R}{r}\right)^3+55\left(\frac{R}{r}\right)^2-\frac{25R}{r}-6\right]$$

例 4.111　在$\triangle ABC$中,试证明

$$\frac{a^4r_a^2}{w_a}+\frac{b^4r_b^2}{w_b}+\frac{c^4r_c^2}{w_c}\geqslant 8\Delta^2 r\left[4\left(\frac{R}{r}\right)^3-12\left(\frac{R}{r}\right)^2+\frac{15R}{r}-8\right]$$

证明　由例 3.56 知

$$\frac{a^4r_a^2}{r_b+r_c}+\frac{b^4r_b^2}{r_c+r_a}+\frac{c^4r_c^2}{r_a+r_b}\geqslant 4\Delta^2 r\left[4\left(\frac{R}{r}\right)^3-12\left(\frac{R}{r}\right)^2+\frac{15R}{r}-8\right]$$

在$\triangle ABC$中,可证

$$r_a+r_b\geqslant 2w_c, r_b+r_c\geqslant 2w_a, r_c+r_a\geqslant 2w_b$$

从而

$$\frac{a^4r_a^2}{w_a}+\frac{b^4r_b^2}{w_b}+\frac{c^4r_c^2}{w_c}\geqslant 8\Delta^2 r\left[4\left(\frac{R}{r}\right)^3-12\left(\frac{R}{r}\right)^2+\frac{15R}{r}-8\right]$$

例 4.112　在$\triangle ABC$中,试证明

$$\frac{a^4}{w_a^5}+\frac{b^4}{w_b^5}+\frac{c^4}{w_c^5}\geqslant\frac{16}{27R}\left[8\left(\frac{R}{r}\right)^2-\frac{24R}{r}+22\right]$$

证明　由例 4.111 知

$$\frac{a^4r_a^2}{w_a}+\frac{b^4r_b^2}{w_b}+\frac{c^4r_c^2}{w_c}\geqslant 8\Delta^2 r\left[4\left(\frac{R}{r}\right)^3-12\left(\frac{R}{r}\right)^2+\frac{15R}{r}-8\right]$$

上式两边同乘$\frac{1}{r_a^2r_b^2r_c^2}$,并整理得

$$\frac{a^4}{r_b^2r_c^2w_a}+\frac{b^4}{r_a^2r_c^2w_b}+\frac{c^4}{r_b^2r_a^2w_c}\geqslant\frac{8r}{p^2}\left[4\left(\frac{R}{r}\right)^3-12\left(\frac{R}{r}\right)^2+\frac{15R}{r}-8\right]$$

在$\triangle ABC$中,可证

$$r_ar_b\geqslant w_c^2, r_br_c\geqslant w_a^2, r_cr_a\geqslant w_b^2$$

从而

$$\frac{a^4}{w_a^5}+\frac{b^4}{w_b^5}+\frac{c^4}{w_c^5}\geqslant\frac{8r}{p^2}\left[4\left(\frac{R}{r}\right)^3-12\left(\frac{R}{r}\right)^2+\frac{15R}{r}-8\right]$$

在$\triangle ABC$中,有

$$p\leqslant\frac{3\sqrt{3}}{2}R$$

从而

$$\frac{a^4}{w_a^5}+\frac{b^4}{w_b^5}+\frac{c^4}{w_c^5}\geqslant\frac{16}{27R}\left[8\left(\frac{R}{r}\right)^2-\frac{24R}{r}+30-\frac{16r}{R}\right]\geqslant$$
$$\frac{16}{27R}\left[8\left(\frac{R}{r}\right)^2-\frac{24R}{r}+22\right]$$

即

$$\frac{a^4}{w_a^5}+\frac{b^4}{w_b^5}+\frac{c^4}{w_c^5}\geqslant\frac{16}{27R}\left[8\left(\frac{R}{r}\right)^2-\frac{24R}{r}+22\right]$$

例 4.113 在△ABC中,试证明

$$\frac{c^4r_c^2+b^4r_b^2}{w_a}+\frac{c^4r_c^2+a^4r_a^2}{w_b}+\frac{b^4r_b^2+a^4r_a^2}{w_c}\geqslant$$
$$\Delta^2\frac{r^2}{R}\left[-16\left(\frac{R}{r}\right)^4+224\left(\frac{R}{r}\right)^3-436\left(\frac{R}{r}\right)^2+\frac{215R}{r}-30\right]$$

证明 由例 3.57 知

$$\frac{c^4r_c^2+b^4r_b^2}{r_b+r_c}+\frac{c^4r_c^2+a^4r_a^2}{r_c+r_a}+\frac{b^4r_b^2+a^4r_a^2}{r_a+r_b}\geqslant$$
$$\Delta^2\frac{r^2}{2R}\left[-16\left(\frac{R}{r}\right)^4+224\left(\frac{R}{r}\right)^3-436\left(\frac{R}{r}\right)^2+\frac{215R}{r}-30\right]$$

在△ABC中,可证

$$r_a+r_b\geqslant 2w_c, r_b+r_c\geqslant 2w_a, r_c+r_a\geqslant 2w_b$$

从而

$$\frac{c^4r_c^2+b^4r_b^2}{w_a}+\frac{c^4r_c^2+a^4r_a^2}{w_b}+\frac{b^4r_b^2+a^4r_a^2}{w_c}\geqslant$$
$$\Delta^2\frac{r^2}{R}\left[-16\left(\frac{R}{r}\right)^4+224\left(\frac{R}{r}\right)^3-436\left(\frac{R}{r}\right)^2+\frac{215R}{r}-30\right]$$

例 4.114 在△ABC中,试证明

$$\frac{a}{w_a^8}+\frac{b}{w_b^8}+\frac{c}{w_c^8}\geqslant\frac{6}{\Delta^2p^3}\left(\frac{2R}{r}-3\right)$$

证明 由例 3.58 知

$$ar_a^4+br_b^4+cr_c^4\geqslant 6p\Delta^2\left(\frac{2R}{r}-3\right)$$

上式两边同乘$\frac{1}{r_a^4r_b^4r_c^4}$,并整理得

$$\frac{a}{r_b^4r_c^4}+\frac{b}{r_a^4r_c^4}+\frac{c}{r_b^4r_a^4}\geqslant\frac{6}{\Delta^2p^3}\left(\frac{2R}{r}-3\right)$$

在△ABC中,可证

$$r_ar_b\geqslant w_c^2, r_br_c\geqslant w_a^2, r_cr_a\geqslant w_b^2$$

从而

$$\frac{a}{w_a^8}+\frac{b}{w_b^8}+\frac{c}{w_c^8}\geqslant\frac{6}{\Delta^2p^3}\left(\frac{2R}{r}-3\right)$$

例 4.115 在△ABC中,试证明

$$\frac{1}{\Delta^2p^3}\left[16\left(\frac{R}{r}\right)^3-36\left(\frac{R}{r}\right)^2+\frac{8R}{r}+6\right]\geqslant\frac{a}{m_a^8}+\frac{b}{m_b^8}+\frac{c}{m_c^8}$$

证明 由例 3.58 知

$$p\Delta^2\left[16\left(\frac{R}{r}\right)^3-36\left(\frac{R}{r}\right)^2+\frac{8R}{r}+6\right]\geqslant ar_a^4+br_b^4+cr_c^4$$

上式两边同乘$\frac{1}{r_a^4r_b^4r_c^4}$,并整理得

$$\frac{1}{\Delta^2p^3}\left[16\left(\frac{R}{r}\right)^3-36\left(\frac{R}{r}\right)^2+\frac{8R}{r}+6\right]\geqslant\frac{a}{r_b^4r_c^4}+\frac{b}{r_a^4r_c^4}+\frac{c}{r_b^4r_a^4}$$

在$\triangle ABC$中,可证

$$r_ar_b\leqslant m_c^2,r_br_c\leqslant m_a^2,r_cr_a\leqslant m_b^2$$

从而

$$\frac{1}{\Delta^2p^3}\left[16\left(\frac{R}{r}\right)^3-36\left(\frac{R}{r}\right)^2+\frac{8R}{r}+6\right]\geqslant\frac{a}{m_a^8}+\frac{b}{m_b^8}+\frac{c}{m_c^8}$$

例 4.116　在$\triangle ABC$中,试证明

$$\frac{1}{\Delta^2p^3}\left[16\left(\frac{R}{r}\right)^3-28\left(\frac{R}{r}\right)^2-\frac{6R}{r}+8\right]\geqslant\frac{b+c}{m_a^8}+\frac{a+c}{m_b^8}+\frac{a+b}{m_c^8}$$

证明　由例3.59知

$$p\Delta^2\left[16\left(\frac{R}{r}\right)^3-28\left(\frac{R}{r}\right)^2-\frac{6R}{r}+8\right]\geqslant(b+c)r_a^4+(a+c)r_b^4+(a+b)r_c^4$$

上式两边同乘$\frac{1}{r_a^4r_b^4r_c^4}$,并整理得

$$\frac{1}{\Delta^2p^3}\left[16\left(\frac{R}{r}\right)^3-28\left(\frac{R}{r}\right)^2-\frac{6R}{r}+8\right]\geqslant\frac{b+c}{r_b^4r_c^4}+\frac{a+c}{r_a^4r_c^4}+\frac{a+b}{r_b^4r_a^4}$$

在$\triangle ABC$中,可证

$$r_ar_b\leqslant m_c^2,r_br_c\leqslant m_a^2,r_cr_a\leqslant m_b^2$$

从而

$$\frac{1}{\Delta^2p^3}\left[16\left(\frac{R}{r}\right)^3-28\left(\frac{R}{r}\right)^2-\frac{6R}{r}+8\right]\geqslant\frac{b+c}{m_a^8}+\frac{a+c}{m_b^8}+\frac{a+b}{m_c^8}$$

例 4.117　在$\triangle ABC$中,试证明

$$\frac{b+c}{w_a^8}+\frac{a+c}{w_b^8}+\frac{a+b}{w_c^8}\geqslant\frac{4}{\Delta^2p^3}\left(\frac{5R}{r}-7\right)$$

证明　由例3.59知

$$(b+c)r_a^4+(a+c)r_b^4+(a+b)r_c^4\geqslant4p\Delta^2\left(\frac{5R}{r}-7\right)$$

上式两边同乘$\frac{1}{r_a^4r_b^4r_c^4}$,并整理得

$$\frac{b+c}{r_b^4r_c^4}+\frac{a+c}{r_a^4r_c^4}+\frac{a+b}{r_b^4r_a^4}\geqslant\frac{4}{\Delta^2p^3}\left(\frac{5R}{r}-7\right)$$

在$\triangle ABC$中,可证

$$r_ar_b\geqslant w_c^2,r_br_c\geqslant w_a^2,r_cr_a\geqslant w_b^2$$

从而

$$\frac{b+c}{w_a^8}+\frac{a+c}{w_b^8}+\frac{a+b}{w_c^8}\geqslant\frac{4}{\Delta^2 p^3}\left(\frac{5R}{r}-7\right)$$

例 4.118 在△ABC 中,试证明

$$\frac{a^2 r_a^3}{w_a}+\frac{b^2 r_b^3}{w_b}+\frac{c^2 r_c^3}{w_c}\geqslant 12\Delta^2\left(\frac{2R}{r}-3\right)$$

证明 由例 3.60 知

$$\frac{a^2 r_a^3}{r_b+r_c}+\frac{b^2 r_b^3}{r_c+r_a}+\frac{c^2 r_c^3}{r_a+r_b}\geqslant 6\Delta^2\left(\frac{2R}{r}-3\right)$$

在△ABC 中,可证

$$r_a+r_b\geqslant 2w_c, r_b+r_c\geqslant 2w_a, r_c+r_a\geqslant 2w_b$$

从而

$$\frac{a^2 r_a^3}{w_a}+\frac{b^2 r_b^3}{w_b}+\frac{c^2 r_c^3}{w_c}\geqslant 12\Delta^2\left(\frac{2R}{r}-3\right)$$

例 4.119 在△ABC 中,试证明

$$\frac{a^2}{w_a^7}+\frac{b^2}{w_b^7}+\frac{c^2}{w_c^7}\geqslant\frac{12}{\Delta p^3}\left(\frac{2R}{r}-3\right)$$

证明 由例 4.118 知

$$\frac{a^2 r_a^3}{w_a}+\frac{b^2 r_b^3}{w_b}+\frac{c^2 r_c^3}{w_c}\geqslant 12\Delta^2\left(\frac{2R}{r}-3\right)$$

上式两边同乘$\frac{1}{r_a^3 r_b^3 r_c^3}$,并整理得

$$\frac{a^2}{r_b^3 r_c^3 w_a}+\frac{b^2}{r_a^3 r_c^3 w_b}+\frac{c^2}{r_a^3 r_b^3 w_c}\geqslant\frac{12}{\Delta p^3}\left(\frac{2R}{r}-3\right)$$

在△ABC 中,可证

$$r_a r_b\geqslant w_c^2, r_b r_c\geqslant w_a^2, r_c r_a\geqslant w_b^2$$

从而

$$\frac{a^2}{w_a^7}+\frac{b^2}{w_b^7}+\frac{c^2}{w_c^7}\geqslant\frac{12}{\Delta p^3}\left(\frac{2R}{r}-3\right)$$

例 4.120 在△ABC 中,试证明

$$\frac{c^2 r_c^3+b^2 r_b^3}{w_a}+\frac{c^2 r_c^3+a^2 r_a^3}{w_b}+\frac{b^2 r_b^3+a^2 r_a^3}{w_c}\geqslant 4\Delta^2\left[\left(\frac{R}{r}\right)^2+2\right]$$

证明 由例 3.61 知

$$\frac{c^2 r_c^3+b^2 r_b^3}{r_b+r_c}+\frac{c^2 r_c^3+a^2 r_a^3}{r_c+r_a}+\frac{b^2 r_b^3+a^2 r_a^3}{r_a+r_b}\geqslant 2\Delta^2\left[\left(\frac{R}{r}\right)^2+2\right]$$

在△ABC 中,可证

$$r_a+r_b\geqslant 2w_c, r_b+r_c\geqslant 2w_a, r_c+r_a\geqslant 2w_b$$

从而

$$\frac{c^2r_c^3+b^2r_b^3}{w_a}+\frac{c^2r_c^3+a^2r_a^3}{w_b}+\frac{b^2r_b^3+a^2r_a^3}{w_c}\geqslant 4\Delta^2\left[\left(\frac{R}{r}\right)^2+2\right]$$

例 4.121　在$\triangle ABC$中,试证明

$$\frac{a^2}{w_a^8}+\frac{b^2}{w_b^8}+\frac{c^2}{w_c^8}\geqslant\frac{4}{\Delta^2p^2}\left(\frac{2R}{r}-3\right)$$

证明　由例 3.62 知

$$a^2r_a^4+b^2r_b^4+c^2r_c^4\geqslant 4\Delta^2p^2\left(\frac{2R}{r}-3\right)$$

上式两边同乘$\frac{1}{r_a^4r_b^4r_c^4}$,并整理得

$$\frac{a^2}{r_b^4r_c^4}+\frac{b^2}{r_a^4r_c^4}+\frac{c^2}{r_b^4r_a^4}\geqslant\frac{4}{\Delta^2p^2}\left(\frac{2R}{r}-3\right)$$

在$\triangle ABC$中,可证

$$r_ar_b\geqslant w_c^2,r_br_c\geqslant w_a^2,r_cr_a\geqslant w_b^2$$

从而

$$\frac{a^2}{w_a^8}+\frac{b^2}{w_b^8}+\frac{c^2}{w_c^8}\geqslant\frac{4}{\Delta^2p^2}\left(\frac{2R}{r}-3\right)$$

例 4.122　在$\triangle ABC$中,试证明

$$\frac{1}{\Delta^2p^2}\left(\frac{R}{r}\right)^2\left(\frac{16R}{r}-31\right)\geqslant\frac{a^2}{m_a^8}+\frac{b^2}{m_b^8}+\frac{c^2}{m_c^8}$$

证明　由例 3.62 知

$$\Delta^2p^2\left(\frac{R}{r}\right)^2\left(\frac{16R}{r}-31\right)\geqslant a^2r_a^4+b^2r_b^4+c^2r_c^4$$

上式两边同乘$\frac{1}{r_a^4r_b^4r_c^4}$,并整理得

$$\frac{1}{\Delta^2p^2}\left(\frac{R}{r}\right)^2\left(\frac{16R}{r}-31\right)\geqslant\frac{a^2}{r_b^4r_c^4}+\frac{b^2}{r_a^4r_c^4}+\frac{c^2}{r_b^4r_a^4}$$

在$\triangle ABC$中,可证

$$r_ar_b\leqslant m_c^2,r_br_c\leqslant m_a^2,r_cr_a\leqslant m_b^2$$

从而

$$\frac{1}{\Delta^2p^2}\left(\frac{R}{r}\right)^2\left(\frac{16R}{r}-31\right)\geqslant\frac{a^2}{m_a^8}+\frac{b^2}{m_b^8}+\frac{c^2}{m_c^8}$$

例 4.123　在$\triangle ABC$中,试证明

$$\frac{1}{p^6}\left[288\left(\frac{R}{r}\right)^4-448\left(\frac{R}{r}\right)^3-352\left(\frac{R}{r}\right)^2+\frac{288R}{r}+24\right]\geqslant\frac{b^2+c^2}{m_a^8}+\frac{a^2+c^2}{m_b^8}+\frac{a^2+b^2}{m_c^8}$$

证明　由例 3.63 知

$$\Delta^2r^2\left[288\left(\frac{R}{r}\right)^4-448\left(\frac{R}{r}\right)^3-352\left(\frac{R}{r}\right)^2+\frac{288R}{r}+24\right]\geqslant$$

$$(b^2+c^2)r_a^4+(a^2+c^2)r_b^4+(a^2+b^2)r_c^4$$

上式两边同乘$\frac{1}{r_a^4r_b^4r_c^4}$,并整理得

$$\frac{1}{p^6}\left[288\left(\frac{R}{r}\right)^4-448\left(\frac{R}{r}\right)^3-352\left(\frac{R}{r}\right)^2+\frac{288R}{r}+24\right]\geqslant\frac{b^2+c^2}{r_b^4r_c^4}+\frac{a^2+c^2}{r_a^4r_c^4}+\frac{a^2+b^2}{r_b^4r_a^4}$$

在$\triangle ABC$中,可证

$$r_ar_b\leqslant m_c^2,r_br_c\leqslant m_a^2,r_cr_a\leqslant m_b^2$$

从而

$$\frac{1}{p^6}\left[288\left(\frac{R}{r}\right)^4-448\left(\frac{R}{r}\right)^3-352\left(\frac{R}{r}\right)^2+\frac{288R}{r}+24\right]\geqslant\frac{b^2+c^2}{m_a^8}+\frac{a^2+c^2}{m_b^8}+\frac{a^2+b^2}{m_c^8}$$

例 4.124 在$\triangle ABC$中,试证明

$$\frac{b^2+c^2}{w_a^8}+\frac{a^2+c^2}{w_b^8}+\frac{a^2+b^2}{w_c^8}\geqslant\frac{1}{p^6}\left[-128\left(\frac{R}{r}\right)^4+192\left(\frac{R}{r}\right)^3+400\left(\frac{R}{r}\right)^2-\frac{458R}{r}+44\right]$$

证明 由例 3.63 知

$$(b^2+c^2)r_a^4+(a^2+c^2)r_b^4+(a^2+b^2)r_c^4$$
$$\geqslant\Delta^2r^2\left[-128\left(\frac{R}{r}\right)^4+192\left(\frac{R}{r}\right)^3+400\left(\frac{R}{r}\right)^2-\frac{458R}{r}+44\right]$$

上式两边同乘$\frac{1}{r_a^4r_b^4r_c^4}$,并整理得

$$\frac{b^2+c^2}{r_b^4r_c^4}+\frac{a^2+c^2}{r_a^4r_c^4}+\frac{a^2+b^2}{r_b^4r_a^4}\geqslant\frac{1}{p^6}\left[-128\left(\frac{R}{r}\right)^4+192\left(\frac{R}{r}\right)^3+400\left(\frac{R}{r}\right)^2-\frac{458R}{r}+44\right]$$

在$\triangle ABC$中,可证

$$r_ar_b\geqslant w_c^2,r_br_c\geqslant w_a^2,r_cr_a\geqslant w_b^2$$

从而

$$\frac{b^2+c^2}{w_a^8}+\frac{a^2+c^2}{w_b^8}+\frac{a^2+b^2}{w_c^8}\geqslant\frac{1}{p^6}\left[-128\left(\frac{R}{r}\right)^4+192\left(\frac{R}{r}\right)^3+400\left(\frac{R}{r}\right)^2-\frac{458R}{r}+44\right]$$

例 4.125 在$\triangle ABC$中,试证明

$$\frac{a^3r_a^3}{w_a}+\frac{b^3r_b^3}{w_b}+\frac{c^3r_c^3}{w_c}\geqslant8\Delta^2p\left(\frac{2R}{r}-3\right)$$

证明 由例 3.64 知

$$\frac{a^3r_a^3}{r_b+r_c}+\frac{b^3r_b^3}{r_c+r_a}+\frac{c^3r_c^3}{r_a+r_b}\geqslant4\Delta^2p\left(\frac{2R}{r}-3\right)$$

在$\triangle ABC$中,可证

$$r_a+r_b\geqslant2w_c,r_b+r_c\geqslant2w_a,r_c+r_a\geqslant2w_b$$

从而

$$\frac{a^3r_a^3}{w_a}+\frac{b^3r_b^3}{w_b}+\frac{c^3r_c^3}{w_c}\geqslant8\Delta^2p\left(\frac{2R}{r}-3\right)$$

例 4.126　在$\triangle ABC$中，试证明

$$\frac{a^3}{w_a^7}+\frac{b^3}{w_b^7}+\frac{c^3}{w_c^7}\geqslant\frac{8}{\Delta p^2}\left(\frac{2R}{r}-3\right)$$

证明　由例 4.125 知

$$\frac{a^3 r_a^3}{w_a}+\frac{b^3 r_b^3}{w_b}+\frac{c^3 r_c^3}{w_c}\geqslant 8\Delta^2 p\left(\frac{2R}{r}-3\right)$$

上式两边同乘$\frac{1}{r_a^3 r_b^3 r_c^3}$，并整理得

$$\frac{a^3}{r_b^3 r_c^3 w_a}+\frac{b^3}{r_a^3 r_c^3 w_b}+\frac{c^3}{r_a^3 r_b^3 w_c}\geqslant\frac{8}{\Delta p^2}\left(\frac{2R}{r}-3\right)$$

在$\triangle ABC$中，可证

$$r_a r_b\geqslant w_c^2, r_b r_c\geqslant w_a^2, r_c r_a\geqslant w_b^2$$

从而

$$\frac{a^3}{w_a^7}+\frac{b^3}{w_b^7}+\frac{c^3}{w_c^7}\geqslant\frac{8}{\Delta p^2}\left(\frac{2R}{r}-3\right)$$

例 4.127　在$\triangle ABC$中，试证明

$$\frac{c^3 r_c^3+b^3 r_b^3}{w_a}+\frac{c^3 r_c^3+a^3 r_a^3}{w_b}+\frac{b^3 r_b^3+a^3 r_a^3}{w_c}\geqslant$$

$$\Delta^2 p\left[24\left(\frac{R}{r}\right)^2-\frac{56R}{r}+39-\frac{14r}{R}\right]$$

证明　由例 3.65 知

$$\frac{c^3 r_c^3+b^3 r_b^3}{r_b+r_c}+\frac{c^3 r_c^3+a^3 r_a^3}{r_c+r_a}+\frac{b^3 r_b^3+a^3 r_a^3}{r_a+r_b}\geqslant$$

$$\Delta^2 p\cdot\frac{r}{4R}\left[48\left(\frac{R}{r}\right)^3-112\left(\frac{R}{r}\right)^2+\frac{78R}{r}+28\right]$$

在$\triangle ABC$中，可证

$$r_a+r_b\geqslant 2w_c, r_b+r_c\geqslant 2w_a, r_c+r_a\geqslant 2w_b$$

从而

$$\frac{c^3 r_c^3+b^3 r_b^3}{w_a}+\frac{c^3 r_c^3+a^3 r_a^3}{w_b}+\frac{b^3 r_b^3+a^3 r_a^3}{w_c}\geqslant$$

$$\Delta^2 p\left[24\left(\frac{R}{r}\right)^2-\frac{56R}{r}+39-\frac{14r}{R}\right]$$

例 4.128　在$\triangle ABC$中，试证明

$$\frac{a^3}{w_a^8}+\frac{b^3}{w_b^8}+\frac{c^3}{w_c^8}\geqslant\frac{8}{p^5}\left[-24\left(\frac{R}{r}\right)^3+80\left(\frac{R}{r}\right)^2-\frac{129R}{2r}+10\right]$$

证明　由例 3.66 知

$$a^3 r_a^4+b^3 r_b^4+c^3 r_c^4\geqslant 8\Delta^3 r\left[-24\left(\frac{R}{r}\right)^3+80\left(\frac{R}{r}\right)^2-\frac{129R}{2r}+10\right]$$

上式两边同乘$\frac{1}{r_a^4 r_b^4 r_c^4}$,并整理得

$$\frac{a^3}{r_b^4 r_c^4}+\frac{b^3}{r_a^4 r_c^4}+\frac{c^3}{r_b^4 r_a^4}\geqslant\frac{8}{p^5}\left[-24\left(\frac{R}{r}\right)^3+80\left(\frac{R}{r}\right)^2-\frac{129R}{2r}+10\right]$$

在△ABC中,可证

$$r_a r_b\geqslant w_c^2,r_b r_c\geqslant w_a^2,r_c r_a\geqslant w_b^2$$

从而

$$\frac{a^3}{w_a^8}+\frac{b^3}{w_b^8}+\frac{c^3}{w_c^8}\geqslant\frac{8}{p^5}\left[-24\left(\frac{R}{r}\right)^3+80\left(\frac{R}{r}\right)^2-\frac{129R}{2r}+10\right]$$

例 4.129 在△ABC中,试证明

$$\frac{1}{p^5}\left[36\left(\frac{R}{r}\right)^4-102\left(\frac{R}{r}\right)^3+57\left(\frac{R}{r}\right)^2+\frac{21R}{2r}\right]\geqslant\frac{a^3}{m_a^8}+\frac{b^3}{m_b^8}+\frac{c^3}{m_c^8}$$

证明 由例 3.66 知

$$8\Delta^3 r\left[36\left(\frac{R}{r}\right)^4-102\left(\frac{R}{r}\right)^3+57\left(\frac{R}{r}\right)^2+\frac{21R}{2r}\right]\geqslant a^3 r_a^4+b^3 r_b^4+c^3 r_c^4$$

上式两边同乘$\frac{1}{r_a^4 r_b^4 r_c^4}$,并整理得

$$\frac{1}{p^5}\left[36\left(\frac{R}{r}\right)^4-102\left(\frac{R}{r}\right)^3+57\left(\frac{R}{r}\right)^2+\frac{21R}{2r}\right]\geqslant\frac{a^3}{r_b^4 r_c^4}+\frac{b^3}{r_a^4 r_c^4}+\frac{c^3}{r_b^4 r_a^4}$$

在△ABC中,可证

$$r_a r_b\leqslant m_c^2,r_b r_c\leqslant m_a^2,r_c r_a\leqslant m_b^2$$

从而

$$\frac{1}{p^5}\left[36\left(\frac{R}{r}\right)^4-102\left(\frac{R}{r}\right)^3+57\left(\frac{R}{r}\right)^2+\frac{21R}{2r}\right]\geqslant\frac{a^3}{m_a^8}+\frac{b^3}{m_b^8}+\frac{c^3}{m_c^8}$$

例 4.130 在△ABC中,试证明

$$\frac{8}{p^5}\left[36\left(\frac{R}{r}\right)^4-40\left(\frac{R}{r}\right)^3-81\left(\frac{R}{r}\right)^2+\frac{44R}{r}-2\right]\geqslant\frac{b^3+c^3}{m_a^8}+\frac{a^3+c^3}{m_b^8}+\frac{b^3+a^3}{m_c^8}$$

证明 由例 3.67 知

$$8\Delta^3 r\left[36\left(\frac{R}{r}\right)^4-40\left(\frac{R}{r}\right)^3-81\left(\frac{R}{r}\right)^2+\frac{44R}{r}-2\right]\geqslant(b^3+c^3)r_a^4+(a^3+c^3)r_b^4+(b^3+a^3)r_c^4$$

上式两边同乘$\frac{1}{r_a^4 r_b^4 r_c^4}$,并整理得

$$\frac{8}{p^5}\left[36\left(\frac{R}{r}\right)^4-40\left(\frac{R}{r}\right)^3-81\left(\frac{R}{r}\right)^2+\frac{44R}{r}-2\right]\geqslant\frac{b^3+c^3}{r_b^4 r_c^4}+\frac{a^3+c^3}{r_a^4 r_c^4}+\frac{b^3+a^3}{r_b^4 r_a^4}$$

在△ABC中,可证

$$r_a r_b\leqslant m_c^2,r_b r_c\leqslant m_a^2,r_c r_a\leqslant m_b^2$$

从而

$$\frac{8}{p^5}\left[36\left(\frac{R}{r}\right)^4-40\left(\frac{R}{r}\right)^3-81\left(\frac{R}{r}\right)^2+\frac{44R}{r}-2\right]\geqslant\frac{b^3+c^3}{m_a^8}+\frac{a^3+c^3}{m_b^8}+\frac{b^3+a^3}{m_c^8}$$

例 4.131　在$\triangle ABC$中，试证明

$$\frac{b^3+c^3}{w_a^8}+\frac{a^3+c^3}{w_b^8}+\frac{b^3+a^3}{w_c^8}\geqslant\frac{1}{p^5}\left[-192\left(\frac{R}{r}\right)^4+272\left(\frac{R}{r}\right)^3+532\left(\frac{R}{r}\right)^2-\frac{582R}{r}+76\right]$$

证明　由例 3.67 知

$$(b^3+c^3)r_a^4+(a^3+c^3)r_b^4+(b^3+a^3)r_c^4\geqslant\Delta^3 r\left[-192\left(\frac{R}{r}\right)^4+272\left(\frac{R}{r}\right)^3+532\left(\frac{R}{r}\right)^2-\frac{582R}{r}+76\right]$$

上式两边同乘$\frac{1}{r_a^4r_b^4r_c^4}$，并整理得

$$\frac{b^3+c^3}{r_b^4r_c^4}+\frac{a^3+c^3}{r_a^4r_c^4}+\frac{b^3+a^3}{r_b^4r_a^4}\geqslant\frac{1}{p^5}\left[-192\left(\frac{R}{r}\right)^4+272\left(\frac{R}{r}\right)^3+532\left(\frac{R}{r}\right)^2-\frac{582R}{r}+76\right]$$

在$\triangle ABC$中，可证

$$r_ar_b\geqslant w_c^2,r_br_c\geqslant w_a^2,r_cr_a\geqslant w_b^2$$

从而

$$\frac{b^3+c^3}{w_a^8}+\frac{a^3+c^3}{w_b^8}+\frac{b^3+a^3}{w_c^8}\geqslant\frac{1}{p^5}\left[-192\left(\frac{R}{r}\right)^4+272\left(\frac{R}{r}\right)^3+532\left(\frac{R}{r}\right)^2-\frac{582R}{r}+76\right]$$

例 4.132　在$\triangle ABC$中，试证明

$$\frac{1}{p^2}\left[64\left(\frac{R}{r}\right)^3-176\left(\frac{R}{r}\right)^2+\frac{96R}{r}+16\right]\geqslant\frac{a^4}{m_a^6}+\frac{b^4}{m_b^6}+\frac{c^4}{m_c^6}$$

证明　由例 3.68 知

$$p\Delta^3\left[64\left(\frac{R}{r}\right)^3-176\left(\frac{R}{r}\right)^2+\frac{96R}{r}+16\right]\geqslant a^4r_a^3+b^4r_b^3+c^4r_c^3$$

上式两边同乘$\frac{1}{r_a^3r_b^3r_c^3}$，并整理得

$$\frac{1}{p^2}\left[64\left(\frac{R}{r}\right)^3-176\left(\frac{R}{r}\right)^2+\frac{96R}{r}+16\right]\geqslant\frac{a^4}{r_b^3r_c^3}+\frac{b^4}{r_a^3r_c^3}+\frac{c^4}{r_b^3r_a^3}$$

在$\triangle ABC$中，可证

$$r_ar_b\leqslant m_c^2,r_br_c\leqslant m_a^2,r_cr_a\leqslant m_b^2$$

从而

$$\frac{1}{p^2}\left[64\left(\frac{R}{r}\right)^3-176\left(\frac{R}{r}\right)^2+\frac{96R}{r}+16\right]\geqslant\frac{a^4}{m_a^6}+\frac{b^4}{m_b^6}+\frac{c^4}{m_c^6}$$

例 4.133　在$\triangle ABC$中，试证明

$$\frac{a^4}{w_a^6}+\frac{b^4}{w_b^6}+\frac{c^4}{w_c^6}\geqslant\frac{1}{p^2}\left[16\left(\frac{R}{r}\right)^3-64\left(\frac{R}{r}\right)^2+\frac{96R}{r}-48\right]$$

证明　由例 3.68 知

$$a^4r_a^3+b^4r_b^3+c^4r_c^3\geqslant p\Delta^3\left[16\left(\frac{R}{r}\right)^3-64\left(\frac{R}{r}\right)^2+\frac{96R}{r}-48\right]$$

上式两边同乘$\frac{1}{r_a^3r_b^3r_c^3}$,并整理得

$$\frac{a^4}{r_b^3r_c^3}+\frac{b^4}{r_a^3r_c^3}+\frac{c^4}{r_b^3r_a^3}\geqslant\frac{1}{p^2}\left[16\left(\frac{R}{r}\right)^3-64\left(\frac{R}{r}\right)^2+\frac{96R}{r}-48\right]$$

在$\triangle ABC$中,可证

$$r_ar_b\geqslant w_c^2,r_br_c\geqslant w_a^2,r_cr_a\geqslant w_b^2$$

从而

$$\frac{a^4}{w_a^6}+\frac{b^4}{w_b^6}+\frac{c^4}{w_c^6}\geqslant\frac{1}{p^2}\left[16\left(\frac{R}{r}\right)^3-64\left(\frac{R}{r}\right)^2+\frac{96R}{r}-48\right]$$

例 4.134 在$\triangle ABC$中,试证明

$$\frac{b^4+c^4}{w_a^6}+\frac{a^4+c^4}{w_b^6}+\frac{b^4+a^4}{w_c^6}\geqslant\frac{1}{p^2}\left[-48\left(\frac{R}{r}\right)^3+72\left(\frac{R}{r}\right)^2+\frac{68R}{r}-8\right]$$

证明 由例 3.69 知

$$(b^4+c^4)r_a^3+(a^4+c^4)r_b^3+(b^4+a^4)r_c^3\geqslant p\Delta^3\left[-48\left(\frac{R}{r}\right)^3+72\left(\frac{R}{r}\right)^2+\frac{68R}{r}-8\right]$$

上式两边同乘$\frac{1}{r_a^3r_b^3r_c^3}$,并整理得

$$\frac{b^4+c^4}{r_b^3r_c^3}+\frac{a^4+c^4}{r_a^3r_c^3}+\frac{b^4+a^4}{r_b^3r_a^3}\geqslant\frac{1}{p^2}\left[-48\left(\frac{R}{r}\right)^3+72\left(\frac{R}{r}\right)^2+\frac{68R}{r}-8\right]$$

在$\triangle ABC$中,可证

$$r_ar_b\geqslant w_c^2,r_br_c\geqslant w_a^2,r_cr_a\geqslant w_b^2$$

从而

$$\frac{b^4+c^4}{w_a^6}+\frac{a^4+c^4}{w_b^6}+\frac{b^4+a^4}{w_c^6}\geqslant\frac{1}{p^2}\left[-48\left(\frac{R}{r}\right)^3+72\left(\frac{R}{r}\right)^2+\frac{68R}{r}-8\right]$$

例 4.135 在$\triangle ABC$中,试证明

$$\frac{1}{p^2}\left[72\left(\frac{R}{r}\right)^3-62\left(\frac{R}{r}\right)^2-\frac{156R}{r}+16\right]\geqslant\frac{b^4+c^4}{m_a^6}+\frac{a^4+c^4}{m_b^6}+\frac{b^4+a^4}{m_c^6}$$

证明 由例 3.69 知

$$p\Delta^3\left[72\left(\frac{R}{r}\right)^3-62\left(\frac{R}{r}\right)^2-\frac{156R}{r}+16\right]\geqslant$$
$$(b^4+c^4)r_a^3+(a^4+c^4)r_b^3+(b^4+a^4)r_c^3$$

上式两边同乘$\frac{1}{r_a^3r_b^3r_c^3}$,并整理得

$$\frac{1}{p^2}\left[72\left(\frac{R}{r}\right)^3-62\left(\frac{R}{r}\right)^2-\frac{156R}{r}+16\right]\geqslant\frac{b^4+c^4}{r_b^3r_c^3}+\frac{a^4+c^4}{r_a^3r_c^3}+\frac{b^4+a^4}{r_b^3r_a^3}$$

在$\triangle ABC$中,可证

$$r_ar_b\leqslant m_c^2,r_br_c\leqslant m_a^2,r_cr_a\leqslant m_b^2$$

从而

$$\frac{1}{p^2}\left[72\left(\frac{R}{r}\right)^3-62\left(\frac{R}{r}\right)^2-\frac{156R}{r}+16\right]\geqslant\frac{b^4+c^4}{m_a^6}+\frac{a^4+c^4}{m_b^6}+\frac{b^4+a^4}{m_c^6}$$

例 4.136 在$\triangle ABC$中，试证明

$$\frac{a^4r_a^3}{w_a}+\frac{b^4r_b^3}{w_b}+\frac{c^4r_c^3}{w_c}\geqslant16\Delta^2r^2\left[-24\left(\frac{R}{r}\right)^3+80\left(\frac{R}{r}\right)^2-\frac{129R}{2r}+10\right]$$

证明 由例 3.70 知

$$\frac{a^4r_a^3}{r_b+r_c}+\frac{b^4r_b^3}{r_c+r_a}+\frac{c^4r_c^3}{r_a+r_b}\geqslant8\Delta^2r^2\left[-24\left(\frac{R}{r}\right)^3+80\left(\frac{R}{r}\right)^2-\frac{129R}{2r}+10\right]$$

在$\triangle ABC$中，可证

$$r_a+r_b\geqslant2w_c,r_b+r_c\geqslant2w_a,r_c+r_a\geqslant2w_b$$

从而

$$\frac{a^4r_a^3}{w_a}+\frac{b^4r_b^3}{w_b}+\frac{c^4r_c^3}{w_c}\geqslant16\Delta^2r^2\left[-24\left(\frac{R}{r}\right)^3+80\left(\frac{R}{r}\right)^2-\frac{129R}{2r}+10\right]$$

例 4.137 在$\triangle ABC$中，试证明

$$\frac{a^4}{w_a^7}+\frac{b^4}{w_b^7}+\frac{c^4}{w_c^7}\geqslant\frac{16r}{p^4}\left[-24\left(\frac{R}{r}\right)^3+80\left(\frac{R}{r}\right)^2-\frac{129R}{2r}+10\right]$$

证明 由例 4.136 知

$$\frac{a^4r_a^3}{w_a}+\frac{b^4r_b^3}{w_b}+\frac{c^4r_c^3}{w_c}\geqslant16\Delta^2r^2\left[-24\left(\frac{R}{r}\right)^3+80\left(\frac{R}{r}\right)^2-\frac{129R}{2r}+10\right]$$

上式两边同乘$\frac{1}{r_a^3r_b^3r_c^3}$，并整理得

$$\frac{a^4}{r_b^3r_c^3w_a}+\frac{b^4}{r_a^3r_c^3w_b}+\frac{c^4}{r_b^3r_a^3w_c}\geqslant\frac{16r}{p^4}\left[-24\left(\frac{R}{r}\right)^3+80\left(\frac{R}{r}\right)^2-\frac{129R}{2r}+10\right]$$

在$\triangle ABC$中，可证

$$r_ar_b\geqslant w_c^2,r_br_c\geqslant w_a^2,r_cr_a\geqslant w_b^2$$

从而

$$\frac{a^4}{w_a^7}+\frac{b^4}{w_b^7}+\frac{c^4}{w_c^7}\geqslant\frac{16r}{p^4}\left[-24\left(\frac{R}{r}\right)^3+80\left(\frac{R}{r}\right)^2-\frac{129R}{2r}+10\right]$$

例 4.138 在$\triangle ABC$中，试证明

$$\frac{c^4r_c^3+b^4r_b^3}{w_a}+\frac{c^4r_c^3+a^4r_a^3}{w_b}+\frac{b^4r_b^3+a^4r_a^3}{w_c}\geqslant$$

$$16\Delta^2r^2\left[-80\left(\frac{R}{r}\right)^4+352\left(\frac{R}{r}\right)^3-616\left(\frac{R}{r}\right)^2+\frac{764R}{r}-480+\frac{48r}{R}\right]$$

证明 由例 3.71 知

$$\frac{c^4r_c^3+b^4r_b^3}{r_b+r_c}+\frac{c^4r_c^3+a^4r_a^3}{r_c+r_a}+\frac{b^4r_b^3+a^4r_a^3}{r_a+r_b}\geqslant$$

$$\Delta^2 r^2 \cdot \frac{2r}{R}\left[-320\left(\frac{R}{r}\right)^5+1\ 408\left(\frac{R}{r}\right)^4-2\ 464\left(\frac{R}{r}\right)^3+3\ 056\left(\frac{R}{r}\right)^2-\frac{1\ 920R}{r}+192\right]$$

在$\triangle ABC$中，可证

$$r_a+r_b\geqslant 2w_c, r_b+r_c\geqslant 2w_a, r_c+r_a\geqslant 2w_b$$

从而

$$\frac{c^4r_c^3+b^4r_b^3}{w_a}+\frac{c^4r_c^3+a^4r_a^3}{w_b}+\frac{b^4r_b^3+a^4r_a^3}{w_c}\geqslant$$

$$16\Delta^2r^2\left[-80\left(\frac{R}{r}\right)^4+352\left(\frac{R}{r}\right)^3-616\left(\frac{R}{r}\right)^2+\frac{764R}{r}-480+\frac{48r}{R}\right]$$

例 4.139 在$\triangle ABC$中，试证明

$$\frac{a^4}{w_a^8}+\frac{b^4}{w_b^8}+\frac{c^4}{w_c^8}\geqslant\frac{1}{p^4}\left[-256\left(\frac{R}{r}\right)^3+832\left(\frac{R}{r}\right)^2-\frac{672R}{r}+112\right]$$

证明 由例 3.72 知

$$a^4r_a^4+b^4r_b^4+c^4r_c^4\geqslant\Delta^4\left[-256\left(\frac{R}{r}\right)^3+832\left(\frac{R}{r}\right)^2-\frac{672R}{r}+112\right]$$

上式两边同乘$\frac{1}{r_a^4r_b^4r_c^4}$，并整理得

$$\frac{a^4}{r_b^4r_c^4}+\frac{b^4}{r_a^4r_c^4}+\frac{c^4}{r_b^4r_a^4}\geqslant\frac{1}{p^4}\left[-256\left(\frac{R}{r}\right)^3+832\left(\frac{R}{r}\right)^2-\frac{672R}{r}+112\right]$$

在$\triangle ABC$中，可证

$$r_ar_b\geqslant w_c^2, r_br_c\geqslant w_a^2, r_cr_a\geqslant w_b^2$$

从而

$$\frac{a^4}{w_a^8}+\frac{b^4}{w_b^8}+\frac{c^4}{w_c^8}\geqslant\frac{1}{p^4}\left[-256\left(\frac{R}{r}\right)^3+832\left(\frac{R}{r}\right)^2-\frac{672R}{r}+112\right]$$

例 4.140 在$\triangle ABC$中，试证明

$$\frac{1}{p^4}\left[288\left(\frac{R}{r}\right)^4-832\left(\frac{R}{r}\right)^3+480\left(\frac{R}{r}\right)^2+\frac{96R}{r}-16\right]\geqslant\frac{a^4}{m_a^8}+\frac{b^4}{m_b^8}+\frac{c^4}{m_c^8}$$

证明 由例 3.72 知

$$\Delta^4\left[288\left(\frac{R}{r}\right)^4-832\left(\frac{R}{r}\right)^3+480\left(\frac{R}{r}\right)^2+\frac{96R}{r}-16\right]\geqslant a^4r_a^4+b^4r_b^4+c^4r_c^4$$

上式两边同乘$\frac{1}{r_a^4r_b^4r_c^4}$，并整理得

$$\frac{1}{p^4}\left[288\left(\frac{R}{r}\right)^4-832\left(\frac{R}{r}\right)^3+480\left(\frac{R}{r}\right)^2+\frac{96R}{r}-16\right]\geqslant\frac{a^4}{r_b^4r_c^4}+\frac{b^4}{r_a^4r_c^4}+\frac{c^4}{r_b^4r_a^4}$$

在$\triangle ABC$中，可证

$$r_ar_b\leqslant m_c^2, r_br_c\leqslant m_a^2, r_cr_a\leqslant m_b^2$$

从而

$$\frac{1}{p^4}\left[288\left(\frac{R}{r}\right)^4-832\left(\frac{R}{r}\right)^3+480\left(\frac{R}{r}\right)^2+\frac{96R}{r}-16\right]\geqslant\frac{a^4}{m_a^8}+\frac{b^4}{m_b^8}+\frac{c^4}{m_c^8}$$

例 4.141　在△ABC 中,试证明

$$\frac{1}{p^4}\left[320\left(\frac{R}{r}\right)^4-112\left(\frac{R}{r}\right)^3-1\ 182\left(\frac{R}{r}\right)^2+\frac{324R}{r}-48\right]\geqslant\frac{b^4+c^4}{m_a^8}+\frac{a^4+c^4}{m_b^8}+\frac{b^4+a^4}{m_c^8}$$

证明　由例 3.73 知

$$\Delta^4\left[320\left(\frac{R}{r}\right)^4-112\left(\frac{R}{r}\right)^3-1\ 182\left(\frac{R}{r}\right)^2+\frac{324R}{r}-48\right]\geqslant(b^4+c^4)r_a^4+(a^4+c^4)r_b^4+(b^4+a^4)r_c^4$$

上式两边同乘$\frac{1}{r_a^4r_b^4r_c^4}$,并整理得

$$\frac{1}{p^4}\left[320\left(\frac{R}{r}\right)^4-112\left(\frac{R}{r}\right)^3-1\ 182\left(\frac{R}{r}\right)^2+\frac{324R}{r}-48\right]\geqslant\frac{b^4+c^4}{r_b^4r_c^4}+\frac{a^4+c^4}{r_a^4r_c^4}+\frac{b^4+a^4}{r_b^4r_a^4}$$

在△ABC 中,可证

$$r_ar_b\leqslant m_c^2,r_br_c\leqslant m_a^2,r_cr_a\leqslant m_b^2$$

从而

$$\frac{1}{p^4}\left[320\left(\frac{R}{r}\right)^4-112\left(\frac{R}{r}\right)^3-1\ 182\left(\frac{R}{r}\right)^2+\frac{324R}{r}-48\right]\geqslant\frac{b^4+c^4}{m_a^8}+\frac{a^4+c^4}{m_b^8}+\frac{b^4+a^4}{m_c^8}$$

例 4.142　在△ABC 中,试证明

$$\frac{b^4+c^4}{w_a^8}+\frac{a^4+c^4}{w_b^8}+\frac{b^4+a^4}{w_c^8}\geqslant\frac{1}{p^4}\left[-256\left(\frac{R}{r}\right)^4+192\left(\frac{R}{r}\right)^3+912\left(\frac{R}{r}\right)^2-\frac{556R}{r}+120\right]$$

证明　由例 3.73 知

$$(b^4+c^4)r_a^4+(a^4+c^4)r_b^4+(b^4+a^4)r_c^4\geqslant$$
$$\Delta^4\left[-256\left(\frac{R}{r}\right)^4+192\left(\frac{R}{r}\right)^3+912\left(\frac{R}{r}\right)^2-\frac{556R}{r}+120\right]$$

上式两边同乘$\frac{1}{r_a^4r_b^4r_c^4}$,并整理得

$$\frac{b^4+c^4}{r_b^4r_c^4}+\frac{a^4+c^4}{r_a^4r_c^4}+\frac{b^4+a^4}{r_b^4r_a^4}\geqslant\frac{1}{p^4}\left[-256\left(\frac{R}{r}\right)^4+192\left(\frac{R}{r}\right)^3+912\left(\frac{R}{r}\right)^2-\frac{556R}{r}+120\right]$$

在△ABC 中,可证

$$r_ar_b\geqslant w_c^2,r_br_c\geqslant w_a^2,r_cr_a\geqslant w_b^2$$

从而

$$\frac{b^4+c^4}{w_a^8}+\frac{a^4+c^4}{w_b^8}+\frac{b^4+a^4}{w_c^8}\geqslant\frac{1}{p^4}\left[-256\left(\frac{R}{r}\right)^4+192\left(\frac{R}{r}\right)^3+912\left(\frac{R}{r}\right)^2-\frac{556R}{r}+120\right]$$

例 4.143　在△ABC 中,试证明

$$\frac{a^5r_a^3}{w_a}+\frac{b^5r_b^3}{w_b}+\frac{c^5r_c^3}{w_c}\geqslant2\Delta^3r\left[-256\left(\frac{R}{r}\right)^3+832\left(\frac{R}{r}\right)^2-\frac{672R}{r}+112\right]$$

证明　由例 3.74 知

$$\frac{a^5r_a^3}{r_b+r_c}+\frac{b^5r_b^3}{r_c+r_a}+\frac{c^5r_c^3}{r_a+r_b}\geqslant\Delta^3r\left[-256\left(\frac{R}{r}\right)^3+832\left(\frac{R}{r}\right)^2-\frac{672R}{r}+112\right]$$

在$\triangle ABC$中,可证

$$r_a+r_b\geqslant 2w_c, r_b+r_c\geqslant 2w_a, r_c+r_a\geqslant 2w_b$$

从而

$$\frac{a^5r_a^3}{w_a}+\frac{b^5r_b^3}{w_b}+\frac{c^5r_c^3}{w_c}\geqslant 2\Delta^3r\left[-256\left(\frac{R}{r}\right)^3+832\left(\frac{R}{r}\right)^2-\frac{672R}{r}+112\right]$$

例 4.144 在$\triangle ABC$中,试证明

$$\frac{a^5}{w_a^7}+\frac{b^5}{w_b^7}+\frac{c^5}{w_c^7}\geqslant\frac{2r}{p^3}\left[-256\left(\frac{R}{r}\right)^3+832\left(\frac{R}{r}\right)^2-\frac{672R}{r}+112\right]$$

证明 由例 4.143 知

$$\frac{a^5r_a^3}{w_a}+\frac{b^5r_b^3}{w_b}+\frac{c^5r_c^3}{w_c}\geqslant 2\Delta^3r\left[-256\left(\frac{R}{r}\right)^3+832\left(\frac{R}{r}\right)^2-\frac{672R}{r}+112\right]$$

上式两边同乘$\frac{1}{r_a^3r_b^3r_c^3}$,并整理得

$$\frac{a^5}{r_b^3r_c^3w_a}+\frac{b^5}{r_a^3r_c^3w_b}+\frac{c^5}{r_b^3r_a^3w_c}\geqslant\frac{2r}{p^3}\left[-256\left(\frac{R}{r}\right)^3+832\left(\frac{R}{r}\right)^2-\frac{672R}{r}+112\right]$$

在$\triangle ABC$中,可证

$$r_ar_b\geqslant w_c^2, r_br_c\geqslant w_a^2, r_cr_a\geqslant w_b^2$$

从而

$$\frac{a^5}{w_a^7}+\frac{b^5}{w_b^7}+\frac{c^5}{w_c^7}\geqslant\frac{2r}{p^3}\left[-256\left(\frac{R}{r}\right)^3+832\left(\frac{R}{r}\right)^2-\frac{672R}{r}+112\right]$$

例 4.145 在$\triangle ABC$中,试证明

$$\frac{a^5}{w_a^6}+\frac{b^5}{w_b^6}+\frac{c^5}{w_c^6}\geqslant\frac{r^2}{p^3}\left[256\left(\frac{R}{r}\right)^4-1\ 360\left(\frac{R}{r}\right)^3+2\ 576\left(\frac{R}{r}\right)^2-\frac{1\ 792R}{r}+352\right]$$

证明 由例 3.75 知

$$a^5r_a^3+b^5r_b^3+c^5r_c^3\geqslant r^2\Delta^3\left[256\left(\frac{R}{r}\right)^4-1\ 360\left(\frac{R}{r}\right)^3+2\ 576\left(\frac{R}{r}\right)^2-\frac{1\ 792R}{r}+352\right]$$

上式两边同乘$\frac{1}{r_a^3r_b^3r_c^3}$,并整理得

$$\frac{a^5}{r_b^3r_c^3}+\frac{b^5}{r_a^3r_c^3}+\frac{c^5}{r_b^3r_a^3}\geqslant\frac{r^2}{p^3}\left[256\left(\frac{R}{r}\right)^4-1\ 360\left(\frac{R}{r}\right)^3+2\ 576\left(\frac{R}{r}\right)^2-\frac{1\ 792R}{r}+352\right]$$

在$\triangle ABC$中,可证

$$r_ar_b\geqslant w_c^2, r_br_c\geqslant w_a^2, r_cr_a\geqslant w_b^2$$

从而

$$\frac{a^5}{w_a^6}+\frac{b^5}{w_b^6}+\frac{c^5}{w_c^6}\geqslant\frac{r^2}{p^3}\left[256\left(\frac{R}{r}\right)^4-1\ 360\left(\frac{R}{r}\right)^3+2\ 576\left(\frac{R}{r}\right)^2-\frac{1\ 792R}{r}+352\right]$$

例 4.146　在$\triangle ABC$中,试证明

$$\frac{1}{27p}\left[256\left(\frac{R}{r}\right)^5+288\left(\frac{R}{r}\right)^4-2\ 640\left(\frac{R}{r}\right)^3+2\ 192\left(\frac{R}{r}\right)^2-\frac{96R}{r}+32\right]\geqslant\frac{a^5}{m_a^6}+\frac{b^5}{m_b^6}+\frac{c^5}{m_c^6}$$

证明　由例 3.75 知

$$r^2\Delta^3\left[256\left(\frac{R}{r}\right)^5-480\left(\frac{R}{r}\right)^4-96\left(\frac{R}{r}\right)^3-64\left(\frac{R}{r}\right)^2+\frac{384R}{r}+32\right]\geqslant a^5r_a^3+b^5r_b^3+c^5r_c^3$$

上式两边同乘$\frac{1}{r_a^3r_b^3r_c^3}$,并整理得

$$\frac{r^2}{p^3}\left[256\left(\frac{R}{r}\right)^5-480\left(\frac{R}{r}\right)^4-96\left(\frac{R}{r}\right)^3-64\left(\frac{R}{r}\right)^2+\frac{384R}{r}+32\right]\geqslant\frac{a^5}{r_b^3r_c^3}+\frac{b^5}{r_a^3r_c^3}+\frac{c^5}{r_b^3r_a^3}$$

在$\triangle ABC$中,可证

$$r_ar_b\leqslant m_c^2,r_br_c\leqslant m_a^2,r_cr_a\leqslant m_b^2$$

从而

$$\frac{r^2}{p^3}\left[256\left(\frac{R}{r}\right)^5-480\left(\frac{R}{r}\right)^4-96\left(\frac{R}{r}\right)^3-64\left(\frac{R}{r}\right)^2+\frac{384R}{r}+32\right]\geqslant\frac{a^5}{m_a^6}+\frac{b^5}{m_b^6}+\frac{c^5}{m_c^6}$$

在$\triangle ABC$中,有

$$p\geqslant3\sqrt{3}r$$

从而

$$\frac{1}{27p}\left[256\left(\frac{R}{r}\right)^5-480\left(\frac{R}{r}\right)^4-96\left(\frac{R}{r}\right)^3-64\left(\frac{R}{r}\right)^2+\frac{384R}{r}+32\right]\geqslant\frac{a^5}{m_a^6}+\frac{b^5}{m_b^6}+\frac{c^5}{m_c^6}$$

例 4.147　在$\triangle ABC$中,试证明

$$\frac{a^6r_a^2}{w_a}+\frac{b^6r_b^2}{w_b}+\frac{c^6r_c^2}{w_c}\geqslant2r^3\Delta^2\left[256\left(\frac{R}{r}\right)^4-1\ 360\left(\frac{R}{r}\right)^3+2\ 576\left(\frac{R}{r}\right)^2-\frac{1\ 792R}{r}+352\right]$$

证明　由例 3.76 知

$$\frac{a^6r_a^2}{r_b+r_c}+\frac{b^6r_b^2}{r_c+r_a}+\frac{c^6r_c^2}{r_a+r_b}\geqslant r^3\Delta^2\left[256\left(\frac{R}{r}\right)^4-1\ 360\left(\frac{R}{r}\right)^3+2\ 576\left(\frac{R}{r}\right)^2-\frac{1\ 792R}{r}+352\right]$$

在$\triangle ABC$中,可证

$$r_a+r_b\geqslant2w_c,r_b+r_c\geqslant2w_a,r_c+r_a\geqslant2w_b$$

从而

$$\frac{a^6r_a^2}{w_a}+\frac{b^6r_b^2}{w_b}+\frac{c^6r_c^2}{w_c}\geqslant2r^3\Delta^2\left[256\left(\frac{R}{r}\right)^4-1\ 360\left(\frac{R}{r}\right)^3+2\ 576\left(\frac{R}{r}\right)^2-\frac{1\ 792R}{r}+352\right]$$

例 4.148　在$\triangle ABC$中,试证明

$$\frac{a^6}{w_a^5}+\frac{b^6}{w_b^5}+\frac{c^6}{w_c^5}\geqslant\frac{2r^3}{p^2}\left[256\left(\frac{R}{r}\right)^4-1\ 360\left(\frac{R}{r}\right)^3+2\ 576\left(\frac{R}{r}\right)^2-\frac{1\ 792R}{r}+352\right]$$

证明　由例 4.147 知

$$\frac{a^6r_a^2}{w_a}+\frac{b^6r_b^2}{w_b}+\frac{c^6r_c^2}{w_c}\geqslant2r^3\Delta^2\left[256\left(\frac{R}{r}\right)^4-1\ 360\left(\frac{R}{r}\right)^3+2\ 576\left(\frac{R}{r}\right)^2-\frac{1\ 792R}{r}+352\right]$$

上式两边同乘$\frac{1}{r_a^2r_b^2r_c^2}$并整理得

$$\frac{a^6}{r_b^2r_c^2w_a}+\frac{b^6}{r_a^2r_c^2w_b}+\frac{c^6}{r_b^2r_a^2w_c}\geqslant\frac{2r^3}{p^2}\left[256\left(\frac{R}{r}\right)^4-1\ 360\left(\frac{R}{r}\right)^3+2\ 576\left(\frac{R}{r}\right)^2-\frac{1\ 792R}{r}+352\right]$$

在$\triangle ABC$中，可证

$$r_ar_b\geqslant w_c^2,r_br_c\geqslant w_a^2,r_cr_a\geqslant w_b^2$$

从而

$$\frac{a^6}{w_a^5}+\frac{b^6}{w_b^5}+\frac{c^6}{w_c^5}\geqslant\frac{2r^3}{p^2}\left[256\left(\frac{R}{r}\right)^4-1\ 360\left(\frac{R}{r}\right)^3+2\ 576\left(\frac{R}{r}\right)^2-\frac{1\ 792R}{r}+352\right]$$

例 4.149 在$\triangle ABC$中，试证明

$$\frac{a^5}{w_a^8}+\frac{b^5}{w_b^8}+\frac{c^5}{w_c^8}\geqslant\frac{1}{p^3}\left[-320\left(\frac{R}{r}\right)^3+1\ 040\left(\frac{R}{r}\right)^2-\frac{864R}{r}+160\right]$$

证明 由例 3.77 知

$$a^5r_a^4+b^5r_b^4+c^5r_c^4\geqslant p\Delta^4\left[-320\left(\frac{R}{r}\right)^3+1\ 040\left(\frac{R}{r}\right)^2-\frac{864R}{r}+160\right]$$

上式两边同乘$\frac{1}{r_a^4r_b^4r_c^4}$并整理得

$$\frac{a^5}{r_b^4r_c^4}+\frac{b^5}{r_a^4r_c^4}+\frac{c^5}{r_b^4r_a^4}\geqslant\frac{1}{p^3}\left[-320\left(\frac{R}{r}\right)^3+1\ 040\left(\frac{R}{r}\right)^2-\frac{864R}{r}+160\right]$$

在$\triangle ABC$中，可证

$$r_ar_b\geqslant w_c^2,r_br_c\geqslant w_a^2,r_cr_a\geqslant w_b^2$$

从而

$$\frac{a^5}{w_a^8}+\frac{b^5}{w_b^8}+\frac{c^5}{w_c^8}\geqslant\frac{1}{p^3}\left[-320\left(\frac{R}{r}\right)^3+1\ 040\left(\frac{R}{r}\right)^2-\frac{864R}{r}+160\right]$$

例 4.150 在$\triangle ABC$中，试证明

$$\frac{1}{p^3}\left[288\left(\frac{R}{r}\right)^4-848\left(\frac{R}{r}\right)^3+512\left(\frac{R}{r}\right)^2+\frac{96R}{r}-32\right]\geqslant\frac{a^5}{m_a^8}+\frac{b^5}{m_b^8}+\frac{c^5}{m_c^8}$$

证明 由例 3.77 知

$$p\Delta^4\left[288\left(\frac{R}{r}\right)^4-848\left(\frac{R}{r}\right)^3+512\left(\frac{R}{r}\right)^2+\frac{96R}{r}-32\right]\geqslant a^5r_a^4+b^5r_b^4+c^5r_c^4$$

上式两边同乘$\frac{1}{r_a^4r_b^4r_c^4}$并整理得

$$\frac{1}{p^3}\left[288\left(\frac{R}{r}\right)^4-848\left(\frac{R}{r}\right)^3+512\left(\frac{R}{r}\right)^2+\frac{96R}{r}-32\right]\geqslant\frac{a^5}{r_b^4r_c^4}+\frac{b^5}{r_a^4r_c^4}+\frac{c^5}{r_b^4r_a^4}$$

在$\triangle ABC$中，可证

$$r_ar_b\leqslant m_c^2,r_br_c\leqslant m_a^2,r_cr_a\leqslant m_b^2$$

从而

$$\frac{1}{p^3}\left[288\left(\frac{R}{r}\right)^4-848\left(\frac{R}{r}\right)^3+512\left(\frac{R}{r}\right)^2+\frac{96R}{r}-32\right]\geqslant\frac{a^5}{m_a^8}+\frac{b^5}{m_b^8}+\frac{c^5}{m_c^8}$$

例 4.151　在△ABC 中，试证明

$$\frac{a^6r_a^3}{w_a}+\frac{b^6r_b^3}{w_b}+\frac{c^6r_c^3}{w_c}\geqslant 2\Delta^4\left[-320\left(\frac{R}{r}\right)^3+1\ 040\left(\frac{R}{r}\right)^2-\frac{864R}{r}+160\right]$$

证明　由例 3.78 知

$$\frac{a^6r_a^3}{r_b+r_c}+\frac{b^6r_b^3}{r_c+r_a}+\frac{c^6r_c^3}{r_a+r_b}\geqslant\Delta^4\left[-320\left(\frac{R}{r}\right)^3+1\ 040\left(\frac{R}{r}\right)^2-\frac{864R}{r}+160\right]$$

在△ABC 中，可证

$$r_a+r_b\geqslant 2w_c, r_b+r_c\geqslant 2w_a, r_c+r_a\geqslant 2w_b$$

从而

$$\frac{a^6r_a^3}{w_a}+\frac{b^6r_b^3}{w_b}+\frac{c^6r_c^3}{w_c}\geqslant 2\Delta^4\left[-320\left(\frac{R}{r}\right)^3+1\ 040\left(\frac{R}{r}\right)^2-\frac{864R}{r}+160\right]$$

例 4.152　在△ABC 中，试证明

$$\frac{a^6}{w_a^7}+\frac{b^6}{w_b^7}+\frac{c^6}{w_c^7}\geqslant\frac{2r}{p^2}\left[-320\left(\frac{R}{r}\right)^3+1\ 040\left(\frac{R}{r}\right)^2-\frac{864R}{r}+160\right]$$

证明　由例 4.151 知

$$\frac{a^6r_a^3}{w_a}+\frac{b^6r_b^3}{w_b}+\frac{c^6r_c^3}{w_c}\geqslant 2\Delta^4\left[-320\left(\frac{R}{r}\right)^3+1\ 040\left(\frac{R}{r}\right)^2-\frac{864R}{r}+160\right]$$

上式两边同乘$\frac{1}{r_a^3r_b^3r_c^3}$并整理得

$$\frac{a^6}{w_ar_b^3r_c^3}+\frac{b^6}{w_br_a^3r_c^3}+\frac{c^6}{w_cr_b^3r_a^3}\geqslant\frac{2r}{p^2}\left[-320\left(\frac{R}{r}\right)^3+1\ 040\left(\frac{R}{r}\right)^2-\frac{864R}{r}+160\right]$$

在△ABC 中，可证

$$r_ar_b\geqslant w_c^2, r_br_c\geqslant w_a^2, r_cr_a\geqslant w_b^2$$

从而

$$\frac{a^6}{w_a^7}+\frac{b^6}{w_b^7}+\frac{c^6}{w_c^7}\geqslant\frac{2r}{p^2}\left[-320\left(\frac{R}{r}\right)^3+1\ 040\left(\frac{R}{r}\right)^2-\frac{864R}{r}+160\right]$$

例 4.153　在△ABC 中，试证明

$$\frac{1}{27r}\left[288\left(\frac{R}{r}\right)^4-848\left(\frac{R}{r}\right)^3+512\left(\frac{R}{r}\right)^2+\frac{96R}{r}-32\right]\geqslant$$

$$\frac{a^6}{(r_b+r_c)m_a^6}+\frac{b^6}{(r_c+r_a)m_b^6}+\frac{c^6}{(r_a+r_b)m_c^6}$$

证明　由例 3.78 知

$$\Delta^4\left[288\left(\frac{R}{r}\right)^4-848\left(\frac{R}{r}\right)^3+512\left(\frac{R}{r}\right)^2+\frac{96R}{r}-32\right]\geqslant\frac{a^6r_a^3}{r_b+r_c}+\frac{b^6r_b^3}{r_c+r_a}+\frac{c^6r_c^3}{r_a+r_b}$$

上式两边同乘$\frac{1}{r_a^3r_b^3r_c^3}$并整理得

$$\frac{r}{p^2}\left[288\left(\frac{R}{r}\right)^4-848\left(\frac{R}{r}\right)^3+512\left(\frac{R}{r}\right)^2+\frac{96R}{r}-32\right]\geqslant$$
$$\frac{a^6}{(r_b+r_c)r_b^3r_c^3}+\frac{b^6}{(r_c+r_a)r_a^3r_c^3}+\frac{c^6}{(r_a+r_b)r_b^3r_a^3}$$

在$\triangle ABC$中,可证

$$r_ar_b\leqslant m_c^2,r_br_c\leqslant m_a^2,r_cr_a\leqslant m_b^2$$

从而

$$\frac{r}{p^2}\left[288\left(\frac{R}{r}\right)^4-848\left(\frac{R}{r}\right)^3+512\left(\frac{R}{r}\right)^2+\frac{96R}{r}-32\right]\geqslant$$
$$\frac{a^6}{(r_b+r_c)m_a^6}+\frac{b^6}{(r_c+r_a)m_b^6}+\frac{c^6}{(r_a+r_b)m_c^6}$$

在$\triangle ABC$中,有

$$p\geqslant3\sqrt{3}r$$

从而

$$\frac{1}{27r}\left[288\left(\frac{R}{r}\right)^4-848\left(\frac{R}{r}\right)^3+512\left(\frac{R}{r}\right)^2+\frac{96R}{r}-32\right]\geqslant$$
$$\frac{a^6}{(r_b+r_c)m_a^6}+\frac{b^6}{(r_c+r_a)m_b^6}+\frac{c^6}{(r_a+r_b)m_c^6}$$

例 4.154 在$\triangle ABC$中,试证明

$$\frac{a^6}{w_a^8}+\frac{b^6}{w_b^8}+\frac{c^6}{w_c^8}\geqslant$$
$$\frac{r^2}{p^4}\left[-1\ 024\left(\frac{R}{r}\right)^6+2\ 048\left(\frac{R}{r}\right)^5-6\ 048\left(\frac{R}{r}\right)^4+22\ 080\left(\frac{R}{r}\right)^3-23\ 232\left(\frac{R}{r}\right)^2+\frac{7\ 312R}{r}-992\right]$$

证明 由例 3.79 知

$$a^6r_a^4+b^6r_b^4+c^6r_c^4\geqslant$$
$$r^2\Delta^4\left[-1\ 024\left(\frac{R}{r}\right)^6+2\ 048\left(\frac{R}{r}\right)^5-6\ 048\left(\frac{R}{r}\right)^4+22\ 080\left(\frac{R}{r}\right)^3-23\ 232\left(\frac{R}{r}\right)^2+\frac{7\ 312R}{r}-992\right]$$

上式两边同乘$\frac{1}{r_a^4r_b^4r_c^4}$并整理得

$$\frac{a^6}{r_b^4r_c^4}+\frac{b^6}{r_a^4r_c^4}+\frac{c^6}{r_b^4r_a^4}\geqslant$$
$$\frac{r^2}{p^4}\left[-1\ 024\left(\frac{R}{r}\right)^6+2\ 048\left(\frac{R}{r}\right)^5-6\ 048\left(\frac{R}{r}\right)^4+22\ 080\left(\frac{R}{r}\right)^3-23\ 232\left(\frac{R}{r}\right)^2+\frac{7\ 312R}{r}-992\right]$$

在$\triangle ABC$中,可证

$$r_ar_b\geqslant w_c^2,r_br_c\geqslant w_a^2,r_cr_a\geqslant w_b^2$$

从而

$$\frac{a^6}{w_a^8}+\frac{b^6}{w_b^8}+\frac{c^6}{w_c^8}\geqslant$$

$$\frac{r^2}{p^4}\left[-1\ 024\left(\frac{R}{r}\right)^6+2\ 048\left(\frac{R}{r}\right)^5-6\ 048\left(\frac{R}{r}\right)^4+22\ 080\left(\frac{R}{r}\right)^3-23\ 232\left(\frac{R}{r}\right)^2+\frac{7\ 312R}{r}-992\right]$$

例 4.155　在$\triangle ABC$中,试证明

$$\frac{1}{27p^2}\left[1\ 152\left(\frac{R}{r}\right)^6+1\ 792\left(\frac{R}{r}\right)^5-13\ 792\left(\frac{R}{r}\right)^4+12\ 288\left(\frac{R}{r}\right)^3-2\ 912\left(\frac{R}{r}\right)^2+\frac{1\ 904R}{r}-288\right]\geqslant$$
$$\frac{a^6}{m_a^8}+\frac{b^6}{m_b^8}+\frac{c^6}{m_c^8}$$

证明　由例 3.79 知

$$r^2\Delta^4\left[1\ 152\left(\frac{R}{r}\right)^6+1\ 792\left(\frac{R}{r}\right)^5-13\ 792\left(\frac{R}{r}\right)^4+12\ 288\left(\frac{R}{r}\right)^3-2\ 912\left(\frac{R}{r}\right)^2+\frac{1\ 904R}{r}-288\right]\geqslant$$
$$a^6r_a^4+b^6r_b^4+c^6r_c^4$$

上式两边同乘$\frac{1}{r_a^4r_b^4r_c^4}$并整理得

$$\frac{a^6}{r_b^4r_c^4}+\frac{b^6}{r_a^4r_c^4}+\frac{c^6}{r_b^4r_a^4}\leqslant$$
$$\frac{r^2}{p^4}\left[1\ 152\left(\frac{R}{r}\right)^6+1\ 792\left(\frac{R}{r}\right)^5-13\ 792\left(\frac{R}{r}\right)^4+12\ 288\left(\frac{R}{r}\right)^3-2\ 912\left(\frac{R}{r}\right)^2+\frac{1\ 904R}{r}-288\right]$$

在$\triangle ABC$中,可证

$$r_ar_b\leqslant m_c^2,r_br_c\leqslant m_a^2,r_cr_a\leqslant m_b^2$$

从而

$$\frac{r^2}{p^4}\left[1\ 152\left(\frac{R}{r}\right)^6+1\ 792\left(\frac{R}{r}\right)^5-13\ 792\left(\frac{R}{r}\right)^4+12\ 288\left(\frac{R}{r}\right)^3-2\ 912\left(\frac{R}{r}\right)^2+\frac{1\ 904R}{r}-288\right]\geqslant$$
$$\frac{a^6}{m_a^8}+\frac{b^6}{m_b^8}+\frac{c^6}{m_c^8}$$

在$\triangle ABC$中,有

$$p\geqslant 3\sqrt{3}r$$

从而

$$\frac{1}{27p^2}\left[1\ 152\left(\frac{R}{r}\right)^6+1\ 792\left(\frac{R}{r}\right)^5-13\ 792\left(\frac{R}{r}\right)^4+12\ 288\left(\frac{R}{r}\right)^3-2\ 912\left(\frac{R}{r}\right)^2+\frac{1\ 904R}{r}-288\right]\geqslant$$
$$\frac{a^6}{m_a^8}+\frac{b^6}{m_b^8}+\frac{c^6}{m_c^8}$$

例 4.156　在$\triangle ABC$中,试证明

$$\frac{a^7r_a^3}{w_a}+\frac{b^7r_b^3}{w_b}+\frac{c^7r_c^3}{w_c}\geqslant$$
$$2r^3\Delta^3\left[-1\ 024\left(\frac{R}{r}\right)^6+2\ 048\left(\frac{R}{r}\right)^5-6\ 048\left(\frac{R}{r}\right)^4+22\ 080\left(\frac{R}{r}\right)^3-23\ 232\left(\frac{R}{r}\right)^2+\frac{7\ 312R}{r}-992\right]$$

证明　由例 3.80 知

$$\frac{a^7r_a^3}{r_b+r_c}+\frac{b^7r_b^3}{r_c+r_a}+\frac{c^7r_c^3}{r_a+r_b}\geqslant$$

$$r^3\Delta^3\left[-1\ 024\left(\frac{R}{r}\right)^6+2\ 048\left(\frac{R}{r}\right)^5-6\ 048\left(\frac{R}{r}\right)^4+22\ 080\left(\frac{R}{r}\right)^3-23\ 232\left(\frac{R}{r}\right)^2+\frac{7\ 312R}{r}-992\right]$$

在$\triangle ABC$中，可证

$$r_a+r_b\geqslant 2w_c, r_b+r_c\geqslant 2w_a, r_c+r_a\geqslant 2w_b$$

从而

$$\frac{a^7r_a^3}{w_a}+\frac{b^7r_b^3}{w_b}+\frac{c^7r_c^3}{w_c}\geqslant$$

$$2r^3\Delta^3\left[-1\ 024\left(\frac{R}{r}\right)^6+2\ 048\left(\frac{R}{r}\right)^5-6\ 048\left(\frac{R}{r}\right)^4+22\ 080\left(\frac{R}{r}\right)^3-23\ 232\left(\frac{R}{r}\right)^2+\frac{7\ 312R}{r}-992\right]$$

例 4.157 在$\triangle ABC$中，试证明

$$\frac{a^7}{w_a^7}+\frac{b^7}{w_b^7}+\frac{c^7}{w_c^7}\geqslant$$

$$\frac{2r^3}{p^3}\left[-1\ 024\left(\frac{R}{r}\right)^6+2\ 048\left(\frac{R}{r}\right)^5-6\ 048\left(\frac{R}{r}\right)^4+22\ 080\left(\frac{R}{r}\right)^3-23\ 232\left(\frac{R}{r}\right)^2+\frac{7\ 312R}{r}-992\right]$$

证明 由例 4.156 知

$$\frac{a^7r_a^3}{w_a}+\frac{b^7r_b^3}{w_b}+\frac{c^7r_c^3}{w_c}\geqslant$$

$$2r^3\Delta^3\left[-1\ 024\left(\frac{R}{r}\right)^6+2\ 048\left(\frac{R}{r}\right)^5-6\ 048\left(\frac{R}{r}\right)^4+22\ 080\left(\frac{R}{r}\right)^3-23\ 232\left(\frac{R}{r}\right)^2+\frac{7\ 312R}{r}-992\right]$$

上式两边同乘$\frac{1}{r_a^3r_b^3r_c^3}$并整理得

$$\frac{a^7}{w_ar_b^3r_c^3}+\frac{b^7}{w_br_a^3r_c^3}+\frac{c^7}{w_cr_b^3r_a^3}\geqslant$$

$$\frac{2r^3}{p^3}\left[-1\ 024\left(\frac{R}{r}\right)^6+2\ 048\left(\frac{R}{r}\right)^5-6\ 048\left(\frac{R}{r}\right)^4+22\ 080\left(\frac{R}{r}\right)^3-23\ 232\left(\frac{R}{r}\right)^2+\frac{7\ 312R}{r}-992\right]$$

在$\triangle ABC$中，可证

$$r_ar_b\geqslant w_c^2, r_br_c\geqslant w_a^2, r_cr_a\geqslant w_b^2$$

从而

$$\frac{a^7}{w_a^7}+\frac{b^7}{w_b^7}+\frac{c^7}{w_c^7}\geqslant$$

$$\frac{2r^3}{p^3}\left[-1\ 024\left(\frac{R}{r}\right)^6+2\ 048\left(\frac{R}{r}\right)^5-6\ 048\left(\frac{R}{r}\right)^4+22\ 080\left(\frac{R}{r}\right)^3-23\ 232\left(\frac{R}{r}\right)^2+\frac{7\ 312R}{r}-992\right]$$

例 4.158 在$\triangle ABC$中，试证明

$$\frac{\sqrt{3}}{243}\left[1\ 152\left(\frac{R}{r}\right)^6+1\ 792\left(\frac{R}{r}\right)^5-13\ 792\left(\frac{R}{r}\right)^4+12\ 288\left(\frac{R}{r}\right)^3-2\ 912\left(\frac{R}{r}\right)^2+\frac{1\ 904R}{r}-288\right]\geqslant$$

$$\frac{a^7}{(r_b+r_c)m_a^6}+\frac{b^7}{(r_c+r_a)m_b^6}+\frac{c^7}{(r_a+r_b)m_c^6}$$

证明　由例 3.80 知

$$r^3\Delta^3\left[1\ 152\left(\frac{R}{r}\right)^6+1\ 792\left(\frac{R}{r}\right)^5-13\ 792\left(\frac{R}{r}\right)^4+12\ 288\left(\frac{R}{r}\right)^3-2\ 912\left(\frac{R}{r}\right)^2+\frac{1\ 904R}{r}-288\right]\geqslant$$

$$\frac{a^7r_a^3}{r_b+r_c}+\frac{b^7r_b^3}{r_c+r_a}+\frac{c^7r_c^3}{r_a+r_b}$$

上式两边同乘$\frac{1}{r_a^3r_b^3r_c^3}$并整理得

$$\frac{r^3}{p^3}\left[1\ 152\left(\frac{R}{r}\right)^6+1\ 792\left(\frac{R}{r}\right)^5-13\ 792\left(\frac{R}{r}\right)^4+12\ 288\left(\frac{R}{r}\right)^3-2\ 912\left(\frac{R}{r}\right)^2+\frac{1\ 904R}{r}-288\right]\geqslant$$

$$\frac{a^7}{(r_b+r_c)r_b^3r_c^3}+\frac{b^7}{(r_c+r_a)r_a^3r_c^3}+\frac{c^7}{(r_a+r_b)r_b^3r_a^3}$$

在△ABC 中,可证

$$r_ar_b\leqslant m_c^2,r_br_c\leqslant m_a^2,r_cr_a\leqslant m_b^2$$

从而

$$\frac{r^3}{p^3}\left[1\ 152\left(\frac{R}{r}\right)^6+1\ 792\left(\frac{R}{r}\right)^5-13\ 792\left(\frac{R}{r}\right)^4+12\ 288\left(\frac{R}{r}\right)^3-2\ 912\left(\frac{R}{r}\right)^2+\frac{1\ 904R}{r}-288\right]\geqslant$$

$$\frac{a^7}{(r_b+r_c)m_a^6}+\frac{b^7}{(r_c+r_a)m_b^6}+\frac{c^7}{(r_a+r_b)m_c^6}$$

在△ABC 中,有

$$p\geqslant 3\sqrt{3}r$$

从而

$$\frac{\sqrt{3}}{243}\left[1\ 152\left(\frac{R}{r}\right)^6+1\ 792\left(\frac{R}{r}\right)^5-13\ 792\left(\frac{R}{r}\right)^4+12\ 288\left(\frac{R}{r}\right)^3-2\ 912\left(\frac{R}{r}\right)^2+\frac{1\ 904R}{r}-288\right]\geqslant$$

$$\frac{a^7}{(r_b+r_c)m_a^6}+\frac{b^7}{(r_c+r_a)m_b^6}+\frac{c^7}{(r_a+r_b)m_c^6}$$

例 4.159　在△ABC 中,试证明

$$\frac{2r}{3\sqrt{3}}\left[32\left(\frac{R}{r}\right)^4-56\left(\frac{R}{r}\right)^3-4\left(\frac{R}{r}\right)^2-\frac{20R}{r}+40\right]\geqslant\frac{a^5}{m_a^4}+\frac{b^5}{m_b^4}+\frac{c^5}{m_c^4}$$

证明　由例 3.81 知

$$2\Delta^3r\left[32\left(\frac{R}{r}\right)^4-56\left(\frac{R}{r}\right)^3-4\left(\frac{R}{r}\right)^2-\frac{20R}{r}+40\right]\geqslant a^5r_a^2+b^5r_b^2+c^5r_c^2$$

上式两边同乘$\frac{1}{r_a^2r_b^2r_c^2}$并整理得

$$\frac{2r^2}{p}\left[32\left(\frac{R}{r}\right)^4-56\left(\frac{R}{r}\right)^3-4\left(\frac{R}{r}\right)^2-\frac{20R}{r}+40\right]\geqslant\frac{a^5}{r_b^2r_c^2}+\frac{b^5}{r_a^2r_c^2}+\frac{c^5}{r_b^2r_a^2}$$

在$\triangle ABC$中，可证

$$r_ar_b\leqslant m_c^2,r_br_c\leqslant m_a^2,r_cr_a\leqslant m_b^2$$

从而

$$\frac{2r^2}{p}\left[32\left(\frac{R}{r}\right)^4-56\left(\frac{R}{r}\right)^3-4\left(\frac{R}{r}\right)^2-\frac{20R}{r}+40\right]\geqslant\frac{a^5}{m_a^4}+\frac{b^5}{m_b^4}+\frac{c^5}{m_c^4}$$

在$\triangle ABC$中，有

$$p\geqslant 3\sqrt{3}r$$

从而

$$\frac{2r}{3\sqrt{3}}\left[32\left(\frac{R}{r}\right)^4-56\left(\frac{R}{r}\right)^3-4\left(\frac{R}{r}\right)^2-\frac{20R}{r}+40\right]\geqslant\frac{a^5}{m_a^4}+\frac{b^5}{m_b^4}+\frac{c^5}{m_c^4}$$

例 4.160 在$\triangle ABC$中，试证明

$$\frac{a^5}{w_a^4}+\frac{b^5}{w_b^4}+\frac{c^5}{w_c^4}\geqslant\frac{4r^2}{3\sqrt{3}R}\left[64\left(\frac{R}{r}\right)^3-180\left(\frac{R}{r}\right)^2+\frac{148R}{r}-40\right]$$

证明 由例 3.81 知

$$a^5r_a^2+b^5r_b^2+c^5r_c^2\geqslant 2\Delta^3r\left[64\left(\frac{R}{r}\right)^3-180\left(\frac{R}{r}\right)^2+\frac{148R}{r}-40\right]$$

上式两边同乘$\frac{1}{r_a^2r_b^2r_c^2}$并整理得

$$\frac{a^5}{r_b^2r_c^2}+\frac{b^5}{r_a^2r_c^2}+\frac{c^5}{r_b^2r_a^2}\geqslant\frac{2r^2}{p}\left[64\left(\frac{R}{r}\right)^3-180\left(\frac{R}{r}\right)^2+\frac{148R}{r}-40\right]$$

在$\triangle ABC$中，可证

$$r_ar_b\geqslant w_c^2,r_br_c\geqslant w_a^2,r_cr_a\geqslant w_b^2$$

从而

$$\frac{a^5}{w_a^4}+\frac{b^5}{w_b^4}+\frac{c^5}{w_c^4}\geqslant\frac{2r^2}{p}\left[64\left(\frac{R}{r}\right)^3-180\left(\frac{R}{r}\right)^2+\frac{148R}{r}-40\right]$$

在$\triangle ABC$中，有

$$p\leqslant\frac{3\sqrt{3}}{2}R$$

从而

$$\frac{a^5}{w_a^4}+\frac{b^5}{w_b^4}+\frac{c^5}{w_c^4}\geqslant\frac{4r^2}{3\sqrt{3}R}\left[64\left(\frac{R}{r}\right)^3-180\left(\frac{R}{r}\right)^2+\frac{148R}{r}-40\right]$$

例 4.161 在$\triangle ABC$中，试证明

$$\frac{a^6r_a}{w_a}+\frac{b^6r_b}{w_b}+\frac{c^6r_c}{w_c}\geqslant 4\Delta^2r^2\left[64\left(\frac{R}{r}\right)^3-180\left(\frac{R}{r}\right)^2+\frac{148R}{r}-40\right]$$

证明 由例 3.82 知

$$\frac{a^6 r_a}{r_b+r_c}+\frac{b^6 r_b}{r_c+r_a}+\frac{c^6 r_c}{r_a+r_b}\geqslant 2\Delta^2 r^2\left[64\left(\frac{R}{r}\right)^3-180\left(\frac{R}{r}\right)^2+\frac{148R}{r}-40\right]$$

在$\triangle ABC$中，可证

$$r_a+r_b\geqslant 2w_c, r_b+r_c\geqslant 2w_a, r_c+r_a\geqslant 2w_b$$

从而

$$\frac{a^6 r_a}{w_a}+\frac{b^6 r_b}{w_b}+\frac{c^6 r_c}{w_c}\geqslant 4\Delta^2 r^2\left[64\left(\frac{R}{r}\right)^3-180\left(\frac{R}{r}\right)^2+\frac{148R}{r}-40\right]$$

例 4.162　在$\triangle ABC$中，试证明

$$\frac{a^6}{w_a^3}+\frac{b^6}{w_b^3}+\frac{c^6}{w_c^3}\geqslant 4r^3\left[64\left(\frac{R}{r}\right)^3-180\left(\frac{R}{r}\right)^2+\frac{148R}{r}-40\right]$$

证明　由例 4.161 知

$$\frac{a^6 r_a}{w_a}+\frac{b^6 r_b}{w_b}+\frac{c^6 r_c}{w_c}\geqslant 4\Delta^2 r^2\left[64\left(\frac{R}{r}\right)^3-180\left(\frac{R}{r}\right)^2+\frac{148R}{r}-40\right]$$

上式两边同乘$\frac{1}{r_a r_b r_c}$并整理得

$$\frac{a^6}{r_c r_b w_a}+\frac{b^6}{r_a r_c w_b}+\frac{c^6}{r_a r_b w_c}\geqslant 4r^3\left[64\left(\frac{R}{r}\right)^3-180\left(\frac{R}{r}\right)^2+\frac{148R}{r}-40\right]$$

在$\triangle ABC$中，可证

$$r_a r_b\geqslant w_c^2, r_b r_c\geqslant w_a^2, r_c r_a\geqslant w_b^2$$

从而

$$\frac{a^6}{w_a^3}+\frac{b^6}{w_b^3}+\frac{c^6}{w_c^3}\geqslant 4r^3\left[64\left(\frac{R}{r}\right)^3-180\left(\frac{R}{r}\right)^2+\frac{148R}{r}-40\right]$$

例 4.163　在$\triangle ABC$中，试证明

$$\frac{a^6}{w_a^6}+\frac{b^6}{w_b^6}+\frac{c^6}{w_c^6}\geqslant$$

$$\frac{4r^2}{p^2}\left[64\left(\frac{R}{r}\right)^4-404\left(\frac{R}{r}\right)^3+840\left(\frac{R}{r}\right)^2-\frac{616R}{r}+128\right]$$

证明　由例 3.83 知

$$a^6 r_a^3+b^6 r_b^3+c^6 r_c^3\geqslant$$

$$4r\Delta^4\left[64\left(\frac{R}{r}\right)^4-404\left(\frac{R}{r}\right)^3+840\left(\frac{R}{r}\right)^2-\frac{616R}{r}+128\right]$$

上式两边同乘$\frac{1}{r_a^3 r_b^3 r_c^3}$并整理得

$$\frac{a^6}{r_b^3 r_c^3}+\frac{b^6}{r_a^3 r_c^3}+\frac{c^6}{r_b^3 r_a^3}\geqslant$$

$$\frac{4r^2}{p^2}\left[64\left(\frac{R}{r}\right)^4-404\left(\frac{R}{r}\right)^3+840\left(\frac{R}{r}\right)^2-\frac{616R}{r}+128\right]$$

在$\triangle ABC$中,可证

$$r_ar_b\geqslant w_c^2,r_br_c\geqslant w_a^2,r_cr_a\geqslant w_b^2$$

从而

$$\frac{a^6}{w_a^6}+\frac{b^6}{w_b^6}+\frac{c^6}{w_c^6}\geqslant$$
$$\frac{4r^2}{p^2}\left[64\left(\frac{R}{r}\right)^4-404\left(\frac{R}{r}\right)^3+840\left(\frac{R}{r}\right)^2-\frac{616R}{r}+128\right]$$

例 4.164 在$\triangle ABC$中,试证明

$$\frac{4}{27}\left[64\left(\frac{R}{r}\right)^5-128\left(\frac{R}{r}\right)^4-12\left(\frac{R}{r}\right)^3-16\left(\frac{R}{r}\right)^2+\frac{104R}{r}\right]\geqslant\frac{a^6}{m_a^6}+\frac{b^6}{m_b^6}+\frac{c^6}{m_c^6}$$

证明 由例3.83知

$$4r\Delta^4\left[64\left(\frac{R}{r}\right)^5-128\left(\frac{R}{r}\right)^4-12\left(\frac{R}{r}\right)^3-16\left(\frac{R}{r}\right)^2+\frac{104R}{r}\right]\geqslant a^6r_a^3+b^6r_b^3+c^6r_c^3$$

上式两边同乘$\frac{1}{r_a^3r_b^3r_c^3}$并整理得

$$\frac{4r^2}{p^2}\left[64\left(\frac{R}{r}\right)^5-128\left(\frac{R}{r}\right)^4-12\left(\frac{R}{r}\right)^3-16\left(\frac{R}{r}\right)^2+\frac{104R}{r}\right]\geqslant\frac{a^6}{r_b^3r_c^3}+\frac{b^6}{r_a^3r_c^3}+\frac{c^6}{r_b^3r_a^3}$$

在$\triangle ABC$中,可证

$$r_ar_b\leqslant m_c^2,r_br_c\leqslant m_a^2,r_cr_a\leqslant m_b^2$$

从而

$$\frac{4r^2}{p^2}\left[64\left(\frac{R}{r}\right)^5-128\left(\frac{R}{r}\right)^4-12\left(\frac{R}{r}\right)^3-16\left(\frac{R}{r}\right)^2+\frac{104R}{r}\right]\geqslant\frac{a^6}{m_a^6}+\frac{b^6}{m_b^6}+\frac{c^6}{m_c^6}$$

在$\triangle ABC$中,有

$$p\geqslant3\sqrt{3}r$$

从而

$$\frac{4}{27}\left[64\left(\frac{R}{r}\right)^5-128\left(\frac{R}{r}\right)^4-12\left(\frac{R}{r}\right)^3-16\left(\frac{R}{r}\right)^2+\frac{104R}{r}\right]\geqslant\frac{a^6}{m_a^6}+\frac{b^6}{m_b^6}+\frac{c^6}{m_c^6}$$

例 4.165 在$\triangle ABC$中,试证明

$$\frac{a^7r_a^2}{w_a}+\frac{b^7r_b^2}{w_b}+\frac{c^7r_c^2}{w_c}\geqslant$$
$$8r^2\Delta^3\left[64\left(\frac{R}{r}\right)^4-404\left(\frac{R}{r}\right)^3+840\left(\frac{R}{r}\right)^2-\frac{616R}{r}+128\right]$$

证明 由例3.84知

$$\frac{a^7r_a^2}{r_b+r_c}+\frac{b^7r_b^2}{r_c+r_a}+\frac{c^7r_c^2}{r_a+r_b}\geqslant$$
$$4r^2\Delta^3\left[64\left(\frac{R}{r}\right)^4-404\left(\frac{R}{r}\right)^3+840\left(\frac{R}{r}\right)^2-\frac{616R}{r}+128\right]$$

在△ABC 中，可证

$$r_a+r_b\geqslant 2w_c, r_b+r_c\geqslant 2w_a, r_c+r_a\geqslant 2w_b$$

从而

$$\frac{a^7r_a^2}{w_a}+\frac{b^7r_b^2}{w_b}+\frac{c^7r_c^2}{w_c}\geqslant$$
$$8r^2\Delta^3\left[64\left(\frac{R}{r}\right)^4-404\left(\frac{R}{r}\right)^3+840\left(\frac{R}{r}\right)^2-\frac{616R}{r}+128\right]$$

例 4.166　在△ABC 中，试证明

$$\frac{a^7}{w_a^5}+\frac{b^7}{w_b^5}+\frac{c^7}{w_c^5}\geqslant$$
$$\frac{8r^3}{p}\left[64\left(\frac{R}{r}\right)^4-404\left(\frac{R}{r}\right)^3+840\left(\frac{R}{r}\right)^2-\frac{616R}{r}+128\right]$$

证明　由例 4.165 知

$$\frac{a^7r_a^2}{w_a}+\frac{b^7r_b^2}{w_b}+\frac{c^7r_c^2}{w_c}\geqslant$$
$$8r^2\Delta^3\left[64\left(\frac{R}{r}\right)^4-404\left(\frac{R}{r}\right)^3+840\left(\frac{R}{r}\right)^2-\frac{616R}{r}+128\right]$$

上式两边同乘$\frac{1}{r_a^2r_b^2r_c^2}$并整理得

$$\frac{a^7}{r_b^2r_c^2w_a}+\frac{b^7}{r_a^2r_c^2w_b}+\frac{c^7}{r_a^2r_b^2w_c}\geqslant$$
$$\frac{8r^3}{p}\left[64\left(\frac{R}{r}\right)^4-404\left(\frac{R}{r}\right)^3+840\left(\frac{R}{r}\right)^2-\frac{616R}{r}+128\right]$$

在△ABC 中，可证

$$r_ar_b\geqslant w_c^2, r_br_c\geqslant w_a^2, r_cr_a\geqslant w_b^2$$

从而

$$\frac{a^7}{w_a^5}+\frac{b^7}{w_b^5}+\frac{c^7}{w_c^5}\geqslant$$
$$\frac{8r^3}{p}\left[64\left(\frac{R}{r}\right)^4-404\left(\frac{R}{r}\right)^3+840\left(\frac{R}{r}\right)^2-\frac{616R}{r}+128\right]$$

例 4.167　在△ABC 中，试证明

$$\frac{a^7}{w_a^8}+\frac{b^7}{w_b^8}+\frac{c^7}{w_c^8}\geqslant$$
$$\frac{r^2}{p^3}\left[-1\ 024\left(\frac{R}{r}\right)^6+2\ 048\left(\frac{R}{r}\right)^5-7\ 264\left(\frac{R}{r}\right)^4+25\ 856\left(\frac{R}{r}\right)^3-26\ 256\left(\frac{R}{r}\right)^2+\frac{8\ 048R}{r}-1\ 312\right]$$

证明　由例 3.85 知

$$a^7r_a^4+b^7r_b^4+c^7r_c^4\geqslant$$

$$r\Delta^5\left[-1\ 024\left(\frac{R}{r}\right)^6+2\ 048\left(\frac{R}{r}\right)^5-7\ 264\left(\frac{R}{r}\right)^4+25\ 856\left(\frac{R}{r}\right)^3-26\ 256\left(\frac{R}{r}\right)^2+\frac{8\ 048R}{r}-1\ 312\right]$$

上式两边同乘$\frac{1}{r_a^4r_b^4r_c^4}$并整理得

$$\frac{a^7}{r_b^4r_c^4}+\frac{b^7}{r_a^4r_c^4}+\frac{c^7}{r_b^4r_a^4}\geqslant$$

$$\frac{r^2}{p^3}\left[-1\ 024\left(\frac{R}{r}\right)^6+2\ 048\left(\frac{R}{r}\right)^5-7\ 264\left(\frac{R}{r}\right)^4+25\ 856\left(\frac{R}{r}\right)^3-26\ 256\left(\frac{R}{r}\right)^2+\frac{8\ 048R}{r}-1\ 312\right]$$

在$\triangle ABC$中,可证

$$r_ar_b\geqslant w_c^2, r_br_c\geqslant w_a^2, r_cr_a\geqslant w_b^2$$

从而

$$\frac{a^7}{w_a^8}+\frac{b^7}{w_b^8}+\frac{c^7}{w_c^8}\geqslant$$

$$\frac{r^2}{p^3}\left[-1\ 024\left(\frac{R}{r}\right)^6+2\ 048\left(\frac{R}{r}\right)^5-7\ 264\left(\frac{R}{r}\right)^4+25\ 856\left(\frac{R}{r}\right)^3-26\ 256\left(\frac{R}{r}\right)^2+\frac{8\ 048R}{r}-1\ 312\right]$$

例 4.168 在$\triangle ABC$中,试证明

$$\frac{1}{27p}\left[1\ 152\left(\frac{R}{r}\right)^6+1\ 728\left(\frac{R}{r}\right)^5-13\ 472\left(\frac{R}{r}\right)^4+12\ 672\left(\frac{R}{r}\right)^3-5\ 488\left(\frac{R}{r}\right)^2+\frac{3\ 984R}{r}-480\right]\geqslant$$

$$\frac{a^7}{m_a^8}+\frac{b^7}{m_b^8}+\frac{c^7}{m_c^8}$$

证明 由例 3.85 知

$$r\Delta^5\left[1\ 152\left(\frac{R}{r}\right)^6+1\ 728\left(\frac{R}{r}\right)^5-13\ 472\left(\frac{R}{r}\right)^4+12\ 672\left(\frac{R}{r}\right)^3-5\ 488\left(\frac{R}{r}\right)^2+\frac{3\ 984R}{r}-480\right]\geqslant$$

$$a^7r_a^4+b^7r_b^4+c^7r_c^4$$

上式两边同乘$\frac{1}{r_a^4r_b^4r_c^4}$并整理得

$$\frac{r^2}{p^3}\left[1\ 152\left(\frac{R}{r}\right)^6+1\ 728\left(\frac{R}{r}\right)^5-13\ 472\left(\frac{R}{r}\right)^4+12\ 672\left(\frac{R}{r}\right)^3-5\ 488\left(\frac{R}{r}\right)^2+\frac{3\ 984R}{r}-480\right]\geqslant$$

$$\frac{a^7}{r_b^4r_c^4}+\frac{b^7}{r_a^4r_c^4}+\frac{c^7}{r_b^4r_a^4}$$

在$\triangle ABC$中,可证

$$r_ar_b\leqslant m_c^2, r_br_c\leqslant m_a^2, r_cr_a\leqslant m_b^2$$

从而

$$\frac{r^2}{p^3}\left[1\ 152\left(\frac{R}{r}\right)^6+1\ 728\left(\frac{R}{r}\right)^5-13\ 472\left(\frac{R}{r}\right)^4+12\ 672\left(\frac{R}{r}\right)^3-5\ 488\left(\frac{R}{r}\right)^2+\frac{3\ 984R}{r}-480\right]\geqslant$$

$$\frac{a^7}{m_a^8}+\frac{b^7}{m_b^8}+\frac{c^7}{m_c^8}$$

在$\triangle ABC$中,有

$$p\geqslant 3\sqrt{3}r$$

从而

$$\frac{1}{27p}\left[1\ 152\left(\frac{R}{r}\right)^6+1\ 728\left(\frac{R}{r}\right)^5-13\ 472\left(\frac{R}{r}\right)^4+12\ 672\left(\frac{R}{r}\right)^3-5\ 488\left(\frac{R}{r}\right)^2+\frac{3\ 984R}{r}-480\right]\geqslant$$
$$\frac{a^7}{m_a^8}+\frac{b^7}{m_b^8}+\frac{c^7}{m_c^8}$$

例 4.169　在△ABC 中,试证明

$$\frac{a^8r_a^3}{w_a}+\frac{b^8r_b^3}{w_b}+\frac{c^8r_c^3}{w_c}\geqslant$$
$$2r^2\Delta^4\left[-1\ 024\left(\frac{R}{r}\right)^6+2\ 048\left(\frac{R}{r}\right)^5-7\ 264\left(\frac{R}{r}\right)^4+25\ 856\left(\frac{R}{r}\right)^3-26\ 256\left(\frac{R}{r}\right)^2+\frac{8\ 048R}{r}-1\ 312\right]$$

证明　由例 3.86 知

$$\frac{a^8r_a^3}{r_b+r_c}+\frac{b^8r_b^3}{r_c+r_a}+\frac{c^8r_c^3}{r_a+r_b}\geqslant$$
$$r^2\Delta^4\left[-1\ 024\left(\frac{R}{r}\right)^6+2\ 048\left(\frac{R}{r}\right)^5-7\ 264\left(\frac{R}{r}\right)^4+25\ 856\left(\frac{R}{r}\right)^3-26\ 256\left(\frac{R}{r}\right)^2+\frac{8\ 048R}{r}-1\ 312\right]$$

在△ABC 中,可证

$$r_a+r_b\geqslant 2w_c,r_b+r_c\geqslant 2w_a,r_c+r_a\geqslant 2w_b$$

从而

$$\frac{a^8r_a^3}{w_a}+\frac{b^8r_b^3}{w_b}+\frac{c^8r_c^3}{w_c}\geqslant$$
$$2r^2\Delta^4\left[-1\ 024\left(\frac{R}{r}\right)^6+2\ 048\left(\frac{R}{r}\right)^5-7\ 264\left(\frac{R}{r}\right)^4+25\ 856\left(\frac{R}{r}\right)^3-26\ 256\left(\frac{R}{r}\right)^2+\frac{8\ 048R}{r}-1\ 312\right]$$

例 4.170　在△ABC 中,试证明

$$\frac{a^8}{w_a^7}+\frac{b^8}{w_b^7}+\frac{c^8}{w_c^7}\geqslant$$
$$\frac{2r^3}{p^2}\left[-1\ 024\left(\frac{R}{r}\right)^6+2\ 048\left(\frac{R}{r}\right)^5-7\ 264\left(\frac{R}{r}\right)^4+25\ 856\left(\frac{R}{r}\right)^3-26\ 256\left(\frac{R}{r}\right)^2+\frac{8\ 048R}{r}-1\ 312\right]$$

证明　由例 4.169 知

$$\frac{a^8r_a^3}{w_a}+\frac{b^8r_b^3}{w_b}+\frac{c^8r_c^3}{w_c}\geqslant$$
$$2r^2\Delta^4\left[-1\ 024\left(\frac{R}{r}\right)^6+2\ 048\left(\frac{R}{r}\right)^5-7\ 264\left(\frac{R}{r}\right)^4+25\ 856\left(\frac{R}{r}\right)^3-26\ 256\left(\frac{R}{r}\right)^2+\frac{8\ 048R}{r}-1\ 312\right]$$

上式两边同乘$\frac{1}{r_a^3r_b^3r_c^3}$并整理得

$$\frac{a^8}{w_ar_b^3r_c^3}+\frac{b^8}{w_br_a^3r_c^3}+\frac{c^8}{w_cr_b^3r_a^3}\geqslant$$

$$\frac{2r^3}{p^2}\left[-1\,024\left(\frac{R}{r}\right)^6+2\,048\left(\frac{R}{r}\right)^5-7\,264\left(\frac{R}{r}\right)^4+25\,856\left(\frac{R}{r}\right)^3-26\,256\left(\frac{R}{r}\right)^2+\frac{8\,048R}{r}-1\,312\right]$$

在$\triangle ABC$中,可证

$$r_ar_b\geqslant w_c^2,r_br_c\geqslant w_a^2,r_cr_a\geqslant w_b^2$$

从而

$$\frac{a^8}{w_a^7}+\frac{b^8}{w_b^7}+\frac{c^8}{w_c^7}\geqslant$$
$$\frac{2r^3}{p^2}\left[-1\,024\left(\frac{R}{r}\right)^6+2\,048\left(\frac{R}{r}\right)^5-7\,264\left(\frac{R}{r}\right)^4+25\,856\left(\frac{R}{r}\right)^3-26\,256\left(\frac{R}{r}\right)^2+\frac{8\,048R}{r}-1\,312\right]$$

例 4.171 在$\triangle ABC$中,试证明

$$\frac{r_a^2+r_b^2}{w_c}+\frac{r_b^2+r_c^2}{w_a}+\frac{r_c^2+r_a^2}{w_b}\geqslant 6r\left(\frac{2R}{r}-1\right)$$

证明 由例 3.87 知

$$\frac{r_a^2+r_b^2}{r_a+r_b}+\frac{r_b^2+r_c^2}{r_b+r_c}+\frac{r_c^2+r_a^2}{r_c+r_a}\geqslant 3r\left(\frac{2R}{r}-1\right)$$

在$\triangle ABC$中,可证

$$r_a+r_b\geqslant 2\,w_c,r_b+r_c\geqslant 2\,w_a,r_c+r_a\geqslant 2\,w_b$$

从而

$$\frac{r_a^2+r_b^2}{w_c}+\frac{r_b^2+r_c^2}{w_a}+\frac{r_c^2+r_a^2}{w_b}\geqslant 6r\left(\frac{2R}{r}-1\right)$$

例 4.172 在$\triangle ABC$中,试证明

$$\frac{ab}{w_c^6}+\frac{bc}{w_a^6}+\frac{ca}{w_b^6}\geqslant\frac{4Rr}{\Delta^2p^2}\left(24-\frac{7r}{R}-\frac{8R}{r}\right)$$

证明 由例 3.89 知

$$\frac{ab}{r_a^3r_b^3}+\frac{bc}{r_b^3r_c^3}+\frac{ca}{r_c^3r_a^3}\geqslant\frac{4Rr}{\Delta^2p^2}\left(24-\frac{7r}{R}-\frac{8R}{r}\right)$$

在$\triangle ABC$中,可证

$$r_ar_b\geqslant w_c^2,r_br_c\geqslant w_a^2,r_cr_a\geqslant w_b^2$$

从而

$$\frac{ab}{w_c^6}+\frac{bc}{w_a^6}+\frac{ca}{w_b^6}\geqslant\frac{4Rr}{\Delta^2p^2}\left(24-\frac{7r}{R}-\frac{8R}{r}\right)$$

例 4.173 在$\triangle ABC$中,试证明

$$\frac{4Rr}{\Delta^2p^2}\left[\left(\frac{R}{r}+\frac{11}{8}\right)\left(\frac{R}{r}-1\right)\left(\frac{R}{r}+2\right)-\left(\frac{4R}{r}+1\right)\right]\geqslant\frac{ab}{m_c^6}+\frac{bc}{m_a^6}+\frac{ca}{m_b^6}$$

证明 由例 3.89 知

$$\frac{4Rr}{\Delta^2p^2}\left[\left(\frac{R}{r}+\frac{11}{8}\right)\left(\frac{R}{r}-1\right)\left(\frac{R}{r}+2\right)-\left(\frac{4R}{r}+1\right)\right]\geqslant\frac{ab}{r_a^3r_b^3}+\frac{bc}{r_b^3r_c^3}+\frac{ca}{r_c^3r_a^3}$$

在$\triangle ABC$中，可证

$$r_ar_b\leqslant m_c^2, r_br_c\leqslant m_a^2, r_cr_a\leqslant m_b^2$$

从而

$$\frac{4Rr}{\Delta^2 p^2}\left[\left(\frac{R}{r}+\frac{11}{8}\right)\left(\frac{R}{r}-1\right)\left(\frac{R}{r}+2\right)-\left(\frac{4R}{r}+1\right)\right]\geqslant\frac{ab}{m_c^6}+\frac{bc}{m_a^6}+\frac{ca}{m_b^6}$$

例 4.174 在$\triangle ABC$中，试证明

$$\frac{r_a^3+r_b^3}{w_c}+\frac{r_b^3+r_c^3}{w_a}+\frac{r_c^3+r_a^3}{w_b}\geqslant 2p^2\left(2-\frac{2r}{R}\right)$$

证明 由例3.90知

$$\frac{r_a^3+r_b^3}{r_a+r_b}+\frac{r_b^3+r_c^3}{r_b+r_c}+\frac{r_c^3+r_a^3}{r_c+r_a}\geqslant p^2\left(2-\frac{2r}{R}\right)$$

在$\triangle ABC$中，可证

$$r_a+r_b\geqslant 2w_c, r_b+r_c\geqslant 2w_a, r_c+r_a\geqslant 2w_b$$

从而

$$\frac{r_a^3+r_b^3}{w_c}+\frac{r_b^3+r_c^3}{w_a}+\frac{r_c^3+r_a^3}{w_b}\geqslant 2p^2\left(2-\frac{2r}{R}\right)$$

例 4.175 在$\triangle ABC$中，试证明

$$p^2\left(\frac{2R}{r}-3\right)\geqslant\frac{2w_c^3}{r_a+r_b}+\frac{2w_a^3}{r_b+r_c}+\frac{2w_b^3}{r_c+r_a}$$

证明 由例3.90知

$$p^2\left(\frac{2R}{r}-3\right)\geqslant\frac{r_a^3+r_b^3}{r_a+r_b}+\frac{r_b^3+r_c^3}{r_b+r_c}+\frac{r_c^3+r_a^3}{r_c+r_a}$$

由上式易得

$$p^2\left(\frac{2R}{r}-3\right)\geqslant\frac{2\sqrt{r_a^3r_b^3}}{r_a+r_b}+\frac{2\sqrt{r_b^3r_c^3}}{r_b+r_c}+\frac{2\sqrt{r_c^3r_a^3}}{r_c+r_a}$$

$$r_ar_b\geqslant w_c^2, r_br_c\geqslant w_a^2, r_cr_a\geqslant w_b^2$$

从而

$$p^2\left(\frac{2R}{r}-3\right)\geqslant\frac{2w_c^3}{r_a+r_b}+\frac{2w_a^3}{r_b+r_c}+\frac{2w_b^3}{r_c+r_a}$$

例 4.176 在$\triangle ABC$中，试证明

$$\frac{m_a^2}{w_a^6}+\frac{m_b^2}{w_b^6}+\frac{m_c^2}{w_c^6}\geqslant\frac{1}{p^4}\left[-12\left(\frac{R}{r}\right)^3+36\left(\frac{R}{r}\right)^2-\frac{6R}{r}-9\right]$$

证明 由例3.93知

$$m_a^2r_a^3+m_b^2r_b^3+m_c^2r_c^3\geqslant r\Delta^2\left[-12\left(\frac{R}{r}\right)^3+36\left(\frac{R}{r}\right)^2-\frac{6R}{r}-9\right]$$

上式两边同乘$\frac{1}{r_a^3r_b^3r_c^3}$并整理得

$$\frac{m_a^2}{r_b^3r_c^3}+\frac{m_b^2}{r_a^3r_c^3}+\frac{m_c^2}{r_b^3r_a^3}\geqslant\frac{1}{p^4}\left[-12\left(\frac{R}{r}\right)^3+36\left(\frac{R}{r}\right)^2-\frac{6R}{r}-9\right]$$

在△ABC中，可证

$$r_ar_b\geqslant w_c^2,r_br_c\geqslant w_a^2,r_cr_a\geqslant w_b^2$$

从而

$$\frac{m_a^2}{w_a^6}+\frac{m_b^2}{w_b^6}+\frac{m_c^2}{w_c^6}\geqslant\frac{1}{p^4}\left[-12\left(\frac{R}{r}\right)^3+36\left(\frac{R}{r}\right)^2-\frac{6R}{r}-9\right]$$

例 4.177 在△ABC中，试证明

$$\frac{1}{p^4}\left[16\left(\frac{R}{r}\right)^3-12\left(\frac{R}{r}\right)^2-\frac{33R}{r}+13\right]\geqslant\frac{1}{m_a^4}+\frac{1}{m_b^4}+\frac{1}{m_c^4}$$

证明 由例 3.93 知

$$r\Delta^2\left[16\left(\frac{R}{r}\right)^3-12\left(\frac{R}{r}\right)^2-\frac{33R}{r}+13\right]\geqslant m_a^2r_a^3+m_b^2r_b^3+m_c^2r_c^3$$

上式两边同乘$\frac{1}{r_a^3r_b^3r_c^3}$并整理得

$$\frac{1}{p^4}\left[16\left(\frac{R}{r}\right)^3-12\left(\frac{R}{r}\right)^2-\frac{33R}{r}+13\right]\geqslant\frac{m_a^2}{r_b^3r_c^3}+\frac{m_b^2}{r_a^3r_c^3}+\frac{m_c^2}{r_b^3r_a^3}$$

在△ABC中，可证

$$r_ar_b\leqslant m_c^2,r_br_c\leqslant m_a^2,r_cr_a\leqslant m_b^2$$

从而

$$\frac{1}{p^4}\left[16\left(\frac{R}{r}\right)^3-12\left(\frac{R}{r}\right)^2-\frac{33R}{r}+13\right]\geqslant\frac{1}{m_a^4}+\frac{1}{m_b^4}+\frac{1}{m_c^4}$$

例 4.178 在△ABC中，试证明

$$\frac{1}{p^4}\left[92\left(\frac{R}{r}\right)^3-288\left(\frac{R}{r}\right)^2+\frac{111R}{r}+8\right]\geqslant m_a^2\left(\frac{1}{m_b^6}+\frac{1}{m_c^6}\right)+m_b^2\left(\frac{1}{m_a^6}+\frac{1}{m_c^6}\right)+m_c^2\left(\frac{1}{m_b^6}+\frac{1}{m_a^6}\right)$$

证明 由例 3.94 知

$$r\Delta^2\left[92\left(\frac{R}{r}\right)^3-228\left(\frac{R}{r}\right)^2+\frac{111R}{r}+8\right]\geqslant m_a^2(r_b^3+r_c^3)+m_b^2(r_a^3+r_c^3)+m_c^2(r_a^3+r_b^3)$$

上式两边同乘$\frac{1}{r_a^3r_b^3r_c^3}$并整理得

$$\frac{1}{p^4}\left[92\left(\frac{R}{r}\right)^3-288\left(\frac{R}{r}\right)^2+\frac{111R}{r}+8\right]\geqslant m_a^2\left(\frac{1}{r_a^3r_c^3}+\frac{1}{r_b^3r_a^3}\right)+m_b^2\left(\frac{1}{r_b^3r_c^3}+\frac{1}{r_b^3r_a^3}\right)+m_c^2\left(\frac{1}{r_b^3r_c^3}+\frac{1}{r_a^3r_c^3}\right)$$

在△ABC中，可证

$$r_ar_b\leqslant m_c^2,r_br_c\leqslant m_a^2,r_cr_a\leqslant m_b^2$$

从而

$$\frac{1}{p^4}\left[92\left(\frac{R}{r}\right)^3-228\left(\frac{R}{r}\right)^2+\frac{111R}{r}+8\right]\geqslant m_a^2\left(\frac{1}{m_b^6}+\frac{1}{m_c^6}\right)+m_b^2\left(\frac{1}{m_a^6}+\frac{1}{m_c^6}\right)+m_c^2\left(\frac{1}{m_b^6}+\frac{1}{m_a^6}\right)$$

例 4.179　在$\triangle ABC$中，试证明

$$m_a^2\left(\frac{1}{w_b^6}+\frac{1}{w_c^6}\right)+m_b^2\left(\frac{1}{w_a^6}+\frac{1}{w_c^6}\right)+m_c^2\left(\frac{1}{w_b^6}+\frac{1}{w_a^6}\right)\geqslant\frac{54}{p^4}\left(\frac{R}{2r}\right)^2$$

证明　由例 3.94 知

$$m_a^2(r_b^3+r_c^3)+m_b^2(r_a^3+r_c^3)+m_c^2(r_a^3+r_b^3)\geqslant 54\,r\Delta^2\left(\frac{R}{2r}\right)^2$$

上式两边同乘$\frac{1}{r_a^3r_b^3r_c^3}$并整理得

$$m_a^2\left(\frac{1}{r_a^3r_c^3}+\frac{1}{r_b^3r_a^3}\right)+m_b^2\left(\frac{1}{r_b^3r_c^3}+\frac{1}{r_b^3r_a^3}\right)+m_c^2\left(\frac{1}{r_b^3r_c^3}+\frac{1}{r_a^3r_c^3}\right)\geqslant\frac{54}{p^4}\left(\frac{R}{2r}\right)^2$$

在$\triangle ABC$中，可证

$$r_ar_b\geqslant w_c^2,r_br_c\geqslant w_a^2,r_cr_a\geqslant w_b^2$$

从而

$$m_a^2\left(\frac{1}{w_b^6}+\frac{1}{w_c^6}\right)+m_b^2\left(\frac{1}{w_a^6}+\frac{1}{w_c^6}\right)+m_c^2\left(\frac{1}{w_b^6}+\frac{1}{w_a^6}\right)\geqslant\frac{54}{p^4}\left(\frac{R}{2r}\right)^2$$

例 4.180　在$\triangle ABC$中，试证明

$$\frac{m_a^2}{w_a^8}+\frac{m_b^2}{w_b^8}+\frac{m_c^2}{w_c^8}\geqslant\frac{1}{p^6}\left[-64\left(\frac{R}{r}\right)^4+120\left(\frac{R}{r}\right)^3+110\left(\frac{R}{r}\right)^2-\frac{153R}{r}+11\right]$$

证明　由例 3.95 知

$$m_a^2r_a^4+m_b^2r_b^4+m_c^2r_c^4\geqslant r^2\Delta^2\left[-64\left(\frac{R}{r}\right)^4+120\left(\frac{R}{r}\right)^3+110\left(\frac{R}{r}\right)^2-\frac{153R}{r}+11\right]$$

上式两边同乘$\frac{1}{r_a^4r_b^4r_c^4}$并整理得

$$\frac{m_a^2}{r_b^4r_c^4}+\frac{m_b^2}{r_a^4r_c^4}+\frac{m_c^2}{r_b^4r_a^4}\geqslant\frac{1}{p^6}\left[-64\left(\frac{R}{r}\right)^4+120\left(\frac{R}{r}\right)^3+110\left(\frac{R}{r}\right)^2-\frac{153R}{r}+11\right]$$

在$\triangle ABC$中，可证

$$r_ar_b\geqslant w_c^2,r_br_c\geqslant w_a^2,r_cr_a\geqslant w_b^2$$

从而

$$\frac{m_a^2}{w_a^8}+\frac{m_b^2}{w_b^8}+\frac{m_c^2}{w_c^8}\geqslant\frac{1}{p^6}\left[-64\left(\frac{R}{r}\right)^4+120\left(\frac{R}{r}\right)^3+110\left(\frac{R}{r}\right)^2-\frac{153R}{r}+11\right]$$

例 4.181　在$\triangle ABC$中，试证明

$$\frac{1}{p^6}\left[72\left(\frac{R}{r}\right)^4-16\left(\frac{R}{r}\right)^3-312\left(\frac{R}{r}\right)^2+\frac{150R}{r}+5\right]\geqslant\frac{1}{m_a^6}+\frac{1}{m_b^6}+\frac{1}{m_c^6}$$

证明　由例 3.95 知

$$r^2\Delta^2\left[72\left(\frac{R}{r}\right)^4-16\left(\frac{R}{r}\right)^3-312\left(\frac{R}{r}\right)^2+\frac{150R}{r}+5\right]\geqslant m_a^2r_a^4+m_b^2r_b^4+m_c^2r_c^4$$

上式两边同乘$\frac{1}{r_a^4r_b^4r_c^4}$并整理得

$$\frac{1}{p^6}\left[72\left(\frac{R}{r}\right)^4-16\left(\frac{R}{r}\right)^3-312\left(\frac{R}{r}\right)^2+\frac{150R}{r}+5\right]\geqslant\frac{m_a^2}{r_b^4r_c^4}+\frac{m_b^2}{r_a^4r_c^4}+\frac{m_c^2}{r_b^4r_a^4}$$

在△ABC中,可证

$$r_ar_b\leqslant m_c^2, r_br_c\leqslant m_a^2, r_cr_a\leqslant m_b^2$$

从而

$$\frac{1}{p^6}\left[72\left(\frac{R}{r}\right)^4-16\left(\frac{R}{r}\right)^3-312\left(\frac{R}{r}\right)^2+\frac{150R}{r}+5\right]\geqslant\frac{1}{m_a^6}+\frac{1}{m_b^6}+\frac{1}{m_c^6}$$

例 4.182 在△ABC中,试证明

$$\frac{1}{p^6}\left[360\left(\frac{R}{r}\right)^4-944\left(\frac{R}{r}\right)^3+456\left(\frac{R}{r}\right)^2+\frac{48R}{r}+34\right]\geqslant$$
$$m_a^2\left(\frac{1}{m_b^8}+\frac{1}{m_c^8}\right)+m_b^2\left(\frac{1}{m_a^8}+\frac{1}{m_c^8}\right)+m_c^2\left(\frac{1}{m_b^8}+\frac{1}{m_a^8}\right)$$

证明 由例 3.96 知

$$r^2\Delta^2\left[360\left(\frac{R}{r}\right)^4-944\left(\frac{R}{r}\right)^3+456\left(\frac{R}{r}\right)^2+\frac{48R}{r}+34\right]\geqslant$$
$$m_a^2(r_b^4+r_c^4)+m_b^2(r_a^4+r_c^4)+m_c^2(r_a^4+r_b^4)$$

上式两边同乘$\frac{1}{r_a^4r_b^4r_c^4}$并整理得

$$\frac{1}{p^6}\left[360\left(\frac{R}{r}\right)^4-944\left(\frac{R}{r}\right)^3+456\left(\frac{R}{r}\right)^2+\frac{48R}{r}+34\right]\geqslant$$
$$m_a^2\left(\frac{1}{r_a^4r_c^4}+\frac{1}{r_a^4r_b^4}\right)+m_b^2\left(\frac{1}{r_b^4r_c^4}+\frac{1}{r_a^4r_b^4}\right)+m_c^2\left(\frac{1}{r_b^4r_c^4}+\frac{1}{r_a^4r_c^4}\right)$$

在△ABC中,可证

$$r_ar_b\leqslant m_c^2, r_br_c\leqslant m_a^2, r_cr_a\leqslant m_b^2$$

从而

$$\frac{1}{p^6}\left[360\left(\frac{R}{r}\right)^4-944\left(\frac{R}{r}\right)^3+456\left(\frac{R}{r}\right)^2+\frac{48R}{r}+34\right]\geqslant$$
$$m_a^2\left(\frac{1}{m_b^8}+\frac{1}{m_c^8}\right)+m_b^2\left(\frac{1}{m_a^8}+\frac{1}{m_c^8}\right)+m_c^2\left(\frac{1}{m_b^8}+\frac{1}{m_a^8}\right)$$

例 4.183 在△ABC中,试证明

$$m_a^2\left(\frac{1}{w_b^8}+\frac{1}{w_c^8}\right)+m_b^2\left(\frac{1}{w_a^8}+\frac{1}{w_c^8}\right)+m_c^2\left(\frac{1}{w_b^8}+\frac{1}{w_a^8}\right)\geqslant$$
$$\frac{1}{p^6}\left[-32\left(\frac{R}{r}\right)^4-48\left(\frac{R}{r}\right)^3+460\left(\frac{R}{r}\right)^2-\frac{837R}{2r}+55\right]$$

证明 由例 3.96 知

$$m_a^2(r_b^4+r_c^4)+m_b^2(r_a^4+r_c^4)+m_c^2(r_a^4+r_b^4)\geqslant$$
$$r^2\Delta^2\left[-32\left(\frac{R}{r}\right)^4-48\left(\frac{R}{r}\right)^3+460\left(\frac{R}{r}\right)^2-\frac{837R}{2r}+55\right]$$

上式两边同乘$\frac{1}{r_a^4r_b^4r_c^4}$并整理得

$$m_a^2\left(\frac{1}{r_a^4r_c^4}+\frac{1}{r_a^4r_b^4}\right)+m_b^2\left(\frac{1}{r_b^4r_c^4}+\frac{1}{r_a^4r_b^4}\right)+m_c^2\left(\frac{1}{r_b^4r_c^4}+\frac{1}{r_a^4r_c^4}\right)\geqslant$$

$$\frac{1}{p^6}\left[-32\left(\frac{R}{r}\right)^4-48\left(\frac{R}{r}\right)^3+460\left(\frac{R}{r}\right)^2-\frac{837R}{2r}+55\right]$$

在$\triangle ABC$中,可证

$$r_ar_b\geqslant w_c^2,r_br_c\geqslant w_a^2,r_cr_a\geqslant w_b^2$$

从而

$$m_a^2\left(\frac{1}{w_b^8}+\frac{1}{w_c^8}\right)+m_b^2\left(\frac{1}{w_a^8}+\frac{1}{w_c^8}\right)+m_c^2\left(\frac{1}{w_b^8}+\frac{1}{w_a^8}\right)\geqslant$$

$$\frac{1}{p^6}\left[-32\left(\frac{R}{r}\right)^4-48\left(\frac{R}{r}\right)^3+460\left(\frac{R}{r}\right)^2-\frac{837R}{2r}+55\right]$$

例 4.184 在$\triangle ABC$中,试证明

$$(m_b^2+m_c^2)\left(\frac{1}{w_b^8}+\frac{1}{w_c^8}\right)+(m_a^2+m_c^2)\left(\frac{1}{w_a^8}+\frac{1}{w_c^8}\right)+(m_a^2+m_b^2)\left(\frac{1}{w_b^8}+\frac{1}{w_a^8}\right)\geqslant$$

$$\frac{1}{p^6}\left[-160\left(\frac{R}{r}\right)^4+192\left(\frac{R}{r}\right)^3+680\left(\frac{R}{r}\right)^2-\frac{1\,449R}{2r}+77\right]$$

证明 由例3.97知

$$(m_b^2+m_c^2)(r_b^4+r_c^4)+(m_a^2+m_c^2)(r_a^4+r_c^4)+(m_a^2+m_b^2)(r_a^4+r_b^4)\geqslant$$

$$r^2\Delta^2\left[-160\left(\frac{R}{r}\right)^4+192\left(\frac{R}{r}\right)^3+680\left(\frac{R}{r}\right)^2-\frac{1\,449R}{2r}+77\right]$$

上式两边同乘$\frac{1}{r_a^4r_b^4r_c^4}$并整理得

$$(m_b^2+m_c^2)\left(\frac{1}{r_a^4r_c^4}+\frac{1}{r_a^4r_b^4}\right)+(m_a^2+m_c^2)\left(\frac{1}{r_b^4r_c^4}+\frac{1}{r_a^4r_b^4}\right)+(m_a^2+m_b^2)\left(\frac{1}{r_b^4r_c^4}+\frac{1}{r_a^4r_c^4}\right)\geqslant$$

$$\frac{1}{p^6}\left[-160\left(\frac{R}{r}\right)^4+192\left(\frac{R}{r}\right)^3+680\left(\frac{R}{r}\right)^2-\frac{1\,449R}{2r}+77\right]$$

在$\triangle ABC$中,可证

$$r_ar_b\geqslant w_c^2,r_br_c\geqslant w_a^2,r_cr_a\geqslant w_b^2$$

从而

$$(m_b^2+m_c^2)\left(\frac{1}{w_b^8}+\frac{1}{w_c^8}\right)+(m_a^2+m_c^2)\left(\frac{1}{w_a^8}+\frac{1}{w_c^8}\right)+(m_a^2+m_b^2)\left(\frac{1}{w_b^8}+\frac{1}{w_a^8}\right)\geqslant$$

$$\frac{1}{p^6}\left[-160\left(\frac{R}{r}\right)^4+192\left(\frac{R}{r}\right)^3+680\left(\frac{R}{r}\right)^2-\frac{1\,449R}{2r}+77\right]$$

例 4.185 在$\triangle ABC$中,试证明

$$\frac{1}{p^6}\left[504\left(\frac{R}{r}\right)^4-976\left(\frac{R}{r}\right)^3-168\left(\frac{R}{r}\right)^2+\frac{348R}{r}+44\right]\geqslant$$

$$(m_b^2+m_c^2)\left(\frac{1}{m_b^8}+\frac{1}{m_c^8}\right)+(m_a^2+m_c^2)\left(\frac{1}{m_a^8}+\frac{1}{m_c^8}\right)+(m_a^2+m_b^2)\left(\frac{1}{m_b^8}+\frac{1}{m_a^8}\right)$$

证明 由例 3.97 知

$$r^2\Delta^2\left[504\left(\frac{R}{r}\right)^4-976\left(\frac{R}{r}\right)^3-168\left(\frac{R}{r}\right)^2+\frac{348R}{r}+44\right]\geqslant$$

$$(m_b^2+m_c^2)(r_b^4+r_c^4)+(m_a^2+m_c^2)(r_a^4+r_c^4)+(m_a^2+m_b^2)(r_a^4+r_b^4)$$

上式两边同乘$\frac{1}{r_a^4r_b^4r_c^4}$并整理得

$$\frac{1}{p^6}\left[504\left(\frac{R}{r}\right)^4-976\left(\frac{R}{r}\right)^3-168\left(\frac{R}{r}\right)^2+\frac{348R}{r}+44\right]\geqslant$$

$$(m_b^2+m_c^2)\left(\frac{1}{r_a^4r_c^4}+\frac{1}{r_a^4r_b^4}\right)+(m_a^2+m_c^2)\left(\frac{1}{r_b^4r_c^4}+\frac{1}{r_a^4r_b^4}\right)+(m_a^2+m_b^2)\left(\frac{1}{r_b^4r_c^4}+\frac{1}{r_a^4r_c^4}\right)$$

在$\triangle ABC$中,可证

$$r_ar_b\leqslant m_c^2,r_br_c\leqslant m_a^2,r_cr_a\leqslant m_b^2$$

从而

$$\frac{1}{p^6}\left[504\left(\frac{R}{r}\right)^4-976\left(\frac{R}{r}\right)^3-168\left(\frac{R}{r}\right)^2+\frac{348R}{r}+44\right]\geqslant$$

$$(m_b^2+m_c^2)\left(\frac{1}{m_b^8}+\frac{1}{m_c^8}\right)+(m_a^2+m_c^2)\left(\frac{1}{m_a^8}+\frac{1}{m_c^8}\right)+(m_a^2+m_b^2)\left(\frac{1}{m_b^8}+\frac{1}{m_a^8}\right)$$

例 4.186 在$\triangle ABC$中,试证明

$$\frac{1}{p^2}\left(\frac{2R}{r}-1\right)^2\geqslant\frac{1}{m_a^2}+\frac{1}{m_b^2}+\frac{1}{m_c^2}$$

证明 由例 3.98 知

$$\Delta^2\left(\frac{2R}{r}-1\right)^2\geqslant m_a^2r_a^2+m_b^2r_b^2+m_c^2r_c^2$$

上式两边同乘$\frac{1}{r_a^2r_b^2}$并整理得

$$\frac{1}{p^2}\left(\frac{2R}{r}-1\right)^2\geqslant\frac{m_a^2}{r_b^2r_c^2}+\frac{m_b^2}{r_a^2r_c^2}+\frac{m_c^2}{r_a^2r_b^2}$$

在$\triangle ABC$中,可证

$$r_ar_b\leqslant m_c^2,r_br_c\leqslant m_a^2,r_cr_a\leqslant m_b^2$$

从而

$$\frac{1}{p^2}\left(\frac{2R}{r}-1\right)^2\geqslant\frac{1}{m_a^2}+\frac{1}{m_b^2}+\frac{1}{m_c^2}$$

例 4.187 在$\triangle ABC$中,试证明

$$\frac{m_a^2}{w_a^4}+\frac{m_b^2}{w_b^4}+\frac{m_c^2}{w_c^4}\geqslant\frac{1}{p^2}\left[-2\left(\frac{R}{r}\right)^2+\frac{9R}{r}-1\right]$$

证明　由例 3.98 知

$$m_a^2r_a^2+m_b^2r_b^2+m_c^2r_c^2\geqslant\Delta^2\left[-2\left(\frac{R}{r}\right)^2+\frac{9R}{r}-1\right]$$

上式两边同乘$\frac{1}{r_a^2r_b^2}$并整理得

$$\frac{m_a^2}{r_b^2r_c^2}+\frac{m_b^2}{r_a^2r_c^2}+\frac{m_c^2}{r_a^2r_b^2}\geqslant\frac{1}{p^2}\left[-2\left(\frac{R}{r}\right)^2+\frac{9R}{r}-1\right]$$

在$\triangle ABC$中，可证

$$r_ar_b\geqslant w_c^2,r_br_c\geqslant w_a^2,r_cr_a\geqslant w_b^2$$

从而

$$\frac{m_a^2}{w_a^4}+\frac{m_b^2}{w_b^4}+\frac{m_c^2}{w_c^4}\geqslant\frac{1}{p^2}\left[-2\left(\frac{R}{r}\right)^2+\frac{9R}{r}-1\right]$$

例 4.188　在$\triangle ABC$中，试证明

$$m_a^2\left(\frac{1}{w_b^4}+\frac{1}{w_c^4}\right)+m_b^2\left(\frac{1}{w_a^4}+\frac{1}{w_c^4}\right)+m_c^2\left(\frac{1}{w_a^4}+\frac{1}{w_b^4}\right)\geqslant\frac{18}{p^2}\left(\frac{R}{2r}\right)^2$$

证明　由例 3.99 知

$$m_a^2(r_b^2+r_c^2)+m_b^2(r_a^2+r_c^2)+m_c^2(r_a^2+r_b^2)\geqslant18\Delta^2\left(\frac{R}{2r}\right)^2$$

上式两边同乘$\frac{1}{r_a^2r_b^2}$并整理得

$$m_a^2\left(\frac{1}{r_a^2r_c^2}+\frac{1}{r_a^2r_b^2}\right)+m_b^2\left(\frac{1}{r_b^2r_c^2}+\frac{1}{r_a^2r_b^2}\right)+m_c^2\left(\frac{1}{r_b^2r_c^2}+\frac{1}{r_a^2r_c^2}\right)\geqslant\frac{18}{p^2}\left(\frac{R}{2r}\right)^2$$

在$\triangle ABC$中，可证

$$r_ar_b\geqslant w_c^2,r_br_c\geqslant w_a^2,r_cr_a\geqslant w_b^2$$

从而

$$m_a^2\left(\frac{1}{w_b^4}+\frac{1}{w_c^4}\right)+m_b^2\left(\frac{1}{w_a^4}+\frac{1}{w_c^4}\right)+m_c^2\left(\frac{1}{w_a^4}+\frac{1}{w_b^4}\right)\geqslant\frac{18}{p^2}\left(\frac{R}{2r}\right)^2$$

例 4.189　在$\triangle ABC$中，试证明

$$\frac{1}{p^2}\left[20\left(\frac{R}{r}\right)^2-\frac{38R}{r}+14\right]\geqslant m_a^2\left(\frac{1}{m_b^4}+\frac{1}{m_c^4}\right)+m_b^2\left(\frac{1}{m_a^4}+\frac{1}{m_c^4}\right)+m_c^2\left(\frac{1}{m_a^4}+\frac{1}{m_b^4}\right)$$

证明　由例 3.99 知

$$\Delta^2\left[20\left(\frac{R}{r}\right)^2-\frac{38R}{r}+14\right]\geqslant m_a^2(r_b^2+r_c^2)+m_b^2(r_a^2+r_c^2)+m_c^2(r_a^2+r_b^2)$$

上式两边同乘$\frac{1}{r_a^2r_b^2}$并整理得

$$\frac{1}{p^2}\left[20\left(\frac{R}{r}\right)^2-\frac{38R}{r}+14\right]\geqslant m_a^2\left(\frac{1}{r_a^2r_c^2}+\frac{1}{r_a^2r_b^2}\right)+m_b^2\left(\frac{1}{r_b^2r_c^2}+\frac{1}{r_a^2r_b^2}\right)+m_c^2\left(\frac{1}{r_b^2r_c^2}+\frac{1}{r_a^2r_c^2}\right)$$

在$\triangle ABC$中，可证

$$r_a r_b \leqslant m_c^2, r_b r_c \leqslant m_a^2, r_c r_a \leqslant m_b^2$$

从而

$$\frac{1}{p^2}\left[20\left(\frac{R}{r}\right)^2-\frac{38R}{r}+14\right] \geqslant m_a^2\left(\frac{1}{m_b^4}+\frac{1}{m_c^4}\right)+m_b^2\left(\frac{1}{m_a^4}+\frac{1}{m_c^4}\right)+m_c^2\left(\frac{1}{m_a^4}+\frac{1}{m_b^4}\right)$$

例 4.190 在$\triangle ABC$中，试证明

$$\frac{1}{p^2}\left[28\left(\frac{R}{r}\right)^2-\frac{46R}{r}+16\right] \geqslant (m_b^2+m_c^2)\left(\frac{1}{m_b^4}+\frac{1}{m_c^4}\right)+(m_a^2+m_c^2)\left(\frac{1}{m_a^4}+\frac{1}{m_c^4}\right)+(m_a^2+m_b^2)\left(\frac{1}{m_a^4}+\frac{1}{m_b^4}\right)$$

证明 由例 3.100 知

$$\Delta^2\left[28\left(\frac{R}{r}\right)^2-\frac{46R}{r}+16\right] \geqslant (m_b^2+m_c^2)(r_b^2+r_c^2)+(m_a^2+m_c^2)(r_a^2+r_c^2)+(m_a^2+m_b^2)(r_a^2+r_b^2)$$

上式两边同乘$\frac{1}{r_a^2 r_b^2 r_c^2}$并整理得

$$\frac{1}{p^2}\left[28\left(\frac{R}{r}\right)^2-\frac{46R}{r}+16\right] \geqslant$$

$$(m_b^2+m_c^2)\left(\frac{1}{r_a^2 r_c^2}+\frac{1}{r_a^2 r_b^2}\right)+(m_a^2+m_c^2)\left(\frac{1}{r_b^2 r_c^2}+\frac{1}{r_a^2 r_b^2}\right)+(m_a^2+m_b^2)\left(\frac{1}{r_b^2 r_c^2}+\frac{1}{r_a^2 r_c^2}\right)$$

在$\triangle ABC$中，可证

$$r_a r_b \leqslant m_c^2, r_b r_c \leqslant m_a^2, r_c r_a \leqslant m_b^2$$

从而

$$\frac{1}{p^2}\left[28\left(\frac{R}{r}\right)^2-\frac{46R}{r}+16\right] \geqslant (m_b^2+m_c^2)\left(\frac{1}{m_b^4}+\frac{1}{m_c^4}\right)+(m_a^2+m_c^2)\left(\frac{1}{m_a^4}+\frac{1}{m_c^4}\right)+(m_a^2+m_b^2)\left(\frac{1}{m_a^4}+\frac{1}{m_b^4}\right)$$

例 4.191 在$\triangle ABC$中，试证明

$$(m_b^2+m_c^2)\left(\frac{1}{w_b^4}+\frac{1}{w_c^4}\right)+(m_a^2+m_c^2)\left(\frac{1}{w_a^4}+\frac{1}{w_c^4}\right)+(m_a^2+m_b^2)\left(\frac{1}{w_a^4}+\frac{1}{w_b^4}\right) \geqslant \frac{1}{p^2}\cdot\frac{2R}{r}\left(\frac{2R}{r}+5\right)$$

证明 由例 3.100 知

$$(m_b^2+m_c^2)(r_b^2+r_c^2)+(m_a^2+m_c^2)(r_a^2+r_c^2)+(m_a^2+m_b^2)(r_a^2+r_b^2) \geqslant \Delta^2\cdot\frac{2R}{r}\left(\frac{2R}{r}+5\right)$$

上式两边同乘$\frac{1}{r_a^2 r_b^2 r_c^2}$并整理得

$$(m_b^2+m_c^2)\left(\frac{1}{r_a^2 r_c^2}+\frac{1}{r_a^2 r_b^2}\right)+(m_a^2+m_c^2)\left(\frac{1}{r_b^2 r_c^2}+\frac{1}{r_a^2 r_b^2}\right)+(m_a^2+m_b^2)\left(\frac{1}{r_b^2 r_c^2}+\frac{1}{r_a^2 r_c^2}\right) \geqslant \frac{1}{p^2}\cdot\frac{2R}{r}\left(\frac{2R}{r}+5\right)$$

在$\triangle ABC$中，可证

$$r_a r_b \geqslant w_c^2, r_b r_c \geqslant w_a^2, r_c r_a \geqslant w_b^2$$

从而

$$(m_b^2+m_c^2)\left(\frac{1}{w_b^4}+\frac{1}{w_c^4}\right)+(m_a^2+m_c^2)\left(\frac{1}{w_a^4}+\frac{1}{w_c^4}\right)+(m_a^2+m_b^2)\left(\frac{1}{w_a^4}+\frac{1}{w_b^4}\right) \geqslant \frac{1}{p^2}\cdot\frac{2R}{r}\left(\frac{2R}{r}+5\right)$$

例 4.192　在$\triangle ABC$中，试证明

$$m_a^4+m_b^4+m_c^4\geqslant 9\Delta^2\left(\frac{R}{r}-1\right)$$

证明　由例 3.101 知

$$m_a^2r_cr_b+m_b^2r_ar_c+m_c^2r_ar_b\geqslant 9\Delta^2\left(\frac{R}{r}-1\right)$$

在$\triangle ABC$中，可证

$$r_ar_b\leqslant m_c^2,r_br_c\leqslant m_a^2,r_cr_a\leqslant m_b^2$$

从而

$$m_a^4+m_b^4+m_c^4\geqslant 9\Delta^2\left(\frac{R}{r}-1\right)$$

例 4.193　在$\triangle ABC$中，试证明

$$9\Delta^2\left(\frac{R}{r}-1\right)^2\geqslant m_a^2w_a^2+m_b^2w_b^2+m_c^2w_c^2$$

证明　由例 3.101 知

$$9\Delta^2\left(\frac{R}{r}-1\right)^2\geqslant m_a^2r_cr_b+m_b^2r_ar_c+m_c^2r_ar_b$$

在$\triangle ABC$中，可证

$$r_ar_b\geqslant w_c^2,r_br_c\geqslant w_a^2,r_cr_a\geqslant w_b^2$$

从而

$$9\Delta^2\left(\frac{R}{r}-1\right)^2\geqslant m_a^2w_a^2+m_b^2w_b^2+m_c^2w_c^2$$

例 4.194　在$\triangle ABC$中，试证明

$$\frac{R}{r}\left(\frac{2R}{r}+5\right)\geqslant\frac{m_a^2(w_b^2+w_c^2)+m_b^2(w_a^2+w_c^2)+m_c^2(w_a^2+w_b^2)}{\Delta^2}$$

证明　由例 3.102 知

$$R\left(\frac{2R}{r}+5\right)\geqslant m_a^2\left(\frac{1}{r_b}+\frac{1}{r_c}\right)+m_b^2\left(\frac{1}{r_a}+\frac{1}{r_c}\right)+m_c^2\left(\frac{1}{r_a}+\frac{1}{r_b}\right)$$

上式两边同乘$r_ar_br_c$并整理得

$$\frac{R}{r}\left(\frac{2R}{r}+5\right)\geqslant\frac{m_a^2(r_ar_c+r_ar_b)+m_b^2(r_br_c+r_ar_b)+m_c^2(r_br_c+r_ar_c)}{\Delta^2}$$

在$\triangle ABC$中，可证

$$r_ar_b\geqslant w_c^2,r_br_c\geqslant w_a^2,r_cr_a\geqslant w_b^2$$

从而

$$\frac{R}{r}\left(\frac{2R}{r}+5\right)\geqslant\frac{m_a^2(w_b^2+w_c^2)+m_b^2(w_a^2+w_c^2)+m_c^2(w_a^2+w_b^2)}{\Delta^2}$$

例 4.195　在$\triangle ABC$中，试证明

$$\frac{m_a^2(m_b^2+m_c^2)+m_b^2(m_a^2+m_c^2)+m_c^2(m_a^2+m_b^2)}{\Delta^2}\geqslant\frac{9R}{r}$$

证明 由例 3.102 知

$$m_a^2\left(\frac{1}{r_b}+\frac{1}{r_c}\right)+m_b^2\left(\frac{1}{r_a}+\frac{1}{r_c}\right)+m_c^2\left(\frac{1}{r_a}+\frac{1}{r_b}\right)\geqslant 9R$$

上式两边同乘$r_ar_br_c$并整理得

$$\frac{m_a^2(r_ar_c+r_ar_b)+m_b^2(r_br_c+r_ar_b)+m_c^2(r_br_c+r_ar_c)}{\Delta^2}\geqslant\frac{9R}{r}$$

在$\triangle ABC$中,可证

$$r_ar_b\leqslant m_c^2,r_br_c\leqslant m_a^2,r_cr_a\leqslant m_b^2$$

从而

$$\frac{m_a^2(m_b^2+m_c^2)+m_b^2(m_a^2+m_c^2)+m_c^2(m_a^2+m_b^2)}{\Delta^2}\geqslant\frac{9R}{r}$$

例 4.196 在$\triangle ABC$中,试证明

$$\frac{R}{r}\geqslant\frac{m_a(w_b+w_c)+m_b(w_a+w_c)+m_c(w_a+w_b)}{3\sqrt{3}\Delta}$$

证明 由例 4.194 知

$$\frac{R}{r}\left(\frac{2R}{r}+5\right)\geqslant\frac{m_a^2(w_b^2+w_c^2)+m_b^2(w_a^2+w_c^2)+m_c^2(w_a^2+w_b^2)}{\Delta^2}$$

由上式易得

$$9\left(\frac{R}{r}\right)^2\geqslant\frac{2m_a^2(w_b^2+w_c^2)+2\,m_b^2(w_a^2+w_c^2)+2\,m_c^2(w_a^2+w_b^2)}{\Delta^2}\geqslant$$

$$\frac{[m_a(w_b+w_c)]^2+[m_b(w_a+w_c)]^2+[m_c(w_a+w_b)]^2}{\Delta^2}\geqslant$$

$$\frac{1}{3}\left[\frac{m_a(w_b+w_c)+m_b(w_a+w_c)+m_c(w_a+w_b)}{\Delta}\right]^2$$

即

$$\frac{R}{r}\geqslant\frac{m_a(w_b+w_c)+m_b(w_a+w_c)+m_c(w_a+w_b)}{3\sqrt{3}\Delta}$$

例 4.197 在$\triangle ABC$中,试证明

$$\frac{m_a^6+m_b^6+m_c^6}{\Delta^2p^2}\geqslant\frac{4R}{r}-5$$

证明 由例 3.103 知

$$\frac{m_a^2}{r_a^2}+\frac{m_b^2}{r_b^2}+\frac{m_c^2}{r_c^2}\geqslant\frac{4R}{r}-5$$

上式两边同乘$r_a^2r_b^2r_c^2$并整理得

$$\frac{m_a^2r_b^2r_c^2+m_b^2r_a^2r_c^2+m_c^2r_a^2r_b^2}{\Delta^2p^2}\geqslant\frac{4R}{r}-5$$

在$\triangle ABC$中,可证

$$r_ar_b\leqslant m_c^2,r_br_c\leqslant m_a^2,r_cr_a\leqslant m_b^2$$

从而

$$\frac{m_a^6+m_b^6+m_c^6}{\Delta^2p^2}\geqslant\frac{4R}{r}-5$$

例 4.198　在$\triangle ABC$中,试证明

$$\frac{R}{2r}\left(\frac{8R}{r}-13\right)\geqslant\frac{m_a^2w_a^4+m_b^2w_b^4+m_c^2w_c^4}{\Delta^2p^2}$$

证明　由例 3.103 知

$$\frac{R}{2r}\left(\frac{8R}{r}-13\right)\geqslant\frac{m_a^2}{r_a^2}+\frac{m_b^2}{r_b^2}+\frac{m_c^2}{r_c^2}$$

上式两边同乘$r_a^2r_b^2r_c^2$并整理得

$$\frac{R}{2r}\left(\frac{8R}{r}-13\right)\geqslant\frac{m_a^2r_b^2r_c^2+m_b^2r_a^2r_c^2+m_c^2r_a^2r_b^2}{\Delta^2p^2}$$

在$\triangle ABC$中,可证

$$r_ar_b\geqslant w_c^2,r_br_c\geqslant w_a^2,r_cr_a\geqslant w_b^2$$

$$\frac{R}{2r}\left(\frac{8R}{r}-13\right)\geqslant\frac{m_a^2w_a^4+m_b^2w_b^4+m_c^2w_c^4}{\Delta^2p^2}$$

例 4.199　在$\triangle ABC$中,试证明

$$\frac{R}{r}\left(\frac{2R}{r}-1\right)\geqslant\frac{(m_b^2+m_c^2)w_a^4+(m_a^2+m_c^2)w_b^4+(m_a^2+m_b^2)w_c^4}{\Delta^2p^2}$$

证明　由例 3.104 知

$$\frac{R}{r}\left(\frac{2R}{r}-1\right)\geqslant(m_b^2+m_c^2)\frac{1}{r_a^2}+(m_a^2+m_c^2)\frac{1}{r_b^2}+(m_a^2+m_b^2)\frac{1}{r_c^2}$$

上式两边同乘$r_a^2r_b^2r_c^2$并整理得

$$\frac{R}{r}\left(\frac{2R}{r}-1\right)\geqslant\frac{(m_b^2+m_c^2)r_b^2r_c^2+(m_a^2+m_c^2)r_a^2r_c^2+(m_a^2+m_b^2)r_a^2r_b^2}{\Delta^2p^2}$$

在$\triangle ABC$中,可证

$$r_ar_b\geqslant w_c^2,r_br_c\geqslant w_a^2,r_cr_a\geqslant w_b^2$$

从而

$$\frac{R}{r}\left(\frac{2R}{r}-1\right)\geqslant\frac{(m_b^2+m_c^2)w_a^4+(m_a^2+m_c^2)w_b^4+(m_a^2+m_b^2)w_c^4}{\Delta^2p^2}$$

例 4.200　在$\triangle ABC$中,试证明

$$\frac{(m_b^2+m_c^2)m_a^4+(m_a^2+m_c^2)m_b^4+(m_a^2+m_b^2)m_c^4}{\Delta^2p^2}\geqslant2\left(\frac{R}{r}+1\right)$$

证明 由例 3.104 知

$$(m_b^2+m_c^2)\frac{1}{r_a^2}+(m_a^2+m_c^2)\frac{1}{r_b^2}+(m_a^2+m_b^2)\frac{1}{r_c^2}\geqslant 2\left(\frac{R}{r}+1\right)$$

上式两边同乘$r_a^2r_b^2r_c^2$并整理得

$$\frac{(m_b^2+m_c^2)r_b^2r_c^2+(m_a^2+m_c^2)r_a^2r_c^2+(m_a^2+m_b^2)r_a^2r_b^2}{\Delta^2p^2}\geqslant 2\left(\frac{R}{r}+1\right)$$

在$\triangle ABC$中,可证

$$r_ar_b\leqslant m_c^2,r_br_c\leqslant m_a^2,r_cr_a\leqslant m_b^2$$

$$\frac{(m_b^2+m_c^2)m_a^4+(m_a^2+m_c^2)m_b^4+(m_a^2+m_b^2)m_c^4}{\Delta^2p^2}\geqslant 2\left(\frac{R}{r}+1\right)$$

例 4.201 在$\triangle ABC$中,试证明

$$\frac{(m_b^2+m_c^2)(m_b^4+m_c^4)+(m_a^2+m_c^2)(m_a^4+m_c^4)+(m_a^2+m_b^2)(m_a^4+m_b^4)}{\Delta^2p^2}\geqslant 2\left(\frac{5R}{r}-4\right)$$

证明 由例 3.105 知

$$(m_b^2+m_c^2)\left(\frac{1}{r_b^2}+\frac{1}{r_c^2}\right)+(m_a^2+m_c^2)\left(\frac{1}{r_a^2}+\frac{1}{r_c^2}\right)+(m_a^2+m_b^2)\left(\frac{1}{r_a^2}+\frac{1}{r_b^2}\right)\geqslant 2\left(\frac{5R}{r}-4\right)$$

上式两边同乘$r_a^2r_b^2r_c^2$并整理得

$$\frac{(m_b^2+m_c^2)(r_a^2r_c^2+r_a^2r_b^2)+(m_a^2+m_c^2)(r_b^2r_c^2+r_a^2r_b^2)+(m_a^2+m_b^2)(r_b^2r_c^2+r_a^2r_c^2)}{\Delta^2p^2}\geqslant 2\left(\frac{5R}{r}-4\right)$$

在$\triangle ABC$中,可证

$$r_ar_b\leqslant m_c^2,r_br_c\leqslant m_a^2,r_cr_a\leqslant m_b^2$$

从而

$$\frac{(m_b^2+m_c^2)(m_b^4+m_c^4)+(m_a^2+m_c^2)(m_a^4+m_c^4)+(m_a^2+m_b^2)(m_a^4+m_b^4)}{\Delta^2p^2}\geqslant 2\left(\frac{5R}{r}-4\right)$$

例 4.202 在$\triangle ABC$中,试证明

$$\frac{2R}{r}\left(\frac{5R}{r}-7\right)\geqslant\frac{(m_b^2+m_c^2)(w_b^4+w_c^4)+(m_a^2+m_c^2)(w_a^4+w_c^4)+(m_a^2+m_b^2)(w_a^4+w_b^4)}{\Delta^2p^2}$$

证明 由例 3.105 知

$$\frac{2R}{r}\left(\frac{5R}{r}-7\right)\geqslant(m_b^2+m_c^2)\left(\frac{1}{r_b^2}+\frac{1}{r_c^2}\right)+(m_a^2+m_c^2)\left(\frac{1}{r_a^2}+\frac{1}{r_c^2}\right)+(m_a^2+m_b^2)\left(\frac{1}{r_a^2}+\frac{1}{r_b^2}\right)$$

上式两边同乘$r_a^2r_b^2r_c^2$并整理得

$$\frac{2R}{r}\left(\frac{5R}{r}-7\right)\geqslant\frac{(m_b^2+m_c^2)(r_a^2r_c^2+r_a^2r_b^2)+(m_a^2+m_c^2)(r_b^2r_c^2+r_a^2r_b^2)+(m_a^2+m_b^2)(r_b^2r_c^2+r_a^2r_c^2)}{\Delta^2p^2}$$

在$\triangle ABC$中,可证

$$r_ar_b\geqslant w_c^2,r_br_c\geqslant w_a^2,r_cr_a\geqslant w_b^2$$

从而

$$\frac{2R}{r}\left(\frac{5R}{r}-7\right)\geqslant\frac{(m_b^2+m_c^2)(w_b^4+w_c^4)+(m_a^2+m_c^2)(w_a^4+w_c^4)+(m_a^2+m_b^2)(w_a^4+w_b^4)}{\Delta^2p^2}$$

例 4.203　在△ABC 中，试证明

$$\frac{2R}{r}\left(\frac{5R}{r}-1\right)\geqslant\frac{(m_b^2+m_c^2)(w_b^2+w_c^2)+(m_a^2+m_c^2)(w_a^2+w_c^2)+(m_a^2+m_b^2)(w_a^2+w_b^2)}{\Delta^2}$$

证明　由例 3.106 知

$$2R\left(\frac{5R}{r}-1\right)\geqslant(m_b^2+m_c^2)\left(\frac{1}{r_b}+\frac{1}{r_c}\right)+(m_a^2+m_c^2)\left(\frac{1}{r_a}+\frac{1}{r_c}\right)+(m_a^2+m_b^2)\left(\frac{1}{r_a}+\frac{1}{r_b}\right)$$

上式两边同乘$r_ar_br_c$并整理得

$$\frac{2R}{r}\left(\frac{5R}{r}-1\right)\geqslant\frac{(m_b^2+m_c^2)(r_ar_c+r_ar_b)+(m_a^2+m_c^2)(r_br_c+r_ar_b)+(m_a^2+m_b^2)(r_br_c+r_ar_c)}{\Delta^2}$$

在△ABC 中，可证

$$r_ar_b\geqslant w_c^2,r_br_c\geqslant w_a^2,r_cr_a\geqslant w_b^2$$

从而

$$\frac{2R}{r}\left(\frac{5R}{r}-1\right)\geqslant\frac{(m_b^2+m_c^2)(w_b^2+w_c^2)+(m_a^2+m_c^2)(w_a^2+w_c^2)+(m_a^2+m_b^2)(w_a^2+w_b^2)}{\Delta^2}$$

例 4.204　在△ABC 中，试证明

$$\frac{(m_b^2+m_c^2)^2+(m_a^2+m_c^2)^2+(m_a^2+m_b^2)^2}{9\Delta^2}\geqslant\frac{3R}{r}-2$$

证明　由例 3.106 知

$$(m_b^2+m_c^2)\left(\frac{1}{r_b}+\frac{1}{r_c}\right)+(m_a^2+m_c^2)\left(\frac{1}{r_a}+\frac{1}{r_c}\right)+(m_a^2+m_b^2)\left(\frac{1}{r_a}+\frac{1}{r_b}\right)\geqslant9(3R-2r)$$

上式两边同乘$r_ar_br_c$并整理得

$$\frac{(m_b^2+m_c^2)(r_ar_c+r_ar_b)+(m_a^2+m_c^2)(r_br_c+r_ar_b)+(m_a^2+m_b^2)(r_br_c+r_ar_c)}{9\Delta^2}\geqslant\frac{3R}{r}-2$$

在△ABC 中，可证

$$r_ar_b\leqslant m_c^2,r_br_c\leqslant m_a^2,r_cr_a\leqslant m_b^2$$

从而

$$\frac{(m_b^2+m_c^2)^2+(m_a^2+m_c^2)^2+(m_a^2+m_b^2)^2}{9\Delta^2}\geqslant\frac{3R}{r}-2$$

例 4.205　在△ABC 中，试证明

$$\frac{m_a^2}{w_a}+\frac{m_b^2}{w_b}+\frac{m_c^2}{w_c}\geqslant\frac{3r}{2}\left(7-\frac{2r}{R}\right)$$

证明　由例 3.107 知

$$\frac{m_a^2}{r_b+r_c}+\frac{m_b^2}{r_a+r_c}+\frac{m_c^2}{r_a+r_b}\geqslant\frac{3r^2}{4R}\left(\frac{7R}{r}-2\right)$$

在△ABC 中，可证

$$r_a+r_b\geqslant 2w_c, r_b+r_c\geqslant 2w_a, r_c+r_a\geqslant 2w_b$$

从而

$$\frac{m_a^2}{w_a}+\frac{m_b^2}{w_b}+\frac{m_c^2}{w_c}\geqslant\frac{3r}{2}\left(7-\frac{2r}{R}\right)$$

例 4.206 在$\triangle ABC$中,试证明

$$\frac{R}{2r}\left(\frac{4R}{r}+1\right)\geqslant\frac{bcm_a^2r_a+ac m_b^2r_b+ab m_c^2r_c}{4r\Delta^2}$$

证明 由例 3.107 知

$$\frac{r}{2}\left(\frac{4R}{r}+1\right)\geqslant\frac{m_a^2}{r_b+r_c}+\frac{m_b^2}{r_a+r_c}+\frac{m_c^2}{r_a+r_b}$$

上式可变为

$$\frac{r}{2}\left(\frac{4R}{r}+1\right)\geqslant\frac{m_a^2r_a}{r_ar_b+r_ar_c}+\frac{m_b^2r_b}{r_br_a+r_br_c}+\frac{m_c^2r_c}{r_cr_a+r_cr_b}$$

即

$$\frac{r}{2}\left(\frac{4R}{r}+1\right)\geqslant\frac{m_a^2r_a}{pa}+\frac{m_b^2r_b}{pb}+\frac{m_c^2r_c}{pc}$$

上式两边同乘 $pabc$ 并整理得

$$\frac{R}{2r}\left(\frac{4R}{r}+1\right)\geqslant\frac{bcm_a^2r_a+ac m_b^2r_b+ab m_c^2r_c}{4r\Delta^2}$$

例 4.207 在$\triangle ABC$中,试证明在$\triangle ABC$中,可证

$$\frac{r}{2}\left(\frac{4R}{r}+1\right)\geqslant\frac{m_a^2r_a}{m_b^2+m_c^2}+\frac{m_b^2r_b}{m_c^2+m_a^2}+\frac{m_c^2r_c}{m_a^2+m_b^2}$$

证明 由例 3.107 知

$$\frac{r}{2}\left(\frac{4R}{r}+1\right)\geqslant\frac{m_a^2}{r_b+r_c}+\frac{m_b^2}{r_a+r_c}+\frac{m_c^2}{r_a+r_b}$$

上式可变为

$$\frac{r}{2}\left(\frac{4R}{r}+1\right)\geqslant\frac{m_a^2r_a}{r_ar_b+r_ar_c}+\frac{m_b^2r_b}{r_br_a+r_br_c}+\frac{m_c^2r_c}{r_cr_a+r_cr_b}$$

在$\triangle ABC$中,可证

$$r_ar_b\leqslant m_c^2, r_br_c\leqslant m_a^2, r_cr_a\leqslant m_b^2$$

从而

$$\frac{r}{2}\left(\frac{4R}{r}+1\right)\geqslant\frac{m_a^2r_a}{m_b^2+m_c^2}+\frac{m_b^2r_b}{m_c^2+m_a^2}+\frac{m_c^2r_c}{m_a^2+m_b^2}$$

例 4.208 在$\triangle ABC$中,试证明

$$\frac{m_b^2+m_c^2}{w_a}+\frac{m_a^2+m_c^2}{w_b}+\frac{m_a^2+m_b^2}{w_c}\geqslant 9R$$

证明 由例 3.108 知

$$\frac{m_b^2+m_c^2}{r_b+r_c}+\frac{m_a^2+m_c^2}{r_a+r_c}+\frac{m_a^2+m_b^2}{r_a+r_b}\geqslant\frac{9}{2}R$$

在△ABC中，可证

$$r_a+r_b\geqslant 2w_c, r_b+r_c\geqslant 2w_a, r_c+r_a\geqslant 2w_b$$

从而

$$\frac{m_b^2+m_c^2}{w_a}+\frac{m_a^2+m_c^2}{w_b}+\frac{m_a^2+m_b^2}{w_c}\geqslant 9R$$

例4.209 在△ABC中，试证明

$$\frac{R}{2r}\left(\frac{11R}{r}-4\right)\geqslant\frac{bc(m_b^2+m_c^2)r_a+ac(m_a^2+m_c^2)r_b+ab(m_a^2+m_b^2)r_c}{4r\Delta^2}$$

证明 由例3.108知

$$\frac{r}{2}\left(\frac{11R}{r}-4\right)\geqslant\frac{m_b^2+m_c^2}{r_b+r_c}+\frac{m_a^2+m_c^2}{r_a+r_c}+\frac{m_a^2+m_b^2}{r_a+r_b}$$

上式可变为

$$\frac{r}{2}\left(\frac{11R}{r}-4\right)\geqslant\frac{(m_b^2+m_c^2)r_a}{r_ar_b+r_ar_c}+\frac{(m_a^2+m_c^2)r_b}{r_br_a+r_br_c}+\frac{(m_a^2+m_b^2)r_c}{r_cr_a+r_cr_b}$$

即

$$\frac{r}{2}\left(\frac{11R}{r}-4\right)\geqslant\frac{(m_b^2+m_c^2)r_a}{pa}+\frac{(m_a^2+m_c^2)r_b}{pb}+\frac{(m_a^2+m_b^2)r_c}{pc}$$

上式两边同乘 $pabc$ 并整理得

$$\frac{R}{2r}\left(\frac{11R}{r}-4\right)\geqslant\frac{bc(m_b^2+m_c^2)r_a+ac(m_a^2+m_c^2)r_b+ab(m_a^2+m_b^2)r_c}{4r\Delta^2}$$

例4.210 在△ABC中，试证明

$$(m_b^2+m_c^2)\left(\frac{1}{w_b}+\frac{1}{w_c}\right)+(m_a^2+m_c^2)\left(\frac{1}{w_a}+\frac{1}{w_c}\right)+(m_a^2+m_b^2)\left(\frac{1}{w_a}+\frac{1}{w_b}\right)\geqslant 9r\left(\frac{R}{r}+2\right)$$

证明 由例3.109知

$$(m_b^2+m_c^2)\left(\frac{1}{r_a+r_c}+\frac{1}{r_a+r_b}\right)+(m_a^2+m_c^2)\left(\frac{1}{r_b+r_c}+\frac{1}{r_a+r_b}\right)+(m_a^2+m_b^2)\left(\frac{1}{r_b+r_c}+\frac{1}{r_a+r_c}\right)\geqslant\frac{9r}{2}\left(\frac{R}{r}+2\right)$$

在△ABC中，可证

$$r_a+r_b\geqslant 2w_c, r_b+r_c\geqslant 2w_a, r_c+r_a\geqslant 2w_b$$

从而

$$(m_b^2+m_c^2)\left(\frac{1}{w_b}+\frac{1}{w_c}\right)+(m_a^2+m_c^2)\left(\frac{1}{w_a}+\frac{1}{w_c}\right)+(m_a^2+m_b^2)\left(\frac{1}{w_a}+\frac{1}{w_b}\right)\geqslant 9r\left(\frac{R}{r}+2\right)$$

例4.211 在△ABC中，试证明

$$\frac{5R}{r}-4\geqslant\frac{m_b^2+m_c^2}{m_a^2}+\frac{m_a^2+m_c^2}{m_b^2}+\frac{m_a^2+m_b^2}{m_c^2}$$

证明 由例 3.110 知

$$\frac{5R}{r}-4\geqslant\frac{m_b^2+m_c^2}{r_br_c}+\frac{m_a^2+m_c^2}{r_ar_c}+\frac{m_a^2+m_b^2}{r_ar_b}$$

在$\triangle ABC$中,可证

$$r_ar_b\leqslant m_c^2,r_br_c\leqslant m_a^2,r_cr_a\leqslant m_b^2$$

从而

$$\frac{5R}{r}-4\geqslant\frac{m_b^2+m_c^2}{m_a^2}+\frac{m_a^2+m_c^2}{m_b^2}+\frac{m_a^2+m_b^2}{m_c^2}$$

例 4.212 在$\triangle ABC$中,试证明

$$\frac{5R}{r}-1\geqslant(m_a^2+m_b^2+m_c^2)\left(\frac{1}{m_a^2}+\frac{1}{m_b^2}+\frac{1}{m_c^2}\right)$$

证明 由例 4.210 知

$$\frac{5R}{r}-4\geqslant\frac{m_b^2+m_c^2}{m_a^2}+\frac{m_a^2+m_c^2}{m_b^2}+\frac{m_a^2+m_b^2}{m_c^2}$$

上式两边同时加 3 并整理得

$$\frac{5R}{r}-1\geqslant(m_a^2+m_b^2+m_c^2)\left(\frac{1}{m_a^2}+\frac{1}{m_b^2}+\frac{1}{m_c^2}\right)$$

例 4.213 在$\triangle ABC$中,试证明

$$\frac{m_b^2+m_c^2}{w_a^2}+\frac{m_a^2+m_c^2}{w_b^2}+\frac{m_a^2+m_b^2}{w_c^2}\geqslant\frac{9R}{2r}-3$$

证明 由例 3.110 知

$$\frac{m_b^2+m_c^2}{r_br_c}+\frac{m_a^2+m_c^2}{r_ar_c}+\frac{m_a^2+m_b^2}{r_ar_b}\geqslant\frac{9R}{2r}-3$$

在$\triangle ABC$中,可证

$$r_ar_b\geqslant w_c^2,r_br_c\geqslant w_a^2,r_cr_a\geqslant w_b^2$$

从而

$$\frac{m_b^2+m_c^2}{w_a^2}+\frac{m_a^2+m_c^2}{w_b^2}+\frac{m_a^2+m_b^2}{w_c^2}\geqslant\frac{9R}{2r}-3$$

例 4.214 在$\triangle ABC$中,试证明

$$(m_a^2+m_b^2+m_c^2)\left(\frac{1}{w_a^2}+\frac{1}{w_b^2}+\frac{1}{w_c^2}\right)\geqslant\frac{9R}{2r}$$

证明 由例 3.110 知

$$\frac{m_b^2+m_c^2}{w_a^2}+\frac{m_a^2+m_c^2}{w_b^2}+\frac{m_a^2+m_b^2}{w_c^2}\geqslant\frac{9R}{2r}-3$$

上式两边同时加 3 并整理得

$$(m_a^2+m_b^2+m_c^2)\left(\frac{1}{w_a^2}+\frac{1}{w_b^2}+\frac{1}{w_c^2}\right)\geqslant\frac{9R}{2r}$$

例 4.215　在$\triangle ABC$中，试证明

$$(m_b^2+m_c^2)\left(\frac{1}{w_b^2}+\frac{1}{w_c^2}\right)+(m_a^2+m_c^2)\left(\frac{1}{w_a^2}+\frac{1}{w_c^2}\right)+(m_a^2+m_b^2)\left(\frac{1}{w_a^2}+\frac{1}{w_b^2}\right)\geqslant\frac{9R}{2r}+3$$

证明　由例 3.111 知

$$(m_b^2+m_c^2)\left(\frac{1}{r_ar_c}+\frac{1}{r_ar_b}\right)+(m_a^2+m_c^2)\left(\frac{1}{r_br_c}+\frac{1}{r_ar_b}\right)+(m_a^2+m_b^2)\left(\frac{1}{r_br_c}+\frac{1}{r_ar_c}\right)\geqslant\frac{9R}{2r}+3$$

在$\triangle ABC$中，可证

$$r_ar_b\geqslant w_c^2,r_br_c\geqslant w_a^2,r_cr_a\geqslant w_b^2$$

从而

$$(m_b^2+m_c^2)\left(\frac{1}{w_b^2}+\frac{1}{w_c^2}\right)+(m_a^2+m_c^2)\left(\frac{1}{w_a^2}+\frac{1}{w_c^2}\right)+(m_a^2+m_b^2)\left(\frac{1}{w_a^2}+\frac{1}{w_b^2}\right)\geqslant\frac{9R}{2r}+3$$

例 4.216　在$\triangle ABC$中，试证明

$$\frac{7R}{r}-2\geqslant(m_b^2+m_c^2)\left(\frac{1}{m_b^2}+\frac{1}{m_c^2}\right)+(m_a^2+m_c^2)\left(\frac{1}{m_a^2}+\frac{1}{m_c^2}\right)+(m_a^2+m_b^2)\left(\frac{1}{m_a^2}+\frac{1}{m_b^2}\right)$$

证明　由例 3.111 知

$$\frac{7R}{r}-2\geqslant(m_b^2+m_c^2)\left(\frac{1}{r_ar_c}+\frac{1}{r_ar_b}\right)+(m_a^2+m_c^2)\left(\frac{1}{r_br_c}+\frac{1}{r_ar_b}\right)+(m_a^2+m_b^2)\left(\frac{1}{r_br_c}+\frac{1}{r_ar_c}\right)$$

在$\triangle ABC$中，可证

$$r_ar_b\leqslant m_c^2,r_br_c\leqslant m_a^2,r_cr_a\leqslant m_b^2$$

从而

$$\frac{7R}{r}-2\geqslant(m_b^2+m_c^2)\left(\frac{1}{m_b^2}+\frac{1}{m_c^2}\right)+(m_a^2+m_c^2)\left(\frac{1}{m_a^2}+\frac{1}{m_c^2}\right)+(m_a^2+m_b^2)\left(\frac{1}{m_a^2}+\frac{1}{m_b^2}\right)$$

例 4.217　在$\triangle ABC$中，试证明

$$\frac{am_a^2}{w_a}+\frac{bm_b^2}{w_b}+\frac{cm_c^2}{w_c}\geqslant6\Delta$$

证明　由例 3.112 知

$$\frac{am_a^2}{r_b+r_c}+\frac{bm_b^2}{r_a+r_c}+\frac{cm_c^2}{r_a+r_b}\geqslant3\Delta$$

在$\triangle ABC$中，可证

$$r_a+r_b\geqslant2w_c,r_b+r_c\geqslant2w_a,r_c+r_a\geqslant2w_b$$

从而

$$\frac{am_a^2}{w_a}+\frac{bm_b^2}{w_b}+\frac{cm_c^2}{w_c}\geqslant6\Delta$$

例 4.218　在$\triangle ABC$中，试证明

$$\frac{am_a^4+bm_b^4+cm_c^4}{\Delta^2 p}\geqslant\frac{9R}{2r}-3$$

证明 由例 3.113 知

$$\frac{am_a^2}{r_a}+\frac{bm_b^2}{r_b}+\frac{cm_c^2}{r_c}\geqslant\Delta\left(\frac{9R}{2r}-3\right)$$

上式两边同乘$r_ar_br_c$并整理得

$$\frac{ar_br_cm_a^2+br_ar_cm_b^2+cr_ar_bm_c^2}{\Delta^2 p}\geqslant\frac{9R}{2r}-3$$

在$\triangle ABC$中,可证

$$r_ar_b\leqslant m_c^2,r_br_c\leqslant m_a^2,r_cr_a\leqslant m_b^2$$

从而

$$\frac{am_a^4+bm_b^4+cm_c^4}{\Delta^2 p}\geqslant\frac{9R}{2r}-3$$

例 4.219 在$\triangle ABC$中,试证明

$$\frac{5R}{r}-4\geqslant\frac{aw_a^2m_a^2+bw_b^2m_b^2+cw_c^2m_c^2}{\Delta^2 p}$$

证明 由例 3.113 知

$$\Delta\left(\frac{5R}{r}-4\right)\geqslant\frac{am_a^2}{r_a}+\frac{bm_b^2}{r_b}+\frac{cm_c^2}{r_c}$$

上式两边同乘$r_ar_br_c$并整理得

$$\frac{5R}{r}-4\geqslant\frac{ar_br_cm_a^2+br_ar_cm_b^2+cr_ar_bm_c^2}{\Delta^2 p}$$

在$\triangle ABC$中,可证

$$r_ar_b\geqslant w_c^2,r_br_c\geqslant w_a^2,r_cr_a\geqslant w_b^2$$

从而

$$\frac{5R}{r}-4\geqslant\frac{aw_a^2m_a^2+bw_b^2m_b^2+cw_c^2m_c^2}{\Delta^2 p}$$

例 4.220 在$\triangle ABC$中,试证明

$$\frac{8R}{r}\left(\frac{2R}{r}-1\right)\geqslant\frac{a^4w_a^4+b^4w_b^4+c^4w_c^4}{\Delta^4}$$

证明 由例 3.117 知

$$8Rr\left(\frac{2R}{r}-1\right)\geqslant\frac{a^4}{r_a^2}+\frac{b^4}{r_b^2}+\frac{c^4}{r_c^2}$$

上式两边同乘$r_a^2r_b^2r_c^2$并整理得

$$\frac{8R}{r}\left(\frac{2R}{r}-1\right)\geqslant\frac{r_b^2r_c^2a^4+r_a^2r_c^2b^4+r_a^2r_b^2c^4}{\Delta^4}$$

在$\triangle ABC$中,可证

$$r_ar_b\geqslant w_c^2, r_br_c\geqslant w_a^2, r_cr_a\geqslant w_b^2$$

从而

$$\frac{8R}{r}\left(\frac{2R}{r}-1\right)\geqslant\frac{a^4w_a^4+b^4w_b^4+c^4w_c^4}{\Delta^4}$$

例 4.221　在$\triangle ABC$中，试证明

$$\frac{a^4m_a^4+b^4m_b^4+c^4m_c^4}{\Delta^4}\geqslant\frac{22R}{r}+4$$

证明　由例 3.117 知

$$\frac{a^4}{r_a^2}+\frac{b^4}{r_b^2}+\frac{c^4}{r_c^2}\geqslant r^2\left(\frac{22R}{r}+4\right)$$

上式两边同乘$r_a^2r_b^2r_c^2$并整理得

$$\frac{r_b^2r_c^2a^4+r_a^2r_c^2b^4+r_a^2r_b^2c^4}{\Delta^4}\geqslant\frac{22R}{r}+4$$

在$\triangle ABC$中，可证

$$r_ar_b\leqslant m_c^2, r_br_c\leqslant m_a^2, r_cr_a\leqslant m_b^2$$

从而

$$\frac{a^4m_a^4+b^4m_b^4+c^4m_c^4}{\Delta^4}\geqslant\frac{22R}{r}+4$$

例 4.222　在$\triangle ABC$中，试证明

$$\frac{(b^4+c^4)m_a^4+(a^4+c^4)m_b^4+(b^4+a^4)m_c^4}{\Delta^4}\geqslant-128\left(\frac{R}{r}\right)^3+464\left(\frac{R}{r}\right)^2-\frac{378R}{r}+20$$

证明　由例 3.118 知

$$\frac{b^4+c^4}{r_a^2}+\frac{a^4+c^4}{r_b^2}+\frac{b^4+a^4}{r_c^2}\geqslant r^2\left[-128\left(\frac{R}{r}\right)^3+464\left(\frac{R}{r}\right)^2-\frac{378R}{r}+20\right]$$

上式两边同乘$r_a^2r_b^2r_c^2$并整理得

$$\frac{r_b^2r_c^2(b^4+c^4)+r_a^2r_c^2(a^4+c^4)+r_a^2r_b^2(b^4+a^4)}{\Delta^4}\geqslant-128\left(\frac{R}{r}\right)^3+464\left(\frac{R}{r}\right)^2-\frac{378R}{r}+20$$

在$\triangle ABC$中，可证

$$r_ar_b\leqslant m_c^2, r_br_c\leqslant m_a^2, r_cr_a\leqslant m_b^2$$

从而

$$\frac{(b^4+c^4)m_a^4+(a^4+c^4)m_b^4+(b^4+a^4)m_c^4}{\Delta^4}\geqslant-128\left(\frac{R}{r}\right)^3+464\left(\frac{R}{r}\right)^2-\frac{378R}{r}+20$$

例 4.223　在$\triangle ABC$中，试证明

$$32\left(\frac{R}{r}\right)^4+64\left(\frac{R}{r}\right)^3-288\left(\frac{R}{r}\right)^2+\frac{64R}{r}+96\geqslant\frac{(b^4+c^4)w_a^4+(a^4+c^4)w_b^4+(b^4+a^4)w_c^4}{\Delta^4}$$

证明　由例 3.118 知

$$r^2\left[32\left(\frac{R}{r}\right)^4+64\left(\frac{R}{r}\right)^3-288\left(\frac{R}{r}\right)^2+\frac{64R}{r}+96\right]\geqslant\frac{b^4+c^4}{r_a^2}+\frac{a^4+c^4}{r_b^2}+\frac{b^4+a^4}{r_c^2}$$

上式两边同乘$r_a^2r_b^2r_c^2$并整理得

$$32\left(\frac{R}{r}\right)^4+64\left(\frac{R}{r}\right)^3-288\left(\frac{R}{r}\right)^2+\frac{64R}{r}+96\geqslant\frac{r_b^2r_c^2(b^4+c^4)+r_a^2r_c^2(a^4+c^4)+r_a^2r_b^2(b^4+a^4)}{\Delta^4}$$

在$\triangle ABC$中,可证

$$r_ar_b\geqslant w_c^2,r_br_c\geqslant w_a^2,r_cr_a\geqslant w_b^2$$

从而

$$32\left(\frac{R}{r}\right)^4+64\left(\frac{R}{r}\right)^3-288\left(\frac{R}{r}\right)^2+\frac{64R}{r}+96\geqslant\frac{(b^4+c^4)w_a^4+(a^4+c^4)w_b^4+(b^4+a^4)w_c^4}{\Delta^4}$$

例 4.224 在$\triangle ABC$中,试证明

$$32\left(\frac{R}{r}\right)^4+64\left(\frac{R}{r}\right)^3-256\left(\frac{R}{r}\right)^2+\frac{32R}{r}+128\geqslant$$
$$\frac{(b^4+c^4)(w_b^4+w_c^4)+(a^4+c^4)(w_a^4+w_c^4)+(b^4+a^4)(w_b^4+w_a^4)}{\Delta^4}$$

证明 由例 3.119 知

$$r^2\left[32\left(\frac{R}{r}\right)^4+64\left(\frac{R}{r}\right)^3-256\left(\frac{R}{r}\right)^2+\frac{32R}{r}+128\right]\geqslant$$
$$(b^4+c^4)\left(\frac{1}{r_b^2}+\frac{1}{r_c^2}\right)+(a^4+c^4)\left(\frac{1}{r_a^2}+\frac{1}{r_c^2}\right)+(a^4+b^4)\left(\frac{1}{r_a^2}+\frac{1}{r_b^2}\right)$$

上式两边同乘$r_a^2r_b^2r_c^2$并整理得

$$32\left(\frac{R}{r}\right)^4+64\left(\frac{R}{r}\right)^3-256\left(\frac{R}{r}\right)^2+\frac{32R}{r}+128\geqslant$$
$$\frac{(b^4+c^4)(r_a^2r_c^2+r_a^2r_b^2)+(a^4+c^4)(r_b^2r_c^2+r_a^2r_b^2)+(b^4+a^4)(r_a^2r_c^2+r_c^2r_b^2)}{\Delta^4}$$

在$\triangle ABC$中,可证

$$r_ar_b\geqslant w_c^2,r_br_c\geqslant w_a^2,r_cr_a\geqslant w_b^2$$

从而

$$32\left(\frac{R}{r}\right)^4+64\left(\frac{R}{r}\right)^3-256\left(\frac{R}{r}\right)^2+\frac{32R}{r}+128\geqslant$$
$$\frac{(b^4+c^4)(w_b^4+w_c^4)+(a^4+c^4)(w_a^4+w_c^4)+(b^4+a^4)(w_b^4+w_a^4)}{\Delta^4}$$

例 4.225 在$\triangle ABC$中,试证明

$$\frac{(b^4+c^4)(m_b^4+m_c^4)+(a^4+c^4)(m_a^4+m_c^4)+(b^4+a^4)(m_b^4+m_a^4)}{\Delta^4}\geqslant$$
$$-128\left(\frac{R}{r}\right)^3+464\left(\frac{R}{r}\right)^2-\frac{334R}{r}+28$$

证明　由例 3.119 知

$$(b^4+c^4)\left(\frac{1}{r_b^2}+\frac{1}{r_c^2}\right)+(a^4+c^4)\left(\frac{1}{r_a^2}+\frac{1}{r_c^2}\right)+(a^4+b^4)\left(\frac{1}{r_a^2}+\frac{1}{r_b^2}\right)\geqslant$$

$$r^2\left[-128\left(\frac{R}{r}\right)^3+464\left(\frac{R}{r}\right)^2-\frac{334R}{r}+28\right]$$

上式两边同乘$r_a^2r_b^2r_c^2$并整理得

$$\frac{(b^4+c^4)(r_a^2r_c^2+r_a^2r_b^2)+(a^4+c^4)(r_b^2r_c^2+r_a^2r_b^2)+(b^4+a^4)(r_a^2r_c^2+r_c^2r_b^2)}{\Delta^4}\geqslant$$

$$-128\left(\frac{R}{r}\right)^3+464\left(\frac{R}{r}\right)^2-\frac{334R}{r}+28$$

在△ABC 中，可证

$$r_ar_b\leqslant m_c^2,r_br_c\leqslant m_a^2,r_cr_a\leqslant m_b^2$$

从而

$$\frac{(b^4+c^4)(m_b^4+m_c^4)+(a^4+c^4)(m_a^4+m_c^4)+(b^4+a^4)(m_b^4+m_a^4)}{\Delta^4}\geqslant$$

$$-128\left(\frac{R}{r}\right)^3+464\left(\frac{R}{r}\right)^2-\frac{334R}{r}+28$$

例 4.226　在△ABC 中，试证明

$$\frac{a^2m_a^4+b^2m_b^4+c^2m_c^4}{9\Delta^4}\geqslant\left(\frac{R}{r}\right)^2$$

证明　由例 3.121 知

$$\frac{a^2m_a^2}{r_a^2}+\frac{b^2m_b^2}{r_b^2}+\frac{c^2m_c^2}{r_c^2}\geqslant 9R^2$$

上式两边同乘$r_a^2r_b^2r_c^2$并整理得

$$\frac{r_c^2r_b^2a^2m_a^2+r_a^2r_c^2b^2m_b^2+r_a^2r_b^2c^2m_c^2}{\Delta^4}\geqslant 9\left(\frac{R}{r}\right)^2$$

在△ABC 中，可证

$$r_ar_b\leqslant m_c^2,r_br_c\leqslant m_a^2,r_cr_a\leqslant m_b^2$$

从而

$$\frac{a^2m_a^4+b^2m_b^4+c^2m_c^4}{9\Delta^4}\geqslant\left(\frac{R}{r}\right)^2$$

例 4.227　在△ABC 中，试证明

$$20\left(\frac{R}{r}\right)^2-\frac{20R}{r}-4\geqslant\frac{a^2m_a^2w_a^4+b^2m_b^2w_b^4+c^2m_c^2w_c^4}{\Delta^4}$$

证明　由例 3.121 知

$$20R^2-20Rr-4r^2\geqslant\frac{a^2m_a^2}{r_a^2}+\frac{b^2m_b^2}{r_b^2}+\frac{c^2m_c^2}{r_c^2}$$

上式两边同乘$r_a^2r_b^2r_c^2$并整理得

$$20\left(\frac{R}{r}\right)^2-\frac{20R}{r}-4\geqslant\frac{r_c^2r_b^2a^2m_a^2+r_a^2r_c^2b^2m_b^2+r_a^2r_b^2c^2m_c^2}{\Delta^4}$$

在$\triangle ABC$中，可证

$$r_ar_b\geqslant w_c^2, r_br_c\geqslant w_a^2, r_cr_a\geqslant w_b^2$$

从而

$$20\left(\frac{R}{r}\right)^2-\frac{20R}{r}-4\geqslant\frac{a^2m_a^2w_a^4+b^2m_b^2w_b^4+c^2m_c^2w_c^4}{\Delta^4}$$

例 4.228 在$\triangle ABC$中，试证明

$$\frac{a^2m_a^2}{w_a}+\frac{b^2m_b^2}{w_b}+\frac{c^2m_c^2}{w_c}\geqslant 2r^3\left(\frac{33R}{r}-12\right)$$

证明 由例 3.122 知

$$\frac{a^2m_a^2}{r_b+r_c}+\frac{b^2m_b^2}{r_a+r_c}+\frac{c^2m_c^2}{r_a+r_b}\geqslant r^3\left(\frac{33R}{r}-12\right)$$

在$\triangle ABC$中，可证

$$r_a+r_b\geqslant 2w_c, r_b+r_c\geqslant 2w_a, r_c+r_a\geqslant 2w_b$$

从而

$$\frac{a^2m_a^2}{w_a}+\frac{b^2m_b^2}{w_b}+\frac{c^2m_c^2}{w_c}\geqslant 2r^3\left(\frac{33R}{r}-12\right)$$

例 4.229 在$\triangle ABC$中，试证明

$$4\left(\frac{R}{r}\right)^3-2\left(\frac{R}{r}\right)^2+\frac{11R}{r}+8\geqslant\frac{am_a^2r_a+bm_b^2r_b+cm_c^2r_c}{\Delta r^2}$$

证明 由例 3.122 知

$$r^3\left[4\left(\frac{R}{r}\right)^3-2\left(\frac{R}{r}\right)^2+\frac{11R}{r}+8\right]\geqslant\frac{a^2m_a^2}{r_b+r_c}+\frac{b^2m_b^2}{r_a+r_c}+\frac{c^2m_c^2}{r_a+r_b}$$

上式可变为

$$r^3\left[4\left(\frac{R}{r}\right)^3-2\left(\frac{R}{r}\right)^2+\frac{11R}{r}+8\right]\geqslant\frac{a^2m_a^2r_a}{r_ar_b+r_ar_c}+\frac{b^2m_b^2r_b}{r_br_a+r_br_c}+\frac{c^2m_c^2r_c}{r_cr_a+r_cr_b}$$

即

$$r^3\left[4\left(\frac{R}{r}\right)^3-2\left(\frac{R}{r}\right)^2+\frac{11R}{r}+8\right]\geqslant\frac{am_a^2r_a}{p}+\frac{bm_b^2r_b}{p}+\frac{cm_c^2r_c}{p}$$

从而

$$4\left(\frac{R}{r}\right)^3-2\left(\frac{R}{r}\right)^2+\frac{11R}{r}+8\geqslant\frac{am_a^2r_a+bm_b^2r_b+cm_c^2r_c}{\Delta r^2}$$

例 4.230 在$\triangle ABC$中，试证明

$$r^3\left[4\left(\frac{R}{r}\right)^3-2\left(\frac{R}{r}\right)^2+\frac{11R}{r}+8\right]\geqslant\frac{a^2m_a^2r_a}{m_b^2+m_c^2}+\frac{b^2m_b^2r_b}{m_a^2+m_c^2}+\frac{c^2m_c^2r_c}{m_b^2+m_a^2}$$

证明 由例3.122知

$$r^3\left[4\left(\frac{R}{r}\right)^3-2\left(\frac{R}{r}\right)^2+\frac{11R}{r}+8\right]\geqslant\frac{a^2m_a^2}{r_b+r_c}+\frac{b^2m_b^2}{r_a+r_c}+\frac{c^2m_c^2}{r_a+r_b}$$

上式可变为

$$r^3\left[4\left(\frac{R}{r}\right)^3-2\left(\frac{R}{r}\right)^2+\frac{11R}{r}+8\right]\geqslant\frac{a^2m_a^2r_a}{r_ar_b+r_ar_c}+\frac{b^2m_b^2r_b}{r_br_a+r_br_c}+\frac{c^2m_c^2r_c}{r_cr_a+r_cr_b}$$

在△ABC中,可证

$$r_ar_b\leqslant m_c^2,r_br_c\leqslant m_a^2,r_cr_a\leqslant m_b^2$$

从而

$$r^3\left[4\left(\frac{R}{r}\right)^3-2\left(\frac{R}{r}\right)^2+\frac{11R}{r}+8\right]\geqslant\frac{a^2m_a^2r_a}{m_b^2+m_c^2}+\frac{b^2m_b^2r_b}{m_a^2+m_c^2}+\frac{c^2m_c^2r_c}{m_b^2+m_a^2}$$

例4.231 在△ABC中,试证明

$$\frac{b^2m_b^2+c^2m_c^2}{w_a}+\frac{a^2m_a^2+c^2m_c^2}{w_b}+\frac{a^2m_a^2+b^2m_b^2}{w_c}\geqslant 2r^3\left[6\left(\frac{R}{r}\right)^2+\frac{39R}{r}+6\right]$$

证明 由例3.123知

$$\frac{b^2m_b^2+c^2m_c^2}{r_b+r_c}+\frac{a^2m_a^2+c^2m_c^2}{r_a+r_c}+\frac{a^2m_a^2+b^2m_b^2}{r_a+r_b}\geqslant r^3\left[6\left(\frac{R}{r}\right)^2+\frac{39R}{r}+6\right]$$

在△ABC中,可证

$$r_a+r_b\geqslant 2w_c,r_b+r_c\geqslant 2w_a,r_c+r_a\geqslant 2w_b$$

从而

$$\frac{b^2m_b^2+c^2m_c^2}{w_a}+\frac{a^2m_a^2+c^2m_c^2}{w_b}+\frac{a^2m_a^2+b^2m_b^2}{w_c}\geqslant 2r^3\left[6\left(\frac{R}{r}\right)^2+\frac{39R}{r}+6\right]$$

例4.232 在△ABC中,试证明

$$r^3\left[4\left(\frac{R}{r}\right)^3+14\left(\frac{R}{r}\right)^2-\frac{7R}{r}+34\right]\geqslant\frac{(b^2m_b^2+c^2m_c^2)r_a}{m_b^2+m_c^2}+\frac{(a^2m_a^2+c^2m_c^2)r_b}{m_a^2+m_c^2}+\frac{(a^2m_a^2+b^2m_b^2)r_c}{m_b^2+m_a^2}$$

证明 由例3.123知

$$r^3\left[4\left(\frac{R}{r}\right)^3+14\left(\frac{R}{r}\right)^2-\frac{7R}{r}+34\right]\geqslant\frac{b^2m_b^2+c^2m_c^2}{r_b+r_c}+\frac{a^2m_a^2+c^2m_c^2}{r_a+r_c}+\frac{a^2m_a^2+b^2m_b^2}{r_a+r_b}$$

上式可变为

$$r^3\left[4\left(\frac{R}{r}\right)^3+14\left(\frac{R}{r}\right)^2-\frac{7R}{r}+34\right]\geqslant\frac{(b^2m_b^2+c^2m_c^2)r_a}{r_ar_b+r_ar_c}+\frac{(a^2m_a^2+c^2m_c^2)r_b}{r_br_a+r_br_c}+\frac{(a^2m_a^2+b^2m_b^2)r_c}{r_cr_a+r_cr_b}$$

在△ABC中,可证

$$r_ar_b\leqslant m_c^2,r_br_c\leqslant m_a^2,r_cr_a\leqslant m_b^2$$

从而

$$r^3\left[4\left(\frac{R}{r}\right)^3+14\left(\frac{R}{r}\right)^2-\frac{7R}{r}+34\right]\geqslant\frac{(b^2m_b^2+c^2m_c^2)r_a}{m_b^2+m_c^2}+\frac{(a^2m_a^2+c^2m_c^2)r_b}{m_a^2+m_c^2}+\frac{(a^2m_a^2+b^2m_b^2)r_c}{m_b^2+m_a^2}$$

例 4.233 在$\triangle ABC$中,试证明

$$\frac{r}{3\sqrt{3}}\left[4\left(\frac{R}{r}\right)^3+14\left(\frac{R}{r}\right)^2-\frac{7R}{r}+34\right]\geqslant\frac{b^2m_b^2+c^2m_c^2}{a\,m_a^2}+\frac{a^2m_a^2+c^2m_c^2}{b\,m_b^2}+\frac{a^2m_a^2+b^2m_b^2}{c\,m_c^2}$$

证明 由例 3.123 知

$$r^3\left[4\left(\frac{R}{r}\right)^3+14\left(\frac{R}{r}\right)^2-\frac{7R}{r}+34\right]\geqslant\frac{b^2m_b^2+c^2m_c^2}{r_b+r_c}+\frac{a^2m_a^2+c^2m_c^2}{r_a+r_c}+\frac{a^2m_a^2+b^2m_b^2}{r_a+r_b}$$

上式可变为

$$r^3\left[4\left(\frac{R}{r}\right)^3+14\left(\frac{R}{r}\right)^2-\frac{7R}{r}+34\right]\geqslant\frac{(b^2m_b^2+c^2m_c^2)r_a}{r_ar_b+r_ar_c}+\frac{(a^2m_a^2+c^2m_c^2)r_b}{r_br_a+r_br_c}+\frac{(a^2m_a^2+b^2m_b^2)r_c}{r_cr_a+r_cr_b}$$

即

$$r^3\left[4\left(\frac{R}{r}\right)^3+14\left(\frac{R}{r}\right)^2-\frac{7R}{r}+34\right]\geqslant\frac{(b^2m_b^2+c^2m_c^2)r_a}{pa}+\frac{(a^2m_a^2+c^2m_c^2)r_b}{pb}+\frac{(a^2m_a^2+b^2m_b^2)r_c}{pc}$$

上式两边同乘$\frac{1}{r_ar_br_c}$,并整理得

$$r^3\left[4\left(\frac{R}{r}\right)^3+14\left(\frac{R}{r}\right)^2-\frac{7R}{r}+34\right]\geqslant\frac{(b^2m_b^2+c^2m_c^2)r_a}{pa}+\frac{(a^2m_a^2+c^2m_c^2)r_b}{pb}+\frac{(a^2m_a^2+b^2m_b^2)r_c}{pc}$$

上式两边同乘$\frac{1}{r_ar_br_c}$,并整理得

从而

$$\frac{r^2}{p^2}\left[4\left(\frac{R}{r}\right)^3+14\left(\frac{R}{r}\right)^2-\frac{7R}{r}+34\right]\geqslant\frac{b^2m_b^2+c^2m_c^2}{pa\,r_br_c}+\frac{a^2m_a^2+c^2m_c^2}{pb\,r_ar_c}+\frac{a^2m_a^2+b^2m_b^2}{pc\,r_ar_b}$$

在$\triangle ABC$中,可证

$$r_ar_b\leqslant m_c^2,r_br_c\leqslant m_a^2,r_cr_a\leqslant m_b^2$$

$$\frac{p}{r}\geqslant 3\sqrt{3}$$

从而

$$\frac{r}{3\sqrt{3}}\left[4\left(\frac{R}{r}\right)^3+14\left(\frac{R}{r}\right)^2-\frac{7R}{r}+34\right]\geqslant\frac{b^2m_b^2+c^2m_c^2}{a\,m_a^2}+\frac{a^2m_a^2+c^2m_c^2}{b\,m_b^2}+\frac{a^2m_a^2+b^2m_b^2}{c\,m_c^2}$$

例 4.234 在$\triangle ABC$中,试证明

$$\left(\frac{a^4}{w_a}\right)^2+\left(\frac{b^4}{w_b}\right)^2+\left(\frac{c^4}{w_c}\right)^2\geqslant 32\Delta^2r^2\left[16\left(\frac{R}{r}\right)^3-53\left(\frac{R}{r}\right)^2+\frac{55R}{r}-18\right]$$

证明 由例 3.124 知

$$\left(\frac{a^4}{r_b+r_c}\right)^2+\left(\frac{b^4}{r_c+r_a}\right)^2+\left(\frac{c^4}{r_a+r_b}\right)^2\geqslant 8\Delta^2r^2\left[16\left(\frac{R}{r}\right)^3-53\left(\frac{R}{r}\right)^2+\frac{55R}{r}-18\right]$$

在$\triangle ABC$中,可证

$$r_a+r_b\geqslant 2\,w_c,r_b+r_c\geqslant 2\,w_a,r_c+r_a\geqslant 2\,w_b$$

从而

$$\left(\frac{a^4}{w_a}\right)^2+\left(\frac{b^4}{w_b}\right)^2+\left(\frac{c^4}{w_c}\right)^2\geqslant 32\Delta^2r^2\left[16\left(\frac{R}{r}\right)^3-53\left(\frac{R}{r}\right)^2+\frac{55R}{r}-18\right]$$

注　由例 4.233 很快得一个不等式：

在$\triangle ABC$中，试证明

$$\frac{a^{10}+b^{10}+c^{10}}{1\ 024\ \Delta^4r^2}\geqslant\frac{1}{3}\left(\frac{2R}{r}-1\right)$$

证明：由例 4.233 得

$$\left(\frac{a^4}{w_a}\right)^2+\left(\frac{b^4}{w_b}\right)^2+\left(\frac{c^4}{w_c}\right)^2\geqslant 32\Delta^2r^2\left[16\left(\frac{R}{r}\right)^3-53\left(\frac{R}{r}\right)^2+\frac{55R}{r}-18\right]$$

由上式可得

$$\left(\frac{a^4}{w_a}\right)^2+\left(\frac{b^4}{w_b}\right)^2+\left(\frac{c^4}{w_c}\right)^2\geqslant 32\Delta^2r^2\left[\frac{R}{r}\left(\frac{16R}{r}-21\right)\left(\frac{R}{r}-2\right)+\frac{13R}{r}-18\right]$$

由上式易得

$$\frac{a^{10}+b^{10}+c^{10}}{4\Delta^2}\geqslant\left(\frac{a^4}{h_a}\right)^2+\left(\frac{b^4}{h_b}\right)^2+\left(\frac{c^4}{h_c}\right)^2\geqslant$$

$$\left(\frac{a^4}{w_a}\right)^2+\left(\frac{b^4}{w_b}\right)^2+\left(\frac{c^4}{w_c}\right)^2\geqslant$$

$$32\Delta^2r^2\left[\frac{R}{r}\left(\frac{16R}{r}-21\right)\left(\frac{R}{r}-2\right)+\frac{13R}{r}-18\right]$$

由上式易得

$$\frac{a^{10}+b^{10}+c^{10}}{128\ \Delta^4r^2}\geqslant\frac{13R}{r}-18$$

又易证

$$\frac{13R}{r}-18\geqslant\frac{8}{3}\left(\frac{2R}{r}-1\right)$$

从而可证

$$\frac{a^{10}+b^{10}+c^{10}}{1\ 024\ \Delta^4r^2}\geqslant\frac{1}{3}\left(\frac{2R}{r}-1\right)$$

例 4.235　在$\triangle ABC$中，试证明

$$r^2\left[64\left(\frac{R}{r}\right)^4-128\left(\frac{R}{r}\right)^3+16\left(\frac{R}{r}\right)^2-\frac{46R}{r}+92\right]\geqslant\left(\frac{a^3}{m_a^2}\right)^2+\left(\frac{b^3}{m_b^2}\right)^2+\left(\frac{c^3}{m_c^2}\right)^2$$

证明　由例 3.124 知

$$\Delta^2r^2\left[64\left(\frac{R}{r}\right)^4-128\left(\frac{R}{r}\right)^3+16\left(\frac{R}{r}\right)^2-\frac{46R}{r}+92\right]\geqslant$$

$$\left(\frac{a^4}{r_b+r_c}\right)^2+\left(\frac{b^4}{r_c+r_a}\right)^2+\left(\frac{c^4}{r_a+r_b}\right)^2$$

由上式易得

$$\Delta^2 r^2\left[64\left(\frac{R}{r}\right)^4-128\left(\frac{R}{r}\right)^3+16\left(\frac{R}{r}\right)^2-\frac{46R}{r}+92\right]\geqslant$$

$$\left(\frac{a^4 r_a}{r_a r_b+r_a r_c}\right)^2+\left(\frac{b^4 r_b}{r_b r_c+r_b r_a}\right)^2+\left(\frac{c^4 r_c}{r_c r_a+r_c r_b}\right)^2$$

上式即

$$\Delta^2 r^2\left[64\left(\frac{R}{r}\right)^4-128\left(\frac{R}{r}\right)^3+16\left(\frac{R}{r}\right)^2-\frac{46R}{r}+92\right]\geqslant$$

$$\left(\frac{a^3 r_a}{p}\right)^2+\left(\frac{b^3 r_b}{p}\right)^2+\left(\frac{c^3 r_c}{p}\right)^2$$

上式两边同乘$\frac{1}{r_a^2 r_b^2 r_c^2}$,并整理得

$$\frac{r^2}{p^2}\left[64\left(\frac{R}{r}\right)^4-128\left(\frac{R}{r}\right)^3+16\left(\frac{R}{r}\right)^2-\frac{46R}{r}+92\right]\geqslant$$

$$\left(\frac{a^3}{p r_b r_c}\right)^2+\left(\frac{b^3}{p r_a r_c}\right)^2+\left(\frac{c^3}{p r_a r_b}\right)^2$$

上式即

$$r^2\left[64\left(\frac{R}{r}\right)^4-128\left(\frac{R}{r}\right)^3+16\left(\frac{R}{r}\right)^2-\frac{46R}{r}+92\right]\geqslant$$

$$\left(\frac{a^3}{r_b r_c}\right)^2+\left(\frac{b^3}{r_a r_c}\right)^2+\left(\frac{c^3}{r_a r_b}\right)^2$$

在$\triangle ABC$中,可证

$$r_a r_b\leqslant m_c^2, r_b r_c\leqslant m_a^2, r_c r_a\leqslant m_b^2$$

从而

$$r^2\left[64\left(\frac{R}{r}\right)^4-128\left(\frac{R}{r}\right)^3+16\left(\frac{R}{r}\right)^2-\frac{46R}{r}+92\right]\geqslant$$

$$\left(\frac{a^3}{m_a^2}\right)^2+\left(\frac{b^3}{m_b^2}\right)^2+\left(\frac{c^3}{m_c^2}\right)^2$$

第4章习题

1. 在$\triangle ABC$中,证明

$$\frac{a^2 r_a^3(b m_b^6+c m_c^6)+b^2 r_b^3(a m_a^6+c m_c^6)+c^2 r_c^3(a m_a^6+b m_b^6)}{4\Delta^5 p^2}\geqslant\frac{R}{r}+10$$

2. 在$\triangle ABC$中,证明

$$\frac{a^2}{w_a^6}(b m_b^6+c m_c^6)+\frac{b^2}{w_b^6}(a m_a^6+c m_c^6)+\frac{c^2}{w_c^6}(a m_a^6+b m_b^6)\geqslant 4\Delta r\left(\frac{R}{r}+10\right)$$

3. 在$\triangle ABC$中,证明

$$\frac{(b^2r_b^3+c^2r_c^3)(bm_b^6+cm_c^6)+(a^2r_a^3+c^2r_c^3)(am_a^6+cm_c^6)+(a^2r_a^3+b^2r_b^3)(am_a^6+bm_b^6)}{6\Delta^5p^2}\geqslant 3\left(\frac{R}{r}\right)^2+4$$

4. 在△ABC 中，证明

$$\left(\frac{b^2}{w_b^6}+\frac{c^2}{w_c^6}\right)(bm_b^6+cm_c^6)+\left(\frac{a^2}{w_a^6}+\frac{c^2}{w_c^6}\right)(am_a^6+cm_c^6)+\left(\frac{a^2}{w_a^6}+\frac{b^2}{w_b^6}\right)(am_a^6+bm_b^6)\geqslant 6\Delta r\left[3\left(\frac{R}{r}\right)^2+4\right]$$

5. 在△ABC 中，证明

$$\frac{1}{w_a^4}\left(\frac{b^2}{w_b^2}+\frac{c^2}{w_c^2}\right)+\frac{1}{w_b^4}\left(\frac{a^2}{w_a^2}+\frac{c^2}{w_c^2}\right)+\frac{1}{w_c^4}\left(\frac{a^2}{w_a^2}+\frac{b^2}{w_b^2}\right)\geqslant\frac{4}{p^4}\cdot\frac{R}{r}\left(\frac{4R}{r}+1\right)$$

6. 在△ABC 中，证明

$$\frac{4}{p^4}\cdot\frac{R}{r}\left(\frac{2R}{r}-1\right)^2\geqslant\frac{1}{m_a^4}\left(\frac{b^2}{m_b^2}+\frac{c^2}{m_c^2}\right)+\frac{1}{m_b^4}\left(\frac{a^2}{m_a^2}+\frac{c^2}{m_c^2}\right)+\frac{1}{m_c^4}\left(\frac{a^2}{m_a^2}+\frac{b^2}{m_b^2}\right)$$

7. 在△ABC 中，证明

$$8\Delta r\left[16\left(\frac{R}{r}\right)^2\left(\frac{2R}{r}-1\right)\left(\frac{R}{r}-2\right)\left(\frac{2R}{r}-3\right)+7\left(\frac{R}{r}\right)^2-16\right]\geqslant$$

$$\left(\frac{b^2}{m_b^6}+\frac{c^2}{m_c^6}\right)(bw_b^6+cw_c^6)+\left(\frac{a^2}{m_a^6}+\frac{c^2}{m_c^6}\right)(aw_a^6+cw_c^6)+\left(\frac{a^2}{m_a^6}+\frac{b^2}{m_b^6}\right)(aw_a^6+bw_b^6)$$

8. 在△ABC 中，证明

$$4\Delta r\left[31\left(\frac{R}{r}\right)^2\left(\frac{2R}{r}-1\right)\left(\frac{R}{r}-2\right)\left(\frac{2R}{r}-3\right)+12\left(\frac{R}{r}\right)^2-36\right]\geqslant$$

$$\frac{a^2}{m_a^6}(bw_b^6+cw_c^6)+\frac{b^2}{m_b^6}(aw_a^6+cw_c^6)+\frac{c^2}{m_c^6}(aw_a^6+bw_b^6)$$

9. 在△ABC 中，证明

$$\left(\frac{b}{w_b^2}+\frac{c}{w_c^2}\right)\left(\frac{b}{w_b^4}+\frac{c}{w_c^4}\right)+\left(\frac{a}{w_a^2}+\frac{c}{w_c^2}\right)\left(\frac{a}{w_a^4}+\frac{c}{w_c^4}\right)+\left(\frac{a}{w_a^2}+\frac{b}{w_b^2}\right)\left(\frac{a}{w_a^4}+\frac{b}{w_b^4}\right)\geqslant\frac{8}{p^4}\cdot\frac{R}{r}\left(\frac{2R}{r}+5\right)$$

10. 在△ABC 中，证明

$$\frac{8}{p^4}\cdot\left[4\left(\frac{R}{r}\right)^2\left(\frac{4R}{r}-1\right)\left(\frac{R}{r}-2\right)+\frac{9R}{r}\right]\geqslant$$

$$\left(\frac{b}{m_b^2}+\frac{c}{m_c^2}\right)\left(\frac{b}{m_b^4}+\frac{c}{m_c^4}\right)+\left(\frac{a}{m_a^2}+\frac{c}{m_c^2}\right)\left(\frac{a}{m_a^4}+\frac{c}{m_c^4}\right)+\left(\frac{a}{m_a^2}+\frac{b}{m_b^2}\right)\left(\frac{a}{m_a^4}+\frac{b}{m_b^4}\right)$$

11. 在△ABC 中，证明

$$\frac{4}{p^4}\left[4\left(\frac{R}{r}\right)^2\left(\frac{R}{r}-2\right)+\frac{R}{r}\left(\frac{4R}{r}+1\right)\right]\geqslant\frac{a}{m_a^2}\left(\frac{b}{m_b^4}+\frac{c}{m_c^4}\right)+\frac{b}{m_b^2}\left(\frac{a}{m_a^4}+\frac{c}{m_c^4}\right)+\frac{c}{m_c^2}\left(\frac{a}{m_a^4}+\frac{b}{m_b^4}\right)$$

12. 在△ABC 中，证明

$$\left(\frac{b}{w_b^8}+\frac{c}{w_c^8}\right)(bm_b^6+cm_c^6)+\left(\frac{a}{w_a^8}+\frac{c}{w_c^8}\right)(am_a^6+cm_c^6)+\left(\frac{a}{w_a^8}+\frac{b}{w_b^8}\right)(am_a^6+bm_b^6)\geqslant 16\left(\frac{R}{r}-1\right)^2$$

13. 在△ABC 中，证明

$$4\left[8\left(\frac{R}{r}\right)^2\left(\frac{R}{r}-2\right)\left(\frac{2R}{r}-3\right)+\frac{7R}{r}-10\right]\geqslant$$

$$\left(\frac{b}{m_b^8}+\frac{c}{m_c^8}\right)(b w_b^6+c w_c^6)+\left(\frac{a}{m_a^8}+\frac{c}{m_c^8}\right)(a w_a^6+c w_c^6)+\left(\frac{a}{m_a^8}+\frac{b}{m_b^8}\right)(a w_a^6+b w_b^6)$$

14. 在$\triangle ABC$中,证明

$$\frac{a}{w_a^8}(b m_b^6+c m_c^6)+\frac{b}{w_b^8}(a m_a^6+c m_c^6)+\frac{c}{w_c^8}(a m_a^6+b m_b^6)\geqslant 8\left(\frac{R}{r}-1\right)^2$$

15. 在$\triangle ABC$中,证明

$$\frac{(ab m_c^2)^2+(bc m_a^2)^2+(ca m_b^2)^2}{\Delta^4}\geqslant\frac{8R}{r}\left(\frac{2R}{r}-1\right)$$

16. 在$\triangle ABC$中,证明

$$\frac{4R}{r}\left(\frac{p}{r}\right)^2\left(\frac{R}{r}-2\right)+\frac{8R}{r}\left(\frac{2R}{r}-1\right)\geqslant\frac{(ab w_c^2)^2+(bc w_a^2)^2+(ca w_b^2)^2}{\Delta^4}$$

17. 在$\triangle ABC$中,证明

$$64R^2r^2\left(\frac{R}{r}+1\right)\left(\frac{R}{r}-1\right)\geqslant\frac{(ab)^4}{(m_c^2)^2}+\frac{(bc)^4}{(m_a^2)^2}+\frac{(ca)^4}{(m_b^2)^2}$$

18. 在$\triangle ABC$中,证明

$$\frac{(ab)^4}{(w_c^2)^2}+\frac{(bc)^4}{(w_a^2)^2}+\frac{(ca)^4}{(w_b^2)^2}\geqslant 64R^2r^2\left(7-\frac{2R}{r}\right)$$

19. 在$\triangle ABC$中,证明

$$\frac{a(2a-b-c)}{r_b+r_c}+\frac{b(2b-a-c)}{r_a+r_c}+\frac{c(2c-b-a)}{r_b+r_a}\geqslant R-2r$$

参 考 文 献

[1] 郭要红，戴普庆. 中学数学教研[M]. 合肥：安徽大学出版社，1998：516.

[2] 任迪慧. 常见三角形不等式的更新[M]//杨学枝. 中国初等数学研究：第 4 辑. 哈尔滨：哈尔滨工业大学出版社，2012：42-47.

[3] 任迪慧. 关于常见三角形不等式的更新[J]. 数学教学研究，2002(2)：39-41.

[4] 任迪慧. 由一个三角形不等式联想到的[J]. 中学数学教学，2003(3)：38-39.

[6] 任迪慧. Euler 不等式的新思考[M]//杨学枝. 中国初等数学研究：第六辑. 哈尔滨：哈尔滨工业大学出版社，2015：129-156.

[7] 任迪慧. 涉及旁切圆半径的若干不等式[M]//杨学枝. 初等数学研究在中国：第二辑. 哈尔滨：哈尔滨工业大学出版社，2019：133-162.

[8] 任迪慧. 涉及三角形中线、内角平分线的若干不等式[M]//杨学枝. 中国初等数学研究：第 5 辑. 哈尔滨：哈尔滨工业大学出版社，2014：48-57.

◎编辑手记

这是几位中小学数学教师撰写的专著.

有人说:评价是教育的“指挥棒”.有位中学教师是这样驳斥的:

> “评价是教育的‘指挥棒’”=“我要用我指定的方式去评价你们,只有通过我指定的评价,你们才能获得我赏给你们的资源”.普天之下莫非王土,率土之滨莫非王臣,如何让我能说了算?就要靠评价.评价是我权力的延伸,是对你们权力的剥夺,是伪装成契约精神的资本吸纳,是模仿成“时代需要”的伦理陷阱.你们进入了我的陷阱,我说了才算,所以我要用权力维护这个陷阱.

窃以为本书作者正试图避免落入这样的陷阱,他要用自己的方式定义自己的成功!

世界著名数学家 Gambridge Repovt 曾指出:

> 数学是一门正在成长的学科,应该让所有的学生都知道这一点.如果知道了许多未解决的问题,而它们又正在逐渐被解决,这就给数学以新的光明,剥去其某些神秘的外衣,而且有助于动摇在这一领域的教学中长期起统治作用的服从权威观念.

选择一个什么课题作为自己的研究方向,是每个职业数学家和业余数学爱好者面临的一个重要选择.

在网上曾看到一篇题为《为什么说有时候数学家也很悲哀》的网文，作者写道：

对很多数学家来说，找到一个好的数学问题是一件非常困难的事情. 很多时候他们遇到的问题可以分为两类：琐碎问题（已知结果的简单改编，甚至无法将两篇不同论文中的两个想法联系起来）和太难的问题（无法开始，或者问题很快就变得无法解决）.

这是一个严重的问题，因为它给人一种我总是没有瞄准自己能力范围之外的东西的感觉. 这几乎就像我最终完成的东西太简单了，而我无法完成的东西又太难了.

在大多数人攻读博士学位的过程中，会多次走上同样的道路：被分配了一个太难的问题，然后花了六个月的时间几乎什么都不做（但仍然每天工作 6 或者 8 个小时，总是尝试那些行不通的想法）. 最终证明了在项目开始时就知道如何证明的结果. 这非常令人沮丧，而且这种情况每次都会发生，即使在完成博士学位之后也是如此. 你觉得自己不是一个真正的数学家，因为你没有提高能够解决的问题的难度.

但公平地说，其实你也发现了一些有趣的问题：

• 你无法在你非常狭窄的领域之外提出问题（尽管你参加了很多讲座和会议）. 事实上，你经常觉得其他领域被封锁了.

• 即使存在可行的问题，你往往也看不到，即使是在你专业的领域. 你感觉你的领域中的一些问题遥不可及；但有些数学家研究了同样的问题，使用了与你所知道的完全相同的技术，并解决了这个问题.

• 你参加了几次会议，其中一些会议的目的是与人们讨论他们的工作并可能共同开展工作：你详细阅读了论文，“学习”了一些技术. 但再次，在阅读论文之后，你有一种（错误的）感觉，认为没有什么可以做的了. 这些与其他人合作的尝试都没有成功.

• 你也认识一些在相关领域工作的人，并与他们讨论过各种工作，但是，在学习数学很多年后，没有出现一个可以与其他人或你自己一起研究的问题.

• 你知道自己需要赶时间，害怕非生产性时间，因为你没有稳定的保障，你不会在没有重要线索的情况下花太多时间在一个问题上，否则你会担心到考核期时不会写出任何论文.

所有这些都表明，即使你付出了很多努力，你也一定没有找到正确的方法来寻找要解决的问题. 你还经常听说，许多数学家在研究那些最终被证明太难的问题时，设法利用他们所证明的东西解决了问题的一部分，或者解决了另一个问题，从而得到了一份不错的工作（不是出类拔萃，但不错）. 这似乎是一种非常好的工作方式，但你从来没有遇到过这种情况.

这些问题很好地描述了许多或大多数数学家在某个时候的感受. 当然我没有任何简单的解决方案，因为我自己根本就不是一个数学家，但在我学习数学的过程中，有一件事帮助我很多，就是：不要学习新技术并尝试将其应用于你的问题，而是采用已知结果（你喜欢的）并尝试找到自己的证明. 你可能会说这不是很英勇，但实际上这对你自己和其他人来说都非常有用. 无论如何，它可以帮助你更好地理解定理，如果你找到一个很好的证明，它也会引起其他人的兴趣，甚至可以导致更一般的结果. 最后一条建议就是，这条路很难，有时候不妨考虑换个职业，也许你会过得很开心.

对于几何不等式而言有两大类方法. 一类是用代数恒等式变形的方法，举个简单的例子：

例 1 求最小的实数 r，使得若 a,b,c 是一个三角形的三边之长，则有

$$\frac{\max\{a,b,c\}}{\sqrt[3]{a^3+b^3+c^3+3abc}}<r$$

解 取 $a=b=n,c=1$，则有 $r>\frac{n}{\sqrt[3]{2n^3+3n^2+1}}$. 求极限 $\lim\limits_{n\to+\infty}\frac{n}{\sqrt[3]{2n^3+3n^2+1}}$，得到 $r\geqslant\frac{1}{\sqrt[3]{2}}$.

我们将证明 $r=\frac{1}{\sqrt[3]{2}}$ 满足题目要求，即

$$\frac{1}{\sqrt[3]{2}}>\frac{\max\{a,b,c\}}{\sqrt[3]{a^3+b^3+c^3+3abc}}$$

不妨设 $a=\max\{a,b,c\}$，则不等式等价于

$$b^3+c^3-a^3+3abc>0\Leftrightarrow(b+c-a)[(b+a)^2+(b-c)^2+(c+a)^2]>0 \qquad ①$$

根据三角不等式，有 $b+c-a>0$，因此式①成立. 于是满足条件的最小的 r 为 $\frac{1}{\sqrt[3]{2}}$.

另外一类是借助于三角恒等式的方法，例如：

例 2 在 $\triangle ABC$ 中，证明

$$4\cos\frac{A+\pi}{4}\cos\frac{B+\pi}{4}\cos\frac{C+\pi}{4}\geqslant\sqrt{\frac{r}{2R}}$$

证明 注意到

$$\begin{aligned}4\prod_{\text{cyc}}\cos\frac{A+\pi}{4}&=4\prod_{\text{cyc}}\sin\frac{\pi-A}{4}=4\prod_{\text{cyc}}\sin\frac{B+C}{4}\\&=\sin\frac{A}{2}+\sin\frac{B}{2}+\sin\frac{C}{2}-1\end{aligned}$$

以及

$$\sqrt{\frac{r}{2R}}=\sqrt{2\cdot\frac{r}{4R}}=\sqrt{2\sin\frac{A}{2}\sin\frac{B}{2}\sin\frac{C}{2}}$$

我们将原不等式改写为

$$\sin\frac{A}{2}+\sin\frac{B}{2}+\sin\frac{C}{2}-1\geqslant\sqrt{2\sin\frac{A}{2}\sin\frac{B}{2}\sin\frac{C}{2}} \quad ①$$

设 $\alpha:=\frac{\pi-A}{2},\beta:=\frac{\pi-B}{2},\gamma:=\frac{\pi-C}{2}$,那么 $\alpha,\beta,\gamma\in\left(0,\frac{\pi}{2}\right)$,$\alpha+\beta+\gamma=\pi$,以及

$$式①\Leftrightarrow\cos\alpha+\cos\beta+\cos\gamma-1\geqslant\sqrt{2\cos\alpha\cos\beta\cos\gamma} \quad ②$$

设 $\triangle A_1B_1C_1$ 是以 α,β,γ 为内角的某个三角形,设 s,R 和 r 分别是 $\triangle A_1B_1C_1$ 的半周长,外接圆半径和内切圆半径. 于是,由

$$\cos\alpha+\cos\beta+\cos\gamma=1+\frac{r}{R}$$

以及

$$\cos\alpha\cos\beta\cos\gamma=\frac{s^2-(2R+r)^2}{4R^2}$$

我们得到

$$\begin{aligned}式②&\Leftrightarrow\frac{r}{R}\geqslant\sqrt{\frac{s^2-(2R+r)^2}{2R^2}}\\&\Leftrightarrow\frac{r^2}{R^2}\geqslant\frac{s^2-(2R+r)^2}{2R^2}\\&\Leftrightarrow s^2-(2R+r)^2\leqslant 2r^2\\&\Leftrightarrow s^2\leqslant 4R^2+4Rr+3r^2\text{(格雷森不等式)}\end{aligned}$$

国内对初等几何不等式的研究很热门. 再举一个例子.

例 3(陕西省咸阳市安宁供题) 设 a,b,c 是 $\triangle ABC$ 的三边 BC,CA,AB 的长,m_a,h_a 是边 BC 上的中线长和高线长,求证

$$\frac{2m_a}{h_a}\geqslant\frac{\cos\frac{B}{2}}{\cos\frac{C}{2}}+\frac{\cos\frac{C}{2}}{\cos\frac{B}{2}}$$

证法 1 安徽省安庆市东升高中的邹刘勇老师给出了一个三角味很浓的证法.

因为

$$m_a=\frac{1}{2}\sqrt{b^2+c^2+2bc\cos A}$$

$$S_{\triangle ABC}=\frac{1}{2}bc\sin A=\frac{1}{2}ah_a$$

所以

$$\frac{2m_a}{h_a}=\frac{a\sqrt{b^2+c^2+2bc\cos A}}{bc\sin A}$$

$$\geqslant\frac{a\sqrt{2bc+2bc\cos A}}{bc\sin A}$$

$$=\frac{2\cos\frac{A}{2}}{\sqrt{\sin B\sin C}}$$

$$=\frac{2\sin\frac{B+C}{2}}{\sqrt{\sin B\sin C}}$$

$$=\frac{2\sin\frac{B}{2}\cos\frac{C}{2}}{\sqrt{\sin B\sin C}}+\frac{2\cos\frac{B}{2}\sin\frac{C}{2}}{\sqrt{\sin B\sin C}}$$

$$=\sqrt{\frac{\tan\frac{B}{2}}{\tan\frac{C}{2}}}+\sqrt{\frac{\tan\frac{C}{2}}{\tan\frac{B}{2}}}$$

不妨设 $B\geqslant C$，令 $m=\sqrt{\frac{\tan\frac{B}{2}}{\tan\frac{C}{2}}}$，$n=\frac{\cos\frac{C}{2}}{\cos\frac{B}{2}}$，则 $m\geqslant1$，$n\geqslant1$，所以

$$m\geqslant n\Leftrightarrow\sqrt{\frac{\tan\frac{B}{2}}{\tan\frac{C}{2}}}\geqslant\frac{\cos\frac{C}{2}}{\cos\frac{B}{2}}$$

$$\Leftrightarrow\frac{\tan\frac{B}{2}}{\tan\frac{C}{2}}\geqslant\frac{\cos^2\frac{C}{2}}{\cos^2\frac{B}{2}}$$

$$\Leftrightarrow\tan\frac{B}{2}\cos^2\frac{B}{2}\geqslant\tan\frac{C}{2}\cos^2\frac{C}{2}$$

$$\Leftrightarrow\sin\frac{B}{2}\cos\frac{B}{2}\geqslant\sin\frac{C}{2}\cos\frac{C}{2}$$

$$\Leftrightarrow\sin B\geqslant\sin C\Leftrightarrow B\geqslant C$$

显然成立，又易知函数 $f(x)=x+\frac{1}{x}$ 在 $[1,+\infty)$ 上单调递增，所以 $f(m)\geqslant f(n)$，即

$$\sqrt{\frac{\tan\frac{B}{2}}{\tan\frac{C}{2}}}+\sqrt{\frac{\tan\frac{C}{2}}{\tan\frac{B}{2}}}\geqslant\frac{\cos\frac{B}{2}}{\cos\frac{C}{2}}+\frac{\cos\frac{C}{2}}{\cos\frac{B}{2}}$$

所以 $\dfrac{2m_a}{h_a} \geqslant \dfrac{\cos\dfrac{B}{2}}{\cos\dfrac{C}{2}} + \dfrac{\cos\dfrac{C}{2}}{\cos\dfrac{B}{2}}$.

证法 2 湖北省武汉职业技术学院商学院的邹峰给出了一个代数味很浓的证法. 由中线长公式得 $4m_a^2 = 2b^2 + 2c^2 - a^2$.

记 $p = \dfrac{1}{2}(a+b+c)$，$\triangle ABC$ 的面积为 S，则

$$S = \frac{1}{2} a h_a = \sqrt{p(p-a)(p-b)(p-c)}$$

所以

$$h_a = \frac{2}{a}\sqrt{p(p-a)(p-b)(p-c)}$$

设 $a = y+z, b = z+x, c = x+y (x, y, z > 0)$，则

$$p = x+y+z, h_a = \frac{2\sqrt{xyz(x+y+z)}}{y+z}$$

$$4m_a^2 = 2b^2 + 2c^2 - a^2 = 4x(x+y+z) + (y-z)^2 \geqslant 4x(x+y+z)$$

故

$$\frac{2m_a}{h_a} \geqslant \frac{2\sqrt{x(x+y+z)}}{\dfrac{2\sqrt{(x+y+z)xyz}}{y+z}} = \frac{y+z}{\sqrt{yz}} > 0$$

又

$$\cos\frac{B}{2} = \sqrt{\frac{1+\cos B}{2}} = \sqrt{\frac{(a+b+c)(a+c-b)}{4ac}} = \sqrt{\frac{y(x+y+z)}{(y+z)(x+y)}}$$

同理可得 $\cos\dfrac{C}{2} = \sqrt{\dfrac{z(x+y+z)}{(y+z)(z+x)}}$，所以

$$\frac{\cos\dfrac{B}{2}}{\cos\dfrac{C}{2}} + \frac{\cos\dfrac{C}{2}}{\cos\dfrac{B}{2}} = \sqrt{\frac{y(x+z)}{z(x+y)}} + \sqrt{\frac{z(x+y)}{y(x+z)}}$$

$$= \frac{xy + 2yz + zx}{\sqrt{yz(x+y)(x+z)}} > 0$$

又

$$\frac{(y+z)^2}{yz} - \frac{(xy+2yz+zx)^2}{yz(x+y)(x+z)} = \frac{(y-z)^2(xy+yz+zx)}{yz(x+y)(x+z)} \geqslant 0$$

所以 $\dfrac{2m_a}{h_a} \geqslant \dfrac{\cos\dfrac{B}{2}}{\cos\dfrac{C}{2}} + \dfrac{\cos\dfrac{C}{2}}{\cos\dfrac{B}{2}}$.

几何不等式也是数学竞赛中的重头戏，比如下面这道2025年白俄罗斯数学奥林匹克中的一个不等式试题.

例4（2025年白俄罗斯数学奥林匹克） 设a,b,c为三角形的三边长，求证：$\sum\limits_{\text{cyc}}\frac{a}{b+c-a}\geqslant\sum\limits_{\text{cyc}}\frac{a+b}{2c}$.

宿晓阳先生对此问题进行了一系列的研究，并提出如下猜想.

猜想：设$\triangle ABC$的三边长为a,b,c，则

$$\sum_{\text{cyc}}\sqrt{\frac{a+b+c}{3(b+c-a)}}\geqslant\sum_{\text{cyc}}\sqrt{\frac{a+b}{c}} \qquad ①$$

其中$\sum\limits_{\text{cyc}}$表示三元循环和.

为证明该猜想，先给出如下四个引理.

引理1 设$a,b,c;x,y,z\geqslant0$，若

$$a+b+c\geqslant x+y+z$$
$$ab+bc+ca\geqslant xy+yz+zx$$
$$abc\geqslant xyz$$

则有

$$\sqrt{a}+\sqrt{b}+\sqrt{c}\geqslant\sqrt{x}+\sqrt{y}+\sqrt{z}$$

证明
$$\begin{aligned}P&=(\sqrt{a}+\sqrt{b}+\sqrt{c})^2-(\sqrt{x}+\sqrt{y}+\sqrt{z})^2\\&=(a+b+c)-(x+y+z)+2[(\sqrt{ab}+\sqrt{bc}+\sqrt{ca})-(\sqrt{xy}+\sqrt{yz}+\sqrt{zx})]\\&\geqslant2[(\sqrt{ab}+\sqrt{bc}+\sqrt{ca})-(\sqrt{xy}+\sqrt{yz}+\sqrt{zx})]\\&=\frac{2Q}{\sqrt{ab}+\sqrt{bc}+\sqrt{ca}+\sqrt{xy}+\sqrt{yz}+\sqrt{zx}}\end{aligned}$$

其中

$$\begin{aligned}Q&=(\sqrt{ab}+\sqrt{bc}+\sqrt{ca})^2-(\sqrt{xy}+\sqrt{yz}+\sqrt{zx})^2\\&=(ab+bc+ca)-(xy+yz+zx)+2[\sqrt{abc}(\sqrt{a}+\sqrt{b}+\sqrt{c})-\sqrt{xyz}(\sqrt{x}+\sqrt{y}+\sqrt{z})]\\&\geqslant2[\sqrt{abc}(\sqrt{a}+\sqrt{b}+\sqrt{c})-\sqrt{xyz}(\sqrt{x}+\sqrt{y}+\sqrt{z})]\\&\geqslant2\sqrt{xyz}[(\sqrt{a}+\sqrt{b}+\sqrt{c})-(\sqrt{x}+\sqrt{y}+\sqrt{z})]\\&=2\sqrt{xyz}\cdot\frac{[(\sqrt{a}+\sqrt{b}+\sqrt{c})^2-(\sqrt{x}+\sqrt{y}+\sqrt{z})^2]}{\sqrt{a}+\sqrt{b}+\sqrt{c}+\sqrt{x}+\sqrt{y}+\sqrt{z}}\\&=\frac{2\sqrt{xyz}P}{\sqrt{a}+\sqrt{b}+\sqrt{c}+\sqrt{x}+\sqrt{y}+\sqrt{z}}\end{aligned}$$

故

$$P \geqslant \frac{2Q}{\sqrt{ab}+\sqrt{bc}+\sqrt{ca}+\sqrt{xy}+\sqrt{yz}+\sqrt{zx}}$$

$$\geqslant \frac{2}{\sqrt{ab}+\sqrt{bc}+\sqrt{ca}+\sqrt{xy}+\sqrt{yz}+\sqrt{zx}} \cdot \frac{2\sqrt{xyz}P}{\sqrt{a}+\sqrt{b}+\sqrt{c}+\sqrt{x}+\sqrt{y}+\sqrt{z}}$$

即

$$\left[1-\frac{4\sqrt{xyz}}{(\sqrt{ab}+\sqrt{bc}+\sqrt{ca}+\sqrt{xy}+\sqrt{yz}+\sqrt{zx})(\sqrt{a}+\sqrt{b}+\sqrt{c}+\sqrt{x}+\sqrt{y}+\sqrt{z})}\right]P \geqslant 0$$

为此,只须证明

$$1-\frac{4\sqrt{xyz}}{(\sqrt{ab}+\sqrt{bc}+\sqrt{ca}+\sqrt{xy}+\sqrt{yz+\sqrt{zx}})(\sqrt{a}+\sqrt{b}+\sqrt{c}+\sqrt{x}+\sqrt{y}+\sqrt{z})} \geqslant 0$$

$$\Leftrightarrow (\sqrt{ab}+\sqrt{bc}+\sqrt{ca}+\sqrt{xy}+\sqrt{yz}+\sqrt{zx})(\sqrt{a}+\sqrt{b}+\sqrt{c}+\sqrt{x}+\sqrt{y}+\sqrt{z}) \geqslant 4\sqrt{xyz}$$

由均值不等式知

$$\begin{aligned}
&(\sqrt{ab}+\sqrt{bc}+\sqrt{ca}+\sqrt{xy}+\sqrt{yz}+\sqrt{zx})(\sqrt{a}+\sqrt{b}+\sqrt{c}+\sqrt{x}+\sqrt{y}+\sqrt{z})\\
\geqslant\ & 2(\sqrt{xy}+\sqrt{yz}+\sqrt{zx}) \cdot 2(\sqrt{x}+\sqrt{y}+\sqrt{z})\\
\geqslant\ & 2 \cdot 3\sqrt[3]{\sqrt{xy} \cdot \sqrt{yz} \cdot \sqrt{zx}} \cdot 2 \cdot 3\sqrt[3]{\sqrt{x} \cdot \sqrt{y} \cdot \sqrt{z}}\\
=\ & 36\sqrt[3]{(\sqrt{xyz})^2} \cdot \sqrt[3]{\sqrt{xyz}}\\
=\ & 36\sqrt[3]{(\sqrt{xyz})^3}\\
=\ & 36\sqrt{xyz}\\
\geqslant\ & 4\sqrt{xyz}
\end{aligned}$$

引理 2 设 a,b,c 为三角形的三边长,则有

$$\sum_{\text{cyc}} \frac{a+b+c}{3(b+c-a)} \geqslant \sum_{\text{cyc}} \frac{a+b}{2c}$$

证明 由常见的三角形恒等式

$$a+b+c=2s, ab+bc+ca=s^2+r^2+4Rr, abc=4srR$$

知

$$\begin{aligned}
a^2+b^2+c^2 &= (a+b+c)^2-2(ab+bc+ca)\\
&= 4s^2-2(s^2+4Rr+r^2)\\
&= 2(s^2-4Rr-r^2)
\end{aligned}$$

$$\begin{aligned}
\sum_{\text{cyc}}(c+a-b)(a+b-c) &= \sum_{\text{cyc}}(2s-2b)(2s-2c) = 4\sum_{\text{cyc}}(s-b)(s-c)\\
&= 4(3s^2-2s\sum_{\text{cyc}} a+\sum_{\text{cyc}} bc)\\
&= 4(3s^2-2s \cdot 2s+s^2+4Rr+r^2)
\end{aligned}$$

$$=4(4Rr+r^2)$$

$$\begin{aligned}(b+c-a)(c+a-b)(a+b-c)&=(2s-2a)(2s-2b)(2s-2c)\\&=8(s-a)(s-b)(s-c)\\&=8[s^3-(a+b+c)s+(ab+bc+ca)s-abc]\\&=8[s^3-2s\cdot s+(s^2+4Rr+r^2)s-4sRr]\\&=8sr^2\end{aligned}$$

原不等式等价于

$$\sum_{\text{cyc}}\frac{a+b+c}{3(b+c-a)}+\frac{3}{2}\geqslant\sum_{\text{cyc}}\left(\frac{a+b}{2c}+\frac{1}{2}\right)$$

$$\Leftrightarrow\frac{1}{3}(a+b+c)\sum_{\text{cyc}}\frac{1}{b+c-a}+\frac{3}{2}\geqslant(a+b+c)\sum_{\text{cyc}}\frac{1}{2c}$$

$$\Leftrightarrow\frac{1}{3}(a+b+c)\cdot\frac{\sum\limits_{\text{cyc}}(c+a-b)(a+b-c)}{\prod\limits_{\text{cyc}}(b+c-a)}+\frac{3}{2}\geqslant(a+b+c)\cdot\frac{\sum\limits_{\text{cyc}}bc}{2abc}$$

$$\Leftrightarrow\frac{2}{3}s\cdot\frac{4(4R+r)}{8sr^2}+\frac{3}{2}\geqslant2s\cdot\frac{s^2+4Rr+r^2}{2\cdot4sRr}$$

$$\Leftrightarrow16R^2+10Rr-3r^2-3s^2\geqslant0$$

$$\Leftrightarrow3(4R^2+4Rr+3r^2-s^2)+4R^2-2Rr-12r^2\geqslant0$$

$$\Leftrightarrow3(4R^2+4Rr+3r^2-s^2)+2(2R+3r)(R-2r)\geqslant0$$

由格雷森不等式：$16Rr-5r^2\leqslant s^2\leqslant4R^2+4Rr+3r^2$ 和欧拉不等式：$R\geqslant2r$，即知上式成立.

引理 3 设 a,b,c 为三角形的三边长，则有

$$\sum_{\text{cyc}}\frac{(a+b+c)^2}{9(b+c-a)(c+a-b)}\geqslant\sum_{\text{cyc}}\frac{(a+b)(b+c)}{4ca}$$

证明 由常见的三角形恒等式

$$a+b+c=2s,ab+bc+ca=s^2+r^2+4Rr,abc=4srR$$

知

$$\begin{aligned}a^2+b^2+c^2&=(a+b+c)^2-2(ab+bc+ca)\\&=4s^2-2(s^2+4Rr+r^2)\\&=2(s^2-4Rr-r^2)\end{aligned}$$

$$\begin{aligned}(b+c-a)(c+a-b)(a+b-c)&=(2s-2a)(2s-2b)(2s-2c)\\&=8(s-a)(s-b)(s-c)\\&=8[s^3-(a+b+c)s+(ab+bc+ca)s-abc]\\&=8[s^3-2s\cdot s+(s^2+4Rr+r^2)s-4sRr]\\&=8sr^2\end{aligned}$$

原不等式等价于

$$\sum_{cyc}\frac{a+b+c}{3(b+c-a)}+\frac{3}{2}\geqslant\sum_{cyc}\left(\frac{a+b}{2c}+\frac{1}{2}\right)$$

原不等式又等价于

$$\frac{(a+b+c)^3}{9(b+c-a)(c+a-b)(a+b-c)}\geqslant\frac{\sum_{cyc}b(a+b)(b+c)}{4abc}$$

$$\Leftrightarrow\frac{(a+b+c)^3}{9(b+c-a)(c+a-b)(a+b-c)}\geqslant\frac{\sum_{cyc}a^3+\sum_{cyc}b^2c+\sum_{cyc}bc^2+3abc}{4abc}$$

$$\Leftrightarrow\frac{(a+b+c)^3}{9(b+c-a)(c+a-b)(a+b-c)}\geqslant\frac{\sum_{cyc}a\sum_{cyc}a^2+3abc}{4abc}$$

$$\Leftrightarrow\frac{8s^3}{9\cdot 8sr^2}\geqslant\frac{2s\cdot 2(s^2-4Rr-r^2)+3\cdot 4sRr}{4\cdot 4sRr}$$

$$\Leftrightarrow\frac{8s^3}{9\cdot 8sr^2}\geqslant\frac{2s\cdot 2(s^2-4Rr-r^2)+3\cdot 4sRr}{4\cdot 4sRr}$$

$$\Leftrightarrow f(s^2)=(4R-9r)s^2+9Rr^2+9r^3\geqslant 0$$

$f(s^2)$是关于 s^2 的一次函数，且由格雷森不等式：$16Rr-5r^2\leqslant s^2\leqslant 4R^2+4Rr+3r^2$ 知，要证明 $f(s^2)\geqslant 0$，只须证明 $f(16Rr-5r^2)\geqslant 0$ 和 $f(4R^2+4Rr+3r^2)\geqslant 0$ 即可

$$\begin{aligned}f(16Rr-5r^2)&=64R^2r-155Rr^2+54r^3=r(R-2r)(64R-27r)\\&=r(R-2r)[10R+27(R-2r)]\geqslant 0\end{aligned}$$

$$\begin{aligned}f(4R^2+4Rr+3r^2)&=16R^3-20R^2r-15Rr^2-18r^3\\&=(R-2r)(16R^2+12Rr+9r^2)\geqslant 0\end{aligned}$$

引理 4 设 a,b,c 为三角形的三边长，则有

$$\frac{(a+b+c)^3}{27(b+c-a)(c+a-b)(a+b-c)}\geqslant\frac{(a+b)(b+c)(c+a)}{8abc}$$

证明 由舒尔不等式知

$$abc\geqslant(b+c-a)(c+a-b)(a+b-c)$$

为此，只须证明

$$\frac{(a+b+c)^3}{27}\geqslant\frac{(a+b)(b+c)(c+a)}{8}$$

$$\Leftrightarrow 8(a+b+c)^3\geqslant 27(a+b)(b+c)(c+a)$$

$$\Leftrightarrow[(a+b)+(b+c)+(c+a)]^3\geqslant 27(a+b)(b+c)(c+a)$$

上述不等式，只须利用三维均值不等式即可.

下证猜想成立.

证明 由对称函数定理、引理 2、引理 3 和引理 4，即知

$$\sum_{\text{cyc}}\sqrt{\frac{a+b+c}{3(b+c-a)}}\geqslant\sum_{\text{cyc}}\sqrt{\frac{a+b}{2c}}$$

由此可见代数方法在证明过程中起到了重要作用，还需要指出的是利用代数不等式还可以生成几何不等式.

1954 年，美国数学家 H. S. 沙皮罗提出了一个猜想：当 $n\geqslant 3, x_1, x_2, \cdots, x_n>0$ 时，有"循环不等式"

$$\frac{x_1}{x_2+x_3}+\frac{x_2}{x_3+x_4}+\cdots+\frac{x_{n-1}}{x_n+x_1}+\frac{x_n}{x_1+x_2}\geqslant\frac{n}{2}$$

"循环不等式"猜想曾在数学界引起了强烈的兴趣，经过 30 多年的研究，已经证明当 $n\leqslant 12$ 或 n 为不大于 23 的奇数时，"循环不等式"成立；当 n 为不小于 14 的偶数时，"循环不等式"不成立. 特别地，当 $n=3$ 时，循环不等式成立，其结果现被广泛地称为"内斯比特不等式"(为方便起见，已将变量 x_1, x_2, x_3 改为 x, y, z)：

设 $x, y, z>0$，则有

$$\frac{x}{y+z}+\frac{y}{z+x}+\frac{z}{x+y}\geqslant\frac{3}{2}$$

"内斯比特不等式"最早出现于 1903 年内斯比特在《美国数学月刊》提出的数学问题 15114，在 1963 年又被选作莫斯科数学竞赛试题，之后广泛流传开来. "内斯比特不等式"是一道非常经典的分式不等式，它的形式简单对称，证法众多，其变式、加强与推广等在数学书刊中极其常见.

内斯比特不等式生成了一批几何不等式.

在 $\triangle ABC$ 中，设其三边长分别为 a, b, c，高线长分别为 h_a, h_b, h_c，中线长分别为 m_a, m_b, m_c，角平分线长分别为 w_a, w_b, w_c，旁切圆半径分别为 r_a, r_b, r_c，外接圆半径为 R，面积为 S，半周长为 p.

根据三角形两边之和大于第三边，得 $b+c>a$，则

$$\frac{2a}{b+c}=\frac{2a}{a+(b+c-a)}\leqslant\frac{a}{\sqrt{a(b+c-a)}}=\sqrt{\frac{a}{b+c-a}}$$

同理可得 $\frac{2b}{c+a}\leqslant\sqrt{\frac{b}{c+a-b}}$，$\frac{2c}{a+b}\leqslant\sqrt{\frac{c}{a+b-c}}$. 于是，结合内斯比特不等式可得：

问题 1(2007 年亚太地区数学奥林匹克试题)　设 a, b, c 为 $\triangle ABC$ 的三边长，则

$$\sqrt{\frac{a}{b+c-a}}+\sqrt{\frac{b}{c+a-b}}+\sqrt{\frac{c}{a+b-c}}\geqslant 3$$

注意到 $m_a\geqslant h_a$，则 $\frac{m_a}{h_b+h_c}\geqslant\frac{h_a}{h_b+h_c}$，同理可得 $\frac{m_b}{h_c+h_a}\geqslant\frac{h_b}{h_c+h_a}$，$\frac{m_c}{h_a+h_b}\geqslant\frac{h_c}{h_a+h_b}$. 由此再根据内斯比特不等式可得：

问题 2(《数学教学》数学问题 544)　已知 $h_a, h_b, h_c, m_a, m_b, m_c$ 分别为 $\triangle ABC$ 三边

a,b,c 上的高线长和中线长，则$\frac{m_a}{h_b+h_c}+\frac{m_b}{h_c+h_a}+\frac{m_c}{h_a+h_b}\geqslant\frac{3}{2}$.

问题 2 的原解答比较繁琐，且未揭示其与内斯比特不等式的关系. 类似地，根据三角形对应边上的角平分线长一定不小于对应边的高线长，得 $w_a\geqslant h_a$，则$\frac{w_a}{h_b+h_c}\geqslant\frac{h_a}{h_b+h_c}$，同理可得$\frac{w_b}{h_c+h_a}\geqslant\frac{h_b}{h_c+h_a}$，$\frac{w_c}{h_a+h_b}\geqslant\frac{h_c}{h_a+h_b}$. 由此再根据内斯比特不等式可得：

问题 3(《数学教学》数学问题 573) 已知 h_a,h_b,h_c,w_a,w_b,w_c 分别为$\triangle ABC$ 三边 a,b,c 上的高线长和角平分线长，则

$$\frac{w_a}{h_b+h_c}+\frac{w_b}{h_c+h_a}+\frac{w_c}{h_a+h_b}\geqslant\frac{3}{2}$$

我们还可进一步得出三角形对应边上的中线长、角平分线长、高线长之间的大小顺序为 $m_a\geqslant w_a\geqslant h_a$. 这是因为

$$\begin{aligned}m_a&=\frac{1}{2}\sqrt{2b^2+2c^2-a^2}\geqslant\frac{1}{2}\sqrt{(b+c)^2-a^2}\\&=\frac{1}{2}\sqrt{(b+c+a)(b+c-a)}\\&\geqslant\frac{1}{b+c}\sqrt{(b+c+a)(b+c-a)bc}=w_a\end{aligned}$$

同理可得 $m_b\geqslant w_b$，$m_c\geqslant w_c$，由此再根据内斯比特不等式可得：

问题 4 已知 h_a,h_b,h_c,w_a,w_b,w_c 分别为$\triangle ABC$ 三边 a,b,c 上的中线长和角平分线长，则

$$\frac{m_a}{w_b+w_c}+\frac{m_b}{w_c+w_a}+\frac{m_c}{w_a+w_b}\geqslant\frac{3}{2}$$

因为 $m_a\geqslant w_a\geqslant h_a$，对任意实数 $k\geqslant0$，都有 $(m_a)^k\geqslant(w_a)^k\geqslant(h_a)^k$，则问题 2、问题 3、问题 4 中的几何不等式分别可推广为

$$\frac{(m_a)^k}{(h_b)^k+(h_c)^k}+\frac{(m_b)^k}{(h_c)^k+(h_a)^k}+\frac{(m_c)^k}{(h_a)^k+(h_b)^k}\geqslant\frac{3}{2}$$

$$\frac{(w_a)^k}{(h_b)^k+(h_c)^k}+\frac{(w_b)^k}{(h_c)^k+(h_a)^k}+\frac{(w_c)^k}{(h_a)^k+(h_b)^k}\geqslant\frac{3}{2}$$

$$\frac{(m_a)^k}{(w_b)^k+(w_c)^k}+\frac{(m_b)^k}{(w_c)^k+(w_a)^k}+\frac{(m_c)^k}{(w_a)^k+(w_b)^k}\geqslant\frac{3}{2}$$

特别地，当 $k=2$ 时，即得与三角形中线和角平分线有关的一个新不等式：

问题 5 已知 m_a,m_b,m_c,w_a,w_b,w_c 分别为$\triangle ABC$ 三边 a,b,c 上的中线长和角平分线长，则

$$\frac{(m_a)^2}{(w_b)^2+(w_c)^2}+\frac{(m_b)^2}{(w_c)^2+(w_a)^2}+\frac{(m_c)^2}{(w_a)^2+(w_b)^2}\geqslant\frac{3}{2}$$

设 h_a,h_b,h_c,r_a,r_b,r_c 分别为$\triangle ABC$三边 a,b,c 上的高线长和旁切圆半径长，根据$\triangle ABC$的面积得

$$S=\frac{1}{2}ah_a=\frac{1}{2}(b+c-a)r_a=(p-a)r_a$$

所以

$$r_a=\frac{S}{p-a}$$

$$h_a=\frac{2S}{a}=\frac{2S}{(p-b)+(p-c)}\leqslant\frac{S}{\sqrt{(p-b)(p-c)}}$$

同理

$$h_b\leqslant\frac{S}{\sqrt{(p-a)(p-c)}},h_c\leqslant\frac{S}{\sqrt{(p-a)(p-b)}}$$

所以

$$\frac{r_a}{h_b+h_c}\geqslant\frac{\frac{S}{p-a}}{\frac{S}{\sqrt{(p-a)(p-c)}}+\frac{S}{\sqrt{(p-a)(p-b)}}}$$

$$=\frac{(p-a)^{-\frac{1}{2}}}{(p-b)^{-\frac{1}{2}}+(p-c)^{-\frac{1}{2}}}$$

同理

$$\frac{r_b}{h_c+h_a}\geqslant\frac{(p-b)^{-\frac{1}{2}}}{(p-c)^{-\frac{1}{2}}+(p-a)^{-\frac{1}{2}}}$$

$$\frac{r_c}{h_a+h_b}\geqslant\frac{(p-c)^{-\frac{1}{2}}}{(p-a)^{-\frac{1}{2}}+(p-b)^{-\frac{1}{2}}}$$

由此再根据内斯比特不等式可得：

问题 6(Janic 不等式)　已知 h_a,h_b,h_c,r_a,r_b,r_c 分别为$\triangle ABC$三边 a,b,c 上的高线长和旁切圆半径长，则

$$\frac{r_a}{h_b+h_c}+\frac{r_b}{h_c+h_a}+\frac{r_c}{h_a+h_b}\geqslant\frac{3}{2}$$

Janic 不等式还可以推广为以下形式：

问题 7(Janic 不等式的推广)　已知 h_a,h_b,h_c,r_a,r_b,r_c 分别为$\triangle ABC$三边 a,b,c 上的高线长和旁切圆半径长，$k\geqslant 0$，则

$$\frac{(r_a)^k}{(h_b)^k+(h_c)^k}+\frac{(r_b)^k}{(h_c)^k+(h_a)^k}+\frac{(r_c)^k}{(h_a)^k+(h_b)^k}\geqslant\frac{3}{2}$$

问题 8　设$\triangle ABC$的高线长分别为 h_a,h_b,h_c，三条角平分线分别为 AD,BE,CF，点 D 到边 AB(或 AC)、点 E 到边 BC(或 BA)、点 F 到边 CA(或 CB)的距离分别为 d_a,d_b,

d_c，则$\frac{d_a}{h_a}+\frac{d_b}{h_b}+\frac{d_c}{h_c}\geqslant\frac{3}{2}$.

实际上，根据 $S_{\triangle ABC}=\frac{1}{2}ah_a=S_{\triangle ABD}+S_{\triangle ACD}=\frac{1}{2}(b+c)d$，可得$\frac{d_a}{h_a}=\frac{a}{b+c}$，同理有$\frac{d_b}{h_b}=\frac{b}{c+a}$，$\frac{d_c}{h_c}=\frac{c}{c+a}$，由此再根据内斯比特不等式即得.

在$\triangle ABC$中

$$(w_a)^2=\frac{(b+c+a)(b+c-a)bc}{(b+c)^2}=bc-\frac{a^2bc}{(b+c)^2}$$

$$RS=\frac{a}{2\sin A}\cdot\frac{1}{2}bc\sin A=\frac{1}{4}abc$$

故

$$\begin{aligned}&a(w_a)^2+b(w_b)^2+c(w_c)^2\\&=3abc-abc\left[\frac{a^2}{(b+c)^2}+\frac{b^2}{(c+a)^2}+\frac{c^2}{(a+b)^2}\right]\\&\leqslant3abc-abc\cdot\frac{1}{3}\left(\frac{a}{b+c}+\frac{b}{c+a}+\frac{c}{a+b}\right)^2\\&\leqslant\frac{9}{4}abc=9RS\end{aligned}$$

由此可得：

问题 9　已知 a,b,c,w_a,w_b,w_c 分别为$\triangle ABC$的三边长和对应角平分线，外接圆半径为 R，面积为 S，则 $a(w_a)^2+b(w_b)^2+c(w_c)^2\leqslant9RS$.

按中国古训：四十不学艺.因为按古人的平均寿命，四十多岁就再没机会再博取功名了，这既是一种人生智慧，也是一种功利的世界观.但奇怪的是，到了21世纪，仍旧有人要早早"躺平"，放弃人生的奋斗.

任老师年逾六旬仍笔耕不辍，不能不令人敬佩，往大了说是有人生追求，往小了说是对崇尚个人奋斗的一种践行.这种个人奋斗在西方很盛行，它是机会均等的基本内涵之上的一种人生观.

机会均等的关键在于：

・公平竞争：每个人都应有机会通过努力来实现成功，社会制度不应通过外力干预结果，而应让市场和竞争自发决定成败.

・尊重个体选择：个人的成就应基于其选择和努力，而不是社会的强制分配.机会均等强调通过个人奋斗实现自我价值，结果上的差异被视为正常现象.

・强调自我责任：在机会均等的社会中，个人对自身的成就负有责任，失败与成功都是个人选择和努力的结果，社会不会对个人结果进行再分配.

机会均等构成了资本主义的核心伦理密码，使得资本主义在道德上得以正当化.资本主义认为,结果的差异是自然选择和市场力量的体现,机会均等保障了公平竞争的基础,是个人自由的关键.

奥地利学派和保守主义的个人主义认为个体应当为自己的成就和幸福负责,政府的角色在于保障一个公平竞争的环境,而非直接干预或提供救济.

撒切尔和里根的经济改革都以个人主义为核心,鼓励个人努力和责任,反对过度依赖福利和政府救济.

奥地利学派推崇个体自由,反对集体主义,认为每个人的努力和选择都是社会繁荣的基础.

学数学的人对数学大多有一种强烈的情感,怎么形容呢?记得哲学家周国平在一篇回忆其同学郭世英(郭沫若之子)的文章中曾写道:

> 有一天,世英给我看他写的一首诗,题为《献给X》.开头几句是:
> 你在等待什么?X,X,还有X……
> 得到X,我就充实,
> 失去X,我就空虚……

将X换成数学就对了,尽管郭世英心中的X绝对不是数学!

刘培杰

2025年5月12日

于哈工大

刘培杰数学工作室
已出版(即将出版)图书目录——初等数学

书名	出版时间	定价	编号
新编中学数学解题方法全书(高中版)上卷(第2版)	2018—08	58.00	951
新编中学数学解题方法全书(高中版)中卷(第2版)	2018—08	68.00	952
新编中学数学解题方法全书(高中版)下卷(一)(第2版)	2018—08	58.00	953
新编中学数学解题方法全书(高中版)下卷(二)(第2版)	2018—08	58.00	954
新编中学数学解题方法全书(高中版)下卷(三)(第2版)	2018—08	68.00	955
新编中学数学解题方法全书(初中版)上卷	2008—01	28.00	29
新编中学数学解题方法全书(初中版)中卷	2010—07	38.00	75
新编中学数学解题方法全书(高考复习卷)	2010—01	48.00	67
新编中学数学解题方法全书(高考真题卷)	2010—01	38.00	62
新编中学数学解题方法全书(高考精华卷)	2011—03	68.00	118
新编平面解析几何解题方法全书(专题讲座卷)	2010—01	18.00	61
新编中学数学解题方法全书(自主招生卷)	2013—08	88.00	261

数学奥林匹克与数学文化(第一辑)	2006—05	48.00	4
数学奥林匹克与数学文化(第二辑)(竞赛卷)	2008—01	48.00	19
数学奥林匹克与数学文化(第二辑)(文化卷)	2008—07	58.00	36′
数学奥林匹克与数学文化(第三辑)(竞赛卷)	2010—01	48.00	59
数学奥林匹克与数学文化(第四辑)(竞赛卷)	2011—08	58.00	87
数学奥林匹克与数学文化(第五辑)	2015—06	98.00	370

世界著名平面几何经典著作钩沉——几何作图专题卷(共3卷)	2022—01	198.00	1460
世界著名平面几何经典著作钩沉——民国平面几何老课本	2011—03	38.00	113
世界著名平面几何经典著作钩沉——建国初期平面三角老课本	2015—08	38.00	507
世界著名解析几何经典著作钩沉——平面解析几何卷	2014—01	38.00	264
世界著名数论经典著作钩沉——算术卷	2012—01	28.00	125
世界著名数学经典著作钩沉——立体几何卷	2011—02	28.00	88
世界著名三角学经典著作钩沉——平面三角卷Ⅰ	2010—06	28.00	69
世界著名三角学经典著作钩沉——平面三角卷Ⅱ	2011—01	38.00	78
世界著名初等数论经典著作钩沉——理论和实用算术卷	2011—07	38.00	126
世界著名几何经典著作钩沉——解析几何卷	2022—10	68.00	1564

发展你的空间想象力(第3版)	2021—01	98.00	1464
空间想象力进阶	2019—05	68.00	1062
走向国际数学奥林匹克的平面几何试题诠释.第1卷	2019—07	88.00	1043
走向国际数学奥林匹克的平面几何试题诠释.第2卷	2019—09	78.00	1044
走向国际数学奥林匹克的平面几何试题诠释.第3卷	2019—03	78.00	1045
走向国际数学奥林匹克的平面几何试题诠释.第4卷	2019—09	98.00	1046
平面几何证明方法全书	2007—08	48.00	1
平面几何证明方法全书习题解答(第2版)	2006—12	18.00	10
平面几何天天练上卷·基础篇(直线型)	2013—01	58.00	208
平面几何天天练中卷·基础篇(涉及圆)	2013—01	28.00	234
平面几何天天练下卷·提高篇	2013—01	58.00	237
平面几何专题研究	2013—07	98.00	258
平面几何解题之道.第1卷	2022—05	38.00	1494
几何学习题集	2020—10	48.00	1217
通过解题学习代数几何	2021—04	88.00	1301
最新世界各国数学奥林匹克中的平面几何试题	2007—09	38.00	14

刘培杰数学工作室
已出版(即将出版)图书目录——初等数学

书　　名	出版时间	定　价	编号
数学竞赛平面几何典型题及新颖解	2010－07	48.00	74
初等数学复习及研究(平面几何)	2008－09	68.00	38
初等数学复习及研究(立体几何)	2010－06	38.00	71
初等数学复习及研究(平面几何)习题解答	2009－01	58.00	42
几何学教程(平面几何卷)	2011－03	68.00	90
几何学教程(立体几何卷)	2011－07	68.00	130
几何变换与几何证题	2010－06	88.00	70
计算方法与几何证题	2011－06	28.00	129
立体几何技巧与方法(第2版)	2022－10	168.00	1572
几何瑰宝——平面几何500名题暨1500条定理(上、下)	2021－07	168.00	1358
三角形的解法与应用	2012－07	18.00	183
近代的三角形几何学	2012－07	48.00	184
一般折线几何学	2015－08	48.00	503
三角形的五心	2009－06	28.00	51
三角形的六心及其应用	2015－10	68.00	542
三角形趣谈	2012－08	28.00	212
解三角形	2014－01	28.00	265
三角函数	2024－10	38.00	1744
探秘三角形:一次数学旅行	2021－10	68.00	1387
三角学专门教程	2014－09	28.00	387
图天下几何新题试卷.初中(第2版)	2017－11	58.00	855
圆锥曲线习题集(上册)	2013－06	68.00	255
圆锥曲线习题集(中册)	2015－01	78.00	434
圆锥曲线习题集(下册·第1卷)	2016－10	78.00	683
圆锥曲线习题集(下册·第2卷)	2018－01	98.00	853
圆锥曲线习题集(下册·第3卷)	2019－10	128.00	1113
圆锥曲线的思想方法	2021－08	48.00	1379
圆锥曲线的八个主要问题	2021－10	48.00	1415
圆锥曲线的奥秘	2022－06	88.00	1541
论九点圆	2015－05	88.00	645
论圆的几何学	2024－06	48.00	1736
近代欧氏几何学	2012－03	48.00	162
罗巴切夫斯基几何学及几何基础概要	2012－07	28.00	188
罗巴切夫斯基几何学初步	2015－06	28.00	474
用三角、解析几何、复数、向量计算解数学竞赛几何题	2015－03	48.00	455
用解析法研究圆锥曲线的几何理论	2022－05	48.00	1495
美国中学几何教程	2015－04	88.00	458
三线坐标与三角形特征点	2015－04	98.00	460
坐标几何学基础.第1卷,笛卡儿坐标	2021－08	48.00	1398
坐标几何学基础.第2卷,三线坐标	2021－09	28.00	1399
平面解析几何方法与研究(第1卷)	2015－05	28.00	471
平面解析几何方法与研究(第2卷)	2015－06	38.00	472
平面解析几何方法与研究(第3卷)	2015－07	28.00	473
解析几何研究	2015－01	38.00	425
解析几何学教程.上	2016－01	38.00	574
解析几何学教程.下	2016－01	38.00	575
几何学基础	2016－01	58.00	581
初等几何研究	2015－02	58.00	444
十九和二十世纪欧氏几何学中的片段	2017－01	58.00	696
平面几何中考.高考.奥数一本通	2017－07	28.00	820
几何学简史	2017－08	28.00	833
四面体	2018－01	48.00	880
平面几何证明方法思路	2018－12	68.00	913
折纸中的几何练习	2022－09	48.00	1559
中学新几何学(英文)	2022－10	98.00	1562
线性代数与几何	2023－04	68.00	1633
四面体几何学引论	2023－06	68.00	1648

刘培杰数学工作室
已出版(即将出版)图书目录——初等数学

书　　名	出版时间	定　价	编号
平面几何图形特性新析.上篇	2019—01	68.00	911
平面几何图形特性新析.下篇	2018—06	88.00	912
平面几何范例多解探究.上篇	2018—04	48.00	910
平面几何范例多解探究.下篇	2018—12	68.00	914
从分析解题过程学解题:竞赛中的几何问题研究	2018—07	68.00	946
从分析解题过程学解题:竞赛中的向量几何与不等式研究(全2册)	2019—06	138.00	1090
从分析解题过程学解题:竞赛中的不等式问题	2021—01	48.00	1249
二维、三维欧氏几何的对偶原理	2018—12	38.00	990
星形大观及闭折线论	2019—03	68.00	1020
立体几何的问题和方法	2019—11	58.00	1127
三角代换论	2021—05	58.00	1313
俄罗斯平面几何问题集	2009—08	88.00	55
俄罗斯立体几何问题集	2014—03	58.00	283
俄罗斯几何大师——沙雷金论数学及其他	2014—01	48.00	271
来自俄罗斯的5000道几何习题及解答	2011—03	58.00	89
俄罗斯初等数学问题集	2012—05	38.00	177
俄罗斯函数问题集	2011—03	38.00	103
俄罗斯组合分析问题集	2011—01	48.00	79
俄罗斯初等数学万题选——三角卷	2012—11	38.00	222
俄罗斯初等数学万题选——代数卷	2013—08	68.00	225
俄罗斯初等数学万题选——几何卷	2014—01	68.00	226
俄罗斯《量子》杂志数学征解问题100题选	2018—08	48.00	969
俄罗斯《量子》杂志数学征解问题又100题选	2018—08	48.00	970
俄罗斯《量子》杂志数学征解问题	2020—05	48.00	1138
463个俄罗斯几何老问题	2012—01	28.00	152
《量子》数学短文精粹	2018—09	38.00	972
用三角、解析几何等计算解来自俄罗斯的几何题	2019—11	88.00	1119
基谢廖夫平面几何	2022—01	48.00	1461
基谢廖夫立体几何	2023—04	48.00	1599
数学:代数、数学分析和几何(10—11年级)	2021—01	48.00	1250
直观几何学:5—6年级	2022—04	58.00	1508
几何学:第2版.7—9年级	2023—08	68.00	1684
平面几何:9—11年级	2022—10	48.00	1571
立体几何.10—11年级	2022—01	58.00	1472
几何快递	2024—05	48.00	1697

谈谈素数	2011—03	18.00	91
平方和	2011—03	18.00	92
整数论	2011—05	38.00	120
从整数谈起	2015—10	28.00	538
数与多项式	2016—01	38.00	558
谈谈不定方程	2011—05	28.00	119
质数漫谈	2022—07	68.00	1529

解析不等式新论	2009—06	68.00	48
建立不等式的方法	2011—03	98.00	104
数学奥林匹克不等式研究(第2版)	2020—07	68.00	1181
不等式研究(第三辑)	2023—08	198.00	1673
不等式的秘密(第一卷)(第2版)	2014—02	38.00	286
不等式的秘密(第二卷)	2014—01	38.00	268
初等不等式的证明方法	2010—06	38.00	123
初等不等式的证明方法(第二版)	2014—11	38.00	407
不等式・理论・方法(基础卷)	2015—07	38.00	496
不等式・理论・方法(经典不等式卷)	2015—07	38.00	497
不等式・理论・方法(特殊类型不等式卷)	2015—07	48.00	498
不等式探究	2016—03	38.00	582
不等式探秘	2017—01	88.00	689

刘培杰数学工作室
已出版(即将出版)图书目录——初等数学

书　　名	出版时间	定　价	编号
四面体不等式	2017－01	68.00	715
数学奥林匹克中常见重要不等式	2017－09	38.00	845
三正弦不等式	2018－09	98.00	974
函数方程与不等式:解法与稳定性结果	2019－04	68.00	1058
数学不等式.第1卷,对称多项式不等式	2022－05	78.00	1455
数学不等式.第2卷,对称有理不等式与对称无理不等式	2022－05	88.00	1456
数学不等式.第3卷,循环不等式与非循环不等式	2022－05	88.00	1457
数学不等式.第4卷,Jensen不等式的扩展与加细	2022－05	88.00	1458
数学不等式.第5卷,创建不等式与解不等式的其他方法	2022－05	88.00	1459
不定方程及其应用.上	2018－12	58.00	992
不定方程及其应用.中	2019－01	78.00	993
不定方程及其应用.下	2019－02	98.00	994
Nesbitt不等式加强式的研究	2022－06	128.00	1527
最值定理与分析不等式	2023－02	78.00	1567
一类积分不等式	2023－02	88.00	1579
邦费罗尼不等式及概率应用	2023－05	58.00	1637

同余理论	2012－05	38.00	163
[x]与{x}	2015－04	48.00	476
极值与最值.上卷	2015－06	28.00	486
极值与最值.中卷	2015－06	38.00	487
极值与最值.下卷	2015－06	28.00	488
整数的性质	2012－11	38.00	192
完全平方数及其应用	2015－08	78.00	506
多项式理论	2015－10	88.00	541
奇数、偶数、奇偶分析法	2018－01	98.00	876

历届美国中学生数学竞赛试题及解答(第1卷)1950～1954	2014－07	18.00	277
历届美国中学生数学竞赛试题及解答(第2卷)1955～1959	2014－04	18.00	278
历届美国中学生数学竞赛试题及解答(第3卷)1960～1964	2014－06	18.00	279
历届美国中学生数学竞赛试题及解答(第4卷)1965～1969	2014－04	28.00	280
历届美国中学生数学竞赛试题及解答(第5卷)1970～1972	2014－06	18.00	281
历届美国中学生数学竞赛试题及解答(第6卷)1973～1980	2017－07	18.00	768
历届美国中学生数学竞赛试题及解答(第7卷)1981～1986	2015－01	18.00	424
历届美国中学生数学竞赛试题及解答(第8卷)1987～1990	2017－05	18.00	769

历届国际数学奥林匹克试题集	2023－09	158.00	1701
历届中国数学奥林匹克试题集(第3版)	2021－10	58.00	1440
历届加拿大数学奥林匹克试题集	2012－08	38.00	215
历届美国数学奥林匹克试题集	2023－08	98.00	1681
历届波兰数学竞赛试题集.第1卷,1949～1963	2015－03	18.00	453
历届波兰数学竞赛试题集.第2卷,1964～1976	2015－03	18.00	454
历届巴尔干数学奥林匹克试题集	2015－05	38.00	466
历届CGMO试题及解答	2024－03	48.00	1717
保加利亚数学奥林匹克	2014－10	38.00	393
圣彼得堡数学奥林匹克试题集	2015－01	38.00	429
匈牙利奥林匹克数学竞赛题解.第1卷	2016－05	28.00	593
匈牙利奥林匹克数学竞赛题解.第2卷	2016－05	28.00	594
历届美国数学邀请赛试题集(第2版)	2017－10	78.00	851
全美高中数学竞赛:纽约州数学竞赛(1989—1994)	2024－08	48.00	1740
普林斯顿大学数学竞赛	2016－06	38.00	669
亚太地区数学奥林匹克竞赛题	2015－07	18.00	492
日本历届(初级)广中杯数学竞赛试题及解答.第1卷(2000～2007)	2016－05	28.00	641
日本历届(初级)广中杯数学竞赛试题及解答.第2卷(2008～2015)	2016－05	38.00	642
越南数学奥林匹克题选:1962－2009	2021－07	48.00	1370
罗马尼亚大师杯数学竞赛试题及解答	2024－09	48.00	1746
欧洲女子数学奥林匹克	2024－04	48.00	1723
360个数学竞赛问题	2016－08	58.00	677

刘培杰数学工作室
已出版(即将出版)图书目录——初等数学

书　　名	出版时间	定　价	编号
奥数最佳实战题.上卷	2017—06	38.00	760
奥数最佳实战题.下卷	2017—05	58.00	761
解决问题的策略	2024—08	48.00	1742
哈尔滨市早期中学数学竞赛试题汇编	2016—07	28.00	672
全国高中数学联赛试题及解答:1981—2019(第4版)	2020—07	138.00	1176
2024年全国高中数学联合竞赛模拟题集	2024—01	38.00	1702
20世纪50年代全国部分城市数学竞赛试题汇编	2017—07	28.00	797
国内外数学竞赛题及精解:2018—2019	2020—08	45.00	1192
国内外数学竞赛题及精解:2019—2020	2021—11	58.00	1439
许康华竞赛优学精选集.第一辑	2018—08	68.00	949
天问叶班数学问题征解100题.Ⅰ,2016—2018	2019—05	88.00	1075
天问叶班数学问题征解100题.Ⅱ,2017—2019	2020—07	98.00	1177
美国初中数学竞赛:AMC8准备(共6卷)	2019—07	138.00	1089
美国高中数学竞赛:AMC10准备(共6卷)	2019—08	158.00	1105
中国数学奥林匹克国家集训队选拔试题背景研究	2015—01	78.00	1781

高考数学核心题型解题方法与技巧	2010—01	28.00	86
高考数学压轴题解题诀窍(上)(第2版)	2018—01	58.00	874
高考数学压轴题解题诀窍(下)(第2版)	2018—01	48.00	875
突破高考数学新定义创新压轴题	2024—08	88.00	1741
应当这样解答高考题:十年高考真题创新解法集萃	2025—03	98.00	1814
向量法巧解数学高考题	2009—08	28.00	54
高中数学课堂教学的实践与反思	2021—11	48.00	791
数学高考参考	2016—01	78.00	589
新课程标准高考数学解答题各种题型解法指导	2020—08	78.00	1196
全国及各省市高考数学试题审题要津与解法研究	2015—02	48.00	450
高中数学章节起始课的教学研究与案例设计	2019—05	28.00	1064
新课标高考数学——五年试题分章详解(2007~2011)(上、下)	2011—10	78.00	140,141
全国中考数学压轴题审题要津与解法研究	2013—04	78.00	248
新编全国及各省市中考数学压轴题审题要津与解法研究	2014—05	58.00	342
全国及各省市5年中考数学压轴题审题要津与解法研究(2015版)	2015—04	58.00	462
中考数学专题总复习	2007—04	28.00	6
中考数学较难题常考题型解题方法与技巧	2016—09	48.00	681
中考数学难题常考题型解题方法与技巧	2016—09	48.00	682
中考数学中档题常考题型解题方法与技巧	2017—08	68.00	835
中考数学选择填空压轴好题妙解365	2024—01	80.00	1698
中考数学:三类重点考题的解法例析与习题	2020—04	48.00	1140
中小学数学的历史文化	2019—11	48.00	1124
小升初衔接数学	2024—06	68.00	1734
赢在小升初——数学	2024—08	78.00	1739
初中平面几何百题多思创新解	2020—01	58.00	1125
初中数学中考备考	2020—01	58.00	1126
高考数学之九章演义	2019—08	68.00	1044
高考数学之难题谈笑间	2022—06	68.00	1519
化学可以这样学:高中化学知识方法智慧感悟疑难辨析	2019—07	58.00	1103
如何成为学习高手	2019—09	58.00	1107
高考数学:经典真题分类解析	2020—04	78.00	1134
高考数学解答题破解策略	2020—11	58.00	1221
从分析解题过程学解题:高考压轴题与竞赛题之关系探究	2020—08	88.00	1179
从分析解题过程学解题:数学高考与竞赛的互联互通探究	2024—06	88.00	1735
教学新思考:单元整体视角下的初中数学教学设计	2021—03	58.00	1278
思维再拓展:2020年经典几何题的多解探究与思考	即将出版		1279
十年高考数学试题创新与经典研究:基于高中数学大概念的视角	2024—10	58.00	1777
高中数学题型全解(全5册)	2024—10	298.00	1778
中考数学小压轴汇编初讲	2017—07	48.00	788
中考数学大压轴专题微言	2017—09	48.00	846

刘培杰数学工作室
已出版(即将出版)图书目录——初等数学

书　　名	出版时间	定　价	编号
怎么解中考平面几何探索题	2019－06	48.00	1093
北京中考数学压轴题解题方法突破(第 10 版)	2024－11	88.00	1780
高考数学奇思妙解	2016－04	38.00	610
高考数学解题策略	2016－05	48.00	670
数学解题泄天机(第 2 版)	2017－10	48.00	850
高中物理教学讲义	2018－01	48.00	871
高中物理教学讲义:全模块	2022－03	98.00	1492
高中物理答疑解惑 65 篇	2021－11	48.00	1462
中学物理基础问题解析	2020－08	48.00	1183
初中数学、高中数学脱节知识补缺教材	2017－06	48.00	766
高考数学客观题解题方法和技巧	2017－10	38.00	847
十年高考数学精品试题审题要津与解法研究	2021－10	98.00	1427
中国历届高考数学试题及解答. 1949－1979	2018－01	38.00	877
历届中国高考数学试题及解答. 第二卷,1980—1989	2018－10	28.00	975
历届中国高考数学试题及解答. 第三卷,1990—1999	2018－10	48.00	976
跟我学解高中数学题	2018－07	58.00	926
中学数学研究的方法及案例	2018－05	58.00	869
高考数学抢分技能	2018－07	68.00	934
高一新生常用数学方法和重要数学思想提升教材	2018－06	38.00	921
高考数学全国卷六道解答题常考题型解题诀窍:理科(全 2 册)	2019－07	78.00	1101
高考数学全国卷 16 道选择、填空题常考题型解题诀窍. 理科	2018－09	88.00	971
高考数学全国卷 16 道选择、填空题常考题型解题诀窍. 文科	2020－01	88.00	1123
高中数学一题多解	2019－06	58.00	1087
历届中国高考数学试题及解答:1917－1999	2021－08	118.00	1371
2000～2003 年全国及各省市高考数学试题及解答	2022－05	88.00	1499
2004 年全国及各省市高考数学试题及解答	2023－08	78.00	1500
2005 年全国及各省市高考数学试题及解答	2023－08	78.00	1501
2006 年全国及各省市高考数学试题及解答	2023－08	88.00	1502
2007 年全国及各省市高考数学试题及解答	2023－08	98.00	1503
2008 年全国及各省市高考数学试题及解答	2023－08	88.00	1504
2009 年全国及各省市高考数学试题及解答	2023－08	88.00	1505
2010 年全国及各省市高考数学试题及解答	2023－08	98.00	1506
2011～2017 年全国及各省市高考数学试题及解答	2024－01	78.00	1507
2018～2023 年全国及各省市高考数学试题及解答	2024－03	78.00	1709
突破高原:高中数学解题思维探究	2021－08	48.00	1375
高考数学中的"取值范围"	2021－10	48.00	1429
新课程标准高中数学各种题型解法大全. 必修一分册	2021－06	58.00	1315
新课程标准高中数学各种题型解法大全. 必修二分册	2022－01	68.00	1471
高中数学各种题型解法大全. 选择性必修一分册	2022－06	68.00	1525
高中数学各种题型解法大全. 选择性必修二分册	2023－01	58.00	1600
高中数学各种题型解法大全. 选择性必修三分册	2023－04	48.00	1643
高中数学专题研究	2024－05	88.00	1722
历届全国初中数学竞赛经典试题详解	2023－04	88.00	1624
孟祥礼高考数学精刷精解	2023－06	98.00	1663
新高考数学第二轮复习讲义	2025－01	88.00	1808

新编 640 个世界著名数学智力趣题	2014－01	88.00	242
500 个最新世界著名数学智力趣题	2008－06	48.00	3
400 个最新世界著名数学最值问题	2008－09	48.00	36
500 个世界著名数学征解问题	2009－06	48.00	52
400 个中国最佳初等数学征解老问题	2010－01	48.00	60
500 个俄罗斯数学经典老题	2011－01	28.00	81
1000 个国外中学物理好题	2012－04	48.00	174
300 个日本高考数学题	2012－05	38.00	142
700 个早期日本高考数学试题	2017－02	88.00	752

刘培杰数学工作室
已出版(即将出版)图书目录——初等数学

书　　名	出版时间	定　价	编号
500 个前苏联早期高考数学试题及解答	2012－05	28.00	185
546 个早期俄罗斯大学生数学竞赛题	2014－03	38.00	285
548 个来自美苏的数学好问题	2014－11	28.00	396
20 所苏联著名大学早期入学试题	2015－02	18.00	452
161 道德国工科大学生必做的微分方程习题	2015－05	28.00	469
500 个德国工科大学生必做的高数习题	2015－06	28.00	478
360 个数学竞赛问题	2016－08	58.00	677
200 个趣味数学故事	2018－02	48.00	857
470 个数学奥林匹克中的最值问题	2018－10	88.00	985
德国讲义日本考题.微积分卷	2015－04	48.00	456
德国讲义日本考题.微分方程卷	2015－04	38.00	457
二十世纪中叶中、英、美、日、法、俄高考数学试题精选	2017－06	38.00	783
中国初等数学研究　2009 卷(第 1 辑)	2009－05	20.00	45
中国初等数学研究　2010 卷(第 2 辑)	2010－05	30.00	68
中国初等数学研究　2011 卷(第 3 辑)	2011－07	60.00	127
中国初等数学研究　2012 卷(第 4 辑)	2012－07	48.00	190
中国初等数学研究　2014 卷(第 5 辑)	2014－02	48.00	288
中国初等数学研究　2015 卷(第 6 辑)	2015－06	68.00	493
中国初等数学研究　2016 卷(第 7 辑)	2016－04	68.00	609
中国初等数学研究　2017 卷(第 8 辑)	2017－01	98.00	712
初等数学研究在中国.第 1 辑	2019－03	158.00	1024
初等数学研究在中国.第 2 辑	2019－10	158.00	1116
初等数学研究在中国.第 3 辑	2021－05	158.00	1306
初等数学研究在中国.第 4 辑	2022－06	158.00	1520
初等数学研究在中国.第 5 辑	2023－07	158.00	1635
几何变换(Ⅰ)	2014－07	28.00	353
几何变换(Ⅱ)	2015－06	28.00	354
几何变换(Ⅲ)	2015－01	38.00	355
几何变换(Ⅳ)	2015－12	38.00	356
初等数论难题集(第一卷)	2009－05	68.00	44
初等数论难题集(第二卷)(上、下)	2011－02	128.00	82,83
数论概貌	2011－03	18.00	93
代数数论(第二版)	2013－08	58.00	94
代数多项式	2014－06	38.00	289
初等数论的知识与问题	2011－02	28.00	95
超越数论基础	2011－03	28.00	96
数论初等教程	2011－03	28.00	97
数论基础	2011－03	18.00	98
数论基础与维诺格拉多夫	2014－03	18.00	292
解析数论基础	2012－08	28.00	216
解析数论基础(第二版)	2014－01	48.00	287
解析数论问题集(第二版)(原版引进)	2014－05	88.00	343
解析数论问题集(第二版)(中译本)	2016－04	88.00	607
解析数论基础(潘承洞,潘承彪著)	2016－07	98.00	673
解析数论导引	2016－07	58.00	674
数论入门	2011－03	38.00	99
代数数论入门	2015－03	38.00	448

刘培杰数学工作室
已出版(即将出版)图书目录——初等数学

书　　名	出版时间	定　价	编号
数论开篇	2012－07	28.00	194
解析数论引论	2011－03	48.00	100
Barban Davenport Halberstam 均值和	2009－01	40.00	33
基础数论	2011－03	28.00	101
初等数论 100 例	2011－05	18.00	122
初等数论经典例题	2012－07	18.00	204
最新世界各国数学奥林匹克中的初等数论试题(上、下)	2012－01	138.00	144,145
初等数论(Ⅰ)	2012－01	18.00	156
初等数论(Ⅱ)	2012－01	18.00	157
初等数论(Ⅲ)	2012－01	28.00	158
平面几何与数论中未解决的新老问题	2013－01	68.00	229
代数数论简史	2014－11	28.00	408
代数数论	2015－09	88.00	532
代数、数论及分析习题集	2016－11	98.00	695
数论导引提要及习题解答	2016－01	48.00	559
素数定理的初等证明.第 2 版	2016－09	48.00	686
数论中的模函数与狄利克雷级数(第二版)	2017－11	78.00	837
数论:数学导引	2018－01	68.00	849
范氏大代数	2019－02	98.00	1016
解析数学讲义.第一卷,导来式及微分、积分、级数	2019－04	88.00	1021
解析数学讲义.第二卷,关于几何的应用	2019－04	68.00	1022
解析数学讲义.第三卷,解析函数论	2019－04	78.00	1023
分析・组合・数论纵横谈	2019－04	58.00	1039
Hall 代数:民国时期的中学数学课本:英文	2019－08	88.00	1106
基谢廖夫初等代数	2022－07	38.00	1531
基谢廖夫算术	2024－05	48.00	1725

数学精神巡礼	2019－01	58.00	731
数学眼光透视(第 2 版)	2017－06	78.00	732
数学思想领悟(第 2 版)	2018－01	68.00	733
数学方法溯源(第 2 版)	2018－08	68.00	734
数学解题引论	2017－05	58.00	735
数学史话览胜(第 2 版)	2017－01	48.00	736
数学应用展观(第 2 版)	2017－08	68.00	737
数学建模尝试	2018－04	48.00	738
数学竞赛采风	2018－01	68.00	739
数学测评探营	2019－05	58.00	740
数学技能操握	2018－03	48.00	741
数学欣赏拾趣	2018－02	48.00	742

从毕达哥拉斯到怀尔斯	2007－10	48.00	9
从迪利克雷到维斯卡尔迪	2008－01	48.00	21
从哥德巴赫到陈景润	2008－05	98.00	35
从庞加莱到佩雷尔曼	2011－08	138.00	136

博弈论精粹	2008－03	58.00	30
博弈论精粹.第二版(精装)	2015－01	88.00	461
数学 我爱你	2008－01	28.00	20
精神的圣徒　别样的人生——60 位中国数学家成长的历程	2008－09	48.00	39
数学史概论	2009－06	78.00	50

刘培杰数学工作室
已出版(即将出版)图书目录——初等数学

书　　名	出版时间	定　价	编号
数学史概论(精装)	2013—03	158.00	272
数学史选讲	2016—01	48.00	544
斐波那契数列	2010—02	28.00	65
数学拼盘和斐波那契魔方	2010—07	38.00	72
斐波那契数列欣赏(第2版)	2018—08	58.00	948
Fibonacci 数列中的明珠	2018—06	58.00	928
数学的创造	2011—02	48.00	85
数学美与创造力	2016—01	48.00	595
数海拾贝	2016—01	48.00	590
数学中的美(第2版)	2019—04	68.00	1057
数论中的美学	2014—12	38.00	351
数学王者　科学巨人——高斯	2015—01	28.00	428
振兴祖国数学的圆梦之旅:中国初等数学研究史话	2015—06	98.00	490
二十世纪中国数学史料研究	2015—10	48.00	536
《九章算法比类大全》校注	2024—06	198.00	1695
数字谜、数阵图与棋盘覆盖	2016—01	58.00	298
数学概念的进化:一个初步的研究	2023—07	68.00	1683
数学发现的艺术:数学探索中的合情推理	2016—07	58.00	671
活跃在数学中的参数	2016—07	48.00	675
数海趣史	2021—05	98.00	1314
玩转幻中之幻	2023—08	88.00	1682
数学艺术品	2023—09	98.00	1685
数学博弈与游戏	2023—10	68.00	1692

数学解题——靠数学思想给力(上)	2011—07	38.00	131
数学解题——靠数学思想给力(中)	2011—07	48.00	132
数学解题——靠数学思想给力(下)	2011—07	38.00	133
我怎样解题	2013—01	48.00	227
数学解题中的物理方法	2011—06	28.00	114
数学解题的特殊方法	2011—06	48.00	115
中学数学计算技巧(第2版)	2020—10	48.00	1220
中学数学证明方法	2012—01	58.00	117
数学趣题巧解	2012—03	28.00	128
高中数学教学通鉴	2015—05	58.00	479
和高中生漫谈:数学与哲学的故事	2014—08	28.00	369
算术问题集	2017—03	38.00	789
张教授讲数学	2018—07	38.00	933
陈永明实话实说数学教学	2020—04	68.00	1132
中学数学学科知识与教学能力	2020—06	58.00	1155
怎样把课讲好:大罕数学教学随笔	2022—03	58.00	1484
中国高考评价体系下高考数学探秘	2022—03	48.00	1487
数苑漫步	2024—01	58.00	1670

自主招生考试中的参数方程问题	2015—01	28.00	435
自主招生考试中的极坐标问题	2015—04	28.00	463
近年全国重点大学自主招生数学试题全解及研究.华约卷	2015—02	38.00	441
近年全国重点大学自主招生数学试题全解及研究.北约卷	2016—05	38.00	619
自主招生数学解证宝典	2015—09	48.00	535
中国科学技术大学创新班数学真题解析	2022—03	48.00	1488
中国科学技术大学创新班物理真题解析	2022—03	58.00	1489

格点和面积	2012—07	18.00	191
射影几何趣谈	2012—04	28.00	175
斯潘纳尔引理——从一道加拿大数学奥林匹克试题谈起	2014—01	28.00	228
李普希兹条件——从几道近年高考数学试题谈起	2012—10	18.00	221
拉格朗日中值定理——从一道北京高考试题的解法谈起	2015—10	18.00	197

刘培杰数学工作室
已出版(即将出版)图书目录——初等数学

书　　名	出版时间	定　价	编号
闵科夫斯基定理——从一道清华大学自主招生试题谈起	2014－01	28.00	198
哈尔测度——从一道冬令营试题的背景谈起	2012－08	28.00	202
切比雪夫逼近问题——从一道中国台北数学奥林匹克试题谈起	2013－04	38.00	238
伯恩斯坦多项式与贝齐尔曲面——从一道全国高中数学联赛试题谈起	2013－03	38.00	236
卡塔兰猜想——从一道普特南竞赛试题谈起	2013－06	18.00	256
麦卡锡函数和阿克曼函数——从一道前南斯拉夫数学奥林匹克试题谈起	2012－08	18.00	201
贝蒂定理与拉姆贝克莫斯尔定理——从一个拣石子游戏谈起	2012－08	18.00	217
皮亚诺曲线和豪斯道夫分球定理——从无限集谈起	2012－08	18.00	211
平面凸图形与凸多面体	2012－10	28.00	218
斯坦因豪斯问题——从一道二十五省市自治区中学数学竞赛试题谈起	2012－07	18.00	196
纽结理论中的亚历山大多项式与琼斯多项式——从一道北京市高一数学竞赛试题谈起	2012－07	28.00	195
原则与策略——从波利亚"解题表"谈起	2013－04	38.00	244
转化与化归——从三大尺规作图不能问题谈起	2012－08	28.00	214
代数几何中的贝祖定理(第一版)——从一道 IMO 试题的解法谈起	2013－08	18.00	193
成功连贯理论与约当块理论——从一道比利时数学竞赛试题谈起	2012－04	18.00	180
素数判定与大数分解	2014－08	18.00	199
置换多项式及其应用	2012－10	18.00	220
椭圆函数与模函数——从一道美国加州大学洛杉矶分校(UCLA)博士资格考题谈起	2012－10	28.00	219
差分方程的拉格朗日方法——从一道 2011 年全国高考理科试题的解法谈起	2012－08	28.00	200
力学在几何中的一些应用	2013－01	38.00	240
从根式解到伽罗华理论	2020－01	48.00	1121
康托洛维奇不等式——从一道全国高中联赛试题谈起	2013－03	28.00	337
拉克斯定理和阿廷定理——从一道 IMO 试题的解法谈起	2014－01	58.00	246
毕卡大定理——从一道美国大学数学竞赛试题谈起	2014－07	18.00	350
拉格朗日乘子定理——从一道 2005 年全国高中联赛试题的高等数学解法谈起	2015－05	28.00	480
雅可比定理——从一道日本数学奥林匹克试题谈起	2013－04	48.00	249
李天岩－约克定理——从一道波兰数学竞赛试题谈起	2014－06	28.00	349
受控理论与初等不等式:从一道 IMO 试题的解法谈起	2023－03	48.00	1601
布劳维不动点定理——从一道前苏联数学奥林匹克试题谈起	2014－01	38.00	273
莫德尔－韦伊定理——从一道日本数学奥林匹克试题谈起	2024－10	48.00	1602
斯蒂尔杰斯积分——从一道国际大学生数学竞赛试题的解法谈起	2024－10	68.00	1605
切博塔廖夫猜想——从一道 1978 年全国高中数学竞赛试题谈起	2024－10	38.00	1606
卡西尼卵形线:从一道高中数学期中考试试题谈起	2024－10	48.00	1607
格罗斯问题:亚纯函数的唯一性问题	2024－10	48.00	1608
布格尔问题——从一道第 6 届全国中学生物理竞赛预赛试题谈起	2024－09	68.00	1609
多项式逼近问题——从一道美国大学生数学竞赛试题谈起	2024－10	48.00	1748
中国剩余定理——总数法构建中国历史年表	2015－01	28.00	430
沙可夫斯基定理——从一道韩国数学奥林匹克竞赛试题的解法谈起	2025－01	68.00	1753
斯特林公式——从一道 2023 年高考数学(天津卷)试题的背景谈起	2025－01	28.00	1754
外索夫博弈:从一道瑞士国家队选拔考试试题谈起	2025－03	48.00	1755
分圆多项式——从一道美国国家队选拔考试试题的解法谈起	2025－01	48.00	1786
费马数与广义费马数——从一道 USAMO 试题的解法谈起	2025－01	48.00	1794

刘培杰数学工作室
已出版(即将出版)图书目录——初等数学

书　　名	出版时间	定　价	编号
贝克码与编码理论——从一道全国高中数学联赛二试试题的解法谈起	2025－03	48.00	1751
拉比诺维奇定理	即将出版		
刘维尔定理——从一道《美国数学月刊》征解问题的解法谈起	即将出版		
卡塔兰恒等式与级数求和——从一道 IMO 试题的解法谈起	即将出版		
勒让德猜想与素数分布——从一道爱尔兰竞赛试题谈起	即将出版		
天平称重与信息论——从一道基辅市数学奥林匹克试题谈起	即将出版		
哈密尔顿—凯莱定理:从一道高中数学联赛试题的解法谈起	2014－09	18.00	376
艾思特曼定理——从一道 CMO 试题的解法谈起	即将出版		
阿贝尔恒等式与经典不等式及应用	2018－06	98.00	923
迪利克雷除数问题	2018－07	48.00	930
幻方、幻立方与拉丁方	2019－08	48.00	1092
帕斯卡三角形	2014－03	18.00	294
蒲丰投针问题——从 2009 年清华大学的一道自主招生试题谈起	2014－01	38.00	295
斯图姆定理——从一道“华约”自主招生试题的解法谈起	2014－01	18.00	296
许瓦兹引理——从一道加利福尼亚大学伯克利分校数学系博士生试题谈起	2014－08	18.00	297
拉姆塞定理——从王诗宬院士的一个问题谈起	2016－04	48.00	299
坐标法	2013－12	28.00	332
数论三角形	2014－04	38.00	341
毕克定理	2014－07	18.00	352
数林掠影	2014－09	48.00	389
我们周围的概率	2014－10	38.00	390
凸函数最值定理:从一道华约自主招生题的解法谈起	2014－10	28.00	391
易学与数学奥林匹克	2014－10	38.00	392
生物数学趣谈	2015－01	18.00	409
反演	2015－01	28.00	420
因式分解与圆锥曲线	2015－01	18.00	426
轨迹	2015－01	28.00	427
面积原理:从常庚哲命的一道 CMO 试题的积分解法谈起	2015－01	48.00	431
形形色色的不动点定理:从一道 28 届 IMO 试题谈起	2015－01	38.00	439
柯西函数方程:从一道上海交大自主招生的试题谈起	2015－02	28.00	440
三角恒等式	2015－02	28.00	442
无理性判定:从一道 2014 年“北约”自主招生试题谈起	2015－01	38.00	443
数学归纳法	2015－03	18.00	451
极端原理与解题	2015－04	28.00	464
法雷级数	2014－08	18.00	367
摆线族	2015－01	38.00	438
函数方程及其解法	2015－05	38.00	470
含参数的方程和不等式	2012－09	28.00	213
希尔伯特第十问题	2016－01	38.00	543
无穷小量的求和	2016－01	28.00	545
切比雪夫多项式:从一道清华大学金秋营试题谈起	2016－01	38.00	583
泽肯多夫定理	2016－03	38.00	599
代数等式证题法	2016－01	28.00	600
三角等式证题法	2016－01	28.00	601
吴大任教授藏书中的一个因式分解公式:从一道美国数学邀请赛试题的解法谈起	2016－06	28.00	656
易卦——类万物的数学模型	2017－08	68.00	838
“不可思议”的数与数系可持续发展	2018－01	38.00	878
最短线	2018－01	38.00	879
数学在天文、地理、光学、机械力学中的一些应用	2023－03	88.00	1576
从阿基米德三角形谈起	2023－01	28.00	1578

刘培杰数学工作室
已出版(即将出版)图书目录——初等数学

书　　名	出版时间	定　价	编号
幻方和魔方(第一卷)	2012－05	68.00	173
尘封的经典——初等数学经典文献选读(第一卷)	2012－07	48.00	205
尘封的经典——初等数学经典文献选读(第二卷)	2012－07	38.00	206
初级方程式论	2011－03	28.00	106
初等数学研究(Ⅰ)	2008－09	68.00	37
初等数学研究(Ⅱ)(上、下)	2009－05	118.00	46,47
初等数学专题研究	2022－10	68.00	1568
趣味初等方程妙题集锦	2014－09	48.00	388
趣味初等数论选美与欣赏	2015－02	48.00	445
耕读笔记(上卷):一位农民数学爱好者的初数探索	2015－04	28.00	459
耕读笔记(中卷):一位农民数学爱好者的初数探索	2015－05	28.00	483
耕读笔记(下卷):一位农民数学爱好者的初数探索	2015－05	28.00	484
几何不等式研究与欣赏.上卷	2016－01	88.00	547
几何不等式研究与欣赏.下卷	2016－01	48.00	552
初等数列研究与欣赏·上	2016－01	48.00	570
初等数列研究与欣赏·下	2016－01	48.00	571
趣味初等函数研究与欣赏.上	2016－09	48.00	684
趣味初等函数研究与欣赏.下	2018－09	48.00	685
三角不等式研究与欣赏	2020－10	68.00	1197
新编平面解析几何解题方法研究与欣赏	2021－10	78.00	1426
火柴游戏(第2版)	2022－05	38.00	1493
智力解谜.第1卷	2017－07	38.00	613
智力解谜.第2卷	2017－07	38.00	614
故事智力	2016－07	48.00	615
名人们喜欢的智力问题	2020－01	48.00	616
数学大师的发现、创造与失误	2018－01	48.00	617
异曲同工	2018－09	48.00	618
数学的味道(第2版)	2023－10	68.00	1686
数学千字文	2018－10	68.00	977
数贝偶拾——高考数学题研究	2014－04	28.00	274
数贝偶拾——初等数学研究	2014－04	38.00	275
数贝偶拾——奥数题研究	2014－04	48.00	276
钱昌本教你快乐学数学(上)	2011－12	48.00	155
钱昌本教你快乐学数学(下)	2012－03	58.00	171
集合、函数与方程	2014－01	28.00	300
数列与不等式	2014－01	38.00	301
三角与平面向量	2014－01	28.00	302
平面解析几何	2014－01	38.00	303
立体几何与组合	2014－01	28.00	304
极限与导数、数学归纳法	2014－01	38.00	305
趣味数学	2014－03	28.00	306
教材教法	2014－04	68.00	307
自主招生	2014－05	58.00	308
高考压轴题(上)	2015－01	48.00	309
高考压轴题(下)	2014－10	68.00	310

刘培杰数学工作室
已出版(即将出版)图书目录——初等数学

书名	出版时间	定价	编号
从费马到怀尔斯——费马大定理的历史	2013－10	198.00	Ⅰ
从庞加莱到佩雷尔曼——庞加莱猜想的历史	2013－10	298.00	Ⅱ
从切比雪夫到爱尔特希(上)——素数定理的初等证明	2013－07	48.00	Ⅲ
从切比雪夫到爱尔特希(下)——素数定理 100 年	2012－12	98.00	Ⅲ
从高斯到盖尔方特——二次域的高斯猜想	2013－10	198.00	Ⅳ
从库默尔到朗兰兹——朗兰兹猜想的历史	2014－01	98.00	Ⅴ
从比勃巴赫到德布朗斯——比勃巴赫猜想的历史	2014－02	298.00	Ⅵ
从麦比乌斯到陈省身——麦比乌斯变换与麦比乌斯带	2014－02	298.00	Ⅶ
从布尔到豪斯道夫——布尔方程与格论漫谈	2013－10	198.00	Ⅷ
从开普勒到阿诺德——三体问题的历史	2014－05	298.00	Ⅸ
从华林到华罗庚——华林问题的历史	2013－10	298.00	Ⅹ

美国高中数学竞赛五十讲. 第 1 卷(英文)	2014－08	28.00	357
美国高中数学竞赛五十讲. 第 2 卷(英文)	2014－08	28.00	358
美国高中数学竞赛五十讲. 第 3 卷(英文)	2014－09	28.00	359
美国高中数学竞赛五十讲. 第 4 卷(英文)	2014－09	28.00	360
美国高中数学竞赛五十讲. 第 5 卷(英文)	2014－10	28.00	361
美国高中数学竞赛五十讲. 第 6 卷(英文)	2014－11	28.00	362
美国高中数学竞赛五十讲. 第 7 卷(英文)	2014－12	28.00	363
美国高中数学竞赛五十讲. 第 8 卷(英文)	2015－01	28.00	364
美国高中数学竞赛五十讲. 第 9 卷(英文)	2015－01	28.00	365
美国高中数学竞赛五十讲. 第 10 卷(英文)	2015－02	38.00	366

三角函数(第 2 版)	2017－04	38.00	626
不等式	2014－01	38.00	312
数列	2014－01	38.00	313
方程(第 2 版)	2017－04	38.00	624
排列和组合	2014－01	28.00	315
极限与导数(第 2 版)	2016－04	38.00	635
向量(第 2 版)	2018－08	58.00	627
复数及其应用	2014－08	28.00	318
函数	2014－01	38.00	319
集合	2020－01	48.00	320
直线与平面	2014－01	28.00	321
立体几何(第 2 版)	2016－04	38.00	629
解三角形	即将出版		323
直线与圆(第 2 版)	2016－11	38.00	631
圆锥曲线(第 2 版)	2016－09	48.00	632
解题通法(一)	2014－07	38.00	326
解题通法(二)	2014－07	38.00	327
解题通法(三)	2014－05	38.00	328
概率与统计	2014－01	28.00	329
信息迁移与算法	即将出版		330

刘培杰数学工作室
已出版(即将出版)图书目录——初等数学

书　　名	出版时间	定　价	编号
IMO 50 年. 第 1 卷(1959—1963)	2014—11	28.00	377
IMO 50 年. 第 2 卷(1964—1968)	2014—11	28.00	378
IMO 50 年. 第 3 卷(1969—1973)	2014—09	28.00	379
IMO 50 年. 第 4 卷(1974—1978)	2016—04	38.00	380
IMO 50 年. 第 5 卷(1979—1984)	2015—04	38.00	381
IMO 50 年. 第 6 卷(1985—1989)	2015—04	58.00	382
IMO 50 年. 第 7 卷(1990—1994)	2016—01	48.00	383
IMO 50 年. 第 8 卷(1995—1999)	2016—06	38.00	384
IMO 50 年. 第 9 卷(2000—2004)	2015—04	58.00	385
IMO 50 年. 第 10 卷(2005—2009)	2016—01	48.00	386
IMO 50 年. 第 11 卷(2010—2015)	2017—03	48.00	646

数学反思(2006—2007)	2020—09	88.00	915
数学反思(2008—2009)	2019—01	68.00	917
数学反思(2010—2011)	2018—05	58.00	916
数学反思(2012—2013)	2019—01	58.00	918
数学反思(2014—2015)	2019—03	78.00	919
数学反思(2016—2017)	2021—03	58.00	1286
数学反思(2018—2019)	2023—01	88.00	1593

历届美国大学生数学竞赛试题集. 第一卷(1938—1949)	2015—01	28.00	397
历届美国大学生数学竞赛试题集. 第二卷(1950—1959)	2015—01	28.00	398
历届美国大学生数学竞赛试题集. 第三卷(1960—1969)	2015—01	28.00	399
历届美国大学生数学竞赛试题集. 第四卷(1970—1979)	2015—01	18.00	400
历届美国大学生数学竞赛试题集. 第五卷(1980—1989)	2015—01	28.00	401
历届美国大学生数学竞赛试题集. 第六卷(1990—1999)	2015—01	28.00	402
历届美国大学生数学竞赛试题集. 第七卷(2000—2009)	2015—08	18.00	403
历届美国大学生数学竞赛试题集. 第八卷(2010—2012)	2015—01	18.00	404

新课标高考数学创新题解题诀窍:总论	2014—09	28.00	372
新课标高考数学创新题解题诀窍:必修 1～5 分册	2014—08	38.00	373
新课标高考数学创新题解题诀窍:选修 2—1,2—2,1—1,1—2分册	2014—09	38.00	374
新课标高考数学创新题解题诀窍:选修 2—3,4—4,4—5分册	2014—09	18.00	375

全国重点大学自主招生英文数学试题全攻略:词汇卷	2015—07	48.00	410
全国重点大学自主招生英文数学试题全攻略:概念卷	2015—01	28.00	411
全国重点大学自主招生英文数学试题全攻略:文章选读卷(上)	2016—09	38.00	412
全国重点大学自主招生英文数学试题全攻略:文章选读卷(下)	2017—01	58.00	413
全国重点大学自主招生英文数学试题全攻略:试题卷	2015—07	38.00	414
全国重点大学自主招生英文数学试题全攻略:名著欣赏卷	2017—03	48.00	415

劳埃德数学趣题大全. 题目卷. 1:英文	2016—01	18.00	516
劳埃德数学趣题大全. 题目卷. 2:英文	2016—01	18.00	517
劳埃德数学趣题大全. 题目卷. 3:英文	2016—01	18.00	518
劳埃德数学趣题大全. 题目卷. 4:英文	2016—01	18.00	519
劳埃德数学趣题大全. 题目卷. 5:英文	2016—01	18.00	520
劳埃德数学趣题大全. 答案卷:英文	2016—01	18.00	521

刘培杰数学工作室
已出版(即将出版)图书目录——初等数学

书 名	出版时间	定 价	编号
李成章教练奥数笔记.第1卷	2016－01	48.00	522
李成章教练奥数笔记.第2卷	2016－01	48.00	523
李成章教练奥数笔记.第3卷	2016－01	38.00	524
李成章教练奥数笔记.第4卷	2016－01	38.00	525
李成章教练奥数笔记.第5卷	2016－01	38.00	526
李成章教练奥数笔记.第6卷	2016－01	38.00	527
李成章教练奥数笔记.第7卷	2016－01	38.00	528
李成章教练奥数笔记.第8卷	2016－01	48.00	529
李成章教练奥数笔记.第9卷	2016－01	28.00	530
第19～23届"希望杯"全国数学邀请赛试题审题要津详细评注(初一版)	2014－03	28.00	333
第19～23届"希望杯"全国数学邀请赛试题审题要津详细评注(初二、初三版)	2014－03	38.00	334
第19～23届"希望杯"全国数学邀请赛试题审题要津详细评注(高一版)	2014－03	28.00	335
第19～23届"希望杯"全国数学邀请赛试题审题要津详细评注(高二版)	2014－03	38.00	336
第19～25届"希望杯"全国数学邀请赛试题审题要津详细评注(初一版)	2015－01	38.00	416
第19～25届"希望杯"全国数学邀请赛试题审题要津详细评注(初二、初三版)	2015－01	58.00	417
第19～25届"希望杯"全国数学邀请赛试题审题要津详细评注(高一版)	2015－01	48.00	418
第19～25届"希望杯"全国数学邀请赛试题审题要津详细评注(高二版)	2015－01	48.00	419
物理奥林匹克竞赛大题典——力学卷	2014－11	48.00	405
物理奥林匹克竞赛大题典——热学卷	2014－04	28.00	339
物理奥林匹克竞赛大题典——电磁学卷	2015－07	48.00	406
物理奥林匹克竞赛大题典——光学与近代物理卷	2014－06	28.00	345
历届中国东南地区数学奥林匹克试题及解答	2024－06	68.00	1724
历届中国西部地区数学奥林匹克试题集(2001～2012)	2014－07	18.00	347
历届中国女子数学奥林匹克试题集(2002～2012)	2014－08	18.00	348
数学奥林匹克在中国	2014－06	98.00	344
数学奥林匹克问题集	2014－01	38.00	267
数学奥林匹克不等式散论	2010－06	38.00	124
数学奥林匹克不等式欣赏	2011－09	38.00	138
数学奥林匹克超级题库(初中卷上)	2010－01	58.00	66
数学奥林匹克不等式证明方法和技巧(上、下)	2011－08	158.00	134,135
他们学什么:原民主德国中学数学课本	2016－09	38.00	658
他们学什么:英国中学数学课本	2016－09	38.00	659
他们学什么:法国中学数学课本.1	2016－09	38.00	660
他们学什么:法国中学数学课本.2	2016－09	28.00	661
他们学什么:法国中学数学课本.3	2016－09	38.00	662
他们学什么:苏联中学数学课本	2016－09	28.00	679

刘培杰数学工作室
已出版(即将出版)图书目录——初等数学

书　　名	出版时间	定　价	编号
高中数学题典——集合与简易逻辑·函数	2016—07	48.00	647
高中数学题典——导数	2016—07	48.00	648
高中数学题典——三角函数·平面向量	2016—07	48.00	649
高中数学题典——数列	2016—07	58.00	650
高中数学题典——不等式·推理与证明	2016—07	38.00	651
高中数学题典——立体几何	2016—07	48.00	652
高中数学题典——平面解析几何	2016—07	78.00	653
高中数学题典——计数原理·统计·概率·复数	2016—07	48.00	654
高中数学题典——算法·平面几何·初等数论·组合数学·其他	2016—07	68.00	655
台湾地区奥林匹克数学竞赛试题.小学一年级	2017—03	38.00	722
台湾地区奥林匹克数学竞赛试题.小学二年级	2017—03	38.00	723
台湾地区奥林匹克数学竞赛试题.小学三年级	2017—03	38.00	724
台湾地区奥林匹克数学竞赛试题.小学四年级	2017—03	38.00	725
台湾地区奥林匹克数学竞赛试题.小学五年级	2017—03	38.00	726
台湾地区奥林匹克数学竞赛试题.小学六年级	2017—03	38.00	727
台湾地区奥林匹克数学竞赛试题.初中一年级	2017—03	38.00	728
台湾地区奥林匹克数学竞赛试题.初中二年级	2017—03	38.00	729
台湾地区奥林匹克数学竞赛试题.初中三年级	2017—03	28.00	730
不等式证题法	2017—04	28.00	747
平面几何培优教程	2019—08	88.00	748
奥数鼎级培优教程.高一分册	2018—09	88.00	749
奥数鼎级培优教程.高二分册.上	2018—04	68.00	750
奥数鼎级培优教程.高二分册.下	2018—04	68.00	751
高中数学竞赛冲刺宝典	2019—04	68.00	883
初中尖子生数学超级题典.实数	2017—07	58.00	792
初中尖子生数学超级题典.式、方程与不等式	2017—08	58.00	793
初中尖子生数学超级题典.圆、面积	2017—08	38.00	794
初中尖子生数学超级题典.函数、逻辑推理	2017—08	48.00	795
初中尖子生数学超级题典.角、线段、三角形与多边形	2017—07	58.00	796
数学王子——高斯	2018—01	48.00	858
坎坷奇星——阿贝尔	2018—01	48.00	859
闪烁奇星——伽罗瓦	2018—01	58.00	860
无穷统帅——康托尔	2018—01	48.00	861
科学公主——柯瓦列夫斯卡娅	2018—01	48.00	862
抽象代数之母——埃米·诺特	2018—01	48.00	863
电脑先驱——图灵	2018—01	58.00	864
昔日神童——维纳	2018—01	48.00	865
数坛怪侠——爱尔特希	2018—01	68.00	866
传奇数学家徐利治	2019—09	88.00	1110

刘培杰数学工作室
已出版(即将出版)图书目录——初等数学

书　　名	出版时间	定　价	编号
当代世界中的数学.数学思想与数学基础	2019－01	38.00	892
当代世界中的数学.数学问题	2019－01	38.00	893
当代世界中的数学.应用数学与数学应用	2019－01	38.00	894
当代世界中的数学.数学王国的新疆域(一)	2019－01	38.00	895
当代世界中的数学.数学王国的新疆域(二)	2019－01	38.00	896
当代世界中的数学.数林撷英(一)	2019－01	38.00	897
当代世界中的数学.数林撷英(二)	2019－01	48.00	898
当代世界中的数学.数学之路	2019－01	38.00	899

105 个代数问题:来自 AwesomeMath 夏季课程	2019－02	58.00	956
106 个几何问题:来自 AwesomeMath 夏季课程	2020－07	58.00	957
107 个几何问题:来自 AwesomeMath 全年课程	2020－07	58.00	958
108 个代数问题:来自 AwesomeMath 全年课程	2019－01	68.00	959
109 个不等式:来自 AwesomeMath 夏季课程	2019－04	58.00	960
110 个几何问题:选自各国数学奥林匹克竞赛	2024－04	58.00	961
111 个代数和数论问题	2019－05	58.00	962
112 个组合问题:来自 AwesomeMath 夏季课程	2019－05	58.00	963
113 个几何不等式:来自 AwesomeMath 夏季课程	2020－08	58.00	964
114 个指数和对数问题:来自 AwesomeMath 夏季课程	2019－09	48.00	965
115 个三角问题:来自 AwesomeMath 夏季课程	2019－09	58.00	966
116 个代数不等式:来自 AwesomeMath 全年课程	2019－04	58.00	967
117 个多项式问题:来自 AwesomeMath 夏季课程	2021－09	58.00	1409
118 个数学竞赛不等式	2022－08	78.00	1526
119 个三角问题	2024－05	58.00	1726
119 个三角问题	2024－05	58.00	1726

紫色彗星国际数学竞赛试题	2019－02	58.00	999
数学竞赛中的数学:为数学爱好者、父母、教师和教练准备的丰富资源.第一部	2020－04	58.00	1141
数学竞赛中的数学:为数学爱好者、父母、教师和教练准备的丰富资源.第二部	2020－07	48.00	1142
和与积	2020－10	38.00	1219
数论:概念和问题	2020－12	68.00	1257
初等数学问题研究	2021－03	48.00	1270
数学奥林匹克中的欧几里得几何	2021－10	68.00	1413
数学奥林匹克题解新编	2022－01	58.00	1430
图论入门	2022－09	58.00	1554
新的、更新的、最新的不等式	2023－07	58.00	1650
几何不等式相关问题	2024－04	58.00	1721
数学归纳法——一种高效而简捷的证明方法	2024－06	48.00	1738
数学竞赛中奇妙的多项式	2024－01	78.00	1646
120 个奇妙的代数问题及 20 个奖励问题	2024－04	48.00	1647
几何不等式相关问题	2024－04	58.00	1721
数学竞赛中的十个代数主题	2024－10	58.00	1745
AwesomeMath 入学测试题:前九年:2006—2014	2024－11	38.00	1644
AwesomeMath 入学测试题:接下来的七年:2015—2021	2024－12	48.00	1782
奥林匹克几何入门	2025－01	48.00	1796
数学太空漫游:21 世纪的立体几何	2025－01	68.00	1810
数学奥林匹克竞赛中的几何引理	2025－04	48.00	1815

刘培杰数学工作室
已出版(即将出版)图书目录——初等数学

书　　名	出版时间	定　价	编号
澳大利亚中学数学竞赛试题及解答(初级卷)1978～1984	2019—02	28.00	1002
澳大利亚中学数学竞赛试题及解答(初级卷)1985～1991	2019—02	28.00	1003
澳大利亚中学数学竞赛试题及解答(初级卷)1992～1998	2019—02	28.00	1004
澳大利亚中学数学竞赛试题及解答(初级卷)1999～2005	2019—02	28.00	1005
澳大利亚中学数学竞赛试题及解答(中级卷)1978～1984	2019—03	28.00	1006
澳大利亚中学数学竞赛试题及解答(中级卷)1985～1991	2019—03	28.00	1007
澳大利亚中学数学竞赛试题及解答(中级卷)1992～1998	2019—03	28.00	1008
澳大利亚中学数学竞赛试题及解答(中级卷)1999～2005	2019—03	28.00	1009
澳大利亚中学数学竞赛试题及解答(高级卷)1978～1984	2019—05	28.00	1010
澳大利亚中学数学竞赛试题及解答(高级卷)1985～1991	2019—05	28.00	1011
澳大利亚中学数学竞赛试题及解答(高级卷)1992～1998	2019—05	28.00	1012
澳大利亚中学数学竞赛试题及解答(高级卷)1999～2005	2019—05	28.00	1013

天才中小学生智力测验题.第一卷	2019—03	38.00	1026
天才中小学生智力测验题.第二卷	2019—03	38.00	1027
天才中小学生智力测验题.第三卷	2019—03	38.00	1028
天才中小学生智力测验题.第四卷	2019—03	38.00	1029
天才中小学生智力测验题.第五卷	2019—03	38.00	1030
天才中小学生智力测验题.第六卷	2019—03	38.00	1031
天才中小学生智力测验题.第七卷	2019—03	38.00	1032
天才中小学生智力测验题.第八卷	2019—03	38.00	1033
天才中小学生智力测验题.第九卷	2019—03	38.00	1034
天才中小学生智力测验题.第十卷	2019—03	38.00	1035
天才中小学生智力测验题.第十一卷	2019—03	38.00	1036
天才中小学生智力测验题.第十二卷	2019—03	38.00	1037
天才中小学生智力测验题.第十三卷	2019—03	38.00	1038

重点大学自主招生数学备考全书:函数	2020—05	48.00	1047
重点大学自主招生数学备考全书:导数	2020—08	48.00	1048
重点大学自主招生数学备考全书:数列与不等式	2019—10	78.00	1049
重点大学自主招生数学备考全书:三角函数与平面向量	2020—08	68.00	1050
重点大学自主招生数学备考全书:平面解析几何	2020—07	58.00	1051
重点大学自主招生数学备考全书:立体几何与平面几何	2019—08	48.00	1052
重点大学自主招生数学备考全书:排列组合・概率统计・复数	2019—09	48.00	1053
重点大学自主招生数学备考全书:初等数论与组合数学	2019—08	48.00	1054
重点大学自主招生数学备考全书:重点大学自主招生真题.上	2019—04	68.00	1055
重点大学自主招生数学备考全书:重点大学自主招生真题.下	2019—04	58.00	1056

高中数学竞赛培训教程:平面几何问题的求解方法与策略.上	2018—05	68.00	906
高中数学竞赛培训教程:平面几何问题的求解方法与策略.下	2018—06	78.00	907
高中数学竞赛培训教程:整除与同余以及不定方程	2018—01	88.00	908
高中数学竞赛培训教程:组合计数与组合极值	2018—04	48.00	909
高中数学竞赛培训教程:初等代数	2019—04	78.00	1042
高中数学讲座:数学竞赛基础教程(第一册)	2019—06	48.00	1094
高中数学讲座:数学竞赛基础教程(第二册)	即将出版		1095
高中数学讲座:数学竞赛基础教程(第三册)	即将出版		1096
高中数学讲座:数学竞赛基础教程(第四册)	即将出版		1097

刘培杰数学工作室
已出版(即将出版)图书目录——初等数学

书　　名	出版时间	定　价	编号
新编中学数学解题方法 1000 招丛书.实数(初中版)	2022—05	58.00	1291
新编中学数学解题方法 1000 招丛书.式(初中版)	2022—05	48.00	1292
新编中学数学解题方法 1000 招丛书.方程与不等式(初中版)	2021—04	58.00	1293
新编中学数学解题方法 1000 招丛书.函数(初中版)	2022—05	38.00	1294
新编中学数学解题方法 1000 招丛书.角(初中版)	2022—05	48.00	1295
新编中学数学解题方法 1000 招丛书.线段(初中版)	2022—05	48.00	1296
新编中学数学解题方法 1000 招丛书.三角形与多边形(初中版)	2021—04	48.00	1297
新编中学数学解题方法 1000 招丛书.圆(初中版)	2022—05	48.00	1298
新编中学数学解题方法 1000 招丛书.面积(初中版)	2021—07	28.00	1299
新编中学数学解题方法 1000 招丛书.逻辑推理(初中版)	2022—06	48.00	1300
高中数学题典精编.第一辑.函数	2022—01	58.00	1444
高中数学题典精编.第一辑.导数	2022—01	68.00	1445
高中数学题典精编.第一辑.三角函数・平面向量	2022—01	68.00	1446
高中数学题典精编.第一辑.数列	2022—01	58.00	1447
高中数学题典精编.第一辑.不等式・推理与证明	2022—01	58.00	1448
高中数学题典精编.第一辑.立体几何	2022—01	58.00	1449
高中数学题典精编.第一辑.平面解析几何	2022—01	68.00	1450
高中数学题典精编.第一辑.统计・概率・平面几何	2022—01	58.00	1451
高中数学题典精编.第一辑.初等数论・组合数学・数学文化・解题方法	2022—01	58.00	1452
历届全国初中数学竞赛试题分类解析.初等代数	2022—09	98.00	1555
历届全国初中数学竞赛试题分类解析.初等数论	2022—09	48.00	1556
历届全国初中数学竞赛试题分类解析.平面几何	2022—09	38.00	1557
历届全国初中数学竞赛试题分类解析.组合	2022—09	38.00	1558
从三道高三数学模拟题的背景谈起:兼谈傅里叶三角级数	2023—03	48.00	1651
从一道日本东京大学的入学试题谈起:兼谈 π 的方方面面	2025—01	68.00	1652
从两道 2021 年福建高三数学测试题谈起:兼谈球面几何学与球面三角学	2025—01	58.00	1653
从一道湖南高考数学试题谈起:兼谈有界变差数列	2024—01	48.00	1654
从一道高校自主招生试题谈起:兼谈詹森函数方程	即将出版		1655
从一道上海高考数学试题谈起:兼谈有界变差函数	即将出版		1656
从一道北京大学金秋营数学试题的解法谈起:兼谈伽罗瓦理论	2024—10	38.00	1657
从一道北京高考数学试题的解法谈起:兼谈毕克定理	即将出版		1658
从一道北京大学金秋营数学试题的解法谈起:兼谈帕塞瓦尔恒等式	2024—10	68.00	1659
从一道高三数学模拟测试题的背景谈起:兼谈等周问题与等周不等式	即将出版		1660
从一道 2020 年全国高考数学试题的解法谈起:兼谈斐波那契数列和纳卡穆拉定理及奥斯图达定理	即将出版		1661
从一道高考数学附加题谈起:兼谈广义斐波那契数列	2025—01	68.00	1662

刘培杰数学工作室
已出版(即将出版)图书目录——初等数学

书　　名	出版时间	定　价	编号
从一道普通高中学业水平考试中数学卷的压轴题谈起——兼谈最佳逼近理论	2024－10	58.00	1759
从一道高考数学试题谈起——兼谈李普希兹条件	即将出版		1760
从一道北京市朝阳区高二期末数学考试题的解法谈起——兼谈希尔宾斯基垫片和分形几何	即将出版		1761
从一道高考数学试题谈起——兼谈巴拿赫压缩不动点定理	即将出版		1762
从一道中国台湾地区高考数学试题谈起——兼谈费马数与计算数论	即将出版		1763
从 2022 年全国高考数学压轴题的解法谈起——兼谈数值计算中的帕德逼近	2024－10	48.00	1764
从一道清华大学 2022 年强基计划数学测试题的解法谈起——兼谈拉马努金恒等式	即将出版		1765
从一篇有关数学建模的讲义谈起——兼谈信息熵与信息论	即将出版		1766
从一道清华大学自主招生的数学试题谈起——兼谈格点与闵可夫斯基定理	即将出版		1767
从一道 1979 年高考数学试题谈起——兼谈勾股定理和毕达哥拉斯定理	即将出版		1768
从一道 2020 年北京大学"强基计划"数学试题谈起——兼谈微分几何中的包络问题	即将出版		1769
从一道高考数学试题谈起——兼谈香农的信息理论	即将出版		1770

代数学教程.第一卷,集合论	2023－08	58.00	1664
代数学教程.第二卷,抽象代数基础	2023－08	68.00	1665
代数学教程.第三卷,数论原理	2023－08	58.00	1666
代数学教程.第四卷,代数方程式论	2023－08	48.00	1667
代数学教程.第五卷,多项式理论	2023－08	58.00	1668
代数学教程.第六卷,线性代数原理	2024－06	98.00	1669

中考数学培优教程——二次函数卷	2024－05	78.00	1718
中考数学培优教程——平面几何最值卷	2024－05	58.00	1719
中考数学培优教程——专题讲座卷	2024－05	58.00	1720

联系地址:哈尔滨市南岗区复华四道街 10 号　哈尔滨工业大学出版社刘培杰数学工作室
邮　　编:150006
联系电话:0451－86281378　　13904613167
E-mail:lpj1378@163.com